中　外　物　理　学　精　品　书　系

本书出版得到“国家出版基金”资助

中外物理学精品书系

经典系列·1

理论物理基础

彭桓武 徐锡申 编著

图书在版编目(CIP)数据

理论物理基础/彭桓武,徐锡申编著.—北京:北京大学出版社,2011.6
(中外物理学精品书系)
ISBN 978-7-301-18864-4

Ⅰ.①理…　Ⅱ.①彭…②徐…　Ⅲ.①理论物理学　Ⅳ.①O41

中国版本图书馆 CIP 数据核字(2011)第 081618 号

书　　名:理论物理基础
著作责任者:彭桓武　徐锡申　编著
责 任 编 辑:周月梅
标 准 书 号:ISBN 978-7-301-18864-4/O·0845
出 版 发 行:北京大学出版社
地　　址:北京市海淀区成府路 205 号　100871
网　　址:http://www.pup.cn
电　　话:邮购部 62752015　发行部 62750672　编辑部 62752021
出版部 62754962
电 子 邮 箱:zpup@pup.pku.edu.cn
印 刷 者:天津中印联印务有限公司
经 销 者:新华书店
730 毫米×980 毫米　16 开本　31.75 印张　599 千字
1998 年 4 月第 1 版
2011 年 6 月重排　2022 年 8 月第 7 次印刷
定　　价:79.00 元

《中外物理学精品书系》
编 委 会

序 言

物理学是研究物质、能量以及它们之间相互作用的科学。她不仅是化学、生命、材料、信息、能源和环境等相关学科的基础,同时还是许多新兴学科和交叉学科的前沿。在科技发展日新月异和国际竞争日趋激烈的今天,物理学不仅囿于基础科学和技术应用研究的范畴,而且在社会发展与人类进步的历史进程中发挥着越来越关键的作用。

我们欣喜地看到,改革开放三十多年来,随着中国政治、经济、教育、文化等领域各项事业的持续稳定发展,我国物理学取得了跨越式的进步,做出了很多为世界瞩目的研究成果。今日的中国物理正在经历一个历史上少有的黄金时代。

在我国物理学科快速发展的背景下,近年来物理学相关书籍也呈现百花齐放的良好态势,在知识传承、学术交流、人才培养等方面发挥着无可替代的作用。从另一方面看,尽管国内各出版社相继推出了一些质量很高的物理教材和图书,但系统总结物理学各门类知识和发展,深入浅出地介绍其与现代科学技术之间的渊源,并针对不同层次的读者提供有价值的教材和研究参考,仍是我国科学传播与出版界面临的一个极富挑战性的课题。

为有力推动我国物理学研究、加快相关学科的建设与发展,特别是展现近年来中国物理学者的研究水平和成果,北京大学出版社在国家出版基金的支持下推出了《中外物理学精品书系》,试图对以上难题进行大胆的尝试和探索。该书系编委会集结了数十位来自内地和香港顶尖高校及科研院所的知名专家学者。他们都是目前该领域十分活跃的专家,确保了整套丛书的权威性和前瞻性。

这套书系内容丰富,涵盖面广,可读性强,其中既有对我国传统物理学发展的梳理和总结,也有对正在蓬勃发展的物理学前沿的全面展示;既引进和介绍了世界物理学研究的发展动态,也面向国际主流领域传播中国物理的优秀专著。可以说,《中外物理学精品书系》力图完整呈现近现代世界和中国物理科学发展的全貌，是一部目前国内为数不多的兼具学术价值和阅读乐趣的经典物理丛书。

《中外物理学精品书系》另一个突出特点是，在把西方物理的精华要义“请进来”的同时，也将我国近现代物理的优秀成果“送出去”。物理学科在世界范围内的重要性不言而喻，引进和翻译世界物理的经典著作和前沿动态，可以满足当前国内物理教学和科研工作的迫切需求。另一方面，改革开放几十年来，我国的物理学研究取得了长足发展，一大批具有较高学术价值的著作相继问世。这套丛书首次将一些中国物理学者的优秀论著以英文版的形式直接推向国际相关研究的主流领域，使世界对中国物理学的过去和现状有更多的深入了解，不仅充分展示出中国物理学研究和积累的“硬实力”，也向世界主动传播我国科技文化领域不断创新的“软实力”，对全面提升中国科学、教育和文化领域的国际形象起到重要的促进作用。

值得一提的是，《中外物理学精品书系》还对中国近现代物理学科的经典著作进行了全面收录。20 世纪以来，中国物理界诞生了很多经典作品，但当时大都分散出版，如今很多代表性的作品已经淹没在浩瀚的图书海洋中，读者们对这些论著也都是“只闻其声，未见其真”。该书系的编者们在这方面下了很大工夫，对中国物理学科不同时期、不同分支的经典著作进行了系统的整理和收录。这项工作具有非常重要的学术意义和社会价值，不仅可以很好地保护和传承我国物理学的经典文献，充分发挥其应有的传世育人的作用，更能使广大物理学人和青年学子切身体会我国物理学研究的发展脉络和优良传统，真正领悟到老一辈科学家严谨求实、追求卓越、博大精深的治学之美。

温家宝总理在 2006 年中国科学技术大会上指出，“加强基础研究是提升国家创新能力、积累智力资本的重要途径，是我国跻身世界科技强国的必要条件”。中国的发展在于创新，而基础研究正是一切创新的根本和源泉。我相信，这套《中外物理学精品书系》的出版，不仅可以使所有热爱和研究物理学的人们从中获取思维的启迪、智力的挑战和阅读的乐趣，也将进一步推动其他相关基础科学更好更快地发展，为我国今后的科技创新和社会进步做出应有的贡献。

中国科学院院士，北京大学教授

王恩哥

2010 年 5 月于燕园

值北京大学百年诞辰之际

谨以此书献给我们的导师

周培源教授　原北京大学校长

王竹溪教授　原北京大学副校长

内 容 提 要

本书简明扼要地阐述了理论物理的重要概念、规律、原理和方法，选材精当适用、互相贯通，构成比较系统全面的基础。全书始终坚持贯彻由实践到理论的历史的发展的观点。特别强调联系实际时要充分注意到理论物理的统一的与近似的特点，它反映物质世界的统一性与一定时期理论认识上一定程度的近似性；而变分原理或极值原理与微扰理论则成为理论物理的重要方法。

全书共分 14 章，内容包括：牛顿力学，麦克斯韦电磁理论，洛伦兹电子论，狭义相对论，气体动理论，液体动理论，统计热力学，随机运动，量子力学初步，碰撞和跃迁，原子分子等的近似处理，相对论性电子理论，量子统计力学，广义相对论引力理论。

本书可供高等院校物理系及其他相关专业师生作为参考教材，亦可供广大有关科技工作者参考。

序

随着人们通过多次观察和实验等科学实践，对物质世界中在一定条件下一定现象之出现，获得大量可靠的感性认识，得到数据和经验规律。然后经过反复综合整理改造，形成概念，并用判断和推理的方法给以合乎逻辑的描述或解释，这样达到某种理性认识。如能以此为据对新现象有所预见且为而后的科学实验所证实，则表明这理性认识正确可靠。对越来越多方面的物质现象得到的越来越普遍的正确可靠的理性认识，便构成发展着的理论物理。

理论物理的发源可以从伽利略和牛顿对地面上物体坠落和天空中行星绕日等现象的统一解释算起。这奠定了牛顿力学，并从此动力学观点流行。这种观点和方法，结合对气体的物理实验和化学实验的多个经验规律，产生并逐渐澄清原子和分子的概念，阐明了热的分子运动本质，又结合电磁现象的观察和大量实验所总结的一系列经验规律，特别是法拉第的有关磁力线和电力线的形象思维，帮助麦克斯韦形成电磁场的概念和其动力学理论。不仅利用运动把电现象与磁现象联结起来，并且从理论上预见到电磁波动现象，光的现象即归结为电磁波动的现象。这预见为而后的实验证实，并为无线电通讯奠定基础。法拉第电解定律表明分子原子内部有带有一定的基本电荷的电子。有鉴于此，洛伦兹对物质中的电磁现象，提出电子论，引入带有电子运动的分子和微观电磁场的概念，后者的局部的多分子的统计平均即是麦克斯韦的宏观电磁场，这样解释了物质对光的折射率随光波长的变化的色散现象。但对电子和其运动规律的较清楚的认识，则尚待从更多的近代物理实验和其伴随的20世纪才发现的相对论和量子论。在这两个理论中，对时间和空间，粒子和波，概念上与以前有所深入，有些人称之为革命，实际上不过是，随着认识到更深一层次，原来认为割裂的或对立的却是统一的或同一的，而回过头来看，原来的认识，在一定范围内仍是对的或可靠的到一定的近似程度而已。

理论物理是有用的。作为工程设计原理的早已成熟的那部分理论物理更不必谈。在开展理论、实验与工程技术相结合的工作时，理论工作先行一步常可以减少实验和工程的工作量。有鉴于此，第一作者于若干年前曾萌生过写一本较全面介绍理论物理的书的念头，特别想强调联系实际时要充分注意到理论物理的统一与近似的特点。不久，应中国科学院研究生院之邀给“文革”后第一批研究生开理论物理课，考虑到我原来想强调的观点和这批研究生的特殊情况和需要，乃边讲边写讲义，希望在一年之内把大学中学过的四大力学复习并贯通好(每周四小节课，实际授课时间比正常学年少八周，习题另有辅导)，以期对他们在不同的研究领域工作中能有帮助。选材取可靠的又常用的部分仔细讲，现在称之为基础。

本书的前 12 章即是根据上述讲义，由第二作者徐锡申编辑整理而成书的。他曾作王竹溪先生的统计理论方面的研究生，工作严谨细致，已出版过几本书。因受时间限制，讲义中在统计和量子方面有些缺漏，已由徐锡申补充写进第 13 章“量子统计力学”。量子和统计理论发展广阔，但相对于日益受重视的复杂系统的需要，则远不够，似需更大发展。又，我之所以能增写第 14 章“广义相对论引力理论”，乃是近年来认真对周培源先生在这方面的观点追求理解的结果。按正统的物理几何化的观点讲，广义相对论是时间空间和引力的理论，而按周先生的观点，广义相对论是比牛顿的引力理论更精确的引力理论，时间和空间则仍是狭义相对论的时空。虽然应用很少，我现在增补此章，也似能更好地体现理论物理的统一性和近似性的特点。

能在北京大学百年校庆之际，谨以此书献给曾任北大校长的周培源先生和曾任北大副校长的王竹溪先生，是作者的莫大荣幸。他们分别指导过我们最初的研究工作。作者对《北京大学物理学丛书》编委们致谢，特别对常务编委周月梅女士和北京大学出版社有关人士提供的方便致谢。我们还要感谢帮助我们做本书的索引的人士。最后，第一作者愿意对第二作者表示由衷的感谢，没有后者的帮助和精心工作，承担起作者的任务，本书是无从交稿的。

彭桓武　中国科学院理论物理研究所

徐锡申　北京应用物理与计算数学研究所

1997 年 11 月于北京

目　录

第1章 牛顿力学

1.1 运动律

物体做机械运动时，它的位置随时间变化. 如果物体本身的几何尺度在我们所讨论的问题中可以忽略不计的话，它的位置便可用三维欧几里得空间中一个动点来表示，如 $\boldsymbol{r}=\boldsymbol{r}(t)$，动点的位置矢量 $\boldsymbol{r}$ 为时间 t 的函数. 将位矢对时间求导数和再求导数，我们定义物体运动的速度 $\boldsymbol{v}$ 和加速度 $\boldsymbol{a}$ 为（在力学中常用 · 表示对 t 的导数）：

$$\boldsymbol{v}=\frac{\mathrm{d}\boldsymbol{r}}{\mathrm{d}t}=\dot{\boldsymbol{r}},\quad \boldsymbol{a}=\frac{\mathrm{d}\boldsymbol{v}}{\mathrm{d}t}=\dot{\boldsymbol{v}}=\ddot{\boldsymbol{r}}.$$

在伽利略(1564—1642，意)[①]对地面附近物体运动的实验观察和初步理论概括的基础上，牛顿(1643—1727，英)[②]提出运动律如下：物体做机械运动时，其加速度正比于物体所受的力而反比于物体本身所含物质的总量. 我们简称物体所含物质的总量为其质量. 考虑到物体的质量但忽略物体本身的几何尺度的这种近似把一个物体抽象为一个质点. 适当选择力的单位后，运动定律可写为

$$m\ddot{\boldsymbol{r}}=\boldsymbol{F}$$

等式形式，m 为质点的质量，$\boldsymbol{r}$ 为质点的位置矢量，而 $\boldsymbol{F}$ 为质点所受的力. 后者也必然是矢量. 如质点同时受两个或更多的力的作用时，则运动方程右侧的 $\boldsymbol{F}$ 应理解为两个或更多的力的总和，即所谓合力. 力的求和按矢量求和规则进行. 这个定律现在通称牛顿第二定律.

如已知物体运动状态，根据运动方程，计算导数，便知道物体所受的力. 譬如，对于一个静止的质点，$\boldsymbol{r}=$常量而不随时间 t 变化，物体所受的力其合力必为零；它继续保持静止. 反之，如已知质点所受力而求其运动则需解运动方程. 这是二阶常微分方程，其定解条件为在某初始时刻 $t=t_0$ 时质点的初始位置 $\boldsymbol{r}_0$ 和初始速度 $\boldsymbol{v}_0$ 须给定. 譬如，对于一个不受力的质点，方程 $m\ddot{\boldsymbol{r}}=0$ 带上述定解条件的解为 $\boldsymbol{r}=\boldsymbol{r}_0$

---

① G. Galilei, *Discorsi e Dimostrazioni matematiche intorno a due scienza, attenenti alle mecanica e i movimenti locail*, Leyden, 1938.（《关于机械学以及局部运动的两种新科学的议论和数学证明》. 简译《新科学对话》，该书总结了他的物理学研究.）

② I. Newton, *Philosophiae naturalis Principia mathematica*, 1687.（《自然哲学的数学原理》，简称《原理》，建立起了完整的力学理论体系.）

$+\boldsymbol{v}_0 t$. 这表示物体沿初始速度继续作匀速直线运动；或者说物体运动具有惯性. 以上包含了牛顿第一定律，又称伽利略惯性定律的内容.

另外还有关于作用力和反作用力大小相等、方向相反的牛顿第三定律.

1.2　行星绕日和万有引力

1.2.1　开普勒定律

行星绕日的运动情况，从古便受注意. 在第谷[①]有计划地积累了对各行星位置做精确观察的大量数据的基础上，开普勒(1571—1630，德)[②]总结出如下三条定律：

(一) 每个行星在以太阳为一个焦点的椭圆轨道上运行；

(二) 对每个行星而言，从太阳到该行星的矢径所扫过的面积与经过的时间成正比；

(三) 比较不同行星的运动，该行星运动周期的平方与该行星轨道的半长轴的立方成正比(即这比值对所有行星都是相同的).

根据这种情况，利用运动方程，牛顿[③]先计算每个行星所受的力如下：近似认为太阳不动，从开普勒前两定律算出行星受力为

$$\boldsymbol{F}=-m\left(\frac{4\pi^2 a^3}{T^2}\right)\frac{1}{r^2}\,\boldsymbol{e}_r;$$

式中 m 为行星质量，r 为行星至太阳距离，$\boldsymbol{e}_r$ 为太阳指向行星方向的单位矢量，而比例系数恰好包括行星轨道半长轴 a 的立方与该行星运行周期 T 的平方的比值. 根据开普勒第三定律知道这比值对所有行星都相同. 总之，行星所受力是指向太阳方向(注意 $-\boldsymbol{e}_r$ 由行星指向太阳)，大小与行星离太阳距离平方成反比又与行星质量成正比，比例系数与行星无关.

1.2.2　万有引力

从作用的对称性考虑，牛顿揣测上述比例系数可能与太阳质量成正比，因而假设任意两质点间都有引力作用. 即，在位置 $\boldsymbol{r}$ 的质量为 m 的质点受在位置 $\boldsymbol{r}'$ 质量为 m' 的质点的引力为

$$\boldsymbol{F}=-G\,\frac{mm'}{|\boldsymbol{r}-\boldsymbol{r}'|^2}\,\frac{\boldsymbol{r}-\boldsymbol{r}'}{|\boldsymbol{r}-\boldsymbol{r}'|};$$

---

① Tycho Brahe (1546—1601)，丹麦天文学家，他把自己一生精心观测的资料赠给他的学生和助手开普勒.

② J. Kepler, *Astronomia nova*, *Seu physica coelestis*, 1609(《新天文学，或天体的自然哲学》).

J. Kepler, *Harmonnices mundi*, 1619(《宇宙和谐论》).

③ I. Newton，前引书《原理》.

而在位置$\boldsymbol{r}'$的质点m'受在位置$\boldsymbol{r}$的质点m的引力为

$$\boldsymbol{F}'=-G\frac{m'm}{|\boldsymbol{r}'-\boldsymbol{r}|^2}\frac{\boldsymbol{r}'-\boldsymbol{r}}{|\boldsymbol{r}'-\boldsymbol{r}|};$$

式中力与两质点的质量乘积成正比,与其间距离的平方成反比.而普适常量G称为万有引力常量.分别用运动律$\boldsymbol{F}=m\ddot{\boldsymbol{r}}$,$\boldsymbol{F}'=m'\ddot{\boldsymbol{r}}'$,比较两质点的加速度得$\ddot{\boldsymbol{r}}'=-\frac{m}{m'}\ddot{\boldsymbol{r}}$关系.如果$m'$代表太阳的质量,而$m$代表行星的质量,并设$m'\gg m$,则$|\ddot{\boldsymbol{r}}'|\ll|\ddot{\boldsymbol{r}}|$,这与前面所作的太阳不动的近似相符.代入

$$\left(\frac{4\pi^2a^3}{T^2}\right)_{地绕日}\approx Gm_{太阳},$$

其中$a=1.495\times10^{11}$ m,$T=365.25$ d;

$$\left(\frac{4\pi^2a^3}{T^2}\right)_{月绕地}\approx Gm_{地球},$$

其中$a=3.84\times10^8$ m,$T=27.4$ d;容易验证:

$$\frac{m_{太阳}}{m_{地球}}\approx3.31\times10^5\gg1.$$

近似地球为球形,其质量分布为球对称,则根据万有引力公式,将地球划分为无数质点,用积分算出地面上任何物体(譬如苹果树上某苹果)受整个地球物质的吸引力为

$$\boldsymbol{F}_{地心吸力}=-Gmm_{地球}\frac{\boldsymbol{e}_r}{R^2};$$

其结果指向地心,与地面上物体质量m成正比,与地心距离亦即地球半径R的平方成反比.与地面的重力比较得

$$gR^2\approx Gm_{地球},$$

其中g为重力加速度,R为地球半径.代入

$$g=9.80\ \mathrm{m/s^2},\quad R\approx6.37\times10^6\ \mathrm{m},$$

得

$$gR^2=3.98\times10^{14}\ \mathrm{m^3/s^2};$$

与

$$\left(\frac{4\pi^2a^3}{T^2}\right)_{月绕地}\approx3.97\times10^{14}\ \mathrm{m^3/s^2}$$

符合.

这样,地球绕太阳、月亮绕地球和苹果落地都是万有引力的表现.牛顿的《自然哲学的数学原理》于1687年出版.实验室中证实万有引力并测定引力常量,则晚一

百余年(1798,卡文迪什(1731—1810,英)[①]).测定

$$G \approx 6.7 \times 10^{-11}\ \mathrm{m^3 kg^{-1} s^{-2}},$$

因而间接推出 $m_{地球} \approx 5.9 \times 10^{24}$ kg 及其他天体质量.

引力常量的国际科学技术数据委员会(CODATA)2006年推荐值为[②]

$$G = 6.674\,28(67) \times 10^{-11}\ \mathrm{m^3 kg^{-1} s^{-2}},$$

括号中数字为末位数字的标准偏差.

万有引力用引力势来表示更为简便.定义一对质点(位置 $\boldsymbol{r}$ 质量 m 和位置 $\boldsymbol{r}'$ 质量 m')的引力势为

$$V = -G\frac{mm'}{|\boldsymbol{r}-\boldsymbol{r}'|},$$

则 m' 作用于 m 的万有引力为

$$\boldsymbol{F} = -\frac{\partial}{\partial \boldsymbol{r}}V;$$

又 m 作用于 m' 的万有引力为

$$\boldsymbol{F}' = -\frac{\partial}{\partial \boldsymbol{r}'}V.$$

严格说来,由于万有引力,每个行星运动时,不仅受太阳的吸引,也受其他行星的吸引.但由于太阳的质量最大,比其他行星的质量都大得多,主要还是受太阳引力,其他行星的引力只作为修正,用摄动方法处理[③].

1.3　拉格朗日运动方程和广义坐标变换

1.3.1　牛顿运动方程

考虑一个质点系,各质点位置随时间变化而质量不变.位于 $\boldsymbol{r}_i$ 而质量为 m_i 的质点 i 所受力 $\boldsymbol{F}_i$ 可分为两部分,一部分来源于质点系内其他质点的作用 $\boldsymbol{F}_i^{内}$,另一部分则来源于质点系外其他物体的作用 $\boldsymbol{F}_i^{外}$.根据运动律有牛顿运动方程(n 为质点系中质点总数):

$$m_i\ddot{\boldsymbol{r}}_i = \boldsymbol{F}_i = \boldsymbol{F}_i^{内} + \boldsymbol{F}_i^{外} \quad (i = 1,2,\cdots,n).$$

一般讲来,来源于系内的力可用势能负导数表示:

$$\boldsymbol{F}_i^{内} = -\frac{\partial V^{内}}{\partial \boldsymbol{r}_i} \quad (i = 1,2,\cdots,n),$$

---

① H. Cavendish, *Phil. Trans. Roy. Soc.* (London), **18**(1798), 388.

② 见本书附录:常用物理量单位和物理常量.

③ 参见易照华等编著《天体力学引论》,科学出版社,1978.

这里 $V^{内}$ 是整个质点系的内部势能. 如质点系代表太阳系(太阳连九大行星),取 $n=10$,则

$$V^{内}=\frac{1}{2}\sum_{i,j=1}^{n}{}'V_{ij},\quad V_{ij}=-\frac{Gm_im_j}{|\boldsymbol{r}_i-\boldsymbol{r}_j|};$$

这里和以后 $\sum'$ 总是表示不包括指标相同的项. 如质点系代表一个水分子 $\left(\begin{matrix}H & & H\\ & \diagdown\ \diagup & \\ & O & \end{matrix}\right)$,取 $n=3$,从量子力学可得其势能 $V^{内}$,与三个原子的几何安排(两个 OH 键长 9.6nm 和其夹角 105°)有关. 如质点系不包括地球;$\boldsymbol{F}_i^{外}$ 中有一部分来源于地球引力,这部分也可以用重力势能的负导数表示,并与内部势能合并为总势能 V. 仍保留 $\boldsymbol{F}_i^{外}$ 中不能用势能的负导数表达的力,现在改写为 $\boldsymbol{f}_i$,则牛顿运动方程可改写为

$$m_i\ddot{\boldsymbol{r}}_i+\frac{\partial V}{\partial \boldsymbol{r}_i}=\boldsymbol{f}_i\quad(i=1,2,\cdots,n).$$

1.3.2 拉格朗日函数[①]

定义质点系的总动能为

$$T=\sum_{i=1}^{n}\frac{1}{2}m_i\dot{\boldsymbol{r}}_i\cdot\dot{\boldsymbol{r}}_i,$$

并引入系统的拉格朗日函数 $L=T-V$. 我们把

$$L=T-V=L(\boldsymbol{r}_i,\dot{\boldsymbol{r}}_i,t)$$

看做以 $\boldsymbol{r}_i$ 和 $\dot{\boldsymbol{r}}_i(i=1,2,\cdots,n)$ 为独立变量的函数,注意 T 与 $\boldsymbol{r}_i$ 无关,而 V 与 $\dot{\boldsymbol{r}}_i$ 无关,牛顿运动方程化为

$$\frac{\mathrm{d}}{\mathrm{d}t}\left(\frac{\partial L}{\partial\dot{\boldsymbol{r}}_i}\right)-\frac{\partial L}{\partial\boldsymbol{r}_i}=\boldsymbol{f}_i\quad(i=1,2,\cdots,n).$$

这里一共折合 $3n$ 个二阶常微分方程,变量 $\boldsymbol{r}_i(i=1,2,\cdots,n)$ 共计 $3n$ 个.

1.3.3 广义坐标

一般情况,作为力学系,质点系的自由度可小于等于 $3n$. 因为,当质点系的结构给定时,该系的位形可由若干广义坐标表达. 譬如当质点系近似为一刚体时,虽然可以划分为大量质点,但质点相对位置皆固定不变;整个刚体的位形可由 6 个坐标表达,其中三个为刚体的质心坐标,另三个坐标标志随刚体固定的标架在空间的方向. 换言之,质点系的组成使

---

① J. L. Lagrange, *Mécanique analytique*(分析力学),1788. 拉格朗日(1736—1813),法国-意大利数学家.

$$\boldsymbol{r}_i = \boldsymbol{r}_i(q_1, q_2, \cdots, q_g, t) \quad (i = 1, 2, \cdots, n),$$

此处 $q_a(a=1,2,3,\cdots,g)$为广义坐标,g 为广义坐标总数. 所谓完整力学系,其广义坐标皆独立而无相互约束条件,这时力学系自由度与广义坐标个数相同. 运动方程应从 $3n$ 个二阶方程化至 g 个二阶方程. 直接代入 $\boldsymbol{r}_i$ 的用 q_a 的表达式,当然可以完成这个变换,但利用变分法运算可以大大简化这个计算,具体作法如下面小节所示.

1.3.4 变分法

考虑泛函 $\int_{t_1}^{t_2} L\mathrm{d}t$ 的变分,$\boldsymbol{r}_i(t)$变为 $\boldsymbol{r}_i(t)+\delta\boldsymbol{r}_i(t)$ (注意 t 如同附标一样,不变化,即 $\delta t\equiv 0$),则

$$\delta\int_{t_1}^{t_2} L\mathrm{d}t = \int_{t_1}^{t_2} \delta L\mathrm{d}t = \int_{t_1}^{t_2} \sum_i \left(\frac{\partial L}{\partial \boldsymbol{r}_i}\cdot\delta\boldsymbol{r}_i + \frac{\partial L}{\partial \dot{\boldsymbol{r}}_i}\cdot\delta\dot{\boldsymbol{r}}_i\right)\mathrm{d}t.$$

但当 $\boldsymbol{r}_i$ 变为 $\boldsymbol{r}_i+\delta\boldsymbol{r}_i$ 时,$\frac{\mathrm{d}}{\mathrm{d}t}\boldsymbol{r}_i$ 变为$\frac{\mathrm{d}}{\mathrm{d}t}(\boldsymbol{r}_i+\delta\boldsymbol{r}_i)$即 $\dot{\boldsymbol{r}}_i$ 变为 $\dot{\boldsymbol{r}}_i+\frac{\mathrm{d}}{\mathrm{d}t}\delta\boldsymbol{r}_i$,换言之 $\delta\dot{\boldsymbol{r}}_i = \frac{\mathrm{d}}{\mathrm{d}t}\delta\boldsymbol{r}_i$. 所以经过分部积分得

$$\delta\int_{t_1}^{t_2} L\mathrm{d}t = \left(\sum_i \frac{\partial L}{\partial \dot{\boldsymbol{r}}_i}\cdot\delta\boldsymbol{r}_i\right)\Bigg|_{t_1}^{t_2} + \int_{t_1}^{t_2}\sum_i\left(\frac{\partial L}{\partial \boldsymbol{r}_i} - \frac{\mathrm{d}}{\mathrm{d}t}\left(\frac{\partial L}{\partial \dot{\boldsymbol{r}}_i}\right)\right)\cdot\delta\boldsymbol{r}_i\mathrm{d}t.$$

所以,在带有限制条件 $\delta\boldsymbol{r}_i(t_2)=\delta\boldsymbol{r}_i(t_1)=0$ 下,牛顿运动方程组与下列变分法等价(其中 $L=L(\boldsymbol{r}_i, \dot{\boldsymbol{r}}_i, t)$),

$$\delta\int_{t_1}^{t_2} L\mathrm{d}t + \int_{t_1}^{t_2}\sum_i \boldsymbol{f}_i\cdot\delta\boldsymbol{r}_i\mathrm{d}t = 0.$$

1.3.5 拉格朗日运动方程[①]

所以,只消将 $\boldsymbol{r}_i=\boldsymbol{r}_i(q_a,t)$代入 $L=T-V$,并计算外力的非势能部分所做的功总和 δW

$$\delta W \equiv \sum_{i=1}^{n} \boldsymbol{f}_i\cdot\delta\boldsymbol{r}_i = \sum_{a=1}^{g} f_a\delta q_a,$$

其中 f_a 为广义力,于是便可以从变换后的变分法

$$\delta\int_{t_1}^{t_2} L(q_a, \dot{q}_a, t)\mathrm{d}t + \int_{t_1}^{t_2}\sum_a f_a\delta q_a\mathrm{d}t = 0,$$

带 $\delta q_a(t_1)=\delta q_a(t_2)=0$ 条件,导出变换后的运动方程

---

① J. L. Lagrange,前引书.

$$\frac{\mathrm{d}}{\mathrm{d}t}\left(\frac{\partial L}{\partial \dot{q}_a}\right)-\frac{\partial L}{\partial q_a}=f_a \quad (a=1,2,\cdots,g);$$

称为拉格朗日方程. 注意,此处(以后也同样)按物理习惯,同一个符号 L 指同一物理量,在不同坐标系下数学函数表示不一样.

计算 f_a 以直接计算 δW 更为简便,因为在很多情况下,外力的非势能部分不做功或者做功总和抵消. 例如,在固定的光滑表面上的反作用力($\boldsymbol{f}_i$ 垂直于 $\delta\boldsymbol{r}_i$),在固定的完全不光滑表面上的反作用力($\delta\boldsymbol{r}_i=0$),在固定支枢或绞链处以及其他刚性连接处的作用和反作用等(或 $\delta\boldsymbol{r}_i=0$ 或 $\sum_i \boldsymbol{f}_i\cdot\delta\boldsymbol{r}_i$ 抵消为零)都可以不必计入. 注意当计及摩擦力时不能所有的 f_a 同时为零.

通常,忽略摩擦力,常将拉格朗日运动方程写为(完整力学系,保守力系)

$$\frac{\mathrm{d}}{\mathrm{d}t}\left(\frac{\partial L}{\partial \dot{q}_a}\right)-\frac{\partial L}{\partial q_a}=0 \quad (a=1,2,\cdots,g).$$

1.3.6 广义坐标变换

拉格朗日方程与变分法的联系,对坐标变换很方便. 如将坐标 q_a 变换为新坐标 $\bar{q}_b$,譬如,$q_a=q_a(\bar{q}_b,t)$,只须代入 $L(q_a,\dot{q}_a,t)$ 得 $\bar{L}(\bar{q}_b,\dot{\bar{q}}_b,t)$,并计算 $\sum_a f_a\delta q_a$ 得 $\sum_b \bar{f}_b\delta\bar{q}_b$,新坐标下的拉格朗日方程即是

$$\frac{\mathrm{d}}{\mathrm{d}t}\left(\frac{\partial \bar{L}}{\partial \dot{\bar{q}}_b}\right)-\frac{\partial \bar{L}}{\partial \bar{q}_b}=\bar{f}_b \quad (b=1,2,\cdots,g).$$

当然,如果方便的话,也可以直接从 $L(\boldsymbol{r}_i,\dot{\boldsymbol{r}}_i,t)$ 和 $\sum_i^{1,\cdots,n} \boldsymbol{f}_i\cdot\delta\boldsymbol{r}_i$ 一步变换到 $\bar{q}_b$,$\dot{\bar{q}}_b$,t.

选择不同的广义坐标,仍然描述质点系的同一位形. 描述质点系位形的运动,需要解 g 个二阶常微分方程,定解条件为 $2g$ 个初值. 所以广义坐标的变换只局限于 g 个变量的变换,还不够求解之用. 我们需要 $2g$ 个变量的变换.

1.4 哈密顿正则运动方程和正则变换

1.4.1 哈密顿正则运动方程①

引入广义动量

① W. R. Hamilton, *Phil. Trans.*, (1834), Part Ⅱ, 247—308; (1835), Part Ⅰ, 95—144; *British Association Reports*, (1834), 513—518. 以上文献现收入于 *The Mathematical Papers of Sir William Rowan Hamilton*, vol. 2. (1940), 103—161; 162—211; 212—216. 哈密顿(1805—1865),爱尔兰数学家和物理学家.

$$p_a = \frac{\partial L}{\partial \dot{q}_a} \quad (a = 1,2,\cdots,g),$$

并反解这些方程,将 $\dot{q}_a$ 以 $q_1,\cdots,q_g,p_1,\cdots,p_g,t$ 表达之. 同样,将哈密顿函数 H 表达为这些正则变量的函数

$$H = \sum_a p_a \dot{q}_a - L = H(q_1,\cdots,q_g,p_1,\cdots p_g,t).$$

在这节我们限制摩擦力为零,拉格朗日运动方程

$$\frac{\mathrm{d}}{\mathrm{d}t}\Big(\frac{\partial L}{\partial \dot{q}_a}\Big) - \frac{\partial L}{\partial q_a} = 0 \quad (a = 1,2,\cdots,g)$$

与变分法

$$\delta \int_{t_1}^{t_2} L\mathrm{d}t = \delta \int_{t_1}^{t_2} L(q_a,\dot{q}_a,t)\,\mathrm{d}t = 0$$

等价. 将 L 用 H 表达,变分法给出

$$\begin{aligned} 0 &= \delta \int_{t_1}^{t_2} L\mathrm{d}t = \delta \int_{t_1}^{t_2} \Big(\sum_a p_a \dot{q}_a - H\Big)\mathrm{d}t \\ &= \int_{t_1}^{t_2} \sum_a \Big\{\Big(\dot{q}_a - \frac{\partial H}{\partial p_a}\Big)\delta p_a + \Big(-\dot{p}_a - \frac{\partial H}{\partial q_a}\Big)\delta q_a\Big\}\mathrm{d}t; \end{aligned}$$

所以拉格朗日运动方程化为哈密顿正则方程

$$\dot{q}_a = \frac{\partial H}{\partial p_a}, \quad \dot{p}_a = -\frac{\partial H}{\partial q_a} \quad (a = 1,2,\cdots,g).$$

这是 $2g$ 个一阶方程代替原来的 g 个二阶方程.

1.4.2 正则变换

哈密顿正则方程原则上可以用正则变换求解. 所谓正则变换,是指 $q_1,\cdots,q_g,p_1,\cdots,p_g$ 共 $2g$ 个正则变量到 $Q_1,\cdots,Q_g,P_1,\cdots,P_g$ 新的正则变量的变换,满足下列条件

$$\sum_a p_a \mathrm{d}q_a - H\mathrm{d}t = \sum_a P_a \mathrm{d}Q_a - K\mathrm{d}t + \mathrm{d}G,$$

其中 $\mathrm{d}G$ 为任意的全微分. 选定 G 便决定了正则变换,同时决定了变换后的新哈密顿函数 K. 譬如,取 $G=G(q_1,\cdots,q_g,Q_1,\cdots,Q_g,t)$,则由

$$p_a = \frac{\partial G}{\partial q_a}, \quad P_a = -\frac{\partial G}{\partial Q_a} \quad (a = 1,2,\cdots,g)$$

决定了 $q_1,\cdots,q_g,p_1,\cdots,p_g$ 到 $Q_1,\cdots,Q_g,P_1,\cdots,P_g$ 的变换关系,并得变换后的新哈密顿函数

$$K = H + \frac{\partial G}{\partial t}.$$

从变分法

$$\delta\int_{t_1}^{t_2}\left\{\sum_a p_a\dot{q}_a-H\right\}\mathrm{d}t=\delta\int_{t_1}^{t_2}\left\{\sum_a P_a\dot{Q}_a-K\right\}\mathrm{d}t+\delta G\Big|_{t_1}^{t_2},$$

得

$$\int_{t_1}^{t_2}\sum_a\left\{\left(\dot{Q}_a-\frac{\partial K}{\partial P_a}\right)\delta P_a+\left(-\dot{P}_a-\frac{\partial K}{\partial Q_a}\right)\delta Q_a\right\}\mathrm{d}t$$

$$+\left\{\delta G+\sum_a P_a\delta Q_a-\sum_a p_a\delta q_a\right\}\Big|_{t_1}^{t_2}$$

$$=\int_{t_1}^{t_2}\sum_a\left\{\left(\dot{q}_a-\frac{\partial H}{\partial p_a}\right)\delta p_a+\left(-\dot{p}_a-\frac{\partial H}{\partial q_a}\right)\delta q_a\right\}\mathrm{d}t.$$

所以知道经过正则变换后,新的正则方程为

$$\dot{Q}_a=\frac{\partial K}{\partial P_a},\quad \dot{P}_a=-\frac{\partial K}{\partial Q_a}\quad (a=1,2,\cdots,g).$$

1.4.3 哈密顿-雅可比方程[①②]

原则上可选 G 使变换后的新哈密顿函数 $K\equiv 0$. 为此,需求哈密顿-雅可比偏微分方程

$$H\left(q_a,\frac{\partial G}{\partial q_a},t\right)+\frac{\partial G}{\partial t}=0$$

的某个完全解,即求上述方程的一个包括 g 个任意常量 $\alpha_1,\cdots,\alpha_g$ 的特解

$$G=G(q_1,\cdots,q_g,\alpha_1,\cdots,\alpha_g,t)$$

即可,G 的可加任意常量不算. 把 G 看做产生

$$q_1,\cdots,q_g,p_1,\cdots,p_g\quad 到\quad Q_1,\cdots,Q_g,P_1,\cdots,P_g$$

的正则变换,使新哈密顿函数 $K=0$. 所以新的正则方程显然可解,即

$$Q_a=常量=\alpha_a\quad (a=1,2,\cdots,g),$$

$$P_a=常量,即-\frac{\partial G}{\partial\alpha_a}=\beta_a\quad (a=1,2,\cdots,g).$$

从后者可反解出 $q_a=q_a(\alpha_1,\cdots,\alpha_g,\beta_1,\cdots,\beta_g,t)$,而微商给出 $p_a=\partial G/\partial q_a$,经过代入也表达为 $\alpha_1,\cdots,\alpha_g,\beta_1,\cdots,\beta_g,t$ 的函数. 这样正则方程已解. 特别可以把 G 选为哈密顿的主函数

$$W=W(q_1,\cdots,q_g,\alpha_1,\cdots,\alpha_g,t),$$

其中 $\alpha_1,\cdots,\alpha_g$ 为某初始时刻 $t=t_0$ 时 $q_1,\cdots,q_g$ 的取值,而初始时刻 $p_1,\cdots,p_g$ 的取值为 $\beta_1,\cdots,\beta_g$. $\beta_a=-\dfrac{\partial W}{\partial\alpha_a}$这些方程连同 $p_i=\dfrac{\partial W}{\partial q_a}$共 $2g$ 个,给出 $q_1,\cdots,q_g,p_1,\cdots,$

① W. R. Hamilton,见前引文献,特别是第二篇.

② C. G. Jacobi, *Vorlesungen über Dynamik*, 1866(这是他 1842—1843 关于动力学的讲义). 雅可比(1804—1851),德国数学家.

p_g 与其初值 $\alpha_1,\cdots,\alpha_g,\beta_1,\cdots,\beta_g$ 的关系. 随 t 增长, $q_1,\cdots,q_g,p_1,\cdots,p_g$ 的变化总是以前某初值的正则变换. 容易验证,主函数为

$$W=\int_{t_0}^{t}L\mathrm{d}t.$$

注意此处被积函数 L 中的 $q_1,\cdots,q_g.\dot{q}_1,\cdots,\dot{q}_g$ 指运动方程

$$\frac{\mathrm{d}}{\mathrm{d}t}\frac{\partial L}{\partial\dot{q}_a}-\frac{\partial L}{\partial q_a}=0\quad(a=1,2,\cdots,g)$$

带定解条件 $t=t_0$ 时 $q_a=\alpha_a,p_a=\beta_a$ 的定解. 如变化初值条件(以 Δ 表示此变分),则

$$\Delta W=\int_{t_0}^{t}\Delta L\mathrm{d}t=\int_{t_0}^{t}\sum_a\left\{\frac{\partial L}{\partial q_a}\Delta q_a+\frac{\partial L}{\partial\dot{q}_a}\Delta\dot{q}_a\right\}\mathrm{d}t.$$

代入运动方程和 $\Delta\dot{q}_a=\frac{\mathrm{d}}{\mathrm{d}t}\Delta q_a$, 被积函数为全微分,

$$\begin{aligned}\Delta W&=\int_{t_0}^{t}\frac{\mathrm{d}}{\mathrm{d}t}\Big(\sum_a\frac{\partial L}{\partial\dot{q}_a}\Delta q_a\Big)\mathrm{d}t\\&=\sum_a p_a\Delta q_a-\sum_a\beta_a\Delta\alpha_a;\end{aligned}$$

后一步应用了 $\frac{\partial L}{\partial\dot{q}_a}=p_a$. 所以

$$p_a=\frac{\partial W}{\partial q_a},\quad\beta_a=-\frac{\partial W}{\partial\alpha_a}\quad(a=1,2,\cdots,g).$$

又由于

$$L=\frac{\mathrm{d}W}{\mathrm{d}t}=\frac{\partial W}{\partial t}+\sum_a\frac{\partial W}{\partial q_a}\dot{q}_a=\frac{\partial W}{\partial t}+\sum_a p_a\dot{q}_a,$$

而移项并利用 $H=\sum_a p_a\dot{q}_a-L$, 得见 W 的确满足哈密顿-雅可比方程,并且可以看做是 t 时刻的正则变量 $q_1,\cdots,q_g,p_1,\cdots,p_g$ 与 t_0 时刻的初始值 $\alpha_1,\cdots,\alpha_g,\beta_1,\cdots,\beta_g$ 作为正则变量之间的正则变换的函数.

1.4.4　泊松括号

利用正则方程, $\dot{q}_a=\frac{\partial H}{\partial p_a}$, $\dot{p}_a=-\frac{\partial H}{\partial q_a}$, 对于任意依赖于 $q_1,\cdots,q_g,p_1,\cdots,p_g$, t 的函数,譬如

$$c=c(q_1,\cdots,q_g,p_1,\cdots,p_g,t),$$

得

$$\frac{\mathrm{d}c}{\mathrm{d}t}=\frac{\partial c}{\partial t}+\sum_a\frac{\partial c}{\partial q_a}\dot{q}_a+\sum_a\frac{\partial c}{\partial p_a}\dot{p}_a=\frac{\partial c}{\partial t}+[c,H];$$

其中泊松括号①

$$[u,v]=\sum_a\left(\frac{\partial u}{\partial q_a}\frac{\partial v}{\partial p_a}-\frac{\partial v}{\partial q_a}\frac{\partial u}{\partial p_a}\right).$$

可以证明,u 与 v 的泊松括号对于正则变换是不变量(见习题 1.10). 显然,有基本泊松括号

$$[q_a,p_b]=\delta_{ab},\quad [q_a,q_b]=[p_a,p_b]=0\quad (a,b=1,2,\cdots,g).$$

这些关系式可以用来检验看 $q_1,\cdots,q_g,p_1,\cdots,p_g$ 是否是一套正则变量的判断标准.

习　题

1.1　直角坐标到柱坐标或球坐标的变换公式.

解:定义坐标变换为

$$x=\rho\cos\varphi=r\sin\theta\cos\varphi,$$
$$y=\rho\sin\varphi=r\sin\theta\sin\varphi,$$
$$z=z=r\cos\theta;$$

可证明位移的变换公式为

$$\begin{aligned}\mathrm{d}\boldsymbol{r}&=\boldsymbol{e}_x\mathrm{d}x+\boldsymbol{e}_y\mathrm{d}y+\boldsymbol{e}_z\mathrm{d}z, &&\text{(直角坐标)}\\&=\boldsymbol{e}_\rho\mathrm{d}\rho+\boldsymbol{e}_\varphi\rho\mathrm{d}\varphi+\boldsymbol{e}_z\mathrm{d}z, &&\text{(柱坐标)}\\&=\boldsymbol{e}_r\mathrm{d}r+\boldsymbol{e}_\theta r\mathrm{d}\theta+\boldsymbol{e}_\varphi r\sin\theta\,\mathrm{d}\varphi; &&\text{(球坐标)}\end{aligned}$$

其中

$$\boldsymbol{e}_\rho=\boldsymbol{e}_x\cos\varphi+\boldsymbol{e}_y\sin\varphi,$$
$$\boldsymbol{e}_\varphi=-\boldsymbol{e}_x\sin\varphi+\boldsymbol{e}_y\cos\varphi,$$
$$\boldsymbol{e}_r=\boldsymbol{e}_x\sin\theta\cos\varphi+\boldsymbol{e}_y\sin\theta\sin\varphi+\boldsymbol{e}_z\cos\theta,$$
$$\boldsymbol{e}_\theta=\boldsymbol{e}_x\cos\theta\cos\varphi+\boldsymbol{e}_y\cos\theta\sin\varphi-\boldsymbol{e}_z\sin\theta.$$

如取 $\boldsymbol{e}_x,\boldsymbol{e}_y,\boldsymbol{e}_z$ 为右手正交归一基矢系,则 $\boldsymbol{e}_z,\boldsymbol{e}_\rho,\boldsymbol{e}_\varphi$ 或 $\boldsymbol{e}_r,\boldsymbol{e}_\theta,\boldsymbol{e}_\varphi$ 亦为右手正交归一基矢系. 体积元则有

$$\mathrm{d}x\mathrm{d}y\mathrm{d}z=\rho\,\mathrm{d}\rho\,\mathrm{d}\varphi\,\mathrm{d}z=r^2\sin\theta\,\mathrm{d}r\mathrm{d}\theta\,\mathrm{d}\varphi.$$

注意柱坐标中有

$$\mathrm{d}\boldsymbol{e}_\rho=\boldsymbol{e}_\varphi\mathrm{d}\varphi\quad 和\quad \mathrm{d}\boldsymbol{e}_\varphi=-\boldsymbol{e}_\rho\mathrm{d}\varphi;$$

而球坐标中有

---

① S. D. Poisson, *J. de l'Ecole Polytechnique*, **8**(1809), 266. 泊松(1781—1840),法国力学家,数学家和物理学家.

$$\mathrm{d}\boldsymbol{e}_r = \boldsymbol{e}_\theta \mathrm{d}\theta + \boldsymbol{e}_\varphi \sin\theta\, \mathrm{d}\varphi,$$
$$\mathrm{d}\boldsymbol{e}_\theta = -\boldsymbol{e}_r \mathrm{d}\theta + \boldsymbol{e}_\varphi \cos\theta\, \mathrm{d}\varphi,$$
$$\mathrm{d}\boldsymbol{e}_\varphi = -\boldsymbol{e}_r \sin\theta\, \mathrm{d}\theta - \boldsymbol{e}_\theta \cos\theta\, \mathrm{d}\varphi.$$

所以,从位置矢量

$$\boldsymbol{r} = \boldsymbol{e}_x x + \boldsymbol{e}_y y + \boldsymbol{e}_z z = \boldsymbol{e}_\rho \rho + \boldsymbol{e}_z z = \boldsymbol{e}_r r$$

求导数再求导数(对时间导数用 · 表示),得速度、加速度:

$$\begin{aligned}\dot{\boldsymbol{r}} &= \boldsymbol{e}_x \dot{x} + \boldsymbol{e}_y \dot{y} + \boldsymbol{e}_z \dot{z} \\ &= \boldsymbol{e}_\rho \dot{\rho} + \boldsymbol{e}_\varphi \rho\, \dot{\varphi} + \boldsymbol{e}_z \dot{z}; \\ &= \boldsymbol{e}_r \dot{r} + \boldsymbol{e}_\theta r\, \dot{\theta} + \boldsymbol{e}_\varphi r \sin\theta\, \dot{\varphi};\end{aligned}$$

$$\begin{aligned}\ddot{\boldsymbol{r}} &= \boldsymbol{e}_x \ddot{x} + \boldsymbol{e}_y \ddot{y} + \boldsymbol{e}_z \ddot{z} \\ &= \boldsymbol{e}_\rho (\ddot{\rho} - \rho\dot{\varphi}^2) + \boldsymbol{e}_\varphi (\rho\ddot{\varphi} + 2\dot{\rho}\dot{\varphi}) + \boldsymbol{e}_z \ddot{z} \\ &= \boldsymbol{e}_r (\ddot{r} - r\dot{\theta}^2 - r\sin^2\theta\, \dot{\varphi}^2) + \boldsymbol{e}_\theta (r\ddot{\theta} + 2\dot{r}\dot{\theta} - r\sin\theta\cos\theta\, \dot{\varphi}^2) \\ &\quad + \boldsymbol{e}_\varphi (r\sin\theta\, \ddot{\varphi} + 2r\cos\theta\, \dot{\theta}\dot{\varphi} + 2\sin\theta\, \dot{r}\dot{\varphi}).\end{aligned}$$

矢量导数算符的变换则为

$$\begin{aligned}\nabla \equiv \frac{\partial}{\partial \boldsymbol{r}} &\equiv \boldsymbol{e}_x \frac{\partial}{\partial x} + \boldsymbol{e}_y \frac{\partial}{\partial y} + \boldsymbol{e}_z \frac{\partial}{\partial z} \\ &= \boldsymbol{e}_\rho \frac{\partial}{\partial \rho} + \boldsymbol{e}_\varphi \frac{\partial}{\rho \partial \varphi} + \boldsymbol{e}_z \frac{\partial}{\partial z} \\ &= \boldsymbol{e}_r \frac{\partial}{\partial r} + \boldsymbol{e}_\theta \frac{\partial}{r \partial \theta} + \boldsymbol{e}_\varphi \frac{\partial}{r \sin\theta \partial \varphi}.\end{aligned}$$

1.2 两体相对运动:考虑两质点在相互作用下运动. 如相互作用势能只依赖于两质点的相对位置,证明相对运动与质心运动互相独立,即有:相对运动为

$$m\ddot{\boldsymbol{r}} = -\frac{\partial V}{\partial \boldsymbol{r}}, \quad m = \frac{m_1 m_2}{m_1 + m_2}, \quad \boldsymbol{r} = \boldsymbol{r}_1 - \boldsymbol{r}_2;$$

和质心运动为

$$M\ddot{\boldsymbol{R}} = 0, \quad M = m_1 + m_2, \quad \boldsymbol{R} = \frac{m_1 \boldsymbol{r}_1 + m_2 \boldsymbol{r}_2}{m_1 + m_2}.$$

1.3 有心力与轨道方程:如相对运动的势能 V 只与相对距离 $|\boldsymbol{r}|$ 有关,则上题中两体相对运动的轨道(取在 $z=0$ 平面内,用极坐标 ρ, φ)满足方程(u 代表距离 ρ 的倒数,h 代表 $\boldsymbol{r} \times \dot{\boldsymbol{r}}$ 的绝对值,$h = \rho^2 \dot{\varphi}$ 亦即两倍掠面速度,P 代表有心力的大小除以相对质量 m,相吸为正):

$$P = h^2 u^2 \left(u + \frac{\mathrm{d}^2 u}{\mathrm{d}\varphi^2}\right).$$

考虑下列几种情形

(1) $P = GMu^2$,(2) $P = GMu^2 + \alpha u^3$,(3) $P = \alpha u^3$,(4) $P = \beta / u$.

(参考：E. T. Whittaker: *Analytical Dynamics*, Cambridge Univ. Press; 1952, Chap. Ⅳ.)

1.4　质点系内部势能 $V^{内}(\boldsymbol{r}_i)$ 只与各质点相对位置的几何性质有关. 因此，利用坐标原点可任意平移，坐标轴可任意转动，证明：

$$\sum_i \frac{\partial V^{内}}{\partial \boldsymbol{r}_i} = 0, \quad \sum_i \boldsymbol{r}_i \times \frac{\partial V^{内}}{\partial \boldsymbol{r}_i} = 0.$$

因而证明质点系的集体平移或转动的运动方程为

$$\boldsymbol{F}^{外} \equiv \sum_i \boldsymbol{F}_i^{外} = \frac{\mathrm{d}}{\mathrm{d}t} \sum_i m_i \dot{\boldsymbol{r}}_i \equiv \frac{\mathrm{d}}{\mathrm{d}t} \boldsymbol{P},$$

$$\boldsymbol{N}^{外} = \sum_i \boldsymbol{r}_i \times \boldsymbol{F}_i^{外} = \frac{\mathrm{d}}{\mathrm{d}t} \sum_i m_i \boldsymbol{r}_i \times \dot{\boldsymbol{r}}_i \equiv \frac{\mathrm{d}}{\mathrm{d}t} \boldsymbol{L};$$

其中 $\boldsymbol{F}^{外}$ 和 $\boldsymbol{N}^{外}$ 分别为外力和外力矩的总和，而 $\boldsymbol{P}$ 和 $\boldsymbol{L}$ 则分别为总动量和总角动量.

定义质心位置 $\boldsymbol{R} = (\sum_i m_i \boldsymbol{r}_i)/M, M = \sum_i m_i$，又定义相对于质心的各点位置 $\boldsymbol{r}_i - \boldsymbol{R} \equiv \boldsymbol{r}_i'$. 证明转动方程中总力矩和总角动量都可以从相对于质心的各量来计算，即有

$$\boldsymbol{N}^{外}_{相对于质心} = \sum_i \boldsymbol{r}_i' \times \boldsymbol{F}_i^{外} = \frac{\mathrm{d}}{\mathrm{d}t} \sum_i m_i \boldsymbol{r}_i' \times \dot{\boldsymbol{r}}_i' = \frac{\mathrm{d}}{\mathrm{d}t} \boldsymbol{L}_{相对于质心}.$$

又，定义总动能为 $T = \sum_i \frac{m_i}{2} \dot{\boldsymbol{r}}_i \cdot \dot{\boldsymbol{r}}_i$，有

$$\frac{\mathrm{d}}{\mathrm{d}t}(T + V^{内}) = \sum_i \boldsymbol{F}_i^{外} \cdot \dot{\boldsymbol{r}}_i,$$

或相对于质心计算，$T_{相对于质心} = \sum_i \frac{m_i}{2} \dot{\boldsymbol{r}}_i' \cdot \dot{\boldsymbol{r}}_i'$，有

$$\frac{\mathrm{d}}{\mathrm{d}t}(T_{相对于质心} + V^{内}) = \sum_i \boldsymbol{F}_i^{外} \cdot \dot{\boldsymbol{r}}_i'.$$

1.5　可遗坐标的处理：如拉格朗日函数包含某坐标 q_1 的对时间导数但不包括 q_1 本身，这个坐标叫做可遗坐标. 这时因为 $\partial L/\partial q_1 = 0$，所以拉格朗日方程 $\frac{\mathrm{d}}{\mathrm{d}t}\left(\frac{\partial L}{\partial \dot{q}_1}\right) - \frac{\partial L}{\partial q_1} = 0$ 便可以积分而得 $\frac{\partial L}{\partial \dot{q}_1} = 常量 = k_1$. 将此式反解，可以将 $\dot{q}_1$ 表示为常量 k_1 及其他坐标的函数. 证明其余的拉格朗日运动方程可以从处理过的

$$L_{可遗} = L - \dot{q}_1 \frac{\partial L}{\partial \dot{q}_1} = L_{可遗}(q_2, \dot{q}_2, \cdots, k_1, t)$$

(式中 $\dot{q}_1$ 用 k_1 及 $q_2 \cdots$ 等表达代过)作为其余坐标的拉格朗日函数而得到. 例如有心力作用下的一个质点，在 $z=0$ 平面中运动，用极坐标 ρ, φ 表示，有(取质点质量 m 为1)

$$L=\frac{1}{2}(\dot{\rho}^2+\rho^2\dot{\varphi}^2)-V(\rho).$$

则有 $\rho^2\dot{\varphi}=k$，φ 为可遗坐标；而对 ρ 的拉格朗日方程

$$\ddot{\rho}-\rho\dot{\varphi}^2+\frac{\mathrm{d}V}{\mathrm{d}\rho}=0 \text{ 化为 } \ddot{\rho}-\frac{k^2}{\rho^3}+\frac{\mathrm{d}V}{\mathrm{d}\rho}=0,$$

后者可以从

$$L_{\text{可遗}}=L-\dot{\varphi}\frac{\partial L}{\partial\dot{\varphi}}=\frac{1}{2}\left(\dot{\rho}^2-\frac{k^2}{\rho^2}\right)-V(\rho)$$

作为 ρ 的拉格朗日函数的拉格朗日方程

$$\frac{\mathrm{d}}{\mathrm{d}t}\frac{\partial L_{\text{可遗}}}{\partial\dot{\rho}}-\frac{\partial L_{\text{可遗}}}{\partial\rho}=0$$

得到. 在 $L_{\text{可遗}}$ 中 k 作为常量处理.

1.6 用哈密顿-雅可比方程解两体引力运动：在轨道平面内取极坐标，只考虑其相对运动，

$$L=T-V=\frac{1}{2}\frac{m_1m_2}{m_1+m_2}(\dot{\rho}^2+\rho^2\dot{\varphi}^2)+\frac{Gm_1m_2}{\rho}.$$

适当选取质量单位、距离单位和时间单位，可以把系数吸收到新变量中去，仍用原先符号，简化上式为

$$L=T-V=\frac{1}{2}(\dot{\rho}^2+\rho^2\dot{\varphi}^2)+\frac{1}{\rho};$$

这里相当于

$$q_1=\rho,\quad q_2=\varphi,$$

所以

$$H=\dot{\rho}\frac{\partial L}{\partial\dot{\rho}}+\dot{\varphi}\frac{\partial L}{\partial\dot{\varphi}}-L=T+V=\frac{1}{2}\left(p_\rho^2+\frac{p_\varphi^2}{\rho^2}\right)-\frac{1}{\rho}.$$

哈密顿-雅可比方程为

$$\frac{\partial G}{\partial t}+\frac{1}{2}\left\{\left(\frac{\partial G}{\partial\rho}\right)^2+\frac{1}{\rho^2}\left(\frac{\partial G}{\partial\varphi}\right)^2\right\}-\frac{1}{\rho}=0,$$

取完全解为

$$G=\alpha_1t+\alpha_2\varphi+R(\rho),$$

其中 $R(\rho)$ 满足

$$\alpha_1+\frac{1}{2}\left(\frac{\mathrm{d}R}{\mathrm{d}\rho}\right)^2+\frac{\alpha_2^2}{2\rho^2}-\frac{1}{\rho}=0;$$

即

$$R=\int\sqrt{-2\alpha_1+\frac{2}{\rho}-\frac{\alpha_2^2}{\rho^2}}\,\mathrm{d}\rho,$$

此处积分上限为 ρ,而下限任意,只给 G 增加相加的常量. 运动方程的解包含于

$$\beta_1 = -\frac{\partial G}{\partial \alpha_1} = -t - \frac{\partial R}{\partial \alpha_1} = -t + \int \frac{\mathrm{d}\rho}{\sqrt{-2\alpha_1 + \frac{2}{\rho} - \frac{\alpha_2^2}{\rho^2}}},$$

$$\beta_2 = -\frac{\partial G}{\partial \alpha_2} = -\varphi - \frac{\partial R}{\partial \alpha_2} = -\varphi + \int \frac{\alpha_2}{\rho^2} \frac{\mathrm{d}\rho}{\sqrt{-2\alpha_1 + \frac{2}{\rho} - \frac{\alpha_2^2}{\rho^2}}}.$$

引入离心率 e 和参量 a 使

$$-2\alpha_1\rho^2 + 2\rho - \alpha_2^2 = 2\alpha_1\{a^2e^2 - (\rho - a)^2\},$$

则有

$$a = \frac{1}{2\alpha_1}, \quad \alpha_2^2 = a(1-e^2);$$

所以依 $\alpha_1 \gtrless 0$,有 $a \gtrless 0$ 和 $1-e^2 \gtrless 0$. 分别令(假设总有 $e>0$)

$$\rho - a = -ae\cos\xi \quad (a>0)\ (1>e>0)\ (\alpha_1>0),$$

$$\rho + |a| = |a|e\cosh\eta \quad (a<0)\ (e>1)\ (\alpha_1<0),$$

则有

$$-2\alpha_1\rho^2 + 2\rho - \alpha_2^2 = ae^2\sin^2\xi,$$

$$-2\alpha_1\rho^2 + 2\rho - \alpha_2^2 = |a|\, e^2\sinh^2\eta;$$

分别得

$$\beta_1 + t = a^{3/2}(\xi - e\sin\xi) \quad (a>0),$$

$$\beta_1 + t = |a|^{3/2}(e\sinh\eta - \eta) \quad (a<0).$$

又

$$\beta_2 + \varphi = \cos^{-1}\frac{\alpha_2^2\frac{1}{\rho} - 1}{e}.$$

即无论 $e \gtrless 1$ 皆有

$$\rho = \frac{\alpha_2^2}{1 + e\cos(\varphi + \beta_2)}.$$

α_1 和 α_2 的物理意义明显,α_1 为相对能量的负值,$\alpha_1 = -E$,而 α_2 为相应于 φ 角的角动量.

椭圆轨道($e<1$)的周期从 ξ 增加 2π 得到 $T = 2\pi a^{3/2}$. 还原单位后得 $4\pi^2a^3/T^2 = G(m_1+m_2)$,严格讲对开普勒第三定律有小修正.

1.7　考虑一维阻尼简谐振动. 将其牛顿运动方程

$$m\ddot{x} = -kx - \gamma\dot{x}$$

化为拉格朗日运动方程(取 $q=x, \dot{q}=\dot{x}$)及哈密顿正则方程(取 $q=x, p=m\dot{x}$)形式. 当 $\gamma=0$,即无阻尼力时,给出其主函数 $W(x,x_0,t)$;其中 x 为 t 时的位移,而 x_0

为 $t=0$ 时的初值位移，并验证哈密顿-雅可比方程.

1.8　简谐振子哈密顿函数 $H=\frac{p^2}{2m}+\frac{m\omega^2}{2}q^2$ 中代以

$$p=\sqrt{2Pm\omega}\cos Q,\quad q=\sqrt{2P/m\omega}\sin Q,$$

得 $H=\omega P$. 证明 q,p 与 Q,P 为正则变换（$G(q,Q)=\frac{m\omega}{2}q^2\cot Q$），并解 Q,P 的运动方程.

1.9　令 $P=a\left(\frac{p}{\sqrt{2m}}+\mathrm{i}\sqrt{\frac{m\omega^2}{2}}q\right)$,

$$Q=a\left(\frac{p}{\sqrt{2m}}-\mathrm{i}\sqrt{\frac{m\omega^2}{2}}q\right);$$

用基本泊松括号判定 q,p 到 Q,P 为正则变换所规定的 a 值. 给出变换后的谐振子的哈密顿函数（$\mathrm{i}\omega QP$），并解变换后的正则方程.

1.10　求证泊松括号对于正则变换是不变量. 即要求证明，当 q_a,p_a 与 Q_a,P_a 为正则变换时，

$$\sum_a\left(\frac{\partial u}{\partial q_a}\frac{\partial v}{\partial p_a}-\frac{\partial v}{\partial q_a}\frac{\partial u}{\partial p_a}\right)=\sum_a\left(\frac{\partial u}{\partial Q_a}\frac{\partial v}{\partial P_a}-\frac{\partial v}{\partial Q_a}\frac{\partial u}{\partial P_a}\right).$$

证明：设正则变换由函数 $G(q_a,Q_a,t)$ 产生，即有

$$p_a=\left(\frac{\partial G}{\partial q_a}\right)_Q,\quad P_a=-\left(\frac{\partial G}{\partial Q_a}\right)_q;$$

此处下角标标明求偏导数时不变动的其他变量（有些显然明了是不变动的变量则省略注明）. 所要求证明的不变关系，注明下角标，为

$$\sum_a\left[\left(\frac{\partial u}{\partial q_a}\right)_p\left(\frac{\partial v}{\partial p_a}\right)_q-\left(\frac{\partial v}{\partial q_a}\right)_p\left(\frac{\partial u}{\partial p_a}\right)_q\right]$$

$$=\sum_a\left[\left(\frac{\partial u}{\partial Q_a}\right)_P\left(\frac{\partial v}{\partial P_a}\right)_Q-\left(\frac{\partial v}{\partial Q_a}\right)_P\left(\frac{\partial u}{\partial P_a}\right)_Q\right];$$

这式两侧将皆在 q_a,Q_a,t 作为独立变量下算出. 在 $u=u(q_a,p_a,t)$ 中代入 $p_a=p_a(q_b,Q_b,t)$ 得

$$\left(\frac{\partial u}{\partial q_a}\right)_Q=\left(\frac{\partial u}{\partial q_a}\right)_p+\sum_b\left(\frac{\partial u}{\partial p_b}\right)_q\left(\frac{\partial p_b}{\partial q_a}\right)_Q;$$

将此式代入上面要证明的关系式左侧，注意到

$$\left(\frac{\partial p_b}{\partial q_a}\right)_Q=\left(\frac{\partial^2 G}{\partial q_a\partial q_b}\right)_Q=\left(\frac{\partial p_a}{\partial q_b}\right)_Q$$

使双重求和项抵消. 于是要证明的关系的左侧化为

$$\sum_a\left[\left(\frac{\partial u}{\partial q_a}\right)_p\left(\frac{\partial v}{\partial p_a}\right)_q-\left(\frac{\partial v}{\partial q_a}\right)_p\left(\frac{\partial u}{\partial p_a}\right)_q\right]$$

$$= \sum_a \left[\left(\frac{\partial u}{\partial q_a}\right)_Q \left(\frac{\partial v}{\partial p_a}\right)_q - \left(\frac{\partial v}{\partial q_a}\right)_Q \left(\frac{\partial u}{\partial p_a}\right)_q \right].$$

同样,在右侧 $u=u(Q_a,P_a,t)$ 中代入 $P_a=P_a(q_b,Q_b,t)$,如上处理.要证明的关系的右侧化为

$$\sum_a \left[\left(\frac{\partial u}{\partial Q_a}\right)_P \left(\frac{\partial v}{\partial P_a}\right)_Q - \left(\frac{\partial v}{\partial Q_a}\right)_P \left(\frac{\partial u}{\partial P_a}\right)_Q \right]$$
$$= \sum_a \left[\left(\frac{\partial u}{\partial Q_a}\right)_q \left(\frac{\partial v}{\partial P_a}\right)_Q - \left(\frac{\partial v}{\partial Q_a}\right)_q \left(\frac{\partial u}{\partial P_a}\right)_Q \right].$$

换言之,我们需要证明

$$\sum_a \left[\left(\frac{\partial u}{\partial q_a}\right)_Q \left(\frac{\partial v}{\partial p_a}\right)_q - \left(\frac{\partial v}{\partial q_a}\right)_Q \left(\frac{\partial u}{\partial p_a}\right)_q \right]$$
$$= \sum_a \left[\left(\frac{\partial u}{\partial Q_a}\right)_q \left(\frac{\partial v}{\partial P_a}\right)_Q - \left(\frac{\partial v}{\partial Q_a}\right)_q \left(\frac{\partial u}{\partial P_a}\right)_Q \right].$$

这式左侧前半为(考虑 $u(Q,P(q,Q,t),t)$)

$$\sum_a \left(\frac{\partial u}{\partial q_a}\right)_Q \left(\frac{\partial v}{\partial p_a}\right)_q = \sum_a \sum_b \left(\frac{\partial u}{\partial P_b}\right)_Q \left(\frac{\partial P_b}{\partial q_a}\right)_Q \left(\frac{\partial v}{\partial p_a}\right)_q;$$

而右侧后半(连同负号)为(考虑 $v(q,p(q,Q,t),t)$)

$$\sum_a \left\{ -\left(\frac{\partial v}{\partial Q_a}\right)_q \left(\frac{\partial u}{\partial P_a}\right)_Q \right\} = \sum_a \sum_b \left\{ -\left(\frac{\partial v}{\partial p_b}\right)_q \left(\frac{\partial p_b}{\partial Q_a}\right)_q \left(\frac{\partial u}{\partial P_a}\right)_Q \right\},$$

交换 a,b,并注意 $-\left(\frac{\partial p_a}{\partial Q_b}\right)_q = -\frac{\partial^2 G}{\partial Q_b \partial q_a} = \left(\frac{\partial P_b}{\partial q_a}\right)_Q$,可见右侧后半连同负号与左侧前半相等.同样左侧后半连同负号与右侧前半相等.所以验证完毕.

1.11 刚体的转动[①].质点系中各质点的相对位置不变时,近似为刚体.刚体的运动除质心运动(集体的平移,质心运动对任何质点系都可以分离,见前习题1.4)外,尚有转动.转动时,所有质点相对于质心的位置矢量 $\boldsymbol{r}_i'$ 的长短固定,夹角也固定,所以

$$\dot{\boldsymbol{r}}_i' = \boldsymbol{\omega} \times \boldsymbol{r}_i'.$$

为证明此式,可以选取固定在刚体上的三个相互正交的方向,基矢系为 $\boldsymbol{e}_a, \boldsymbol{e}_b, \boldsymbol{e}_c$.因为

$$\boldsymbol{e}_a \cdot \boldsymbol{e}_a = 1, \boldsymbol{e}_a \cdot \boldsymbol{e}_b = 0, \boldsymbol{e}_a \times \boldsymbol{e}_b = \boldsymbol{e}_c, \text{等等};$$

容易从

$$\dot{\boldsymbol{e}}_a = (\dot{\boldsymbol{e}}_a \cdot \boldsymbol{e}_a)\boldsymbol{e}_a + (\dot{\boldsymbol{e}}_a \cdot \boldsymbol{e}_b)\boldsymbol{e}_b + (\dot{\boldsymbol{e}}_a \cdot \boldsymbol{e}_c)\boldsymbol{e}_c$$

看出

① L. Euler, *Theoria motus corporum solidorum seu rigidorum*(固体或刚体运动理论),1760.欧拉(1707—1783),瑞士数学家,力学家和物理学家.

$$\dot{\boldsymbol{e}}_a = \boldsymbol{e}_b\omega_c - \boldsymbol{e}_c\omega_b = \boldsymbol{\omega} \times \boldsymbol{e}_a,$$

其中

$$\omega_c = (\dot{\boldsymbol{e}}_a \cdot \boldsymbol{e}_b) = -(\dot{\boldsymbol{e}}_b \cdot \boldsymbol{e}_a) \text{ 等等};$$

而

$$\boldsymbol{\omega} = \boldsymbol{e}_a\omega_a + \boldsymbol{e}_b\omega_b + \boldsymbol{e}_c\omega_c.$$

在刚体的轴上，

$$\boldsymbol{r}_i' = \boldsymbol{e}_a a_i + \boldsymbol{e}_b b_i + \boldsymbol{e}_c c_i.$$

任意质点的 a_i, b_i, c_i 坐标都不随 t 变化，所以，

$$\dot{\boldsymbol{r}}_i' = \dot{\boldsymbol{e}}_a a_i + \dot{\boldsymbol{e}}_b b_i + \dot{\boldsymbol{e}}_c c_i = \boldsymbol{\omega} \times \boldsymbol{r}_i'.$$

为计算刚体(相对于质心)的角动量，

$$\begin{aligned}\sum_i m_i \boldsymbol{r}_i' \times \dot{\boldsymbol{r}}_i' &= \sum_i m_i \boldsymbol{r}_i' \times (\boldsymbol{\omega} \times \boldsymbol{r}_i') \\ &= \sum_i m_i (\boldsymbol{r}_i'^2 \boldsymbol{\omega} - \boldsymbol{r}_i' \boldsymbol{r}_i' \cdot \boldsymbol{\omega});\end{aligned}$$

我们取转动惯量的主轴方向为 $\boldsymbol{e}_a, \boldsymbol{e}_b, \boldsymbol{e}_c$，即限制

$$\sum_i m_i a_i b_i = \sum_i m_i b_i c_i = \sum_i m_i c_i a_i = 0;$$

又简写主转动惯量为

$$\sum_i m_i (b_i^2 + c_i^2) = A,$$
$$\sum_i m_i (c_i^2 + a_i^2) = B,$$
$$\sum_i m_i (a_i^2 + b_i^2) = C;$$

于是得刚体的角动量为

$$\boldsymbol{L}_{\text{相对于质心}} = \boldsymbol{e}_a A\omega_a + \boldsymbol{e}_b B\omega_b + \boldsymbol{e}_c C\omega_c,$$

注意 A, B, C 不依赖于时间 t. 根据习题 1.4 得转动的运动方程为

$$\boldsymbol{N}^{\text{外}}_{\text{相对于质心}} = \frac{\mathrm{d}}{\mathrm{d}t} \boldsymbol{L}_{\text{相对于质心}},$$

其 a, b, c 分量为(称为欧拉方程)

$$N^{\text{外}}_{\text{相对于质心},a} = A\frac{\mathrm{d}\omega_a}{\mathrm{d}t} + (C - B)\omega_b\omega_c \text{ 等等}.$$

常引用欧拉角 θ, φ, ψ，以描述 $\boldsymbol{e}_a, \boldsymbol{e}_b, \boldsymbol{e}_c$ 与 $\boldsymbol{e}_x, \boldsymbol{e}_y, \boldsymbol{e}_z$ 的夹角，如下定义(见图 1.1)：

$$\boldsymbol{e}_z \cdot \boldsymbol{e}_c = \cos\theta, \quad \boldsymbol{e}_z \times \boldsymbol{e}_c = \boldsymbol{e}_k \sin\theta,$$

$$\boldsymbol{e}_k = \boldsymbol{e}_x \cos\varphi + \boldsymbol{e}_y \sin\varphi = \boldsymbol{e}_a \cos\psi - \boldsymbol{e}_b \sin\psi.$$

注意 θ 为 z 轴与 c 轴之夹角，$0 \leqslant \theta \leqslant \pi$，而 $\boldsymbol{e}_k$ 在与 z 轴垂直的 xy 平面中又在与 c 轴垂直的 ab 平面中，φ 为 $\boldsymbol{e}_x$ 与 $\boldsymbol{e}_k$ 的夹角，ψ 为 $\boldsymbol{e}_k$ 与 $\boldsymbol{e}_a$ 的夹角，φ, ψ 皆有 2π 变化范

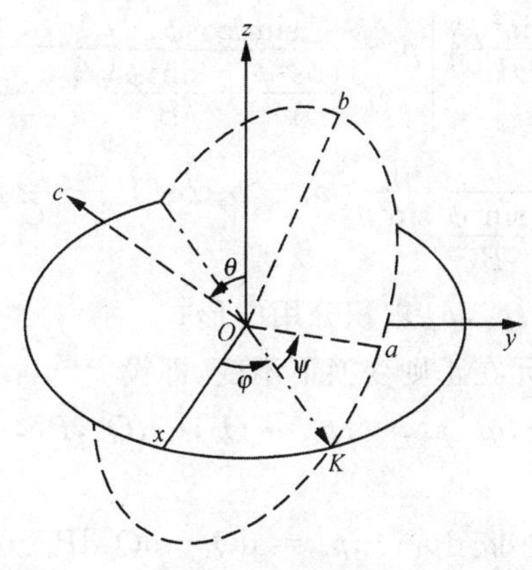

图 1.1 欧拉角

围.从几何上容易看出,$\dot{\theta}$,$\dot{\varphi}$,$\dot{\psi}$ 转动是分别以 $\boldsymbol{e}_k$,$\boldsymbol{e}_z$,$\boldsymbol{e}_c$ 为轴,所以应有

$$\boldsymbol{\omega} = \boldsymbol{e}_k\dot{\theta} + \boldsymbol{e}_z\dot{\varphi} + \boldsymbol{e}_c\dot{\psi},$$

即

$$\omega_a = \dot{\theta}\cos\psi + \dot{\varphi}\sin\psi\sin\theta,$$

$$\omega_b = -\dot{\theta}\sin\psi + \dot{\varphi}\cos\psi\sin\theta,$$

$$\omega_c = \dot{\varphi}\cos\theta + \dot{\psi}.$$

变换到哈密顿函数时,欧拉角的共轭变量为

$$p_\theta = \frac{\partial T}{\partial\dot{\theta}},\quad p_\varphi = \frac{\partial T}{\partial\dot{\varphi}},\quad p_\psi = \frac{\partial T}{\partial\dot{\psi}};$$

而动能

$$T = \frac{1}{2}\sum_i m_i \dot{\boldsymbol{r}}_i'^2 = \frac{1}{2}\sum_i m_i(\boldsymbol{\omega}\times\boldsymbol{r}_i')^2$$

$$= \frac{1}{2}\sum_i m_i[\boldsymbol{\omega}^2\boldsymbol{r}_i'^2 - (\boldsymbol{\omega}\cdot\boldsymbol{r}_i')^2]$$

$$= \frac{1}{2}A\omega_a^2 + \frac{1}{2}B\omega_b^2 + \frac{1}{2}C\omega_c^2,$$

也指相对于质心者.结果有

$$p_\theta = A\omega_a\cos\psi - B\omega_b\sin\psi,$$

$$p_\varphi = A\omega_a\sin\psi\sin\theta + B\omega_b\cos\psi\sin\theta + C\omega_c\cos\theta,$$

$$p_\psi = C\omega_c.$$

哈密顿函数中用共轭量表示 T 为

$$T = \frac{1}{2A}\left(\frac{p_\varphi - p_\psi\cos\theta}{\sin\theta}\sin\psi + p_\theta\cos\psi\right)^2 + \frac{1}{2B}\left(\frac{p_\varphi - p_\psi\cos\theta}{\sin\theta}\cos\psi - p_\theta\sin\psi\right)^2 + \frac{1}{2C}p_\psi^2$$

$$= \frac{1}{2}\left(\frac{\cos^2\psi}{A}+\frac{\sin^2\psi}{B}\right)\left[p_\theta+\frac{\sin\psi\cos\psi}{\frac{\cos^2\psi}{A}+\frac{\sin^2\psi}{B}}\left(\frac{1}{A}-\frac{1}{B}\right)\frac{p_\varphi-p_\psi\cos\theta}{\sin\theta}\right]^2$$

$$+\frac{1}{2AB}\,\frac{1}{\frac{\cos^2\psi}{A}+\frac{\sin^2\psi}{B}}\,\frac{1}{\sin^2\theta}(p_\varphi-p_\psi\cos\theta)^2+\frac{1}{2C}p_\psi^2;$$

后面的整理是为了对 $p_\theta, p_\varphi, p_\psi$ 求积分用的形式.

1.12 相空间体积元在正则变换下不变:即设

$$q_1,\cdots,q_g,p_1,\cdots,p_g \to Q_1,\cdots,Q_g,P_1,\cdots,P_g$$

为正则变换,则有

$$dq_1\cdots dq_g dp_1\cdots dp_g = dQ_1\cdots dQ_g dP_1\cdots dP_g.$$

证:令 $J=\dfrac{\partial(q_1,\cdots,q_g,p_1,\cdots,p_g)}{\partial(Q_1,\cdots,Q_g,P_1,\cdots,P_g)}$为变换的雅可比行列式,则有

$$dq_1\cdots dq_g dp_1\cdots dp_g = J dQ_1\cdots dQ_g\, dP_1\cdots dP_g.$$

变换为正则变换,基本泊松括号关系为

$$[q_a,p_a]=\sum_A\left(\frac{\partial q_a}{\partial Q_A}\frac{\partial p_a}{\partial P_A}-\frac{\partial p_a}{\partial Q_A}\frac{\partial q_a}{\partial P_A}\right)=1,$$

其他皆为0.将 $q_1,\cdots,q_g,p_1,\cdots,p_g$ 及 $Q_1,\cdots,Q_g,P_1,\cdots,P_g$ 分别统一编号为

$$c_m(m=1,\cdots,2g) \text{ 及 } C_M(M=1,\cdots,2g);$$

引入

$$\varepsilon_{mn}=\begin{cases}1 & (m<g,n-m=g),\\ -1 & (m>g,m-n=g),\\ 0 & (\text{其他情况 } |m-n|\neq g),\end{cases}$$

同样有 ε_{MN},则基本泊松括号给出为

$$\sum_M\sum_N \varepsilon_{MN}\frac{\partial c_m}{\partial C_M}\frac{\partial c_n}{\partial C_N}=\varepsilon_{mn}.$$

用矩阵表达上式(左侧为三矩阵的乘积)并取行列式,根据矩阵乘积的行列式定理得

$$|\varepsilon|\,J^2=|\varepsilon|, \qquad \text{即 } J^2=1;$$

考虑到正则变换中有恒等变换 $c_n=C_n$,所以 $J=1$.

第2章　麦克斯韦电磁理论

2.1　电　磁　律

电磁现象很早分别发现.经过一段时期多方面的实验,逐渐系统化.概括大量的科学实验,库仑(1736—1860,法)[①]1785年总结出电荷间力的定律;安培(1775—1836,法)总结出电流产生磁场和磁场作用在另外电流的力的定律(1820—1825)[②],法拉第(1791—1867,英)总结出磁感应电的定律(1832)并彻底证实电的各种效应(生理的,磁的,发光的,热的,化学的,机械的),无论是摩擦生电还是用电池供电都是一样的,也比较满意地用实验证实了电荷守恒(1843)[③].在这些实验的规律性总结上,还特别注意到随着法拉第实验而产生的形象思维(磁力线),麦克斯韦(1831—1879,英)[④]先是利用机械模型(1861)后来除去了模型中的细节而抽象成"电磁场的动力学理论"(1864).

2.1.1　麦克斯韦方程组

1. 麦克斯韦方程组和库仑安培力密度公式

这样集成的电磁律包括通常称为麦克斯韦电磁场方程组:

$$\nabla \cdot \boldsymbol{B} = 0, \tag{1}$$

$$\nabla \times \boldsymbol{E} + \frac{\partial \boldsymbol{B}}{\partial t} = 0, \tag{2}$$

$$\nabla \times \boldsymbol{H} - \frac{\partial \boldsymbol{D}}{\partial t} = \boldsymbol{j}, \tag{3}$$

---

① C. A. de Coulomb, *J. de Phys.*, **27**(1785), 116; *Mém. Acad. Sci.*, 1785(1788), 569, 578, 612; 1786(1788), 67; 1787(1791), 617; 1789(1799), 455.

② A. M. Ampère, *Ann. Chim. et Phys.*, **15**(1820); *Mém. Acad. Sci.*, **6**(1827), 175;再版, A. Blabchard, 1958.

③ M. Faraday, *Phil. Trans.*, **122**(1832), 125; *Experimental Researches in Electricity*, Vol. 1, 1839; Vol. 2, 1844; Vol. 3, 1855(重印, Dover, New York, 1965).

④ J. C. Maxwell, On Faraday's Lines of Forces, *Trans. Camb. Phil. Soc.*, **10**(1856), 27; On Physical Lines of Force, *Phil Mag.*, (4), **21**(1861), 161; 281; 338; **23**(1862), 12; 85; A Dynamical Theory of Electromagnetic Field, *Phil. Trans.*, **155**(1865), 459. 以上文献收入于 *The Scientific Papers of J. C. Maxwell*, Vol. 1, pp. 155—229; pp. 451—513; pp. 526—597. 以及参考他的集大成著作 *A Treatise on Electricity and Magnetism*, 2 Vols., Oxford, 1873(1891年第3版重印本; Dover, New York, 1954).

$$\nabla \cdot \boldsymbol{D} = \rho; \tag{4}$$

和库仑安培力密度公式(作用在电荷和电流上的每单位体积的力)

$$\boldsymbol{f} = \rho\boldsymbol{E} + \boldsymbol{j} \times \boldsymbol{B}. \tag{5}$$

麦克斯韦方程组给出电荷密度 ρ 和电流密度 $\boldsymbol{j}$ 与其所产生的电磁场的关系.由于历史的原因,习惯上称 $\boldsymbol{E}$ 为电场强度,$\boldsymbol{B}$ 为磁感应强度,$\boldsymbol{H}$ 为磁场强度,$\boldsymbol{D}$ 为电位移.实际上,根据库仑安培力公式,$\boldsymbol{E}$ 和 $\boldsymbol{B}$ 可由其对另外的电荷 ρ 及电流密度 $\boldsymbol{j}$ 所产生的机械力密度 $\boldsymbol{f}$ 来表现.

2. 本构关系

在一定介质中,$\boldsymbol{B},\boldsymbol{E},\boldsymbol{H},\boldsymbol{D},\boldsymbol{j}$ 间尚有本构关系,具体形式依赖于介质的构成和运动状态.譬如介质静止,构成各向同性并均匀,在电磁场不太强时,近似有如下线性的本构关系:

$$\boldsymbol{B} = \mu\boldsymbol{H}, \tag{6}$$

$$\boldsymbol{D} = \varepsilon\boldsymbol{E}, \tag{7}$$

而在导体中有

$$\boldsymbol{j} = \sigma(\boldsymbol{E} + \boldsymbol{E}^{\text{外来}}); \tag{8}$$

此处磁导率 μ,电容率(又称介电常量)ε 和电导率 σ 均为介质常量.

3. 边界条件

麦克斯韦方程组为偏微分方程组,描述电磁场在时空中的运动.它的定解条件除了初值条件外,尚须给定边界条件.边界条件分为两种:一种是最外边的边界条件,这需要根据实际问题来反映;另一种是内部界面上的边界条件,这从麦克斯韦方程对边界薄层的积分便可推出.从式(1),(2)得 $B_{\text{法向}}$ 连续,$E_{\text{切向}}$ 连续.又从式(3),(4)类似推出 $H_{\text{切向}}$ 连续,$D_{\text{法向}}$ 连续.(但是在理想导体的近似下,可以用面电荷或面电流表示其间断.)

4. 位移电流和电荷守恒定律

麦克斯韦在集成库仑、安培、法拉第定律时,运用数理方法,在(3)式补足了 $\dfrac{\partial \boldsymbol{D}}{\partial t}$ 这项,常称为位移电流.在恒定电流时,电荷守恒定律简化为

$$\nabla \cdot \boldsymbol{j} = 0, \quad (\text{恒定电流})$$

而一般情况下电荷守恒定律应为:

$$\nabla \cdot \boldsymbol{j} + \frac{\partial \rho}{\partial t} = 0. \tag{9}$$

由于 $\nabla \cdot \nabla \times \boldsymbol{H} \equiv 0$,我们看出,只在恒定电流情况下,位移电流不出现(如安培实验中情况);而要与一般情况下电荷守恒定律相符,由(4)式便导出(3)式中应增加位移电流这项(如麦克斯韦所作).增补了这项才使麦克斯韦方程组自洽.

根据麦克斯韦方程组便可预言电磁波,后来为实验证实.这又是数理方法如何

运用的突出范例.

5. *电磁波*

取电荷 ρ 和电流 $\boldsymbol{j}$ 的分布在有限区域. 考虑远离源区域,那里的麦克斯韦方程组为

$$\mu\nabla\cdot\boldsymbol{H}=0,\quad \nabla\times\boldsymbol{E}+\mu\frac{\partial\boldsymbol{H}}{\partial t}=0,$$

$$\nabla\times\boldsymbol{H}-\varepsilon\frac{\partial\boldsymbol{E}}{\partial t}=0,\quad \varepsilon\nabla\cdot\boldsymbol{E}=0$$

(μ 和 ε 取作常量). 利用$\nabla\times\nabla\times=\nabla\nabla\cdot-\nabla^2$ 得

$$\nabla^2\boldsymbol{E}-\mu\varepsilon\frac{\partial^2\boldsymbol{E}}{\partial t^2}=0,\quad \nabla^2\boldsymbol{H}-\varepsilon\mu\frac{\partial^2\boldsymbol{H}}{\partial t^2}=0;$$

$$\nabla\cdot\boldsymbol{E}=\nabla\cdot\boldsymbol{H}=0.$$

这是波动方程,电磁波以速度 $v=\dfrac{1}{\sqrt{\varepsilon\mu}}$传播.

2.1.2 电磁场能量守恒方程

我们可以把麦克斯韦方程组看成是电磁场的运动方程,与从牛顿力学运动方程导出动量和能量一样,每块小体积的电磁场也具有能量和动量.

电磁场的能量密度 w 和能流密度 $\boldsymbol{S}$ 为

$$w=\frac{1}{2}(\boldsymbol{D}\cdot E+B\cdot H),\quad \boldsymbol{S}=\boldsymbol{E}\times\boldsymbol{H}.$$

在 ε,μ 不依赖于 t 时,有能量守恒方程

$$\begin{aligned}\frac{\partial w}{\partial t}+\nabla\cdot\boldsymbol{S}&=\boldsymbol{E}\cdot\frac{\partial\boldsymbol{D}}{\partial t}+\boldsymbol{H}\cdot\frac{\partial\boldsymbol{B}}{\partial t}+\nabla\cdot(\boldsymbol{E}\times\boldsymbol{H})\\&=\boldsymbol{E}\cdot\left(\frac{\partial\boldsymbol{D}}{\partial t}-\nabla\times\boldsymbol{H}\right)+\boldsymbol{H}\cdot\left(\frac{\partial\boldsymbol{B}}{\partial t}+\nabla\times\boldsymbol{E}\right)\\&=-\boldsymbol{E}\cdot\boldsymbol{j}.\end{aligned}$$

所以,代入 $\boldsymbol{E}=\dfrac{\boldsymbol{j}}{\sigma}-\boldsymbol{E}^{\text{外来}}$,得

$$\frac{\partial w}{\partial t}+\nabla\cdot\boldsymbol{S}+\frac{\boldsymbol{j}^2}{\sigma}=\boldsymbol{E}^{\text{外来}}\cdot\boldsymbol{j}.$$

右侧为外来电场作功的功率密度,左侧第三项为欧姆(G. S. Ohm,1787—1854,德)热功率密度,第二项为单位体积散出去的电磁场能流, 第一项为电磁场能量密度增加率.

2.1.3 电磁场动量守恒方程

定义电磁场动量密度 $\boldsymbol{g}$ 和电磁场应力张量 T 为

$$\boldsymbol{g} = \boldsymbol{D} \times \boldsymbol{B},$$

$$\mathsf{T} = (\boldsymbol{E}\boldsymbol{D} + \boldsymbol{H}\boldsymbol{B}) - \frac{1}{2}(\boldsymbol{E} \cdot \boldsymbol{D} + \boldsymbol{H} \cdot \boldsymbol{B})\mathsf{I},$$

此处 I 为单位张量,除其 xx, yy, zz 分量为 1 外,其余分量皆为 0. 所以

$$T_{xx} = \frac{1}{2}(E_x D_x - E_y D_y - E_z D_z + H_x B_x - H_y B_y - H_z B_z),$$

$$T_{xy} = (E_x D_y + H_x B_y),$$

等等. 容易从麦克斯韦方程组导出恒等关系

$$\sum_k \frac{\partial T_{ik}}{\partial x_k} = f_i + f'_{i介质} + \frac{\partial g_i}{\partial t},$$

i, k 代表 x, y 或 z;其中右侧第一项即库仑安培力密度,作用在电荷或导体上;第二项为麦克斯韦伸缩力密度,作用在介质上,

$$f'_{i介质} = \frac{1}{2}\sum_k \left\{\frac{\partial E_k}{\partial x_i} D_k - E_k \frac{\partial D_k}{\partial x_i} + \frac{\partial H_k}{\partial x_i} B_k - H_k \frac{\partial B_k}{\partial x_i}\right\},$$

或

$$\boldsymbol{f}'_{介质} = -\frac{1}{2}E^2 \nabla \varepsilon + \frac{1}{2}B^2 \nabla\left(\frac{1}{\mu}\right),$$

在 ε, μ 空间均匀时,伸缩力为零;第三项为电磁场动量密度的增长. 而左侧如对体积 V 积分后给出在 V 边界面积 S 上作用的合力的分量,

$$\int_V \mathrm{d}V \sum_k \frac{\partial T_{ik}}{\partial x_k} = \oint_S T_{ik}\,\mathrm{d}S.$$

(注意应力张量的定义,即 T_{xy} 为垂直于 y 轴方向单位面积上所受的 x 方向的外力.)如对任意小体积积分,则给出电磁场的动量连同其他电荷导体及介质的动量一道受应力的合力作用.

在上面定义的应力张量又称麦克斯韦应力张量,它给出作用在介质上的力,不包含 ε, μ 等介质常量对介质密度的依赖部分.

实际上,即使是气体,ε, μ 均依赖于介质的密度 τ. 这时,作用在介质上的伸缩力密度尚须加上下述项:

$$\boldsymbol{f}''_{介质} = \nabla \frac{1}{2}\left[E^2 \tau \frac{\partial \varepsilon}{\partial \tau} - B^2 \tau \frac{\partial}{\partial \tau}\left(\frac{1}{\mu}\right)\right],$$

相应地麦克斯韦应力张量需要增加一项

$$\mathsf{T}'' = \frac{1}{2}\left[E^2 \tau \frac{\partial \varepsilon}{\partial \tau} - B^2 \tau \frac{\partial}{\partial \tau}\left(\frac{1}{\mu}\right)\right]\mathsf{I}.$$

作用在介质上的总力为

$$\boldsymbol{f}_{介质} = \boldsymbol{f}'_{介质} + \boldsymbol{f}''_{介质} = \frac{1}{2}\left[B^2 \nabla\left(\frac{1}{\mu}\right) - E^2 \nabla \varepsilon\right]$$

$$+\nabla\left[\frac{1}{2}\left(E^2\tau\frac{\partial\varepsilon}{\partial\tau}-B^2\tau\frac{\partial}{\partial\tau}\left(\frac{1}{\mu}\right)\right)\right].$$

在 ε 及 $\frac{1}{\mu}$ 为 τ 的线性近似下($\varepsilon=\varepsilon_0\varepsilon_r,\mu=\mu_0\mu_r,\tau=0$ 即真空有 $\varepsilon_r=\frac{1}{\mu_r}=1$),则 $\tau\frac{\partial\varepsilon}{\partial\tau}\approx\varepsilon_0(\varepsilon_r-1)$, $\tau\frac{\partial}{\partial\tau}\left(\frac{1}{\mu}\right)\approx\frac{1}{\mu_0}\left(\frac{1}{\mu_r}-1\right)$,

$$\boldsymbol{f}_{介质}=\frac{\varepsilon_0}{2}(\varepsilon_r-1)\nabla E^2-\frac{1}{2\mu_0}\left(\frac{1}{\mu_r}-1\right)\nabla B^2,$$

这结果与微观分析相符合①.

2.1.4 电磁量的单位制

1. MKSA 合理制

本书采用国际单位制(SI),其中电磁量的单位制是四个基本量的 MKSA 合理制,即选取长度、质量、时间和电流的基本单位分别为米(m)、千克(kg)、秒(s)和安培(A)组成,其他电磁量的单位则皆由此通过选定的定义方程导出.

(1) 库仑定律

考虑静止电荷 q 在无穷的均匀介质中对另一电荷 q' 的库仑力,从(4),(7),(5)容易导出库仑定律(见习题 2.2):

$$\boldsymbol{F}'=\frac{qq'\boldsymbol{r}}{4\pi\varepsilon r^3},$$

其中 q 和 q' 为两静止电荷的总电荷量,r 为其相对距离,$\boldsymbol{r}$ 从 q 指向 q',ε 为介质的电容率,两电荷抽象为点电荷(设为球形电荷分布,而尺寸很小可以忽略不计).

(2) 平行无限细长直导线间的相互作用力

其次考虑恒定电流在无穷长的细导线上通过对另一平行的电流所产生的力,从(3),(6),(5)得出每单位长度所受的力为(见习题 2.3):

$$\frac{F'}{l'}=\frac{\mu ii'}{2\pi d},$$

此处 d 为两平行电流间的垂直距离,i 和 i' 为电流(电流密度乘以横截面).

(3) 电流的单位——安培

电流作为一个基本量,它的单位安培(A)定义如下②:安培是一恒定电流,它若保持在处于真空中相距一米的两无限长而圆截面可忽略的平行直导线内,则在该两导线之间每米长度上产生的力等于 2×10^{-7} 牛[顿].

---

① 参考塔姆(И. Е. Тамм)著,钱尚武译:《电学原理》,人民教育出版社,1963(译自俄文);§32—§34,§66.

② 引自国际纯粹物理与应用物理联合会(IUPAP)下属符号、单位、术语、原子质量和基本常量委员会(SUNAMCO)制定的《物理学中的符号、单位、术语和基本常量》,王学英译,科学出版社,1992.

根据上小节公式可定出真空磁导率 μ_0：

$$\mu_0 = 4\pi \times 10^{-7}\ \mathrm{N/A^2} = 4\pi \times 10^{-7}\ \mathrm{H/m},$$

并且它与真空电容率 ε_0 之间满足关系

$$\varepsilon_0 \mu_0 c^2 = 1,$$

这里 $c=\dfrac{1}{\sqrt{\varepsilon_0\mu_0}}=(3)\times 10^8\ \mathrm{m/s}$ 是真空中的电磁波速，于是

$$\varepsilon_0 = \frac{1}{4\pi(3)^2 \times 10^9}\ \mathrm{F/m},$$

其中(3)代表 2.997 924 58 准确值. 另外，还可求得真空阻抗 $\sqrt{\mu_0/\varepsilon_0} = \mu_0 c =$ 376.730 313 461…Ω≈376.7Ω.

2. 高斯单位制

但是应该指出，关于电磁量，大量现有文献，尤其是理论物理文献，常采用高斯(C. F. Gauss，1777—1855，德)单位制. 所谓高斯单位制，即凡是电学量如 E 和 D，ρ 和 j 等采用绝对静电单位(CGSE)，凡是磁学量如 B 和 H 等采用绝对电磁单位(CGSM). 它们选取的三个基本单位都是厘米(cm)、克(g)、秒(s)，电磁量单位均为导出单位.

(1) 高斯单位制下的方程

高斯单位制下，与(1)—(8)相对应的方程为

$$\nabla \cdot \boldsymbol{B} = 0, \tag{1'}$$

$$\nabla \times \boldsymbol{E} + \frac{1}{c}\frac{\partial \boldsymbol{B}}{\partial t} = 0, \tag{2'}$$

$$\nabla \times \boldsymbol{H} - \frac{1}{c}\frac{\partial \boldsymbol{D}}{\partial t} = \frac{4\pi}{c}\boldsymbol{j}, \tag{3'}$$

$$\nabla \cdot \boldsymbol{D} = 4\pi\rho, \tag{4'}$$

$$\boldsymbol{f} = \rho\boldsymbol{E} + \frac{1}{c}\boldsymbol{j} \times \boldsymbol{B}; \tag{5'}$$

$$\boldsymbol{B} = \mu\boldsymbol{H}, \tag{6'}$$

$$\boldsymbol{D} = \varepsilon\boldsymbol{E}, \tag{7'}$$

$$\boldsymbol{j} = \sigma(\boldsymbol{E} + \boldsymbol{E}^{\text{外来}}). \tag{8'}$$

可以看出，凡是电磁结合在一起的公式中，如(2′)，(3′)，(5′)，便出现了一个单位折合的常量 c，所以它与介质无关. 在高斯单位制中，介质的 μ 和 ε 为无量纲数(相当于 MKSA 合理制中的相对磁导率 $\mu_r=\mu/\mu_0$ 和相对电容率 $\varepsilon_r=\varepsilon/\varepsilon_0$)，当介质简化为真空时，$\mu$ 和 ε 简化为1，因此，B 与 H，D 与 E 量纲相同. (3′)和(4′)中还出现了 4π 因子.

另外，能量密度 w，能流密度 $\boldsymbol{S}$，动量密度 $\boldsymbol{g}$ 和电磁应力张量 $\boldsymbol{T}$ 中出现有 $\dfrac{1}{4\pi}$ 的

因子,并且 $\boldsymbol{S}$ 中有 c 的因子,$\boldsymbol{g}$ 中有 $\frac{1}{c}$ 的因子.

(2) CGSE 单位制和 CGSM 单位制

我们注意到高斯单位制的麦克斯韦方程组和库仑安培力公式中,c 本来是作为两种单位制折合常量引入的.

CGSE 单位制首先根据库仑定律

$$\boldsymbol{F}' = \frac{qq'}{\varepsilon r^3}\boldsymbol{r}$$

定义 1CGSE 的电荷(静库仑)为在真空中相距 1 cm,斥力为 1 dyn=1 gcms^{-1}的相同电荷在每个上的电荷量.

CGSM 单位制则首先根据平行无限细长直导线间的相互作用力公式

$$\frac{F'}{l'} = \frac{2\mu}{d}\left(\frac{i}{c}\right)\left(\frac{i'}{c}\right)$$

定义 1CGSM 的电流(电磁安)为在真空中相同的平行的电流,垂直距离 1 cm,每 cm 导线上的吸引力为 2 dyn(1 dyn=10^{-5} N)者.

我们注意到上式中 i 是以 CGSE 计的电流,而 $\frac{i}{c}$ 则是以 CGSM 计的电流.这样,通过对储存在莱顿瓶的电,先用静电办法测定其电荷,再使莱顿瓶放电而用电磁办法测定其电流.这样可以测定同一电荷或同一电流用 CGSE 表示和用 CGSM 表示的数值,从而测定单位间折合常量 c.韦伯和科尔劳(1856)[①]量得 $c\sim 3\times 10^{10}$ cm/s.这折合常量的量纲,从库仑和安培力公式比较,显然是速度的量纲.但数值的测定却与天文观察(罗默[②] 1676 从木星的卫蚀可推算出光速)、地面实验(转轮通过,但反射光被遮掩,菲佐[③],1849)测定的光速一致,似非偶然.麦克斯韦据此认为光本身即是电磁波.到赫兹(1888)[④]实验产生电磁波后,从其波数和频率的测量,完全验证了电磁波速度与光速相同.以后的实验并且验证了,无论无线电波,微波,红外光,可见光,紫外光,X 射线,γ 射线等都是电磁波,只是频率或波长不同而已.严格地讲来,光速依赖于频率或波长(这从色散现象得证),所以 ε 与电磁波的频率有关.这须考虑到介质构成的本质,后面再讲.我们暂时限制电磁场随时间变化的频率范围,在这范围中,ε 可取作常量.麦克斯韦方程组分别对各种频率的电磁波取适当的介质常量适用.

---

① R. Kohlrausch, W. Weber, *Pogg. Ann. Physik u. Chem.* (22), **99**(1856), 10.

② O. Römer, *Mém. de l'Acad. Sci. Paris*, **10**(1666—1699), 575; *J. de Sav.* (1676), 223.

③ A. H. L. Fizeau, *Compt. Rend.*, **29**(1849), 90.

④ H. Hertz, *Sitzb. Berl. Acad. Wiss.*, Feb. 2, 1888(1888 年 2 月 2 日向柏林科学院的会议报告); Wiedem. *Ann. Physik*, **34**(1888), 551. 赫兹(1857—1894),德国物理学家.

3. MKSA 合理制与高斯单位制之间的关系

两组物理量之间可以通过下列关系①

$$(4\pi\varepsilon_0)^{1/2}=\frac{E^*}{E}=\frac{\varphi^*}{\varphi}=\frac{\rho}{\rho^*}=\frac{j}{j^*}=\frac{P}{P^*},$$

$$(4\pi/\varepsilon_0)^{1/2}=\frac{D^*}{D},\quad (4\pi\mu_0)^{1/2}=\frac{H^*}{H},$$

$$(4\pi/\mu_0)^{1/2}=\frac{B^*}{B}=\frac{A^*}{A}=\frac{M}{M^*},$$

$$4\pi=\frac{\chi_e}{\chi_e^*}=\frac{\chi_m}{\chi_m^*},$$

进行变换,例如,从高斯单位制下的方程变换为 MKSA 合理制下的相应方程,或者相反;这里带 * 号者代表高斯单位制中的物理量.(φ,$\boldsymbol{A}$ 的定义见 29 页,$\boldsymbol{P}$,$\boldsymbol{M}$,χ_e,χ_m 定义见 71 页.)

表 2.1 则给出 MKSA 合理单位折合成高斯单位的折合因子.

表 2.1 MKSA 合理单位折合成高斯单位的折合因子

物理量	MKSA 合理制		折合为高斯单位制(CGSE 或 CGSM)
	符号	名称	
1 电流强度 I	A	安[培]	$(3)\times10^9$ CGSE ($=10^{-1}$ CGSM)
2 电势 U	V	伏[特]=瓦[特]/安[培] =焦[耳]/库[仑]	$\frac{1}{(3)}\times10^{-2}$ CGSE
3 电量 q	C	库[仑]=安[培]秒	$(3)\times10^9$ CGSE
4 磁通量 Φ	Wb	韦[伯]=伏[特]秒	10^8 CGSM(麦克斯韦)
5 电阻 R	Ω	欧[姆]=伏[特]/安[培]	$\frac{1}{(3)^2}\times10^{-11}$ CGSE
6 电场强度 $\boldsymbol{E}$	$\frac{\mathrm{V}}{\mathrm{m}}$	伏[特]/米	$\frac{1}{(3)}\times10^{-4}$ CGSE
7 磁场强度 $\boldsymbol{H}$	$\frac{\mathrm{A}}{\mathrm{m}}$	安[培]/米	$4\pi\times10^{-3}$ CGSM(奥斯特)
8 电位移 $\boldsymbol{D}$	$\frac{\mathrm{C}}{\mathrm{m}^2}$	库[仑]/米²	$4\pi\times(3)\times10^5$ CGSE
9 磁感应强度 $\boldsymbol{B}$	T	特[斯拉]=韦[伯]/米²	10^4 CGSM(高斯)
10 电容 C	F	法[拉]=库[仑]/伏[特] =秒/欧[姆]	$(3)^2\times10^{11}$ CGSE(厘米)
11 电感 L	H	亨[利]=韦[伯]/安[培] =秒欧[姆]	10^9 CGSM

① 见前引文献:《物理学中的符号、单位、术语和基本常量》,68 页.

(续表)

物理量	MKSA 合理制		折合为高斯单位制 (CGSE 或 CGSM)
	符号	名　　称	
12 电流密度 $\boldsymbol{j}$	$\frac{\mathrm{A}}{\mathrm{m}^2}$	安[培]/米^2	$(3)\times10^5$ CGSE
13 电荷密度 ρ	$\frac{\mathrm{C}}{\mathrm{m}^2}$	库[仑]/米^3	$(3)\times10^3$CGSE
14 电导率 σ	$\frac{1}{\Omega\mathrm{m}}$	1/欧[姆]米	$(3)^2\times10^9$ CGSE(1/秒)
15 能量密度 w，应力 T_{ik}	$\frac{\mathrm{J}}{\mathrm{m}^3}$	焦[耳]/米^3＝牛[顿]/米^2	10^1 尔格/厘米^3＝达因/厘米^2
16 能流密度 $\boldsymbol{S}$	$\frac{\mathrm{J}}{\mathrm{m}^2\mathrm{s}}$	焦[耳]/米^2 秒	10^3 尔格/厘米^2 秒
17 动量密度 $\boldsymbol{g}$	$\frac{\mathrm{Ns}}{\mathrm{m}^3}$	牛[顿]秒/米^3＝焦[耳]秒/米^4	10^{-1}达因秒/厘米^3
18 力密度 $\boldsymbol{f}$	$\frac{\mathrm{N}}{\mathrm{m}^3}$	牛[顿]/米^3	10^{-1}达因/厘米^3

注意：瓦[特]秒＝焦[耳]＝牛[顿]米，容易验证最后四行.

2.2 电磁波的产生

2.2.1 电磁场的矢势和标势

我们注意到麦克斯韦前两方程可以通过引入电磁势$\boldsymbol{A},\varphi$使之恒等满足，即(注意到$\nabla\cdot\nabla\times\equiv0,\nabla\times\nabla\equiv0$)

$$\boldsymbol{B}=\nabla\times\boldsymbol{A},\quad \boldsymbol{E}=-\nabla\varphi-\frac{\partial\boldsymbol{A}}{\partial t}.$$

这样引入的矢势$\boldsymbol{A}$和标势φ允许有任意变换(叫做规范变换)，对于任意函数χ，

$$\boldsymbol{A}\to\boldsymbol{A}-\nabla\chi,\quad \varphi\to\varphi+\frac{\partial}{\partial t}\chi,$$

都不影响$\boldsymbol{B}$和$\boldsymbol{E}$.

2.2.2 波动方程

假设介质均匀，μ,ε,σ与时空坐标皆无关，则将$\boldsymbol{H}=\frac{1}{\mu}\boldsymbol{B},\boldsymbol{D}=\varepsilon\boldsymbol{E},\boldsymbol{j}=\sigma\boldsymbol{E}+\boldsymbol{j}^{外来}$ ($\boldsymbol{j}^{外来}\equiv\sigma\boldsymbol{E}^{外来}$)代入麦克斯韦后两个方程得(注意到$\nabla\times\nabla\times=\nabla\nabla\cdot-\nabla^2$)

$$\frac{1}{\mu}(\nabla\nabla\cdot\boldsymbol{A}-\nabla^2\boldsymbol{A})+\varepsilon\frac{\partial}{\partial t}\left(\nabla\varphi+\frac{\partial\boldsymbol{A}}{\partial t}\right)+\sigma\left(\nabla\varphi+\frac{\partial\boldsymbol{A}}{\partial t}\right)=\boldsymbol{j}^{外来},$$

$$\varepsilon\left(-\nabla^2\varphi-\frac{\partial}{\partial t}\nabla\cdot\boldsymbol{A}\right)=\rho.$$

如选规范变换，使 $\nabla\cdot\boldsymbol{A}+\varepsilon\mu\frac{\partial\varphi}{\partial t}+\sigma\mu\varphi=0$[①]，则有

$$\nabla^2\boldsymbol{A}-\varepsilon\mu\frac{\partial^2}{\partial t^2}\boldsymbol{A}-\sigma\mu\frac{\partial}{\partial t}\boldsymbol{A}=-\mu\boldsymbol{j}^{外来},$$

$$\nabla^2\varphi-\varepsilon\mu\frac{\partial^2}{\partial t^2}\varphi-\sigma\mu\frac{\partial}{\partial t}\varphi=-\frac{\rho}{\varepsilon};$$

它们都是波动方程

$$\nabla^2\psi-\frac{1}{v^2}\left(\frac{\partial^2}{\partial t^2}\psi+\frac{\sigma}{\varepsilon}\frac{\partial}{\partial t}\psi\right)=-f$$

形状，其中 $v^2=1/\varepsilon\mu=c^2/\varepsilon_r\mu_r$.

2.2.3　推迟解

当频率固定时，例如 f 中含有 $\mathrm{e}^{-\mathrm{i}\omega t}$ 因子，则 ψ 中也含有 $\mathrm{e}^{-\mathrm{i}\omega t}$ 因子，理解 f(实数)$=\hat{f}$(复数)$\mathrm{e}^{-\mathrm{i}\omega t}$ 的实数部分. 则得 ψ(实数)$=\hat{\psi}$(复数)$\mathrm{e}^{-\mathrm{i}\omega t}$ 的实数部分. 而

$$(\nabla^2+k^2)\hat{\psi}=-\hat{f},$$

其中

$$k^2=\frac{\omega^2}{v^2}+\mathrm{i}\frac{\sigma\omega}{\varepsilon v^2}=\varepsilon\mu\omega^2+\mathrm{i}\sigma\mu\omega$$
$$=\omega^2\mu\left(\varepsilon+\mathrm{i}\frac{\sigma}{\omega}\right)=\frac{\omega^2}{c^2}\mu_r\left(\varepsilon_r+\mathrm{i}\frac{\sigma}{\varepsilon_0\omega}\right).$$

定义 k 为 k^2 的正平方根，(如果 $\sigma\equiv0$ 则 $k=\frac{\omega}{v}\geqslant0$，如 $\sigma\neq0$ 则为与此根连系者)则定解为(定解条件为没有入射波，$f(\boldsymbol{x})$ 在有限区域内分布)

$$\hat{\psi}(\boldsymbol{x})=\frac{1}{4\pi}\int\frac{\mathrm{e}^{\mathrm{i}k|\boldsymbol{x}-\boldsymbol{x}'|}}{|\boldsymbol{x}-\boldsymbol{x}'|}\hat{f}(\boldsymbol{x}')\mathrm{d}\boldsymbol{x}'.$$

我们注意，对于带有因子 $\mathrm{e}^{-\mathrm{i}\omega t}$ 的如上的解，k 的实数部分为正数，随 t 增大而 $|\boldsymbol{x}-\boldsymbol{x}'|$ 增大，表示从 $\boldsymbol{x}'$ 外行的波. 如 $\sigma\equiv0$，近似 ε,μ 不依赖于有关频率，由于方程为线性，允许叠加，则将各频率部分叠加得所谓推迟解：

$$\psi(\boldsymbol{x},t)=\frac{1}{4\pi}\int\frac{1}{|\boldsymbol{x}-\boldsymbol{x}'|}f\left(\boldsymbol{x}',t-\frac{|\boldsymbol{x}-\boldsymbol{x}'|}{v}\right)\mathrm{d}\boldsymbol{x}'.$$

即，在 $\boldsymbol{x}'$ 的源 $f\left(\boldsymbol{x}',t'\equiv t-\frac{|\boldsymbol{x}-\boldsymbol{x}'|}{v}\right)$ 取早些时候($t'<t$)的值，恰好使其影响以速度 v 在 t 时达到 $\boldsymbol{x}$ 处；所以取 $v(t-t')=|\boldsymbol{x}-\boldsymbol{x}'|$. 如 $\sigma\neq0$，则 k 中有正虚部，外行波解

---

① 仍有规范不变性限制在 χ 满足 $\left[\nabla^2-\varepsilon\mu\frac{\partial^2}{\partial t^2}-\sigma\mu\frac{\partial}{\partial t}\right]\chi=0$ 范围内.

随$|\boldsymbol{x}-\boldsymbol{x}'|$增大将有指数衰减. 换句话说,电磁波在导电介质中传播时要剧烈衰减(见习题 2.20). 注意材料的电磁性能(绝缘还是良导体)有很大差异,例如见表 2.2.

表 2.2 几种材料的电磁性能

	云母	石英	干土	湿土	砂	海水	铜
$\sigma(\Omega^{-1}\mathrm{m}^{-1})$	1.1×10^{-14}	8.3×10^{-13}	0.015	0.015	0.002	5	5.8×10^{7}
ε_r	5.7～7	4.5	～10	～30	～10	78	

2.2.4 辐射场

典型情况考虑介电体($\sigma=0$)中离源很远处的电磁场,源的频率 ω 给定,源所占据的空间有限. 在观察点处,源的 $\boldsymbol{j}$,ρ 早已为零. 根据上面解答,在观察点处的电磁势为

$$\boldsymbol{A}=\frac{\mu}{4\pi}\int\frac{\mathrm{e}^{\mathrm{i}k|\boldsymbol{x}-\boldsymbol{x}'|}}{|\boldsymbol{x}-\boldsymbol{x}'|}j(x')\mathrm{d}\boldsymbol{x}',$$

$$\varphi=\frac{1}{4\pi\varepsilon}\int\frac{\mathrm{e}^{\mathrm{i}k|\boldsymbol{x}-\boldsymbol{x}'|}}{|\boldsymbol{x}-\boldsymbol{x}'|}\rho(\boldsymbol{x}')\mathrm{d}\boldsymbol{x}',$$

其中

$$k=\frac{\omega}{v}=\omega\sqrt{\varepsilon\mu}=\frac{\omega}{c}\sqrt{\varepsilon_r\mu_r}.$$

从此,可计算观察点处的电磁场,$\boldsymbol{B}=\nabla\times\boldsymbol{A}$ 但 $\boldsymbol{E}$ 不必从 $\boldsymbol{E}=-\nabla\varphi-\dfrac{\partial\boldsymbol{A}}{\partial t}$ 计算,可直接从 $\nabla\times\boldsymbol{H}-\varepsilon\dfrac{\partial\boldsymbol{E}}{\partial t}=0$ 计算(右边本为 $\boldsymbol{j}$,但在观察点处 $\boldsymbol{j}$ 早已为 0). 所以

$$\boldsymbol{H}=\frac{1}{4\pi}\nabla\times\int\frac{\mathrm{e}^{\mathrm{i}k|\boldsymbol{x}-\boldsymbol{x}'|}}{|\boldsymbol{x}-\boldsymbol{x}'|}\boldsymbol{j}(\boldsymbol{x}')\,\mathrm{d}\boldsymbol{x}',$$

而注意到 $\mathrm{e}^{-\mathrm{i}\omega t}$ 因子,$\nabla\times\boldsymbol{H}-\varepsilon\dfrac{\partial\boldsymbol{E}}{\partial t}=0$ 简化为

$$\nabla\times\boldsymbol{H}-\varepsilon(-\mathrm{i}\omega)\boldsymbol{E}=0,$$

于是

$$\boldsymbol{E}=\frac{\mathrm{i}\nabla\times\boldsymbol{H}}{\varepsilon\omega}=\sqrt{\frac{\mu}{\varepsilon}}\frac{\mathrm{i}}{k}\nabla\times\boldsymbol{H}.$$

所以我们只需考虑

$$\int\frac{\mathrm{e}^{\mathrm{i}k|\boldsymbol{x}-\boldsymbol{x}'|}}{|\boldsymbol{x}-\boldsymbol{x}'|}\boldsymbol{j}(\boldsymbol{x}')\mathrm{d}\boldsymbol{x}'\equiv\int.$$

2.2.5 多极矩展开

令 $\boldsymbol{x}=r\boldsymbol{e}_r$,坐标中心取在 $\mathrm{d}\boldsymbol{x}'$的积分区域中,而 $r\gg$积分区域尺度,则近似有

$$|\boldsymbol{x}-\boldsymbol{x}'|=|r\boldsymbol{e}_r-\boldsymbol{x}'|=\sqrt{r^2-2r\boldsymbol{e}_r\cdot\boldsymbol{x}'+\boldsymbol{x}'\cdot\boldsymbol{x}'}$$

$$=r\left(1-\frac{2}{r}\boldsymbol{e}_r\cdot\boldsymbol{x}'\right)^{1/2}=r-\boldsymbol{e}_r\cdot\boldsymbol{x}',$$

$$\int=\frac{\mathrm{e}^{\mathrm{i}kr}}{r}\int\frac{\mathrm{e}^{-\mathrm{i}k\boldsymbol{e}_r\cdot\boldsymbol{x}'}}{1-\frac{1}{r}\boldsymbol{e}_r\cdot\boldsymbol{x}'}\boldsymbol{j}(\boldsymbol{x}')\mathrm{d}\boldsymbol{x}'.$$

我们注意k与波长有关,因为$k\equiv\frac{\omega}{v}$,而波长λ与频率ν的乘积即是波速v. 所以$k^{-1}=\frac{v}{\omega}=\frac{\lambda\nu}{\omega}=\frac{\lambda}{2\pi}\equiv\lambda\!\!\!^{-}$($\omega=2\pi\nu$为角频率). 当积分区域尺度也较$\lambda\!\!\!^{-}$为小时,指数项也可以展开:

$$\mathrm{e}^{-\mathrm{i}k\boldsymbol{e}_r\cdot\boldsymbol{x}'}\approx1-\mathrm{i}k\boldsymbol{e}_r\cdot\boldsymbol{x}',$$

分母更可以近似到分子

$$\left(1-\frac{1}{r}\boldsymbol{e}_r\cdot\boldsymbol{x}'\right)^{-1}\approx1+\frac{1}{r}\boldsymbol{e}_r\cdot\boldsymbol{x}',$$

所以有

$$\int\approx\frac{\mathrm{e}^{\mathrm{i}kr}}{r}\int\left\{1+\left(\frac{1}{r}-\mathrm{i}k\right)\boldsymbol{e}_r\cdot\boldsymbol{x}'\right\}\boldsymbol{j}(\boldsymbol{x}')\mathrm{d}\boldsymbol{x}'.$$

更严格的展开可用球谐函数和球贝塞尔(F. W. Bessel)(及汉克尔(H. Hankel))函数,不在这里讲了(见习题2.13). 总之辐射区分为电偶极,磁偶极,电四极,磁四极,电八极,等等多极电磁辐射,简用符号E1,M1,E2,M2,E3等等代表. 重要性是按上述次序递减. 低阶的辐射不发生时,才需要考虑更高一阶的近似.

2.2.6 电偶极矩辐射

先取$\int$的最低阶近似,$\int\approx\frac{\mathrm{e}^{\mathrm{i}kr}}{r}\int\boldsymbol{j}(\boldsymbol{x}')\mathrm{d}\boldsymbol{x}'$. 注意$\nabla'\cdot(\boldsymbol{j}'\boldsymbol{x}')=(\nabla'\cdot\boldsymbol{j}')\boldsymbol{x}'+\boldsymbol{j}'$,而由电荷守恒方程知$\nabla'\cdot\boldsymbol{j}'=\mathrm{i}\omega\rho'$,所以$\int$可以表达为(部分积分后$\nabla'\cdot(\boldsymbol{j}'\boldsymbol{x}')$贡献为零):

$$\int\approx-\mathrm{i}\omega\frac{\mathrm{e}^{\mathrm{i}kr}}{r}\int\rho'\boldsymbol{x}'\mathrm{d}\boldsymbol{x}'=-\mathrm{i}\omega\frac{\mathrm{e}^{\mathrm{i}kr}}{r}\boldsymbol{p},$$

此处$\boldsymbol{p}$代表电偶极矩,即$\boldsymbol{p}=\int\rho'\boldsymbol{x}'\mathrm{d}\boldsymbol{x}'$. 从

$$\boldsymbol{H}=\frac{1}{4\pi}\nabla\times\int=-\frac{\mathrm{i}\omega}{4\pi}\nabla\left(\frac{\mathrm{e}^{\mathrm{i}kr}}{r}\right)\times\boldsymbol{p}=\frac{k\omega}{4\pi}\frac{\mathrm{e}^{\mathrm{i}kr}}{r}\left(1-\frac{1}{\mathrm{i}kr}\right)\boldsymbol{e}_r\times\boldsymbol{p},$$

$$\boldsymbol{E}=\sqrt{\frac{\mu}{\varepsilon}}\frac{\mathrm{i}}{k}\nabla\times\boldsymbol{H}=\frac{k^2}{4\pi\varepsilon}\frac{\mathrm{e}^{\mathrm{i}kr}}{r}(\boldsymbol{e}_r\times\boldsymbol{p})\times\boldsymbol{e}_r$$

$$+\frac{1}{4\pi\varepsilon}\left(\frac{1}{r^3}-\frac{\mathrm{i}k}{r^2}\right)\mathrm{e}^{\mathrm{i}kr}[3(\boldsymbol{e}_r\cdot\boldsymbol{p})\boldsymbol{e}_r-\boldsymbol{p}].$$

在近处 $r<\lambda$ 只有电偶极场

$$\boldsymbol{E}=\frac{\mathrm{e}^{\mathrm{i}kr}}{4\pi\varepsilon}\frac{[3(\boldsymbol{e}_r\cdot\boldsymbol{p})\boldsymbol{e}_r-\boldsymbol{p}]}{r^3};$$

但在远处 $r>\lambda$，则只有电偶极辐射场：

$$\boldsymbol{H}=\frac{k\omega}{4\pi}\frac{\mathrm{e}^{\mathrm{i}kr}}{r}\boldsymbol{e}_r\times\boldsymbol{p},\quad \boldsymbol{E}=\sqrt{\frac{\mu}{\varepsilon}}\boldsymbol{H}\times\boldsymbol{e}_r.$$

即

$$\boldsymbol{E}=\frac{k^2}{4\pi\varepsilon}\frac{\mathrm{e}^{\mathrm{i}kr}}{r}\{\boldsymbol{p}-(\boldsymbol{e}_r\cdot\boldsymbol{p})\boldsymbol{e}_r\}.$$

代入 $\boldsymbol{p}=p\boldsymbol{e}_z=p(\boldsymbol{e}_r\cos\theta-\boldsymbol{e}_\theta\sin\theta)$，球坐标中有电偶极辐射场

$$\boldsymbol{H}=-\frac{k\omega}{4\pi}p\frac{\mathrm{e}^{\mathrm{i}kr}}{r}\sin\theta\,\boldsymbol{e}_\varphi,$$

$$\boldsymbol{E}=-\frac{k^2}{4\pi\varepsilon}p\frac{\mathrm{e}^{\mathrm{i}kr}}{r}\sin\theta\,\boldsymbol{e}_\theta.$$

2.2.7 磁偶极辐射和电四极辐射

当电偶极矩 $\boldsymbol{p}=0$ 时，高一阶近似给出

$$\int\approx\frac{\mathrm{e}^{\mathrm{i}kr}}{r}\left(\frac{1}{r}-\mathrm{i}k\right)\int(\boldsymbol{e}_r\cdot\boldsymbol{x}')\boldsymbol{j}'\mathrm{d}\boldsymbol{x}',$$

这积分的被积函数中含张量 $\boldsymbol{x}'\boldsymbol{j}'$，可分解为对称部分和反对称部分

$$\boldsymbol{x}'\boldsymbol{j}'=\frac{\boldsymbol{x}'\boldsymbol{j}'+\boldsymbol{j}'\boldsymbol{x}'}{2}+\frac{\boldsymbol{x}'\boldsymbol{j}'-\boldsymbol{j}'\boldsymbol{x}'}{2},$$

所以

$$\begin{aligned}(\boldsymbol{e}_r\cdot\boldsymbol{x}')\boldsymbol{j}'&=\left(\boldsymbol{e}_r\cdot\frac{\boldsymbol{x}'\boldsymbol{j}'+\boldsymbol{j}'\boldsymbol{x}'}{2}\right)+\frac{(\boldsymbol{e}_r\cdot\boldsymbol{x}')\boldsymbol{j}'-(\boldsymbol{e}_r\cdot\boldsymbol{j}')\boldsymbol{x}'}{2}\\&=\frac{1}{2}\{(\boldsymbol{e}_r\cdot\boldsymbol{x}')\boldsymbol{j}'+(\boldsymbol{e}_r\cdot\boldsymbol{j}')\boldsymbol{x}'\}-\frac{1}{2}\{\boldsymbol{e}_r\times(\boldsymbol{x}'\times\boldsymbol{j}')\}.\end{aligned}$$

利用电荷守恒 $\nabla'\cdot\boldsymbol{j}'+\frac{\partial}{\partial t}\rho'=0$ 即 $\nabla'\cdot\boldsymbol{j}'=\mathrm{i}\omega\rho'$ 得

$$\begin{aligned}\int\boldsymbol{x}'(\boldsymbol{e}_r\cdot\boldsymbol{x}')\mathrm{i}\omega\rho'\mathrm{d}\boldsymbol{x}'&=\int\boldsymbol{x}'(\boldsymbol{e}_r\cdot\boldsymbol{x}')\nabla'\cdot\boldsymbol{j}'\mathrm{d}\boldsymbol{x}'\\&=-\int(\boldsymbol{j}'\cdot\nabla')\{\boldsymbol{x}'(\boldsymbol{e}_r\cdot\boldsymbol{x}')\}\mathrm{d}\boldsymbol{x}'\\&=-\int\{\boldsymbol{j}'(\boldsymbol{e}_r\cdot\boldsymbol{x}')+\boldsymbol{x}'(\boldsymbol{e}_r\cdot\boldsymbol{j}')\}\mathrm{d}\boldsymbol{x}',\end{aligned}$$

运算中利用了分部积分. 因此

$$\int (\boldsymbol{e}_r \cdot \boldsymbol{x}')\boldsymbol{j}'\mathrm{d}\boldsymbol{x}' = -\frac{\mathrm{i}\omega}{2}\int \boldsymbol{x}'(\boldsymbol{e}_r \cdot \boldsymbol{x}')\rho'\mathrm{d}\boldsymbol{x}'$$

$$-\boldsymbol{e}_r \times \int \frac{1}{2}(\boldsymbol{x}' \times \boldsymbol{j}')\mathrm{d}\boldsymbol{x}';$$

其中$\int \frac{1}{2}(\boldsymbol{x}'\times\boldsymbol{j}')\mathrm{d}\boldsymbol{x}'=\boldsymbol{m}$为电流$\boldsymbol{j}'$产生的等效磁偶极矩.而积分包含$\boldsymbol{x}'\boldsymbol{x}'\rho'\mathrm{d}\boldsymbol{x}'$者为电四极矩部分.

为简单起见,我们将只计算其辐射场,$r\gg\lambda$.这时$kr\gg1$,可以取$\frac{1}{r}-\mathrm{i}k\approx-\mathrm{i}k$;另外在对$\frac{\mathrm{e}^{\mathrm{i}kr}}{r}$求导数时只对指数部分求导数即可,

$$\frac{\mathrm{d}}{\mathrm{d}r}\left(\frac{\mathrm{e}^{\mathrm{i}kr}}{r}\right) = \frac{\mathrm{i}k}{r}\mathrm{e}^{\mathrm{i}kr} - \frac{\mathrm{e}^{\mathrm{i}kr}}{r^2} \approx \mathrm{i}k\,\frac{\mathrm{e}^{\mathrm{i}kr}}{r}.$$

$$\int \approx -\mathrm{i}k\,\frac{\mathrm{e}^{\mathrm{i}kr}}{r}\left\{-(\boldsymbol{e}_r\times\boldsymbol{m}) - \frac{\mathrm{i}\omega}{2}\int(\boldsymbol{e}_r\cdot\boldsymbol{x}')\boldsymbol{x}'\rho'\mathrm{d}\boldsymbol{x}'\right\};$$

$$\boldsymbol{H} = \frac{1}{4\pi}k^2\frac{\mathrm{e}^{\mathrm{i}kr}}{r}\boldsymbol{e}_r\times\left\{-(\boldsymbol{e}_r\times\boldsymbol{m}) - \frac{\mathrm{i}\omega}{2}\int(\boldsymbol{e}_r\cdot\boldsymbol{x}')\boldsymbol{x}'\rho'\mathrm{d}\boldsymbol{x}'\right\}$$

$$= \frac{1}{4\pi}k^2\frac{\mathrm{e}^{\mathrm{i}kr}}{r}\left\{[\boldsymbol{m}-(\boldsymbol{m}\cdot\boldsymbol{e}_r)\boldsymbol{e}_r] - \frac{\mathrm{i}\omega}{2}\int(\boldsymbol{e}_r\cdot\boldsymbol{x}')(\boldsymbol{e}_r\times\boldsymbol{x}')\rho'\mathrm{d}\boldsymbol{x}'\right\},$$

$$\boldsymbol{E} = \sqrt{\frac{\mu}{\varepsilon}}\boldsymbol{H}\times\boldsymbol{e}_r.$$

注意到

$$\frac{1}{2}\int(\boldsymbol{e}_r\cdot\boldsymbol{x}')(\boldsymbol{e}_r\times\boldsymbol{x}')\rho'\mathrm{d}\boldsymbol{x}'$$

$$= \frac{1}{2}\boldsymbol{e}_r\times\left(\int\boldsymbol{x}'\boldsymbol{x}'\rho'\mathrm{d}\boldsymbol{x}'\right)\cdot\boldsymbol{e}_r = \frac{1}{6}\boldsymbol{e}_r\times\mathsf{Q}\cdot\boldsymbol{e}_r,$$

其中电四极矩按一般习惯,定义为

$$\mathsf{Q} = \int\{3\boldsymbol{x}'\boldsymbol{x}' - (\boldsymbol{x}'\cdot\boldsymbol{x}')\mathsf{I}\}\rho'\mathrm{d}\boldsymbol{x}'.$$

Q中I部分在$\boldsymbol{e}_r\times\mathsf{Q}\cdot\boldsymbol{e}_r$中没有贡献,$\boldsymbol{e}_r\times\mathsf{I}\cdot\boldsymbol{e}_r\equiv0$.但如上定义之$\mathsf{Q}$其迹即对角和恒等于零.所以

$$\boldsymbol{H} = \frac{1}{4\pi}k^2\frac{\mathrm{e}^{\mathrm{i}kr}}{r}\{\boldsymbol{m}-(\boldsymbol{m}\cdot\boldsymbol{e}_r)\boldsymbol{e}_r\} - \frac{1}{4\pi}\frac{\mathrm{i}k^3}{\sqrt{\varepsilon\mu}}\frac{\mathrm{e}^{\mathrm{i}kr}}{r}\frac{1}{6}(\boldsymbol{e}_r\times\mathsf{Q}\cdot\boldsymbol{e}_r)$$

$$+\frac{1}{4\pi}\frac{k^2}{\sqrt{\varepsilon\mu}}\frac{\mathrm{e}^{\mathrm{i}kr}}{r}[\boldsymbol{e}_r\times\boldsymbol{p}].$$

2.2.8　辐射能流

下面来计算辐射能流(时间平均引入$\frac{1}{2}$):

$$\frac{\mathrm{d}P}{\mathrm{d}\Omega}=\frac{1}{2}\,\mathrm{Re}\,r^2(\boldsymbol{E}\times\boldsymbol{H}^*)\cdot\boldsymbol{e}_r=\frac{1}{2}\sqrt{\frac{\mu}{\varepsilon}}\,\mathrm{Re}\,r^2\,|\boldsymbol{H}\times\boldsymbol{e}_r|^2$$

$$=\frac{1}{2}\sqrt{\frac{\mu}{\varepsilon}}\,\mathrm{Re}\,r^2\,|\boldsymbol{H}|^2.$$

对于电偶极辐射：

$$\frac{\mathrm{d}P}{\mathrm{d}\Omega}=\frac{1}{32\pi^2}\frac{k^4}{\sqrt{\mu\varepsilon^3}}|\boldsymbol{e}_r\times\boldsymbol{p}|^2$$

$$=\frac{1}{32\pi^2}\frac{k^4}{\sqrt{\mu\varepsilon^3}}\{|\boldsymbol{p}|^2-|\boldsymbol{p}\cdot\boldsymbol{e}_r|^2\}$$

$$=\frac{1}{32\pi^2}\frac{k^4}{\sqrt{\mu\varepsilon^3}}|\boldsymbol{p}|^2\sin^2(\boldsymbol{p},\boldsymbol{e}_r).$$

对于磁偶极辐射：

$$\frac{\mathrm{d}P}{\mathrm{d}\Omega}=\frac{1}{32\pi^2}\sqrt{\frac{\mu}{\varepsilon}}k^4|\boldsymbol{m}|^2\sin^2(\boldsymbol{m},\boldsymbol{e}_r).$$

对于电四极辐射：

$$\frac{\mathrm{d}P}{\mathrm{d}\Omega}=\frac{1}{32\pi^2}\frac{k^6}{\sqrt{\mu\varepsilon^3}}\frac{1}{36}|\boldsymbol{e}_r\times\mathsf{Q}\cdot\boldsymbol{e}_r|^2.$$

偶极辐射中令偶极方向为 z 轴，$\sin^2\theta$ 辐射分布，对 $\mathrm{d}\Omega=\sin\theta\mathrm{d}\theta\,\mathrm{d}\varphi$ 积分，$\overline{\sin^2\theta}=1-\frac{1}{3}=\frac{2}{3}$，所以

$$P=\frac{1}{12\pi}\frac{k^4}{\sqrt{\mu\varepsilon^3}}|\boldsymbol{p}|^2(\mathrm{E1}),\text{或}\frac{1}{12\pi}\sqrt{\frac{\mu}{\varepsilon}}k^4|\boldsymbol{m}|^2(\mathrm{M1}).$$

对于电四极辐射(E2)：注意到

$$|\boldsymbol{e}_r\times\mathsf{Q}\cdot\boldsymbol{e}_r|^2=|\boldsymbol{e}_r\times\boldsymbol{Q}_r|^2=|\boldsymbol{Q}_r|^2-|\boldsymbol{e}_r\cdot\boldsymbol{Q}_r|^2$$

$$=|\boldsymbol{e}_r\cdot\mathsf{Q}|^2-|\boldsymbol{e}_r\cdot\mathsf{Q}\cdot\boldsymbol{e}_r|^2,$$

其中 $\boldsymbol{Q}_r\equiv\mathsf{Q}\cdot\boldsymbol{e}_r$. 令 Q 的分量为 $Q_{\alpha\beta}$，$\boldsymbol{e}_r$ 的分量为 n_γ，则

$$|\boldsymbol{e}_r\times\mathsf{Q}\cdot\boldsymbol{e}_r|^2=n_\alpha Q_{\alpha\beta}n_\gamma Q_{\gamma\beta}^*-n_\alpha Q_{\alpha\beta}n_\beta n_\gamma Q_{\gamma\delta}^*n_\delta,$$

附标重复出现的要求和. 对角度平均有

$$\overline{n_\alpha n_\gamma}=\frac{1}{3}\delta_{\alpha\gamma},\ \overline{n_\alpha n_\beta n_\gamma n_\delta}=\frac{1}{15}[\delta_{\alpha\beta}\delta_{\gamma\delta}+\delta_{\alpha\gamma}\delta_{\beta\delta}+\delta_{\alpha\delta}\delta_{\beta\gamma}];$$

故

$$P=\frac{k^6}{1440\pi\sqrt{\mu\varepsilon^3}}Q_{\alpha\beta}Q_{\alpha\beta}^*,$$

这里采用了求和约定.

2.3 平面电磁波的反射和透射

2.3.1 平面电磁波

考虑绝缘介质,$\sigma\equiv 0$,没有外来的 $\boldsymbol{j}^{外}$,则 $\boldsymbol{j}=\sigma\boldsymbol{E}=0$. 同时,$\nabla\cdot\boldsymbol{j}+\dfrac{\partial\rho}{\partial t}=0$ 在周期振荡时的解有 $\mathrm{e}^{-\mathrm{i}\omega t}$ 因子,$\omega\neq 0$,给出 $\rho=0$. 麦克斯韦方程组简化为(均匀介质 ε,μ 为常量):

$$\mu\nabla\cdot\boldsymbol{H}=0,\ \nabla\times\boldsymbol{E}-\mathrm{i}\omega\mu\boldsymbol{H}=0,$$
$$\varepsilon\nabla\cdot\boldsymbol{E}=0,\ \nabla\times\boldsymbol{H}+\mathrm{i}\omega\varepsilon\boldsymbol{E}=0;$$

边界条件为 $E_{切向}$ 连续,$H_{切向}$ 连续即足够,这是因为 $\omega\neq 0$ 时,$\nabla\cdot\boldsymbol{H}=\nabla\cdot\boldsymbol{E}=0$ 为后两式的后果.

平面波解为($\boldsymbol{s}$ 指波前进方向的单位矢量)

$$\boldsymbol{E}\propto\mathrm{e}^{\mathrm{i}k\boldsymbol{s}\cdot\boldsymbol{r}-\mathrm{i}\omega t},\quad \boldsymbol{H}\propto\mathrm{e}^{\mathrm{i}k\boldsymbol{s}\cdot\boldsymbol{r}-\mathrm{i}\omega t},\quad k=\omega\sqrt{\varepsilon\mu}=\frac{\omega}{v}.$$

结果有

$$\boldsymbol{H}=\sqrt{\frac{\varepsilon}{\mu}}\boldsymbol{s}\times\boldsymbol{E},\quad \boldsymbol{E}=-\sqrt{\frac{\mu}{\varepsilon}}\boldsymbol{s}\times\boldsymbol{H},$$

以及

$$\boldsymbol{s}\cdot\boldsymbol{E}=\boldsymbol{s}\cdot\boldsymbol{H}=0,\quad \mu|\boldsymbol{H}|^2=\varepsilon|\boldsymbol{E}|^2.$$

于是能量密度对时间平均为

$$\overline{w}=\overline{\frac{\varepsilon|\boldsymbol{E}|^2+\mu|\boldsymbol{H}|^2}{2}}=\varepsilon\,\overline{|\boldsymbol{E}|^2}=\mu\,\overline{|\boldsymbol{H}|^2}.$$

能流密度矢量

$$\boldsymbol{S}=\boldsymbol{E}\times\boldsymbol{H}=\sqrt{\frac{\varepsilon}{\mu}}\boldsymbol{E}\cdot\boldsymbol{E}\boldsymbol{s},$$

对时间平均为

$$\overline{\boldsymbol{S}}=\sqrt{\frac{\varepsilon}{\mu}}\,\overline{\boldsymbol{E}\cdot\boldsymbol{E}}\boldsymbol{s}=\sqrt{\frac{\varepsilon}{\mu}}\,\overline{|\boldsymbol{E}|^2}\boldsymbol{s}=v\overline{w}\boldsymbol{s},$$

这里 $v=\dfrac{1}{\sqrt{\mu\varepsilon}}$.

注意均匀介质中的平面波的电场方向,磁场方向和波行进方向 $\boldsymbol{s}$ 构成三个正交方向. 在 $t=0$ 时 $r=0$ 处的 $\boldsymbol{E}$ 除方向外尚包含振幅的大小和相位. 而且如果 $\boldsymbol{E}$ 的方向和振幅大小及相位给定后,$\boldsymbol{H}$ 的方向和振幅大小及相位即由 $\boldsymbol{H}=\sqrt{\dfrac{\varepsilon}{\mu}}\boldsymbol{s}\times\boldsymbol{E}$ 确

定. 反之给定 $\boldsymbol{H}$ 的方向、振幅大小和相位,则 $\boldsymbol{E}$ 的方向、振幅大小和相位也被确定.

2.3.2 平面波的反射和折射

1. 反射定律和折射定律

当介质 1 中有入射波(用指标 i 表示)射到介质 1 和介质 2 的界面上(界面设为平面,$\boldsymbol{n}\cdot\boldsymbol{r}=0$,$\boldsymbol{n}$ 为界面法向单位矢量),从实验知道在介质 1 中产生反射波(用指标 r 表示)而在介质 2 中产生透射波(用指标 t 表示). 我们将求解麦克斯韦方程组,描述以上情况,抽象为空间均匀时间延续的无限过程. 为了能满足介质 1 和介质 2 的分界面 $\boldsymbol{n}\cdot\boldsymbol{r}=0$ 上 $E_{切向}$ 连续和 $H_{切向}$ 连续的边界条件,在任何时刻 t 和任何位置 $\boldsymbol{r}$(只要 $\boldsymbol{r}$ 限制在分界面 $\boldsymbol{n}\cdot\boldsymbol{r}=0$ 上),必须取反射波及折射波的频率与入射波相同:

介质 1 中有 $\begin{cases}\text{入射波 } \boldsymbol{E}^{(\mathrm{i})} \text{ 含 } \mathrm{e}^{\mathrm{i}k_1\boldsymbol{s}^{(\mathrm{i})}\cdot\boldsymbol{r}-\mathrm{i}\omega t} \text{ 因子,简记为 } \mathrm{e}^{(\mathrm{i})};\\ \text{反射波 } \boldsymbol{E}^{(\mathrm{r})} \text{ 含 } \mathrm{e}^{\mathrm{i}k_1\boldsymbol{s}^{(\mathrm{r})}\cdot\boldsymbol{r}-\mathrm{i}\omega t} \text{ 因子,简记为 } \mathrm{e}^{(\mathrm{r})},\end{cases}$

介质 2 中有 透射波 $\boldsymbol{E}^{(\mathrm{t})}$ 含 $\mathrm{e}^{\mathrm{i}k_2\boldsymbol{s}^{(\mathrm{t})}\cdot\boldsymbol{r}-\mathrm{i}\omega t}$ 因子,简记为 $\mathrm{e}^{(\mathrm{t})}$.

注意:$\boldsymbol{s}\cdot\boldsymbol{r}=(\boldsymbol{n}\cdot\boldsymbol{s})(\boldsymbol{n}\cdot\boldsymbol{r})+(\boldsymbol{n}\times\boldsymbol{s})\cdot(\boldsymbol{n}\times\boldsymbol{r})$,而在分界面上 $\boldsymbol{n}\cdot\boldsymbol{r}=0$ 但 $\boldsymbol{n}\times\boldsymbol{r}$ 任意,所以 $\boldsymbol{n}\times k_1\boldsymbol{s}^{(\mathrm{i})}=\boldsymbol{n}\times k_1\boldsymbol{s}^{(\mathrm{r})}=\boldsymbol{n}\times k_2\boldsymbol{s}^{(\mathrm{t})}$. 这表明 $\boldsymbol{s}^{(\mathrm{r})}$ 和 $\boldsymbol{s}^{(\mathrm{t})}$ 都在 $\boldsymbol{s}^{(\mathrm{i})}$ 和 $\boldsymbol{n}$ 确定的平面内. 由 $\boldsymbol{s}^{(\mathrm{i})}$ 和 $\boldsymbol{n}$ 确定的平面叫入射面,取入射面为 xz 平面,$z<0$ 为介质 1,$z>0$ 为介质 2,

$$\boldsymbol{n}=\boldsymbol{e}_z,\quad \boldsymbol{s}=s_x\boldsymbol{e}_x+s_z\boldsymbol{e}_z,$$

则

$$k_1\boldsymbol{s}_x^{(\mathrm{i})}=k_1\boldsymbol{s}_x^{(\mathrm{r})}=k_2\boldsymbol{s}_x^{(\mathrm{t})}\ \text{又}\ \boldsymbol{s}_z^{(\mathrm{i})}\ \text{和}\ \boldsymbol{s}_z^{(\mathrm{t})}\ \text{均}\geqslant 0\ \text{而}\ \boldsymbol{s}_z^{(\mathrm{r})}\leqslant 0.$$

取

$$\begin{aligned}\boldsymbol{s}_x^{(\mathrm{i})}&=\sin\theta_{\mathrm{i}},\quad &\boldsymbol{s}_z^{(\mathrm{i})}&=\cos\theta_{\mathrm{i}},\\ \boldsymbol{s}_x^{(\mathrm{r})}&=\sin\theta_{\mathrm{r}},\quad &\boldsymbol{s}_z^{(\mathrm{r})}&=-\cos\theta_{\mathrm{r}},\\ \boldsymbol{s}_x^{(\mathrm{t})}&=\sin\theta_{\mathrm{t}},\quad &\boldsymbol{s}_z^{(\mathrm{t})}&=\cos\theta_{\mathrm{t}},\end{aligned}$$

于是有反射定律:

$$\theta_{\mathrm{r}}=\theta_{\mathrm{i}},$$

和折射定律(n 为介质的折射率):

$$\frac{\sin\theta_{\mathrm{i}}}{\sin\theta_{\mathrm{t}}}=\frac{k_2}{k_1}=\frac{v_1}{v_2}=\frac{\sqrt{\varepsilon_2\mu_2}}{\sqrt{\varepsilon_1\mu_1}}=\frac{n_2}{n_1}.$$

2. 菲涅耳公式

注意到 $\boldsymbol{s}\cdot\boldsymbol{E}=0$,以及 $\boldsymbol{H}=\sqrt{\dfrac{\varepsilon}{\mu}}\,\boldsymbol{s}\times\boldsymbol{E}$,所以取:

$$\text{入射波}\begin{cases} E_x^{(\mathrm{i})} = -\cos\theta_{\mathrm{i}}\, A_{\parallel}\, \mathrm{e}^{(\mathrm{i})}, & H_x^{(\mathrm{i})} = -\cos\theta_{\mathrm{i}}\, A_{\perp}\sqrt{\dfrac{\varepsilon_1}{\mu_1}}\, \mathrm{e}^{(\mathrm{i})}, \\ E_y^{(\mathrm{i})} = A_{\perp}\, \mathrm{e}^{(\mathrm{i})}, & H_y^{(\mathrm{i})} = -A_{\parallel}\sqrt{\dfrac{\varepsilon_1}{\mu_1}}\, \mathrm{e}^{(\mathrm{i})}, \\ E_z^{(\mathrm{i})} = \sin\theta_{\mathrm{i}}\, A_{\parallel}\, \mathrm{e}^{(\mathrm{i})}, & H_z^{(\mathrm{i})} = \sin\theta_{\mathrm{i}}\, A_{\perp}\sqrt{\dfrac{\varepsilon_1}{\mu_1}}\, \mathrm{e}^{(\mathrm{i})}. \end{cases}$$

$$\text{透射波}\begin{cases} E_x^{(\mathrm{t})} = -\cos\theta_{\mathrm{t}}\, T_{\parallel}\, \mathrm{e}^{(\mathrm{t})}, & H_x^{(\mathrm{t})} = -\cos\theta_{\mathrm{t}}\, T_{\perp}\sqrt{\dfrac{\varepsilon_2}{\mu_2}}\, \mathrm{e}^{(\mathrm{t})}, \\ E_y^{(\mathrm{t})} = T_{\perp}\, \mathrm{e}^{(\mathrm{t})}, & H_y^{(\mathrm{t})} = -T_{\parallel}\sqrt{\dfrac{\varepsilon_2}{\mu_2}}\, \mathrm{e}^{(\mathrm{t})}, \\ E_z^{(\mathrm{t})} = \sin\theta_{\mathrm{t}}\, T_{\parallel}\, \mathrm{e}^{(\mathrm{t})}, & H_z^{(\mathrm{t})} = \sin\theta_{\mathrm{t}}\, T_{\perp}\sqrt{\dfrac{\varepsilon_2}{\mu_2}}\, \mathrm{e}^{(\mathrm{t})}. \end{cases}$$

$$\text{反射波}\begin{cases} E_x^{(\mathrm{r})} = \cos\theta_{\mathrm{i}}\, R_{\parallel}\, \mathrm{e}^{(\mathrm{r})}, & H_x^{(\mathrm{r})} = \cos\theta_{\mathrm{i}}\, R_{\perp}\sqrt{\dfrac{\varepsilon_1}{\mu_1}}\, \mathrm{e}^{(\mathrm{r})}, \\ E_y^{(\mathrm{r})} = R_{\perp}\, \mathrm{e}^{(\mathrm{r})}, & H_y^{(\mathrm{r})} = -R_{\parallel}\sqrt{\dfrac{\varepsilon_1}{\mu_1}}\, \mathrm{e}^{(\mathrm{r})}, \\ E_z^{(\mathrm{r})} = \sin\theta_{\mathrm{i}}\, R_{\parallel}\, \mathrm{e}^{(\mathrm{r})}, & H_z^{(\mathrm{r})} = \sin\theta_{\mathrm{i}}\, R_{\perp}\sqrt{\dfrac{\varepsilon_1}{\mu_1}}\, \mathrm{e}^{(\mathrm{r})}. \end{cases}$$

在 $z=0$ 界面上($\mathrm{e}^{(\mathrm{i})}=\mathrm{e}^{(\mathrm{r})}=\mathrm{e}^{(\mathrm{t})}$已见前)有 $E_{\text{切}}^{(\mathrm{i})}+E_{\text{切}}^{(\mathrm{r})}=E_{\text{切}}^{(\mathrm{t})}$,以及 $H_{\text{切}}^{(\mathrm{i})}+H_{\text{切}}^{(\mathrm{r})}=H_{\text{切}}^{(\mathrm{t})}$,“切”代表 x 或 y,共四个边界条件. 于是

$$\cos\theta_{\mathrm{i}}(A_{\parallel}-R_{\parallel}) = \cos\theta_{\mathrm{t}}\, T_{\parallel},$$

$$\sqrt{\frac{\varepsilon_1}{\mu_1}}(A_{\parallel}+R_{\parallel}) = \sqrt{\frac{\varepsilon_2}{\mu_2}}\, T_{\parallel};$$

$$A_{\perp}+R_{\perp} = T_{\perp},$$

$$\sqrt{\frac{\varepsilon_1}{\mu_1}}\cos\theta_{\mathrm{i}}(A_{\perp}-R_{\perp}) = \sqrt{\frac{\varepsilon_2}{\mu_2}}\cos\theta_{\mathrm{t}}\, T_{\perp}.$$

这些条件分为两组,互相独立,分别相应于 $\parallel$ 或 $\perp$ 于入射面(符号指电场方向而言,磁场则相反. 所以 $\perp$ 叫 TE 波(横电波),而 $\parallel$ 叫 TM 波(横磁波)). 例如有菲涅耳公式(1823)①:

$$T_{\parallel} = \frac{2\sqrt{\varepsilon_1/\mu_1}\,\cos\theta_{\mathrm{i}}}{\sqrt{\varepsilon_2/\mu_2}\,\cos\theta_{\mathrm{i}}+\sqrt{\varepsilon_1/\mu_1}\,\cos\theta_{\mathrm{t}}}A_{\parallel}$$

$$\equiv \frac{2\sqrt{1}\ c_{\mathrm{i}}}{\sqrt{2}c_{\mathrm{i}}+\sqrt{1}c_{\mathrm{t}}}\,A_{\parallel}.$$

---

① A. Fresnel, *Mém. de l'Acad.*, **11**(1832), 393(1823, 1 宣读); *Oeuvres*, **1**, 767.

$$R_{\parallel} = \frac{\sqrt{2}c_i - \sqrt{1}c_t}{\sqrt{2}c_i + \sqrt{1}c_t} A_{\parallel},$$

$$T_{\perp} = \frac{2\sqrt{1}\ c_i}{\sqrt{1}\ c_i + \sqrt{2}c_t} A_{\perp},$$

$$R_{\perp} = \frac{\sqrt{1}c_i - \sqrt{2}c_t}{\sqrt{1}c_i + \sqrt{2}c_t} A_{\perp};$$

其中缩写$\sqrt{1} \equiv \sqrt{\frac{\varepsilon_1}{\mu_1}}$, $\sqrt{2} \equiv \sqrt{\frac{\varepsilon_2}{\mu_2}}$, $c_i \equiv \cos\theta_i$, $c_t \equiv \cos\theta_t$.

3. 反射率和透射率

计算通过界面面积的能流 J,流向界面者只有入射波,反射波和透射波皆从界面流出.得

$$J_{\parallel}^{(i)} = \sqrt{\frac{\varepsilon_1}{\mu_1}} |A_{\parallel}|^2 \cos\theta_i = \sqrt{1} |A_{\parallel}|^2 c_i,$$

$$J_{\parallel}^{(r)} = \sqrt{1} |R_{\parallel}|^2 c_i,$$

$$J_{\parallel}^{(t)} = \sqrt{2} |T_{\parallel}|^2 c_t.$$

和类似的$\perp$关系.定义能流反射率$\mathscr{R}$ 和能流透射率$\mathscr{T}$:

$$\mathscr{R}_{\parallel} = \frac{J_{\parallel}^{(r)}}{J_{\parallel}^{(i)}} = \frac{|R_{\parallel}|^2}{|A_{\parallel}|^2}, \quad \mathscr{T}_{\parallel} = \frac{J_{\parallel}^{(t)}}{J_{\parallel}^{(i)}} = \frac{\sqrt{2}}{\sqrt{1}} \frac{|T_{\parallel}|^2}{|A_{\parallel}|^2} \frac{c_t}{c_i}.$$

容易验证$\mathscr{R}_{\parallel} + \mathscr{T}_{\parallel} = 1$,$\mathscr{R}_{\perp} + \mathscr{T}_{\perp} = 1$ 等关系.

对于一般情况,容易验证对于入射、反射和透射波,皆有 $J = J_{\parallel} + J_{\perp}$;所以,

$$\mathscr{R} = \frac{J_{\parallel}^{(r)} + J_{\perp}^{(r)}}{J_{\parallel}^{(i)} + J_{\perp}^{(i)}} = \mathscr{R}_{\parallel} \frac{J_{\parallel}^{(i)}}{J_{\parallel}^{(i)} + J_{\perp}^{(i)}} + \mathscr{R}_{\perp} \frac{J_{\perp}^{(i)}}{J_{\parallel}^{(i)} + J_{\perp}^{(i)}},$$

和类似的$\mathscr{T}$关系.从$\mathscr{R}_{\parallel} + \mathscr{T}_{\parallel} = 1$,$\mathscr{R}_{\perp} + \mathscr{T}_{\perp} = 1$,便得到

$$\mathscr{R} + \mathscr{T} = \frac{J_{\parallel}^{(i)} + J_{\perp}^{(i)}}{J_{\parallel}^{(i)} + J_{\perp}^{(i)}} = 1.$$

注意,在光频范围,μ_1 和 μ_2 皆接近于 μ_0,在 $\mu_r \approx 1$ 近似时,

$$\sqrt{2} : \sqrt{1} = \sqrt{\frac{\varepsilon_2}{\mu_2}} : \sqrt{\frac{\varepsilon_1}{\mu_1}} \approx \sqrt{\varepsilon_2\mu_2} : \sqrt{\varepsilon_1\mu_1}$$
$$= \sin\theta_i : \sin\theta_t \equiv s_i : s_t.$$

这里缩写 $s_i \equiv \sin\theta_i$,$s_t \equiv \sin\theta_t$,其他$\sqrt{1}$,$\sqrt{2}$,c_i,c_t 等同前.这时

$$\frac{R_{\parallel}}{A_{\parallel}} = \frac{s_i c_i - s_t c_t}{s_i c_i + s_t c_t} = \frac{\sin 2\theta_i - \sin 2\theta_t}{\sin 2\theta_i + \sin 2\theta_t}$$
$$= \frac{\sin(\theta_i - \theta_t)\cos(\theta_i + \theta_t)}{\sin(\theta_i + \theta_t)\cos(\theta_i - \theta_t)} = \frac{\tan(\theta_i - \theta_t)}{\tan(\theta_i + \theta_t)},$$

$$\mathscr{R}_{\parallel}=\frac{\tan^2(\theta_i-\theta_t)}{\tan^2(\theta_i+\theta_t)};$$

而

$$\frac{R_\perp}{A_\perp}=\frac{s_t c_i-s_i c_t}{s_t c_i+s_i c_t}=\frac{\sin(\theta_t-\theta_i)}{\sin(\theta_t+\theta_i)},\quad \mathscr{R}_\perp=\frac{\sin^2(\theta_i-\theta_t)}{\sin^2(\theta_i+\theta_t)}.$$

两者差别可以很大.特别可取 $\theta_i+\theta_t=90°$,则$\mathscr{R}_\parallel=0$ 而$\mathscr{R}_\perp$有限,条件是 $\sin\theta_i$∶$\sin\theta_t=\sqrt{\varepsilon_2}$∶$\sqrt{\varepsilon_1}$,即 $\tan\theta_i=\sqrt{\frac{\varepsilon_2}{\varepsilon_1}}=\frac{n_2}{n_1}$(例如从空气向玻璃入射 $n_2=1.52,\theta_i=56°40'$,则$\mathscr{R}_\parallel=0$,这时$\mathscr{R}_\perp$尚有 $\sin^2 23°20'\sim0.16$),这样的 θ_i 称为布儒斯特角①.经过布儒斯特角反射的光的电场只能垂直于入射面,这是常利用的一种手段.

4. 全反射

当$\sqrt{\varepsilon_2\mu_2}$∶$\sqrt{\varepsilon_1\mu_1}<1$ 而 $\sin\theta_i$ 又大于此比值时,则

$$\sin\theta_t=\sin\theta_i\sqrt{\frac{\varepsilon_1\mu_1}{\varepsilon_2\mu_2}}>1,$$

产生全反射现象.

简写 $n\equiv\sqrt{\frac{\varepsilon_2\mu_2}{\varepsilon_1\mu_1}}<1$, $\sin\theta_i>n$ 时得

$$\sin\theta_t=\frac{\sin\theta_i}{n},\quad \cos\theta_t=\mathrm{i}\sqrt{\frac{\sin^2\theta_i}{n^2}-1}.$$

透射波含有因子

$$\mathrm{e}^{(t)}=\exp\left\{\mathrm{i}k_2\left[\frac{\sin\theta_i}{n}x+\mathrm{i}\sqrt{\frac{\sin^2\theta_i}{n^2}-1}\;z\right]-\mathrm{i}\omega t\right\},$$

$\cos\theta_t$ 中取 i 而不是 $-$i,因为透射波在 $z\to\infty$不能增长到无穷大(边界条件决定).在介质2中有电磁扰动,可以在介质2中界面$\frac{1}{4}$波长以内再引入界面而观察透射到介质3中的辐射②.

在 $z=0$ 界面上可以计算能流

$$\boldsymbol{E}^{(t)}\times\boldsymbol{H}^{(t)},$$

或用复数场计算:

$$\left[\frac{1}{2}(\boldsymbol{E}^{(t)}+\boldsymbol{E}^{(t)*})\times\frac{1}{2}(\boldsymbol{H}^{(t)}+\boldsymbol{H}^{(t)*})\right],$$

容易验证能流的 y 分量恒等于0;其 z 分量为

① D. Brewster, *Phil. Trans. Roy. Soc.* (London), **105**(1815), 125.

② W. Culshaw and D. S. Jones, *Proc. Phys. Soc.*, **B 66**(1954), 859;用1.25 cm波长电磁波.

$$\sqrt{\frac{\varepsilon_2}{\mu_2}}\sqrt{\frac{\sin^2\theta_i}{n^2}-1}\left\{\frac{1}{4}\mathrm{i}(T_{\parallel}^2+T_{\perp}^2)\mathrm{e}^{2\mathrm{i}\left(k_2\frac{\sin\theta_i}{n}x-\omega t\right)}+(*)\right\},$$

这是流出流进的振荡函数,对周期平均为零;其 x 分量为

$$\sqrt{\frac{\varepsilon_2}{\mu_2}}\frac{\sin\theta_i}{n}\frac{1}{2}\{|T_{\perp}|^2+|T_{\parallel}|^2\},$$

平均值则不为零.

在全反射时,代入

$$\sin\theta_t=\frac{\sin\theta_i}{n},\quad \cos\theta_t=\frac{\mathrm{i}}{n}\sqrt{\sin^2\theta_i-n^2},\quad n=\sqrt{\varepsilon_2\mu_2}\Big/\sqrt{\varepsilon_1\mu_1},$$

得

$$\frac{R_{\parallel}}{A_{\parallel}}=\mathrm{e}^{-\mathrm{i}\delta_{\parallel}},\quad \tan\frac{\delta_{\parallel}}{2}=\frac{\sqrt{\sin^2\theta_i-\varepsilon_2\mu_2/\varepsilon_1\mu_1}}{\frac{\varepsilon_2}{\varepsilon_1}\cos\theta_i},$$

$$\frac{R_{\perp}}{A_{\perp}}=\mathrm{e}^{-\mathrm{i}\delta_{\perp}},\quad \tan\frac{\delta_{\perp}}{2}=\frac{\sqrt{\sin^2\theta_i-\varepsilon_2\mu_2/\varepsilon_1\mu_1}}{\frac{\mu_2}{\mu_1}\cos\theta_i}.$$

在 $\mu_2/\mu_1\approx1$ 时,令 $\delta=\delta_{\parallel}-\delta_{\perp}$,有

$$\begin{aligned}\tan\frac{\delta}{2}&=\frac{\tan\frac{\delta_{\parallel}}{2}-\tan\frac{\delta_{\perp}}{2}}{1+\tan\frac{\delta_{\parallel}}{2}\tan\frac{\delta_{\perp}}{2}}\\&=\frac{\left(\frac{1}{n^2}-1\right)\frac{\sqrt{\sin^2\theta_i-n^2}}{\cos\theta_i}}{1+\frac{\sin^2\theta_i-n^2}{n^2\cos^2\theta_i}}\\&=\frac{\cos\theta_i\sqrt{\sin^2\theta_i-n^2}}{\sin^2\theta_i}.\end{aligned}$$

这式在 $\theta_i=\pi/2(\cos\theta_i=0)$ 或 $\theta_i=$ 临界角$(\sin\theta_i=n)$处皆等于零. 在其间 $\left(\frac{\pi}{2}>\theta_i>\sin^{-1}n\right)$有极大,相当于

$$\frac{\mathrm{d}}{\mathrm{d}\theta_i}\tan\frac{\delta}{2}=\frac{2n^2-(1+n^2)\sin^2\theta_i}{\sin^3\theta_i\sqrt{\sin^2\theta_i-n^2}}=0,$$

即出现在 $\sin^2\theta_i=\frac{2n^2}{1+n^2}$处,极大值为

$$\tan\frac{\delta_{\max}}{2}=\frac{1-n^2}{2n}=\frac{(1/n)^2-1}{2/n}.$$

玻璃内部全反射时,$\frac{1}{n}=1.51$,给 $\delta_{\max}=45°56'$,相应的 $\theta_i=51°20'$,所以取 $\theta_i=48°37'$或

$\theta_i=54°37'$均可达到$\delta=45°$. 连续两次在玻璃内部进行全反射，便达到$\delta=90°$，把线偏振光改造成为圆偏振光了(菲涅耳菱体[①]，见图 2.1). 入射时$A_{\parallel}=A_{\perp}$，出射时$\parallel$与$\perp$振幅相等，但相位差 90°. 这又是一种常用的手段.

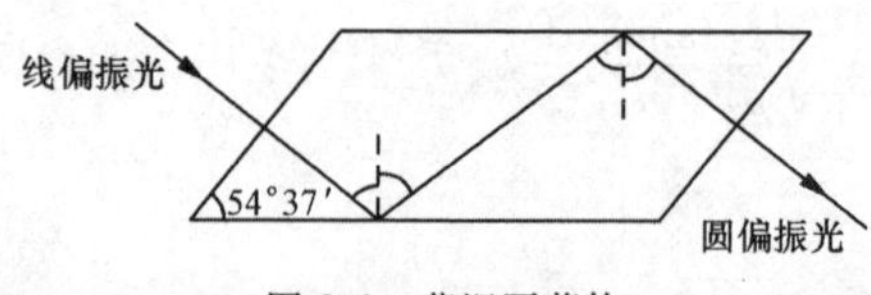

图 2.1 菲涅耳菱体

2.3.3 平面波的偏振

关于线偏振和圆偏振的意义补充说明如下：

令波沿 z 轴传播，则 $E_z=0$，对于单频波有

$$E_x = a_1\cos(\omega t+\delta_1-kz) = \mathrm{Re}\{a_1 e^{-i\delta_1} e^{ikz-i\omega t}\},$$

$$E_y = a_2\cos(\omega t+\delta_2-kz) = \mathrm{Re}\{a_2 e^{-i\delta_2} e^{ikz-i\omega t}\}.$$

为消去 $\omega t-kz$，

$$\frac{E_x}{a_1} = \cos(\omega t-kz)\cos\delta_1 - \sin(\omega t-kz)\sin\delta_1,$$

$$\frac{E_y}{a_2} = \cos(\omega t-kz)\cos\delta_2 - \sin(\omega t-kz)\sin\delta_2;$$

所以

$$\cos(\omega t-kz) = \left[\left(\frac{E_x}{a_1}\right)\sin\delta_2 - \left(\frac{E_y}{a_2}\right)\sin\delta_1\right]\Big/\sin(\delta_2-\delta_1),$$

$$\sin(\omega t-kz) = \left[\left(\frac{E_x}{a_1}\right)\cos\delta_2 - \left(\frac{E_y}{a_2}\right)\cos\delta_1\right]\Big/\sin(\delta_2-\delta_1).$$

利用 $\cos^2\theta+\sin^2\theta=1$ 消去 $\omega t-kz$ 而得

$$\left(\frac{E_x}{a_1}\right)^2+\left(\frac{E_y}{a_2}\right)^2-2\frac{E_x}{a_1}\frac{E_y}{a_2}\cos\delta=\sin^2\delta \quad (\delta=\delta_2-\delta_1),$$

这代表 E_x, E_y 在椭圆上，称为椭圆偏振.

特殊情况当 $\delta=m\pi(m=0,\pm1,\pm2,\cdots)$，椭圆退化为重复线段

$$\left[\frac{E_x}{a_1}-(-)^m\frac{E_y}{a_2}\right]^2=0,$$

称为线偏振.

又当 $\delta=\frac{m\pi}{2}$，$(m=\pm1,\pm3,\cdots)$，并且 $a_1=a_2=a$，椭圆简化为圆 $E_x^2+E_y^2=a^2$.

---

① A. Fresnel, *Ann. Chim.*, **28**(1825), 147; **46**(1831), 225; *Ann. Phys.*, **21**(1831), 276; Mém. *Acad. Sci.*, **11**(1832), 393(1823 年 1 月宣读); *Oeuvres*, **1**(1866), 767.

区别 $\delta=\frac{\pi}{2}+2m\pi(m=0,\pm1,\pm2,\cdots)$,所以

$$\begin{cases}E_x = \quad a\cos(\omega t-kz+\delta_1),\\ E_y =-a\sin(\omega t-kz+\delta_1),\end{cases}$$

为右旋圆偏振;而 $\delta=-\frac{\pi}{2}+2m\pi(m=0,\pm1,\cdots)$,

$$\begin{cases}E_x = a\cos(\delta_1+\omega t-kz),\\ E_y = a\sin(\delta_1+\omega t-kz),\end{cases}$$

为左旋圆偏振.

2.3.4 金属面上的折射和反射

如介质 2 为金属,$\sigma\neq0$,则只消取:

$$\hat{\varepsilon}_2=\varepsilon_2+\mathrm{i}\,\frac{\sigma}{\omega}$$

代替 ε_2,即可用前面公式.

在 $\mu_1\approx\mu_2\approx\mu_0$ 近似下,令 $\sqrt{(\hat{\varepsilon}_2/\varepsilon_0)}=n(1+\mathrm{i}\kappa)\equiv\hat{n}$,

$$n^2(1-\kappa^2)=\mathrm{Re}(\hat{\varepsilon}_2/\varepsilon_0),\ 2n^2\kappa=\mathrm{Im}(\hat{\varepsilon}_2/\varepsilon_0),$$

$$\frac{R_\parallel}{A_\parallel}:\frac{R_\perp}{A_\perp}=P\mathrm{e}^{-\mathrm{i}\Delta}=-\frac{\cos(\theta_\mathrm{i}+\theta_\mathrm{t})}{\cos(\theta_\mathrm{i}-\theta_\mathrm{t})};$$

则有

$$\frac{1-P\mathrm{e}^{-\mathrm{i}\Delta}}{1+P\mathrm{e}^{-\mathrm{i}\Delta}}=\frac{\cos\theta_\mathrm{i}\cos\theta_t}{\sin\theta_\mathrm{i}\sin\theta_t}=\frac{\sqrt{(\hat{\varepsilon}_2/\varepsilon_0)-\sin^2\theta_\mathrm{i}}}{\sin\theta_\mathrm{i}\tan\theta_\mathrm{i}}.$$

测量 P 和 Δ(给定 θ_i,ω)便可定出金属的$(\hat{\varepsilon}_2/\varepsilon_0)$的实部和虚部. 简写 $P=\tan\psi$,则

$$\frac{1-P\mathrm{e}^{-\mathrm{i}\Delta}}{1+P\mathrm{e}^{-\mathrm{i}\Delta}}=\frac{\cos\psi-\sin\psi\mathrm{e}^{-\mathrm{i}\Delta}}{\cos\psi+\sin\psi\mathrm{e}^{-\mathrm{i}\Delta}}=\frac{\cos2\psi+\mathrm{i}\sin2\psi\sin\Delta}{1+\sin2\psi\cos\Delta}.$$

前式(含 $\sqrt{(\hat{\varepsilon}_2/\varepsilon_0)-\sin^2\theta_\mathrm{i}}$ 者)平方后分别比较得

$$((\hat{\varepsilon}_2/\varepsilon_0)=n^2(1-\kappa^2)+\mathrm{i}2n^2\kappa)$$

$$A\equiv\sin^2\theta_\mathrm{i}\left\{1+\frac{\tan^2\theta_\mathrm{i}(\cos^22\psi-\sin^22\psi\sin^2\Delta)}{(1+\sin2\psi\cos\Delta)^2}\right\}=n^2(1-\kappa^2),$$

$$B\equiv\sin^2\theta_\mathrm{i}\tan^2\theta_\mathrm{i}\,\frac{\sin4\psi\sin\Delta}{(1+\sin2\psi\cos\Delta)^2}=2n^2\kappa,$$

从这两式可得

$$n^2=\frac{1}{2}\{\sqrt{A^2+B^2}+A\},$$

$$n^2\kappa^2=\frac{1}{2}\{\sqrt{A^2+B^2}-A\},$$

A,B 为实验测量量.

又在垂直入射 $\theta_i=0,\theta_t\approx 0$ 情况下,$\theta_t=\theta_i/\hat{n}$,反射率

$$\mathscr{R}=\left|\frac{\theta_i-\theta_t}{\theta_i+\theta_t}\right|^2=\left|\frac{\hat{n}-1}{\hat{n}+1}\right|^2=\left|\frac{n(1+i\kappa)-1}{n(1+i\kappa)+1}\right|^2$$

$$=\frac{(n-1)^2+n^2\kappa^2}{(n+1)^2+n^2\kappa^2}=1-\frac{4n}{(n+1)^2+n^2\kappa^2}.$$

表 2.3 给出若干金属的光学常数①.

从实验数据可以发现对于光频 $n^2\kappa\neq\frac{\sigma}{2\varepsilon_0\omega}=\frac{\sigma}{4\pi\varepsilon_0\nu}$. 例如:$\lambda=5893\text{Å}\sim 6000\text{Å}\sim 0.6\times10^{-4}$ cm,则 $\nu\sim5\times10^{14}\ \text{s}^{-1}$,而对于铜 Cu,$\sigma/(4\pi\varepsilon_0)\sim5\times10^{17}\ \text{s}^{-1}$,所以 $\sigma/(4\pi\varepsilon_0\nu)\sim10^3$,而 $n^2\kappa$ 只有 1.57. 到红外 $\lambda\geqslant12\ \mu$m,则哈根和鲁本斯实验②的反射

表 2.3 金属的光学常数($\lambda=5893$Å 钠 D 线)

金属	n	$n\kappa$	$\mathscr{R}$	实验	
Na(固)	0.044	2.42	0.97	Duncan	1913
Ag(块状)	0.20	3.44	0.94	Oppitz	1917
Mg(块状)	0.37	4.42	0.93	Drude	1890
K(熔)	0.084	1.81	0.92	Nathanson	1928
Cd(块状)	1.13	5.01	0.84	Drude	1890
Al(块状)	1.44	5.23	0.83	Drude	1890
Sn(块状)	1.48	5.25	0.83	Drude	1890
Au(电解)	0.47	2.83	0.82	Meier	1910
Hg(液)	1.60	4.80	0.77	Lowery & Moore	1932
Zn(块状)	1.93	4.66	0.75	Meier	1910
Cu(块状)	0.62	2.57	0.73	Oppitz	1917
Ga(单晶)	3.69	5.43	0.71	Lange	1935
Sb(块状)	3.04	4.94	0.70	Drude	1890
Co(块状)	2.12	4.04	0.68	Minor	1904
Ni(电解)	1.58	3.42	0.66	Meier	1910
Mn(块状)	2.41	3.88	0.64	Littelton	1911
Pb(块状)	2.01	3.48	0.62	Drude	1890
Pt(电解)	2.63	3.54	0.59	Meier	1910
Re(块状)	3.00	3.44	0.57	Lange	1935
W(块状)	3.46	3.25	0.54	Littleton	1912
Bi(块状)	1.78	2.80	0.54	Meier	1910
Fe(蒸发的)	1.51	1.63	0.33	Meier	1910

① 转引自 M. Born, E. Wolf, *Principles of Optics*, Pergamon, London, 1959, p. 618.

② E. Hagen, H. Rubens, *Ann. Physik*, (4), **11**(1903), 873.

率$\mathscr{R}=1-1.6\times10^{-2}$与$n^2\kappa\sim\frac{\sigma}{(4\pi\varepsilon_0)\nu}\gg n^2(1-\kappa^2)$$\left[故\ n\sim n\kappa\sim\sqrt{\frac{\sigma}{(4\pi\varepsilon_0)\nu}}\right]$的$\mathscr{R}=1-2\sqrt{\frac{(4\pi\varepsilon_0)\nu}{\sigma}}=1-2\sqrt{\frac{1}{2\times10^4}}=1-1.4\times10^{-2}$相符($\lambda=12\ \mu\mathrm{m}$之$\nu=\frac{1}{4}\times10^{14}\ \mathrm{s}^{-1}$，$\frac{\sigma}{(4\pi\varepsilon_0)\nu}=2\times10^4$).

图 2.2 显示银(Ag)的光学常数与波长的关系①，其中下标 expt 代表实验值，calc 代表计算值. 可以看出，$n\kappa_{\mathrm{expt}}$在$\lambda\sim3000$Å 有尖锐最小值，而n_{expt}在$\lambda\sim5000$Å 有较平最小值，同时，在$\lambda\sim3300$Å 时，反射率$\mathscr{R}_{\mathrm{expt}}$很小. 另外，注意到，当$n\kappa>n$时，有$\varepsilon_{\mathrm{r}}=n^2(1-\kappa^2)<0$.

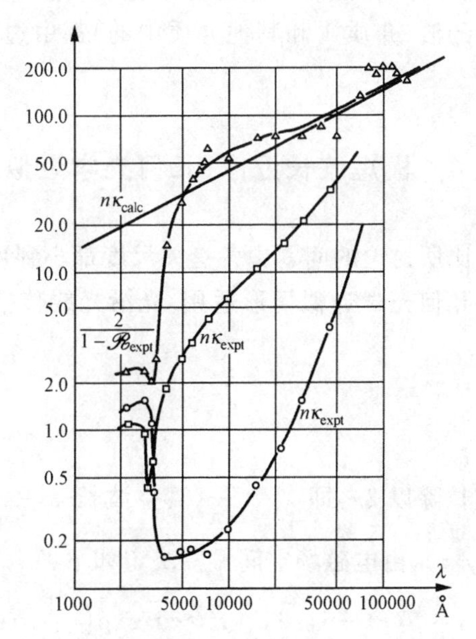

图 2.2 银的光学常数与波长的关系

2.3.5 多层薄膜中的反射和透射

多层薄膜可同样处理其反射和透射行为. 在空气($n_1\approx1$)与玻璃($n_3=1.5$)间插入光程$n_2h=\frac{\lambda_0}{4}$(真空波长)$\left(\frac{3}{4}\lambda_0,\frac{5}{4}\lambda_0\ 等一样\right)$的$n_2\sim2.45$($TiO_2$)或$n_2\sim2.3$(ZnS)可以增加反射率$\mathscr{R}$到 0.3 作为分束器用. 如取$n_2\sim2.8$($Sb_2S_3$，辉锑矿)，可达$\mathscr{R}=\mathscr{T}=0.46$(其余 0.08 被膜吸收). 如在空气($n_1=1$)和玻璃($n_l=1.52$)间周期性地插入四分之一波长的两种膜，($n_2h_2=n_3h_3=\lambda_0/4$，$\lambda_0=5460$Å，垂直入射$\theta_1=0$)，如$n_2=2.3$(硫化锌 ZnS)，$n_3=1.35$(冰晶石 Na_3AlF_6)则$\mathscr{R}_{2N+1}$依N套双膜变

① M. Born, E. Wolf, 前引书 p. 620.

化如表2.4[①].

表2.4　多层薄膜的反射率

N	0	1	2	3	4
$\mathscr{R}_{2N+1}$	0.306	0.672	0.872(0.865)	0.954(0.945)	0.984(0.97)

(括号中数字为实验测量的结果,见 P. Giacomo, *Compt. Rend. Acad. Sci.*, *Paris*, **235** (1952), 1627.)

比布儒斯特角好的办法,仍是$\mathscr{R}_{\parallel}=0$,但$\mathscr{R}_{\perp}$可提高到0.79(原来0.16).在空气($n=1$)和玻璃($n_3=1.52$)间插入$n_2=2.5$(越大越好)的介质,用$\theta_1=74°30'$.

上面只考虑了平面分界面的情况.更复杂的分界面也可以类似处理.介质1中入射波给定后,则其他的波(介质1和其他介质中的)都由边界条件定解.(参考习题2.21和2.22.)

2.4　极短波长近似(几何光学近似)

当电磁波的波长,比所讨论的问题中各有关尺度都小到可以忽略不计时,其传播规律大大简化.这在几何光学近似情形适用.光沿光线传播,其局部行为很像平面波.

2.4.1　程函方程

用$\lambda\!\!\!^{-}_0$代表真空波长除以2π,即$\lambda\!\!\!^{-}_0=\dfrac{\lambda_0}{2\pi}$(真空波长$\lambda_0=c/\nu$),换言之,$\dfrac{\omega}{c}=\dfrac{1}{\lambda\!\!\!^{-}_0}$.定义程函$\mathscr{S}(\boldsymbol{r})=\mathscr{S}(x,y,z)$,由电磁场空间振荡决定如下:

$$\boldsymbol{E}\approx\hat{\boldsymbol{E}}\exp\left(\mathrm{i}\,\frac{1}{\lambda\!\!\!^{-}_0}\mathscr{S}(r)-\mathrm{i}\omega t\right),\quad \boldsymbol{H}\approx\hat{\boldsymbol{H}}\exp\left(\mathrm{i}\,\frac{1}{\lambda\!\!\!^{-}_0}\mathscr{S}(\boldsymbol{r})-\mathrm{i}\omega t\right).$$

麦克斯韦方程$\left(\text{如 }\boldsymbol{j}=\sigma\boldsymbol{E}\text{,则 }\varepsilon\text{ 改为}\left(\varepsilon+\mathrm{i}\,\dfrac{\sigma}{\omega}\right)\right)$变为:

$$\nabla\times\boldsymbol{E}-\frac{\mathrm{i}c}{\lambda\!\!\!^{-}_0}\mu\boldsymbol{H}=0,\quad \nabla\times\boldsymbol{H}+\frac{\mathrm{i}c}{\lambda\!\!\!^{-}_0}\varepsilon\boldsymbol{E}=0,$$

$$\nabla\cdot\mu\boldsymbol{H}=0,\quad \nabla\cdot\varepsilon\boldsymbol{E}=0.$$

当$\lambda\!\!\!^{-}_0\to0$,对空间求导数只须对指数项$\exp\left(\mathrm{i}\,\dfrac{1}{\lambda\!\!\!^{-}_0}\mathscr{S}(\boldsymbol{r})\right)$求导数,便得最低阶近似方程:

$$(\nabla\mathscr{S})\times\boldsymbol{E}-c\mu\boldsymbol{H}=0,\quad (\nabla\mathscr{S})\times\boldsymbol{H}+c\varepsilon\boldsymbol{E}=0,$$

$$(\nabla\mathscr{S})\cdot\boldsymbol{H}=0,\quad (\nabla\mathscr{S})\cdot\boldsymbol{E}=0.$$

---

① M. Born, E. Wolf, 前引书 p. 69.

从这导出程函方程

$$(\nabla\mathscr{S})^2 = c^2\varepsilon\mu = n^2,$$

即

$$\left(\frac{\partial\mathscr{S}}{\partial x}\right)^2+\left(\frac{\partial\mathscr{S}}{\partial y}\right)^2+\left(\frac{\partial\mathscr{S}}{\partial z}\right)^2=n^2(x,y,z).$$

一般介质的折射率 n 可随位置变化(例如大气密度不同). 程函方程为几何光学的基本方程. 等程函曲面

$$\mathscr{S}(\boldsymbol{r}) = \mathscr{S}(x,y,z) = \text{常量}$$

称为波阵面(形容词"几何光学近似下的"省去).

与平面波情况一样,容易验证能流与能量密度关系:

$$\bar{\boldsymbol{S}} = \overline{\boldsymbol{E}\times\boldsymbol{H}} = \frac{1}{c\mu}\overline{\boldsymbol{E}^2}\,\nabla\mathscr{S} = \frac{1}{c\varepsilon}\overline{\boldsymbol{H}^2}\,\nabla\mathscr{S},$$

$$\bar{w} = \frac{1}{2}(\varepsilon\overline{\boldsymbol{E}^2}+\mu\overline{\boldsymbol{H}^2}) = \varepsilon\overline{\boldsymbol{E}^2}.$$

定义能流方向的单位矢量 $\boldsymbol{s}=\dfrac{\nabla\mathscr{S}}{n}$ 和能流速度 $v=\dfrac{1}{\sqrt{\varepsilon\mu}}=\dfrac{c}{n}$,则有

$$\bar{\boldsymbol{S}} = (\bar{w}v)\boldsymbol{s}.$$

注意能流方向处处与等程函曲面垂直(关于 $n\boldsymbol{s}=\nabla\mathscr{S}$ 的意义见图 2.3).

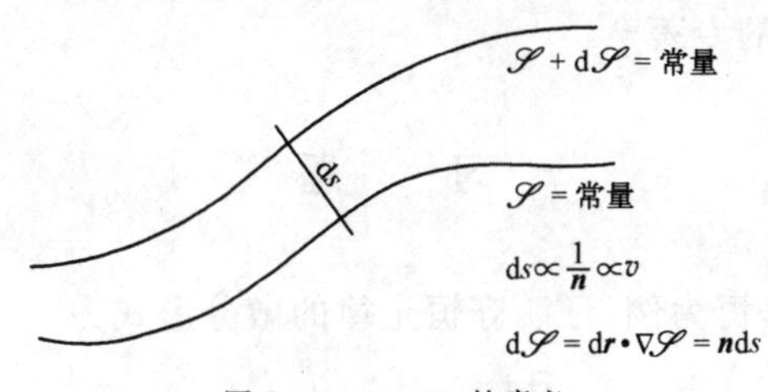

图 2.3 $n\boldsymbol{s}=\nabla\mathscr{S}$ 的意义

2.4.2 光线微分方程

几何光学的光线即定义为等程函曲面的正交轨线. 光线前进方向取为能流方向. 令光线上任一点 P 的位置为 $\boldsymbol{r}=\boldsymbol{r}(s)$,作为线上弧长 s 的函数,则[①] $\dfrac{\mathrm{d}\boldsymbol{r}}{\mathrm{d}s}=\boldsymbol{s}$. 所以光线方程为

$$n\frac{\mathrm{d}\boldsymbol{r}}{\mathrm{d}s} = \nabla\mathscr{S}.$$

---

① 弧长平方 $\mathrm{d}s^2=\mathrm{d}\boldsymbol{r}\cdot\mathrm{d}\boldsymbol{r}$,所以矢量$\dfrac{\mathrm{d}\boldsymbol{r}}{\mathrm{d}s}$为单位矢量,方向与等程函曲面垂直.

从光线方程可以导出不含$\mathscr{S}$的光线微分方程

$$\frac{\mathrm{d}}{\mathrm{d}s}\left(n\,\frac{\mathrm{d}\boldsymbol{r}}{\mathrm{d}s}\right)=\nabla n.$$

因此,在均匀介质中 $n=$ 常数 时,$\frac{\mathrm{d}^2\boldsymbol{r}}{\mathrm{d}s^2}=0$,给出 $\boldsymbol{r}=s\boldsymbol{a}+\boldsymbol{b}$($\boldsymbol{a},\boldsymbol{b}$ 常矢量),即光线为直线.如 n 不均匀,从光线微分方程容易得

$$\frac{\mathrm{d}^2\boldsymbol{r}}{\mathrm{d}s^2}\cdot\nabla n>0,$$

即光线向折射率高的区域弯转(注意$\frac{\mathrm{d}^2\boldsymbol{r}}{\mathrm{d}s^2}$指向曲率中心方向).

2.4.3 评注

几何光学近似解释了光的波动说并不与光的直线传播矛盾,只要光波长短.横波可以解释偏振.对于几何光学的明暗边缘处,如果观察细致到波长数量级处,则有衍射条纹出现,表明波动的干涉效应.对于衍射问题,这节引入的几何光学近似展开式当然还可以保留高阶项①,但不如用上节电磁光学直接处理边界条件(加强计算数学)好.过去有些标准情况可严格解,但方法不能够推广到实用问题上.还有近似方法,利用基尔霍夫恒等式,对边界值作些假设,但其精度可能有问题.进一步可参考玻恩和沃尔夫的专著②.

习 题

2.1 试以电荷守恒为例,证明守恒定律的微分形式为

$$\frac{\partial\rho}{\partial t}+\nabla\cdot\boldsymbol{j}=0.$$

证:因为

$$\int_V\nabla\cdot\boldsymbol{j}\mathrm{d}V=\oint_S\boldsymbol{n}\cdot\boldsymbol{j}\mathrm{d}S,$$

其中 $\boldsymbol{n}$ 为 dS 面积元的外法向单位矢量,右侧代表矢量 $\boldsymbol{j}$ 流出面积 S 的总量,每部分为 $\boldsymbol{n}\cdot\boldsymbol{j}\mathrm{d}S=|\boldsymbol{j}|\mathrm{d}S\cos\theta$($\theta$ 为 $\boldsymbol{j}$ 和 $\boldsymbol{n}$ 之间的夹角)(可以看作是 $\boldsymbol{j}$ 的垂直于面积元

---

① 一阶近似给出 $\hat{\boldsymbol{E}},\hat{\boldsymbol{H}}$ 的传播方程

$$\frac{\partial}{\partial\tau}\hat{\boldsymbol{E}}+\frac{1}{2}\left(\nabla^2\mathscr{S}-\frac{\partial}{\partial\tau}\ln n\right)\hat{\boldsymbol{E}}+(\hat{\boldsymbol{E}}\cdot\nabla\ln n)\nabla\mathscr{S}=0\text{ 和 }\hat{\boldsymbol{E}}\to\hat{\boldsymbol{H}},\mu\to\varepsilon,$$

其中$\frac{\partial}{\partial\tau}=\nabla\mathscr{S}\cdot\nabla$.从此推出单位复矢量 $\hat{\boldsymbol{E}}_1\equiv\hat{\boldsymbol{E}}/\sqrt{\hat{\boldsymbol{E}}\hat{\boldsymbol{E}}^*}$ 满足$\frac{\partial}{\partial\tau}\hat{\boldsymbol{E}}_1+(\hat{\boldsymbol{E}}_1\cdot\nabla\ln n)\nabla\mathscr{S}=0$,在均匀介质中 $\hat{\boldsymbol{E}}_1$ 沿每根光线不变.

② M. Born, E. Wolf, *Principles of Optics*, Pergamon, London, 1959.

的分量乘以面积元,或者看作是面积元在垂直于 $\boldsymbol{j}$ 的平面的投影乘以 $|\boldsymbol{j}|$). 如果 $\boldsymbol{j}$ 代表电流密度,即每单位时间每单位垂直横截面中通过的电荷,则上述积分代表每单位时间从体积 V 的表面 S 流出的电荷,这应等于体积 V 中总电荷量的减少率,即 $-\frac{\partial}{\partial t}\int_V \rho \mathrm{d}V$; 其中 ρ 为电荷密度. 考虑 V 与 t 无关,并且可以任意选取,则从守恒关系的积分表达式:

$$\int_V \nabla\cdot\boldsymbol{j}\mathrm{d}V=-\frac{\partial}{\partial t}\int_V \rho \mathrm{d}V=-\int_V \frac{\partial \rho}{\partial t}\mathrm{d}V,$$

得 $\nabla\cdot\boldsymbol{j}+\frac{\partial\rho}{\partial t}=0$,这是守恒关系的微分表达式.

2.2　用高斯定理和 $\nabla\cdot\boldsymbol{D}=\rho$ 方程,证明点电荷 q 在 $\varepsilon=$常量的无穷介质中,在距离 r 处的电场强度为 $\frac{q}{4\pi\varepsilon r^2}$,方向为从点电荷指向该处;因而证明库仑定律 $F=\frac{qq'}{4\pi\varepsilon r^2}$.

证: 以点电荷为球心,以 r 为半径,作球,球面通过该处. 点电荷 q 可以球对称的分布近似之. 分布只在 $r\leqslant\delta$ 内,δ 为任意小量. 从积分关系有

$$\int_V \nabla\cdot\boldsymbol{D}\mathrm{d}V=\int_V \rho \mathrm{d}V=\int_\delta \rho \mathrm{d}V=q.$$

用高斯定理并注意球对称性,径向分量 D_r 与角度无关,

$$\int_V \nabla\cdot\boldsymbol{D}\mathrm{d}V=\oint_S \boldsymbol{n}\cdot\boldsymbol{D}\,\mathrm{d}S=D_r\oint_S \mathrm{d}S=D_r 4\pi r^2,$$

所以 $D_r=q/4\pi r^2$,或 $E_r=q/(4\pi\varepsilon r^2)$,方向由 $\boldsymbol{n}$ 为外法向单位矢量而定,从点电荷指向该处. 如该处有另一点电荷 $q'=\int_{\delta'}\rho' dV'$, 则将 $f'=\rho' E_r$ 对 $\mathrm{d}V'$ 积分得库仑定律:

$$F=qq'/(4\pi\varepsilon r^2),$$

当 q 与 q' 同号时,F 为正,代表相斥.

2.3　应用斯托克斯(G. G. Stokes, 1819—1903, 英)定理和 $\nabla\times\boldsymbol{H}=\boldsymbol{j}$ 证明,无穷长均匀线电流 i 在垂直距离 d 处的磁场强度为 $H=\frac{i}{2\pi d}$.

证: 设线电流沿 $+z$ 轴,其电流密度为 $\boldsymbol{j}=(0,0,j_z)$, $j_z=i/(\pi a^2)$. a 为导线的半径,在导线外,即 $x^2+y^2>a^2$ 处,则 $j_z=0$. 注意 j_z 为常量,满足 $\nabla\cdot\boldsymbol{j}=0$,是恒定电流.

取垂直于 z 轴的的圆,面积叫 S,周边叫 C,C 的取向按右手法则与 S 的法向相同,后者取为 $\boldsymbol{n}=\boldsymbol{e}_z$. 用斯托克斯定理得

$$\oint_C \boldsymbol{H}\cdot\mathrm{d}\boldsymbol{l}=\int_S \nabla\times\boldsymbol{H}\cdot\boldsymbol{n}\mathrm{d}S=\int_S j_z\mathrm{d}S.$$

沿半径为 d 的圆周 C 上，H 的切向分量 H_φ 由于轴对称与角度无关. 上式左侧 $= H_\varphi \cdot 2\pi d$，右侧 $= i$，所以 $H_\varphi = \dfrac{i}{2\pi d}$.

由此再将安培力密度 $\boldsymbol{j}\times\boldsymbol{B}$ 积分，得作用在 i' 电流每单位长度的力（方向为吸力）的大小 F 为

$$F = \frac{1}{\mathrm{d}l'}\int_S j'\mu H_\varphi \,\mathrm{d}S'\mathrm{d}l' = \frac{\mu i i'}{2\pi d}.$$

2.4　证明 $\nabla\times\boldsymbol{E}+\dfrac{\partial\boldsymbol{B}}{\partial t}=0$ 表示法拉第电磁感应定律.

证：用斯托克斯定理，得

$$0 = \int_S\left(\nabla\times\boldsymbol{E}+\frac{\partial\boldsymbol{B}}{\partial t}\right)\cdot\boldsymbol{n}\mathrm{d}S = \oint_C\boldsymbol{E}\cdot\mathrm{d}\boldsymbol{l}+\int_S\frac{\partial\boldsymbol{B}}{\partial t}\cdot\boldsymbol{n}\mathrm{d}S.$$

取 S 和 C 与 t 无关，令 $\int_S\boldsymbol{B}\cdot\boldsymbol{n}\mathrm{d}S\equiv\Phi_S$（磁通量），则得电磁感应定律

$$\oint_C\boldsymbol{E}\cdot\mathrm{d}\boldsymbol{l} = \text{感应电动势} = -\frac{\partial}{\partial t}\Phi_S.$$

2.5　证明内部界面上有边界条件：$B_{\text{法向}}$ 连续，$E_{\text{切向}}$ 连续.

证：从 $\nabla\cdot\boldsymbol{B}=0$ 出发，在围绕界面上某点取小体积 ΔV，包括界面两侧，作为上盖和下底（界面本身取作水平方向）. 考虑积分

$$\begin{aligned}0 &= \int_{\Delta V}\nabla\cdot\boldsymbol{B}\mathrm{d}V = \int_{\substack{\text{上盖下底}\\\text{和周围}}}\boldsymbol{n}\cdot\boldsymbol{B}\mathrm{d}S\\ &= \int_{\text{上盖}}\boldsymbol{n}\cdot\boldsymbol{B}\mathrm{d}S+\int_{\text{下底}}\boldsymbol{n}\cdot\boldsymbol{B}\mathrm{d}S+\int_{\text{周围}}\boldsymbol{n}\cdot\boldsymbol{B}\mathrm{d}S.\end{aligned}$$

先将上盖和下底分别从界面两侧趋于分界面，则由于上盖和下底的外法向单位矢量的方向相反，而周围的面积趋于零，得

$$\int_{\text{上盖}}B_{\text{法}}\,\mathrm{d}S-\int_{\text{下底}}B_{\text{法}}\,\mathrm{d}S = 0.$$

上盖下底可任意选取，唯一条件必须包含界面上某点在内，所以得 $B_{\text{法向}}$ 连续的界面条件.

又从 $\nabla\times\boldsymbol{E}+\dfrac{\partial\boldsymbol{B}}{\partial t}=0$ 出发，在围绕界面上某点取小面积 ΔS，其边界 C 包含界面两侧沿切向方向各一段又有两垂直段将上述界面两侧两段连接闭合，后者沿法线方向. 当边界 C 上下两切向段分别从上下两侧趋于界面时，垂直段长度趋于零，在

$$0 = \int_{\Delta S}\left(\nabla\times\boldsymbol{E}+\frac{\partial\boldsymbol{B}}{\partial t}\right)\cdot\boldsymbol{n}\mathrm{d}S = \int_C\boldsymbol{E}\cdot\mathrm{d}\boldsymbol{l}+\frac{\partial}{\partial t}\int_{\Delta S}\boldsymbol{B}\cdot\boldsymbol{n}\mathrm{d}S$$

中，最后一项面积分必趋于零（因为 $\Delta S\to 0$）而右侧前一项线积分在界面两侧各有

一段贡献，但其 d$\boldsymbol{l}$ 的方向相反. 而 C 随 ΔS 一道可任意选，唯一条件必须包含界面上某点在内，所以得 $E_{切向}$ 连续的界面条件.

2.6　定义 $\nabla=\boldsymbol{e}_x\frac{\partial}{\partial x}+\boldsymbol{e}_y\frac{\partial}{\partial y}+\boldsymbol{e}_z\frac{\partial}{\partial z}$，证明以下三式为恒等式：

$$\nabla\times(\nabla s)=0\quad(s\text{ 为任意标量函数}),$$

$$\nabla\cdot(\nabla\times\boldsymbol{v})=0\quad(\boldsymbol{v}\text{ 为任意矢量函数}),$$

$$\nabla\times(\nabla\times\boldsymbol{v})=\nabla(\nabla\cdot\boldsymbol{v})-\nabla^2\boldsymbol{v},$$

其中 $\nabla^2\equiv\nabla\cdot\nabla$.

2.7　柱坐标和球坐标系中矢量算符的表示. 求证

$$\nabla=\boldsymbol{e}_z\frac{\partial}{\partial z}+\boldsymbol{e}_\rho\frac{\partial}{\partial\rho}+\boldsymbol{e}_\varphi\frac{1}{\rho}\frac{\partial}{\partial\varphi}\quad(\text{柱坐标}),$$

$$\nabla=\boldsymbol{e}_r\frac{\partial}{\partial r}+\boldsymbol{e}_\theta\frac{1}{r}\frac{\partial}{\partial\theta}+\boldsymbol{e}_\varphi\frac{1}{r\sin\theta}\frac{\partial}{\partial\varphi}\quad(\text{球坐标}).$$

证：柱坐标中

$$\rho=\sqrt{x^2+y^2},\quad\varphi=\tan^{-1}\frac{y}{x},$$

或反之

$$x=\rho\cos\varphi,\quad y=\rho\sin\varphi.$$

用 $\nabla=\boldsymbol{e}_x\frac{\partial}{\partial x}+\boldsymbol{e}_y\frac{\partial}{\partial y}+\boldsymbol{e}_z\frac{\partial}{\partial z}$ 计算

$$\nabla\rho=\boldsymbol{e}_x\frac{x}{\rho}+\boldsymbol{e}_y\frac{y}{\rho}=\boldsymbol{e}_x\cos\varphi+\boldsymbol{e}_y\sin\varphi=\boldsymbol{e}_\rho,$$

$$\begin{aligned}\nabla\varphi&=\boldsymbol{e}_x\frac{\partial}{\partial x}\left(\tan^{-1}\frac{y}{x}\right)+\boldsymbol{e}_y\frac{\partial}{\partial y}\left(\tan^{-1}\frac{y}{x}\right)\\&=\boldsymbol{e}_x\frac{-y}{x^2+y^2}+\boldsymbol{e}_y\frac{x}{x^2+y^2}=\frac{\boldsymbol{e}_\varphi}{\rho},\end{aligned}$$

最后一步是由于 $\boldsymbol{e}_\varphi=-\boldsymbol{e}_x\sin\varphi+\boldsymbol{e}_y\cos\varphi$.

球坐标 r,θ 可从柱坐标 z,ρ 再做一次类似变换得到，

$$r=\sqrt{z^2+\rho^2},\quad\theta=\tan^{-1}\frac{\rho}{z},$$

或反之

$$z=r\cos\theta,\quad\rho=r\sin\theta.$$

正如同直角坐标的 $\boldsymbol{e}_x\frac{\partial}{\partial x}+\boldsymbol{e}_y\frac{\partial}{\partial y}$，变为柱坐标中的 $\boldsymbol{e}_\rho\frac{\partial}{\partial\rho}+\boldsymbol{e}_\varphi\frac{1}{\rho}\frac{\partial}{\partial\varphi}$ 一样，柱坐标中的 $\boldsymbol{e}_z\frac{\partial}{\partial z}+\boldsymbol{e}_\rho\frac{\partial}{\partial\rho}$ 变为球坐标的 $\boldsymbol{e}_r\frac{\partial}{\partial r}+\boldsymbol{e}_\theta\frac{1}{r}\frac{\partial}{\partial\theta}$. 同样，

$$\boldsymbol{e}_r=\boldsymbol{e}_z\cos\theta+\boldsymbol{e}_\rho\sin\theta=\boldsymbol{e}_z\cos\theta+\boldsymbol{e}_x\sin\theta\cos\varphi+\boldsymbol{e}_y\sin\theta\sin\varphi,$$

$$\boldsymbol{e}_\theta = -\boldsymbol{e}_z\sin\theta + \boldsymbol{e}_\rho\cos\theta = -\boldsymbol{e}_z\sin\theta + \boldsymbol{e}_x\cos\theta\cos\varphi + \boldsymbol{e}_y\cos\theta\sin\varphi;$$

而

$$\boldsymbol{e}_\varphi = -\boldsymbol{e}_x\sin\varphi + \boldsymbol{e}_y\cos\varphi$$

不变，$\boldsymbol{e}_\varphi \dfrac{1}{\rho}\dfrac{\partial}{\partial\varphi}$则代入$\rho = r\sin\theta$得$\boldsymbol{e}_\varphi \dfrac{1}{r\sin\theta}\dfrac{\partial}{\partial\varphi}$.

2.8 在直角坐标系中证明下列矢量导数运算公式：

$$\nabla\cdot(\boldsymbol{u}\times\boldsymbol{v}) = \boldsymbol{v}\cdot(\nabla\times\boldsymbol{u}) - \boldsymbol{u}\cdot(\nabla\times\boldsymbol{v}),$$

$$\nabla(\boldsymbol{u}\cdot\boldsymbol{v}) = \boldsymbol{u}\times(\nabla\times\boldsymbol{v}) + (\boldsymbol{u}\cdot\nabla)\boldsymbol{v} + \boldsymbol{v}\times(\nabla\times\boldsymbol{u}) + (\boldsymbol{v}\cdot\nabla)\boldsymbol{u},$$

$$\nabla\times(\boldsymbol{u}\times\boldsymbol{v}) = \boldsymbol{u}(\nabla\cdot\boldsymbol{v}) + (\boldsymbol{v}\cdot\nabla)\boldsymbol{u} - \boldsymbol{v}(\nabla\cdot\boldsymbol{u}) - (\boldsymbol{u}\cdot\nabla)\boldsymbol{v}.$$

证：$\nabla(\boldsymbol{u}\cdot\boldsymbol{v})$的$x$分量为

$$\frac{\partial}{\partial x}(u_a v_a ++) = u_a\frac{\partial v_a}{\partial x} +++ (u\leftrightarrow v).$$

写出a带$++$表示a取遍xyz，$+(u\leftrightarrow v)$表示再加由前面所有的项将u,v互换所得.再经过改造，

$$u_a\frac{\partial v_a}{\partial x} = u_a\frac{\partial v_a}{\partial x} - u_a\frac{\partial}{\partial a}v_x + u_a\frac{\partial}{\partial a}v_x,$$

即得

$$u_a\frac{\partial v_a}{\partial x} ++ = u_y\left(\frac{\partial v_y}{\partial x} - \frac{\partial v_x}{\partial y}\right) + u_z\left(\frac{\partial v_z}{\partial x} - \frac{\partial v_x}{\partial z}\right) + (\boldsymbol{u}\cdot\nabla)v_x$$

$$= [\boldsymbol{u}\times(\nabla\times\boldsymbol{v}) + (\boldsymbol{u}\cdot\nabla)\boldsymbol{v}]\text{的}x\text{分量},$$

即得所求证的第二式.

同样，$\nabla\times(\boldsymbol{u}\times\boldsymbol{v})$的$z$分量为

$$\left\{\frac{\partial}{\partial x}(u_z v_x) - \frac{\partial}{\partial y}(u_y v_z)\right\} - (u\leftrightarrow v)$$

$$= u_z\frac{\partial v_x}{\partial x} + v_x\frac{\partial u_z}{\partial x} + v_y\frac{\partial u_z}{\partial y} + u_z\frac{\partial v_y}{\partial y} - (u\leftrightarrow v),$$

此处前两项从$\dfrac{\partial}{\partial x}(u_z v_x)$得来，三、四项从$\dfrac{\partial}{\partial y}(v_y u_z)$得来，这是从$-(u\leftrightarrow v)$部分替换$-\dfrac{\partial}{\partial y}(u_y v_z)$者.

注意$u_z\dfrac{\partial v_z}{\partial z} + v_z\dfrac{\partial u_z}{\partial z} - (u\leftrightarrow v) \equiv 0$，即得所求证的第三式.

又

$$\nabla\cdot(\boldsymbol{u}\times\boldsymbol{v}) = \left\{\frac{\partial}{\partial x}(u_y v_z) ++\right\} - (u\leftrightarrow v)$$

$$= \left\{\frac{\partial u_y}{\partial x}v_z + u_y\frac{\partial v_z}{\partial x}\right\} ++ - (u\leftrightarrow v),$$

此处第一个{ }中第二项可用$-v_y\dfrac{\partial u_z}{\partial x}$(即其$-(u\leftrightarrow v)$者)代替,这由于++又可以$-v_z\dfrac{\partial u_x}{\partial y}$(即其 $y\to z\to x\to y$ 者)代替得

$$\nabla\cdot(\boldsymbol{u}\times\boldsymbol{v})=v_z\left(\frac{\partial u_y}{\partial x}-\frac{\partial u_x}{\partial y}\right)++-(u\leftrightarrow v),$$

即是 $\nabla\cdot(\boldsymbol{u}\times\boldsymbol{v})=\boldsymbol{v}\cdot(\nabla\times\boldsymbol{u})-\boldsymbol{u}\cdot(\nabla\times\boldsymbol{v})$,得所求证的第一式.

2.9　对于标量 s 和矢量 $\boldsymbol{v}$ 和 $\boldsymbol{u}$,证明下列恒等式:

$$\nabla\cdot(s\boldsymbol{v})=(\nabla s)\cdot\boldsymbol{v}+s(\nabla\cdot\boldsymbol{v}),$$

$$\nabla\times(s\boldsymbol{v})=(\nabla s)\times\boldsymbol{v}+s(\nabla\times\boldsymbol{v}),$$

$$\boldsymbol{u}\times(\nabla\times\boldsymbol{v})=(\nabla\boldsymbol{v})\cdot\boldsymbol{u}-\boldsymbol{u}\cdot(\nabla\boldsymbol{v})=\boldsymbol{u}\cdot\widetilde{\nabla\boldsymbol{v}}-(\boldsymbol{u}\cdot\nabla)\boldsymbol{v},$$

最后一式中 $\nabla\boldsymbol{v}$ 为张量(或并矢),$\widetilde{\nabla\boldsymbol{v}}$ 为其转置.

证:只证第三式,用直角坐标系求其 z 分量:

$$\{\boldsymbol{u}\times(\nabla\times\boldsymbol{v})\}_z=u_x(\nabla\times\boldsymbol{v})_y-u_y(\nabla\times\boldsymbol{v})_x$$

$$=u_x\left(\frac{\partial v_x}{\partial z}-\frac{\partial v_z}{\partial x}\right)-u_y\left(\frac{\partial v_z}{\partial y}-\frac{\partial v_y}{\partial z}\right),$$

再加上 $u_z\left(\dfrac{\partial v_z}{\partial z}-\dfrac{\partial v_z}{\partial z}\right)\equiv 0$,右侧即为所求证:

$$\left(\frac{\partial v_x}{\partial z}u_x+\frac{\partial v_y}{\partial z}u_y+\frac{\partial v_z}{\partial z}u_z\right)-\left(u_x\frac{\partial}{\partial x}+u_y\frac{\partial}{\partial y}+u_z\frac{\partial}{\partial z}\right)v_z.$$

2.10　利用习题 2.7 和习题 1.1 的结果,证明球坐标和柱坐标系中的下列表达式:

$$\nabla\times\boldsymbol{v}=\frac{1}{r\sin\theta}\left[\frac{\partial}{\partial\theta}(\sin\theta\,v_\varphi)-\frac{\partial v_\theta}{\partial\varphi}\right]\boldsymbol{e}_r+\frac{1}{r}\left(\frac{1}{\sin\theta}\frac{\partial v_r}{\partial\varphi}-\frac{\partial}{\partial r}(rv_\varphi)\right)\boldsymbol{e}_\theta+\frac{1}{r}\left(\frac{\partial}{\partial r}(rv_\theta)-\frac{\partial v_r}{\partial\theta}\right)\boldsymbol{e}_\varphi\quad\text{(球坐标)},$$

$$\nabla\times\boldsymbol{v}=\frac{1}{\rho}\left[\frac{\partial}{\partial\rho}(\rho v_\varphi)-\frac{\partial v_\rho}{\partial\varphi}\right]\boldsymbol{e}_z+\left(\frac{1}{\rho}\frac{\partial v_z}{\partial\varphi}-\frac{\partial v_\varphi}{\partial z}\right)\boldsymbol{e}_\rho+\left(\frac{\partial v_\rho}{\partial z}-\frac{\partial v_z}{\partial\rho}\right)\boldsymbol{e}_\varphi\quad\text{(柱坐标)};$$

$$\nabla^2 S=\left[\frac{1}{r^2}\frac{\partial}{\partial r}\left(r^2\frac{\partial}{\partial r}\right)+\frac{1}{r^2\sin\theta}\frac{\partial}{\partial\theta}\left(\sin\theta\frac{\partial}{\partial\theta}\right)+\frac{1}{r^2\sin^2\theta}\frac{\partial^2}{\partial\varphi^2}\right]S$$

(S 为标量)(球坐标),

其中第一项$\dfrac{1}{r^2}\dfrac{\partial}{\partial r}\left(r^2\dfrac{\partial S}{\partial r}\right)$可改写为$\dfrac{1}{r}\dfrac{\partial^2}{\partial r^2}(rS)$,

$$\nabla^2 S=\left[\frac{\partial^2}{\partial z^2}+\frac{1}{\rho}\frac{\partial}{\partial\rho}\left(\rho\frac{\partial}{\partial\rho}\right)+\frac{1}{\rho^2}\frac{\partial^2}{\partial\varphi^2}\right]S\quad(\text{柱坐标}).$$

2.11 证明麦克斯韦方程组当本构关系式较复杂时,可以选用适当的 $L(\boldsymbol{B},\boldsymbol{E})$ 函数,建议采用

$$\boldsymbol{H}=\frac{\partial L}{\partial\boldsymbol{B}},\quad \boldsymbol{D}=-\frac{\partial L}{\partial\boldsymbol{E}},$$

简单情况的 L 为 $\left(\frac{B^2}{2\mu}-\frac{\varepsilon}{2}E^2\right)$. 引入电磁势 $\boldsymbol{A},\varphi$,定义

$$\boldsymbol{B}=\nabla\times\boldsymbol{A},\quad \boldsymbol{E}=-\nabla\varphi-\frac{\partial\boldsymbol{A}}{\partial t},$$

则变分法(其中 $\delta\boldsymbol{A}$ 与 $\delta\varphi$ 任意变)

$$\delta\int L\,\mathrm{d}\boldsymbol{x}\mathrm{d}t=\int\{\boldsymbol{j}\cdot\delta\boldsymbol{A}-\rho\delta\varphi\}\mathrm{d}\boldsymbol{x}\mathrm{d}t$$

与 $\nabla\times\boldsymbol{H}-\frac{\partial\boldsymbol{D}}{\partial t}=\boldsymbol{j},\ \nabla\cdot\boldsymbol{D}=\rho$ 等价.

这时,能量密度

$$w=\boldsymbol{E}\cdot\boldsymbol{D}+L,$$

能流密度

$$\boldsymbol{S}=\boldsymbol{E}\times\boldsymbol{H},$$

动量密度

$$\boldsymbol{g}=\boldsymbol{D}\times\boldsymbol{B},$$

应力张量

$$\mathsf{T}=(\boldsymbol{ED}+\boldsymbol{HB})-(\boldsymbol{H}\cdot\boldsymbol{B}-L)\mathsf{I}$$

满足方程

$$\frac{\partial w}{\partial t}+\nabla\cdot\boldsymbol{S}=-\boldsymbol{E}\cdot\boldsymbol{j}+\frac{\partial L}{\partial t}-\left[\boldsymbol{H}\cdot\frac{\partial\boldsymbol{B}}{\partial t}-\boldsymbol{D}\cdot\frac{\partial\boldsymbol{E}}{\partial t}\right],$$

$$\nabla\cdot\mathsf{T}=\frac{\partial\boldsymbol{g}}{\partial t}+\boldsymbol{f}+\nabla L-[(\boldsymbol{H}\cdot\nabla)\boldsymbol{B}-(\boldsymbol{D}\cdot\nabla)\boldsymbol{E}];$$

其中 $\boldsymbol{f}=\rho\boldsymbol{E}+\boldsymbol{j}\times\boldsymbol{B}$. 上两式最后有 L 和[ ]的两项在简单情况分别为 $\frac{1}{2}\left[B^2\frac{\partial}{\partial t}\left(\frac{1}{\mu}\right)-E^2\frac{\partial}{\partial t}(\varepsilon)\right]$或$\frac{1}{2}\left[B^2\nabla\left(\frac{1}{\mu}\right)-E^2\nabla(\varepsilon)\right]$, 注意这只是 $\boldsymbol{f}'_{\text{介质}}$ 那部分.

2.12 亥姆霍兹(1821—1894,英)方程求解及基尔霍夫(1824—1887,德)公式[①][②].

亥姆霍兹方程为

① H. von Helmholtz, *J. f. Math.*, **57**(1859), 7.

② G. Kirchhoff, *Berl. Ber.*, (1882), 641; *Ann. Physik*(2), **18**(1883), 663; *Ges. Abh. Nachtr.*, 22.

$$(\nabla^2+k^2)u=-f,$$

右侧非齐次项为源，k^2 为常量，可以是复量；

$$u=u(\boldsymbol{x}),f=f(\boldsymbol{x}).$$

我们定义 k 为 k^2 的正根，即要求选 $\mathrm{Re}(k)\geqslant 0$，实部不为负者（另一根 $-k$ 的实部则不为正）. 又定义基本解 $v_1, v_1=\dfrac{\mathrm{e}^{\mathrm{i}k|\boldsymbol{x}-\boldsymbol{x}_1|}}{|\boldsymbol{x}-\boldsymbol{x}_1|}$. 注意 v_1 满足

$$(\nabla^2+k^2)v_1=0(|\boldsymbol{x}-\boldsymbol{x}_1|>0).$$

为验证此点，可将原点移至 $\boldsymbol{x}_1$ 处而令 $|\boldsymbol{x}-\boldsymbol{x}_1|=r$，则利用 v_1 对此新原点有球对称

$$(\nabla^2+k^2)v_1=\left(\frac{1}{r}\frac{\partial^2}{\partial r^2}r+k^2\right)\frac{\mathrm{e}^{\mathrm{i}kr}}{r}=\frac{1}{r}\left(\frac{\partial^2}{\partial r^2}+k^2\right)\mathrm{e}^{\mathrm{i}kr}=0\quad(r>0).$$

取积分区域 V 不包括 $\boldsymbol{x}_1$ 点在内，则有

$$\begin{aligned}&\int_V(u\nabla^2 v_1-v_1\nabla^2 u)\mathrm{d}V\\&=\int[u(\nabla^2+k^2)v_1-v_1(\nabla^2+k^2)u]\mathrm{d}V\\&=\int_V v_1 f\mathrm{d}V=\int_V\frac{\mathrm{e}^{\mathrm{i}k|\boldsymbol{x}-\boldsymbol{x}_1|}}{|\boldsymbol{x}-\boldsymbol{x}_1|}f(\boldsymbol{x})\mathrm{d}\boldsymbol{x}.\end{aligned}$$

利用格林(G. Green，1793—1841，英)定理，上式左侧可变换为面积分

$$\int_S(u\nabla v_1-v_1\nabla u)\cdot\boldsymbol{n}\,\mathrm{d}S-\int_{S_1}(u\nabla v_1-v_1\nabla u)\cdot\boldsymbol{n}_1\mathrm{d}S_1,$$

此处 S_1 只包括 $\boldsymbol{x}_1$ 在内，取为一小球，$\boldsymbol{n}_1$ 由 $\boldsymbol{x}_1$ 点指向外，而 S 为 V 的外边界，$\boldsymbol{n}$ 指向外.（本来 V 的边界为 $S+S_1$，在 S_1 上 $\boldsymbol{n}$ 从 V 看来指向 $\boldsymbol{x}_1$，$\boldsymbol{n}=-\boldsymbol{n}_1$，$\boldsymbol{n}_1$ 从 $\boldsymbol{x}_1$ 点小球看指向 V.）对小球的面积分，用 $\boldsymbol{x}_1$ 为原点计算，

$$\begin{aligned}&-\int_{S_1}(u\nabla v_1-v_1\nabla u)\cdot\boldsymbol{n}_1\mathrm{d}S_1\\&=4\pi\left[-u\frac{\mathrm{d}}{\mathrm{d}r}\left(\frac{\mathrm{e}^{\mathrm{i}kr}}{r}\right)+\left(\frac{\mathrm{e}^{\mathrm{i}kr}}{r}\right)\frac{\partial u}{\partial n_1}\right]r^2.\end{aligned}$$

当 $r\to 0$ 时，上式趋于 $+4\pi u_1$[u_1 指 $u(\boldsymbol{x}_1)$，即在 $\boldsymbol{x}_1$ 点之值]. 所以（左侧的 V 趋于包括 $\boldsymbol{x}_1$ 点）

$$\begin{aligned}u(\boldsymbol{x}_1)=&\frac{1}{4\pi}\int_V\frac{\mathrm{e}^{\mathrm{i}k|\boldsymbol{x}-\boldsymbol{x}_1|}}{|\boldsymbol{x}-\boldsymbol{x}_1|}f(\boldsymbol{x})\mathrm{d}\boldsymbol{x}\\&-\frac{1}{4\pi}\int_S\left\{u\nabla\frac{\mathrm{e}^{\mathrm{i}k|\boldsymbol{x}-\boldsymbol{x}_1|}}{|\boldsymbol{x}-\boldsymbol{x}_1|}-\frac{\mathrm{e}^{\mathrm{i}k|\boldsymbol{x}-\boldsymbol{x}_1|}}{|\boldsymbol{x}-\boldsymbol{x}_1|}\nabla u\right\}\cdot\boldsymbol{n}\mathrm{d}S.\end{aligned}$$

注意这是亥姆霍兹方程的基尔霍夫型的公式，它本身是个恒等式. 选取 $-k$ 为 k 也得相似的恒等式.

波动方程

$$\left(\nabla^2 - \frac{\partial^2}{c^2 \partial t^2}\right) U = - F,$$

其中 $U=U(\boldsymbol{x},t)$，$F=F(\boldsymbol{x},t)$，可以从亥姆霍兹方程叠加而得，即（对 ω 叠加号省去）

$$U(\boldsymbol{x},t) = u(\boldsymbol{x})\mathrm{e}^{-\mathrm{i}\omega t}, \quad F(\boldsymbol{x},t) = f(\boldsymbol{x})\mathrm{e}^{-\mathrm{i}\omega t},$$

每个频率的 $u(\boldsymbol{x})$ 和 $f(\boldsymbol{x})$ 满足亥姆霍兹方程，其中

$$k^2 = \frac{\omega^2}{c^2}, \quad 即 \quad k = \frac{\omega}{c}(\omega > 0).$$

所以将上述亥姆霍兹方程的基尔霍夫恒等式改写为

$$u(\boldsymbol{x}_1) = \frac{1}{4\pi}\int_V \frac{\mathrm{e}^{\mathrm{i}k|\boldsymbol{x}-\boldsymbol{x}_1|}}{|\boldsymbol{x}-\boldsymbol{x}_1|} f(\boldsymbol{x})\mathrm{d}\boldsymbol{x} - \frac{1}{4\pi}\int_S \left\{ u\mathrm{e}^{\mathrm{i}k|\boldsymbol{x}-\boldsymbol{x}_1|}\, \nabla \frac{1}{|\boldsymbol{x}-\boldsymbol{x}_1|} - \frac{\mathrm{e}^{\mathrm{i}k|\boldsymbol{x}-\boldsymbol{x}_1|}}{|\boldsymbol{x}-\boldsymbol{x}_1|}\nabla u + \mathrm{i}ku\,\mathrm{e}^{\mathrm{i}k|\boldsymbol{x}-\boldsymbol{x}_1|}\frac{\nabla|\boldsymbol{x}-\boldsymbol{x}_1|}{|\boldsymbol{x}-\boldsymbol{x}_1|}\right\}\cdot n\,\mathrm{d}S,$$

乘以 $\mathrm{e}^{-\mathrm{i}\omega t}$ 后，注意

$$u(\boldsymbol{x}_1)\mathrm{e}^{-\mathrm{i}\omega t} \rightarrow U(\boldsymbol{x}_1,t)$$

$$\mathrm{e}^{-\mathrm{i}\omega t+\mathrm{i}k|\boldsymbol{x}-\boldsymbol{x}_1|} f(\boldsymbol{x}) = \mathrm{e}^{-\mathrm{i}\omega\left(t-\frac{|\boldsymbol{x}-\boldsymbol{x}_1|}{c}\right)} f(\boldsymbol{x}) \rightarrow F\left(\boldsymbol{x}, t - \frac{|\boldsymbol{x}-\boldsymbol{x}_1|}{c}\right) \equiv [F],$$

$$\mathrm{e}^{\mathrm{i}\omega t+\mathrm{i}k|\boldsymbol{x}-\boldsymbol{x}_1|} u(\boldsymbol{x}) \rightarrow u\left(\boldsymbol{x}, t - \frac{|\boldsymbol{x}-\boldsymbol{x}_1|}{c}\right) \equiv [u],$$

$$\mathrm{e}^{-\mathrm{i}\omega t+\mathrm{i}k|\boldsymbol{x}-\boldsymbol{x}_1|}\ \nabla u \rightarrow [\nabla u],$$

求 ∇U 时不对 t 微分，注意这与 $\nabla[U]$ 不同. 而

$$\mathrm{e}^{-\mathrm{i}\omega t}\mathrm{e}^{\mathrm{i}k|\boldsymbol{x}-\boldsymbol{x}_1|}\,\mathrm{i}ku \rightarrow -\left(\frac{\partial U}{c\partial t}\right),$$

$\left(先用\ \mathrm{i}k=\mathrm{i}\,\frac{w}{c}=-\frac{1}{c}\frac{\partial}{\partial t}\right)$便得

$$U(\boldsymbol{x}_1,t) = \frac{1}{4\pi}\int_V \frac{1}{|\boldsymbol{x}-\boldsymbol{x}_1|}[F(\boldsymbol{x},t)]\mathrm{d}\boldsymbol{x} - \frac{1}{4\pi}\int_S \left\{ [U(\boldsymbol{x},t)]\,\nabla\frac{1}{|\boldsymbol{x}-\boldsymbol{x}_1|} - \frac{1}{|\boldsymbol{x}-\boldsymbol{x}_1|}[\nabla U] - \left[\frac{\partial U}{c\partial t}\right]\frac{1}{|\boldsymbol{x}-\boldsymbol{x}_1|}\nabla|\boldsymbol{x}-\boldsymbol{x}_1|\right\}\cdot \boldsymbol{n}\,\mathrm{d}S.$$

注意这是波动方程的基尔霍夫公式，它也是恒等式. 如在亥姆霍兹方程用 $-k$ 的恒等式，同样得波动方程的另一个恒等式，在[ ]中变 c 的符号即是（因为 $k=\frac{\omega}{c}$，所以变 k 的符号相当于变 c 的符号）.

当源的分布在有限区域以内，定解条件为没有入射波时，取亥姆霍兹方程的基尔霍夫恒等式中 $\mathrm{Re}(k)\geqslant 0$ 者；令 V 的边界 S 趋于无穷，则面积分项趋于零.（因为 $u\sim\frac{\mathrm{e}^{\mathrm{i}kR}}{R}$，$\boldsymbol{n}\cdot\nabla u\sim \mathrm{i}ku$，而

$$\frac{1}{4\pi}\int_S\left(u\,\nabla\frac{e^{ik|\boldsymbol{x}-\boldsymbol{x}_1|}}{|\boldsymbol{x}-\boldsymbol{x}_1|}-\frac{e^{ik|\boldsymbol{x}-\boldsymbol{x}_1|}}{|\boldsymbol{x}-\boldsymbol{x}_1|}\nabla u\right)\cdot\boldsymbol{n}\,dS$$

$$\sim R^2\left(\frac{e^{ikR}}{R}ik\,\frac{e^{ik|\boldsymbol{x}-\boldsymbol{x}_1|}}{|\boldsymbol{x}-\boldsymbol{x}_1|}-\frac{e^{ik|\boldsymbol{x}-\boldsymbol{x}_1|}}{|\boldsymbol{x}-\boldsymbol{x}_1|}ik\,\frac{e^{ikR}}{R}\right)=0,$$

忽略的项为 R^{-1}.)所以定解即为 $\frac{1}{4\pi}\int\frac{e^{ik|\boldsymbol{x}-\boldsymbol{x}_1|}}{|\boldsymbol{x}-\boldsymbol{x}_1|}f(\boldsymbol{x})d\boldsymbol{x}$，只有外行波. 用波动方程，则同样没有入射波的定解即是推迟解：

$$\frac{1}{4\pi}\int\frac{1}{|\boldsymbol{x}-\boldsymbol{x}_1|}F\left(\boldsymbol{x},t-\frac{|\boldsymbol{x}-\boldsymbol{x}_1|}{c}\right)d\boldsymbol{x}.$$

(如用另外一个恒等式，则面积分不能消去.)

2.13　球谐函数展开与多极矩. 用球坐标，有下列展开式

$$\frac{1}{|\boldsymbol{x}-\boldsymbol{x}'|}=\sum_{l=0}^{\infty}\frac{r'^l}{r^{l+1}}P_l(\cos\gamma)\,(r>r')$$

$$=\sum_{l=0}^{\infty}\frac{r'^l}{r^{l+1}}\,\frac{4\pi}{2l+1}\sum_{m=-l}^{l}Y_{lm}^*(\theta',\varphi')\,Y_{lm}(\theta,\varphi),$$

其中 γ 是 $\boldsymbol{x}$ 与 $\boldsymbol{x}'$ 之间的夹角

$$\cos\gamma=\cos\theta\cos\theta'+\sin\theta\sin\theta'\cos(\varphi-\varphi'),$$

而 $P_l(x)$ 为勒让德(A. M. Legendre)函数，$Y_{lm}(\theta,\varphi)$ 为球谐函数；球谐函数公式见本题后附录.

类似地，还有下列展开式

$$\frac{e^{ik|\boldsymbol{x}-\boldsymbol{x}'|}}{|\boldsymbol{x}-\boldsymbol{x}'|}=\sum_{l=0}^{\infty}ik(2l+1)\,j_l(kr')h_l(kr)P_l(\cos\gamma)\quad(r>r'),$$

其中球贝塞尔函数 $j_l(x)$ 和 $h_l(x)$ 的表达式是：

$$j_l(x)=\sqrt{\frac{\pi}{2x}}J_{l+\frac{1}{2}}(x)=(-x)^l\left(\frac{d}{x\,dx}\right)^l\left(\frac{\sin x}{x}\right),$$

$$h_l(x)=\sqrt{\frac{\pi}{2x}}\,H^{(1)}_{l+\frac{1}{2}}(x)=\frac{1}{i}(-x)^l\left(\frac{d}{x\,dx}\right)^l\left(\frac{e^{ix}}{x}\right),$$

这里 $J_{l+\frac{1}{2}}(x)$ 是贝塞尔函数，而 $H^{(1)}_{l+\frac{1}{2}}(x)$ 是汉克尔函数.

当 $k\to0$ 时，利用 $x\to0$ 时

$$j_l(x)\to\frac{x^l}{(2l+1)!!},\quad h_l(x)\to\frac{(2l-1)!!}{ix^{l+1}};$$

后者便还原为前式.

当 $r\to\infty$ 时，利用 $x\to\infty$ 时之渐近展开

$$h_l(x)\simeq\left(\frac{1}{i^{l+1}}\right)\frac{e^{ix}}{x}$$

得

$$\frac{e^{ik|x-x'|}}{|x-x'|}=\sum_{l=0}^{\infty}4\pi ik\mathrm{j}_l(kr')\mathrm{h}_l(kr)\sum_{m=-l}^{l}\mathrm{Y}^*_{lm}(\theta',\varphi')\mathrm{Y}_{lm}(\theta,\varphi)$$

$$\simeq\frac{e^{ikr}}{r}\sum_{l=0}^{\infty}\frac{4\pi}{\mathrm{i}^l}\mathrm{j}_l(kr')\sum_{m=-l}^{l}\mathrm{Y}^*_{lm}(\theta',\varphi')\ \mathrm{Y}_{lm}(\theta,\varphi)$$

或

$$\simeq\frac{e^{ikr}}{r}\sum_{l=0}^{\infty}(-\mathrm{i})^l(2l+1)\mathrm{j}_l(kr')\mathrm{P}(\cos\gamma),$$

又左侧当 $r\to\infty$ 时，

$$\frac{e^{ik|x-x'|}}{|x-x'|}\simeq\frac{e^{ikr}}{r}e^{-ik\boldsymbol{e}_r\cdot\boldsymbol{x}'};$$

因为

$$|\boldsymbol{x}-\boldsymbol{x}'|\approx\sqrt{r^2-2r\boldsymbol{e}_r\cdot\boldsymbol{x}'}\approx r\left(1-\frac{\boldsymbol{e}_r\cdot\boldsymbol{x}'}{r}\right)=r-\boldsymbol{e}_r\cdot\boldsymbol{x}',$$

所以消去 e^{ikr}/r 因子，再令 $k\boldsymbol{e}_r\equiv\boldsymbol{k}$，并将 i 换成 −i，则得平面波的球谐函数展开式（$\boldsymbol{x}'$ 改写为 $\boldsymbol{x}$）

$$e^{i\boldsymbol{k}\cdot\boldsymbol{x}}=\sum_{l=0}^{\infty}\mathrm{i}^l(2l+1)\mathrm{j}_l(kr)\mathrm{P}_l(\cos\gamma),$$

此处 γ 为 $\boldsymbol{k}$ 与 $\boldsymbol{x}$ 之夹角（原为 $\boldsymbol{e}_r$ 与 $\boldsymbol{x}'$ 之夹角）.

在考虑静电分布 $\rho(\boldsymbol{x}')$ 时，习惯上把在 $\int\frac{\rho(\boldsymbol{x}')}{|\boldsymbol{x}-\boldsymbol{x}'|}\mathrm{d}\boldsymbol{x}'$ 中产生 $\frac{1}{r^{l+1}}\mathrm{Y}_{lm}(\theta,\varphi)$ 的势的源称为 ρ 的 $2l$ 极矩；$2l$ 极矩正比于积分

$$\int\rho(\boldsymbol{x}')r'^l\mathrm{Y}^*_{lm}(\theta',\varphi')\mathrm{d}\boldsymbol{x}'.$$

更确切些，将 $\frac{1}{|\boldsymbol{x}-\boldsymbol{x}'|}$ 展开为

$$\left\{1-(\boldsymbol{x}'\cdot\nabla)+\frac{1}{2!}(x'\cdot\nabla)(\boldsymbol{x}'\cdot\nabla)+\cdots\right\}\frac{1}{|\boldsymbol{x}|}$$

$$\approx\frac{1}{|\boldsymbol{x}|}+\frac{\boldsymbol{x}'\cdot\boldsymbol{x}}{|x|^3}+\frac{1}{2}\ \frac{3\boldsymbol{x}'\boldsymbol{x}'-|\boldsymbol{x}'|^2\boldsymbol{I}}{|\boldsymbol{x}|^5}:\boldsymbol{xx},$$

则有

零极矩（$l=0$）：　　$q=\int\rho(\boldsymbol{x}')\mathrm{d}\boldsymbol{x}'$,

偶极矩（$l=1$）：　　$\boldsymbol{p}=\int\rho(\boldsymbol{x}')\boldsymbol{x}'\mathrm{d}\boldsymbol{x}'$,

四极矩（$l=2$）：　　$\boldsymbol{Q}=\int\rho(\boldsymbol{x}')[3\boldsymbol{x}'\boldsymbol{x}'-|\boldsymbol{x}'|^2\boldsymbol{I}]\mathrm{d}\boldsymbol{x}'$;

于是

$$\int \frac{\rho(\boldsymbol{x}')}{|\boldsymbol{x}-\boldsymbol{x}'|}\mathrm{d}\boldsymbol{x}' = \frac{q}{|\boldsymbol{x}|} + \frac{\boldsymbol{p}\cdot\boldsymbol{x}}{|\boldsymbol{x}|^3} + \frac{1}{2}\frac{\boldsymbol{Q}:\boldsymbol{xx}}{|\boldsymbol{x}|^5} + \cdots.$$

附录：球谐函数公式[①]

$$\mathrm{Y}_{lm}(\theta,\varphi) = \sqrt{\frac{2l+1}{4\pi}\frac{(l-m)!}{(l+m)!}}\,\mathrm{P}_l^m(\cos\theta)\mathrm{e}^{\mathrm{i}m\varphi},$$

$$\mathrm{Y}_{l,-m}(\theta,\varphi) = (-)^m \mathrm{Y}_{lm}^*(\theta,\varphi);$$

其中 $\mathrm{P}_l^m(x)$为连带勒让德函数

$$\mathrm{P}_l^m(x) = (-)^m(1-x^2)^{m/2}\frac{\mathrm{d}^m}{\mathrm{d}x^m}\frac{1}{2^l l!}\frac{\mathrm{d}^l}{\mathrm{d}x^l}(x^2-1)^l,$$

而勒让德函数 $\mathrm{P}_l(x)$为

$$\mathrm{P}_l(x) = \frac{1}{2^l l!}\frac{\mathrm{d}^l}{\mathrm{d}x^l}(x^2-1)^l.$$

前面几个球谐函数如下：

$$\mathrm{Y}_{00} = \frac{1}{\sqrt{4\pi}}$$

$$\mathrm{Y}_{11} = -\sqrt{\frac{3}{8\pi}}\sin\theta\mathrm{e}^{\mathrm{i}\varphi}$$

$$\mathrm{Y}_{10} = \sqrt{\frac{3}{4\pi}}\cos\theta$$

$$\mathrm{Y}_{22} = \sqrt{\frac{15}{32\pi}}\sin^2\theta\mathrm{e}^{2\mathrm{i}\varphi}$$

$$\mathrm{Y}_{21} = -\sqrt{\frac{15}{8\pi}}\sin\theta\cos\theta\mathrm{e}^{\mathrm{i}\varphi}$$

$$\mathrm{Y}_{20} = \sqrt{\frac{5}{4\pi}}\left(\frac{3}{2}\cos^2\theta - \frac{1}{2}\right)$$

$$\mathrm{Y}_{33} = -\sqrt{\frac{35}{64\pi}}\sin^3\theta\mathrm{e}^{3\mathrm{i}\varphi}$$

$$\mathrm{Y}_{32} = \sqrt{\frac{105}{32\pi}}\sin^2\theta\cos\theta\mathrm{e}^{2\mathrm{i}\varphi}$$

$$\mathrm{Y}_{31} = -\sqrt{\frac{21}{64\pi}}\sin\theta(5\cos^2\theta - 1)\mathrm{e}^{\mathrm{i}\varphi}$$

$$\mathrm{Y}_{30} = \sqrt{\frac{7}{4\pi}}\left(\frac{5}{2}\cos^3\theta - \frac{3}{2}\cos\theta\right)$$

2.14 闭合恒定电流的磁偶极矩. 闭合恒定电流可以看做是电流管组. 电流管

① 见王竹溪，郭敦仁：《特殊函数概论》，北京，北京大学出版社，2000；238 页，228 页，211 页.

壁无法向电流密度，即 $j_n=0$，$\boldsymbol{n}$ 是管壁的法向. 沿流管的电流密度与流管的横截面成反比，沿流管的长度上 $j\mathrm{d}S$ 不变. 对闭合电流有 $\int \boldsymbol{j}\mathrm{d}V=j\mathrm{d}S\oint \mathrm{d}\boldsymbol{l}=0$. $\oint \mathrm{d}\boldsymbol{l}=0$ 表示电流管闭合. 今考虑闭合恒定电流在磁场中受力的总和：

$$\boldsymbol{F}=\int \boldsymbol{j}\times\boldsymbol{B}\mathrm{d}V.$$

设积分区域（电流管闭合）较小，$\boldsymbol{B}$ 的变化取到线性近似

$$\begin{aligned}F_z=&\int\left\{j_x\left(x\frac{\partial}{\partial x}+y\frac{\partial}{\partial y}+z\frac{\partial}{\partial z}\right)B_y\right.\\&\left.-j_y\left(x\frac{\partial}{\partial x}+y\frac{\partial}{\partial y}+z\frac{\partial}{\partial z}\right)B_x\right\}\mathrm{d}V.\end{aligned}$$

将 xj_y 分为 $\frac{1}{2}(xj_y-yj_x)+\frac{1}{2}(xj_y+yj_x)$，并注意到后者积分无贡献（同样 xj_x 的积分也无贡献）

$$\frac{1}{2}\int(xj_y+yj_x)\mathrm{d}V=\frac{1}{2}\int[\nabla\cdot(\boldsymbol{j}xy)-xy\nabla\cdot\boldsymbol{j}]\mathrm{d}V=0,$$

因为 $\nabla\cdot\boldsymbol{j}=0$ 及 $j_n=0$；并将前者写为

$$\int\frac{1}{2}(xj_y-yj_x)\mathrm{d}V=m_z.$$

于是得到

$$\begin{aligned}F_z&=-m_z\frac{\partial B_x}{\partial x}-m_z\frac{\partial B_y}{\partial y}+m_y\frac{\partial B_y}{\partial z}+m_x\frac{\partial B_x}{\partial z}\\&=m_x\frac{\partial B_x}{\partial z}+m_y\frac{\partial B_y}{\partial z}+m_z\frac{\partial B_z}{\partial z}\\&=\frac{\partial}{\partial z}(\boldsymbol{m}\cdot\boldsymbol{B}),\end{aligned}$$

这里利用了 $\nabla\cdot\boldsymbol{B}=0$，$\boldsymbol{m}$ 为积分后的量，不再被求导. 上式表明

$$\boldsymbol{F}=-\nabla U,\quad U=-(\boldsymbol{m}\cdot\boldsymbol{B});$$

所以有如 $\boldsymbol{m}$ 为一磁矩，在磁场 $\boldsymbol{B}$ 的能量为 U.

2.15 设电四极矩为轴对称电荷分布所致，求其辐射能量分布.

取 $Q_{zz}=Q_0$，而 $Q_{xx}=Q_{yy}=-\frac{1}{2}Q_0$，其他分量为零. 代入

$$\mathbf{Q}=\frac{3}{2}Q_0\boldsymbol{e}_z\boldsymbol{e}_z-\frac{1}{2}Q_0\mathbf{I},$$

得

$$|\boldsymbol{e}_r\times\mathbf{Q}\cdot\boldsymbol{e}_r|^2=\frac{9}{4}|Q_0|^2|\boldsymbol{e}_r\times\boldsymbol{e}_z\boldsymbol{e}_z\cdot\boldsymbol{e}_r|^2=\frac{9}{4}|Q_0|^2\sin^2\theta\cos^2\theta,$$

所以

$$\frac{\mathrm{d}P}{\mathrm{d}\Omega}=\frac{c}{512\pi^2}\frac{k^6}{\sqrt{\mu\varepsilon^3}}\left|Q_0\right|^2\sin^2\theta\cos^2\theta,$$

辐射能量在 $\theta=45^\circ$ 和 135° 方向最大.

2.16 设天线长 L,电流振荡的振幅沿天线不变.证明辐射电阻(总辐射功率 P 与有效电流的平方之比值)为($R_0=\sqrt{\mu_0/\varepsilon_0}=377\Omega$):

$$R_{\mathrm{rad}}=\frac{2\pi}{3}\left(\frac{L}{\lambda}\right)^2R_0=789\left(\frac{L}{\lambda}\right)^2\Omega.$$

证:

$$\boldsymbol{H}=\nabla\times\int\frac{1}{4\pi}\frac{\mathrm{e}^{\mathrm{i}k|\boldsymbol{x}-\boldsymbol{x}'|}}{|\boldsymbol{x}-\boldsymbol{x}'|}\boldsymbol{j}(\boldsymbol{x}')\mathrm{d}\boldsymbol{x}'=\nabla\times\frac{\mathrm{e}^{\mathrm{i}kr}}{4\pi r}jSL\boldsymbol{e}_z.$$

电流沿 z 轴方向,$jS=I$,所以

$$\boldsymbol{H}=\frac{\mathrm{i}kLI}{4\pi}\frac{\mathrm{e}^{\mathrm{i}kr}}{r}\boldsymbol{e}_r\times\boldsymbol{e}_z,$$

$$\frac{\mathrm{d}P}{\mathrm{d}\Omega}=\sqrt{\frac{\mu_0}{\varepsilon_0}}r^2\boldsymbol{H}^2=\sqrt{\frac{\mu_0}{\varepsilon_0}}\frac{(kL)^2}{16\pi^2}I_{\mathrm{eff}}^2\sin^2\theta=\frac{1}{4}R_0\left(\frac{L}{\lambda}\right)^2I_{\mathrm{eff}}^2\sin^2\theta;$$

对 $\mathrm{d}\Omega$ 积分后 $\int\sin^2\theta\mathrm{d}\Omega=\frac{8\pi}{3}$,所以

$$R_{\mathrm{rad}}=\frac{2\pi}{3}\left(\frac{L}{\lambda}\right)^2R_0.$$

2.17 取 $ABCD$ 正方电流,电流方向为 $A\to B,B\to C,C\to D,D\to A$ 或 $A\to B$,$C\to B,C\to D,A\to D$,密度大小相等.求在远处的辐射电磁场.

2.18 从能量守恒定律积分求 LCR 电路方程,并求其共振频率或振荡频率.

解:为与能流密度 $\boldsymbol{S}$ 相区别,本题中面积元采用 $\mathrm{d}\Sigma$.

$$\frac{\mathrm{d}}{\mathrm{d}t}\int w\mathrm{d}V+\int\boldsymbol{S}\cdot\boldsymbol{n}\,\mathrm{d}\Sigma+\int\frac{j^2}{\sigma}\mathrm{d}V=\int\boldsymbol{E}^{外来}\cdot\boldsymbol{j}\mathrm{d}V.$$

$$右侧=\int\boldsymbol{E}^{外来}\cdot\mathrm{d}\boldsymbol{l}j_n\mathrm{d}\Sigma=\mathscr{E}^{外来}i;$$

$$左侧\int\frac{j^2}{\sigma}\mathrm{d}V=\int j_n^2\frac{\mathrm{d}\Sigma\mathrm{d}l}{\sigma}=Ri^2,R=\frac{l}{\sigma\Sigma};$$

而

$$\int w\mathrm{d}V=\int\frac{\boldsymbol{D}\cdot\boldsymbol{E}+\boldsymbol{B}\cdot\boldsymbol{H}}{2}\mathrm{d}V.$$

在其中代入 $\boldsymbol{E}=-\nabla\varphi,\boldsymbol{B}=\nabla\times\boldsymbol{A}$,分部积分得

$$\begin{aligned}\int w\mathrm{d}V&=\int\frac{\varphi\nabla\cdot\boldsymbol{D}+\boldsymbol{A}\cdot(\nabla\times\boldsymbol{H})}{2}\mathrm{d}V\\&=\frac{1}{2}\int(\varphi\rho+\boldsymbol{A}\cdot\boldsymbol{j})\mathrm{d}V\\&=\frac{1}{8\pi\varepsilon}\iint\frac{\rho\mathrm{d}V\rho'\mathrm{d}V'}{|\boldsymbol{x}-\boldsymbol{x}'|}+\frac{\mu}{8\pi}\int\frac{\boldsymbol{j}\mathrm{d}V\cdot\boldsymbol{j}'\mathrm{d}V'}{|\boldsymbol{x}-\boldsymbol{x}'|}\end{aligned}$$

$$=\frac{1}{2}\frac{1}{C}q^2+\frac{1}{2}Li^2;$$

$$q=\int\rho\mathrm{d}V,\quad i=\int j_n\mathrm{d}\Sigma,$$

而 C 和 L 为电容及电感的定义，又 $i=\frac{\mathrm{d}q}{\mathrm{d}t}$，所以

$$\mathscr{E}^{外来}i=Li\frac{\mathrm{d}i}{\mathrm{d}t}+Ri^2+\frac{q}{C}\frac{\mathrm{d}q}{\mathrm{d}t},$$

或

$$\mathscr{E}^{外来}=L\frac{\mathrm{d}i}{\mathrm{d}t}+Ri+\frac{1}{C}q.$$

当 $\mathscr{E}^{外来}$ 振荡频率为 ω 时（一般都用 $\mathrm{e}^{\mathrm{j}\omega t}$ 因子，$\mathrm{j}=\sqrt{-1}$）

$$i=\frac{\mathscr{E}^{外来}\mathrm{e}^{-\mathrm{j}\varphi}}{\sqrt{\left(\omega L-\frac{1}{\omega C}\right)^2+R^2}},\quad \tan\varphi=\frac{\omega L-\frac{1}{\omega C}}{R}.$$

注意在 $\omega^2=\frac{1}{LC}$ 时电流最大，即共振频率为 $\omega_0=\frac{1}{\sqrt{LC}}$. 共振的品质因数 $Q=\frac{\omega_0}{\Delta\omega}$，其中 $\Delta\omega$ 以功率为其最大值的一半$\left(即\ i=i_{\max}/\sqrt{2}\ 的频率为\ \omega_0\pm\frac{1}{2}\Delta\omega\right)$的全频宽称为半峰全宽. 当 Q 很大时，证明

$$Q\approx\frac{\omega_0 L}{R}=\frac{1}{\omega_0 CR}.$$

2.19 定义面电荷密度 $\hat{\rho}$ 和面电流密度 $\hat{\boldsymbol{j}}$ 如下：

$$\int\rho\mathrm{d}V\approx\iint\rho\mathrm{d}h\mathrm{d}A=\int\hat{\rho}\mathrm{d}A\ 即\ \hat{\rho}\equiv\int\rho\mathrm{d}h,$$

$\mathrm{d}h$ 垂直于面积元 $\mathrm{d}A$，同样

$$\int\boldsymbol{j}\mathrm{d}V=\int\hat{\boldsymbol{j}}\mathrm{d}A;$$

则在理想导体（$\sigma\to\infty$）表面上，可能有 $\hat{\rho}\neq0$ 和 $\hat{\boldsymbol{j}}\neq0$. 从麦克斯韦方程导出 $\boldsymbol{H}_{切向}$ 和 $\boldsymbol{D}_{法向}$ 的间断边界条件

$$\boldsymbol{n}\times(\boldsymbol{H}^{(2)}-\boldsymbol{H}^{(1)})=\hat{\boldsymbol{j}},\quad \boldsymbol{n}\cdot(\boldsymbol{D}^{(2)}-\boldsymbol{D}^{(1)})=\hat{\rho};$$

其中 $\boldsymbol{n}$ 为介质(1)向介质(2)的法向单位矢量. 参考 2.3 节，验证（取 $\sigma\to\infty$ 极限）

$$\hat{j}_x=-2A_{\parallel}\sqrt{\frac{\varepsilon_1}{\mu_1}},$$

$$\hat{j}_y=2A_{\perp}\sqrt{\frac{\varepsilon_1}{\mu_1}}\cos\theta_{\mathrm{i}},$$

$$\hat{\rho}=-2A_{\parallel}\varepsilon_1\sin\theta_{\mathrm{i}};$$

其间有$\nabla \cdot \hat{j} - \mathrm{i}\omega\hat{\rho} = 0$.

2.20　定义导电介质中波幅衰减 1/e 倍的距离为穿透深度 d，证明 $d=\frac{\lambda_0}{2\pi n\kappa}$，其中

$$\lambda_0 = \frac{2\pi c}{\omega} = \frac{c}{\nu}$$

为真空中波长，而 n,κ 由下式定义

$$\{n(1+\mathrm{i}\kappa)\}^2 = c^2\mu\left(\varepsilon + \mathrm{i}\frac{\sigma}{\omega}\right) = \mu_{\mathrm{r}}\left(\varepsilon_{\mathrm{r}} + \mathrm{i}\frac{\sigma}{\varepsilon_0\omega}\right).$$

注意近似公式当 $\sigma \gg \varepsilon\omega$ 或 $\sigma \ll \varepsilon\omega$ 不同而不同，分别为 $n \approx n\kappa \approx c\sqrt{\frac{\mu\sigma}{2\omega}} = \sqrt{\frac{\mu_{\mathrm{r}}\sigma}{2\omega\varepsilon_0}}$ 或 $n\kappa \approx c\sqrt{\frac{\mu}{\varepsilon}}\frac{\sigma}{2\omega} = \sqrt{\frac{\mu_{\mathrm{r}}}{\varepsilon_{\mathrm{r}}}}\frac{\sigma}{2\omega\varepsilon_0}$ $(n \approx c\sqrt{\mu\varepsilon} = \sqrt{\mu_{\mathrm{r}}\varepsilon_{\mathrm{r}}})$. 于是穿透深度分别为

$$d = \sqrt{2/\mu\sigma\omega} \text{ 或 } d = (2/\sigma)\cdot\sqrt{\varepsilon/\mu}.$$

计算云母、砂、海水、铜中紫外($\lambda_0 \approx 10^{-7}$ m)红外($\lambda_0 \approx 10\mu = 10^{-5}$ m)、微波($\lambda_0 \approx 10^{-1}$ m)、长波($\lambda_0 \approx 10^3$ m)的穿透深度. 又水的相对电容率 $\varepsilon_{\mathrm{r}} \approx 80$ 指电频(10^8 Hz)，在光频小得多了. 光频电频皆取 $\mu_{\mathrm{r}} \approx 1$.

2.21　电磁波为气溶胶或悬浮体的小颗粒散射(大气中云雾虹霓尘土对光的传输的影响). 以球心为原点在球面 $r=a$ 上使介质 1 和介质 2 中的 $E_\theta, E_\varphi, H_\theta, H_\varphi$ 皆连续. 球外介质 1 中有 $\boldsymbol{E}^{(\mathrm{i})} + \boldsymbol{E}^{(\mathrm{s})}$(入射波加散射波)，球内介质 2 中有透射波. 入射波也分解为球面波，一般有 TM 波和 TE 波两部分. TM 波的径向磁场为零，而 TE 波的径向电场为零. 如入射波为平面波时，球面波需要用球谐函数 $\mathrm{P}_l^{(1)}(\cos\theta)\begin{Bmatrix}\cos\varphi, \mathrm{TM} \\ \sin\varphi, \mathrm{TE}\end{Bmatrix}$. 详见 M. Born, and E. Wolf, *Principles of Optics*, Pergamon, 1959, § 13.5.

2.22　分界面 $z=z(x)=z(x+D)$，其中 D 为槽形光栅的栅线间距. 在 $z_{\min} \leqslant z \leqslant z_{\max}$ 光栅区中，$\varepsilon_{\mathrm{r}}, \frac{1}{\varepsilon_{\mathrm{r}}}(\mu_{\mathrm{r}} \approx 1)$ 为 x 的周期函数，可以作傅里叶(J.-B.-J. Fourier)展开. 例如 $\varepsilon_{\mathrm{r}} = \sum\limits_{p=-\infty}^{\infty}(\varepsilon_{\mathrm{r}})_p \mathrm{e}^{2\pi\mathrm{i}px/D}$，傅里叶系数 $(\varepsilon_{\mathrm{r}})_p$ 及 $\left(\frac{1}{\varepsilon}\right)_p$ 根据 $z=z(x)$ 为已知的 z 的函数. 光栅区将引起电磁场各分量中不同级别傅里叶分量间的耦合. 在 $z \leqslant z_{\min}$ 的介质 1 中除入射波(含有 $\mathrm{e}^{\mathrm{i}k_1 \boldsymbol{s}^{(\mathrm{i})}\cdot\boldsymbol{r}}$ 因子)外，尚有各级衍射的反射波(含有 $\mathrm{e}^{\mathrm{i}k_1 \boldsymbol{s}_p^{(\mathrm{r})}\cdot\boldsymbol{r}}$, $p=0,\pm1,\pm2,\cdots$)，其中 0 级衍射的反射波的 $\boldsymbol{s}_0^{(\mathrm{r})}$ 为 $s_{0x}^{(\mathrm{r})} = s_x^{(\mathrm{i})}$, $s_{0z}^{(\mathrm{r})} = -s_z^{(\mathrm{i})}$；其他 $p(\neq 0)$ 级衍射的反射波的 $\boldsymbol{s}_p^{(\mathrm{r})}$ 为 $s_{px}^{(\mathrm{r})} = s_x^{(\mathrm{i})} + \frac{2\pi p}{k_1 D}$, $s_{pz}^{(\mathrm{r})} = -\sqrt{1-(s_{px}^{(\mathrm{r})})^2}$；此处和以下 $\sqrt{\quad}$ 为正实数或正虚数. 同样，在 $z \geqslant z_{\max}$ 的介质 2 中有各级衍射的透射波(含有

$e^{ik_2 s_p^{(t)}\cdot r}$因子.)其中 $s_{0x}^{(t)}$ 满足 $k_2 s_{0x}^{(t)}=k_1 s_x^{(i)}$, $s_{px}^{(t)}=s_{0x}^{(t)}+\frac{2\pi p}{k_2 D}$, $s_{pz}^{(t)}=\sqrt{1-(s_{px}^{(t)})^2}$. 入射波也分别TM或TE情况独立求解后再叠加即可. 边界条件则需要数值求解光栅区的麦克斯韦方程,才能把 $z=z_{\min}$ 和 $z=z_{\max}$ 的切向电磁场联系起来. 光栅区的麦克斯韦方程为,对 x 进行傅里叶级数展开后,一组联立的对 z 的常微分方程组. 数值计算时傅里叶级数需以有限项近似. 详见 R. Petit, , *Nouv. Rev. Optique*, t. 6, n° 3(1975), pp. 129—135.

这个方法的要点在于 $z=z(x)=z(x+D)$ 而与 y 无关. 同样方法,改用柱坐标,即可处理圆柱形分界面 $r=r(x)=r(x+D)$ 与 φ 无关. 这时,柱内柱外当然需用柱形波叠加(这点与前习题中的球形波相似).

2.23 从光线方程, $n\frac{\mathrm{d}\boldsymbol{r}}{\mathrm{d}s}=\nabla\mathscr{S}$ 推导光线的微分方程

$$\frac{\mathrm{d}}{\mathrm{d}s}\left(n\frac{\mathrm{d}\boldsymbol{r}}{\mathrm{d}s}\right)=\nabla n.$$

推导:取导数、光线方程给出

$$\frac{\mathrm{d}}{\mathrm{d}s}\left(n\frac{\mathrm{d}\boldsymbol{r}}{\mathrm{d}s}\right)=\frac{\mathrm{d}}{\mathrm{d}s}(\nabla\mathscr{S}),$$

但 $\mathscr{S}$ 为 (x,y,z) 的函数,所以右侧 $=\left(\frac{\mathrm{d}\boldsymbol{r}}{\mathrm{d}s}\cdot\nabla\right)\nabla\mathscr{S}$. 再用光线方程,

$$\text{右侧}=\frac{1}{n}(\nabla\mathscr{S})\cdot\nabla(\nabla\mathscr{S})=\frac{1}{2n}\nabla((\nabla\mathscr{S})^2).$$

此处利用了习题 2.8,并注意到 $\nabla\times\nabla\mathscr{S}\equiv 0$. 从光线方程和 $\mathrm{d}s^2=\mathrm{d}\boldsymbol{r}\cdot\mathrm{d}\boldsymbol{r}$ 得 $(\nabla\mathscr{S})^2=n^2$,代入右边后便化为所求微分方程.

2.24 光线的微分方程 $\frac{\mathrm{d}}{\mathrm{d}s}\left(n\frac{\mathrm{d}\boldsymbol{r}}{\mathrm{d}s}\right)=\nabla n$ 与变分法

$$\delta\int n\mathrm{d}s=0$$

等价. 后者通称费马(1601—1665,法)原理①,亦称最短光程原理.

证:

$$\int n\mathrm{d}s=\int n(x,y,z)\sqrt{\dot{x}^2+\dot{y}^2+\dot{z}^2}\,\mathrm{d}t,$$

这里 $\dot{x}=\frac{\mathrm{d}x}{\mathrm{d}t}$ 等;注意此处 t 为任意变量,不表示时间. 这相当于拉格朗日函数为 $L=n\sqrt{\dot{x}^2+\dot{y}^2+\dot{z}^2}$. 变分法给出

① P. de Fermat (1657)写给 Cureau de la Chambre 的信中阐明,见 *Oeuvres de Fermat*(Paris, 1891, **2**, 354).

$$\frac{\mathrm{d}}{\mathrm{d}t}\frac{\partial L}{\partial \dot{x}}-\frac{\partial L}{\partial x}=0$$

等,即

$$\frac{\mathrm{d}}{\mathrm{d}t}\frac{n\dot{x}}{\sqrt{\dot{x}^2+\dot{y}^2+\dot{z}^2}}-\frac{\partial n}{\partial x}\sqrt{\dot{x}^2+\dot{y}^2+\dot{z}^2}=0$$

等,但

$$\frac{\dot{x}}{\sqrt{\dot{x}^2+\dot{y}^2+\dot{z}^2}}=\frac{\mathrm{d}x}{\mathrm{d}s},\quad \frac{1}{\sqrt{\dot{x}^2+\dot{y}^2+\dot{z}^2}}\frac{\mathrm{d}}{\mathrm{d}t}=\frac{\mathrm{d}}{\mathrm{d}s};$$

所以得$\frac{\mathrm{d}}{\mathrm{d}s}\left(n\frac{\mathrm{d}x}{\mathrm{d}s}\right)-\frac{\partial n}{\partial x}=0$等.

注意 $\int_{P_1}^{P_2}n\mathrm{d}s=\int_{P_1}^{P_2}n\frac{\mathrm{d}\boldsymbol{r}}{\mathrm{d}s}\cdot\mathrm{d}\boldsymbol{r}=\int_{P_1}^{P_2}(\nabla\mathscr{S})\cdot\mathrm{d}\boldsymbol{r}=\mathscr{S}\Big|_{P_1}^{P_2}$ 给出哈密顿主函数 $W(x_2,y_2,z_2;x_1,y_1,z_1)$.

2.25 程函方程相当于哈密顿-雅可比方程①.

证:

$$\int n\mathrm{d}s=\int n(x,y,z)\sqrt{x'^2+y'^2+1}\,\mathrm{d}z,$$

其中 $x'=\frac{\mathrm{d}x}{\mathrm{d}z}$,$y'=\frac{\mathrm{d}y}{\mathrm{d}z}$,取

$$L=n\sqrt{x'^2+y'^2+1},$$

$$p_x=\frac{\partial L}{\partial x'}=\frac{nx'}{\sqrt{x'^2+y'^2+1}},$$

$$p_y=\frac{ny'}{\sqrt{x'^2+y'^2+1}},$$

$$H=x'p_x+y'p_y-L=-\frac{n}{\sqrt{x'^2+y'^2+1}}$$

$$=-\sqrt{n^2-p_x^2-p_y^2}.$$

相应的哈密顿-雅可比偏微分方程为

$$-\sqrt{n^2-\left(\frac{\partial G}{\partial x}\right)^2-\left(\frac{\partial G}{\partial y}\right)^2}+\frac{\partial G}{\partial z}=0,$$

移项平方后得$(\nabla G)^2=n^2$.

注意,此处好像用 z 作时间,实际上用任意变分参量均可,如 x 或 y.

① A. Fresnel, *Ann. Chim. et Phys.*, (2), **1**(1816), 239; *Oeuvres*, Vol. 1, 89, 129.

2.26 基尔霍夫的衍射近似和菲涅耳-基尔霍夫衍射公式[①].

根据习题 2.12,对无源亥姆霍兹方程,有

$$u(\boldsymbol{x}_1) = \frac{1}{4\pi}\int_S \left\{ u\nabla\frac{\mathrm{e}^{\mathrm{i}k|\boldsymbol{x}-\boldsymbol{x}_1|}}{|\boldsymbol{x}-\boldsymbol{x}_1|} - \frac{\mathrm{e}^{\mathrm{i}k|\boldsymbol{x}-\boldsymbol{x}_1|}}{|\boldsymbol{x}-\boldsymbol{x}_1|}\nabla u \right\} \cdot \boldsymbol{n}_{内}\, \mathrm{d}S,$$

其中 $\boldsymbol{n}_{内}$ 为内向法线单位矢量. 设 $\boldsymbol{x}_1$ 为 S 所包围,S 中有一部分 $\mathscr{A}$ 为入射孔,$\mathscr{B}$ 为屏幕,u 在无穷远处趋于零(速度至少像发射球面波一样快),但无入射波. 则根据基尔霍夫式边界条件近似,在 $\mathscr{A}$ 上给

$$u = u^{(\mathrm{i})}, \quad \frac{\partial u}{\partial n} = \frac{\partial u^{(\mathrm{i})}}{\partial n}\ (u^{(\mathrm{i})}\ 为入射波),$$

在 $\mathscr{B}$ 上给 $u=0$, $\dfrac{\partial u}{\partial n}=0$. 代入

$$u^{(\mathrm{i})} = A\,\frac{\mathrm{e}^{\mathrm{i}kr}}{r}, \quad \frac{\partial u^{(\mathrm{i})}}{\partial n} = A\,\frac{\mathrm{e}^{\mathrm{i}kr}}{r}\mathrm{i}k\cos(\boldsymbol{n},\boldsymbol{r});$$

得菲涅耳-基尔霍夫(近似)衍射公式:

$$u(\boldsymbol{x}_1) = -\frac{\mathrm{i}A}{2\lambda}\int_{\mathscr{A}} \frac{\mathrm{e}^{\mathrm{i}k(r+s)}}{rs}[\cos(\boldsymbol{n},\boldsymbol{r}) - \cos(\boldsymbol{n},\boldsymbol{s})]\mathrm{d}S;$$

这里有 $\dfrac{k}{4\pi}=\dfrac{\omega}{4\pi c}=\dfrac{\nu}{2c}=\dfrac{1}{2\lambda}$,其中 r 为 $\mathscr{A}$ 上一点到源 $\boldsymbol{x}_0$ 的距离,s 为 $\mathscr{A}$ 上同一点至 $\boldsymbol{x}_1$ 的距离. 若波的曲率半径 r_0 充分大,上式还可化为

$$u(\boldsymbol{x}_1) = -\frac{\mathrm{i}A}{2\lambda}\,\frac{\mathrm{e}^{\mathrm{i}kr_0}}{r_0}\int \frac{\mathrm{e}^{\mathrm{i}ks}}{s}\,(1+\cos\chi)\mathrm{d}S,$$

其中 $\chi=\pi-(\boldsymbol{n},\boldsymbol{s})$. 于是给出菲涅耳波带的倾斜因子为

$$K(\chi) = -\frac{\mathrm{i}}{2\lambda}(1+\cos\chi),$$

而中心波带 $\chi=0$ 给出 $K(0)=-\mathrm{i}/\lambda$.

2.27 瑞利(J. W. S. Rayleigh, 1842—1919,英)-索末菲(1868—1951,德)衍射公式[②]

在屏幕 $\mathscr{B}$ 上同时给定 $u=0$ 和 $\dfrac{\partial u}{\partial n}=0$ 的基尔霍夫边界条件,数学上是不正确的,因为这种条件蕴含着屏后场处处为零. 瑞利-索末菲理论通过选取例如

$$v_1 = \frac{\mathrm{e}^{\mathrm{i}k|\boldsymbol{x}-\boldsymbol{x}_1|}}{|\boldsymbol{x}-\boldsymbol{x}_1|} - \frac{\mathrm{e}^{\mathrm{i}k|\boldsymbol{x}-\boldsymbol{x}_1'|}}{|\boldsymbol{x}-\boldsymbol{x}_1'|}\ 以代替\ v_1 = \frac{\mathrm{e}^{\mathrm{i}k|\boldsymbol{x}-\boldsymbol{x}_1|}}{|\boldsymbol{x}-\boldsymbol{x}_1|}$$

予以修正,其中 $\boldsymbol{x}_1'$ 是 $\boldsymbol{x}_1$ 的镜像点;于是,对于 $\mathscr{A}$ 和 $\mathscr{B}$ 上的点 $\boldsymbol{x}$ 有

$$|\boldsymbol{x}-\boldsymbol{x}_1'| = |\boldsymbol{x}-\boldsymbol{x}_1| = s, \quad \cos(\boldsymbol{n},\boldsymbol{s}') = -\cos(\boldsymbol{n},\boldsymbol{s});$$

以及

---

① G. Kirchhoff, *Berl. Ber.*, (1882), 641; *Ann. Physik*, (2) **18**(1883), 663; *Ges. Abh. Nachtr.*, 22.

② 见 A. J. W. Sommerfeld, *Optics*, *Academic*, New York, 1964.

$$v_1 = 0, \quad \frac{\partial v_1}{\partial n} \approx 2\mathrm{i}k\,\frac{\mathrm{e}^{\mathrm{i}ks}}{s}\cos(\boldsymbol{n},\boldsymbol{s}).$$

因而无源亥姆霍兹方程的解为

$$u(\boldsymbol{x}_1) = \frac{1}{4\pi}\int\left(u\,\frac{\partial}{\partial n}v_1\right)\mathrm{d}S \approx \frac{\mathrm{i}}{\lambda}\int u\,\frac{\mathrm{e}^{\mathrm{i}ks}}{s}\cos(\boldsymbol{n},\boldsymbol{s})\mathrm{d}S.$$

只要在$\mathscr{B}$上给 $u=0$,在$\mathscr{A}$上给 $u=u^{(\mathrm{i})}=\frac{A\mathrm{e}^{\mathrm{i}kr}}{r}$,即得瑞利-索末菲衍射公式:

$$u(\boldsymbol{x}_1) = \frac{\mathrm{i}A}{\lambda}\int_A \frac{\mathrm{e}^{\mathrm{i}k(r+s)}}{rs}\cos(\boldsymbol{n},\boldsymbol{s})\mathrm{d}S.$$

第3章　洛伦兹电子论

3.1　分子、原子、电子

18世纪末19世纪初，化学通过大量实验，在总结出定比定律[①]（普鲁斯特，1797），倍比定律（道尔顿，1803）后，进入近代科学的发展. 道尔顿的原子假说[②]（1808《化学哲学的新系统》），阿伏伽德罗（1776—1856，意）的气体定律（1811）和分子假说[③]，越来越为实验证实.

法拉第[④]（1833）发现电解定律（电解一摩尔当量需电量约96 500 C），这表明电量也有相应的基本电荷（$e\approx F\div N_A$，$F=96\ 500\ \mathrm{C\cdot mol^{-1}}$为法拉第常量，$N_A=6\times 10^{23}\ \mathrm{mol^{-1}}$为阿伏伽德罗常量，即每摩尔气体的分子数目）$e\approx 1.6\times 10^{-19}$ C. 但只是在原子论在化学实验多方面证实以后，如电解质的离子分解而导电（阿伦尼乌斯，1887）[⑤]，才给基本电荷命名为电子（斯托尼，1890）[⑥].

另一方面，有气体放电实验和抽真空技术的发展. 法拉第（1838）发现阴极电辉和从阳极发出的光之间有一暗区. 到1855年盖斯勒（H. Geissler）汞真空泵发明以后，普吕克（J. Plücker，1858，英）注意到铂阴极有粒子逸出，打到玻璃上引起磷光. 他的学生希托夫（J. W. Hittorf，1869）发现可成影. 而戈尔德斯泰因（E. Goldstein，1876）注意到阴极射线发射定向（这与普通白炽发光不同）. 阴极射线速度为1.9×10^7 cm/s[汤姆孙（1856—1940，英），1894年，但1897年更精确测量值则为1.5×10^9 cm/s]，排除其为电磁波光线的可能. 而收集到的阴极射线粒子带负电（佩兰（J. B. Perrin，1870—1942，法），1895）.

气体导电与电解导电有相似之处，似皆为离子导电. 但进一步实验，无论什么气体，无论什么离化手段{用紫外光照金属，用X射线照射[X射线为伦琴（1845—1923，德）[⑦]1895年11月8日用克鲁克斯（W. Crookes，1832—1919，英）管做实验

---

① J. L. Proust, *Ann. Chim.*, **23**(1797), 85; **32**(1799), 26.

② J. Dalton, *A New System of Chemical Philosophy*, 3分册, 1808, 1810, 1827. 道尔顿（1766—1844），英国化学家和物理学家.

③ A. Avogadro, *J. de Phys.*, **73**(1811), 58.

④ 见 M. Faradey, *Experimental Rosearches in Electricity*, Vol. 1, 1839; Vol. 2, 1844; Vol. 3, 1855.

⑤ S. Arrhenius, *Z. Phys. Chem.*, **1**(1887), 631.

⑥ G. J. Stoney, *Trans, Roy. Dublin Soc.*, **4**(1891), 563.

⑦ W. C. Röntgen, *Sitzb. Würzburger Phys. Med. Ges.*（维尔茨堡物理学医学学会会刊），Dec. 28, 1895, *Science*, **3**(1896), 227, 726. *Wiedemann's Ann. Physik*, **64**(1898), 1.

时偶然发现的,它使旁边的钡盐发萤光.],或者火焰或者电火花},都产生同一种“负离子”即电子.(汤姆孙[1] 1897 年测量速度 $v=1.5\times10^9$ cm/s,$m_e/e\sim10^{-11}$ kg/C,后来更准的测定为 0.568×10^{-11} kg/C 即 $\sim\frac{1}{1842}m_H/e$.)其质量比氢原子小约 1840 倍.

虽然电子的实验证明是 1897,但由于液体和气体中导电实验的推动,理论物理工作早已采用电子论观点,即电磁现象的起源是由于单个电荷的存在和运动.这也受赫兹[2]发现电磁波的启发,因为这里主要是由于电的往复振荡.

洛伦兹(1853—1928,荷)[3]在 1892—1895 提出的电子论[与早期的韦伯(W. E. Weber,1804—1891,德)、黎曼(B. Riemann,德数学家)、克劳修斯(R. J. E. Clausius,1822—1888,德)等人的电子论差别就在于电子与电子不是远距作用而是通过麦克斯韦真空介质传递]构成了麦克斯韦电磁理论的微观基础.在这理论中考虑到分子、原子或离子中的电荷和其运动即电流.(尽量考虑其一般情况,真正具体的情况则须待以后量子力学再讲.)由于带电粒子以电子质量最轻,运动因而较大,所以这微观理论以“电子论”命名还是抓住了其主要处.

3.2 洛伦兹方程与麦克斯韦方程

3.2.1 洛伦兹方程

从电磁角度看,无论物质组成为分子原子或离子、电子等,都可用微观的电荷密度 $\rho_{微}$ 和其电流密度 $\boldsymbol{j}_{微}=\rho_{微}\boldsymbol{v}$ 表示,其间当然有电荷守恒定律 $\frac{\partial\rho_{微}}{\partial t}+\nabla\cdot\boldsymbol{j}_{微}=0$ 联系.微观电荷和电流产生微观电磁场,满足洛伦兹方程:

$$\nabla\times\boldsymbol{E}_{微}+\frac{\partial}{\partial t}\boldsymbol{B}_{微}=0,\quad \nabla\cdot\boldsymbol{B}_{微}=0,$$

$$\nabla\times\boldsymbol{H}_{微}-\frac{\partial}{\partial t}\boldsymbol{D}_{微}=\boldsymbol{j}_{微},\quad \nabla\cdot\boldsymbol{D}_{微}=\rho_{微}.$$

但分析物质到微观程度,联系微观场的本构关系只能是真空介质的本构关系,所以有

$$\boldsymbol{B}_{微}=\mu_0\boldsymbol{H}_{微},\quad \boldsymbol{D}_{微}=\varepsilon_0\boldsymbol{E}_{微}.$$

---

① J. J. Thomson, *Phil. Mag.*, 44(1897), 293; *Nature*, **90**(1913), 645, 663; **91**(1913), 333.

② H. Hertz, *Ann. Physik*, **34**(1888), 551.

③ H. A. Lorentz, *Versuch einer Theorie der electrischen und optischen Erscheinungen in bewegten Körpern*(运动物体中电现象和光现象的理论研究)(Leiden, E. J. Brill 1895; Teubner, Leipizig, 1906 年重印); *Theory of Electrons*, 2nd ed., (1915), Dover, New York (1952).

3.2.2 场量的平均值

1. *求平均过程*

微观电磁场(微观电荷电流也是)对时间空间变化不规则. 取一个"物理无穷小"的空间和时间范围,将微观量 $Q_{微}(\boldsymbol{x},t)$ 进行平均(以上面加=表示平均)

$$\overline{\overline{Q}}_{微}(\boldsymbol{x},t)=\frac{1}{\Delta V\Delta T}\int_{\Delta V}\mathrm{d}\boldsymbol{x}'\int_{\Delta T}\mathrm{d}t'Q_{微}(\boldsymbol{x}',t'),$$

其中物理无穷小的空间 ΔV(或时间 ΔT)以 $\boldsymbol{x}$ 点(或 t 时刻)为中心,但 ΔV(或 ΔT)仍包含很多原子(或原子周期)在内. 平均结果可以认为是 $\boldsymbol{x},t$ 函数的宏观量.

首先证明这个求平均过程与求导数过程的次序可以互易,譬如,

$$\frac{\partial\overline{\overline{Q}}_{微}}{\partial x}=\frac{1}{\Delta V\Delta T}\int_{\Delta V}\mathrm{d}\boldsymbol{x}'\int_{\Delta T}\mathrm{d}t'\frac{\partial}{\partial x'}Q_{微}(\boldsymbol{x}',t')=\left(\overline{\overline{\frac{\partial Q_{微}}{\partial x}}}\right),$$

只需令 $\boldsymbol{x}'=\boldsymbol{x}+\boldsymbol{x}''$, $\boldsymbol{x}$ 固定, 换积分变量 $\mathrm{d}\boldsymbol{x}'=\mathrm{d}\boldsymbol{x}''$, 注意到 $\frac{\partial Q_{微}(\boldsymbol{x}',t')}{\partial x'}=\frac{\partial Q_{微}(\boldsymbol{x}+\boldsymbol{x}'',t')}{\partial x}$(要点是 $Q_{微}$ 只与 $\boldsymbol{x}+\boldsymbol{x}''$ 有关,所以其对 x'' 求导数与其对 x 求导数相等),则

$$\begin{aligned}\left(\overline{\overline{\frac{\partial Q_{微}}{\partial \boldsymbol{x}}}}\right)&=\frac{1}{\Delta V\Delta T}\int_{\Delta V}\mathrm{d}\boldsymbol{x}'\int_{\Delta T}\mathrm{d}t'\frac{\partial}{\partial \boldsymbol{x}'}Q_{微}(\boldsymbol{x}',t)\\&=\frac{1}{\Delta V\Delta T}\int_{\Delta V}\mathrm{d}\boldsymbol{x}''\int_{\Delta T}\mathrm{d}t'\frac{\partial}{\partial \boldsymbol{x}}Q_{微}(\boldsymbol{x}+\boldsymbol{x}'',t')\\&=\frac{\partial}{\partial \boldsymbol{x}}\frac{1}{\Delta V\Delta T}\int_{\Delta V}\mathrm{d}\boldsymbol{x}''\int_{\Delta T}\mathrm{d}t'Q_{微}(\boldsymbol{x}+\boldsymbol{x}'',t)\\&=\frac{\partial}{\partial \boldsymbol{x}}\frac{1}{\Delta V\Delta T}\int_{\Delta V}\mathrm{d}\boldsymbol{x}'\int_{\Delta T}\mathrm{d}t'Q_{微}(\boldsymbol{x}',t)=\frac{\partial}{\partial \boldsymbol{x}}\overline{\overline{Q}}_{微};\end{aligned}$$

同样可证明对 t 求导数的情况.

2. *洛伦兹方程的平均*

其次,既然求导数与求平均的次序可以互易,对洛伦兹方程前两个求平均后得

$$\nabla\times\overline{\overline{\boldsymbol{E}}}_{微}+\frac{\partial}{\partial t}\overline{\overline{\boldsymbol{B}}}_{微}=0,\quad \nabla\cdot\overline{\overline{\boldsymbol{B}}}_{微}=0;$$

与麦克斯韦方程前两个 $\nabla\times\boldsymbol{E}+\frac{\partial\boldsymbol{B}}{\partial t}=0$, $\nabla\cdot\boldsymbol{B}=0$ 相比较,启示

$$\overline{\overline{\boldsymbol{B}}}_{微}=\boldsymbol{B},\quad \overline{\overline{E}}_{微}=\boldsymbol{E}.$$

洛伦兹方程另两个平均后(注意 $\mu_0\boldsymbol{H}_{微}=\boldsymbol{B}_{微}$,所以 $\mu_0\overline{\overline{\boldsymbol{H}}}_{微}=\overline{\overline{\boldsymbol{B}}}_{微}=\boldsymbol{B}$,同样 $\boldsymbol{D}_{微}=\varepsilon_0\boldsymbol{E}_{微}$,所以 $\overline{\overline{\boldsymbol{D}}}_{微}=\varepsilon_0\overline{\overline{\boldsymbol{E}}}_{微}=\varepsilon_0\boldsymbol{E}$)给出

$$\frac{1}{\mu_0}\nabla\times\boldsymbol{B}-\varepsilon_0\frac{\partial}{\partial t}\boldsymbol{E}=\overline{\overline{\boldsymbol{j}}}_{微},\quad \varepsilon_0\nabla\cdot\boldsymbol{E}=\overline{\overline{\rho}}_{微}.$$

3. 与麦克斯韦方程的比较

为了比较起来方便起见,我们将麦克斯韦方程的另两个

$$\nabla \times \boldsymbol{H} - \frac{\partial}{\partial t}\boldsymbol{D} = \boldsymbol{j}, \quad \nabla \cdot \boldsymbol{D} = \rho,$$

改写成(设介质静止):

$$\frac{1}{\mu_0}\nabla \times \boldsymbol{B} - \varepsilon_0 \frac{\partial}{\partial t}\boldsymbol{E} = \left(\boldsymbol{j} + \frac{\partial \boldsymbol{P}}{\partial t} + \nabla \times \boldsymbol{M}\right),$$

$$\nabla \cdot \boldsymbol{E} = \frac{1}{\varepsilon_0}(\rho - \nabla \cdot \boldsymbol{P}).$$

此处我们将静止介质的本构关系:$\boldsymbol{B}=\mu\boldsymbol{H}=\mu_0\mu_r\boldsymbol{H}$,$\boldsymbol{D}=\varepsilon\boldsymbol{E}=\varepsilon_0\varepsilon_r\boldsymbol{E}$ 改写为

$$\boldsymbol{B} = \mu_0(\boldsymbol{H}+\boldsymbol{M}), \quad \boldsymbol{D} = \varepsilon_0\boldsymbol{E}+\boldsymbol{P};$$

其中的磁化强度 $\boldsymbol{M}$ 和电极化强度 $\boldsymbol{P}$ 在简单情况下与磁场强度 $\boldsymbol{H}$ 和电场强度 $\boldsymbol{E}$ 成正比,比例系数磁化率 χ_m 和电极化率 χ_e 与相对磁导率 μ_r 和相对电容率 ε_r 有如下关系:

$$\chi_m = \frac{\boldsymbol{M}}{\boldsymbol{H}} = \mu_r - 1, \quad \chi_e = \frac{\boldsymbol{P}}{\varepsilon_0\boldsymbol{E}} = \varepsilon_r - 1.$$

总结以上比较结果表明,微观场量和宏观场量之间有以下关系:

$$\overline{\overline{\boldsymbol{E}}}_{微} = \boldsymbol{E} = \frac{1}{\varepsilon_0}\overline{\overline{\boldsymbol{D}}}_{微}, \quad \overline{\overline{\boldsymbol{B}}}_{微} = \boldsymbol{B} = \mu_0\overline{\overline{\boldsymbol{H}}}_{微};$$

$$\bar{\bar{\rho}}_{微} = \rho - \nabla \cdot \boldsymbol{P}, \quad \bar{\bar{\boldsymbol{j}}}_{微} = \boldsymbol{j} + \frac{\partial}{\partial t}\boldsymbol{P} + \nabla \times \boldsymbol{M}.$$

3.2.3　电荷密度和电流密度的意义

我们采用电磁势的证明(直接计算电荷和电流的证明见罗森菲尔德的《电子论》①.

1. 微观电磁势

对于洛伦兹方程,从

$$\boldsymbol{B}_{微} = \nabla \times \boldsymbol{A}_{微}, \quad \boldsymbol{E}_{微} = -\nabla\varphi_{微} - \frac{\partial}{\partial t}\boldsymbol{A}_{微}$$

引入微观电磁势,选取洛伦兹规范条件

$$\nabla \cdot \boldsymbol{A}_{微} + \frac{1}{c^2}\frac{\partial}{\partial t}\varphi_{微} = 0$$

时,得

$$\varphi_{微} = \frac{1}{4\pi\varepsilon_0}\int \frac{[\rho_{微}]}{|\boldsymbol{x}-\boldsymbol{x}'|}\mathrm{d}\boldsymbol{x}', \quad \boldsymbol{A}_{微} = \frac{\mu_0}{4\pi}\int \frac{[\boldsymbol{j}_{微}]}{|\boldsymbol{x}-\boldsymbol{x}'|}\mathrm{d}\boldsymbol{x}',$$

---

① L. Rosenfeld, *Theory of Electrons*, 1951, North-Holland, Amsterdam.

其中,$[f]$表示 f 取推迟值,即取 $t-\frac{|\boldsymbol{x}-\boldsymbol{x}'|}{c}$ 时的值.

2. 一个分子的电磁量

我们假设分子质心运动的速度可以忽略不计.对于一个分子的积分,例如当分子的中心为 $\boldsymbol{x}_0$ 时,将

$$\frac{1}{|\boldsymbol{x}-\boldsymbol{x}'|}=\frac{1}{|(\boldsymbol{x}-\boldsymbol{x}_0)-(\boldsymbol{x}'-\boldsymbol{x}_0)|}$$

展开为

$$\frac{1}{|\boldsymbol{x}-\boldsymbol{x}_0|}+(\boldsymbol{x}'-\boldsymbol{x}_0,\nabla_0)\frac{1}{|\boldsymbol{x}-\boldsymbol{x}_0|}\quad(\text{忽略高阶项}),$$

并将$[\ ]$近似为$[\ ]_0\left(\text{忽略}\frac{v}{c}\right)$.这样有

$$\int_{1\text{个分子}}\frac{[\rho_{\text{微}}]}{|\boldsymbol{x}-\boldsymbol{x}'|}\mathrm{d}\boldsymbol{x}'\approx\frac{[e_{\text{分子}}]_0}{|\boldsymbol{x}-\boldsymbol{x}_0|}+([\boldsymbol{p}_{\text{分子}}]_0,\nabla_0)\frac{1}{|\boldsymbol{x}-\boldsymbol{x}_0|},$$

$$\int_{1\text{个分子}}\frac{[\boldsymbol{j}_{\text{微}}]}{|\boldsymbol{x}-\boldsymbol{x}'|}\mathrm{d}\boldsymbol{x}'\approx\int_{1\text{个分子}}\frac{[\boldsymbol{j}_{\text{微}}]_0}{|\boldsymbol{x}-\boldsymbol{x}_0|}\mathrm{d}\boldsymbol{x}'+\int_{1\text{个分子}}\mathrm{d}\boldsymbol{x}'[\boldsymbol{j}_{\text{微}}]_0(\boldsymbol{x}'-\boldsymbol{x}_0,\nabla_0)\frac{1}{|\boldsymbol{x}-\boldsymbol{x}_0|}$$

$$=\frac{1}{|\boldsymbol{x}-\boldsymbol{x}_0|}\frac{\partial}{\partial t}[\boldsymbol{p}_{\text{分子}}]_0+[\boldsymbol{m}_{\text{分子}}]\times\nabla_0\frac{1}{|\boldsymbol{x}-\boldsymbol{x}_0|}\quad(\text{忽略电四极矩项}),$$

这里用$(\boldsymbol{a},\boldsymbol{b})$表示标积 $\boldsymbol{a}\cdot\boldsymbol{b}$,还用了如下定义($\boldsymbol{r}$ 代表积分变量,以分子中心为原点)

分子电荷:
$$e_{\text{分子}}=\int_{1\text{分子}}\rho_{\text{微}}\,\mathrm{d}\boldsymbol{r},$$

分子电偶极矩:
$$\boldsymbol{p}_{\text{分子}}=\int_{1\text{分子}}\rho_{\text{微}}\,\boldsymbol{r}\mathrm{d}\boldsymbol{r},$$

分子电流(经过分部积分):

$$\frac{\partial\boldsymbol{p}_{\text{分子}}}{\partial t}=\int_{1\text{分子}}(-\nabla\cdot\boldsymbol{j}_{\text{微}})\boldsymbol{r}\mathrm{d}\boldsymbol{r}=\int_{1\text{分子}}\boldsymbol{j}_{\text{微}}\,\mathrm{d}\boldsymbol{r},$$

分子磁偶极矩:
$$\boldsymbol{m}_{\text{分子}}=\frac{1}{2}\int_{1\text{分子}}\boldsymbol{r}\times\boldsymbol{j}_{\text{微}}\,\mathrm{d}\boldsymbol{r}.$$

注意

$$\boldsymbol{m}_{\text{分子}}\times\nabla_0\frac{1}{|\boldsymbol{x}-\boldsymbol{x}_0|}=\left(\frac{1}{2}\int_{1\text{分子}}(\boldsymbol{j}_{\text{微}}\boldsymbol{r}-\boldsymbol{r}\boldsymbol{j}_{\text{微}})\mathrm{d}\boldsymbol{r}\right)\cdot\nabla_0\frac{1}{|\boldsymbol{x}-\boldsymbol{x}_0|},$$

而

$$\left(\frac{1}{2}\int(\boldsymbol{j}_{\text{微}}\boldsymbol{r}+\boldsymbol{r}\boldsymbol{j}_{\text{微}})\mathrm{d}\boldsymbol{r}\right)\cdot\nabla_0\frac{1}{|\boldsymbol{x}-\boldsymbol{x}_0|}$$
$$=\left(\frac{1}{2}\int(-\nabla\cdot\boldsymbol{j}_{\text{微}})\boldsymbol{r}\boldsymbol{r}\mathrm{d}\boldsymbol{r}\right)\cdot\nabla_0\frac{1}{|\boldsymbol{x}-\boldsymbol{x}_0|}$$
$$=\frac{\partial}{\partial t}\left(\frac{1}{2}\int\rho_{\text{微}}\,\boldsymbol{r}\boldsymbol{r}\mathrm{d}\boldsymbol{r}\right)\cdot\nabla_0\frac{1}{|\boldsymbol{x}-\boldsymbol{x}_0|}$$

为电四极矩项，近似为0.

3. 微观电磁势的平均值

在求微观电磁势的物理无穷小的平均值时，设单位体积中有 N 个分子和 N_c 个导电电子（电荷为 $-e$，速度 $\boldsymbol{v}_c$ 不可忽略）（分子速度则忽略），得

$$\bar{\bar{\varphi}}_{微} = \frac{1}{4\pi\varepsilon_0}\int \frac{[N\bar{\bar{e}}_{分子} - N_c e]_0}{|\boldsymbol{x}-\boldsymbol{x}_0|}\mathrm{d}\boldsymbol{x}_0 + \frac{1}{4\pi\varepsilon_0}\int [N\bar{\bar{\boldsymbol{p}}}_{分子}]_0 \cdot \nabla_0 \frac{1}{|\boldsymbol{x}-\boldsymbol{x}_0|}\mathrm{d}\boldsymbol{x}_0,$$

$$\bar{\bar{\boldsymbol{A}}}_{微} = \frac{\mu_0}{4\pi}\int \frac{[-N_c e\bar{\bar{\boldsymbol{v}}}_c]_0 + \left[\frac{\partial}{\partial t}N\bar{\bar{\boldsymbol{p}}}_{分子}\right]_0}{|\boldsymbol{x}-\boldsymbol{x}_0|}\mathrm{d}\boldsymbol{x}_0 + \frac{\mu_0}{4\pi}\int [N\bar{\bar{\boldsymbol{m}}}_{分子}]_0 \times \nabla_0 \frac{1}{|\boldsymbol{x}-\boldsymbol{x}_0|}\mathrm{d}\boldsymbol{x}_0.$$

4. 宏观电磁势

而麦克斯韦方程的电磁势，从 $\boldsymbol{B}=\nabla\times\boldsymbol{A}$ 和 $\boldsymbol{E}=-\nabla\varphi-\frac{\partial \boldsymbol{A}}{\partial t}$引入，也要求满足洛伦兹规范条件 $\nabla\cdot\boldsymbol{A}+\frac{1}{c^2}\frac{\partial}{\partial t}\varphi=0$，则为

$$\varphi = \frac{1}{4\pi\varepsilon_0}\int \frac{[\rho-\nabla\cdot\boldsymbol{P}]_0}{|\boldsymbol{x}-\boldsymbol{x}_0|}\mathrm{d}\boldsymbol{x}_0,$$

$$\boldsymbol{A} = \frac{\mu_0}{4\pi}\int \frac{\left[\boldsymbol{j}+\frac{\partial}{\partial t}\boldsymbol{P}\right]_0 + [\nabla\times\boldsymbol{M}]_0}{|\boldsymbol{x}-\boldsymbol{x}_0|}\mathrm{d}\boldsymbol{x}_0;$$

经过分部积分化为（忽略了高阶项）

$$\varphi = \frac{1}{4\pi\varepsilon_0}\int \frac{[\rho]}{|\boldsymbol{x}-\boldsymbol{x}_0|}\mathrm{d}\boldsymbol{x}_0 + \frac{1}{4\pi\varepsilon_0}\int [\boldsymbol{P}]_0\cdot\nabla_0\frac{1}{|\boldsymbol{x}-\boldsymbol{x}_0|}\mathrm{d}\boldsymbol{x}_0$$

$$\boldsymbol{A} = \frac{\mu_0}{4\pi}\int \frac{\left[\boldsymbol{j}+\frac{\partial \boldsymbol{P}}{\partial t}\right]_0}{|\boldsymbol{x}-\boldsymbol{x}_0|}\mathrm{d}\boldsymbol{x}_0 + \frac{\mu_0}{4\pi}\int [\boldsymbol{M}]_0\times\nabla_0\frac{1}{|\boldsymbol{x}-\boldsymbol{x}_0|}\mathrm{d}\boldsymbol{x}_0.$$

5. 比较的结果

两者相比较，$\varphi=\bar{\bar{\varphi}}_{微}$，$\boldsymbol{A}=\bar{\bar{\boldsymbol{A}}}_{微}$（所以 $\boldsymbol{B}=\bar{\bar{\boldsymbol{B}}}_{微}$，$\boldsymbol{E}=\bar{\bar{\boldsymbol{E}}}_{微}$），而电极化强度 $\boldsymbol{P}=N\bar{\bar{\boldsymbol{p}}}_{分子}$，磁化强度 $\boldsymbol{M}=N\bar{\bar{\boldsymbol{m}}}_{分子}$；又麦克斯韦方程中的

$$\rho = N\bar{\bar{e}}_{分子} - N_c e,\quad \boldsymbol{j} = -N_c e\bar{\bar{\boldsymbol{v}}}_c;$$

比较电磁势的积分表示，得

$$\bar{\bar{\rho}}_{微} = \rho - \nabla\cdot\boldsymbol{P},$$

$$\bar{\bar{\boldsymbol{j}}}_{微} = \boldsymbol{j} + \frac{\partial \boldsymbol{P}}{\partial t} + \nabla\times\boldsymbol{M}.$$

由此可见，ρ 为自由电荷密度，$-\nabla\cdot\boldsymbol{P}$ 为极化电荷密度；$\boldsymbol{j}$ 为传导电流密度，$\frac{\partial}{\partial t}\boldsymbol{P}$ 为极化电流密度，$\nabla\times\boldsymbol{M}$ 为磁化电流密度.

罗森菲尔德直接计算微观电荷，电流密度的平均比这又准些，$\boldsymbol{P}$ 改为 $\boldsymbol{P}-\nabla\cdot Q$，电四极矩 Q 以

$$\frac{1}{2}\int_{1分子}\rho_{微}\,\boldsymbol{rr}\,\mathrm{d}\boldsymbol{r}=q,\quad Q=Nq$$

定义. 甚至更高次矩也可以保留，但一般到偶极矩已够.

3.3 洛伦兹-洛伦茨公式和简单色散理论

3.3.1 洛伦兹力和电子的运动方程

电子论的另一部分假设是电子受力和其运动方程. 洛伦兹力密度公式，仿库仑安培力密度公式外推到微观电荷电流密度和电磁场，为力密度

$$\boldsymbol{f}=\rho_{微}\,\boldsymbol{E}_{微}+\rho_{微}\,\boldsymbol{v}_{微}\times\boldsymbol{B}_{微}.$$

除洛伦兹利用这力密度考虑过电子结构的不成功的尝试外，一般常用（也可以与实验比较）的力只是整个电子作为点电荷近似的洛伦兹合力公式

$$\boldsymbol{F}=\int\boldsymbol{f}\mathrm{d}\boldsymbol{x}=e\boldsymbol{E}_{微}^{(作)}+e\boldsymbol{v}\times\boldsymbol{B}_{微}^{(作)},$$

其中 e 为电子总电荷，$\boldsymbol{v}$ 为电子速度 $\dot{\boldsymbol{z}}$，而 $\boldsymbol{E}_{微}^{(作)}$ 和 $\boldsymbol{B}_{微}^{(作)}$ 为 t 时刻在电子位置 $\boldsymbol{z}(t)$ 处的作用场，这作用场从被作用电子看来只是外场（即不包括被作用的电子自身产生的场）.

严格处理电子自身产生的场，这个问题牵涉到电子的结构，是否不可能在经典电动力学范畴内解决（量子电动力学是否已完善地解决），这些问题还待研究. 从洛伦兹的尝试可以得到一点比较可靠的结果，即作周期变速运动的电子，在经典电动力学范畴内，应该由于辐射而受到阻尼力（ω 为运动角频率），

$$\boldsymbol{f}_{经典辐射阻尼力}=\frac{1}{6\pi\varepsilon_0}\frac{e^2}{c^3}\dddot{\boldsymbol{z}}=-\frac{1}{6\pi\varepsilon_0}\frac{e^2\omega^2}{c^3}\dot{\boldsymbol{z}};$$

这阻尼力可以直接从每单位时间总辐射能量 $\frac{1}{6\pi\varepsilon_0}\frac{e^2}{c^3}\ddot{\boldsymbol{z}}^2$ 推出（见习题 3.1）.

忽略 $\frac{v}{c}\ll 1$，磁场（$c\boldsymbol{B}$）与电场（$\boldsymbol{E}$）同数量级，所以磁场力较电场力小，可以忽略. 一般，如洛伦兹假设，电子或受约束力 $-m\omega_k^2\boldsymbol{z}$（约束在分子原子中的电子），或不受约束力（传导电子或自由电子，可以令 $\omega_k\to 0$ 便得）. 在外场 $\boldsymbol{E}_{微}^{(作)}$（含有 $\mathrm{e}^{-\mathrm{i}\omega t}$ 因子）作用下，电子的运动方程为

$$m\ddot{z}=-m\omega_k^2 z-m\gamma_k\dot{z}+eE_{微}^{(作)},\quad \gamma_{辐射阻尼}=\frac{1}{6\pi\varepsilon_0}\frac{e^2\omega^2}{mc^3}.$$

所以 z 也包含 $\mathrm{e}^{-\mathrm{i}\omega t}$ 因子，得分子的电偶极矩为

$$p=\sum_{1分子}ez=\sum_{1分子}\frac{e^2E_{微}^{(作)}}{m(\omega_k^2-\omega^2-\mathrm{i}\omega\gamma_k)}\equiv\alpha E_{微}^{(作)},$$

这里 α 是分子极化率

$$\alpha=\sum_{1分子}\frac{e^2/m}{\omega_k^2-\omega^2-\mathrm{i}\omega\gamma_k},$$

其中 $\sum_{1分子}$ 表示对分子中各电子求和.

3.3.2 洛伦兹-洛伦茨公式

设入射光的电场为 $E_{微}^{(入)}$（含 $\mathrm{e}^{-\mathrm{i}\omega t}$ 因子）. 我们考虑介质中的作用在某分子、原子中电子的 $E_{微}^{(作)}$. 除 $E_{微}$ 贡献外，还有介质中所有分子、原子中电子极化后电偶极矩的电场. 在立方晶系的晶体中或在各向同性均匀的液体气体中，可以证明：

$$\boldsymbol{E}_{微}^{(作)}=\boldsymbol{E}_{微}+\frac{1}{3\varepsilon_0}\boldsymbol{P},$$

此处 $\boldsymbol{P}$ 为电极化强度，$\boldsymbol{P}=N\bar{\bar{\boldsymbol{p}}}$. 由于 $\bar{\bar{\boldsymbol{E}}}_{微}=\boldsymbol{E}$，所以乘以 $N\alpha$ 后求平均得

$$\boldsymbol{P}=N\alpha\left(\boldsymbol{E}+\frac{1}{3\varepsilon_0}\boldsymbol{P}\right),$$

$$\boldsymbol{P}=\frac{N\alpha}{1-\frac{N\alpha}{3\varepsilon_0}}\boldsymbol{E}=\varepsilon_0(\hat{\varepsilon}_r-1)\boldsymbol{E},$$

得洛伦兹-洛伦茨（L. V. Lorenz，1829—1891，丹麦）公式①（$\hat{\varepsilon}_r=\hat{\varepsilon}/\varepsilon_0=\varepsilon_r+\mathrm{i}\frac{\sigma}{\varepsilon_0\omega}$ 与 ω 有关，$\hat{\varepsilon}_r=(\hat{n})^2$ 所以有色散）：

$$\frac{\hat{\varepsilon}_r-1}{\hat{\varepsilon}_r+2}=\frac{1}{3\varepsilon_0}N\alpha=\frac{1}{3\varepsilon_0}N\sum_{1分子}\frac{e^2/m}{\omega_k^2-\omega^2-\mathrm{i}\omega\gamma_k},$$

ω_k 和 γ_k（不一定只来源于辐射阻尼，也可以是分子间碰撞等其他阻尼力）则依赖于分子、原子中电子的约束情况，作为参量.

$\bar{\bar{\boldsymbol{E}}}_{微}^{(作)}$ 比 $\bar{\bar{\boldsymbol{E}}}_{微}$ 大些，是由于后者在求平均时不总在 $\bar{\bar{\boldsymbol{E}}}_{微}^{(作)}$ 平均处，譬如在原子与原子空档处 $\boldsymbol{E}_{微}$ 比 $\boldsymbol{E}_{微}^{(作)}$ 就小了.

摩尔折射率差

我们限制在非磁性介质，或者考虑光频区域. 这时磁矩项可忽略不计，即 $\mu_r=$

① H. A. Lorentz, *Wiedem. Ann.*, **9**(1880), 641. L. Lorenz, *Wiedem. Ann.*, **11**(1881), 70.

1. 代入 $n^2=\varepsilon_r\mu_r=\varepsilon_r$，定义摩尔折射率差 A：

$$A=\frac{1}{3\varepsilon_0}N_A\alpha=\frac{W}{\rho}\frac{n^2-1}{n^2+2},$$

其中 W 是摩尔质量，ρ 是介质密度.

表 3.1　14.5℃的空气在不同压强对钠 D 线的摩尔折射率差 A

压强(大气压)	1.00	42.13	96.16	136.21	176.27
n	1.00029	1.01241	1.02842	1.04027	1.05213
A	2.170	2.177	2.178	2.174	2.170

表 3.1 是空气在不同压强下的摩尔折射率差 A①；可见 A 随气体压强的变化不大.

表 3.2　几种化合物的摩尔折射率差

	O_2	HCl	H_2O	CS_2	C_2H_5CHO(丙酮)
液	2.00	6.88	3.71	21.33	16.14
汽	2.01	6.62	3.70	21.78	15.98

表 3.2 是几种化合物的摩尔折射率差 A②；可见汽态变为液态时，A 的变化也不怎么大.

对于混合物(例如水加硫酸)，其折射率差可以按分子数比插值计算，$A=\frac{N_1A_1+N_2A_2}{N_1+N_2}$. 对于化合物近似有兰多尔特(H. Landolt)定则(用在 A_D 指 Na 的 D 线光，也可用在 A_0 指 $\omega_{光}\to 0$)，即化合物的摩尔折射率差为其组成原子的相应折射率差之和. 更准些化合物的摩尔折射率差可以分解为各化学键的摩尔折射率差之和；见表 3.3a 和表 3.3b③. 总之，近似看来，折射率差是加性的. 表示分子、原子中电子的约束情况变化不大.

表 3.3a　各化学键的摩尔折射率差 A_0

键	C−C	C−O	C−H	O−H	C=O	C≡N
A_0	1.204	1.411	1.654	1.849	3.344	4.692

① 引自 M. Born, E. Wolf, *Principles of Optics*, Pergamon, London, 1959, p. 87.

② 引自 M. Born, E. Wolf, 同上所引书, p. 88.

③ 表 3.3 见 E. A. Moelwyn-Hughes, *Physical Chemistry*, 1961, Pergamon, p. 384, p. 385.

表 3.3b 根据化学键计算的摩尔折射率差 A_0 及与实验结果的比较

化合物		CH_4	C_2H_6	C_6H_{14}	HCN	CH_3CN	C_2H_3CN
A_0	(计算)	6.616	11.128	29.176	8.346	10.860	15.372
	(实验)	6.606	10.99	29.190	6.317	10.852	15.406

3.3.3 简单色散理论

在分子的每一个共振频率 ω_k 附近，$\alpha(\omega<\omega_k)$为正，而 $\alpha(\omega>\omega_k)$为负；$\alpha(\omega\approx\omega_k)$则为正虚数表示有吸收，这称为反常色散现象. γ_k 为反常色散或吸收之频宽.

对于金属中的传导电子，运动方程为

$$m\ddot{z}=-m\gamma\dot{z}+e\boldsymbol{E}_{微}^{(作)},$$

其中阻尼力主要来自导电电子与分子、原子的碰撞. 由于 z 变化范围大，$\boldsymbol{E}_{微}^{(作)}$ 的平均值即是 $\boldsymbol{E}_{微}$ 的平均值. 所以 $\boldsymbol{P}=N\alpha\boldsymbol{E}$，

$$\varepsilon_0(\hat{\varepsilon}_r-1)=N\alpha=N\sum\frac{e^2/m}{-\omega^2-i\omega\gamma}=-\frac{N_ce^2}{m(\omega^2+i\omega\gamma)},$$

N_c 为传导电子密度，(N_c/N)为每分子的有效导电电子数. 定义 $\omega_c^2=\dfrac{N_ce^2}{\varepsilon_0m}$，并设 $\omega_c^2\gg\gamma^2$；由于

$$\hat{\varepsilon}_r=(\hat{n})^2=(n(1+i\kappa))^2=n^2(1-\kappa^2)+i2n^2\kappa,$$

$$n^2(1-\kappa^2)=1-\frac{\omega_c^2}{\omega^2},\quad \frac{\sigma}{\varepsilon_0\omega}=2n^2\kappa=\frac{\gamma}{\omega}\cdot\frac{\omega_c^2}{\omega^2}(\omega^2\gg\gamma^2).$$

当 $\omega<\omega_c$ 使 $\dfrac{\sigma}{\varepsilon_0\omega}$ 很大时，金属反射性强而 $n^2<n^2\kappa^2$；但当 $\omega>\omega_c$ 时，金属反射性下降而 $n^2>n^2\kappa^2$ 可以透光.

实验定出 ω_c，因而定出 N_c/N 如表 3.4 所示①，可以看出，碱金属的价电子，除钠外，还不完全是导电电子.

表 3.4 每分子的有效导电电子数的实验测定

(实验定出的波长 $\lambda_c=\dfrac{2\pi c}{\omega_c}$)

金 属	Li	Na	K	Rb	Cs
λ_c/Å	2050	2100	3150	3600	4400
N_c/N	0.54	1.00	0.85	0.79	0.67

① 引自 M. Born，E. Wolf，同上所引书，p. 623.

3.4　运动点电荷的电磁场

对于点电荷近似，我们利用狄拉克 δ 函数（e 为总电荷）

$$\rho(\boldsymbol{x},t)=e\delta(\boldsymbol{x}-\boldsymbol{z}(t))=e\prod_{i=1}^{3}\delta(x_i-z_i(t)),$$

$$\rho\boldsymbol{v}=\boldsymbol{j}(\boldsymbol{x},t)=e\dot{\boldsymbol{z}}(t)\delta(\boldsymbol{x}-\boldsymbol{z}(t)).$$

用洛伦兹规范条件，推迟解电磁势为

$$\varphi(\boldsymbol{x},t)=\frac{1}{4\pi\varepsilon_0}\int\frac{\rho\left(\boldsymbol{x}',t'=t-\frac{|\boldsymbol{x}-\boldsymbol{x}'|}{c}\right)}{|\boldsymbol{x}-\boldsymbol{x}'|}\mathrm{d}\boldsymbol{x}',$$

$$\boldsymbol{A}(\boldsymbol{x},t)=\frac{\mu_0}{4\pi}\int\frac{\boldsymbol{j}\left(\boldsymbol{x}',t'=t-\frac{|\boldsymbol{x}-\boldsymbol{x}'|}{c}\right)}{|\boldsymbol{x}-\boldsymbol{x}'|}\mathrm{d}\boldsymbol{x}'.$$

利用 δ 函数可以将 $\rho(\boldsymbol{x}',t')$ 表达成（注意 $\int f(x)\delta(x-x_0)\mathrm{d}x=f(x_0)$）：

$$\rho\left(\boldsymbol{x}',t'=t-\frac{|\boldsymbol{x}-\boldsymbol{x}'|}{c}\right)=\int\mathrm{d}t'\rho(\boldsymbol{x}',t')\delta\left(t'-t+\frac{|\boldsymbol{x}-\boldsymbol{x}'|}{c}\right),$$

代入 $\rho(\boldsymbol{x}',t')$ 的点电荷表达式，先对 $\mathrm{d}\boldsymbol{x}'$ 积分

$$\varphi(\boldsymbol{x},t)=\frac{1}{4\pi\varepsilon_0}e\int\mathrm{d}t'\frac{\delta\left(t'-t+\frac{|\boldsymbol{x}-\boldsymbol{z}(t')|}{c}\right)}{|\boldsymbol{x}-\boldsymbol{z}(t')|}.$$

利用

$$\int f(x)\delta\{g(x)\}\mathrm{d}x=\int(f(x)/g'(x))\delta\{g(x)\}\mathrm{d}g(x)$$

$$=\left(\frac{f(x)}{g'(x)}\right)_{g(x)=0},$$

并注意

$$\frac{\partial}{\partial t'}\left(t'-t+\frac{|\boldsymbol{x}-\boldsymbol{z}(t')|}{c}\right)=1-\frac{\boldsymbol{v}(t')}{c}\cdot\frac{(\boldsymbol{x}-\boldsymbol{z}(t'))}{|\boldsymbol{x}-\boldsymbol{z}(t')|},$$

得到

$$\varphi(\boldsymbol{x},t)=\frac{1}{4\pi\varepsilon_0}\left\{\frac{e}{|\boldsymbol{x}-\boldsymbol{z}(t')|-\frac{\boldsymbol{v}(t')}{c}\cdot(\boldsymbol{x}-\boldsymbol{z}(t'))}\right\}_{t'},$$

同样得到

$$\boldsymbol{A}(\boldsymbol{x},t)=\frac{\mu_0}{4\pi}\left\{\frac{e\boldsymbol{v}(t')}{|\boldsymbol{x}-\boldsymbol{z}(t')|-\frac{\boldsymbol{v}(t')}{c}\cdot(\boldsymbol{x}-\boldsymbol{z}(t'))}\right\}_{t'};$$

应注意到，以上两式右边的推迟时间 t' 由下列方程确定：

$$t' = t - \frac{1}{c}\,|\,\boldsymbol{x} - \boldsymbol{z}(t')\,|.$$

上面的电磁势公式常称为李纳(A. M. Lienard)-维谢尔(E. Wiechert)势.

从电磁势经过求导数得电磁场(以下在 $t'=t-\dfrac{r}{c}$ 时计值)

$$\boldsymbol{E}(\boldsymbol{x},t) = \frac{1}{4\pi\varepsilon_0}e\left\{\frac{1-\beta^2}{s^3}(\boldsymbol{r}-\boldsymbol{\beta}r) + \frac{1}{s^3c^2}\boldsymbol{r}\times[(\boldsymbol{r}-\boldsymbol{\beta}r)\times\dot{\boldsymbol{v}}]\right\}_{t'},$$

$$\boldsymbol{H}(\boldsymbol{x},t') = \frac{1}{\mu_0 c}\left\{\frac{1}{r}\boldsymbol{r}\times\boldsymbol{E}\right\};$$

其中
$$\dot{\boldsymbol{v}} = \frac{\mathrm{d}\boldsymbol{v}(t')}{\mathrm{d}t'},\quad \boldsymbol{\beta} = \frac{\boldsymbol{v}(t')}{c},\quad \boldsymbol{r} = \boldsymbol{x}-\boldsymbol{z}(t'),$$

$$r = |\,\boldsymbol{x}-\boldsymbol{z}(t')\,|,\quad s = r - \boldsymbol{r}\cdot\boldsymbol{\beta}.$$

当 β 绝对值比 1 小很多时，电磁场分为两部分，分别反比于 r 平方或一次方，后者为辐射场.

$$\boldsymbol{E}_{\text{辐射}}(\boldsymbol{x},t) = \frac{1}{4\pi\varepsilon_0}\left\{\frac{e}{c^2 r}\boldsymbol{e}_r\times(\boldsymbol{e}_r\times\dot{\boldsymbol{v}})\right\},$$

$$\boldsymbol{S}_{\text{辐射}} = \boldsymbol{E}_{\text{辐}}\times\boldsymbol{H}_{\text{辐}} = \frac{1}{\mu_0 c}(\boldsymbol{E}_{\text{辐射}})^2\boldsymbol{e}_r = \frac{e^2}{16\pi^2\varepsilon_0 c^3 r^2}(\boldsymbol{e}_r\times\dot{\boldsymbol{v}})^2\boldsymbol{e}_r,$$

总辐射功率为

$$\int \mathrm{d}\Omega r^2\boldsymbol{e}_r\cdot\boldsymbol{S}_{\text{辐射}} = \frac{e^2}{6\pi\varepsilon_0 c^3}(\dot{\boldsymbol{v}})^2 = \frac{1}{6\pi\varepsilon_0 c^3}(\ddot{\boldsymbol{p}})^2,$$

其中 $\boldsymbol{p} = e\boldsymbol{z}(t'),\ddot{\boldsymbol{p}} = e\dot{\boldsymbol{v}}(t')$ 与电荷的加速度有关.

习　题

3.1　证明加速电子每单位时间总辐射能量为 $\dfrac{e^2}{6\pi\varepsilon_0 c^3}\ddot{z}^2$，并由此推导辐射阻尼力.

证：注意 $\boldsymbol{p}=e\boldsymbol{z}$ 为电子的电偶极矩. 由 3.4 节的辐射总功率得

$$\frac{1}{6\pi\varepsilon_0 c^3}(\ddot{\boldsymbol{p}})^2 = \frac{e^2}{6\pi\varepsilon_0 c^3}(\ddot{\boldsymbol{z}})^2.$$

又，对于周期运动的粒子，从 $\ddot{\boldsymbol{z}}^2+\dot{\boldsymbol{z}}\cdot\dddot{\boldsymbol{z}} = \dfrac{\mathrm{d}}{\mathrm{d}t}(\dot{\boldsymbol{z}}\cdot\ddot{\boldsymbol{z}})$ 对时间的平均有 $\overline{\ddot{\boldsymbol{z}}^2} = -\overline{\dot{\boldsymbol{z}}\cdot\dddot{\boldsymbol{z}}}$.

辐射功率相当于阻尼力 $\dfrac{e^2}{6\pi\varepsilon_0 c^3}\dddot{\boldsymbol{z}}$ 作的负功率，或者直接将辐射能量表达为 $\dfrac{e^2}{6\pi\varepsilon_0 c^3}\omega^2\dot{\boldsymbol{z}}^2$ 而得到阻尼力 $-\dfrac{e^2}{6\pi\varepsilon_0 c^3}\omega^2\dot{\boldsymbol{z}}$. 总之有 $-\boldsymbol{f}_{\text{辐射阻尼力}}\cdot\dot{\boldsymbol{z}}$ = 辐射功率.

3.2 有立方对称或球对称时,证明作用在一分子上的电场为 $\boldsymbol{E}_{\text{微}}^{(\text{作})}=\boldsymbol{E}+\frac{1}{3\varepsilon_0}\boldsymbol{P}$. 注意 $\boldsymbol{E}_{\text{微}}^{(\text{作})}$ 与物理无穷小的平均场 $\boldsymbol{E}$(平均区域包含很多分子)有差别. 考虑某特定分子,以此为心画一小球,半径比分子大. 球内分子由于对称关系在中心特定分子处合电场为零(抵消所致). 球外则可以忽略分子而近似连续,有均匀电极化强度 $\boldsymbol{P}$. 球外均匀 $\boldsymbol{P}$ 在球心处的电场与均匀 $\boldsymbol{P}$ 的球在球心处的电场大小相等方向相反(因为合起来到处均匀,$\boldsymbol{P}$ 在球心处无电场). 后者容易计算,其标量势为

$$\varphi=\frac{1}{4\pi\varepsilon_0}\boldsymbol{P}\cdot\int_{\text{球}}\nabla'\frac{1}{|\boldsymbol{x}-\boldsymbol{x}'|}\mathrm{d}\boldsymbol{x}',$$

或

$$\varphi=\left(\frac{\boldsymbol{P}}{\varepsilon_0}\cdot\nabla\right)\varphi_{-1},\quad \varphi_{-1}=\frac{1}{4\pi}\int\frac{(-1)\mathrm{d}\boldsymbol{x}'}{|\boldsymbol{x}-\boldsymbol{x}'|},$$

满足 $\nabla^2\varphi_{-1}=-(-1)=1$, 由于球对称,在球心处

$$\left(\frac{\partial^2}{\partial x\partial y}\varphi_{-1}\right)_0=\left(\frac{\partial^2}{\partial x\partial z}\varphi_{-1}\right)_0=\left(\frac{\partial^2}{\partial y\partial z}\varphi_{-1}\right)_0=0,$$

$$\left(\frac{\partial^2}{\partial x^2}\varphi_{-1}\right)_0=\left(\frac{\partial^2}{\partial y^2}\varphi_{-1}\right)_0=\left(\frac{\partial^2}{\partial z^2}\varphi_{-1}\right)_0=\frac{1}{3}\nabla^2\varphi_{-1}=\frac{1}{3}.$$

所以均匀 $\boldsymbol{P}$ 的球在球心处的电场为 $-\nabla\varphi=-\frac{\boldsymbol{P}}{3\varepsilon_0}$,球心处作用场比平均场大 $-\left(-\frac{\boldsymbol{P}}{3\varepsilon_0}\right)=\frac{\boldsymbol{P}}{3\varepsilon_0}$. 如所求证.

3.3 埃瓦尔德-奥辛(C. W. Oseen)消光定理[①][②]: 真空光速为 c 的入射电磁波进入色散介质后,在介质内任一点,由于与感生电偶极场的一部分发生干涉而消灭,代之以表征介质相速 c/n 传播的另一个波.

3.4 点电荷近似下的洛伦兹力公式. 取点电荷

$$\rho(\boldsymbol{x},t)=e\delta(\boldsymbol{x}-\boldsymbol{z}(t)),$$
$$\rho\boldsymbol{v}=\boldsymbol{j}(\boldsymbol{x},t)=e\dot{\boldsymbol{z}}(t)\delta(\boldsymbol{x}-\boldsymbol{z}(t)),$$

容易验证

$$\nabla\cdot(\rho\boldsymbol{v})+\frac{\partial\rho}{\partial t}=e\dot{\boldsymbol{z}}(t)\cdot\nabla\,\delta(\boldsymbol{x}-\boldsymbol{z}(t))-e\dot{\boldsymbol{z}}(t)\cdot\nabla\,\delta(\boldsymbol{x}-\boldsymbol{z}(t))\equiv 0,$$

则有

$$\boldsymbol{F}=\int\{\rho(\boldsymbol{x},t)\boldsymbol{E}(\boldsymbol{x},t)+\boldsymbol{j}(\boldsymbol{x},t)\times\boldsymbol{B}(\boldsymbol{x},t)\}\mathrm{d}t$$

---

① P. P. Ewald,学位论文,München,1912;*Ann. Physik*,**49**(1916),1.

② 可参考 M. Born,E. Wolf,*Principles of Optics*,4th ed. ,Pergamon,New York,1970,§2.4. 或参考 L. Rosenfeld,*Theory of Electrons*,North-Holland,Amsterdam,1951;ch. Ⅵ.

$$= e\boldsymbol{E}(\boldsymbol{z}(t),t) + e\dot{\boldsymbol{z}}(t) \times \boldsymbol{B}(\boldsymbol{z}(t),t),$$

此处电磁场取 t 时刻点电荷所在处 $\boldsymbol{x}=\boldsymbol{z}(t)$之值(不计及被作用的点电荷本身的电磁场).

如引入电磁势 $\boldsymbol{A}(\boldsymbol{x},t)$和 $\varphi(\boldsymbol{x},t)$,使

$$\boldsymbol{B} = \nabla \times \boldsymbol{A}, \quad \boldsymbol{E} = -\nabla\varphi - \frac{\partial \boldsymbol{A}}{\partial t},$$

则可以引入相互作用拉格朗日函数

$$L^{(作)} = e\{\dot{\boldsymbol{z}} \cdot \boldsymbol{A}(\boldsymbol{x} = \boldsymbol{z}(t),t) - \varphi(\boldsymbol{x} = \boldsymbol{z}(t),t)\},$$

使

$$\boldsymbol{F} = \frac{\partial}{\partial \boldsymbol{z}} L^{(作)} - \frac{\mathrm{d}}{\mathrm{d}t}\left(\frac{\partial L^{(作)}}{\partial \dot{\boldsymbol{z}}}\right).$$

验证如下:对于分量 1 有(重复 i 取遍 1,2,3)

$$\frac{\partial}{\partial z_1} L^{(作)} - \frac{\mathrm{d}}{\mathrm{d}t}\left(\frac{\partial L^{(作)}}{\partial \dot{z}_1}\right) = e\left\{\dot{z}_i \frac{\partial}{\partial z_1} A_i - \frac{\partial}{\partial z_1}\varphi - \frac{\mathrm{d}}{\mathrm{d}t} A_1\right\}$$

$$= e\left\{\dot{z}_i \frac{\partial}{\partial z_1} A_i - \frac{\partial \varphi}{\partial z_1} - \frac{\partial A_1}{\partial t} - \dot{z}_i \frac{\partial}{\partial z_i} A_1\right\};$$

注意到$\frac{\partial}{\partial \boldsymbol{z}} = \frac{\partial}{\partial \boldsymbol{x}}$,以及

$$\dot{z}_i \frac{\partial}{\partial z_1} A_i - \dot{z}_i \frac{\partial}{\partial z_i} A_1 = \dot{z}_2\left(\frac{\partial A_2}{\partial z_1} - \frac{\partial A_1}{\partial z_2}\right) + \dot{z}_3\left(\frac{\partial A_3}{\partial z_1} - \frac{\partial A_1}{\partial z_3}\right)$$

$$= \dot{z}_2 B_3 - \dot{z}_3 B_2,$$

所以上式右侧化为

$$e\{\boldsymbol{E}_1 + (\dot{\boldsymbol{z}} \times \boldsymbol{B})_1\},$$

类似可得分量 2 和 3,证毕.

第4章　狭义相对论

4.1　参　考　系

牛顿力学的运动律，$m_i\ddot{\boldsymbol{z}}_i=\boldsymbol{f}_i$（$i$ 代表第 i 质点），按牛顿说，$\boldsymbol{z}_i$ 代表 i 质点在绝对空间中的位置，t 则代表绝对时间. 从伽利略研究自由落体(1589)，经过牛顿研究行星绕太阳，相对于绝对空间静止的参考系本身也在变化. 讨论自由落体时，取地面为参考系；讨论地球自转的效应时，地面便不能作为参考系，地心则近似不动；讨论地球绕太阳公转时，地心也在空间作曲线变速运动，太阳则近似不动；如讨论整个太阳系各大行星的运动时，近似取太阳系的质心不动（也不一定固执取太阳系质心不动，但用这参考系写下牛顿运动方程后，研究行星与太阳的相对运动即可）. 如果再进一步研究整个太阳系集体在银河系中的运动，参考系则需改取恒星系；如此类推，在实际中不断修正参考系的决定. 时间的测量也是不断精益求精，1秒也从平均太阳日的1/86 400经过水晶钟过渡（压电效应）转移到原子钟^{133}Cs的周期（指其基态的两个超精细能级之间的跃迁发光频率的倒数）的9 192 631 770倍.

在一定程度的近似下，某参考系可认作为惯性系，即在这参考系中牛顿运动方程的形式为质量乘加速度等于力. 由于力只与质点间的相对位置和相对速度有关而不依赖于其绝对位置，所以可以改用其他的惯性系（相对于原来的参考系作匀速直线运动者），在它们中牛顿运动方程的形式也为质量乘加速度等于力. 无从决定这些惯性系中有哪个参考系比其他系更具有某种优越性. 用数学表示，即在所谓伽利略变换下：

$$\boldsymbol{z}_i \longrightarrow \boldsymbol{z}_i'=\boldsymbol{z}_i-\boldsymbol{w}t,\quad t\longrightarrow t'=t,$$

牛顿运动方程不变，即

$$m_i\frac{\mathrm{d}^2\boldsymbol{z}_i}{\mathrm{d}t^2}=\boldsymbol{f}_i\left(\boldsymbol{z}_i-\boldsymbol{z}_j,\frac{\mathrm{d}\boldsymbol{z}_i}{\mathrm{d}t}-\frac{\mathrm{d}\boldsymbol{z}_j}{\mathrm{d}t},t\right)\longrightarrow m_i\frac{\mathrm{d}^2\boldsymbol{z}_i'}{\mathrm{d}t'^2}=\boldsymbol{f}_i\left(\boldsymbol{z}_i'-\boldsymbol{z}_j',\frac{\mathrm{d}\boldsymbol{z}_i'}{\mathrm{d}t'}-\frac{\mathrm{d}\boldsymbol{z}_j'}{\mathrm{d}t'},t'\right),$$

但由于

$$\boldsymbol{z}_i'-\boldsymbol{z}_j'=(\boldsymbol{z}_i-\boldsymbol{w}t)-(\boldsymbol{z}_j-\boldsymbol{w}t)=\boldsymbol{z}_i-\boldsymbol{z}_j,$$

$$\frac{\mathrm{d}\boldsymbol{z}_i'}{\mathrm{d}t'}-\frac{\mathrm{d}\boldsymbol{z}_j'}{\mathrm{d}t'}=\left(\frac{\mathrm{d}\boldsymbol{z}_i}{\mathrm{d}t}-\boldsymbol{w}\right)-\left(\frac{\mathrm{d}\boldsymbol{z}_j}{\mathrm{d}t}-\boldsymbol{w}\right)=\frac{\mathrm{d}\boldsymbol{z}_i}{\mathrm{d}t}-\frac{\mathrm{d}\boldsymbol{z}_j}{\mathrm{d}t},\quad \frac{\mathrm{d}^2\boldsymbol{z}_i'}{\mathrm{d}t'^2}=\frac{\mathrm{d}^2}{\mathrm{d}t^2}(\boldsymbol{z}_i-\boldsymbol{w}t)=\frac{\mathrm{d}^2\boldsymbol{z}_i}{\mathrm{d}t^2}.$$

变换后的运动方程即是原来的运动方程. 如引入一个理想的观察者 O′，它在原来的参考系O中作直线匀速运动 $z_{O'}=wt$，则 $z_i'=z_i-z_{O'}$ 即代表对于O′的相对坐标. 而 $\frac{dz_i'}{dt'}=\frac{dz_i}{dt}-w$ 即代表对于O′的相对速度. 我们注意，在不同惯性系中，每个质点（譬如介质中的电子）的速度不同. 曾经希望力学以外的实验，例如光速实验，可能利用不同参考系中质点速度不同这点来选择有优越性的惯性系. 随着光的波动说，由于人们局限于波动只能在介质中传播（介质叫做以太），而这介质本身平均是静止的这点便提供了一个绝对的参考系，所以可以设法用实验手段来观察一个惯性系相对于以太的运动. 从近代观点来看，研究光速在不同的惯性系（两个具有相对速度的惯性系）中是否满足 $v'=v-w$ 关系，这本身也有客观意义（不依赖于以太介质的有无）. 实验发现光速 v 和 v' 不满足上式.

4.2 光速实验和洛伦兹变换

4.2.1 迈克耳孙-莫雷实验

我们先讲迈克耳孙-莫雷实验①，这是决定性实验. 安排有互相垂直的两个反射镜臂，一个沿地球公转前进方向，一个垂直. 从光源经过半透明半反射的分束镜，将光分束，经过两个反射镜后，反射回来的光再利用分束镜聚合在一起，引起干涉. 将两个反射镜的整个干涉仪旋转90°（沿前进方向的反射镜变为垂直位置，垂直的反射镜变为前进方向的负方向），干涉条纹应有如下的移动（按伽利略变换的速度加法）：

旋转前，垂直臂长 l_2，前进臂长 l_1，往返时间分别为

$$\frac{2l_2}{\sqrt{c^2-w^2}} \text{和} \frac{l_1}{c-w}+\frac{l_1}{c+w}=\frac{2l_1c}{c^2-w^2};$$

旋转后，负前进臂长 l_2，垂直臂长 l_1，往返时间分别为

$$\frac{2l_2c}{c^2-w^2} \text{和} \frac{2l_1}{\sqrt{c^2-w^2}}.$$

旋转后与旋转前第一臂与第二臂时间差的差为

$$\left(\frac{2l_1}{\sqrt{c^2-w^2}}-\frac{2l_2c}{c^2-w^2}\right)-\left(\frac{2l_1c}{c^2-w^2}-\frac{2l_2}{\sqrt{c^2-w^2}}\right)$$
$$=2(l_1+l_2)\left(\frac{1}{\sqrt{c^2-w^2}}-\frac{c}{c^2-w^2}\right)\approx-\left(\frac{l_1+l_2}{c}\right)\left(\frac{w}{c}\right)^2,$$

① A. A. Michelson, *Amer. J. Sci.*, (3)**22**(1181), 20; A. A. Michelson, E. W. Morley, *Amer. J. Sci.*, (3) **34**(1887), 333; *Phil. Mag.*, **24**(1887), 449.

即应移动条纹$\frac{l_1+l_2}{\lambda}\left(\frac{w}{c}\right)^2$个，$\lambda$为光波长，$c$为光速. 迈克耳孙和莫雷1881年开始实验，1887年重复此实验并提高精度，臂长利用反复反射达11 m长，光波长为5.9×10^{-5} cm，地球公转速度w为30 km/s，比光速小一万倍，所以干涉条纹期待为$\frac{2(1.1\times10^3)}{5.9\times10^{-5}}(10^{-8})=0.37$个. 但实验未观察到. 后来再精确地重复实验也观察不到这现象，表示光速在不同惯性系中不满足伽利略速度加法定则(Illingworth 1927①，Joos 1930②，灵敏到1.5 km/s).

如我们根据迈克耳孙-莫雷实验，认为以太完全由地球曳引前进，因此，地面上光速无论沿前进方向或垂直方向都是c(这样处理，有如在前面处理中取$w\equiv0$一样，干涉条纹期待为零与实验结果相符)，但这与以前运动介质中的光速实验(菲佐1851)③矛盾. 早先根据以太理论，菲涅耳预言介质运动时应只部分地曳引以太前进，介质速度为w时，光速应为$\frac{c}{n}+w\left(1-\frac{1}{n^2}\right)$，$n$为介质的折射率(介质静止时其中光速为$c/n$). $\left(1-\frac{1}{n^2}\right)$为曳引系数，$n=1$时不曳引. 这预言不仅为菲佐实验证实(实验观察光经过一段流水的干涉条纹. 分光两束相逆绕圈再聚束干涉)④，也为洛伦兹电子论推导证实⑤.

4.2.2 相对性原理

19世纪末20世纪初，各种电磁和光学实验都没有发现绝对运动，例如地球对以太的运动. 庞加莱(J. H. Poincaré，1854—1912，法)在1899年演讲中，叙述迄当时为止寻找不到w/c一次幂或两次幂的效应后表示，很可能光学现象也只依赖于物体的相对运动并且不只到w/c的两次幂而且严格如此. 在发展运动介质的电动力学方面，洛伦兹(1895，1899)已得到包括伽利略变换在内的准到w/c一次幂的坐标变换，拉莫尔(1900)⑥推广到(w/c)二次幂精确度，而洛伦兹(1903)⑦得到严格的所谓"洛伦兹变换"(包括坐标和时间及电磁场，电荷电流密度部分由庞加莱

---

① K. K. Illingworth, *Phys. Rev.*, **30**(1927), 692.

② G. Joos, *Ann. Physik*, (5)**7**(1930), 385.

③ A. H. L. Fizeau, *Compt. Rend.*, **33**(1851), 349.

④ 参见张宗燧：《电动力学及狭义相对论》，科学出版社，1957，§31，图27.

⑤ H. A. Lorentz, *Versuch einer Theorie der electrischen und optischen Erscheinungen in bewegten Körpern*(运动物体中电现象和光现象的理论研究)，Leiden，1895；Teubner，Leipzig，1906年重印.

⑥ J. Larmor, *Aether and Matter*, Cambridge, New York, 1900.

⑦ H. A. Lorentz, Electromagnetic Phenomena in a System Moving with Any Velocity Less than That of Light, *Proc. Acad. Sci.* (Amsterdam), **6**(1904), 809.

(1905)①补足),变换后电磁律形式不变(这即给出了运动介质中的电动力学).在这基础上庞加莱1904年9月24日在美国圣路易斯演讲②(24 September 1904, International Congress of Arts and Science at St. Louis, U. S. A.)相对性原理,指出物理定律对于静止观察者和对于作匀速直线运动的观察者必须一样;因此,力学必须更新,使任何速度不能超过光速.洛伦兹变换表示,在电磁理论中与在牛顿力学中一样,有惯性系(坐标和计时).惯性系中电磁场的运动满足麦克斯韦方程或洛伦兹方程,自由质点的运动为直线匀速运动;而且也无从选取某一惯性系比其他惯性系更有优越性,譬如它是绝对静止而其他则皆在运动.想用以太作绝对静止的参考系的企图完全失败.爱因斯坦(1879—1955,德-美)(1905)③在狭义相对论的奠基性论文《论动体的电动力学》中提出对力学方程适用的一切惯性系,对电动力学和光学定律也一样适用(爱因斯坦相对性原理);另外,从不要以太的观点来看,提出光速在不同的惯性系间满足一个新的关系,对于任何惯性系真空中光速都是一样(光速不变原理).

虽然,相对性原理发源于运动介质的电动力学,但这原理是关于参考系的,所以影响到物理的全部,不仅影响力学也影响热学等等.这在以后讲流体力学或者热力学等等时再加以注意.

4.2.3 洛伦兹变换及其推论

这里简单指出洛伦兹变换对于光速实验的解释.考虑洛伦兹变换(x 轴取在地球前进方向或水流动方向)

$$x=\frac{x'+wt'}{\sqrt{1-w^2/c^2}},\quad t=\frac{t'+wx'/c^2}{\sqrt{1-w^2/c^2}},\quad y=y',\quad z=z';$$

其逆解为

$$x'=\frac{x-wt}{\sqrt{1-w^2/c^2}},\quad t'=\frac{t-wx/c^2}{\sqrt{1-w^2/c^2}},\quad y'=y,\quad z'=z.$$

当 $w\ll c$ 时,忽略 w/c 一次幂项,则洛伦兹变换简化为伽利略变换,x' 为相对观察者 O′的坐标,O′在原来的参考系(恒星系或地球)中作直线匀速运动,速度为$(w,0,0)$沿 x 轴方向.从

$$\frac{\mathrm{d}x}{\mathrm{d}t}=\frac{\mathrm{d}x'+w\mathrm{d}t'}{\mathrm{d}t'+\frac{w}{c^2}\mathrm{d}x'}=\frac{\frac{\mathrm{d}x'}{\mathrm{d}t'}+w}{1+\frac{w}{c^2}\frac{\mathrm{d}x'}{\mathrm{d}t'}},$$

---

① H. Poincaré, Sur la dynamique de l'électron(论电子的动力学), *Comptes Rendus*, **140**(1905), 1504—1508;同题论文, *Rend. del circ. mat. di Palermo*, **21**(1906), 129—176.

② 英译见 H. Poincaré, *The Value of Science*, Dover, New York, 1958.

③ A. Einstein, Zur Elektrodynamik bewegter Körper, *Ann. Physik*, (4), **17**(1905), 891—921.

得两参考系中速度 $v=\frac{\mathrm{d}x}{\mathrm{d}t}$ 与 $v'=\frac{\mathrm{d}x'}{\mathrm{d}t'}$ 间的关系，

$$v=\frac{v'+w}{1+\frac{w}{c^2}v'}$$

和其逆

$$v'=\frac{v-w}{1-\frac{w}{c^2}v}.$$

第一，如果 $v'=c$ 则 $v=c$，而不是 $c+w,c-w$；这解释了迈克耳孙-莫雷实验.第二，如果 $v'=\frac{c}{n}$ 为介质中光速（相对于介质静止者，用静止介质中的电动力学或洛伦兹电子论求得的折射率 n），则

$$v=\frac{c/n+w}{1+w/(nc)}\approx\frac{c}{n}+w\left(1-\frac{1}{n^2}\right)$$

（忽略 w^2 项和更高次项），这同时解释了菲佐实验.

用洛伦兹变换很简便，但理解其物理涵义则较困难，需要我们对时空观念作根本的检查，特别是关于同时性这点.这由爱因斯坦（1905）加以阐明.洛伦兹本人则区别绝对时间和他的变换中的新时间变量（他称之为局域时间）.按爱因斯坦解释，x',t' 等即的确是运动观察者 O′ 所测定的空间和时间.不同惯性系的空间时间不同，但以洛伦兹变换相联系.用伽利略变换联系到速度大时不够精确，所以要推新牛顿力学，观念有些变革.

譬如运动的尺，随之运动的观察者测得其长为两端 x_2' 与 x_1' 之差，x_2' 或 x_1' 皆不依赖于 t'；但静止的观察者测得其长度为 x_2-x_1（x_2 和 x_1 必须相当于同一时刻 t）.从

$$x_2'=\frac{x_2-wt}{\sqrt{1-w^2/c^2}},\quad x_1'=\frac{x_1-wt}{\sqrt{1-w^2/c^2}},$$

得

$$x_2-x_1=(x_2'-x_1')\sqrt{1-w^2/c^2},$$

显出尺的长度收缩.

同时，运动者的寿命，按运动者测量为两时刻 t_2' 与 t_1' 之差，而 x_2' 必须与 x_1' 相同.静止观察者测得其寿命则为 t_2 与 t_1 之差，x_2 与 x_1 则不同.从

$$t_2=\frac{t_2'+wx_2'}{\sqrt{1-w^2/c^2}},\quad t_1=\frac{t_1'+wx_1'}{\sqrt{1-w^2/c^2}},\quad x_2'=x_1'$$

得

$$t_2-t_1=(t_2'-t_1')/\sqrt{1-w^2/c^2},$$

显出时间延缓而寿命延长.短寿命的粒子如高速运动,则可延长寿命很多倍,这在宇宙线中发现的介子已被实验证实①.

4.3 闵可夫斯基四维时空和电磁律

4.3.1 闵可夫斯基四维时空

我们注意,洛伦兹变换是 $txyz \rightarrow t'x'y'z'$ 间的常系数的线性变换,保持

$$c^2t^2 - x^2 - y^2 - z^2 = c^2t'^2 - x'^2 - y'^2 - z'^2$$

不变,这特征即可以作为洛伦兹变换的普遍定义.如把时间的单位用光速 c 折成距离,除了时间坐标和空间坐标前的符号不同这点复杂情况需加以注意外,形式上洛伦兹变换很像转动变换的推广.三维欧几里得空间的转动变换即是 $xyz \rightarrow x'y'z'$ 的常系数的线性变换,保持 $x^2+y^2+z^2=x'^2+y'^2+z'^2$ 不变(叫做距离平方).定义 $c^2t^2-x^2-y^2-z^2$ 为闵可夫斯基(1864—1909,德)时空②的距离(称为事件间隔)平方,洛伦兹变换可以理会为闵可夫斯基时空中的转动变换.反过来说,三维欧几里得空间保持距离平方不变的变换除转动外尚有反射,闵可夫斯基四维时空中保持距离平方不变的变换除洛伦兹变换(时间坐标变换)和普通的三维空间的转动变换(不影响时间)外,也还有反射,包括空间的反射和时间的反射.我们以下的讨论对常系数的线性变换全适用,但由于注意力中心在洛伦兹变换,所以常不免只提到洛伦兹变换.

对付闵可夫斯基时空中坐标前的符号不同引起的复杂性,我们采用上下指标方法区别,引进 x^μ 和 $x_\mu(\mu=0,1,2,3)$ 使

$$x^\mu = (ct, x, y, z), \quad x_\mu = (ct, -x, -y, -z).$$

我们将只讨论洛伦兹的微观电磁场(附标微省去).先写出静止介质中电磁律的四维时空形式,运动介质中的电磁律则显然由洛伦兹变换而得.

4.3.2 电磁场方程的四维形式

1. 四维势矢量

首先注意洛伦兹规范条件

$$\nabla \cdot \boldsymbol{A} + \frac{1}{c^2}\frac{\partial \varphi}{\partial t} = 0,$$

即

---

① B. Rossi, D. B. Hall, *Phys. Rev.*, **59**(1941), 223.

② H. Minkowski, Das Relativitätprinzip, *Ann. Physik*, (4), **47**(1915), 927(1907 年 11 月 5 日他在格丁根数学会议上所作"相对性原理"的讲演); Raum und Zeit(空间和时间), *Phys. Zeits.*, **10**(1908), 104.

$$\frac{\partial}{c\partial t}\frac{\varphi}{c}+\frac{\partial}{\partial x}A_x+\frac{\partial}{\partial y}A_y+\frac{\partial}{\partial z}A_z=0,$$

可以简写为

$$\sum_{\mu}\frac{\partial}{\partial x^{\mu}}A^{\mu}=0,$$

其中 A^{μ} 是四维势矢量

$$A^{\mu}=(A^0,A^1,A^2,A^3);\quad A^0=\frac{\varphi}{c},\quad (A^1,A^2,A^3)=\mathbf{A}.$$

采用上下重复的指标即包含对0,1,2,3求和的约定,上式写为

$$\partial_{\mu}A^{\mu}=0,\left(\partial_{\mu}\equiv\frac{\partial}{\partial x^{\mu}}\right).$$

2. 电磁场张量

从

$$\boldsymbol{B}=\nabla\times\boldsymbol{A},\quad 即\quad B_x=B_{yz}=\frac{\partial}{\partial y}A_z-\frac{\partial}{\partial z}A_y$$

启示,引入电磁场张量 $F_{\mu\nu}$ 如下:

$$F_{\mu\nu}\equiv\partial_{\nu}A_{\mu}-\partial_{\mu}A_{\nu}=-F_{\nu\mu}.$$

注意到

$$A_{\mu}=(A_0,A_1,A_2,A_3);\quad A_0=\varphi/c,(A_1,A_2,A_3)=-\boldsymbol{A};$$

A_{μ} 与 A^{μ} 的区别在于 A_i 与 $A^i(i=1,2,3)$ 差个负号,而 $A_0=A^0=\varphi/c$. 这样

$$F_{23}=\partial_3A_2-\partial_2A_3=\frac{\partial A_z}{\partial y}-\frac{\partial A_y}{\partial z}=B_x,$$

$$F_{10}=\partial_0A_1-\partial_1A_0=-\frac{\partial(\varphi/c)}{\partial x}-\frac{\partial A_x}{c\partial t}=E_x/c.$$

所以微观电磁场综合在一个 $F_{\mu\nu}$ 中(常称为六矢量,共有6个独立分量;实际上是四维时空中的二阶反对称张量):

$$(F_{23},F_{31},F_{12})=\boldsymbol{B},\quad (F_{10},F_{20},F_{30})=\boldsymbol{E}/c.$$

3. 电磁场方程

引入电磁场张量 $F_{\mu\nu}$ 后,前两个场方程

$$\nabla\times\boldsymbol{E}+\frac{\partial\boldsymbol{B}}{\partial t}=0,\quad \nabla\cdot\boldsymbol{B}=0$$

综合为

$$\partial_{\lambda}F_{\mu\nu}+\partial_{\mu}F_{\nu\lambda}+\partial_{\nu}F_{\lambda\mu}=0.$$

这方程中 λ,μ,ν 皆不相等;因为如有两个相等,譬如 $\mu=\nu$,则由于 $F_{\mu\nu}=-F_{\nu\mu}$,必定 $F_{\mu\mu}\equiv0$. 另外两项除 ∂_{μ} 和 ∂_{ν} 共同因子外,也有 $F_{\mu\lambda}+F_{\lambda\mu}\equiv0$,方程平凡恒等满足. 当 $\lambda\mu\nu=230,310,120$ 给出:$\nabla\times\boldsymbol{E}+\frac{\partial\boldsymbol{B}}{\partial t}=0$,而当 $\lambda\mu\nu=123$ 给出 $\nabla\cdot\boldsymbol{B}=0$;其他不同

排列给出相同方程.

引入了电磁势后,另两个场方程化为波动方程

$$\nabla^2 \boldsymbol{A} - \frac{\partial^2}{c^2 \partial t^2}\boldsymbol{A} = -\mu_0 \boldsymbol{j}, \quad \nabla^2 \varphi - \frac{\partial^2}{c^2 \partial t^2}\varphi = -\frac{\rho}{\varepsilon_0}.$$

注意

$$\partial_\mu = \frac{\partial}{\partial x^\mu} = \left(\frac{\partial}{c\partial t}, \frac{\partial}{\partial x}, \frac{\partial}{\partial y}, \frac{\partial}{\partial z}\right),$$

相应有

$$\partial^\mu = \frac{\partial}{\partial x_\mu} = \left(\frac{\partial}{c\partial t}, -\frac{\partial}{\partial x}, -\frac{\partial}{\partial y}, -\frac{\partial}{\partial z}\right),$$

所以(记得求和约定)

$$\partial_\mu \partial^\mu = \frac{\partial^2}{c^2 \partial t^2} - \frac{\partial^2}{\partial x^2} - \frac{\partial^2}{\partial y^2} - \frac{\partial^2}{\partial z^2}.$$

波动方程综合为

$$\partial_\mu \partial^\mu A^\lambda = \mu_0 j^\lambda,$$

其中四维流密度 j^μ 为

$$j^\mu = (\rho c, j_x, j_y, j_z).$$

电荷守恒方程为

$$\nabla \cdot \boldsymbol{j} + \frac{\partial \rho}{\partial t} = 0, \quad 即 \quad \partial_\mu j^\mu = 0.$$

注意到电磁势的规范条件,电磁势的波动方程可以改写为

$$\partial_\mu (\partial^\mu A^\lambda - \partial^\lambda A^\mu) = \mu_0 j^\lambda, \quad 或 \quad \partial_\mu F^{\lambda\mu} = \mu_0 j^\lambda.$$

注意到 $\partial_\mu H^{\lambda\mu} = j^\lambda$ 形式正好综合了麦克斯韦后两个方程

$$\nabla \times \boldsymbol{H} - \frac{\partial \boldsymbol{D}}{\partial t} = \boldsymbol{j}, 和 \nabla \cdot \boldsymbol{D} = \rho,$$

其中$(H^{23}, H^{31}, H^{12}) = \boldsymbol{H}$,$(H^{01}, H^{02}, H^{03}) = c\boldsymbol{D}$. 而对于洛伦兹场,后两个场方程可写成

$$\partial_\mu F^{\lambda\mu} = \mu_0 j^\lambda;$$

这是由于

$$\mu_0 H^{\lambda\mu} = \partial^\mu A^\lambda - \partial^\lambda A^\mu = F^{\lambda\mu},$$

即 $\boldsymbol{H} = \boldsymbol{B}/\mu_0$,$\boldsymbol{D} = \varepsilon_0 \boldsymbol{E}$(因为 $F^{23} = F_{23}$,$F^{01} = -F_{01} = F_{10}$).

4.3.3 电磁场的能量动量张量

不仅场方程综合简化,能量密度,能流密度,动量密度和应力张量(三维空间的)也综合为四维空间的闵可夫斯基应力张量(能量动量张量,简称能动张量):

$$T_{\mu}{}^{\nu} = \frac{1}{\mu_0} F_{\mu\rho} F^{\rho\nu} - \frac{1}{4\mu_0} F_{\sigma\rho} F^{\rho\sigma} \delta_{\mu}{}^{\nu},$$

$$\delta_{\mu}{}^{\nu} = 1(\mu = \nu), \quad 或 \quad 0(\mu \neq \nu).$$

其中

$$T_0{}^0 = \left(\varepsilon_0 E^2 - \frac{\varepsilon_0 E^2 - B^2/\mu_0}{2}\right) = \frac{\varepsilon_0 E^2 + B^2/\mu_0}{2}$$

为能量密度(W. 汤姆孙,1824—1907,英(1892 年成为开尔文勋爵 Lord Kelvin) 1853 年发现)[①];

$$(T_0{}^1, T_0{}^2, T_0{}^3) = \frac{1}{c}\boldsymbol{E} \times \boldsymbol{H} = \frac{1}{c}\boldsymbol{S}$$

为$\frac{1}{c}$乘能流密度(坡印亭(1852—1914,英)[②]和赫维赛德(1850—1925,英)[③], 1884);

$$(-T_1{}^0, -T_2{}^0, -T_3{}^0) = c\boldsymbol{D} \times \boldsymbol{B} = c\boldsymbol{g}$$

为 c 乘动量密度(J.J 汤姆孙 1893)[④];而

$$\begin{aligned} T_1{}^1 &= \frac{1}{\mu_0}\left(\frac{1}{c^2}E_x^2 - B_y^2 - B_z^2\right) - \frac{1}{2\mu_0}\left(\frac{1}{c^2}E^2 - B^2\right) \\ &= \frac{\varepsilon_0}{2}(E_x^2 - E_y^2 - E_z^2) + \frac{1}{2\mu_0}(B_x^2 - B_y^2 - B_z^2), \end{aligned}$$

$$T_1{}^2 = \varepsilon_0 E_x E_y + \frac{1}{\mu_0} B_x B_y$$

等等为三维应力张量(麦克斯韦 1873)[⑤]. 注意由于 $\boldsymbol{H} = \boldsymbol{B}/\mu_0$, $\boldsymbol{D} = \varepsilon_0 \boldsymbol{E}$, 以及 $\varepsilon_0\mu_0 = 1/c^2$; 所以有 $T_{i0} = T_{0i}$ 即 $T_i{}^0 = -T_0{}^i (i=1,2,3)$, 得 $\boldsymbol{S}/c^2 = \boldsymbol{g}$, 这是闵可夫斯基应力张量比麦克斯韦应力张量的对称性更高的结果.

从闵可夫斯基应力张量求四维散度得

$$\begin{aligned} \partial_\nu T_\mu{}^\nu = &\frac{1}{\mu_0} F_{\mu\rho}(\partial_\nu F^{\rho\nu}) + \frac{1}{\mu_0} F^{\rho\nu}(\partial_\nu F_{\mu\rho}) \\ &- \frac{1}{4\mu_0}[(\partial_\mu F_{\sigma\rho}) F^{\rho\sigma} + F_{\sigma\rho}(\partial_\mu F^{\rho\sigma})]; \end{aligned}$$

此处第二项利用 F 的反对称性可以改写为

① W. Thomson, *Proc. Phil. Soc. Glasgow*, **3**(1853), 281.

② J. H. Poynting, *Phil. Trans. Roy. Soc.*, **175**(1884), 343; *Phil. Mag.*, **9**(1905), 163, 393.

③ O. Heaviside, *Electrician*, **14**(1884—1885), 148, 178, 219, 306, 367, 430, 490; *Phil. Mag.*, **19**(1885), 397; *Electromagnetic Theory*, 3 vols, 1893—1899—1912.

④ J. J. Thomson, *Notes on Recent Researches in Electricity and Magnetism*, Oxford, 1893.

⑤ J. C. Maxwell, *A Treatise on Electricity and Magnetism*, 1873(1891 年第三版重印本; Dover, New York, 1954).

$$\frac{1}{2\mu_0}F^{\rho\nu}[(\partial_\nu F_{\mu\rho})-(\partial_\rho F_{\mu\nu})],$$

而第三项括号中两项相等,给出

$$-\frac{1}{2\mu_0}F^{\rho\sigma}(\partial_\mu F_{\sigma\rho}),$$

第二项和第三项(利用场方程)合并为零,

$$-\frac{1}{2\mu_0}F^{\rho\sigma}\{\partial_\sigma F_{\rho\mu}+\partial_\rho F_{\mu\sigma}+\partial_\mu F_{\sigma\rho}\}=0;$$

第一项(也利用场方程)化为

$$\frac{1}{\mu_0}F_{\mu\rho}\mu_0 j^\rho,$$

最后得到能动张量应满足的方程为

$$\partial_\nu T_\mu{}^\nu=F_{\mu\rho}j^\rho\equiv f_\mu.$$

容易验证四维力密度 f_μ 的(1,2,3)分量为

$$(f_1,f_2,f_3)=\rho\boldsymbol{E}+\boldsymbol{j}\times\boldsymbol{B}=\boldsymbol{f},$$

即洛伦兹力密度,而其 0 分量为

$$f_0=-\boldsymbol{E}\cdot\boldsymbol{j}/c.$$

注意 $\boldsymbol{f}$ 为电磁场作用于电子的力密度,$-\boldsymbol{f}$ 为电子作用于电磁场的力密度. 代入 $\boldsymbol{j}=\rho\boldsymbol{v}$ 得 $cf_0=-\boldsymbol{f}\cdot\boldsymbol{v}$ 为电子作用于电磁场的功率. 于是

$$cf_0=\frac{\partial}{\partial t}T_0{}^0+\nabla\cdot\boldsymbol{S},$$

为电磁场的能量守恒方程,其中 $\boldsymbol{S}=(cT_0{}^1\ cT_0{}^2\ cT_0{}^3)$为能流密度.

$$-f_i=\frac{\partial}{\partial t}\left(-\frac{1}{c}T_i{}^0\right)+\nabla_j(-T_i{}^j)$$

为电磁场的动量守恒方程,动量流密度 $-T_i{}^j$ 与电磁场的应力张量 $T_i{}^j$ 差个号,移项写为

$$-f_i+\nabla_j T_i{}^j=\frac{\partial}{\partial t}\left(-\frac{1}{c}T_i{}^0\right),$$

即得电磁场所受的总力,其中一部分来源于应力.

最后,引入四维速度

$$u^\mu=\frac{(c,v_x,v_y,v_z)}{\sqrt{1-v^2/c^2}},$$

$$u_\mu=\frac{(c,-v_x,-v_y,-v_z)}{\sqrt{1-v^2/c^2}},$$

结果有

$$u_\mu u^\mu\equiv c^2.$$

因而 $j^0=\rho c$,$\boldsymbol{j}=\rho\boldsymbol{v}$ 综合为

$$j^\mu = \sigma u^\mu;$$

其中

$$j_\mu j^\mu = c^2\sigma^2, \quad \sigma = \sqrt{\frac{1}{c^2} j_\mu j^\mu} = \rho\sqrt{1-v^2/c^2}.$$

从

$$f_\mu = F_{\mu\nu} j^\nu = \sigma F_{\mu\nu} u^\nu$$

和

$$F_{\mu\nu} = -F_{\nu\mu},$$

得

$$f_\mu u^\mu \equiv 0.$$

4.3.4 四维矢量和张量的变换性质

上面已把静止介质中的洛伦兹方程写成四维时空中的张量方程形式. 注意,所谓张量形式,即指上下指标在方程式各项中皆协同一致,只是上下指标重复(因求和约定对 0123 求和)的不算了(称为缩并掉了). 张量变换规则如下:用四维时空和上下指标表示,洛伦兹变换为

$$x^\mu = l^\mu{}_\alpha x'^\alpha, \quad x_\mu = l_\mu{}^\alpha x'_\alpha;$$

其中系数 $l^\mu{}_\alpha$ 等为常数,不再依赖于 x^μ 或 x'^α;保持

$$x_\mu x^\mu = x'_\alpha x'^\alpha, \quad l_\mu{}^\alpha l^\mu{}_\beta = \delta^\alpha_\beta.$$

从此推出洛伦兹变换有唯一的逆变换,行列式 $|l^\mu{}_\alpha| \neq 0$,因而推出 $l^\mu{}_\beta l_\nu{}^\beta = \delta^\mu_\nu$. 凡是与 $x^\mu \to x'^\alpha$ 变换相同的量均以上标表示,称为反变矢量,凡是与 $x_\mu \to x'_\alpha$ 变换相同的量均以下标表示,称为协变矢量,而与若干反变矢量和若干协变矢量的乘积变换相同的量均以相应个数上下标表示,通称为张量. 上下标皆为零个的张量特称为标量,标量 f 变换后即为标量 f',而 $f = f'$(例如 $f(t,x,y,z) = c^2t^2 - x^2 - y^2 - z^2$ 为标量,与 $f' = c^2t'^2 - x'^2 - y'^2 - z'^2$ 相等). 张量 $T^{\mu\nu}$ 的变换与 $A^\mu B^\nu$(并矢)的变换相同,即

$$T^{\mu\nu} = l^\mu{}_\alpha l^\nu{}_\beta T'^{\alpha\beta},$$

也是线性常系数变换,所以张量 $T^{\mu\nu}$ 的对称性质(指 $T^{\mu\nu} \mp T^{\nu\mu} = 0$ 即对称或反对称)不变. 上下指标缩并在变换中不必再考虑,例如

$$T^{\cdot\nu}_{\nu} = l_\nu{}^\alpha l^\nu{}_\beta T'^{\cdot\beta}_{\alpha} = \delta^\alpha_\beta T'^{\cdot\beta}_{\alpha} = T'^{\cdot\beta}_{\beta},$$

可当做标量处理. 反之,取任意标量函数

$$f(t,x,y,z) = f'(t',x',y',z')$$

全微分得

$$\mathrm{d}x^\mu \partial_\mu f = \mathrm{d}x'^\alpha \partial'_\alpha f'$$

为标量变换,代入(因为系数 $l^{\mu}{}_{\alpha}$ 皆为常数)

$$\mathrm{d}x^{\mu} = l^{\mu}{}_{\alpha}\mathrm{d}x'^{\alpha} \quad \text{变换如同反变矢量,}$$

得

$$\partial_{\mu} f = l_{\mu}{}^{\alpha}\partial'_{\alpha} f' \quad \text{变换如同协变矢量;}$$

因 f 为任意标量 $f=f'$,所以 $\partial_{\mu}=l_{\mu}{}^{\alpha}\partial'_{\alpha}$ 为协变矢量算符.

下面举例给出电磁场和电荷密度的洛伦兹变换公式:

$$x = \frac{x'+wt'}{\sqrt{1-w^2/c^2}}, \quad t = \frac{t'+wx'/c^2}{\sqrt{1-w^2/c^2}}, \quad y = y', \quad z = z';$$

$$l^1{}_1 = \frac{1}{\sqrt{1-w^2/c^2}} = l^0{}_0, \quad l^1{}_0 = l^0{}_1 = \frac{w/c}{\sqrt{1-w^2/c^2}},$$

$$l^2{}_2 = l^3{}_3 = 1;$$

$$l_{1\cdot}^{\cdot 1} = \frac{1}{\sqrt{1-w^2/c^2}} = l_0^{\cdot 0}, \quad l_1^{\cdot 0} = l_0^{\cdot 1} = -\frac{w/c}{\sqrt{1-w^2/c^2}},$$

$$l_2^{\cdot 2} = l_3^{\cdot 3} = 1;$$

$$B_x = F_{23} = F'_{23} = B'_x,$$

$$B_y = F_{31} = l_1{}^1 F'_{31} + l_1{}^0 F'_{30} = \frac{1}{\sqrt{1-w^2/c^2}}\left(B'_y - \frac{w}{c^2}E'_z\right),$$

$$B_z = F_{12} = l_1{}^1 F'_{12} + l_1{}^0 F'_{02} = \frac{1}{\sqrt{1-w^2/c^2}}\left(B'_z + \frac{w}{c^2}E'_y\right);$$

$$\frac{1}{c}E_x = F_{10} = -l_1{}^1 l_0{}^0 F'_{10} + l_1^{\cdot 0} l_0^{\cdot 1} F'_{01} = F'_{10} = \frac{1}{c}E'_x,$$

$$\frac{1}{c}E_y = F_{20} = -l_0{}^0 F'_{20} + l_0^{\cdot 1} F'_{21} = \frac{1}{\sqrt{1-w^2/c^2}}\frac{1}{c}(E'_y + wB'_z),$$

$$\frac{1}{c}E_z = F_{30} = -l_0{}^0 F'_{30} + l_0{}^1 F'_{31} = \frac{1}{\sqrt{1-w^2/c^2}}\frac{1}{c}(E'_z - wB'_y),$$

$$\rho\frac{\mathrm{d}x}{\mathrm{d}t} = j^1 = l^1{}_1 j'^1 + l^1{}_0 j'^0 = \rho'\frac{1}{\sqrt{1-w^2/c^2}}\left(\frac{\mathrm{d}x'}{\mathrm{d}t'} + w\right),$$

$$\rho\frac{\mathrm{d}y}{\mathrm{d}t} = j^2 = j'^2 = \rho'\frac{\mathrm{d}y'}{\mathrm{d}t'},$$

$$\rho\frac{\mathrm{d}z}{\mathrm{d}t} = j^3 = j'^3 = \rho'\frac{\mathrm{d}z'}{\mathrm{d}t'};$$

$$\rho c = j^0 = l^0{}_0 j'^0 + l^0{}_1 j'^1 = \rho' c\frac{1}{\sqrt{1-w^2/c^2}}\left(1 + \frac{w}{c^2}\frac{\mathrm{d}x'}{\mathrm{d}t'}\right);$$

所以

$$\frac{\rho}{\rho'} = \frac{1+\frac{w}{c^2}\frac{\mathrm{d}x'}{\mathrm{d}t'}}{\sqrt{1-w^2/c^2}} = \frac{\mathrm{d}t}{\mathrm{d}t'}, \quad \frac{\mathrm{d}x}{\mathrm{d}t} = \frac{\frac{\mathrm{d}x'}{\mathrm{d}t'}+w}{1+\frac{w}{c^2}\frac{\mathrm{d}x'}{\mathrm{d}t'}}.$$

4.3.5 运动介质中的洛伦兹方程

总上,静止介质中洛伦兹方程为

$$\partial_\lambda F_{\mu\nu}+\partial_\mu F_{\nu\lambda}+\partial_\nu F_{\lambda\mu}=0,\ \partial_\mu F^{\lambda\mu}=\mu_0 j^\lambda;$$

运动介质中洛伦兹方程即为

$$\partial'_\lambda F'_{\mu\nu}+\partial'_\mu F'_{\nu\lambda}+\partial'_\nu F'_{\lambda\mu}=0,\quad \partial'_\mu F'^{\lambda\mu}=\mu_0 j'^\lambda.$$

在运动介质中,令磁化强度和电极化强度为

$$(M'^{23},M'^{31},M'^{12})=\frac{1}{\mu_0}\boldsymbol{M}',\quad (M'^{01},M'^{02},M'^{03})=-c\boldsymbol{P}',$$

而

$$H'^{\lambda\mu}=\frac{1}{\mu_0}\overline{\overline{F}}'^{\lambda\mu}-M'^{\lambda\mu},$$

则第二部分洛伦兹方程(物理无穷小平均后)给出麦克斯韦方程

$$\partial'_\mu H'^{\lambda\mu}=\overline{\overline{j'^\lambda}}-\partial'_\mu M'^{\lambda\mu}=j'^\lambda_{\text{麦克斯韦}};$$

由此可得

$$\overline{\overline{\boldsymbol{\rho}}}=\rho_{\text{麦克斯韦}}-\nabla\cdot\boldsymbol{P},$$

$$\overline{\overline{\boldsymbol{j}}}=\boldsymbol{j}_{\text{麦克斯韦}}+\frac{\partial}{\partial t}\boldsymbol{P}+\nabla\times\boldsymbol{M}.$$

从洛伦兹电子论推导麦克斯韦方程组的步骤和第3章讲的一样,只是,如果电子运动速度大时需要考虑相对论力学的修正(一般物质中非相对论力学近似已足够).

4.4 相对论力学和质能关系

我们将根据洛伦兹变换(看作是伽利略变换的高速推广)将牛顿力学推广到高速运动,常称为相对论力学.

4.4.1 四维速度

质点运动轨道,在闵可夫斯基四维空间中为 $x^\mu=x^\mu(\tau)$(τ 为参量),这是曲线的参量表达式,参量本可任意选取.我们注意洛伦兹变换的线性常系数特点,同样适用于 $\mathrm{d}x^\mu$ 与 $\mathrm{d}x'^\alpha$ 间,不但保持 $x_\mu x^\mu=x'_\alpha x'^\alpha$ 不变,同样也保持 $\mathrm{d}x_\mu\mathrm{d}x^\mu=\mathrm{d}x'_\alpha\mathrm{d}x'^\alpha$ 不变.所以可以引入固有时 τ,由下式定义:

$$\mathrm{d}\tau^2=\frac{1}{c^2}\mathrm{d}x_\mu\mathrm{d}x^\mu=\mathrm{d}t^2-\frac{1}{c^2}(\mathrm{d}x^2+\mathrm{d}y^2+\mathrm{d}z^2).$$

代入三维速度 $\boldsymbol{v}=\left(\frac{\mathrm{d}x}{\mathrm{d}t},\frac{\mathrm{d}y}{\mathrm{d}t},\frac{\mathrm{d}z}{\mathrm{d}t}\right)$,得

$$d\tau=\sqrt{1-\frac{v^2}{c^2}}dt.$$

因为三维动点位置是 t 的函数，三维速度也是 t 的函数，所以固有时 τ 也是 t 的函数. 将 τ 对 t 反解，便得 $x^0=ct$ 为 τ 的函数. 再代入三维位置便得 x^1,x^2,x^3 皆为 τ 的函数.

定义四维速度

$$u^\mu=\frac{dx^\mu}{d\tau},\quad 和\quad u_\mu=\frac{dx_\mu}{d\tau},$$

则有恒等式

$$u_\mu u^\mu\equiv c^2,$$

注意

$$(u^1,u^2,u^3)=\frac{\boldsymbol{v}}{\sqrt{1-v^2/c^2}},\quad u^0=\frac{c}{\sqrt{1-v^2/c^2}};$$

反之

$$\frac{\boldsymbol{v}}{c}=\left(\frac{u^1}{u^0},\frac{u^2}{u^0},\frac{u^3}{u^0}\right).$$

从恒等式微商得恒等式

$$\frac{du_\mu}{d\tau}u^\mu\equiv 0,\quad 或\quad u_\mu\frac{du^\mu}{d\tau}\equiv 0;$$

$$\left(\frac{d^2u_\mu}{d\tau^2}\right)u^\mu+\frac{du_\mu}{d\tau}\frac{du^\mu}{d\tau}\equiv 0.$$

4.4.2 电子的三维运动方程和能量方程

下面我们讨论电子在外作用电磁场下的运动方程. 普朗克(1858—1947,德)(1906)[①]在共动参考系中假设牛顿力学和洛伦兹合力，导出一般参考系中有运动方程(见习题 4.2)：

$$m\frac{d}{dt}\frac{\boldsymbol{v}}{\sqrt{1-v^2/c^2}}=e(\boldsymbol{E}^{作}+\boldsymbol{v}\times\boldsymbol{B}^{作})=\int\boldsymbol{f}d\boldsymbol{x};$$

从此又导出能量守恒方程：

$$m\frac{d}{dt}\frac{c^2}{\sqrt{1-v^2/c^2}}=e\boldsymbol{E}^{作}\cdot\boldsymbol{v}=\int\boldsymbol{f}\cdot\boldsymbol{v}d\boldsymbol{x},$$

注意上式中 m 为常量，$e=-|e|$ 为电子电荷. 要维持牛顿力学的运动方程形式，则需改用 $\int\boldsymbol{f}d\boldsymbol{x}=\frac{d}{dt}\boldsymbol{p}$，改称 m 为静质量，$\boldsymbol{p}$ 与 $\boldsymbol{v}$ 之间比例系数的动质量为

---

① M. Planck, *Verh. d. Deutsch. Phys. Ges.* (1906), 136—141.

$\dfrac{m}{\sqrt{1-v^2/c^2}}$，它随速度 v 而变（$v^2/c^2\ll 1$ 忽略时即得静质量）.

4.4.3 质能关系①

从能量守恒方程只能说

$$\text{能量}=\frac{mc^2}{\sqrt{1-v^2/c^2}}+\text{任意常量},$$

所以

$$\text{动能}=\frac{mc^2}{\sqrt{1-v^2/c^2}}-mc^2,$$

当 $v=0$ 时，动能=0. 展开得

$$\begin{aligned}\text{动能}&=mc^2\left(1+\frac{1}{2}\frac{v^2}{c^2}+\frac{3}{8}\frac{v^4}{c^4}+\cdots\right)-mc^2\\&=\frac{1}{2}mv^2\left(1+\frac{3}{4}\frac{v^2}{c^2}+\cdots\right),\end{aligned}$$

比牛顿力学的 $\frac{1}{2}mv^2$ 有修正. 注意由于 $\sqrt{1-v^2/c^2}$ 分母的出现，动质量随 v 接近 c 而迅速增大，高速质点难使拐弯，能量增加若干倍，而 $\frac{v}{c}$ 只在小数点后几位上有点增加. 有限能量范围内，v 达不到 c，不断增加能量时 v 只是愈来愈接近 c. 这满足庞加莱的推测. 相对论力学应说明任何速度不能超过光速（如果包含速度为零的静止情况在内）. 从四维时空的洛伦兹变换看来，能量中的任意常量似应为零，这点有许多讨论或证明. 爱因斯坦（1906）从辐射压强给了个证明（见习题 4.3）. 这样，电子静止时具有能量 mc^2（静能量），以速度 v 运动时具有能量 $\dfrac{mc^2}{\sqrt{1-v^2/c^2}}$；或者说，动质量乘 c^2. 普朗克（1908）②进而认为不仅质量与能量具有质量 $\times c^2=$ 能量（爱因斯坦质能关系），而且 动量 $\times c^2=$ 能量流，也是一般关系（电磁场中 $\frac{1}{c}\boldsymbol{S}=c\boldsymbol{g}$ 即是 $T_0{}^i=-T_i{}^0$ 或 $T_{i0}=T_{0i}$，$i=1,2,3$，闵可夫斯基应力张量 $T_\mu{}^\nu$（或 $T_{\mu\nu}$）对称的结果）.

4.4.4 闵可夫斯基运动方程

用四维矢量表示，三维运动方程和能量方程除以 c 后可综合为闵可夫斯基运动方程

---

① A. Einstein, Ist die Trägheit eines Körpers von seinem Energie-Inhalt abhängig?（物体的惯性和它所含的能量有关吗?），*Ann. Physik*, **18**(1905), 639.

② M. Planck, *Ann. Physik*(4), **26**(1908), 1, *Phys. Z.*, **9**(1908), 828.

$$m\frac{\mathrm{d}u^\mu}{\mathrm{d}\tau}=F^\mu,\quad F^\mu=\int f^\mu\mathrm{d}\boldsymbol{x}\frac{\mathrm{d}t}{\mathrm{d}\tau};$$

或

$$m\frac{\mathrm{d}u_\mu}{\mathrm{d}\tau}=F_\mu,\quad F_\mu=\int f_\mu\mathrm{d}\boldsymbol{x}\frac{\mathrm{d}t}{\mathrm{d}\tau};$$

其中

$$u^\mu=\left(\frac{c}{\sqrt{1-v^2/c^2}},\frac{\boldsymbol{v}}{\sqrt{1-v^2/c^2}}\right)$$

为四维速度,

$$f^\mu=\left(\frac{\boldsymbol{f}\cdot\boldsymbol{v}}{c},\boldsymbol{f}\right)$$

为四维力密度;以及相应的协变矢量 u_μ 和 f_μ.

注意:积分元 $\mathrm{d}\boldsymbol{x}\mathrm{d}t=\frac{1}{c}\mathrm{d}^4x$ 为洛伦兹不变量,$\mathrm{d}\tau$ 也是不变量;所以,闵可夫斯基力 F^μ 与 F_μ 也是四维矢量,和 f^μ 与 f_μ 一样也满足

$$F^\mu u_\mu\equiv 0,\quad 与\quad F_\mu u^\mu\equiv 0.$$

对于点电荷,代入

$$\rho=e\delta(x^1-z^1(\tau))\delta(x^2-z^2(\tau))\delta(x^3-z^3(\tau)),$$

得

$$F_\mu=\int F^{作}_{\mu\nu}j^\nu\mathrm{d}\boldsymbol{x}\frac{\mathrm{d}t}{\mathrm{d}\tau}=e\Big(\sum_{i=1}^{3}F^{作}_{\mu i}v^i+F^{作}_{\mu 0}c\Big)\frac{\mathrm{d}t}{\mathrm{d}\tau}=eF^{作}_{\mu\nu}u^\nu,$$

其中 $F^{作}_{\mu\nu}$ 取在点电荷的时空点 $x^\sigma=x^\sigma(\tau)$ 的值,$F^{作}_{\mu\nu}$ 不计被作用的点电荷自身产生的电磁场. 所以点电荷的闵可夫斯基运动方程为

$$m\frac{\mathrm{d}}{\mathrm{d}\tau}u_\mu=eF^{作}_{\mu\nu}u^\nu.$$

注意,这个四维矢量方程只有三个独立,因为两侧对 u^μ 缩并皆恒等于零.

4.4.5 辐射阻尼四维力

考虑辐射,如果电子速度为零,加速度不为零,则辐射总功率为(拉莫尔公式,参见 3.4 节):

$$P\equiv\frac{1}{6\pi\varepsilon_0}\frac{e^2}{c^3}(\dot{\boldsymbol{v}})^2.$$

如电子速度不小时, 从 3.4 节的李纳-维谢尔势计算辐射场和其总功率稍繁[①];但可利用洛伦兹变换从拉莫尔公式简单推出,只须注意到辐射总能 $\mathrm{d}E_{辐射}=P\mathrm{d}t$ 和 $\mathrm{d}t$

① 参见张宗燧:《电动力学及狭义相对论》,§21.

一样,都按矢量的0分量变换.所以总功率 P 是个洛伦兹不变量.因为 P 为加速度的二次式,所以

$$P=-\frac{1}{6\pi\varepsilon_0}\frac{e^2}{c^3}\frac{\mathrm{d}u_\mu}{\mathrm{d}\tau}\frac{\mathrm{d}u^\mu}{\mathrm{d}\tau}.$$

代入

$$u^\mu=\left(\frac{c}{\sqrt{1-v^2/c^2}},\frac{\boldsymbol{v}}{\sqrt{1-v^2/c^2}}\right),\quad \mathrm{d}\tau=\sqrt{1-v^2/c^2}\,\mathrm{d}t,$$

经过运算化简可以得到

$$P=\frac{1}{6\pi\varepsilon_0}\frac{e^2}{c^3(1-v^2/c^2)^3}\left(\dot{\boldsymbol{v}}^2-\frac{1}{c^2}[\boldsymbol{v}\times\dot{\boldsymbol{v}}]^2\right).$$

从 $P=-\frac{1}{6\pi\varepsilon_0}\frac{e^2}{c^3}\frac{\mathrm{d}u_\mu}{\mathrm{d}\tau}\frac{\mathrm{d}u^\mu}{\mathrm{d}\tau}$ 启示,速度 $\boldsymbol{v}$ 不小时的辐射阻尼四维力为

$$F_{\mu\text{阻尼}}^{\text{试}}=-\frac{1}{6\pi\varepsilon_0}\frac{e^2}{c^3}\frac{\mathrm{d}^2u_\mu}{\mathrm{d}\tau^2}.$$

$\left(\text{因为 } u_\mu u^\mu=c^2,\frac{\mathrm{d}u_\mu}{\mathrm{d}\tau}u^\mu=0,\frac{\mathrm{d}^2u_\mu}{\mathrm{d}\tau^2}u^\mu+\frac{\mathrm{d}u_\mu}{\mathrm{d}\tau}\frac{\mathrm{d}u^\mu}{\mathrm{d}\tau}=0.\right)$但为了满足闵可夫斯基力的条件,必须取

$$F_{\mu\text{阻尼}}u^\mu\equiv 0,$$

所以

$$F_{\mu\text{阻尼}}=-\frac{1}{6\pi\varepsilon_0}\frac{e^2}{c^3}\left(\frac{\mathrm{d}^2u_\mu}{\mathrm{d}\tau^2}+\frac{1}{c^2}u_\mu\frac{\mathrm{d}u_\nu}{\mathrm{d}\tau}\frac{\mathrm{d}u^\nu}{\mathrm{d}\tau}\right).$$

但这和 $\frac{1}{6\pi\varepsilon_0}\frac{e^2}{c^3}\ddot{\boldsymbol{v}}$ 要近似为 $-\frac{1}{6\pi\varepsilon_0}\frac{e^2\omega^2}{c^3}\boldsymbol{v}$ 一样,也需要根据具体情况近似处理.粗糙地说,辐射阻尼作为修正.但这理论仍未解决.从自作用力推导 $F_{\mu\text{阻尼}}$(狄拉克1938)参见前引张宗燧专著.

4.4.6 点电荷的拉格朗日方程和哈密顿方程(三维形式)

最后,如不计辐射阻尼力,一个点电荷在作用电磁场下的运动方程,可以写为拉格朗日方程形式和哈密顿方程形式如下:

先讨论三维矢量表达式,较明显些,

$$\boldsymbol{v}=\frac{\mathrm{d}\boldsymbol{x}}{\mathrm{d}t},\quad \frac{\mathrm{d}}{\mathrm{d}t}\frac{m\boldsymbol{v}}{\sqrt{1-v^2/c^2}}=e(\boldsymbol{E}^{\text{作}}+\boldsymbol{v}\times\boldsymbol{B}^{\text{作}}),$$

其中

$$\boldsymbol{E}^{\text{作}}=-\nabla\varphi^{\text{作}}-\frac{\partial\boldsymbol{A}^{\text{作}}}{\partial t},\quad \boldsymbol{B}^{\text{作}}=\nabla\times\boldsymbol{A}^{\text{作}}.$$

1. 拉格朗日方程

取拉格朗日函数为

$$L = -mc^2\sqrt{1-v^2/c^2} + e\boldsymbol{v}\cdot\boldsymbol{A}^{作} - e\varphi^{作},$$

则

$$\boldsymbol{p} \equiv \frac{\partial L}{\partial \frac{\mathrm{d}\boldsymbol{x}}{\mathrm{d}t}} = \frac{m\boldsymbol{v}}{\sqrt{1-v^2/c^2}} + e\boldsymbol{A}^{作},$$

$$\frac{\partial L}{\partial \boldsymbol{x}} = e\sum_i v_i \frac{\partial A_i^{作}}{\partial \boldsymbol{x}} - e\,\nabla\varphi^{作}.$$

注意到

$$\frac{\mathrm{d}}{\mathrm{d}t}\boldsymbol{A}^{作} = \frac{\partial}{\partial t}\boldsymbol{A}^{作} + (\boldsymbol{v}\cdot\nabla)\boldsymbol{A}^{作},$$

$$\boldsymbol{v}\times(\nabla\times\boldsymbol{A}^{作}) = \sum_i v_i \frac{\partial}{\partial \boldsymbol{x}}A_i^{作} - (\boldsymbol{v}\cdot\nabla)\boldsymbol{A}^{作};$$

所以,拉格朗日方程

$$\frac{\mathrm{d}}{\mathrm{d}t}\frac{\partial L}{\partial \frac{\mathrm{d}\boldsymbol{x}}{\mathrm{d}t}} - \frac{\partial L}{\partial \boldsymbol{x}} = 0$$

即给出

$$\begin{aligned}\frac{\mathrm{d}}{\mathrm{d}t}\frac{m\boldsymbol{v}}{\sqrt{1-v^2/c^2}} &= \frac{\partial L}{\partial \boldsymbol{x}} - e\frac{\mathrm{d}\boldsymbol{A}^{作}}{\mathrm{d}t}\\ &= e\left(-\nabla\varphi^{作} - \frac{\partial \boldsymbol{A}^{作}}{\partial t}\right) + e\boldsymbol{v}\times(\nabla\times\boldsymbol{A}^{作})\\ &= e\boldsymbol{E}^{作} + e\boldsymbol{v}\times\boldsymbol{B}^{作}.\end{aligned}$$

注意规范变换 $\boldsymbol{A}$ 增加 $\nabla\chi$,φ 增加 $-\frac{\partial\chi}{\partial t}$,则 L 增加 $e\frac{\mathrm{d}\chi}{\mathrm{d}t}$不影响 $\delta\int L\mathrm{d}t=0$ 和拉格朗日方程.

2. 哈密顿方程

哈密顿函数 H 由 L 计算

$$H = \frac{\mathrm{d}\boldsymbol{x}}{\mathrm{d}t}\cdot\frac{\partial L}{\partial \frac{\mathrm{d}\boldsymbol{x}}{\mathrm{d}t}} - L = \boldsymbol{v}\cdot\boldsymbol{p} - L = \frac{mc^2}{\sqrt{1-v^2/c^2}} + e\varphi^{作}.$$

哈密顿函数 H 应表示为 $\boldsymbol{x}$ 及 $\boldsymbol{p}$ 的函数,注意

$$\begin{aligned}\left(\frac{c}{\sqrt{1-v^2/c^2}}\right)^2 &= \frac{c^2}{1-v^2/c^2} = c^2 + \frac{v^2}{1-v^2/c^2}\\ &= c^2 + \left(\frac{v}{\sqrt{1-v^2/c^2}}\right)^2,\end{aligned}$$

所以

$$H = e\varphi^{作} + mc\sqrt{c^2 + \left(\frac{v}{\sqrt{1-v^2/c^2}}\right)^2}$$

$$= e\varphi^{作} + \sqrt{m^2c^4 + c^2(\boldsymbol{p} - e\boldsymbol{A}^{作})^2}.$$

正则方程为

$$\boldsymbol{v} = \frac{\mathrm{d}\boldsymbol{x}}{\mathrm{d}t} = \frac{\partial H}{\partial \boldsymbol{p}} = \frac{c^2}{\sqrt{m^2c^4 + c^2(\boldsymbol{p} - e\boldsymbol{A}^{作})^2}}(\boldsymbol{p} - e\boldsymbol{A}^{作}),$$

$$\frac{\mathrm{d}\boldsymbol{p}}{\mathrm{d}t} = -\frac{\partial H}{\partial \boldsymbol{x}} = -e\nabla\varphi^{作} - e\frac{c^2}{\sqrt{m^2c^4 + c^2(\boldsymbol{p} - e\boldsymbol{A}^{作})^2}}[(\boldsymbol{p} - e\boldsymbol{A}^{作})\cdot\nabla]\boldsymbol{A}^{作}.$$

后式可简化为

$$\frac{\mathrm{d}\boldsymbol{p}}{\mathrm{d}t} = -e\nabla\varphi^{作} - e(\boldsymbol{v}\cdot\nabla)\boldsymbol{A}^{作};$$

而从前式可反解出

$$\boldsymbol{p} - e\boldsymbol{A}^{作} = \frac{m\boldsymbol{v}}{\sqrt{1-v^2/c^2}}.$$

非相对论近似下($v^2/c^2 \ll 1$)简化为

$$L \approx -mc^2 + \frac{1}{2}mv^2 + e\boldsymbol{v}\cdot\boldsymbol{A}^{作} - e\varphi^{作},$$

$$H \approx mc^2 + e\varphi^{作} + \frac{1}{2m}(\boldsymbol{p} - e\boldsymbol{A}^{作})^2,$$

其中常量项 mc^2 可以略去,不影响运动方程.

点电荷拉格朗日方程和哈密顿方程的四维形式见习题 4.8.

4.4.7　点电荷系的相互作用项

在不计辐射阻尼力的真空介质中,点电荷系也可以近似地用拉格朗日函数或哈密顿函数处理,准到包含 v^2/c^2 项在内.(c^{-3}项即是辐射阻尼,不能处理.)以两电荷为例,拉格朗日函数为[达尔文(1920)][①②]

$$L = \frac{1}{2}m_a v_a^2 + \frac{1}{2}m_b v_b^2 + \frac{1}{8}m_a\frac{(v_a^2)^2}{c^2} + \frac{1}{8}m_b\frac{(v_b^2)^2}{c^2} - \frac{e_a e_b/(4\pi\varepsilon_0)}{|\boldsymbol{x}_a - \boldsymbol{x}_b|}$$
$$+ \frac{e_a e_b/(4\pi\varepsilon_0)}{2|\boldsymbol{x}_a - \boldsymbol{x}_b|}\left\{\frac{\boldsymbol{v}_a\cdot\boldsymbol{v}_b}{c^2} + \frac{[\boldsymbol{v}_a\cdot(\boldsymbol{x}_a - \boldsymbol{x}_b)][\boldsymbol{v}_b\cdot(\boldsymbol{x}_a - \boldsymbol{x}_b)]}{c^2|\boldsymbol{x}_a - \boldsymbol{x}_b|^2}\right\},$$

L 为 $\boldsymbol{x}_a, \boldsymbol{x}_b$ 及 $\boldsymbol{v}_a = \frac{\mathrm{d}\boldsymbol{x}_a}{\mathrm{d}t}, \boldsymbol{v}_b = \frac{\mathrm{d}\boldsymbol{x}_b}{\mathrm{d}t}$的函数. 而哈密顿函数为

---

① C. G. Darwin, *Phil. Mag.*, **39**(1920), 537.

② 相当的量子力学表达,称为布雷特相互作用(1930). G. Breit, *Phy. Rev.*, **34**(1929), 553; **36**(1930), 383; **39**(1932), 616.

$$H=\frac{p_a^2}{2m_a}+\frac{p_b^2}{2m_b}-\frac{(p_a^2)^2}{8c^2m_a^3}-\frac{(p_b^2)^2}{8c^2m_b^3}+\frac{e_ae_b/(4\pi\varepsilon_0)}{|\boldsymbol{x}_a-\boldsymbol{x}_b|}$$

$$-\frac{e_ae_b/(4\pi\varepsilon_0)}{2|\boldsymbol{x}_a-\boldsymbol{x}_b|}\left\{\frac{\boldsymbol{p}_a\cdot\boldsymbol{p}_b}{m_am_bc^2}+\frac{[\boldsymbol{p}_a\cdot(\boldsymbol{x}_a-\boldsymbol{x}_b)][\boldsymbol{p}_b\cdot(\boldsymbol{x}_a-\boldsymbol{x}_b)]}{m_am_bc^2|\boldsymbol{x}_a-\boldsymbol{x}_b|^2}\right\},$$

H 为 $\boldsymbol{x}_a,\boldsymbol{x}_b$ 及 $\boldsymbol{p}_a,\boldsymbol{p}_b$ 的函数$\left(\boldsymbol{p}_a=\frac{\partial L}{\partial \boldsymbol{v}_a}\text{等}\right)$. 两者之间有

$$H=\boldsymbol{v}_a\cdot\frac{\partial L}{\partial \boldsymbol{v}_a}+\boldsymbol{v}_b\cdot\frac{\partial L}{\partial \boldsymbol{v}_b}-L,$$

此处,拉格朗日函数中$-mc^2\sqrt{1-v^2/c^2}$的展开式

$$-mc^2\sqrt{1-v^2/c^2}\approx-mc^2+\frac{1}{2}mv^2+\frac{1}{8}m\frac{(v^2)^2}{c^2}$$

中的常量项$-mc^2$ 已省去.

又因为对称关系,相互作用项拉格朗日函数

$$-e_a\varphi_b(\boldsymbol{x}_a)+e_a\boldsymbol{v}_a\cdot\boldsymbol{A}_b(\boldsymbol{x}_a)=-e_b\varphi_a(\boldsymbol{x}_b)+e_b\boldsymbol{v}_b\cdot\boldsymbol{A}_a(\boldsymbol{x}_b),$$

只取至一次项即足够. 容易证明,上式准到 c^{-2}项为

$$-\frac{e_ae_b/(4\pi\varepsilon_0)}{|\boldsymbol{x}_a-\boldsymbol{x}_b|}+\frac{e_ae_b/(4\pi\varepsilon_0)}{2|\boldsymbol{x}_a-\boldsymbol{x}_b|}\left\{\frac{\boldsymbol{v}_a\cdot\boldsymbol{v}_b}{c}+\frac{[\boldsymbol{v}_a\cdot(\boldsymbol{x}_a-\boldsymbol{x}_b)][\boldsymbol{v}_b\cdot(\boldsymbol{x}_a-\boldsymbol{x}_b)]}{c^2|\boldsymbol{x}_a-\boldsymbol{x}_b|^2}\right\}.$$

为此更方便的是将

$$\boldsymbol{E}=-\nabla\varphi-\frac{\partial \boldsymbol{A}}{\partial t},\quad \boldsymbol{B}=\nabla\times\boldsymbol{A}$$

代入

$$\nabla\times\boldsymbol{B}-\frac{1}{c^2}\frac{\partial \boldsymbol{E}}{\partial t}=\mu_0\rho\boldsymbol{v},\quad \nabla\cdot\boldsymbol{E}=\rho/\varepsilon_0$$

(真空介质中 $\boldsymbol{H}=\boldsymbol{B}/\mu_0,\boldsymbol{D}=\varepsilon_0\boldsymbol{E}$)时,不用洛伦兹规范 $\nabla\cdot\boldsymbol{A}+\frac{1}{c^2}\frac{\partial\varphi}{\partial t}=0$ 而用库仑规范 $\nabla\cdot\boldsymbol{A}=0$,这样有

$$\nabla^2\varphi=-\rho/\varepsilon_0,$$

$$\nabla^2\boldsymbol{A}-\frac{1}{c^2}\frac{\partial^2\boldsymbol{A}}{\partial t^2}=-\mu_0\rho\boldsymbol{v}+\frac{1}{c^2}\frac{\partial}{\partial t}\nabla\varphi;$$

在与 $\boldsymbol{v}$ 标乘时,$\boldsymbol{A}$ 只需准到$\frac{v}{c}$一次幂,因此 $\nabla^2\boldsymbol{A}-\frac{1}{c^2}\frac{\partial^2}{\partial t^2}\boldsymbol{A}$ 中后项可忽略. 对于点电荷 b 产生的势为

$$\varphi_b=\frac{e_b/(4\pi\varepsilon_0)}{|\boldsymbol{x}-\boldsymbol{x}_b|},\ \frac{\partial}{c\partial t}\varphi_b=\frac{e_b/(4\pi\varepsilon_0)}{c}\frac{(\boldsymbol{x}-\boldsymbol{x}_b,\ \boldsymbol{v}_b)}{|\boldsymbol{x}-\boldsymbol{x}_b|^3};$$

$$\boldsymbol{A}_b=\frac{e_b\boldsymbol{v}_b/(4\pi\varepsilon_0)}{c^2|\boldsymbol{x}-\boldsymbol{x}_b|}-\frac{e_b/(4\pi\varepsilon_0)}{4\pi c^2}\int\frac{1}{|\boldsymbol{x}'-\boldsymbol{x}|}\nabla'\left\{\frac{(\boldsymbol{x}'-\boldsymbol{x}_b,\boldsymbol{v}_b)}{|\boldsymbol{x}'-\boldsymbol{x}_b|^3}\right\}\mathrm{d}\boldsymbol{x}',$$

其中$(\boldsymbol{x}-\boldsymbol{x}_b,\boldsymbol{v}_b)$等表示标乘. 分部积分后(再利用$\nabla'\frac{1}{|\boldsymbol{x}'-\boldsymbol{x}|}=-\nabla\frac{1}{|\boldsymbol{x}'-\boldsymbol{x}|}$)得

$$\boldsymbol{A}=\frac{e_b\boldsymbol{v}_b/(4\pi\varepsilon_0)}{c^2\ |\boldsymbol{x}'-\boldsymbol{x}_b|}-\frac{e_b/(4\pi\varepsilon_0)}{4\pi c^2}\nabla\int\frac{(\boldsymbol{x}'-\boldsymbol{x}_b,\boldsymbol{v}_b)}{|\boldsymbol{x}'-\boldsymbol{x}||\boldsymbol{x}'-\boldsymbol{x}_b|^3}\mathrm{d}\boldsymbol{x}'.$$

取 $\boldsymbol{x}'-\boldsymbol{x}_b=\boldsymbol{x}''$为积分变量，分母中$|\boldsymbol{x}'-\boldsymbol{x}|=|\boldsymbol{x}''-(\boldsymbol{x}-\boldsymbol{x}_b)|$，

$$\int\frac{(\boldsymbol{x}''\cdot\boldsymbol{v}_b)}{|\boldsymbol{x}''|^3|\boldsymbol{x}''-(\boldsymbol{x}-\boldsymbol{x}_b)|}\frac{1}{4\pi}\mathrm{d}\boldsymbol{x}''=\frac{1}{2}\frac{(\boldsymbol{x}-\boldsymbol{x}_b,\boldsymbol{v}_b)}{|\boldsymbol{x}-\boldsymbol{x}_b|}{}^*;$$

$$\begin{aligned}\boldsymbol{A}&=\frac{e_b\boldsymbol{v}_b/(4\pi\varepsilon_0)}{c^2\ |\boldsymbol{x}-\boldsymbol{x}_b|}-\frac{1}{2}\frac{e_b/(4\pi\varepsilon_0)}{c^2}\nabla\frac{(\boldsymbol{x}-\boldsymbol{x}_b,\boldsymbol{v}_b)}{|\boldsymbol{x}-\boldsymbol{x}_b|}\\&=\frac{e_b\boldsymbol{v}_b/(4\pi\varepsilon_0)}{c^2\ |\boldsymbol{x}-\boldsymbol{x}_b|}-\frac{1}{2}\frac{e_b\boldsymbol{v}_b/(4\pi\varepsilon_0)}{c^2\ |\boldsymbol{x}-\boldsymbol{x}_b|}+\frac{1}{2}\frac{e_b(\boldsymbol{x}-\boldsymbol{x}_b,\boldsymbol{v}_b)}{(4\pi\varepsilon_0)c^2}\frac{\boldsymbol{x}-\boldsymbol{x}_b}{|\boldsymbol{x}-\boldsymbol{x}_b|^3}.\end{aligned}$$

将以上诸结果代入相互作用拉格朗日函数即证明前式.

习 题

4.1 多普勒效应和光行差

令惯性系 $O'(x'y'z't')$相对于惯性系 $O(xyzt)$作匀速运动，速度在 x 轴方向为 w. 从 O'发光射入 O，在 xy 面内光线入射 O 时与 x 轴夹角为 ψ，入射波阵面为

$$\nu\left(t+\frac{x\cos\psi+y\sin\psi}{c}\right)=\text{相位},$$

ν 为 O 系中光波的频率；在 O'系中频率为 ν'，与 x'轴夹角为 ψ'，则由于相位是洛伦兹不变量：

$$\nu\left(t+\frac{x\cos\psi+y\sin\psi}{c}\right)=\nu'\left(t'+\frac{x'\cos\psi'+y'\sin\psi'}{c}\right).$$

代入

$$x=\frac{x'+wt'}{\sqrt{1-w^2/c^2}},\quad t=\frac{t'+wx'/c^2}{\sqrt{1-w^2/c^2}},\quad y=y';$$

比较系数得

$$\frac{\nu}{\sqrt{1-w^2/c^2}}\left(1+\frac{w}{c}\cos\psi\right)=\nu',\quad(t'\ \text{系数})$$

---

* 分数 $|\boldsymbol{x}''-(\boldsymbol{x}-\boldsymbol{x}_b)|^{-1}$ 可展开为球谐函数，分子只有 $\boldsymbol{x}''$ 一次幂，因此只有一次球谐函数有贡献. 所以积分

$$\begin{aligned}&\int\frac{(\boldsymbol{x}''\cdot\boldsymbol{v}_b)}{x''^3\ |\boldsymbol{x}''-(\boldsymbol{x}-\boldsymbol{x}_b)|}\frac{\mathrm{d}\boldsymbol{x}''}{4\pi}\\&=\frac{1}{3}\frac{(\boldsymbol{v}_b,\boldsymbol{x}-\boldsymbol{x}_b)}{|\boldsymbol{x}-\boldsymbol{x}_b|}\left\{\int_0^{|\boldsymbol{x}-\boldsymbol{x}_b|}\frac{x''\mathrm{d}x''}{|\boldsymbol{x}-\boldsymbol{x}_b|^2}+\int_{|\boldsymbol{x}-\boldsymbol{x}_b|}^{\infty}\frac{|\boldsymbol{x}-\boldsymbol{x}_b|}{x''^2}\mathrm{d}x''\right\},\end{aligned}$$

而最后$\{\}=\left\{\frac{1}{2}+1\right\}=\frac{3}{2}$，被积函数为小距离的一次方幂除以大距离的二次幂.

$$\frac{\nu}{\sqrt{1-w^2/c^2}}\left(\frac{\cos\psi}{c}+\frac{w}{c^2}\right)=\frac{\nu'\cos\psi'}{c'},\quad (x' \text{ 系数})$$

$$\frac{\nu}{c}\sin\psi=\frac{\nu'}{c'}\sin\psi';\quad (y' \text{ 系数})$$

后两式平方相加再开方后与第一式比较得

$$c'=c.$$

所以

$$\cos\psi'=\frac{\cos\psi+\frac{w}{c}}{1+\frac{w}{c}\cos\psi},$$

反解得

$$\cos\psi=\frac{\cos\psi'-\frac{w}{c}}{1-\frac{w}{c}\cos\psi'};$$

所以

$$\frac{\nu'}{\nu}=\frac{1+\frac{w}{c}\cos\psi}{\sqrt{1-\frac{w^2}{c^2}}}=\frac{\sqrt{1-\frac{w^2}{c^2}}}{1-\frac{w}{c}\cos\psi'}.$$

上式中 O 系不动，O' 系以 w 速度沿 x 轴方向运动. 讨论光行差时，取 O 系为恒星，O' 系为地球，w 为地球公转速度；则 ψ' 为地面上看恒星的视仰角，恒星的真仰角为 ψ. 展开到 w/c 一级，得 $\psi'-\psi=-\frac{w}{c}\sin\psi$，所以一年之内视仰角依地球公转而兜圈. 讨论由于恒星运动的多普勒效应，地球公转速度近似为零后，取 O 系为地球，O' 系为运动的恒星，w 为恒星的速度（$\gg$地球公转速度）；则地球接收到的光的波长 λ 与恒星发光的波长 λ' 差

$$\frac{\lambda}{\lambda'}-1=\frac{1+\frac{w}{c}\cos\psi}{\sqrt{1-w^2/c^2}}-1.$$

不妨取 x 轴为恒星运动的方向，$\psi\equiv0$，得

$$\frac{\lambda-\lambda'}{\lambda'}=\sqrt{\frac{1+w/c}{1-w/c}}-1=\frac{w}{c}\quad\left(\left(\frac{w}{c}\right)^2\ll 1\text{ 时}\right).$$

按相对论多普勒效应公式，即使 $\cos\psi=0$ 即 $\psi=\frac{\pi}{2}$（光与发光源或观察者运动方向

垂直)，仍有二级效应. 爱因斯坦① 1907 年建议用极隧射线做实验，直到 1938 年
1941 年才能做到(Ives and Stillvell)②.

4.2　设电子运动在瞬时共动的参考系中为牛顿运动方程，从而探索相对论
学的运动方程形式(普朗克 1906)③.

提示： 瞬时共动的参考系为 $O'x't'$，x' 取在瞬时速度方向，它相对于静止参
系 Oxt 的速度 w 取为瞬时速度的值 $\frac{\mathrm{d}x}{\mathrm{d}t}$，将

$$x' = \frac{x - wt}{\sqrt{1 - w^2/c^2}}, \quad t' = \frac{t - wx/c^2}{\sqrt{1 - w^2/c^2}},$$

求导数得

$$\frac{\mathrm{d}x'}{\mathrm{d}t'} = \frac{\frac{\mathrm{d}x}{\mathrm{d}t} - w}{1 - w\,\frac{\mathrm{d}x}{\mathrm{d}t}/c^2},$$

其瞬时值为零(取瞬时值时代入 $w = \frac{\mathrm{d}x}{\mathrm{d}t}$)；再求导数得

$$\frac{\mathrm{d}^2 x'}{\mathrm{d}t'^2} = \frac{\sqrt{1 - \frac{w^2}{c^2}}\,\frac{\mathrm{d}^2 x}{\mathrm{d}t^2}}{\left(1 - \frac{w}{c^2}\,\frac{\mathrm{d}x}{\mathrm{d}t}\right)^2} + \frac{\frac{\mathrm{d}x}{\mathrm{d}t} - w}{\left(1 - \frac{w}{c^2}\,\frac{\mathrm{d}x}{\mathrm{d}t}\right)^2}\,\frac{w}{c^2}\,\frac{\mathrm{d}^2 x}{\mathrm{d}t^2}\,\frac{\sqrt{1 - \frac{w^2}{c^2}}}{\left(1 - \frac{w}{c^2}\,\frac{\mathrm{d}x}{\mathrm{d}t}\right)},$$

其瞬时值为

$$\frac{\mathrm{d}^2 x'}{\mathrm{d}t'^2} = \frac{\frac{\mathrm{d}^2 x}{\mathrm{d}t^2}}{\left[1 - \frac{1}{c^2}\left(\frac{\mathrm{d}x}{\mathrm{d}t}\right)^2\right]^{3/2}} = \frac{\mathrm{d}}{\mathrm{d}t}\left(\frac{\frac{\mathrm{d}x}{\mathrm{d}t}}{\sqrt{1 - \frac{1}{c^2}\left(\frac{\mathrm{d}x}{\mathrm{d}t}\right)^2}}\right).$$

所以运动方程瞬时为

$$m\,\frac{\mathrm{d}}{\mathrm{d}t}\left(\frac{\frac{\mathrm{d}x}{\mathrm{d}t}}{\sqrt{1 - \frac{1}{c^2}\left(\frac{\mathrm{d}x}{\mathrm{d}t}\right)^2}}\right) = eE'_x = eE_x,$$

因为 $E'_x = E_x$. 注意这与

$$m\,\frac{\mathrm{d}}{\mathrm{d}t}\left(\frac{\boldsymbol{v}}{\sqrt{1 - v^2/c^2}}\right) = e(\boldsymbol{E} + \boldsymbol{v} \times \boldsymbol{B})$$

的 x 分量方程一致，x 取在 $\boldsymbol{v}$ 的方向.(右侧 $\boldsymbol{v} \times \boldsymbol{B}$ 项引入是为了凑 $\frac{v^2}{c^2} \ll 1$ 情况.)

---

① A. Einstein, *Ann. Physik*, (4), **23**(1907), 197.

② H. E. Ives, G. R. Stillvell, *J. Opt. Soc. Am.*, **28**(1938), 215; **31**(1941), 369.

③ M. Planck, *Verh. d. Deutsch. Phys. Ges.* (1906), 136—141.

4.3　用辐射压证明 $E=mc^2$ 关系(爱因斯坦 1906)[①].

解:考虑密闭管内两对称物体 A,B 距离 l. 设起初 A 在左端,B 在右端;从 A 向 B 发出辐射能量为 E. 发射时引起反冲动量 $\frac{E}{c}$. 设全管质量为 M,则反冲速度 $v=\frac{E/c}{M}$,以此速度进行 $t=l/c$ 后,辐射到达 B 端为之吸收,而前冲使运动停止. 共计管向左后退 $vt=\frac{El}{Mc^2}$ 距离. 如辐射能量 E 不具有质量,则 A,B 两端质量可取为相等,可以互相调换位置,再发射辐射吸收如前. 这将使管再向左后退. 要避免这佯谬,B 吸收能量 E 后比 A 多具有质量 m,使在调位置时,m 向左移动 l 距离时,全管 M 向右移动 x 距离. 质心不动,要求 $Mx=ml$,这移动 x 恰好抵消上述发射吸收间移动 vt,所以 $ml/M=x=vt=El/Mc^2$ 给出:

$$m=E/c^2,\quad 或\quad E=mc^2.$$

4.4　从

$$m\frac{\mathrm{d}}{\mathrm{d}t}\frac{\boldsymbol{v}}{\sqrt{1-v^2/c^2}}=e(\boldsymbol{E}+\boldsymbol{v}\times\boldsymbol{B})$$

推出

$$m\frac{\mathrm{d}}{\mathrm{d}t}\frac{c^2}{\sqrt{1-v^2/c^2}}=e\boldsymbol{E}\cdot\boldsymbol{v}.$$

注意

$$\mathrm{d}\frac{mc^2}{\sqrt{1-v^2/c^2}}=\boldsymbol{v}\cdot\mathrm{d}\frac{m\boldsymbol{v}}{\sqrt{1-v^2/c^2}},$$

即能量对动量的导数等于速度.

4.5　两高速粒子碰撞的"质心系"能量.

解:质心系两粒子总能量减去其静能量为剩余能量

$$E=(E_1+E_2)_{质心系}-(m_1+m_2)c^2.$$

由于质心系中 $\boldsymbol{p}_1+\boldsymbol{p}_2=0$(质心系以三维动量总和为零定义),而四维总动量上下指标缩并后得不变量,所以

$$E=\sqrt{(E_1+E_2)^2-c^2(\boldsymbol{p}_1+\boldsymbol{p}_2)^2}-(m_1+m_2)c^2.$$

要达到剩余能量 E,如果打静止靶($\boldsymbol{p}_2=0,E_2=m_2c^2$)则需要入射粒子 $E_1=m_1c^2+T_1$ 具有动能

$$T_1=\frac{E^2+2(m_1+m_2)c^2E}{2m_2c^2}.$$

① A. Einstein, *Ann. Physik*, (4), **20**(1906), 627.

如果对头碰($\boldsymbol{p}_1=-\boldsymbol{p}_2$)则需要总动能为

$$T_1+T_2=E.$$

由此可见,当 $E\gg mc^2$ 时,用后一种办法达到更大的剩余能量(用来产生新粒子)较容易些.

4.6 麦克斯韦方程,对于运动介质和静止介质形式一样,只是相对于静止观察者的 $\boldsymbol{D},\boldsymbol{E},\boldsymbol{H},\boldsymbol{B}$ 间的本构关系依赖于介质运动速度 w. 求证:

$$\boldsymbol{D}+\frac{\boldsymbol{w}}{c^2}\times\boldsymbol{H}=\varepsilon(\boldsymbol{E}+\boldsymbol{w}\times\boldsymbol{B}),$$

$$\boldsymbol{B}-\frac{\boldsymbol{w}}{c^2}\times\boldsymbol{E}=\mu(\boldsymbol{H}-\boldsymbol{w}\times\boldsymbol{D}).$$

证: 利用 4.3 节的电磁场变换式,取 w 沿 x 轴. 这样,有 $D_x'=\varepsilon E_x'$,但 $D_y'=\varepsilon E_y'$,$D_z'=\varepsilon E_z'$ 两式各侧均乘以 $\sqrt{1-w^2/c^2}$ 方与求证相合. 同样,$B_x'=\mu H_x'$,和 $\sqrt{1-w^2/c^2}B_y'=\sqrt{1-w^2/c^2}\mu H_y'$ 等等. 注意 $L=\frac{1}{2\mu}B'^2-\frac{\varepsilon}{2}E'^2$ 对于运动观察者成立,所以对于运动观察者本构关系为 $\boldsymbol{B}'=\mu\boldsymbol{H}'$,$\boldsymbol{D}'=\varepsilon\boldsymbol{E}'$. 对于静止观察者,$L$ 由上式经洛伦兹变换,可表达为 B_x,B_y,B_z,E_x,E_y,E_z 的函数(ε,μ 为常量不变)而 $\boldsymbol{H}=\frac{\partial}{\partial\boldsymbol{B}}L$,$\boldsymbol{D}=-\frac{\partial}{\partial\boldsymbol{E}}L$,容易验证

$$B'^2=\frac{1}{2}F_{\mu\nu}u_\lambda\varepsilon^{\mu\nu\lambda\rho}\cdot\frac{1}{2}F^{\alpha\beta}u^\gamma\varepsilon_{\alpha\beta\gamma\rho}/c^2,$$

$$E'^2=-F_{\rho\mu}u^\mu F^{\rho\nu}u_\nu;$$

其中

$$\{u^0,u^1,u^2,u^3\}=\left(\frac{c}{\sqrt{1-w^2/c^2}},\frac{\boldsymbol{w}}{\sqrt{1-w^2/c^2}}\right);$$

而 $\varepsilon^{\mu\nu\lambda\rho}$ 和 $\varepsilon_{\alpha\beta\gamma\rho}$ 是列维-奇维塔(T. Levi-Civita)符号,它对 0123 的所有偶置换为 $+1$,奇置换为 -1,有相同指标为 0.

4.7 加速器中高速粒子的辐射损失①.

解:直线加速器中辐射损失很小,但环形加速器中,特别当加速粒子为电子时,辐射损失很大,以致更高加速电子很难.

直线加速器中,粒子作直线运动. 总辐射功率为

$$P=-\frac{1}{6\pi\varepsilon_0}\frac{e^2}{c^3}\frac{\mathrm{d}u_\mu}{\mathrm{d}\tau}\frac{\mathrm{d}u^\mu}{\mathrm{d}\tau}.$$

当 $\boldsymbol{v}$ 与 $\dot{\boldsymbol{v}}$ 平行时,

---

① 参考 J. D. Jackson, *Classical Electrodynamics*, Wiley, New York, 2nd ed., 1975.

$$du^1 = d\frac{v}{\sqrt{1-v^2/c^2}} = \frac{dv}{(\sqrt{1-v^2/c^2})^3},$$

而

$$du^0 = d\frac{c}{\sqrt{1-v^2/c^2}} = \frac{v}{c}\frac{dv}{(\sqrt{1-v^2/c^2})^3} = \left(\frac{v}{c}\right)du^1,$$

即

$$\frac{dcu^0}{dx} = \frac{du^1}{dt}.$$

所以辐射损失功率 $P=\frac{1}{6\pi\varepsilon_0}\frac{e^2}{c^3}\left(\frac{du^1}{dt}\right)^2$ 与供能功率$\frac{dcu^0 m}{dt}$之比为

$$\frac{1}{6\pi\varepsilon_0}\frac{e^2}{m^2c^3}\frac{dmcu^0}{vdx}.$$

这可写为无量纲关系：

$$\frac{2c}{3v}\frac{d(mcu^0/mc^2)}{dx/(e^2/4\pi\varepsilon_0 mc^2)}.$$

注意即使对于电子，

$$\frac{d(mcu^0/mc^2)}{dx/(e^2/4\pi\varepsilon_0 mc^2)} \approx 1,$$

意味着加速能力$\frac{dmcu^0}{dx}$为：在$\frac{e^2}{4\pi\varepsilon_0 mc^2}\sim 2.8\times 10^{-15}$ m 内加能 $mc^2\sim 0.5$ MeV，即加速能力达 10^{14} MeV/m. 当加速能力为10^5 MeV/m时，辐射损失功率仍不过供能功率的 10^{-9}，不是限制因素.

环形加速器中，主要是速度方向变化，速度的大小变化很小(每圈增加能量很有限). 当$(1-v^2/c^2)^{-1/2}$大时，每圈辐射能量损失为

$$\frac{2\pi R}{v}P = \frac{2\pi R}{v}\cdot\frac{2}{3}\frac{e^2/(4\pi\varepsilon_0)}{c^3}\frac{1}{(1-v^2/c^2)^2}\frac{v^4}{R^2}$$

$$= \frac{4\pi}{3}\left(\frac{v}{c}\right)^3\frac{e^2/(4\pi\varepsilon_0)}{R}\frac{1}{(1-v^2/c^2)^2}.$$

对于电子，代入 $E=\frac{mc^2}{\sqrt{1-v^2/c^2}}$，近似 $\left(\frac{v}{c}\right)^3\approx 1$ 得每圈辐射能量损失

$$\delta E(\text{MeV}) = 8.85\times 10^{-2}\frac{[E(\text{BeV})]^4}{R(\text{m})}.$$

当 $E=5$ BeV，$R\sim 10$ m，每圈损失 5.5 MeV，比每圈高频加能很可观了，差不多 5—

10 BeV 为电子环形加速器能量上限.(理论结果,Schott,1912[①];1948 观察到[②].)电子同步辐射可利用作生物,化学和固体材料实验研究用.蟹状星云也有同步辐射,可从其频率分布和偏振研究.(10^{12} eV 电子在 10^{-4} G 磁场中环行.)

4.8　点电荷拉格朗日方程和哈密顿方程的四维形式.

解:点电荷的拉格朗日函数为(4.4 节)

$$L=-mc^2\sqrt{1-v^2/c^2}+e\boldsymbol{v}\cdot\boldsymbol{A}^{作}-e\varphi^{作},$$

写成四维形式为

$$L=\sqrt{1-v^2/c^2}(-mc^2-eA_\mu^{作}u^\mu).$$

用四维速度和固有时 $\mathrm{d}\tau=\sqrt{1-v^2/c^2}\,\mathrm{d}t$,考虑到约束条件 $u_\mu u^\mu-c^2=0$ 而引入拉格朗日乘子,变分法(对 λ 和 x^μ 变分)为

$$0=\delta\int\mathscr{L}\mathrm{d}t=\delta\int\left\{-mc^2-eA_\mu^{作}u^\mu+\frac{1}{2}\lambda m(u_\mu u^\mu-c^2)\right\}\mathrm{d}\tau;$$

此处 $u^\mu=\dfrac{\mathrm{d}x^\mu}{\mathrm{d}\tau}$,而 $A^{作}$ 中 x 取在点电荷时空点.变分方程包含对 λ 变分得约束条件,对 x^μ 变分得

$$\frac{\mathrm{d}}{\mathrm{d}\tau}(\lambda mu_\mu-eA_\mu^{作})=-eu^\nu\partial_\mu A_\nu^{作}.$$

这方程可化为

$$\frac{\mathrm{d}}{\mathrm{d}\tau}(\lambda mu_\mu)=eF_{\mu\nu}^{作}u^\nu$$

形式,从中容易导出

$$\frac{\mathrm{d}}{\mathrm{d}\tau}\lambda=0;$$

因为 $m\dfrac{\mathrm{d}}{\mathrm{d}\tau}u_\mu=eF_{\mu\nu}^{作}u^\nu$,以及$\dfrac{\mathrm{d}u_\mu}{\mathrm{d}\tau}u^\mu=0$,$u_\mu u^\mu=c^2$.

定义

$$p_\mu=-\frac{\partial\mathscr{L}}{\partial\dfrac{\mathrm{d}x^\mu}{\mathrm{d}\tau}},$$

$$\mathscr{H}=-\frac{\mathrm{d}x^\mu}{\mathrm{d}\tau}p_\mu-\mathscr{L};$$

得

$$\mathscr{H}=\frac{1}{2\lambda m}(p_\mu-eA_\mu^{作})(p^\mu-eA^{\mu作})+\left(1+\frac{\lambda}{2}\right)mc^2;$$

---

① G. A. Schott, *Electromagnetic Radiation*, Cambridge, 1912.

② F. R. Elder, R. V. Langmuir, H. C. Pollock, *Phys. Rev.*, **74**(1948), 52.

它已表达为 p_μ 和 x^μ 的函数,正则方程为

$$\frac{\mathrm{d}x^\mu}{\mathrm{d}\tau}=-\frac{\partial\mathscr{H}}{\partial p_\mu}=-\frac{1}{\lambda m}(p^\mu-eA^{\mu作}),$$

$$\frac{\mathrm{d}p_\mu}{\mathrm{d}\tau}=\frac{\partial\mathscr{H}}{\partial x^\mu}=-eu^\nu\partial_\mu A_\nu^{作};$$

而$\frac{\mathrm{d}\mathscr{H}}{\mathrm{d}\tau}=0$,$\mathscr{H}$的常量值为$(1+\lambda)mc^2$.

第5章 气体动理论*

5.1 理想气体

5.1.1 理想气体定律

质量为 W 的气体，其压强 p、体积 V 与温度 T 之间有近似的简单关系，称为理想气体定律：

$$pV = \frac{W}{M}RT = \nu RT,$$

(分子量及原子量由化合物的定比定律和倍比定律定出，规定以核素^{12}C 的原子量 12 作为标准). 其中 M 为气体的摩尔分子质量，ν 为摩尔数，而摩尔气体常量 R 对所有气体都有同样的值，温度 T 以热力学温标量度，单位 K 是水三相点热力学温度的1/273.16.

实验证明：实际气体，当温度高、密度低时，都很好地满足理想气体定律. 这定律概括了

(i) 玻意尔(1627—1691，英)①-马略特(1620—1684，法)②定律(1662 和 1676，温度不变下，pV=常量).

(ii) 盖吕萨克(1778—1850，法)定律③(1802，压强不变下，体积随温度线性变化).

(iii) 查理(1746—1823，法)定律④(1787，体积不变下，压强随温度线性变化).

(iv) 阿伏伽德罗定律⑤(1811，同一压强温度下，不同气体的密度$\frac{W}{V}$正比于其摩尔分子质量 M).

---

* 曾用名：气体分子运动论. 动理论是动理学理论之略.

① R. Boyle, *A Defense of the Doctrine touching the Spring and Weight of the Air Proposed by Mr. Boyle... against the Objection of F. Linus*. 1662, pt. I. chap. 5; "*Work*", ed. Birch. **1**(1744), 76.

② E. Mariotte, *Discours de la nature de l'air*(论空气的性质), Paris, 1676; 1923 重印, "*Oeuvres*", Leyden, 1717, **1**, 149.

③ J. L. Gay-Lussac, *Ann. Chim.*, **43**(1802), 137; *Ann. Physik*, **12**(1803), 257.

④ J. A. C. Charles, 本人未发表，在给 Gay-Lussac 的通信中提及其结果，后者在 *Ann. Chim.*, **43**(1802), 137(157)中引用.

⑤ A. Avogadro, *J. de Phys.*, **73**(1811), 58.

5.1.2 物理化学常量

在标准状况(即压强为101325Pa、温度为273.15K即0℃)下,理想气体的摩尔体积(即$W/M=1$的体积)V_m为

$$V_m = 22.414\ \mathrm{dm^3 mol^{-1}},$$

所以得

$$R = 8.3145\ \mathrm{Jmol^{-1}K^{-1}}.$$

化学反应的定比定律和倍比定律,对于气体反应,便简单地表现为各种反应物及生成物,在同一温度和压强下,其体积间呈简单的整数比(气体反应定律,盖吕萨克,1805)①.例如两体积的氢和一体积的氧完全化合后生成两体积的水蒸汽.如用分子式表示:$2H_2+O_2 \longrightarrow 2H_2O$,两个氢分子与一个氧分子化合成两个水分子,则在同一温度和压强下,体积相同的任何气体所含的分子数都相等(阿伏伽德罗定律,1811).我们定义每摩尔任何物质所含的分子数为阿伏伽德罗常量N_A,并定义$R/N_A \equiv k$,称为玻尔兹曼(L. E. Boltzmann,1844—1906,奥)常量,则理想气体定律可改写为

$$pV = \frac{W}{M}RT = \left(\frac{W}{M}N_A\right)kT,$$

令

$$n = \frac{\frac{W}{M}N_A}{V} = \frac{W/V}{M/N_A} = \frac{\rho}{m},$$

其中$\rho=W/V$为密度,$m=M/N_A$为每个分子的质量,而n为分子数密度.则有

$$p = nkT.$$

从法拉第电解定律的法拉第常量$F=96500\ \mathrm{Cmol^{-1}}$和直接测定基本电荷$e=1.6\times10^{-19}$ C(密立根1913,油滴法)②可得$N_A=F/e=6\times10^{23}\ \mathrm{mol^{-1}}$.更准确的办法则是用X射线衍射定晶体的晶格间距,这样就定出了相当于一个分子所占的体积v.以此除晶体的摩尔体积(从密度折算出)即得N_A,数值为

$$N_A = 6.02\times10^{23}\ \mathrm{mol^{-1}},$$

所以玻尔兹曼常量k的数值为

$$k = 1.38\times10^{-23}\ \mathrm{JK^{-1}},$$

标准情况下的分子数密度为洛施密特(1821—1895,奥)常量③

$$n_0 = 2.69\times10^{25}\ \mathrm{m^{-3}}.$$

---

① A. von Humboldt, J. L. Gay-Lussac, *J. de Phys.*, **60**(1805), 129; J. L. Gay-Lussac. *Mem. Soc. Arcueil*, **2**(1809), 207(1808,12,31 宣读).

② R. A. Millikan, *Phys. Rev.*, **2**,(1913), 143; *Phil. Mag.*, **34**(1917), 1.

③ J. J. Loschmidt, *Wien. Ber.*, **52** Ⅱ,(1865), 395; *Z. Math. Phys.* (Schlömilch), **10**(1865), 511.

国际科学技术数据委员会(CODATA)有关物理化学常量的2006年推荐值①是(括号中数字是在给定值的末位数字中的标准偏差不确定度)：

阿伏伽德罗常量　　$N_A = 6.022\ 141\ 79(30)\times10^{23}\ \mathrm{mol^{-1}}$

法拉第常量　　$F = 96\ 485.3339(24)\ \mathrm{Cmol^{-1}}$

摩尔气体常量　　$R = 8.314\ 472(15)\ \mathrm{Jmol^{-1}K^{-1}}$

玻尔兹曼常量　　$k = 1.380\ 6504(24)\times10^{-23}\ \mathrm{JK^{-1}}$

摩尔体积　　$V_m = 22\ 413.996(39)\ \mathrm{cm^3mol^{-1}}$

$\begin{pmatrix} p = 101\ 325\ \mathrm{Pa} \\ T = 273.15\ \mathrm{K} \end{pmatrix}$

洛施密特常量　　$n_0 = 2.686\ 7774(47)\times10^{25}\ \mathrm{m^{-3}}$

基元电荷　　$e = 1.602\ 176\ 487(40)\times10^{-19}\ \mathrm{C}$

5.1.3　理想气体定律的气体动理论解释

注意无论 N_A 或 n_0 都是一个大数. 这使我们实际上不可能用力学办法提定解问题,因为无从给那么多的初始条件. 我们只能占有有限的信息,一般皆指统计平均量如温度、压强、密度等等. 统计平均值为概然值,具体每次值则带有偏差,但大数定律保证精度. 即使我们考虑气体中某处一个小体积而讨论该处压强、温度或密度时,该小体积中的分子个数也总是个大数. 这条件是定义压强、温度或密度时必须满足的前提,以后我们总是如此理解不再提醒.

气体动理论可以定量解释理想气体定律(沃特斯顿1845年提到伦敦皇家学会,到1892年瑞利才使之发表②). 忽略分子间力,并将每个分子近似作为质点处理. 为简单起见,设整个气体静止不流动,但气体中每个分子均在作独立的平移运动. 在这近似下,一般讲,对大量分子的统计描述为位置在 $\boldsymbol{x}$ 附近 $\mathrm{d}\boldsymbol{x}$ 范围内,速度在 $\boldsymbol{\xi}$ 附近 $\mathrm{d}\boldsymbol{\xi}$ 范围内者有 $f(\boldsymbol{x},\boldsymbol{\xi},t)\mathrm{d}\boldsymbol{x}\mathrm{d}\boldsymbol{\xi}$ 个(即 t 时刻的概然分子数),所以

$$\int_{全部} f(\boldsymbol{x},\boldsymbol{\xi},t)\mathrm{d}\boldsymbol{\xi} = n(\boldsymbol{x},t)$$

即是分子数密度,这里对分子速度积分范围为全部,$-\infty<\xi_i<\infty(i=x,y,z)$.

又对于法向单位矢量为 $\boldsymbol{n}$ 的表面面积元 $\mathrm{d}S$,在 $\mathrm{d}t$ 时间内有 $\boldsymbol{\xi}\mathrm{d}t\cdot\boldsymbol{n}\mathrm{d}Sf\mathrm{d}\boldsymbol{\xi}$(其中限制 $\boldsymbol{\xi}\cdot\boldsymbol{n}\geqslant0$)个分子达到 $\mathrm{d}S$ 上,带来动量

$$\int_{\boldsymbol{\xi}\cdot\boldsymbol{n}\geqslant0}\boldsymbol{\xi}\mathrm{d}t\cdot\boldsymbol{n}\mathrm{d}Sm\boldsymbol{\xi}f\mathrm{d}\boldsymbol{\xi},$$

同时有 $-\boldsymbol{\xi}\mathrm{d}t\cdot\boldsymbol{n}\mathrm{d}Sf\mathrm{d}\boldsymbol{\xi}$(其中限制 $\boldsymbol{\xi}\cdot\boldsymbol{n}\leqslant0$)个分子离开 $\mathrm{d}S$,带走动量

---

① 见本书附录：常用物理量单位和物理常量.

② J. J. Waterston, On the Physics of Media That Are Composed of Free and Perfectly Elastic Molecules in a State of Motion, *Phil. Trans. Roy. Soc.*, **183**(1892), 1.

$$\int_{\boldsymbol{\xi}\cdot\boldsymbol{n}\leqslant 0} -\boldsymbol{\xi}\mathrm{d}t\cdot\boldsymbol{n}\mathrm{d}Sm\boldsymbol{\xi}f\mathrm{d}\boldsymbol{\xi};$$

两式相减得 $\mathrm{d}S$ 在 $\mathrm{d}t$ 时间内获得动量为

$$\int_{\text{全部}}\boldsymbol{\xi}\mathrm{d}t\cdot\boldsymbol{n}\mathrm{d}Sm\boldsymbol{\xi}f\mathrm{d}\boldsymbol{\xi}=\mathrm{d}t\mathrm{d}S\boldsymbol{n}\cdot\mathsf{p},$$

其中张量

$$\mathsf{p}=\int_{\text{全部}}m\boldsymbol{\xi}\boldsymbol{\xi}f\mathrm{d}\boldsymbol{\xi}.$$

所以 $\mathrm{d}S$ 受力为 $\mathrm{d}S\boldsymbol{n}\cdot\mathsf{p}$，即 $\boldsymbol{n}\cdot\mathsf{p}$ 为气体单位表面积上所受的力，来源于气体内部分子的冲击. 注意法向分量

$$\boldsymbol{n}\cdot\mathsf{p}\cdot\boldsymbol{n}=\int_{\text{全部}}m(\boldsymbol{\xi}\cdot\boldsymbol{n})^2f\mathrm{d}\boldsymbol{\xi}$$

永远是正的. 即是气体对表面永远给压力（而非吸力）. 容器对气体也给相反的压力，以免逸散. 在气体内部压力张量即以

$$\mathsf{p}=\int_{\text{全部}}m\boldsymbol{\xi}\boldsymbol{\xi}f\mathrm{d}\boldsymbol{\xi}$$

定义，这时

$$\mathsf{p}\cdot\boldsymbol{n}=\int_{\text{全部}}m\,\boldsymbol{\xi}(\boldsymbol{\xi}\cdot\boldsymbol{n})f\mathrm{d}\boldsymbol{\xi}$$

称为分子动量 $m\boldsymbol{\xi}$ 的流率. 当气体近似为各向同性时，$f(\boldsymbol{x},\boldsymbol{\xi},t)$ 对 $\boldsymbol{\xi}$ 只通过 $\boldsymbol{\xi}^2$ 依赖，所以 $\mathsf{p}=p\mathbf{1}$，其中 $\mathbf{1}$ 是单位张量，标量 p 称为流体静压强，简称静压强. 一般有

$$p=\frac{1}{3}(p_{xx}+p_{yy}+p_{zz}),$$

或

$$p(\boldsymbol{x},t)=\frac{2}{3}\int\frac{1}{2}m\boldsymbol{\xi}^2f(\boldsymbol{x},\boldsymbol{\xi},t)\mathrm{d}\boldsymbol{\xi}.$$

如果我们定义每个分子的动能 $\frac{1}{2}m\boldsymbol{\xi}^2$ 的平均值为 $\frac{3}{2}kT$，其中 T 叫做温度（更严格地讲，这样定义的温度为动理温度），即

$$\overline{\frac{1}{2}m\boldsymbol{\xi}^2}\equiv\frac{\int\frac{1}{2}m\boldsymbol{\xi}^2f(\boldsymbol{x},\boldsymbol{\xi},t)\mathrm{d}\boldsymbol{\xi}}{\int f(\boldsymbol{x},\boldsymbol{\xi},t)\mathrm{d}\boldsymbol{\xi}}=\frac{3}{2}kT(\boldsymbol{x},t).$$

注意到分母即是分子数密度 $n(\boldsymbol{x},t)$，则得理想气体定律

$$p(\boldsymbol{x},t)=n(\boldsymbol{x},t)kT(\boldsymbol{x},t).$$

注意分子速度平方的平均

$$\overline{\boldsymbol{\xi}^2}=\frac{3k}{m}T=\frac{3p}{\rho},$$

其中 $\rho=nm$ 为气体密度. 例如在标准情况下（$p=101\,325$ Pa，$T=273.15$ K），氢气

的密度为 8.99×10^{-2} kg/m³，氮气的密度为 1.25 kg/m³，相应的方均根速率$\sqrt{\overline{\xi^2}}$为 1839 m/s(氢气)或 493 m/s(氮气)，一般比机械运动速度大，与声速同数量级.

5.1.4 理想气体的热容

对于单原子气体，能量只是平动能. 每摩尔的平动能平均为

$$\overline{E} = \frac{3}{2}RT = N_A \frac{3}{2}kT,$$

这便是其热运动能，即内能. 其定体热容为

$$C_V = (\partial \overline{E}/\partial T)_V = \frac{3}{2}R,$$

加热时气体体积维持不变. 也可考虑加热时维持气体压强不变，则体积将随加热而增大，气体膨胀作功. 对于一摩尔气体，根据理想气体定律 $pV=RT$，定压(p=常量)作功为 $p\Delta V=R\Delta T$，所以定压热容比定体热容大些，$C_p-C_V=R$，单原子气体 $C_p=\frac{5}{2}R$. 常将比值 C_p/C_V 缩写为 γ，单原子气体 $\gamma=5/3$.

对于双原子(或线性多原子)气体，除三个自由度的平动能外，尚有两个自由度的转动能，每摩尔的内能为

$$\overline{E} = \overline{E}_t + \overline{E}_r = \frac{3}{2}RT + \frac{2}{2}RT = \frac{5}{2}RT;$$

每个转动自由度的平均能量与一个平动自由度的平均能量近似相等，这将在以后证明. 所以 $C_V=\frac{5}{2}R$，$C_p=\frac{7}{2}R$，$\gamma=7/5$.

对于非线性多原子气体，除三个平动自由度外，尚有三个转动自由度，所以 $\overline{E}=\overline{E}_t+\overline{E}_r=\frac{3}{2}RT+\frac{3}{2}RT=3RT$，有 $C_V=3R$，$C_p=4R$，$\gamma=4/3$. 表 5.1 给出各种气体在压强 p=101 325 Pa 和温度 t=15℃状况下的摩尔热容①.

表 5.1 各种气体的摩尔热容和比热比

气体	C_p	C_V	C_p-C_V	$\gamma=C_p/C_V$
He	20.80	12.47	8.33	1.666
A	20.80	12.47	8.33	1.666
H_2	28.71	20.38	8.33	1.409
N_2	28.96	20.63	8.33	1.405

---

① 国际纯粹物理与应用物理联合会(IUPAP)规定："比(specific)"应当限定意义为"除以质量"，所以本书在一般情况下称为热容而不用比热.

（续表）

气体	C_p	C_V	C_p-C_V	$\gamma=C_p/C_V$
O_2	29.47	21.09	8.37	1.396
CO	29.05	20.68	8.37	1.404
NO	29.30	20.93	8.37	1.400
Cl_2	33.65	24.82	8.83	1.355
CO_2	36.79	28.25	8.54	1.302
N_2O	37.04	28.50	8.54	1.300
H_2S	34.11	25.45	8.66	1.340
SO_2	40.26	31.35	8.92	1.285
NH_3	36.58	27.92	8.66	1.310
CH_4	35.53	27.12	8.41	1.310
C_2H_2	42.90	34.32	8.58	1.250

注：C_p 和 C_V 的单位是 $\mathrm{Jmol^{-1}K^{-1}}$.

5.2 玻尔兹曼方程[①]

5.2.1 玻尔兹曼方程的推导

先讲玻尔兹曼（1872）[②]如何导出确定分布函数 $f(\boldsymbol{x},\boldsymbol{\xi},t)$ 的方程. $f(\boldsymbol{x},\boldsymbol{\xi},t)\mathrm{d}\boldsymbol{x}\mathrm{d}\boldsymbol{\xi}$ 代表 t 时刻处于以位置 $\boldsymbol{x}$ 为中心的 $\mathrm{d}\boldsymbol{x}$ 范围内及以速度 $\boldsymbol{\xi}$ 为中心的 $\mathrm{d}\boldsymbol{\xi}$ 速度范围内的（概然）分子数. 经过 $\mathrm{d}t$ 时间的分子运动，将由位置 $\boldsymbol{x}$ 到 $\boldsymbol{x}+\boldsymbol{\xi}\mathrm{d}t$，并由速度 $\boldsymbol{\xi}$ 到 $\boldsymbol{\xi}+\frac{1}{m}\boldsymbol{F}^{外}\mathrm{d}t$［此处 $\boldsymbol{F}^{外}$ 为分子所受力（外界力或长程力，短程力算在碰撞中），m 为分子质量］，所以如无其他变化，将有

$$f(\boldsymbol{x},\boldsymbol{\xi},t)=f\left(\boldsymbol{x}+\boldsymbol{\xi}\mathrm{d}t,\boldsymbol{\xi}+\frac{\boldsymbol{F}^{外}}{m}\mathrm{d}t,t+\mathrm{d}t\right),$$

即

$$\frac{\partial f}{\partial t}+\boldsymbol{\xi}\cdot\frac{\partial f}{\partial \boldsymbol{x}}+\frac{1}{m}\boldsymbol{F}^{外}\cdot\frac{\partial f}{\partial \boldsymbol{\xi}}=0;$$

或者说，

$$\left(\frac{\partial f}{\partial t}\right)_{运动}=-\boldsymbol{\xi}\cdot\frac{\partial f}{\partial \boldsymbol{x}}-\frac{1}{m}\boldsymbol{F}^{外}\cdot\frac{\partial f}{\partial \boldsymbol{\xi}}$$

---

① 一般参考 L. Boltzmann, *Vorlesungen über Gastheorie*, 2 vols（气体理论讲义）, Leipzig 1896—1898. S. Chapman and T. G. Cowling, *The Mathematical Theory of Non-Uniform Gases*, Cambridge, 2nd ed., 1953. 王竹溪:《统计物理学导论》, 人民教育出版社, 第二版, 1965, 第四章.

② L. Boltzmann, *Wien. Ber.*, **66**(1872), 275; **74**(1876), 503.

为由于分子运动对 $f(\boldsymbol{x},\boldsymbol{\xi},t)$ 引起的增加. 除此而外，由于分子碰撞，将使所考虑的 $(\boldsymbol{\xi},\mathrm{d}\boldsymbol{\xi})$ 这样的分子又增加 $\left(\frac{\partial f}{\partial t}\right)_{\text{碰撞}}$. 所以

$$\frac{\partial f}{\partial t}=\left(\frac{\partial f}{\partial t}\right)_{\text{运动}}+\left(\frac{\partial f}{\partial t}\right)_{\text{碰撞}},$$

或

$$\frac{\partial f}{\partial t}+\boldsymbol{\xi}\cdot\frac{\partial f}{\partial \boldsymbol{x}}+\frac{1}{m}\boldsymbol{F}^{\text{外}}\cdot\frac{\partial f}{\partial \boldsymbol{\xi}}=\left(\frac{\partial f}{\partial t}\right)_{\text{碰撞}}.$$

如只考虑两体碰撞，速度 $\boldsymbol{\xi}$ 与速度 $\boldsymbol{\xi}_1$ 的分子碰撞使分子原来速度为 $\boldsymbol{\xi}$ 者减少多少可如下估计. 按照随分子(原来速度为 $\boldsymbol{\xi}$)平动的观察者看，有原来速度为 $\boldsymbol{\xi}_1$ 的分子以相对速度 $|\boldsymbol{\xi}_1-\boldsymbol{\xi}|$ 打来，在与 $\boldsymbol{\xi}_1-\boldsymbol{\xi}$ 垂直的面元 $\mathrm{d}\sigma=b\mathrm{d}b\mathrm{d}\psi$ 上[b,ψ 为面积中的极坐标，b 常称为碰撞参量，参看图 5.1，图中 OBQ 为相对运动轨道 PQP' 及其渐近线 ABA' 的对称轴；$b=b(\theta,|\boldsymbol{\xi}_1-\boldsymbol{\xi}|)$]，以 $\mathrm{d}\sigma$ 作底，以 $|\boldsymbol{\xi}_1-\boldsymbol{\xi}|\mathrm{d}t$ 作高，这柱中分子都将发生碰撞. 碰撞前 $(\boldsymbol{\xi}_1-\boldsymbol{\xi})$ 沿 AB 方向，碰撞后 $(\boldsymbol{\xi}_1{}'-\boldsymbol{\xi}')$ 沿 BA' 方向. 如令 OB 方向单位矢量为 $\boldsymbol{e}$，则得(看图得 $(\boldsymbol{\xi}_1-\boldsymbol{\xi})\cdot\boldsymbol{e}=-|\boldsymbol{\xi}_1-\boldsymbol{\xi}|\cos\theta<0$)

$$\boldsymbol{\xi}'=\boldsymbol{\xi}+(\boldsymbol{\xi}_1-\boldsymbol{\xi})\cdot\boldsymbol{e}\,\boldsymbol{e},$$
$$\boldsymbol{\xi}_1'=\boldsymbol{\xi}_1-(\boldsymbol{\xi}_1-\boldsymbol{\xi})\cdot\boldsymbol{e}\,\boldsymbol{e}.$$

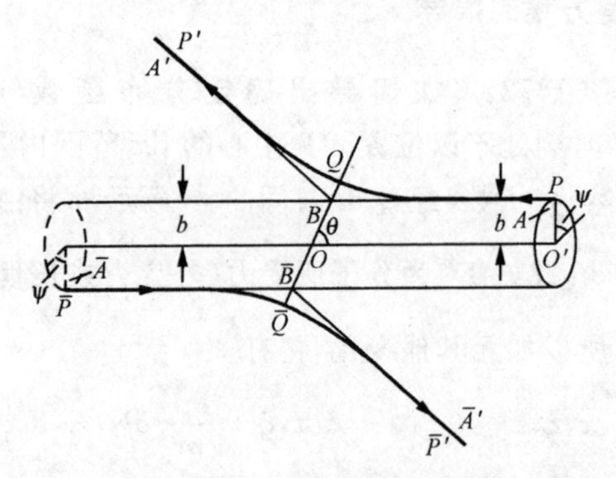

图 5.1 两分子的碰撞(力心点模型)

玻尔兹曼推导方程时作了分子混沌性假设，即已知有一分子挨打并不影响来打的分子的分布函数；并且忽略挨打分子与来打分子位置的细小差别对分布函数的影响，这位置差别约为分子直径量级. 所以打来的分子总数为将上述柱的体积

$$\mathrm{d}\sigma\,|\boldsymbol{\xi}_1-\boldsymbol{\xi}|\,\mathrm{d}t$$

乘以分子数密度 $f(\boldsymbol{x},\boldsymbol{\xi}_1,t)\,\mathrm{d}\boldsymbol{\xi}_1$，并对 $\boldsymbol{\xi}_1$ 积分. 除以 $\mathrm{d}t$ 并乘以挨打的分子分布得

$$\left(\frac{\partial f(\boldsymbol{x},\boldsymbol{\xi},t)}{\partial t}\right)_{\text{碰出}}\mathrm{d}\boldsymbol{\xi}=\left\{\iint\mathrm{d}\sigma\,|\boldsymbol{\xi}_1-\boldsymbol{\xi}|\,f(\boldsymbol{x},\boldsymbol{\xi}_1,t)\,\mathrm{d}\boldsymbol{\xi}_1\right\}f(\boldsymbol{x},\boldsymbol{\xi},t)\mathrm{d}\boldsymbol{\xi}.$$

设两分子间力为有心力，则从图中对称性看出速度 $\boldsymbol{\xi}_1'$ 的分子与速度 $\boldsymbol{\xi}'$ 的分子

碰撞后得到速度 $\boldsymbol{\xi}$ 的分子，这时$\overline{OB}$方向单位矢量为 $\bar{\boldsymbol{e}}=-\boldsymbol{e}$. 注意$|\boldsymbol{\xi}_1'-\boldsymbol{\xi}'|=|\boldsymbol{\xi}_1-\boldsymbol{\xi}|$，并且

$$\mathrm{d}\boldsymbol{\xi}_1'\mathrm{d}\boldsymbol{\xi}' = \left|\frac{\partial(\boldsymbol{\xi}_1',\boldsymbol{\xi}')}{\partial(\boldsymbol{\xi}_1,\boldsymbol{\xi})}\right|\mathrm{d}\boldsymbol{\xi}_1\mathrm{d}\boldsymbol{\xi} = \mathrm{d}\boldsymbol{\xi}_1\mathrm{d}\boldsymbol{\xi},$$

因为雅可比行列式为-1，在 $\boldsymbol{e}=(0,0,1)$特例下容易得

$$\frac{\partial(\boldsymbol{\xi}_1',\boldsymbol{\xi}')}{\partial(\boldsymbol{\xi}_1,\boldsymbol{\xi})} = \left|\begin{array}{ccc|ccc} 1 & & & 0 & & \\ & 1 & & & 0 & \\ & & 0 & & & 1 \\ \hline 0 & & & 1 & & \\ & 0 & & & 1 & \\ & & 1 & & & 0 \end{array}\right| = -1;$$

从对称有 $\mathrm{d}\sigma'=\mathrm{d}\sigma$，所以得

$$\begin{aligned}&\left(\frac{\partial f(\boldsymbol{x},\boldsymbol{\xi},t)}{\partial t}\right)_{\text{碰进}}\mathrm{d}\boldsymbol{\xi}\\ &= \left\{\iint \mathrm{d}\sigma\,|\boldsymbol{\xi}_1-\boldsymbol{\xi}|\,f(\boldsymbol{x}_1,\boldsymbol{\xi}_1{}',t)f(\boldsymbol{x},\boldsymbol{\xi}',t)\,\mathrm{d}\boldsymbol{\xi}_1\right\}\mathrm{d}\boldsymbol{\xi}.\end{aligned}$$

总计碰撞进来扣去碰撞出去，两侧除去公共因子 $\mathrm{d}\boldsymbol{\xi}$，得

$$\begin{aligned}\left(\frac{\partial f}{\partial t}\right)_{\text{碰撞}} = \iint \mathrm{d}\sigma\,|\boldsymbol{\xi}_1-\boldsymbol{\xi}|\,\{&f(\boldsymbol{x},\boldsymbol{\xi}_1{}',t)\,f(\boldsymbol{x},\boldsymbol{\xi}',t)\\ &-f(\boldsymbol{x},\boldsymbol{\xi}_1,t)\,f(\boldsymbol{x},\boldsymbol{\xi},t)\}\,\mathrm{d}\boldsymbol{\xi}_1.\end{aligned}$$

这样，得到确定 $f(\boldsymbol{x},\boldsymbol{\xi},t)$的微分积分方程（玻尔兹曼方程）：

$$\begin{aligned}&\frac{\partial f}{\partial t}+\boldsymbol{\xi}\cdot\frac{\partial f}{\partial \boldsymbol{x}}+\frac{1}{m}\boldsymbol{F}^{\text{外}}\cdot\frac{\partial f}{\partial \boldsymbol{\xi}}\\ &= \iint\mathrm{d}\sigma\,|\boldsymbol{\xi}_1-\boldsymbol{\xi}|\,\{f(\boldsymbol{x},\boldsymbol{\xi}_1{}',t)\,f(\boldsymbol{x},\boldsymbol{\xi}',t)-f(\boldsymbol{x},\boldsymbol{\xi}_1,t)\,f(\boldsymbol{x},\boldsymbol{\xi},t)\}\mathrm{d}\boldsymbol{\xi}_1;\end{aligned}$$

右侧一个积分号对 $\mathrm{d}\boldsymbol{\xi}_1$ 三重积分，另一个积分号对 $\mathrm{d}\sigma$ 二重积分.

对于带转动的分子的推广见前面所引查普曼和考林的专著.

5.2.2 混合气体的玻尔兹曼方程

上面推导显然可以推广到几种气体的混合. 对每一成分（以附标(i)或(j)标志，$i,j=1,2,\cdots,c$）引入一个分布函数 $f_{(i)}(\boldsymbol{x},\boldsymbol{\xi}_{(i)},t)$，玻尔兹曼方程变为

$$\begin{aligned}&\frac{\partial f_{(i)}}{\partial t}+\boldsymbol{\xi}_{(i)}\cdot\frac{\partial f_{(i)}}{\partial \boldsymbol{x}}+\frac{1}{m_{(i)}}\boldsymbol{F}_{(i)}^{\text{外}}\cdot\frac{\partial f_{(i)}}{\partial \boldsymbol{\xi}_{(i)}}\\ &= \sum_{j=1}^{c}\mathscr{C}(f_{(i)},f_{(j)})\quad (i=1,2,\cdots,c).\end{aligned}$$

右侧包括各种两体碰撞积分

$$\mathscr{C}(f_{(i)},f_{(j)}) = \iint \mathrm{d}\sigma_{(ij)}\,|\boldsymbol{\xi}_{(j)}-\boldsymbol{\xi}_{(i)}|\,\{f_{(j)}(\boldsymbol{x},\boldsymbol{\xi}_{(j)}',t)\,f_{(i)}(\boldsymbol{x},\boldsymbol{\xi}_{(i)}',t)$$

$$-f_{(j)}(\boldsymbol{x},\boldsymbol{\xi}_{(j)},t)\,f_{(i)}(\boldsymbol{x},\boldsymbol{\xi}_{(i)},t)\}\mathrm{d}\boldsymbol{\xi}_{(j)},$$

此处右侧将 $\boldsymbol{\xi}_{1(j)}$ 省写为 $\boldsymbol{\xi}_{(j)}$，当 $j=i$ 时，$\boldsymbol{\xi}_{(j)}$ 指 $\boldsymbol{\xi}_{1(i)}$ 而非 $\boldsymbol{\xi}_{(i)}$. 碰撞积分截面 $\mathrm{d}\sigma_{(ij)}$ 指 $\boldsymbol{\xi}_{(j)}$ 分子打击 $\boldsymbol{\xi}_{(i)}$ 分子者，分子间力采用其相应的有心力.

对于碰撞中满足守恒律

$$\psi_{(i)}+\psi_{(j)}=\psi'_{(i)}+\psi'_{(j)}$$

的量，必然满足恒等式，

$$\sum_{i,j}\int\psi_{(i)}\mathscr{C}(f_{(i)},f_{(i)})\mathrm{d}\boldsymbol{\xi}_{(i)}\equiv 0.$$

譬如，$\psi_{(i)}=m_{(i)}$ 或 $m_{(i)}\boldsymbol{\xi}_{(i)}$ 的任何分量，或 $\frac{1}{2}m_{(i)}\boldsymbol{\xi}_{(i)}^2$，这五个守恒律即碰撞前后质量守恒、动量守恒、能量守恒. 为证明上述恒等式，注意

$$\sum_{(i,j)}\int\psi_{(i)}\mathscr{C}(f_{(i)},f_{(j)})\,\mathrm{d}\boldsymbol{\xi}_{(i)}$$

$$=\sum_{i,j}\iiint\mathrm{d}\sigma_{(ij)}\,\mathrm{d}\boldsymbol{\xi}_{(i)}\,\mathrm{d}\boldsymbol{\xi}_{(j)}\,|\boldsymbol{\xi}_{(j)}-\boldsymbol{\xi}_{(i)}|\,\psi_{(i)}\{f'_{(j)}f'_{(i)}-f_{(j)}f_{(i)}\}.$$

将 $(i)(j)$ 对调，上式又等于同上右侧，但 $\psi_{(i)}$ 换成 $\psi_{(j)}$，所以左侧又可表达为

$$\sum_{i,j}\iiint\mathrm{d}\sigma_{(ij)}\mathrm{d}\boldsymbol{\xi}_{(i)}\,\mathrm{d}\boldsymbol{\xi}_{(j)}\,|\boldsymbol{\xi}_{(j)}-\boldsymbol{\xi}_{(i)}|\,\frac{\psi_{(i)}+\psi_{(j)}}{2}\{f'_{(j)}f'_{(i)}-f_{(j)}f_{(i)}\};$$

现在，再在此右侧中将 $\boldsymbol{\xi}_{(i)},\boldsymbol{\xi}_{(j)}$ 与 $\boldsymbol{\xi}'_{(i)},\boldsymbol{\xi}'_{(j)}$ 对调并注意在有心力作用下

$$\mathrm{d}\sigma'_{(ij)}\,\mathrm{d}\boldsymbol{\xi}'_{(i)}\,\mathrm{d}\boldsymbol{\xi}'_{(j)}\,|\boldsymbol{\xi}'_{(j)}-\boldsymbol{\xi}'_{(i)}|=\mathrm{d}\sigma_{(ij)}\mathrm{d}\boldsymbol{\xi}_{(i)}\mathrm{d}\boldsymbol{\xi}_{(j)}\,|\boldsymbol{\xi}_{(j)}-\boldsymbol{\xi}_{(i)}|.$$

所以右侧又可表达为

$$\sum_{i,j}\iiint\mathrm{d}\sigma_{(ij)}\,\mathrm{d}\boldsymbol{\xi}_{(i)}\,\mathrm{d}\boldsymbol{\xi}_{(j)}\,|\boldsymbol{\xi}_{(j)}-\boldsymbol{\xi}_{(i)}|\,\frac{\psi'_{(i)}+\psi'_{(j)}}{2}\{f_{(j)}f_{(i)}-f'_{(j)}f'_{(i)}\};$$

这样，左侧又可表达为

$$\sum_{i,j}\iiint\mathrm{d}\sigma_{(ij)}\,\mathrm{d}\boldsymbol{\xi}_{(i)}\,\mathrm{d}\boldsymbol{\xi}_{(j)}\,|\boldsymbol{\xi}_{(j)}-\boldsymbol{\xi}_{(i)}|\,\frac{\psi_{(i)}+\psi_{(j)}-\psi'_{(i)}-\psi'_{(j)}}{4}\{f'_{(j)}f'_{(i)}-f_{(j)}f_{(i)}\};$$

根据守恒律，这结果恒等于零，恒等式得证. 但请注意，特别当 $\psi_{(i)}=m_{(i)}$ 时，有恒等式

$$\int\psi_{(i)}\mathscr{C}(f_{(i)}\ f_{(j)})\,\mathrm{d}\boldsymbol{\xi}_{(i)}\equiv 0,$$

这里不必对 i,j 求和，证明只需将 $\boldsymbol{\xi}_{(i)},\boldsymbol{\xi}_{(j)}$ 与 $\boldsymbol{\xi}'_{(i)},\boldsymbol{\xi}'_{(j)}$ 对调即可.

5.2.3 流体力学方程的推导

从玻尔兹曼方程出发，利用上述守恒律，我们可以导出流体力学基本方程.

1. 连续性方程

定义每种成分的分子数密度

$$n_{(i)}(\boldsymbol{x},t)=\int f_{(i)}(\boldsymbol{x},\boldsymbol{\xi}_{(i)},t)\,\mathrm{d}\boldsymbol{\xi}_{(i)}$$

和其质量密度

$$\rho_{(i)}=n_{(i)}m_{(i)}=\int m_{(i)}f_{(i)}\,\mathrm{d}\boldsymbol{\xi}_{(i)}.$$

利用玻尔兹曼方程,有

$$\frac{\partial\rho_{(i)}}{\partial t}=\int m_i\frac{\partial f_{(i)}}{\partial t}\,\mathrm{d}\boldsymbol{\xi}_{(i)}=-\int\Big\{m_i\,\boldsymbol{\xi}_{(i)}\cdot\frac{\partial f_{(i)}}{\partial\boldsymbol{x}}+\boldsymbol{F}_{(i)}^{外}\cdot\frac{\partial f_{(i)}}{\partial\boldsymbol{\xi}_{(i)}}-\sum_{j=1}^{c}m_{(i)}\mathscr{C}(f_{(i)},f_{(j)})\Big\}\,\mathrm{d}\boldsymbol{\xi}_{(i)}.$$

碰撞项积分后恒等于零;外力项积分后亦为零,这是由于 $\boldsymbol{\xi}_{(i)}=\pm\infty$ 积分限处 $f_{(i)}\Longrightarrow0$. 所以定义各种成分的平均速度为

$$\boldsymbol{v}_{(i)}=\rho_{(i)}^{-1}\int m_{(i)}\,\boldsymbol{\xi}_{(i)}f_{(i)}\,\mathrm{d}\boldsymbol{\xi}_{(i)}=n_{(i)}^{-1}\int\boldsymbol{\xi}_{(i)}\,f_{(i)}\,\mathrm{d}\boldsymbol{\xi}_{(i)},$$

便得各种成分的连续方程

$$\frac{\partial\rho_{(i)}}{\partial t}+\nabla\cdot\{\rho_{(i)}\,\boldsymbol{v}_{(i)}\}=m_i\left\{\frac{\partial n_i}{\partial t}+\nabla\cdot n_i\boldsymbol{v}_{(i)}\right\}=0.$$

定义混合气体的密度

$$\rho=\sum_i\rho_{(i)}=\sum_i\int m_{(i)}f_{(i)}\,\mathrm{d}\boldsymbol{\xi}_{(i)},$$

混合气体的质量速度按总动量折合,即

$$\rho\,\boldsymbol{v}=\sum_i\rho_{(i)}\,\boldsymbol{v}_{(i)}=\sum_i\int m_{(i)}\,\boldsymbol{\xi}_{(i)}f_{(i)}\,\mathrm{d}\boldsymbol{\xi}_{(i)},$$

则各种成分的扩散流密度为

$$\boldsymbol{J}_{(i)}=\int m_{(i)}\{\boldsymbol{\xi}_{(i)}-\boldsymbol{v}\}f_{(i)}\,\mathrm{d}\boldsymbol{\xi}_{(i)}=\rho_{(i)}\{\boldsymbol{v}_{(i)}-\boldsymbol{v}\},$$

对所有成分求和有恒等式

$$\sum_i\boldsymbol{J}_{(i)}=\sum_i\int m_{(i)}\{\boldsymbol{\xi}_{(i)}-\boldsymbol{v}\}\,f_{(i)}\,\mathrm{d}\boldsymbol{\xi}_{(i)}\equiv0.$$

所以各成分的连续方程化为

$$\frac{\partial\rho_{(i)}}{\partial t}+\nabla\cdot(\rho_{(i)}\boldsymbol{v})=-\nabla\cdot\boldsymbol{J}_{(i)},$$

右侧项为 (i) 成分的扩散源项. 总的质量守恒方程为

$$\frac{\partial\rho}{\partial t}+\nabla\cdot(\rho\boldsymbol{v})=0.$$

定义各成分的浓度为

$$c_{(i)}=\rho_{(i)}/\rho,$$

则得各成分的扩散方程

$$\rho\left(\frac{\partial}{\partial t}+\boldsymbol{v}\cdot\nabla\right)c_{(i)}=-\nabla\cdot\boldsymbol{J}_{(i)}.$$

2. 运动方程

将玻尔兹曼方程乘以 $m_{(i)}\boldsymbol{\xi}_{(i)}$ 后对 $\mathrm{d}\boldsymbol{\xi}_{(i)}$ 积分并对 i 求和，使右侧碰撞项根据动量守恒满足恒等式为零. 左侧给出

$$\frac{\partial}{\partial t}\sum_i\int m_{(i)}\,\boldsymbol{\xi}_{(i)}f_{(i)}\,\mathrm{d}\boldsymbol{\xi}_{(i)}+\nabla\cdot\sum_i\int m_{(i)}\,\boldsymbol{\xi}_{(i)}\boldsymbol{\xi}_{(i)}f_{(i)}\,\mathrm{d}\boldsymbol{\xi}_{(i)}$$
$$+\sum_i\int\boldsymbol{\xi}_{(i)}\boldsymbol{F}_{(i)}^{外}\cdot\frac{\partial}{\partial\boldsymbol{\xi}_{(i)}}f_{(i)}\,\mathrm{d}\boldsymbol{\xi}_{(i)}=0.$$

外力项分部积分得

$$\int\boldsymbol{\xi}_{(i)}\boldsymbol{F}_{(i)}^{外}\cdot\frac{\partial}{\partial\boldsymbol{\xi}_{(i)}}f_{(i)}\,\mathrm{d}\boldsymbol{\xi}_{(i)}=-\boldsymbol{F}_{(i)}^{外}\int f_{(i)}\,\mathrm{d}\boldsymbol{\xi}_{(i)}=-\boldsymbol{F}_{(i)}^{外}n_{(i)}=-\boldsymbol{X}_{(i)}^{(外)},$$

其中 $\boldsymbol{X}_{(i)}^{(外)}$ 为每单位体积作用在(i)成分上的外力.

又定义应力张量

$$\begin{aligned}\mathsf{P}&=\sum_i\int m_{(i)}(\boldsymbol{\xi}_{(i)}-\boldsymbol{v})(\boldsymbol{\xi}_{(i)}-\boldsymbol{v})f_{(i)}\,\mathrm{d}\boldsymbol{\xi}_{(i)}\\&=\sum_i\int m_{(i)}(\boldsymbol{\xi}_{(i)}-\boldsymbol{v})\boldsymbol{\xi}_{(i)}f_{(i)}\,\mathrm{d}\boldsymbol{\xi}_{(i)}\\&=\sum_i\int m_{(i)}\boldsymbol{\xi}_{(i)}\boldsymbol{\xi}_{(i)}f_{(i)}\,\mathrm{d}\boldsymbol{\xi}_{(i)}-\rho\boldsymbol{v}\boldsymbol{v};\end{aligned}$$

所以有动量方程

$$\frac{\partial}{\partial t}(\rho\,\boldsymbol{v})+\nabla\cdot(\rho\boldsymbol{v}\boldsymbol{v}+\mathsf{P})=\sum_i n_{(i)}\boldsymbol{F}_{(i)}^{外}=\boldsymbol{X}^{外},$$

或运动方程

$$\rho\left(\frac{\partial}{\partial t}+\boldsymbol{v}\cdot\nabla\right)\boldsymbol{v}=-\nabla\cdot\mathsf{P}+\sum_i n_{(i)}\boldsymbol{F}_{(i)}^{外}=-\nabla\cdot\mathsf{P}+\boldsymbol{X}^{外}.$$

3. 能量方程

气体分子的动能密度为

$$\sum_i\int\frac{1}{2}m_{(i)}\boldsymbol{\xi}_{(i)}^2f_{(i)}\,\mathrm{d}\boldsymbol{\xi}_{(i)},$$

可分为流体质量运动的动能密度$\frac{1}{2}\rho\,\boldsymbol{v}^2$与其内能密度 ρe 之和. 这里用 e 表示单位质量的内能，即比内能；所以单位体积的内能

$$\rho e=\sum_i\int\frac{1}{2}\,m_{(i)}\,(\boldsymbol{\xi}_{(i)}-\boldsymbol{v})^2f_{(i)}\,\mathrm{d}\boldsymbol{\xi}_{(i)},$$

后者为各分子相对于质心的动能密度，即是热运动能. 对于理想气体可用以定义动理温度

$$\frac{3}{2}nkT = \rho e = \sum_i \int \frac{1}{2}m_{(i)} (\boldsymbol{\xi}_{(i)} - \boldsymbol{v})^2 f_{(i)} \mathrm{d}\boldsymbol{\xi}_{(i)},$$

此处 $n = \sum_i n_i$ 为总分子数密度(包括各成分). 注意到

$$\frac{1}{2}m_{(i)} (\boldsymbol{\xi}_{(i)} - \boldsymbol{v})^2 = \frac{1}{2}m_{(i)} \boldsymbol{\xi}_{(i)}^2 - \boldsymbol{v} \cdot m_{(i)} \boldsymbol{\xi}_{(i)} + \frac{1}{2}m_{(i)} \boldsymbol{v}^2$$

为守恒量$\frac{1}{2}m_{(i)}\boldsymbol{\xi}_{(i)}^2$,$m_{(i)}\boldsymbol{\xi}_{(i)}$,$m_{(i)}$的线性组合($\boldsymbol{v}$ 给定),所以满足恒等式

$$\sum_i \int \frac{1}{2} m_{(i)} (\boldsymbol{\xi}_{(i)} - \boldsymbol{v})^2 \mathscr{C}(f_{(i)}, f_{(j)}) \mathrm{d}\boldsymbol{\xi}_{(i)} \equiv 0.$$

用$\frac{1}{2}m_{(i)}(\boldsymbol{\xi}_{(i)} - \boldsymbol{v})^2$ 乘玻尔兹曼方程后取 $\sum_i \int \mathrm{d}\boldsymbol{\xi}_{(i)}$,则右侧恒等于零;左侧给出

$$\sum_i \int \frac{1}{2}m_{(i)} (\boldsymbol{\xi}_{(i)} - \boldsymbol{v})^2 \mathrm{d}\boldsymbol{\xi}_{(i)} \left\{\frac{\partial f_{(i)}}{\partial t} + \boldsymbol{\xi}_{(i)} \cdot \frac{\partial f_{(i)}}{\partial \boldsymbol{x}} + \frac{\boldsymbol{F}_{(i)}^{外}}{m_{(i)}} \cdot \frac{\partial}{\partial \boldsymbol{\xi}_{(i)}} f_{(i)}\right\}.$$

关于其对 t 求导数项注意到

$$\begin{aligned}\frac{\partial}{\partial t}(\rho e) &= \frac{\partial}{\partial t}\sum_i \int \frac{1}{2}m_{(i)} (\boldsymbol{\xi}_{(i)} - \boldsymbol{v})^2 f_{(i)} \mathrm{d}\boldsymbol{\xi}_{(i)} \\ &= \sum_i \int \frac{1}{2}m_{(i)} (\boldsymbol{\xi}_{(i)} - \boldsymbol{v})^2 \frac{\partial f_{(i)}}{\partial t} \mathrm{d}\boldsymbol{\xi}_{(i)} \\ &\quad - \frac{\partial \boldsymbol{v}}{\partial t} \cdot \sum_i \int m_{(i)} (\boldsymbol{\xi}_{(i)} - \boldsymbol{v}) f_{(i)} \mathrm{d}\boldsymbol{\xi}_{(i)},\end{aligned}$$

最后,$\frac{\partial \boldsymbol{v}}{\partial t}$的系数为 $\sum_i \boldsymbol{J}_{(i)} \equiv 0$.

外力项经过分部积分后给出

$$-\sum_i J_{(i)} \cdot \frac{\boldsymbol{F}_{(i)}^{外}}{m_{(i)}};$$

而对空间求导数项为

$$\begin{aligned}&\sum_i \int \frac{1}{2}m_{(i)} (\boldsymbol{\xi}_{(i)} - \boldsymbol{v})^2 \boldsymbol{\xi}_{(i)} \cdot \frac{\partial f_{(i)}}{\partial \boldsymbol{x}} \mathrm{d}\boldsymbol{\xi}_{(i)} \\ &= \nabla \cdot \left\{\sum_i \int \frac{1}{2}m_{(i)} (\boldsymbol{\xi}_{(i)} - \boldsymbol{v})^2 \boldsymbol{\xi}_{(i)} f_{(i)} \mathrm{d}\boldsymbol{\xi}_{(i)}\right\} \\ &\quad + \nabla \boldsymbol{v} : \sum_i \int m_{(i)} (\boldsymbol{\xi}_{(i)} - \boldsymbol{v}) \boldsymbol{\xi}_{(i)} f_{(i)} \mathrm{d}\boldsymbol{\xi}_{(i)},\end{aligned}$$

右侧后一项为 $\nabla \boldsymbol{v} : P$,前一项为

$$\nabla \cdot \{(\rho e)\boldsymbol{v} + \boldsymbol{J}_q\},$$

其中热流 $\boldsymbol{J}_q$ 为

$$\boldsymbol{J}_q = \sum_i \int \frac{1}{2}m_{(i)} (\boldsymbol{\xi}_{(i)} - \boldsymbol{v})^2 (\boldsymbol{\xi}_{(i)} - \boldsymbol{v}) f_{(i)} \mathrm{d}\boldsymbol{\xi}_{(i)}.$$

所以,有能量方程:

$$\frac{\partial}{\partial t}(\rho e)+\nabla\cdot\{(\rho e)\boldsymbol{v}+\boldsymbol{J}_q\}+\mathsf{P}:\nabla\boldsymbol{v}=\sum_i\boldsymbol{J}_{(i)}\cdot\boldsymbol{F}^{外}_{(i)}/m_{(i)},$$

或

$$\rho\left(\frac{\partial}{\partial t}+\boldsymbol{v}\cdot\nabla\right)e=-\nabla\cdot\boldsymbol{J}_q-\mathsf{P}:\nabla\boldsymbol{v}+\sum_i J_{(i)}\cdot\boldsymbol{F}^{外}_{(i)}/m_{(i)}.$$

以上根据守恒律推导的流体力学方程(能量方程,动量方程及质量方程和扩散方程)的形式,即使不限于两体碰撞,也依然正确(因为碰撞项的贡献靠守恒律抵消为零). 单一成分的流体 $\boldsymbol{J}_{(i)}=0$(从 $\sum_i\boldsymbol{J}_{(i)}\equiv 0$ 看出),而 $\sum_i n_{(i)}\boldsymbol{F}^{外}_{(i)}=\boldsymbol{X}^{外}$(外力密度,单位体积所受的外力).

4. 熵平衡方程

在动理论中定义熵密度 ρs(单位体积的熵用 ρs 表示,则 s 表示单位质量的熵,即比熵)如下:

$$\rho s=-k\sum_i\int f_{(i)}[\ln(f_{(i)}\Delta_{(i)})-1]\mathrm{d}\boldsymbol{\xi}_{(i)}.$$

更确切地讲,此熵为动理熵,又熵中常量不固定的为相对熵. 此处 k 为玻尔兹曼常量,与熵的单位相同,而 $f_{(i)}\mathrm{d}\boldsymbol{\xi}_{(i)}$ 的量纲为体积的倒数. 为使 ln 中 $f_{(i)}\Delta_{(i)}$ 无量纲,$\Delta_{(i)}$ 是个常量,可以依赖于 $m_{(i)}$,带有量纲以抵消 $f_{(i)}$ 之量纲.(例如 $\Delta_{(i)}\propto h^3/m^3_{(i)}$(比例系数须待绝对熵值才能定,相对熵差个常量),此处 h 为普朗克常量,量子力学中的普适常量,具有量纲[长度]^2[质量][时间]$^{-1}$,所以 $h/m_{(i)}$ 的量纲为[长度][速度],$\Delta_{(i)}$ 的量纲为[长度]^3[速度]^3,使 $f_{(i)}\Delta_{(i)}$ 无量纲了.)注意到

$$\frac{\mathrm{d}}{\mathrm{d}f}\{f[\ln(f\Delta)-1]\}=\ln(f\Delta),$$

所以

$$\frac{\partial(\rho s)}{\partial t}=-k\sum_i\int\ln(f_{(i)}\Delta_{(i)})\frac{\partial f_{(i)}}{\partial t}\mathrm{d}\boldsymbol{\xi}_{(i)};$$

将玻尔兹曼方程代入右侧:

$$\begin{aligned}\frac{\partial(\rho s)}{\partial t}&=k\sum_i\int\left\{\ln(f_{(i)}\Delta_{(i)})\left[\boldsymbol{\xi}_{(i)}\cdot\frac{\partial f_{(i)}}{\partial\boldsymbol{x}}+\frac{1}{m_{(i)}}\boldsymbol{F}^{外}_{(i)}\cdot\frac{\partial f_{(i)}}{\partial\boldsymbol{\xi}_{(i)}}\right.\right.\\&\qquad\left.\left.-\sum_j\mathscr{C}(f_{(i)},f_{(j)})\right]\right\}\mathrm{d}\boldsymbol{\xi}_{(i)}\\&=k\sum_i\int\left\{\boldsymbol{\xi}_{(i)}\cdot\frac{\partial}{\partial\boldsymbol{x}}\left[f_{(i)}[\ln(f_{(i)}\Delta_{(i)})-1]\right.\right.\\&\qquad\left.\left.+\frac{\boldsymbol{F}^{外}_{(i)}}{m_{(i)}}\cdot\frac{\partial}{\partial\boldsymbol{\xi}_{(i)}}[f_{(i)}\ln(f_{(i)}\Delta_{(i)})-1]\right]\right\}\mathrm{d}\boldsymbol{\xi}_{(i)}\end{aligned}$$

$$-k\sum_{i,j}\int\{\ln(f_{(i)}\Delta_{(i)})\}\mathscr{C}(f_{(i)},f_{(j)})\mathrm{d}\boldsymbol{\xi}_{(i)}.$$

右侧第一项中分 $\boldsymbol{\xi}_{(i)}$ 为 $\boldsymbol{v}$ 与 $\boldsymbol{\xi}_{(i)}-\boldsymbol{v}$ 之和,并定义熵流密度为

$$\boldsymbol{J}_s=-k\sum_{i}\int(\boldsymbol{\xi}_{(i)}-\boldsymbol{v})f_{(i)}[\ln(f_{(i)}\Delta_{(i)})-1]\mathrm{d}\boldsymbol{\xi}_{(i)},$$

则右侧第一项可写为

$$-\nabla\cdot(\rho s\boldsymbol{v}+\boldsymbol{J}_s).$$

右侧第二项带外力项为对 $\boldsymbol{\xi}_{(i)}$ 的全微分,积分结果为 0. 所以得熵平衡方程:

$$\frac{\partial(\rho s)}{\partial t}+\nabla\cdot(\rho s\boldsymbol{v}+\boldsymbol{J}_s)=\sigma;$$

右侧熵源 σ 即是

$$\sigma=-k\sum_{i,j}\int\{\ln(f_{(i)}\Delta_{(i)})\}\mathscr{C}(f_{(i)},f_{(j)})\mathrm{d}\boldsymbol{\xi}_{(i)}.$$

按前面证明守恒量的恒等式同样办法,取 $\{\ln(f_{(i)}\nabla_{(i)})\}$ 作 $\psi_{(i)}$(但注意这个 $\psi_{(i)}$ 不守恒),得(参见 118 页)

$$\sigma=-k\sum_{i,j}\iiint\mathrm{d}\sigma_{(ij)}\,\mathrm{d}\boldsymbol{\xi}_{(i)}\mathrm{d}\boldsymbol{\xi}_{(j)}\,|\boldsymbol{\xi}_{(j)}-\boldsymbol{\xi}_{(i)}|$$
$$\times\frac{1}{4}\ln\left(\frac{f_{(i)}f_{(j)}}{f'_{(i)}f'_{(j)}}\right)(f'_{(j)}f'_{(i)}-f_{(j)}f_{(i)});$$

熵源的量纲是[熵]/[体积][时间]. 利用不等式 $(a-b)\ln\dfrac{a}{b}\geqslant0$,知 $\sigma\geqslant0$,即熵源总是正或零. 这不等式常称为玻尔兹曼的 H 定理[①]. 玻尔兹曼用 H 代表 $\int f\ln f\mathrm{d}\boldsymbol{\xi}$ 函数,与我们这里的熵符号相反(还有常量 Δ 和乘子 k 的差别). 所以,H 定理说 H 的变化 $\Delta H\leqslant0$. 这定理可以推广到非有心力两体碰撞以及三体碰撞等其他过程[②](见习题 5.4 和 5.5). 更普遍的推广(不用每个分子的分布函数,而用整个气体或任何保守的力学系统的分布函数,即其系综的概率密度)则需要采用系综的粗粒密度的概念[③]将熵平衡方程对区域积分,由于 H 定理即熵源永远为正,得区域中的熵(包括流出去者在内)总是随时间增加(普遍熵增加定理).

显然,熵源在而且只在 $f_{(i)}f_{(j)}=f_{(i')}f_{(j')}$ 时为零. 这时所有碰撞积分分别为零,$\mathscr{C}(f_{(i)},f_{(j)})=0$,即 $i+j\rightarrow i'+j'$ 和 $i'+j'\rightarrow i+j$ 细致平衡.

---

① L. Boltzmann, *Wien. Ber.*, **66**(1872), 275; **72**(1875), 427.

② 参考 R. C. Tolman, *The Principles of Statistical Mechanics*, § 48.

③ 见 Tolman, 同上, § 51, 王竹溪:《统计物理学导论》, § 40 转述.

5.3 局部热力学平衡解①②

5.3.1 玻尔兹曼方程的逐级近似求解

我们先估计玻尔兹曼方程两侧的相对数量级. 微分侧以$\boldsymbol{\xi}\cdot\dfrac{\partial f}{\partial \boldsymbol{x}}$为例,数量级为$\xi f/L$($L$代表$f$在空间变化的尺度);积分侧以$-\iint \mathrm{d}\sigma|\boldsymbol{\xi}_1-\boldsymbol{\xi}|f_1 f\mathrm{d}\boldsymbol{\xi}_1$为例,数量级为$\xi f/\lambda$,此处$\int\mathrm{d}\sigma\sim\pi s^2$($s$表示分子直径大小),$\int f_1\mathrm{d}\boldsymbol{\xi}_1\sim n$(分子数密度),而$\lambda\sim\dfrac{1}{n\pi s^2}$为分子自由程数量级. 正常密度的气体,$n\sim10^{25}/\mathrm{m}^3$,$s\gtrsim10^{-10}\,\mathrm{m}$,所以$\lambda\lesssim10^{-5}\,\mathrm{m}$;依

$\dfrac{1}{L}\gg$(或$\ll$)$\dfrac{1}{\lambda}$,方程中微分(或积分)侧为主,区别

(i) $\lambda\gg L$,情况为稀薄气体,碰撞作为修正;

(ii) $\lambda\ll L$,情况为一般气体,碰撞频繁,使得气体容易达到局部热动平衡. 我们下面讨论后一种情况.

形象地写玻尔兹曼方程为

$$\mathscr{C}(f,f)=\mathscr{F}(f),$$

其中积分项$\mathscr{C}(f,f)$中f出现两次,而微分项$\mathscr{F}(f)$中f出现一次,而数量级相对讲,

$$\mathscr{C}:\mathscr{F}\approx\frac{1}{\lambda}:\frac{1}{L}.$$

所以,设想f对小参量$\dfrac{\lambda}{L}$展开,

$$f=f^{(0)}+f^{(1)}+f^{(2)}+\cdots,$$

相对数量级

$$f^{(r)}:f^{(0)}=(\lambda/L)^r,$$

则比较

---

① S. Chapman, *Phil. Trans. Roy. Soc.* (London), **A216**(1916), 279; **A217**(1917), 115. D. Enskog, *Phys. Zeit.*, **12**(1911), 56, 533; Dissertation, Uppsala, 1917; *Svensk. Vet. Arkiv. f. Mat. Ast. och Fys.*, **16**(1921), 1; *Svensk. Akad. Handl.*, **63**, no. 4(1922).

② S. Chapman, T. G. Cowling, 见上节所引书. 王竹溪, 见上节所引书.

$$
\begin{aligned}
\mathscr{C}(f,f)=\mathscr{C}(f^{(0)},f^{(0)}) & \\
+\mathscr{C}(f^{(0)},f^{(1)})+\mathscr{C}(f^{(1)},f^{(0)}) & \\
+\mathscr{C}(f^{(0)},f^{(2)})+2\mathscr{C}(f^{(1)},f^{(1)}) & \\
+\mathscr{C}(f^{(2)},f^{(0)}) & \\
+\cdots &
\end{aligned}
\qquad\Bigg|\qquad
\begin{aligned}
\mathscr{F}(f)=0 & \\
+\mathscr{F}(f^{(0)}) & \\
+\mathscr{F}(f^{(1)}) & \\
& \\
+\cdots &
\end{aligned}
$$

两侧取同样的数量级,得多成分气体的逐级近似方程组系列如下:

$$
\sum_{j=1}^{c}\mathscr{C}(f_i^{(0)},f_j^{(0)})=0 \quad (i=1,2,\cdots,c),
$$

$$
\sum_{j=1}^{c}\{\mathscr{C}(f_i^{(0)},f_j^{(1)})+\mathscr{C}(f_i^{(1)},f_j^{(0)})\}
$$

$$
=\left(\frac{\partial}{\partial t}+\boldsymbol{\xi}_i\cdot\frac{\partial}{\partial \boldsymbol{x}}+\frac{\boldsymbol{F}_i^{外}}{m_i}\cdot\frac{\partial}{\partial \boldsymbol{\xi}_i}\right)f_i^{(0)} \quad (i=1,2,\cdots,c),
$$

等等,要逐级求解这些积分微分方程组.零级近似是非线性积分方程组;高于零级和各级积分方程都是线性的,因为求解 $f_i^{(l+1)}$ 时,$f_i^{(0)},\cdots,f_i^{(l)}$ 均已知.

5.3.2 零级近似解

首先求零级近似的非线性积分方程组的解.对每个方程乘以 $\ln f_i^{(0)}\mathrm{d}\boldsymbol{\xi}_i$,积分后对 $i=1,2,\cdots,c$ 求和(为了方便,以后的求和号 $\sum_i\equiv\sum_{i=1}^{c}$,$\sum_{i,j}\equiv\sum_{i=1}^{c}\sum_{j=1}^{c}$),结果得到:

$$
\sum_{i,j}\int \ln f_i^{(0)}\,\mathscr{C}(f_i^{(0)},f_j{}^{(0)})\mathrm{d}\boldsymbol{\xi}_i=0,
$$

即(参见 123 页)

$$
\frac{1}{4}\sum_{i,j}\iiint \mathrm{d}\sigma_{(ij)}\,\mathrm{d}\boldsymbol{\xi}_i\,\mathrm{d}\boldsymbol{\xi}_j\,|\boldsymbol{\xi}_j-\boldsymbol{\xi}_i|\,\ln\frac{f_i^{(0)}f_j^{(0)}}{f_i^{(0)\prime}f_j^{(0)\prime}}\{f_j^{(0)\prime}f_i^{(0)\prime}-f_j^{(0)}f_i^{(0)}\}=0.
$$

这里左侧每个积分项$\leqslant 0$,所以每个积分项都必须同时为 0,即

$$
\ln f_i^{(0)}+\ln f_j^{(0)}=\ln f_i^{(0)\prime}+\ln f_j^{(0)\prime} \quad (i,j=1,2,\cdots,c).
$$

考虑到 $\psi_{(i)}=m_{(i)}\boldsymbol{\xi}_{(i)}$,$\frac{1}{2}m_{(i)}\boldsymbol{\xi}_{(i)}^2$ 和 $1_{(i)}$(这时不用求和)碰撞时加性守恒,所以

$$
\ln f_i^{(0)}=\boldsymbol{\alpha}\cdot m_i\boldsymbol{\xi}_i+\beta\frac{1}{2}m_i\boldsymbol{\xi}_i^2+\gamma_{(i)},
$$

或

$$
f_i^{(0)}=n_i\left(\frac{m_i}{2\pi kT}\right)^{3/2}\exp\left\{-\frac{m_i(\boldsymbol{\xi}_i-\boldsymbol{v})^2}{2kT}\right\},
$$

$$
f_i^{(0)}\Delta_i=\exp\left\{\frac{m_i}{kT}\left(\mu_i^{(0)}-\frac{1}{2}\tilde{\boldsymbol{\xi}}_i^2\right)\right\},
$$

其中 $\tilde{\boldsymbol{\xi}}_i \equiv \boldsymbol{\xi}_i - \boldsymbol{v}$. 注意 $\gamma_{(i)}$ 可以依赖于(i)，而 $\boldsymbol{\alpha}, \beta$ 则不能随(i)变，这是因为 $\int 1_{(i)} \mathscr{C}(f_i^{(0)}, f_j^{(0)}) \mathrm{d}\boldsymbol{\xi}_i \equiv 0$ 不必对(i)求和而 $\sum_i \int \psi_i \mathscr{C}(f_i^{(0)}, f_j^{(0)}) \mathrm{d}\boldsymbol{\xi}_i \equiv 0$ 需要对(i)求和. 到零级近似，细致平衡成立，熵源为零.

注意 $f_i^{(0)}$ 中 $n_i(\boldsymbol{x},t)$，$\boldsymbol{v}(\boldsymbol{x},t)$和 $T(\boldsymbol{x},t)$的物理意义，可从以下积分看出：

$$\int f_i^{(0)} \mathrm{d}\boldsymbol{\xi}_i = n_i;\text{故 } \rho_i = n_i m_i, \quad \rho = \sum_i \rho_i = \sum_i \int m_i f_i^{(0)} \mathrm{d}\boldsymbol{\xi}_i;$$

$$\sum_i \int m_i \boldsymbol{\xi}_i f_i^{(0)} \mathrm{d}\boldsymbol{\xi}_i = \rho \boldsymbol{v}, \quad \text{故} \quad \sum_i \int m_i \tilde{\boldsymbol{\xi}}_i f_i^{(0)} \mathrm{d}\tilde{\boldsymbol{\xi}}_i = 0;$$

$$\rho e^{(0)} = \sum_i \int \frac{1}{2} m_i \tilde{\boldsymbol{\xi}}_i^2 f_i^{(0)} \mathrm{d}\tilde{\boldsymbol{\xi}}_i = \frac{3}{2} \sum_i n_i k T = \frac{3}{2} n k T, \quad n = \sum_i n_i;$$

即 $\boldsymbol{v}$ 为流体的质量速度，T 为温度，而 n_i 为 i 成分的分子数密度，ρ_i 为 i 成分的质量密度. 可以定义 $c_i = \rho_i / \rho$(i 成分的质量分数，有恒等式 $\sum_i c_i \equiv 1$).

零级近似下，应力张量 $\mathsf{P}^{(0)}$ 只有对角分量为压强 p，非对角分量均为零；因为

$$\mathsf{P}^{(0)} = \sum_i \int m_i \tilde{\boldsymbol{\xi}}_i \tilde{\boldsymbol{\xi}}_i f_i^{(0)} \mathrm{d}\tilde{\boldsymbol{\xi}}_i = \frac{1}{3} \mathsf{1} \sum_i \int m_i \tilde{\boldsymbol{\xi}}_i^2 f_i^{(0)} \mathrm{d}\tilde{\boldsymbol{\xi}}_i$$

$$= \sum_i n_i k T \mathsf{1} = n k T \mathsf{1} = p \mathsf{1} = \sum_i p_i \mathsf{1},$$

其中

$$p = \sum_i p_i$$

是道尔顿分压定律(1801)，p_i 是分压强，

$$p_i = n_i k T.$$

零级近似下扩散流密度 $\boldsymbol{J}_{(i)}^{(0)}$ 和热流 $\boldsymbol{J}_q$ 均为零，因为

$$\boldsymbol{J}_{(i)}^{(0)} = \int m_i \tilde{\boldsymbol{\xi}}_i f_i^{(0)} \mathrm{d}\tilde{\boldsymbol{\xi}}_i = 0,$$

$$\boldsymbol{J}_q^{(0)} = \sum_i \int \frac{m_i}{2} \tilde{\boldsymbol{\xi}}_i^2 \tilde{\boldsymbol{\xi}}_i f_i^{(0)} \mathrm{d}\tilde{\boldsymbol{\xi}}_i = 0.$$

现在来计算零级近似下的熵密度：

$$\rho s^{(0)} = -k \sum_i \int f_i^{(0)} [\ln(f_i^{(0)} \Delta_i) - 1] \mathrm{d}\boldsymbol{\xi}_i$$

$$= -k \sum_i \int f_i^{(0)} \left(\frac{m_i \mu_i^{(0)}}{kT} - \frac{m_i}{2} \frac{\tilde{\boldsymbol{\xi}}_i^2}{kT} - 1 \right) \mathrm{d}\tilde{\boldsymbol{\xi}}_i;$$

令

$$\sum_i \rho_i \mu_i^{(0)} \equiv \rho \mu^{(0)},$$

又有

$$\sum_i \int \frac{m_i}{2}\tilde{\boldsymbol{\xi}}_i^2 f_i^{(0)} \mathrm{d}\tilde{\boldsymbol{\xi}}_i = \rho e^{(0)},$$

$$\sum_i \int f_i^{(0)} \mathrm{d}\tilde{\boldsymbol{\xi}}_i = \sum_i n_i = p/kT,$$

则

$$\rho s^{(0)} = -\frac{\rho\mu^{(0)}}{T} + \frac{\rho e^{(0)} + p}{T} = \frac{\rho(h^{(0)} - \mu^{(0)})}{T},$$

其中 $h^{(0)}$,$e^{(0)}$ 分别是比焓和比内能，即单位质量的焓和内能；

$$h^{(0)} = e^{(0)} + p\left(\frac{1}{\rho}\right), \quad \rho e^{(0)} = \frac{3}{2}nkT, \quad \rho h^{(0)} = \frac{5}{2}nkT.$$

可以看出

$$\mu^{(0)} = h^{(0)} - Ts^{(0)} = e^{(0)} + p\left(\frac{1}{\rho}\right) - Ts^{(0)},$$

它与(每单位质量混合气体的)吉布斯自由能相合,称为化学势,并且

$$\mu^{(0)} = \sum_i c_i \mu_i^{(0)},$$

$\mu_i^{(0)}$ 称为 i 成分的化学势;注意 μ 按单位质量,所以 c_i 为质量分数. 从 $f_i^{(0)}\Delta_i$ 可求得 $\mu_i^{(0)}$(Δ_i 取为 h^3/m_i^3):

$$\frac{m_i\mu_i^{(0)}}{kT} = \ln\left[n_i\Delta_i\left(\frac{m_i}{2\pi kT}\right)^{3/2}\right] = \ln\left[n_i\left(\frac{h^2}{2\pi m_i kT}\right)^{3/2}\right].$$

5.3.3 一级近似解

现在来求一级近似方程的解. 一级近似的积分方程为

$$\sum_j \iint \mathrm{d}\sigma_{ij}\,\mathrm{d}\boldsymbol{\xi}_j\,|\boldsymbol{\xi}_j - \boldsymbol{\xi}_i|\,\{f_j^{(1)'} f_i^{(0)'} + f_j^{(0)'} f_i^{(1)'} - f_j^{(1)} f_i^{(0)} - f_j^{(0)} f_i^{(1)}\}$$

$$= \left(\frac{\partial}{\partial t} + \boldsymbol{\xi}_i \cdot \frac{\partial}{\partial \boldsymbol{x}} + \frac{\boldsymbol{F}_i^{外}}{m_i} \cdot \frac{\partial}{\partial \boldsymbol{\xi}_i}\right) f_i^{(0)} \quad (i = 1, 2, \cdots, c).$$

这是非齐次方程，但显然可以看出相应的齐次方程有如下形式的非零解，即：

$$f_i^{(1)} = f_i^{(0)}\psi_i;$$

而

$$\psi_i = 1_i, m_i\boldsymbol{\xi}_i, \frac{m_i}{2}\boldsymbol{\xi}_i^2;$$

或重新线性组合,可取

$$\psi_i = 1_i, m_i\tilde{\boldsymbol{\xi}}_i, \frac{m_i}{2}\tilde{\boldsymbol{\xi}}_i^2;$$

因为,将这代入左侧,并注意到 $f_j^{(0)'} f_i^{(0)'} = f_j^{(0)} f_i^{(0)}$,左侧中{}部分变为

$$\{\ \} = f_j^{(0)} f_i^{(0)} [\psi_j' + \psi_i' - \psi_j - \psi_i] = 0.$$

根据希尔伯特关于线性方程的定理[①]，当齐次方程有非零解时，非齐次方程一般无解，除非非齐次项满足有解条件；这时解又带有任意性，即带有齐次方程的任意解. 这里，有解条件为

$$\int \mathrm{d}\boldsymbol{\xi}_i 1_i \text{ 或} \sum_i \int \mathrm{d}\boldsymbol{\xi}_i\, m_i \tilde{\boldsymbol{\xi}}_i \text{ 或} \sum_i \int \mathrm{d}\boldsymbol{\xi}_i \frac{m_i}{2} \tilde{\boldsymbol{\xi}}_i^2,$$

作用于积分方程右侧

$$\left(\frac{\partial}{\partial t} + \boldsymbol{\xi}_i \cdot \frac{\partial}{\partial \boldsymbol{x}} + \frac{\boldsymbol{F}_i^{外}}{m_i} \cdot \frac{\partial}{\partial \boldsymbol{\xi}_i}\right) f_i^{(0)}$$

时结果为零. 这些有解条件也可以直接从积分方程左侧经过如上作用后恒等于零看出. 这些有解条件即表示，$f_i^{(0)}$ 中的 $n_i, \boldsymbol{v}, T$ 作为 $\boldsymbol{x}, t$ 的函数，必须满足流体力学方程；对于一级近似的积分方程而言，必须满足流体力学方程的零级近似. 在上节得到的流体力学方程中取零级近似：

$$\boldsymbol{P}^{(0)} = p\boldsymbol{1}, \quad \boldsymbol{J}_q^{(0)} = 0, \quad \boldsymbol{J}_i^{(0)} = 0 \quad (i = 1, 2, \cdots, c),$$

即多成分的欧拉方程：

$$\frac{\partial}{\partial t} n_i + \frac{\partial}{\partial \boldsymbol{x}} \cdot (n_i \boldsymbol{v}) = 0 \quad (i = 1, 2, \cdots, c),$$

$$\frac{\partial}{\partial t}(\rho \boldsymbol{v}) + \frac{\partial}{\partial \boldsymbol{x}} \cdot (\rho \boldsymbol{v}\boldsymbol{v}) + \frac{\partial}{\partial \boldsymbol{x}} p = \sum_i n_i \boldsymbol{F}_i^{外},$$

$$\frac{\partial}{\partial t}(\rho e^{(0)}) + \frac{\partial}{\partial \boldsymbol{x}} \cdot (\rho e^{(0)} \boldsymbol{v}) + p \frac{\partial}{\partial \boldsymbol{x}} \cdot \boldsymbol{v} = 0.$$

从各成分的分子数守恒可得各成分的质量守恒：

$$\frac{\partial}{\partial t} \rho_i + \frac{\partial}{\partial \boldsymbol{x}} \cdot (\rho_i \boldsymbol{v}) = 0 \quad (i = 1, 2, \cdots, c),$$

其中 $\rho_i = n_i m_i$. 对各成分求和分别得总分子数和总质量守恒：

$$\frac{\partial n}{\partial t} + \frac{\partial}{\partial \boldsymbol{x}} \cdot (n \boldsymbol{v}) = 0, \quad n = \sum_i n_i,$$

$$\frac{\partial \rho}{\partial t} + \frac{\partial}{\partial \boldsymbol{x}} \cdot (\rho \boldsymbol{v}) = 0, \quad \rho = \sum_i \rho_i.$$

引入流体力学随体导数

$$\frac{\mathrm{D}}{\mathrm{D}t} = \frac{\partial}{\partial t} + \boldsymbol{v} \cdot \frac{\partial}{\partial \boldsymbol{x}},$$

则有

$$\frac{\mathrm{D}\ln n_i}{\mathrm{D}t} = \frac{\mathrm{D}\ln \rho_i}{\mathrm{D}t} = \frac{\mathrm{D}\ln n}{\mathrm{D}t} = \frac{\mathrm{D}\ln \rho}{\mathrm{D}t} = -\frac{\partial}{\partial \boldsymbol{x}} \cdot \boldsymbol{v}.$$

---

① D. Hilbert, *Math. Ann.*, **72**(1912), 562; *Grundzüge einer allgemeinen Theorie der linearen Integralgleichungen*（线性积分方程一个普遍理论的要点），Teubner, Leipzig, 1912, p. 270.

利用质量守恒,则动量和能量守恒可化为

$$\frac{\mathrm{D}\boldsymbol{v}}{\mathrm{D}t}=\frac{1}{\rho}\Big[\sum_i n_i\boldsymbol{F}_i^{外}-\frac{\partial}{\partial \boldsymbol{x}}p\Big],$$

$$\frac{\mathrm{D}e^{(0)}}{\mathrm{D}t}=-\frac{p}{\rho}\frac{\partial}{\partial \boldsymbol{x}}\cdot\boldsymbol{v}\quad 即\quad \frac{\mathrm{D}\ln T}{\mathrm{D}t}=-\frac{2}{3}\frac{\partial}{\partial \boldsymbol{x}}\cdot\boldsymbol{v},$$

最后一式代入了 $e^{(0)}=\frac{3}{2}\frac{n}{\rho}kT$ 和 $\frac{p}{\rho}=\frac{n}{\rho}kT$,并且注意到有 $\frac{\mathrm{D}}{\mathrm{D}t}\left(\frac{n}{\rho}\right)=0$. 利用这些方程,在一级近似积分方程右侧非齐次项变为

$$\begin{aligned}
&f_i^{(0)}\left(\frac{\partial}{\partial t}+\boldsymbol{\xi}_i\cdot\frac{\partial}{\partial \boldsymbol{x}}+\frac{\boldsymbol{F}_i^{外}}{m_i}\cdot\frac{\partial}{\partial \boldsymbol{\xi}_i}\right)\ln f_i^{(0)}\\
&\quad=f_i^{(0)}\left(\frac{\partial}{\partial t}+\boldsymbol{\xi}_i\cdot\frac{\partial}{\partial \boldsymbol{x}}+\frac{\boldsymbol{F}_i^{外}}{m_i}\cdot\frac{\partial}{\partial \boldsymbol{\xi}_i}\right)\Big[\ln(n_iT^{-3/2})-\frac{m_i}{2kT}(\boldsymbol{\xi}_i-\boldsymbol{v})^2\Big]\\
&\quad=f_i^{(0)}\Big\{\left(\frac{\mathrm{D}}{\mathrm{D}t}+\tilde{\boldsymbol{\xi}}_i\cdot\frac{\partial}{\partial \boldsymbol{x}}\right)\ln(n_iT^{-3/2})+\frac{m_i}{2kT}\tilde{\boldsymbol{\xi}}_i^2\left(\frac{\mathrm{D}}{\mathrm{D}t}+\tilde{\boldsymbol{\xi}}_i\cdot\frac{\partial}{\partial \boldsymbol{x}}\right)\ln T\\
&\qquad-\frac{m_i}{kT}\tilde{\boldsymbol{\xi}}_i\cdot\Big[\frac{\boldsymbol{F}_i^{外}}{m_i}-\left(\frac{\mathrm{D}}{\mathrm{D}t}+\tilde{\boldsymbol{\xi}}_i\cdot\frac{\partial}{\partial \boldsymbol{x}}\right)\boldsymbol{v}\Big]\Big\},
\end{aligned}$$

其中 $\frac{\mathrm{D}}{\mathrm{D}t}(n,\boldsymbol{v},T)$ 各项均可代入,结果得一级近似积分方程为

$$\begin{aligned}
&\sum_j\iint \mathrm{d}\sigma_{ij}\,\mathrm{d}\tilde{\boldsymbol{\xi}}_j\,|\tilde{\boldsymbol{\xi}}_j-\tilde{\boldsymbol{\xi}}_i|\,\{f_j^{(1)\prime}f_i^{(0)\prime}+f_j^{(0)\prime}f_i^{(1)\prime}-f_j^{(1)}f_i^{(0)}-f_j^{(0)}f_i^{(1)}\}\\
&\quad=f_i^{(0)}\Big\{\left(\frac{m_i}{2k\,T}\tilde{\boldsymbol{\xi}}_i^2-\frac{5}{2}\right)\tilde{\boldsymbol{\xi}}_i\cdot\frac{\partial}{\partial \boldsymbol{x}}\ln T+\frac{n}{n_i}\tilde{\boldsymbol{\xi}}_i\cdot\boldsymbol{d}_i+\frac{m_i}{k\,T}\left(\tilde{\boldsymbol{\xi}}_i\tilde{\boldsymbol{\xi}}_i-\frac{1}{3}\tilde{\boldsymbol{\xi}}_i^2\mathbf{1}\right):\frac{\partial}{\partial \boldsymbol{x}}\boldsymbol{v}\Big\},
\end{aligned}$$

此处

$$\begin{aligned}
\boldsymbol{d}_i=&\frac{\partial}{\partial \boldsymbol{x}}\left(\frac{n_i}{n}\right)+\left(\frac{n_i}{n}-\frac{\rho_i}{\rho}\right)\frac{\partial}{\partial \boldsymbol{x}}\ln p\\
&-\frac{1}{p}\Big[n_i\boldsymbol{F}_i^{外}-\frac{\rho_i}{\rho}\sum_k n_k\boldsymbol{F}_k^{外}\Big],
\end{aligned}$$

满足恒等式

$$\sum_i \boldsymbol{d}_i\equiv 0,$$

所以在单成分气体情况下,$\boldsymbol{d}_i\equiv 0$,不出现. 又注意到

$$\left(\tilde{\boldsymbol{\xi}}_i\tilde{\boldsymbol{\xi}}_i-\frac{1}{3}\tilde{\boldsymbol{\xi}}_i^2\mathbf{1}\right):\frac{\partial}{\partial \boldsymbol{x}}\boldsymbol{v}=\tilde{\boldsymbol{\xi}}_i\tilde{\boldsymbol{\xi}}_i:\boldsymbol{\varepsilon},$$

其中

$$\boldsymbol{\varepsilon}=\left(\frac{\partial}{\partial \boldsymbol{x}}\boldsymbol{v}\right)_{对称}-\frac{1}{3}\nabla\cdot\boldsymbol{v}\,\mathbf{1}$$

为对称张量, 其对角元之和为零. 无论温度梯度,速度梯度,或浓度梯度都与外力的差有些类似,统称为热力学力,皆为宏观量.

$f^{(1)}$ 解中包括$\frac{\partial}{\partial \boldsymbol{x}}\ln T$，$\boldsymbol{\varepsilon}$ 和 $\boldsymbol{d}_i$（$i=1,2,\cdots,c$）叠加，至于解中所包含的齐次方程解

$$f_i^{(0)}\left\{\boldsymbol{\alpha}\cdot(m_i\tilde{\boldsymbol{\xi}}_i)+\beta\frac{1}{2}m_i\tilde{\boldsymbol{\xi}}_i^2+\gamma_i\right\},$$

其中 $\boldsymbol{\alpha}$，β 和 γ_i（$i=1,2,\cdots,c$）为任意常量，则可用恩斯库格（D. Enskog）补充条件：

$$\int \mathrm{d}\boldsymbol{\xi}_i f_i^{(1)}=0,$$

$$\sum_i\int \mathrm{d}\boldsymbol{\xi}_i m_i\boldsymbol{\xi}_i f_i^{(1)}\approx 0,$$

$$\sum_i\int \mathrm{d}\boldsymbol{\xi}_i\,\frac{1}{2}m_i\tilde{\boldsymbol{\xi}}_i^2 f_i^{(1)}\approx 0$$

确定. 这些补充条件的意义是进一步明确 $f_i^{(0)}$ 中的 n_i，$\boldsymbol{v}$，T 的物理意义，到 $f_i=f_i^{(0)}+f_i^{(1)}$ 近似仍不变，即

$$n_i=\int \mathrm{d}\boldsymbol{\xi}_i f_i^{(0)}=\int \mathrm{d}\boldsymbol{\xi}_i\{f_i^{(0)}+f_i^{(1)}\},$$

$$\rho\boldsymbol{v}=\sum_i\int m_i\boldsymbol{\xi}_i f_i^{(0)}\mathrm{d}\xi_i=\sum_i\int m_i\boldsymbol{\xi}_i\{f_i^{(0)}+f_i^{(1)}\}\mathrm{d}\boldsymbol{\xi}_i,$$

$$\frac{3}{2}nkT=\frac{3}{2}\sum_i n_i k\ T=\sum_i\int \mathrm{d}\boldsymbol{\xi}_i\,\frac{1}{2}\tilde{\boldsymbol{\xi}}_i^2 f_i^{(0)}$$

$$=\sum_i\int \mathrm{d}\boldsymbol{\xi}_i\,\frac{1}{2}m_i\tilde{\boldsymbol{\xi}}_i^2[f_i^{(0)}+f_i^{(1)}].$$

仿此，在求 $f_i^{(2)}$ 时，有解条件为流体力学方程须满足一级近似（即多成分的纳维（C.-L.-M.-H. Navier）-斯托克斯方程），恩斯库格补充条件又进一步明确 n_i，$\boldsymbol{v}$，T 到 $f_i^{(2)}$ 的意义不变. 依此类推

$$n_i=\int f_i\,\mathrm{d}\boldsymbol{\xi}_i,$$

$$\rho\,\boldsymbol{v}=\sum_i\int m_i\,\boldsymbol{\xi}_i f_i\mathrm{d}\boldsymbol{\xi}_i,$$

$$\frac{3}{2}nkT=\sum_i\int\frac{m_i}{2}\tilde{\boldsymbol{\xi}}_i^2 f_i\mathrm{d}\boldsymbol{\xi}_i,$$

这样展开的解叫局部热力学平衡解.

如果不考虑宏观量的二阶梯度，则一级近似已足够好.

5.3.4　输运系数

下面以单一成分的气体为例，一级近似方程为

$$\iint \mathrm{d}\sigma\mathrm{d}\tilde{\boldsymbol{\xi}}_1\,|\tilde{\boldsymbol{\xi}}_1-\tilde{\boldsymbol{\xi}}|\,\{f_1^{(1)\prime}f^{(0)\prime}+f_1^{(0)\prime}f^{(1)\prime}-f_1^{(1)}f^{(0)}-f_1^{(0)}f^{(1)}\}$$

$$= f^{(0)}\left\{\frac{m}{kT}\left(\tilde{\boldsymbol{\xi}}\tilde{\boldsymbol{\xi}}-\frac{1}{3}\tilde{\boldsymbol{\xi}}^2\mathbf{1}\right):\frac{\partial}{\partial \boldsymbol{x}}\boldsymbol{v}+\left(\frac{m}{2kT}\tilde{\boldsymbol{\xi}}^2-\frac{5}{2}\right)\tilde{\boldsymbol{\xi}}\cdot\frac{\partial}{\partial \boldsymbol{x}}\ln T\right\},$$

所以 $f^{(1)}$ 解中也只包括$\frac{\partial}{\partial \boldsymbol{x}}\ln T$ 和 $\boldsymbol{\varepsilon}$ 的叠加，因为 $f^{(1)}$ 中只有 $\tilde{\boldsymbol{\xi}}$ 矢量，所以可以令

$$f^{(1)} = f^{(0)}\left[a\,\tilde{\boldsymbol{\xi}}\cdot\frac{\partial}{\partial \boldsymbol{x}}\ln T + b\,\tilde{\boldsymbol{\xi}}\tilde{\boldsymbol{\xi}}:\boldsymbol{\varepsilon}\right],$$

其中 a 和 b 都是标量，依赖于标量 $\tilde{\boldsymbol{\xi}}^2$. 这时恩斯库格补充条件只有

$$\int f^{(0)}\,a\,\tilde{\boldsymbol{\xi}}^2\,\mathrm{d}\tilde{\boldsymbol{\xi}} = 0.$$

需要注意其他皆为恒等式. 积分方程分解为

$$\iint \mathrm{d}\sigma\mathrm{d}\tilde{\boldsymbol{\xi}}_1\,|\tilde{\boldsymbol{\xi}}_1-\tilde{\boldsymbol{\xi}}|\,f_1^{(0)}f^{(0)}(a_1'\tilde{\boldsymbol{\xi}}_1'+a'\tilde{\boldsymbol{\xi}}'-a_1\tilde{\boldsymbol{\xi}}_1-a\tilde{\boldsymbol{\xi}})$$
$$= f^{(0)}\left(\frac{m}{2kT}\tilde{\boldsymbol{\xi}}^2-\frac{5}{2}\right)\tilde{\boldsymbol{\xi}},$$

$$\iint \mathrm{d}\sigma\mathrm{d}\tilde{\boldsymbol{\xi}}_1\,|\tilde{\boldsymbol{\xi}}_1-\tilde{\boldsymbol{\xi}}|\,f_1^{(0)}f^{(0)}\Big[b_1'\left(\tilde{\boldsymbol{\xi}}_1'\tilde{\boldsymbol{\xi}}_1'-\frac{1}{3}\tilde{\boldsymbol{\xi}}_1'^2\mathbf{1}\right)$$
$$+b'\left(\tilde{\boldsymbol{\xi}}'\tilde{\boldsymbol{\xi}}'-\frac{1}{3}\tilde{\boldsymbol{\xi}}'^2\mathbf{1}\right)-b_1\left(\tilde{\boldsymbol{\xi}}_1\tilde{\boldsymbol{\xi}}_1-\frac{1}{3}\tilde{\boldsymbol{\xi}}_1^2\mathbf{1}\right)$$
$$-b\left(\tilde{\boldsymbol{\xi}}\tilde{\boldsymbol{\xi}}-\frac{1}{3}\tilde{\boldsymbol{\xi}}^2\mathbf{1}\right)\Big]= f^{(0)}\frac{m}{kT}\left[\tilde{\boldsymbol{\xi}}\tilde{\boldsymbol{\xi}}-\frac{1}{3}\tilde{\boldsymbol{\xi}}^2\mathbf{1}\right].$$

这些方程定下 a,b 后，代入应力张量 P 的关系得

$$\mathsf{P}^{(1)} = \int m\,\tilde{\boldsymbol{\xi}}\tilde{\boldsymbol{\xi}}f^{(1)}\,\mathrm{d}\tilde{\boldsymbol{\xi}} = \int \mathrm{d}\tilde{\boldsymbol{\xi}}\,f^{(0)}\,b\,m\tilde{\boldsymbol{\xi}}\tilde{\boldsymbol{\xi}}\tilde{\boldsymbol{\xi}}\tilde{\boldsymbol{\xi}}:\boldsymbol{\varepsilon}$$
$$= \frac{2}{15}\int \mathrm{d}\tilde{\boldsymbol{\xi}}\,f^{(0)}mb\,(\tilde{\boldsymbol{\xi}}^2)^2\boldsymbol{\varepsilon},$$

其中注意

$$\overline{e_i\,e_j\,e_k\,e_l} = \frac{1}{15}(\delta_{ij}\delta_{kl}+\delta_{ik}\delta_{jl}+\delta_{il}\delta_{jk})$$

关系，e_i 为单位矢量的分量，平均是在三维空间各方向上平均. 这样 $\sum\limits_k\sum\limits_l\overline{e_i\,e_j\,e_k\,e_l}\varepsilon_{kl}$ $=\frac{2}{15}\varepsilon_{ij}$，注意到 ε 为对称张量，其对角元之和为零.（注意，这里 $\sum\limits_l=\sum\limits_{l=1}^{3}$ 等.）

根据定义：

$$\mathsf{P}^{(1)} = -2\eta\boldsymbol{\varepsilon},$$

所以黏度为

$$\eta = -\frac{m}{15}\int b\,(\tilde{\boldsymbol{\xi}}^2)^2 f^{(0)}\,\mathrm{d}\tilde{\boldsymbol{\xi}}.$$

同样，将 a,b 代入热流 $\boldsymbol{J}_q$ 的关系得

$$\boldsymbol{J}_q^{(1)}=\int\frac{m}{2}\tilde{\boldsymbol{\xi}}^2\tilde{\boldsymbol{\xi}}f^{(1)}\mathrm{d}\tilde{\boldsymbol{\xi}}=\int\frac{m}{2}\tilde{\boldsymbol{\xi}}^2\tilde{\boldsymbol{\xi}}f^{(0)}a\,\tilde{\boldsymbol{\xi}}\mathrm{d}\tilde{\boldsymbol{\xi}}\cdot\frac{\partial\ln T}{\partial\boldsymbol{x}}$$

$$=\frac{1}{6}\int ma\,(\tilde{\boldsymbol{\xi}}^2)^2f^{(0)}\mathrm{d}\tilde{\boldsymbol{\xi}}\cdot\frac{\partial\ln T}{\partial\boldsymbol{x}},$$

根据定义

$$\boldsymbol{J}_q^{(1)}=-\kappa\frac{\partial T}{\partial\boldsymbol{x}},$$

所以热导率为

$$\kappa=-\frac{m}{6T}\int a\,(\tilde{\boldsymbol{\xi}}^2)^2f^{(0)}\mathrm{d}\tilde{\boldsymbol{\xi}}.$$

利用附加条件

$$\int a\,\tilde{\boldsymbol{\xi}}^2f^{(0)}\mathrm{d}\tilde{\boldsymbol{\xi}}=0,$$

可以把 κ 表达为

$$\kappa=-\frac{k}{3}\int a\,\tilde{\boldsymbol{\xi}}^2\left(\frac{m}{2kT}\tilde{\boldsymbol{\xi}}^2-\frac{5}{2}\right)f^{(0)}\mathrm{d}\tilde{\boldsymbol{\xi}}.$$

求解 a,b 较繁，参见王竹溪转引自查普曼和考林的书. 在分子碰撞的硬球模型中结果为(s 代表硬球直径)：

$$\eta=\frac{5}{16\,s^2}\sqrt{\frac{m\,k\,T}{\pi}}(1.016)\equiv\eta_1(1.016),$$

$$\kappa=\frac{75k}{64s^2}\sqrt{\frac{kT}{\pi m}}(1.025)\equiv\kappa_1(1.025),$$

而 $\kappa_1=\dfrac{5}{2}\eta_1c_V$，其中 $c_V=\dfrac{3k}{2m}$ 为单原子气体的定体比热.

习　　题

5.1　麦克斯韦速度分布律(1860)[①]. 从假设速度的三个直角坐标分量 ξ_x,ξ_y,ξ_z 各有独立的分布出发，证明麦克斯韦速度分布律，即一个分子的速度位于

$$\xi_x\text{ 到 }\xi_x+\mathrm{d}\xi_x,\ \xi_y\text{ 到 }\xi_y+\mathrm{d}\xi_y,\ \xi_z\text{ 到 }\xi_z+\mathrm{d}\xi_z$$

的概率为

$$W(\xi_x,\xi_y,\xi_z)\mathrm{d}\xi_x\mathrm{d}\xi_y\mathrm{d}\xi_z=\left(\frac{m}{2\pi kT}\right)^{3/2}\exp\left\{-\frac{m(\xi_x^2+\xi_y^2+\xi_z^2)}{2kT}\right\}.$$

证明：设每个直角坐标分量的概率分布为

① J. C. Maxwell, *Phil. Mag.* (4), **19**(1860), 22; **35**(1868), 129, 185.

$$w(\xi_x)\mathrm{d}\xi_x,\ w(\xi_y)\mathrm{d}\xi_y,\ w(\xi_z)\mathrm{d}\xi_z;$$

分布函数皆为 w(因为 x,y,z 三个方向对称). 所以按独立事件的概率乘法得

$$W(\xi_x,\xi_y,\xi_z)=w(\xi_x)w(\xi_y)w(\xi_z).$$

但由于对称,$W(\xi_x,\xi_y,\xi_z)$必须是$({\xi_x}^2+{\xi_y}^2+{\xi_z}^2)$的函数. 取对数后再对 ξ_x^2 等求导数得

$$\frac{1}{W}\frac{\partial W}{\partial(\xi_x^2+\xi_y^2+\xi_z^2)}=\frac{1}{w(\xi_x)2\ \xi_x}\frac{\partial w(\xi_x)}{\partial\xi_x}$$

$$=\frac{1}{w(\xi_y)2\ \xi_y}\frac{\partial w(\xi_y)}{\partial\xi_y}=\frac{1}{w(\xi_z)2\ \xi_z}\frac{\partial w(\xi_z)}{\partial\xi_z}=\gamma(\text{常量}),$$

解得

$$w(\xi)=A\ \mathrm{e}^{-\gamma\xi^2}$$

形状. 常量 γ 可从$\frac{m}{2}(\xi_x^2+\xi_y^2+\xi_z^2)$的平均值为$\frac{3}{2}kT$ 的定义定出. 很显然$\frac{m}{2}\xi_k^2$的平均值为$\frac{1}{2}kT$. 于是,常量 γ 和归一化常量 A 由

$$A\int_{-\infty}^{\infty}\mathrm{e}^{-\gamma\xi^2}\mathrm{d}\xi=1,$$

$$A\left(\frac{m}{2}\right)\int_{-\infty}^{\infty}\xi^2\mathrm{e}^{-\gamma\xi^2}\mathrm{d}\xi=\frac{1}{2}kT$$

予以确定. 因为

$$\int_{-\infty}^{\infty}\mathrm{e}^{-\gamma\xi^2}\mathrm{d}\xi=\sqrt{\frac{\pi}{\gamma}},$$

$$\int_{-\infty}^{\infty}\xi^2\mathrm{e}^{-\gamma\xi^2}\mathrm{d}\xi=-\frac{\mathrm{d}}{\mathrm{d}\gamma}\int_{-\infty}^{\infty}\mathrm{e}^{-\gamma\xi^2}\mathrm{d}\xi=-\frac{\mathrm{d}}{\mathrm{d}\gamma}\sqrt{\frac{\pi}{\gamma}}=\frac{1}{2}\sqrt{\frac{\pi}{\gamma^3}}.$$

所以得到 $A\ \sqrt{\pi/\gamma}=1$ 和 $A\left(\frac{m}{2}\right)\frac{1}{2}\sqrt{\frac{\pi}{\gamma^3}}=\frac{1}{2}kT$,最后求得

$$\gamma=\frac{m}{2kT}\text{ 和 }A=\sqrt{\frac{m}{2\pi kT}};$$

结果得证.

注:前一积分公式可以从

$$\int_{-\infty}^{\infty}\int_{-\infty}^{\infty}\mathrm{e}^{-\gamma(\xi^2+\eta^2)}\mathrm{d}\xi\mathrm{d}\eta=\int_0^{\infty}\mathrm{e}^{-\gamma\rho^2}2\pi\rho\mathrm{d}\rho=\frac{\pi}{\gamma}$$

得到,求积分时引入了 $\xi=\rho\cos\theta,\eta=\rho\sin\theta$ 变换.

5.2 求两体弹性碰撞前后的速度关系.

解:令两体的质量分别为 m_1,m_2,不必相等. 碰撞前后速度分别为 $\boldsymbol{v}_1,\boldsymbol{v}_2$ 和 $\boldsymbol{v}_1'$,$\boldsymbol{v}_2'$. 动量守恒和能量守恒给出:

$$m_1\boldsymbol{v}_1+m_2\boldsymbol{v}_2=m_1\boldsymbol{v}_1'+m_2\boldsymbol{v}_2',$$

$$\frac{1}{2}m_1\boldsymbol{v}_1^2+\frac{1}{2}m_2\boldsymbol{v}_2{}^2=\frac{1}{2}m_1\boldsymbol{v}_1'{}^2+\frac{1}{2}m_2\boldsymbol{v}_2'{}^2.$$

这里一共四个标量方程,联系碰撞前后各六个速度分量,所以解中包含两个任意数,即碰撞方向的单位矢量 $\boldsymbol{e}$ 可任意选取.换言之,令 $\boldsymbol{v}_1'-\boldsymbol{v}_1=\lambda m_2\boldsymbol{e}$,则从动量守恒得 $\boldsymbol{v}_2'-\boldsymbol{v}_2=-\lambda m_1\boldsymbol{e}$.代入能量守恒方程得

$$\frac{1}{2}m_1(\boldsymbol{v}_1'-\boldsymbol{v}_1)\cdot(\boldsymbol{v}_1'+\boldsymbol{v}_1)+\frac{1}{2}m_2(\boldsymbol{v}_2'-\boldsymbol{v}_2)\cdot(\boldsymbol{v}_2'+\boldsymbol{v}_2)=0,$$

即

$$\frac{1}{2}m_1m_2\lambda[\boldsymbol{e}\cdot(\lambda m_2\boldsymbol{e}+2\boldsymbol{v}_1)-\boldsymbol{e}\cdot(2\boldsymbol{v}_2-\lambda m_1\boldsymbol{e})]=0;$$

给出

$$\lambda=\frac{2}{m_1+m_2}(\boldsymbol{v}_2-\boldsymbol{v}_1)\cdot\boldsymbol{e},$$

所以有联系碰撞前后速度的下列关系:

$$\boldsymbol{v}_1'=\boldsymbol{v}_1+\frac{2m_2}{m_1+m_2}(\boldsymbol{v}_2-\boldsymbol{v}_1)\cdot\boldsymbol{ee},$$

$$\boldsymbol{v}_2'=\boldsymbol{v}_2-\frac{2m_1}{m_1+m_2}(\boldsymbol{v}_2-\boldsymbol{v}_1)\cdot\boldsymbol{ee}.$$

注意有

$$\boldsymbol{v}_2'-\boldsymbol{v}_1'=\boldsymbol{v}_2-\boldsymbol{v}_1-2(\boldsymbol{v}_2-\boldsymbol{v}_1)\cdot\boldsymbol{ee},$$

这式的平方给出

$$|\boldsymbol{v}_2'-\boldsymbol{v}_1'|=|\boldsymbol{v}_2-\boldsymbol{v}_1|;$$

而其 $\boldsymbol{e}$ 方向投影给出

$$(\boldsymbol{v}_2'-\boldsymbol{v}_1')\cdot\boldsymbol{e}=-(\boldsymbol{v}_2-\boldsymbol{v}_1)\cdot\boldsymbol{e};$$

从后一结果得出逆联系关系:

$$\boldsymbol{v}_1=\boldsymbol{v}_1'+\frac{2m_2}{m_1+m_2}(\boldsymbol{v}_2'-\boldsymbol{v}_1')\cdot\boldsymbol{ee},$$

$$\boldsymbol{v}_2=\boldsymbol{v}_2'-\frac{2m_1}{m_1+m_2}(\boldsymbol{v}_2'-\boldsymbol{v}_1')\cdot\boldsymbol{ee}.$$

但碰撞要求 $(\boldsymbol{v}_2-\boldsymbol{v}_1)\cdot\boldsymbol{e}<0$,$\boldsymbol{e}$ 从物体1指向物体2,距离最近时即"碰撞时刻".根据

$$-(\boldsymbol{v}_2'-\boldsymbol{v}_1')\cdot\boldsymbol{e}=(\boldsymbol{v}_2-\boldsymbol{v}_1)\cdot\boldsymbol{e},$$

所以如果对于正碰撞

$$(\boldsymbol{v}_1,\boldsymbol{v}_2)\rightarrow(\boldsymbol{v}_1',\boldsymbol{v}_2')$$

取碰撞方向 $\boldsymbol{e}$,则对于逆碰撞

$$(\boldsymbol{v}_1',\boldsymbol{v}_2')\rightarrow(\boldsymbol{v}_1,\boldsymbol{v}_2)$$

须取 $\boldsymbol{e}'=-\boldsymbol{e}$，以保证 $(\boldsymbol{v}_2'-\boldsymbol{v}_1')\cdot\boldsymbol{e}'<0$.

5.3　求有心力下碰撞方向与碰撞参量间的关系.

解：令 $\mu=\dfrac{m_1m_2}{m_1+m_2}$ 为两体约化质量，r 为两体相对距离，势能为 $V(r)$，碰撞前相对速度为 v，则从能量守恒及动量守恒容易推出轨道方程. 采用轨道平面中的极坐标 r,φ：

$$\frac{\mu}{2}(\dot{r}^2+r^2\dot{\varphi}^2)+V(r)=\frac{\mu}{2}v^2,$$

$$r^2\dot{\varphi}=vb,$$

其中 b 为碰撞参量. 消去 $\dot{\varphi}$，得

$$\frac{\mu}{2}\frac{v^2b^2}{r^4}\left\{\left(\frac{\mathrm{d}r}{\mathrm{d}\varphi}\right)^2+r^2\right\}+V(r)=\frac{\mu}{2}v^2.$$

或令 $u=\dfrac{b}{r}$，上式化为

$$\left(\frac{\mathrm{d}u}{\mathrm{d}\varphi}\right)^2+u^2+\frac{2V}{\mu v^2}=1.$$

入射时 $r\rightarrow\infty$，$u=0$；而最小距离碰撞时，$\dfrac{\mathrm{d}u}{\mathrm{d}\varphi}=0$，即 u 为

$$1-\frac{2V}{\mu v^2}-u^2=0$$

的根 u_0. 这时的 φ 值即为碰撞方向的角 θ. 所以

$$\theta=\int_0^{u_0}\frac{\mathrm{d}u}{\sqrt{1-\dfrac{2V}{\mu v^2}-u^2}};$$

此处 $V=V(r)=V\left(\dfrac{b}{u}\right)$，所以 $\theta=\theta\left(b,\dfrac{\mu v^2}{2}\right)$.

在这里顺便考虑卢瑟福(1871—1937，英)散射，$V=\dfrac{Z_0Ze^2}{r}$ 表示入射粒子带电荷 Z_0e（例如，α 粒子，$Z_0=2$）与被碰原子核带电荷 Ze 间的库仑势能. 这时$\left(令\ \alpha\equiv\dfrac{Z_0Ze^2}{\mu v^2b}\right)$

$$\theta=\int_0^{u_0}\frac{\mathrm{d}u}{\sqrt{1-2\alpha u-u^2}},$$

u_0 是使根号中为零的 u 值. 取 $u+\alpha$ 为新的积分变量 x，

$$\theta=\int_\alpha^{\sqrt{1+\alpha^2}}\frac{\mathrm{d}x}{\sqrt{(\sqrt{1+\alpha^2})^2-x^2}}=\sin^{-1}1-\sin^{-1}\frac{\alpha}{\sqrt{1+\alpha^2}}=\frac{\pi}{2}-\tan^{-1}\alpha.$$

定义散射角 φ 为 $\pi-2\theta$,得碰撞参量 b 与散射角 φ 间的关系:

$$b=\frac{Z_0Ze^2}{\mu v^2}\cot\left(\frac{\varphi}{2}\right).$$

注意到 $\mathrm{d}\sigma=b\mathrm{d}b\mathrm{d}\psi$,所以卢瑟福散射微分截面①:

$$\mathrm{d}\sigma=\left(\frac{Z_0Ze^2}{2\mu v^2}\right)^2\frac{1}{\sin^4\dfrac{\varphi}{2}}\sin\varphi\,\mathrm{d}\varphi\,\mathrm{d}\psi.$$

对于硬球模型:

$$V(r)=\begin{cases}\infty, & r\leqslant r_{12};\\ 0, & r>r_{12},\end{cases}$$

这表示两物体皆像硬球一样,半径各为 r_1 和 r_2. 当 $r>r_{12}=r_1+r_2$ 时,即在两球接触前,$V(r)=0$ 无作用. 若 $r\leqslant r_{12}=r_1+r_2$,则 $V(r)=\infty$,即不可能了. 这时 θ 积分中 $u=\dfrac{b}{r}$的上限为 $u_{12}=\dfrac{b}{r_{12}}$,

$$\theta=\int_0^{u_{12}}\frac{\mathrm{d}u}{\sqrt{1-u^2}}=\sin^{-1}u_{12},$$

或

$$b=r_{12}\sin\theta,$$

这给出碰撞参量 b 和碰撞方向 θ 间的关系. 所以

$$\mathrm{d}\sigma=b\mathrm{d}b\mathrm{d}\psi=r_{12}^2\cos\theta\sin\theta\mathrm{d}\theta\mathrm{d}\psi.$$

变化范围为 ψ 从 0 到 2π,θ 从 0 到 $\pi/2$,所以 b 从 0 到 r_{12},而总碰撞截面为

$$\int\mathrm{d}\sigma=r_{12}^2\int_0^{\pi/2}\cos\theta\sin\theta\mathrm{d}\theta\int_0^{2\pi}\mathrm{d}\psi=\pi r_{12}^2;$$

或更简单地,

$$\int\mathrm{d}\sigma=\int_0^{r_{12}}b\mathrm{d}b\int_0^{2\pi}\mathrm{d}\psi=\pi\, r_{12}^2.$$

硬球模型的

$$|\boldsymbol{\xi}_1-\boldsymbol{\xi}|\,\mathrm{d}t\mathrm{d}\sigma=r_{12}^2\,\sin\theta\mathrm{d}\theta\mathrm{d}\psi\,|\boldsymbol{e}\cdot(\boldsymbol{\xi}_1-\boldsymbol{\xi})|\,\mathrm{d}t,$$

可以看出它是碰撞球上 $\boldsymbol{e}$ 方向的底 $r_{12}^2\,\mathrm{d}\Omega$ 与长为$(\boldsymbol{\xi}_1-\boldsymbol{\xi})\mathrm{d}t$ 的柱的体积.

5.4 非有心力两体碰撞下证明 H 定理.

证明:注意到 H 为 $f\ln f$ 的积分或求和. 在分子碰撞 $i+j\to k+l$ 下,碰撞率$\propto f_if_j$,$\Delta H=(\ln f+1)\Delta f$,所以

---

① E. Rutherford, The Scattering of α and β Particles by Matter and the Structure of the Atom, *Phil, Mag.*, (6), **21**(1911), 669.

$$
\begin{aligned}
(\Delta H)_{i+j\to k+l} &= (\ln f_k + 1)\Delta f_k + (\ln f_l + 1)\Delta f_l \\
&\quad - (\ln f_i + 1)\Delta f_i - (\ln f_j + 1)\Delta f_j \\
&\propto \{\ln f_k + 1 + \ln f_l + 1 - (\ln f_i + 1) - (\ln f_j + 1)\} f_i f_j \\
&= f_i f_j \ln \frac{f_k f_l}{f_i f_j}.
\end{aligned}
$$

在有心力两体碰撞下

$$
(\Delta H)_{i+j\to k+l} + (\Delta H)_{k+l\to i+j} \propto f_i f_j \ln \frac{f_k f_l}{f_i f_j} + f_k f_l \ln \frac{f_i f_j}{f_k f_l} \leqslant 0,
$$

因为

$$
\ln\left\{\left(\frac{b}{a}\right)^a \left(\frac{a}{b}\right)^b\right\} \leqslant 0.
$$

在非有心力两体碰撞下，闭路循环不只包括两步碰撞，而可能包括多步碰撞，譬如 l 步：

$$
\begin{aligned}
&(\Delta H)_{1+2\to 3+4} + (\Delta H)_{3+4\to 5+6} + (\Delta H)_{5+6\to 7+8} + \cdots + (\Delta H)_{(2l-1)+2l\to 1+2} \equiv (\Delta H)_{l步} \\
&\propto \ln\left\{\left(\frac{f_3 f_4}{f_1 f_2}\right)^{f_1 f_2} \left(\frac{f_5 f_6}{f_3 f_4}\right)^{f_3 f_4} \left(\frac{f_7 f_8}{f_5 f_6}\right)^{f_5 f_6} \cdots \left(\frac{f_1 f_2}{f_{2l-1} f_{2l}}\right)^{f_{2l-1} f_{2l}}\right\};
\end{aligned}
$$

或简写成：

$$
\propto \ln\left\{\left(\frac{g_2}{g_1}\right)^{g_1} \left(\frac{g_3}{g_2}\right)^{g_2} \cdots \left(\frac{g_1}{g_l}\right)^{g_l}\right\}.
$$

这连乘积中总会出现某个 g_j 不比前后者大，即

$$
g_{j-1} \geqslant g_j \leqslant g_{j+1};
$$

而上式 $\ln\{l$ 个因子乘积$\}$ 可改写为

$$
\begin{aligned}
\ln\left\{\left(\frac{g_2}{g_1}\right)^{g_1} \left(\frac{g_3}{g_2}\right)^{g_2} \cdots \left(\frac{g_1}{g_l}\right)^{g_l}\right\} &= \ln\left(\frac{g_j}{g_{j+1}}\right)^{g_{j-1}-g_j} \\
&\quad + \ln\left\{\left(\frac{g_2}{g_1}\right)^{g_1} \cdots \left(\frac{g_{j-1}}{g_{j-2}}\right)^{g_{j-2}} \left(\frac{g_{j+1}}{g_{j-1}}\right)^{g_{j-1}} \left(\frac{g_{j+2}}{g_{j+1}}\right)^{g_{j+1}} \cdots \left(\frac{g_1}{g_l}\right)^{g_l}\right\};
\end{aligned}
$$

右侧除 $\ln\left(\frac{g_j}{g_{l+1}}\right)^{g_{j-1}-g_j} < 0$ 外，其余 $\ln\{(l-1)$ 个因子乘积$\}$ 中，乘积的构造与前相同，只是少了一个因子. 如此归纳得 $(\Delta H)_{l步} \leqslant (\Delta H)_{l-1步} \leqslant$ 依此类推 $\leqslant (\Delta H)_{2步} \leqslant 0$，两体碰撞下 $\Delta H=0$，要求 $f_k f_l = f_i f_j$.

5.5　三体碰撞下，证明 H 定理. 容易得到，

$$
(\Delta H)_{i+j+k\to l+m+n} \propto f_i f_j f_k \ln \frac{f_l f_m f_n}{f_i f_j f_k}.
$$

证明同上题，$\Delta H=0$ 要求 $f_i f_j f_k = f_l f_m f_n$.

5.6　证明推广 H 定理，用相空间粗粒密度定义.

证明：对任何保守力学系统，$(q_1,\cdots,q_F;p_1,\cdots,p_F)$ 为其坐标及动量，它的能量

维持在 E 和 $E+\mathrm{d}E$ 之间. 吉布斯系综的分布函数是:$\rho(q_1,\cdots,p_F,t)$,满足归一化条件

$$\int\rho(q_1,\cdots,p_F,t)\mathrm{d}q_1\cdots\mathrm{d}p_F=\int\rho\mathrm{d}\Omega=1.$$

定义

$$P\Delta\Omega=\int_{\Delta\Omega}\rho(q_1,\cdots,p_F,t)\mathrm{d}\Omega\quad(\Delta\Omega\equiv\Delta q_1\cdots\Delta p_F),$$

而区别 ρ 与 P 为细粒密度与粗粒密度. 定义 H 为粗粒密度的对数的平均值,即

$$H=\int\rho\ \ln P\ \mathrm{d}\Omega=\int P\ \ln P\ \mathrm{d}\Omega,$$

此处用了

$$\int\mathrm{d}\Omega\rho\cdots=\int\mathrm{d}\Omega P\cdots.$$

如初始时刻 $t=t_0$ 时给

$$\rho=\rho_0=\begin{cases}\text{常量}, & \text{如 } q_1,\cdots,p_F \text{ 在某区域 } \mathrm{d}\Omega_0 \text{ 内},\\ 0, & \text{如 } q_1,\cdots,p_F \text{ 在 } \mathrm{d}\Omega_0 \text{ 外},\end{cases}$$

到时刻 $t=t_1$ 时,根据刘维尔(J. Liouville)定理,有

$$\int\rho_1\ln\rho_1\mathrm{d}\Omega=\int\rho_0\ln\rho_0\mathrm{d}\Omega=\int P_0\ln P_0\mathrm{d}\Omega=H_0;$$

但

$$\int\rho_1\ln P_1\mathrm{d}\Omega=\int P_1\ln P_1\mathrm{d}\Omega=H_1$$

比 H_0 小,因为

$$H_0-H_1=\int(\rho_1\ln\rho_1-\rho_1\ln P_1-\rho_1+P_1)\mathrm{d}\Omega,$$

而括号内量$\geqslant0$.(对 ρ_1 的导数为$\frac{\mathrm{d}(\ )}{\mathrm{d}\rho_1}=\ln\rho_1-\ln P_1$,$\frac{\mathrm{d}^2(\ )}{\mathrm{d}\rho_1^2}=\frac{1}{\rho_1}>0$,所以在 $\rho_1=P_1$ 处有极小值零.)所以,

$$H_0-H_1\geqslant0,\quad \text{即}\quad \frac{\mathrm{d}H}{\mathrm{d}t}\leqslant0,$$

定理得证.

注意,$\frac{\mathrm{d}H}{\mathrm{d}t}=0$ 可在 $P_1=\rho_1=P_0$ 即初始时刻 $\rho_0=$常量,$q_1,\cdots,p_F$ 在 $E,E+\mathrm{d}E$ 全区域内(即所谓微正则系综)才能实现.

5.7 玻尔兹曼重力场中的密度分布[①].

解:取温度均匀,流体速度均匀(取为零),又$\frac{\partial}{\partial t}\equiv0$,于是

① L. Boltzmann, *Wien. Ber.*, **78**(1879), 7.

$$\boldsymbol{\xi}_i \cdot \frac{\partial \ln n_i}{\partial \boldsymbol{x}} - \frac{\boldsymbol{F}_i^{外}}{m_i} \cdot \frac{m_i \boldsymbol{\xi}_i}{kT} = 0.$$

这可从 $\ln f_i = \ln\left[n_i\left(\frac{m_i}{2\pi kT}\right)^{3/2}\right] - \frac{m_i}{2}\frac{\boldsymbol{\xi}_i^2}{kT}$ 和玻尔兹曼方程微分一侧 $=0$ 得到. 当 $\boldsymbol{F}_i^{外} = -\frac{\partial V_i^{外}}{\partial \boldsymbol{x}}$ 时得

$$n_i \propto \mathrm{e}^{-V_i^{外}/kT}.$$

对于重力场, $V_i^{外} = m_i gh$, h 为离地面的高度, $\rho_i = n_i m_i$, 于是

$$\rho_i = \rho_{i0}\, \mathrm{e}^{-m_i g\, h/k\, T}.$$

5.8 解玻尔兹曼方程的矩方法①. 局部热动平衡解,

$$f = \left(1 + \boldsymbol{a} \cdot \frac{\partial}{\partial \tilde{\boldsymbol{\xi}}} + \boldsymbol{b} : \frac{\partial^2}{\partial \tilde{\boldsymbol{\xi}} \partial \tilde{\boldsymbol{\xi}}} + \boldsymbol{c} \;\vdots\; \frac{\partial^3}{\partial \tilde{\boldsymbol{\xi}} \partial \tilde{\boldsymbol{\xi}} \partial \tilde{\boldsymbol{\xi}}} + \cdots\right) f^{(0)}.$$

解: 令

$\varphi \equiv$($\tilde{\xi}$ 的零次, 1 次, 2 次, 3 次张量)如 $\tilde{\boldsymbol{\xi}}, \tilde{\boldsymbol{\xi}}\tilde{\boldsymbol{\xi}}, \tilde{\boldsymbol{\xi}}\tilde{\boldsymbol{\xi}}\tilde{\boldsymbol{\xi}}$ 等,

$$\frac{1}{n}\int \varphi\, f \,\mathrm{d}\tilde{\boldsymbol{\xi}} = \bar{\varphi}$$

为相应的矩. 将

$$\mathscr{C}(f_1, f) = \mathscr{F}(f)$$

用 $\int \varphi \,\mathrm{d}\tilde{\boldsymbol{\xi}}$ 作用后, 左侧化为

$$\iiint \frac{1}{4}(\varphi + \varphi_1 - \varphi' - \varphi_1')\, |\tilde{\boldsymbol{\xi}}_1 - \tilde{\boldsymbol{\xi}}|\, (f_1' f' - f_1 f)\, \mathrm{d}\sigma \mathrm{d}\tilde{\boldsymbol{\xi}} \mathrm{d}\tilde{\boldsymbol{\xi}}_1,$$

右侧化为

$$\frac{\partial}{\partial t}(n\, \bar{\varphi}) + \frac{\partial}{\partial \boldsymbol{x}} \cdot n\, \overline{\varphi\, \tilde{\boldsymbol{\xi}}} - n\left(\overline{\frac{\boldsymbol{F}}{m} \cdot n \frac{\partial \varphi}{\partial \tilde{\boldsymbol{\xi}}}}\right).$$

在 $\lambda \ll L$ 时, 右侧可以比左侧的 f 低一级近似. 例如左侧中 $f \approx f^{(0)} + f^{(1)}$, 右侧中 $f \approx f^{(0)}$,

$$\bar{\varphi} \approx \bar{\varphi}^{(0)} = \frac{1}{n}\int \varphi f^{(0)} \mathrm{d}\boldsymbol{\xi};$$

相当于利用低一级的流体力学方程. 比较结果容易得到 η 和 κ 的数值结果(硬球模型), 但无(1.016)和(1.025)等因子, 如项数取得少的话.

---

① 参考 A. J. W. Sommerfeld, *Thermodynamics and Statistical Mechanics*, Academic Press, New York, 1956, §44.

第 6 章　液体动理论

6.1　BBGKY 级列

气体密度增大或者即是液体，由于分子接近使分子间力起重要作用，则仅用单分子的分布函数便不能正确反映流体的行为. 两分子的分布函数不能简单地取作单分子分布函数的乘积，必须考虑到关联效应. 需要推广玻尔兹曼方程. 这方面有博戈留波夫①，玻恩和格林②，柯克伍德③以及伊翁④的工作. 单分子、双分子、三分子等等的一套分布函数满足一套微分积分方程，常简称为 BBGKY 级列.

6.1.1　刘维尔定理

我们讨论单一成分的流体，总计 N 个分子，在有限空间 V 内. 最完全的统计描述是在相空间($\boldsymbol{x}_1,\boldsymbol{\xi}_1,\boldsymbol{x}_2,\boldsymbol{\xi}_2,\cdots,\boldsymbol{x}_N,\boldsymbol{\xi}_N$ 计 $6N$ 维空间)中引入概率密度 F_N：

$$F_N = F_N(\boldsymbol{x}_1,\boldsymbol{\xi}_1,\cdots,\boldsymbol{x}_N,\boldsymbol{\xi}_N,t),$$

归一化为

$$\int F_N \,\mathrm{d}\boldsymbol{x}_1 \mathrm{d}\boldsymbol{\xi}_1 \cdots \mathrm{d}\boldsymbol{x}_N \mathrm{d}\boldsymbol{\xi}_N \equiv 1.$$

由于分子全同，F_N 不妨取定为 $\boldsymbol{x}_1,\boldsymbol{\xi}_1,\cdots,\boldsymbol{x}_N,\boldsymbol{\xi}_N$ 的全对称函数. 完整的力学运动描述相当于 $6N$ 维相空间的一条轨道，是哪一条需要 $6N$ 个初始值决定. 这些轨道不能相交，否则力学运动不唯一确定.

我们只需知道每条轨道的连续性便可以进行统计，得概率的连续方程(指 $6N$ 维空间的)：

$$\frac{\partial F_N}{\partial t} + \sum_i \left\{\frac{\partial}{\partial \boldsymbol{x}_i} \cdot \left(F_N \frac{\mathrm{d}\boldsymbol{x}_i}{\mathrm{d}t}\right) + \frac{\partial}{\partial \boldsymbol{\xi}_i} \cdot \left(F_N \frac{\mathrm{d}\boldsymbol{\xi}_i}{\mathrm{d}t}\right)\right\} = 0.$$

代入

---

① Н. Н. Боголюбов，Проблемы динамической теории в статистической физике(统计物理中的动理论问题)，гостехиздат，1946. 英译见 N. N. Bogoliubov，"Problems of a Dynamical Theory in Statistical Physics"，in *Studies in Statistical Mechanics*，ed. J. Boer and G. E. Uhlenbeck，North-Holland，Amsterdam，1962，pp. 1—118.

② M. Born，H. S. Green，*Proc. Roy. Soc.*，**A188**(1946)，10.

③ J. G. Kirkwood，*J. Chem. Phys.*，**14**(1946)，180.

④ J. Yvon，*La théorie statistique des fluides et l'équation d'état*(流体的统计理论和物态方程)(Actualités scientifiques et industrielles Nr. 203.)Paris，1935.

$$\frac{\mathrm{d}\boldsymbol{x}_i}{\mathrm{d}t}=\boldsymbol{\xi}_i,\quad \frac{\mathrm{d}\boldsymbol{\xi}_i}{\mathrm{d}t}=\frac{1}{m}\boldsymbol{X}_i,$$

并注意$\frac{\partial}{\partial\boldsymbol{\xi}_i}\cdot\boldsymbol{X}_i=0$(力与速度无关,或如电磁力中与速度有关的力与速度垂直)即得到刘维尔方程(刘维尔定理)①:

$$\frac{\partial F_N}{\partial t}+\sum_{i=1}^{N}\boldsymbol{\xi}_i\cdot\frac{\partial F_N}{\partial\boldsymbol{x}_i}+\sum_{i=1}^{N}\frac{1}{m}\boldsymbol{X}_i\cdot\frac{\partial F_N}{\partial\boldsymbol{\xi}_i}=0.$$

(注意,如用 $\boldsymbol{q}_i,\boldsymbol{p}_i$,则由正则方程及$\frac{\partial}{\partial\boldsymbol{q}_i}\cdot\left(\frac{\partial H}{\partial\boldsymbol{p}_i}\right)-\frac{\partial}{\partial\boldsymbol{p}_i}\cdot\left(\frac{\partial H}{\partial\boldsymbol{q}_i}\right)=0$ 可推得类似结果.)

6.1.2 博戈留波夫级列方程

对于分子间有心力,相互作用势能为 $\varphi_{ij}=\varphi(|\boldsymbol{x}_i-\boldsymbol{x}_j|)$,而 $\varphi_{ii}\equiv0$,则

$$\boldsymbol{X}_i=\boldsymbol{F}_i^{外}-\sum_{j=1}^{N}\frac{\partial}{\partial\boldsymbol{x}_i}\varphi_{ij}.$$

定义 $F_s(\boldsymbol{x}_1,\boldsymbol{\xi}_1,\cdots,\boldsymbol{x}_s,\boldsymbol{\xi}_s,t)$为约化概率密度($s\leqslant N$):

$$F_s(\boldsymbol{x}_1,\boldsymbol{\xi}_1,\cdots,\boldsymbol{x}_s,\boldsymbol{\xi}_s,t)=\int F_N(\boldsymbol{x}_1,\boldsymbol{\xi}_1,\cdots,\boldsymbol{x}_N,\boldsymbol{\xi}_N,t)\,\mathrm{d}\boldsymbol{x}_{s+1}\mathrm{d}\boldsymbol{\xi}_{s+1}\cdots\mathrm{d}\boldsymbol{x}_N\mathrm{d}\boldsymbol{\xi}_N,$$

它满足

$$\int F_s\,\mathrm{d}\boldsymbol{x}_1\mathrm{d}\boldsymbol{\xi}_1\cdots\mathrm{d}\boldsymbol{x}_s\mathrm{d}\boldsymbol{\xi}_s=1.$$

显然 F_{s+1}的统计描述比 F_s 更细致些.我们将刘维尔方程对$\mathrm{d}\boldsymbol{x}_{s+1}\mathrm{d}\boldsymbol{\xi}_{s+1}\cdots\mathrm{d}\boldsymbol{x}_N\,\mathrm{d}\boldsymbol{\xi}_N$ 积分.对于$\frac{\partial F_N}{\partial t}$积分后得$\frac{\partial}{\partial t}F_s$,同样对于 $\boldsymbol{\xi}_i\cdot\frac{\partial F_N}{\partial\boldsymbol{x}_i}(i\leqslant s)$者也得 $\boldsymbol{\xi}_i\cdot\frac{\partial}{\partial\boldsymbol{x}_i}F_s$;但对于$\boldsymbol{\xi}_i\cdot\frac{\partial F_N}{\partial\boldsymbol{x}_i}(i>s)$者对 $\mathrm{d}\boldsymbol{x}_i$ 积分后得边界上的流取为零(边界对分子不可穿透),而对于$\frac{1}{m}\boldsymbol{X}_i\cdot\frac{\partial F_N}{\partial\boldsymbol{\xi}_i}(i>s)$者对 $\mathrm{d}\boldsymbol{\xi}_i$ 积分后得 $\xi_i\to\infty$处的 F_N 值为零(因为流体能量有限).对于$\frac{1}{m}\boldsymbol{X}_i\cdot\frac{\partial F_N}{\partial\boldsymbol{\xi}_i}(i\leqslant s)$者,注意

$$\boldsymbol{X}_i=\boldsymbol{F}_i^{外}-\sum_{j=1}^{s}\frac{\partial}{\partial\boldsymbol{x}_i}\varphi_{ij}-\sum_{k=s+1}^{N}\frac{\partial}{\partial\boldsymbol{x}_i}\varphi_{ik},$$

后面一部分与 $\boldsymbol{x}_k$ 有关,对 $\mathrm{d}\boldsymbol{x}_{s+1}\mathrm{d}\boldsymbol{\xi}_{s+1}\cdots\mathrm{d}\boldsymbol{x}_N\mathrm{d}\boldsymbol{\xi}_N$ 积分时 $\mathrm{d}\boldsymbol{x}_k\mathrm{d}\boldsymbol{\xi}_k$ 先留下,F_N 对其余$\mathrm{d}\boldsymbol{x}\mathrm{d}\boldsymbol{\xi}$ 积分后得

$$F_{s+1}(\boldsymbol{x}_1,\boldsymbol{\xi}_1,\cdots,\boldsymbol{x}_s,\boldsymbol{\xi}_s,\boldsymbol{x}_k,\boldsymbol{\xi}_k),$$

---

① J. Liouville, *J. de Math.*, **3**(1838), 348.

所以有

$$\begin{aligned}&\sum_{i=1}^{N}\int\frac{1}{m}\boldsymbol{X}_i\cdot\frac{\partial F_N}{\partial\boldsymbol{\xi}_i}\,\mathrm{d}\boldsymbol{x}_{s+1}\mathrm{d}\boldsymbol{\xi}_{s+1}\cdots\mathrm{d}\boldsymbol{x}_N\mathrm{d}\boldsymbol{\xi}_N\\&=\sum_{i=1}^{s}\int\frac{1}{m}\boldsymbol{X}_i\cdot\frac{\partial F_N}{\partial\boldsymbol{\xi}_i}\,\mathrm{d}\boldsymbol{x}_{s+1}\mathrm{d}\boldsymbol{\xi}_{s+1}\cdots\mathrm{d}\boldsymbol{x}_N\mathrm{d}\boldsymbol{\xi}_N\\&=\sum_{i=1}^{s}\left\{\frac{1}{m}\left(\boldsymbol{F}_i^{外}-\sum_{j=1}^{s}\frac{\partial}{\partial\boldsymbol{x}_i}\varphi_{ij}\right)\cdot\frac{\partial F_s}{\partial\boldsymbol{\xi}_i}\right.\\&\qquad\left.-\frac{N-s}{m}\int\frac{\partial\varphi_{i,s+1}}{\partial\boldsymbol{x}_i}\cdot\frac{\partial F_{s+1}}{\partial\boldsymbol{\xi}_i}\,\mathrm{d}\boldsymbol{x}_{s+1}\mathrm{d}\boldsymbol{\xi}_{s+1}\right\};\end{aligned}$$

最后因子$(N-s)$来源于$\sum\limits_{k=s+1}^{N}$共$(N-s)$个相等的项.这样,得到博戈留波夫级列方程:

$$\begin{aligned}&\frac{\partial F_s}{\partial t}+\sum_{i=1}^{s}\boldsymbol{\xi}_i\cdot\frac{\partial F_s}{\partial\boldsymbol{x}_i}+\sum_{i=1}^{s}\frac{1}{m}\left(\boldsymbol{F}_i^{外}-\sum_{j=1}^{s}\frac{\partial}{\partial\boldsymbol{x}_i}\varphi_{ij}\right)\cdot\frac{\partial F_s}{\partial\boldsymbol{\xi}_i}\\&=\frac{N-s}{m}\sum_{i=1}^{s}\int\frac{\partial\varphi_{i,s+1}}{\partial\boldsymbol{x}_i}\cdot\frac{\partial F_{s+1}}{\partial\boldsymbol{\xi}_i}\,\mathrm{d}\boldsymbol{x}_{s+1}\mathrm{d}\boldsymbol{\xi}_{s+1}\quad(s=1,2,\cdots,N).\end{aligned}$$

注意除了这级列的最后一个方程$(s=N)$只包含F_N一个待定函数外,其他的方程,包含F_s者还包含F_{s+1},对F_s是微分而对F_{s-1}是积分.理论上可从这个级列方程的最后一个解起,当然这时前面的方程也无须求解,而只要将F_N积分便是.

实用上需要从这套方程前面几个求解,考虑到玻尔兹曼方程即是利用了分子混沌拟设

$$F_2(\boldsymbol{x}_1,\boldsymbol{\xi}_1,\boldsymbol{x}_2,\boldsymbol{\xi}_2,t)=F_1(\boldsymbol{x}_1,\boldsymbol{\xi}_1,t)F_1(\boldsymbol{x}_2,\boldsymbol{\xi}_2,t),$$

而$s=1$的头一个方程是自成封闭的.如此推导玻尔兹曼方程可以证明①.

进一步推广可以保留$s=1$,$s=2$头两个方程而采用某种混沌性假设将F_3用F_1和F_2表达,以便自成封闭方程组.

6.1.3　玻恩-格林形式的级列方程

也可以在一个分子的相空间($\boldsymbol{x},\boldsymbol{\xi}$计 6 维)用

$$f_k(t,\boldsymbol{x}^{(1)},\boldsymbol{\xi}^{(1)}\cdots\boldsymbol{x}^{(k)},\boldsymbol{\xi}^{(k)})\mathrm{d}\,\boldsymbol{x}^{(1)}\mathrm{d}\boldsymbol{\xi}^{(1)}\cdots\mathrm{d}\boldsymbol{x}^{(k)}\mathrm{d}\boldsymbol{\xi}^{(k)}$$

来表示k个不同的分子占据位置$\boldsymbol{x}^{(i)}$附近$\mathrm{d}\boldsymbol{x}^{(i)}$范围和速度$\boldsymbol{\xi}^{(i)}$附近$\mathrm{d}\boldsymbol{\xi}^{(i)}$范围$(i=1,2,\cdots,k)$的多分子分布函数,分布函数与概率密度有$f_s=\dfrac{N!}{(N-s)!}F_s$关系.注意$f_s(s>N)\equiv0$.

---

① 见 M. Born and H. S. Green, *A General Kinetic Theory of Liquids*, 1949;或 Kogan, *Rarefied Gas Dynamics*, 1969(俄文版,1967).

将博戈留波夫级列方程乘以$\frac{N!}{(N-s)!}$并注意到

$$\frac{N!}{(N-s)!}F_s = f_s,$$

$$\frac{N!}{(N-s)!}(N-s)F_{s+1} = \frac{N!}{(N-s-1)!}F_{s+1} = f_{s+1},$$

便得玻恩-格林形式的方程(BG 方程)

$$\frac{\partial f_s}{\partial t} + \sum_{i=1}^{s} \boldsymbol{\xi}^{(i)} \cdot \frac{\partial f_s}{\partial \boldsymbol{x}^{(i)}} + \sum_{i=1}^{s} \frac{1}{m}\left(\boldsymbol{F}^{\text{外}}_{(i)} - \sum_{j=1}^{s} \frac{\partial}{\partial \boldsymbol{x}^{(i)}} \varphi^{(ij)}\right) \cdot \frac{\partial f_s}{\partial \boldsymbol{\xi}^{(i)}}$$
$$= \sum_{i=1}^{s} \int \frac{1}{m} \frac{\partial \varphi^{(i,s+1)}}{\partial \boldsymbol{x}^{(i)}} \cdot \frac{\partial f_{s+1}}{\partial \boldsymbol{\xi}^{(i)}} \mathrm{d}\boldsymbol{x}^{(s+1)} \mathrm{d}\boldsymbol{\xi}^{(s+1)};$$

分布函数由 6 维相空间的点组决定. 例如 f_N 由 $\boldsymbol{x}^{(i)}, \boldsymbol{\xi}^{(i)}\ (i=1,\cdots,N)$ N 个点的点组决定,这个点组对应于 $6N$ 维空间的 $N!$ 个点,$\boldsymbol{x}_1, \boldsymbol{\xi}_1, \cdots, \boldsymbol{x}_N, \boldsymbol{\xi}_N$ 是 $\boldsymbol{x}^{(i)}, \boldsymbol{\xi}^{(i)}\ (i=1,\cdots,N)$ 的排列. 所以考虑到 F_N 是全对称函数,有

$$f_N = \sum_{\text{排列}} F_N = N!\, F_N.$$

如上定义的 f_s 满足

$$\int f_{s+1} \mathrm{d}\boldsymbol{x}^{(s+1)} \mathrm{d}\boldsymbol{\xi}^{(s+1)} = (N-s) f_s,$$

而 $f_1 = NF_1$ 乘以 $\mathrm{d}\boldsymbol{x}^{(1)} \mathrm{d}\boldsymbol{\xi}^{(1)}$ 即是在 $\boldsymbol{x}^{(1)}, \boldsymbol{\xi}^{(1)}$ 附近的 $\mathrm{d}\boldsymbol{x}^{(1)} \mathrm{d}\boldsymbol{\xi}^{(1)}$ 范围内的分子数概然值.(注意 F_1 乘 $\mathrm{d}\boldsymbol{x}_1 \mathrm{d}\boldsymbol{\xi}_1$ 是概率,乘以分子总数 N 后得概然值,间隔范围 $\mathrm{d}\boldsymbol{x}^{(1)} \mathrm{d}\boldsymbol{\xi}^{(1)} \equiv \mathrm{d}\boldsymbol{x}_1 \mathrm{d}\boldsymbol{\xi}_1$.)

6.1.4 玻尔兹曼方程的推导

我们先验证 $s=1$ 的方程,在一定近似下,即得玻尔兹曼方程:为此只消将 $s=1$ 的方程右侧化为碰撞积分形式. 由于只考虑两体碰撞,令 $\boldsymbol{r} = \boldsymbol{x}^{(2)} - \boldsymbol{x}^{(1)}$,有运动方程

$$\frac{\mathrm{d}\boldsymbol{r}}{\boldsymbol{\xi}^{(2)} - \boldsymbol{\xi}^{(1)}} = \frac{\mathrm{d}\boldsymbol{\xi}^{(2)}}{-\frac{1}{m}\frac{\partial \varphi}{\partial \boldsymbol{r}}} = \frac{\mathrm{d}\boldsymbol{\xi}^{(1)}}{\frac{1}{m}\frac{\partial \varphi}{\partial \boldsymbol{r}}} (= \mathrm{d}t),$$

(矢量的商理解为各相应分量的相等的商,不算$(=\mathrm{d}t)$上式共为八个等式),有八个运动积分

$$K_k(\boldsymbol{r}, \boldsymbol{\xi}^{(1)}, \boldsymbol{\xi}^{(2)}) = \text{常量} = K_k(\boldsymbol{r}_0, \boldsymbol{\xi}_0^{(1)}, \boldsymbol{\xi}_0^{(2)}),$$

$\boldsymbol{r}_0, \boldsymbol{\xi}_0^{(1)}, \boldsymbol{\xi}_0^{(2)}$ 可以理解为相应的初始值. 例如定义碰撞球直径 d,在 $|\boldsymbol{r}_0| = d$,但$(\boldsymbol{\xi}^{(2)} - \boldsymbol{\xi}^{(1)}) \cdot \boldsymbol{r} < 0$ 时开始碰撞,到 $|\boldsymbol{r}_0| = d$,而$(\boldsymbol{\xi}^{(2)} - \boldsymbol{\xi}^{(1)}) \cdot \boldsymbol{r} > 0$ 时碰撞结束. 连同 $|\boldsymbol{r}_0| = d$ 可将 $\boldsymbol{r}_0, \boldsymbol{\xi}_0^{(1)}, \boldsymbol{\xi}_0^{(2)}$ 解出,这样 $\boldsymbol{\xi}_0^{(1)}, \boldsymbol{\xi}_0^{(2)}$ 表达为 $K_k(\boldsymbol{r}, \boldsymbol{\xi}^{(1)}, \boldsymbol{\xi}^{(2)})$ 的函数.

在推导玻尔兹曼方程时,我们需引进近似 f_2 为 f_1 的乘积,并忽略碰撞时间及

碰撞直径内 f_1 的变化. 换言之,由于轨道连续,

$$f_2(t,\boldsymbol{x}^{(1)},\boldsymbol{x}^{(2)},\boldsymbol{\xi}^{(1)},\boldsymbol{\xi}^{(2)}) = f_2(t_0,\boldsymbol{x}_0^{(1)},\boldsymbol{x}_0^{(2)},\boldsymbol{\xi}_0^{(1)},\boldsymbol{\xi}_0^{(2)})$$

$$\overset{(a)}{=\!=\!=} f_1(t_0,\boldsymbol{x}_0^{(1)},\boldsymbol{\xi}_0^{(1)})\cdot f_1(t_0,\boldsymbol{x}_0^{(2)},\boldsymbol{\xi}_0^{(2)})$$

$$\overset{(b)}{=\!=\!=} f_1(t,\boldsymbol{x}^{(1)},\boldsymbol{\xi}_0^{(1)})\cdot f_1(t,\boldsymbol{x}^{(1)},\boldsymbol{\xi}_0^{(2)})$$

为 $\boldsymbol{\xi}_0^{(1)}$ 及 $\boldsymbol{\xi}_0^{(2)}$ 的函数,亦即为 $K_k(\boldsymbol{r},\boldsymbol{\xi}^{(1)},\boldsymbol{\xi}^{(2)})$的函数,即

$$f_2(t,\boldsymbol{x}^{(1)},\boldsymbol{x}^{(2)},\boldsymbol{\xi}^{(1)},\boldsymbol{\xi}^{(2)}) \equiv f_2^*(t,\boldsymbol{x}^{(1)},K_k(\boldsymbol{r},\boldsymbol{\xi}^{(1)},\boldsymbol{\xi}^{(2)})).$$

从

$$\frac{\partial K_k}{\partial \boldsymbol{r}}\cdot \mathrm{d}\boldsymbol{r}+\frac{\partial K_k}{\partial \boldsymbol{\xi}^{(1)}}\cdot \mathrm{d}\boldsymbol{\xi}^{(1)}+\frac{\partial K_k}{\partial \boldsymbol{\xi}^{(2)}}\cdot \mathrm{d}\boldsymbol{\xi}^{(2)}=0,$$

得

$$(\boldsymbol{\xi}^{(2)}-\boldsymbol{\xi}^{(1)})\cdot\frac{\partial K_k}{\partial \boldsymbol{r}}+\frac{1}{m}\frac{\partial \varphi}{\partial \boldsymbol{r}}\cdot\left[\frac{\partial K_k}{\partial \boldsymbol{\xi}^{(1)}}-\frac{\partial K_k}{\partial \boldsymbol{\xi}^{(2)}}\right]=0,$$

这方程对任何 K_k 的函数也满足. 所以,对于 f_2^* 有

$$(\boldsymbol{\xi}^{(2)}-\boldsymbol{\xi}^{(1)})\cdot\frac{\partial f_2^*}{\partial \boldsymbol{r}}=-\frac{1}{m}\frac{\partial \varphi}{\partial \boldsymbol{r}}\cdot\left[\frac{\partial f_2^*}{\partial \boldsymbol{\xi}^{(1)}}-\frac{\partial f_2^*}{\partial \boldsymbol{\xi}^{(2)}}\right],$$

BG 方程右侧(故意添上一项对 $\mathrm{d}\boldsymbol{\xi}^{(2)}$ 积分为零者);

$$\begin{aligned}&\int\frac{1}{m}\frac{\partial \varphi^{12}}{\partial \boldsymbol{x}^{(1)}}\cdot\frac{\partial f_2}{\partial \boldsymbol{\xi}^{(1)}}\mathrm{d}\boldsymbol{x}^{(2)}\mathrm{d}\boldsymbol{\xi}^{(2)}\\
&\quad=\int-\frac{1}{m}\frac{\partial \varphi}{\partial \boldsymbol{r}}\cdot\left[\frac{\partial f_2}{\partial \boldsymbol{\xi}^{(1)}}-\frac{\partial f_2}{\partial \boldsymbol{\xi}^{(2)}}\right]\mathrm{d}\boldsymbol{x}^{(2)}\mathrm{d}\boldsymbol{\xi}^{(2)}\\
&\quad=\int-\frac{1}{m}\frac{\partial \varphi}{\partial \boldsymbol{r}}\cdot\left[\frac{\partial f_2^*}{\partial \boldsymbol{\xi}^{(1)}}-\frac{\partial f_2^*}{\partial \boldsymbol{\xi}^{(2)}}\right]\mathrm{d}\boldsymbol{r}\mathrm{d}\boldsymbol{\xi}^{(2)}\\
&\quad=\int(\boldsymbol{\xi}^{(2)}-\boldsymbol{\xi}^{(1)})\cdot\frac{\partial f_2^*}{\partial \boldsymbol{r}}\mathrm{d}\boldsymbol{r}\,\mathrm{d}\boldsymbol{\xi}^{(2)}.\end{aligned}$$

以 $\boldsymbol{x}^{(1)}$ 为心,将$|\boldsymbol{x}^{(2)}-\boldsymbol{x}^{(1)}|=d$ 碰撞球沿平行于$(\boldsymbol{\xi}^{(2)}-\boldsymbol{\xi}^{(1)})$方向切为柱形,柱横截面为 $\mathrm{d}\sigma$,$\mathrm{d}\boldsymbol{r}=\mathrm{d}\sigma\mathrm{d}l$,$\mathrm{d}l$ 沿柱方向得(积分区域由于$\dfrac{\partial \varphi^{(12)}}{\partial \boldsymbol{x}^{(1)}}$因子可限制在分子力作用范围即碰撞球以内):

$$\int|\boldsymbol{\xi}^{(2)}-\boldsymbol{\xi}^{(1)}|\frac{\partial f_2}{\partial l}\mathrm{d}l\mathrm{d}\sigma\mathrm{d}\boldsymbol{\xi}^{(2)}=\int\mathrm{d}\boldsymbol{\xi}^{(2)}\mathrm{d}\sigma\,|\boldsymbol{\xi}^{(2)}-\boldsymbol{\xi}^{(1)}|\,f_2\Big|_{\text{碰前}}^{\text{碰后}},$$

这里用了碰撞中$|\boldsymbol{\xi}^{(2)}-\boldsymbol{\xi}^{(1)}|$不变,$\mathrm{d}\sigma$ 垂直于 $\boldsymbol{\xi}^{(2)}-\boldsymbol{\xi}^{(1)}$ 矢量,沿碰撞轨道整个积分. 采用分子混沌拟设,并改用 $\boldsymbol{\xi}^{(1)}=\boldsymbol{\xi}$,$\boldsymbol{\xi}^{(2)}=\boldsymbol{\xi}_1$(碰撞前)和碰撞后的 $\boldsymbol{\xi}'$和 $\boldsymbol{\xi}_1'$,即得

$$\begin{aligned}f_2\Big|_{\text{碰前}}^{\text{碰后}}&=f(t,\boldsymbol{x},\boldsymbol{\xi}_1')f(t,\boldsymbol{x},\boldsymbol{\xi}')-f(t,\boldsymbol{x},\boldsymbol{\xi}_1)f(t,\boldsymbol{x},\boldsymbol{\xi})\\
&=f_1'f'-f_1f,\end{aligned}$$

这就证明了玻尔兹曼方程(忽略碰撞半径内 f 的变化和采用分子混沌性拟设的近似):

$$\frac{\partial f}{\partial t}+\boldsymbol{\xi}\cdot\frac{\partial f}{\partial \boldsymbol{x}}+\frac{1}{m}\boldsymbol{F}^{外}\cdot\frac{\partial f}{\partial \boldsymbol{\xi}}=\iint \mathrm{d}\sigma\mathrm{d}\boldsymbol{\xi}_1\,|\boldsymbol{\xi}_1-\boldsymbol{\xi}|\,(f_1'f'-f_1f).$$

6.1.5 备注

1. 叠加近似

在稠密气体或者液体情况,柯克伍德[①]建议,保留 $s=1$ 和 $s=2$ 两方程而将分子混沌性拟设 $f_2^{(12)}=f_1^{(1)}f_1^{(2)}$ 改为

$$f_3^{(123)}=\frac{f_2^{(23)}f_2^{(31)}f_2^{(12)}}{f_1^{(1)}f_1^{(2)}f_1^{(3)}},$$

即

$$\frac{f_3^{(123)}}{f_2^{(12)}f_1^{(3)}}=\frac{f_2^{(23)}}{f_1^{(2)}f_1^{(3)}}\frac{f_2^{(13)}}{f_1^{(1)}f_1^{(3)}};$$

这里 f_s 下标表示 s 个分子的分布函数,上标(r)或(rs)代表函数的变量 $\boldsymbol{x}^{(r)},\boldsymbol{\xi}^{(r)}$ 或 $\boldsymbol{x}^{(r)},\boldsymbol{\xi}^{(r)},\boldsymbol{x}^{(s)},\boldsymbol{\xi}^{(s)}$ 等.这假设常称为叠加近似,伊翁及玻恩和格林都使用过,其他人也有不同的近似.

2. 输运系数

玻恩和格林也曾仿效解玻尔兹曼方程的办法求黏度和热导率;当速度梯度为零,温度梯度为零,又$\frac{\partial}{\partial t}$一切为零(定态)时先求解平衡态,然后再在这附近对速度梯度、温度梯度展开,求进一步近似解,希望能解释液体的黏度和热导率.结果发现除动能项外,势能项也有贡献,可能更为主要.液氩的黏度和热导率的理论与实验的比较见赖斯和格雷的书[②].

6.2 平衡态性质

我们下面将只讨论平衡态解,即求液体的物态方程.

平衡态时,取温度均匀,分子或分子团的平均速度皆为零,仿效气体的麦克斯韦分布:

$$f_s=n_s\left(\frac{m}{2\pi kT}\right)^{\frac{3}{2}s}\exp\left\{-\frac{m}{2kT}\sum_{i=1}^{s}\boldsymbol{\xi}^{(i)2}\right\},$$

其中 $n_s=n_s(\boldsymbol{x}^{(1)},\cdots,\boldsymbol{x}^{(s)})$满足下列方程:

---

① J. G. Kirkwood. *J. Chem. Phys.*, **3**(1935), 300.

② S. A. Rice and P. Gray, *The Statistical Mechanics of Simple Liquids*, Wiley, New York, 1965, ch. 6.

$$\frac{\partial n_s}{\partial \boldsymbol{x}^{(i)}} + \frac{n_s}{kT}\frac{\partial}{\partial \boldsymbol{x}^{(i)}}\sum_{j=1}^{s}\varphi^{(ij)} + \int \frac{n_{(s+1)}}{kT}\frac{\partial}{\partial \boldsymbol{x}^{(i)}}\varphi^{(i,s+1)}\mathrm{d}\boldsymbol{x}^{(s+1)} = 0$$

$$(i = 1,2,\cdots,s;s = 1,2,\cdots,N).$$

这些方程是将 f_s 的上述形式代入 BBGKY 方程中 $\left(令\frac{\partial}{\partial t}f_s=0\right)$ 取 $\boldsymbol{\xi}_i(i\leqslant s)$ 的系数而得.

6.2.1 物态方程和径向分布函数

设分子间力为两体有心力 $\varphi^{(ij)}=\varphi(|\boldsymbol{x}^{(i)}-\boldsymbol{x}^{(j)}|)=\varphi(r)$，从 n_1 和 $n_2(r)$（r 代表 n_2 中两分子间距离）有普遍的物态方程：压强是

$$p = n_1 kT - \frac{1}{6}\int_0^{\infty} r\frac{\mathrm{d}\varphi}{\mathrm{d}r}n_2(r)\ 4\pi r^2\mathrm{d}r$$

$$= \frac{kT}{v} - \frac{1}{6v^2}\int_0^{\infty} r\frac{\mathrm{d}\varphi}{\mathrm{d}r}g(r)\ 4\pi r^2\mathrm{d}r;$$

内能为

$$E = \frac{3}{2}NkT + V\frac{1}{2}\int_0^{\infty} n_2(r)\varphi(r)\ 4\pi r^2\mathrm{d}r,$$

即每个分子的内能为 E/N

$$E/N = \frac{3}{2}kT + \frac{1}{2v}\int_0^{\infty} g(r)\varphi(r)\ 4\pi r^2\mathrm{d}r.$$

这里 $n_1=\frac{1}{v}=\frac{N}{V}$ 不依赖于 r，$v=V/N$ 为每个分子平均占有的空间体积；而 $g(r)=n_2/n_1^2$ 为径向分布函数，如图 6.1 所示.

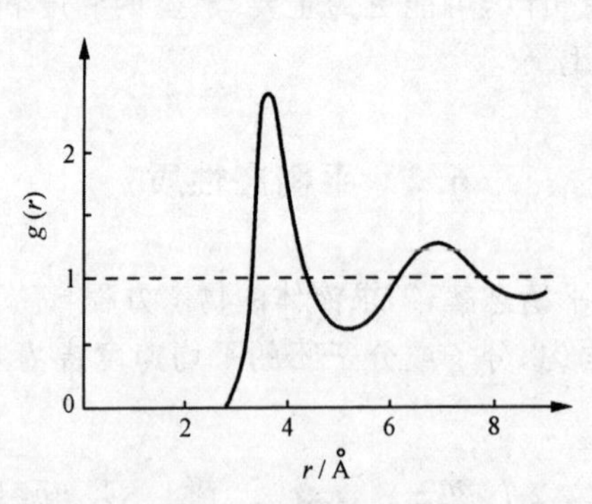

图 6.1 径向分布函数

这两公式前面一项都是动能引起的，与气体的贡献相同；后面一项则是由分子间力引起的.

6.2.2 内能的计算

首先计算内能

$$E=\int F_N\mathrm{d}\boldsymbol{x}_1\cdots\mathrm{d}\boldsymbol{\xi}_N\left\{\sum_{i=1}^{N}\frac{m}{2}\boldsymbol{\xi}_i^2+\frac{1}{2}\sum_{i,j=1}^{N}\varphi(|\boldsymbol{x}_i-\boldsymbol{x}_j|)\right\},$$

势能贡献为

$$\frac{1}{2}\sum_{i,j=1}^{N}\int N_2(\boldsymbol{x}_i,\boldsymbol{x}_j)\varphi(|\boldsymbol{x}_i-\boldsymbol{x}_j|)\mathrm{d}\boldsymbol{x}_i\mathrm{d}\boldsymbol{x}_j,$$

其中

$$N_2(\boldsymbol{x}_i,\boldsymbol{x}_j)=\int F_2(\boldsymbol{x}_i,\boldsymbol{x}_j,\boldsymbol{\xi}_i,\boldsymbol{\xi}_j)\mathrm{d}\boldsymbol{\xi}_i\mathrm{d}\boldsymbol{\xi}_j,$$

而每个积分数值相等.所以势能贡献可写成

$$\frac{N(N-1)}{2}\int N_2(\boldsymbol{x}^{(1)},\boldsymbol{x}^{(2)})\varphi(|\boldsymbol{x}^{(1)}-\boldsymbol{x}^{(2)}|)\mathrm{d}\boldsymbol{x}^{(1)}\mathrm{d}\boldsymbol{x}^{(2)},$$

即$\left(注意到\ f_2=\dfrac{N!}{(N-2)!}F_2,所以\ n_2=N(N-1)N_2\right)$

$$\frac{1}{2}\iint_V n_2(|\boldsymbol{x}^{(1)}-\boldsymbol{x}^{(2)}|)\varphi(|\boldsymbol{x}^{(1)}-\boldsymbol{x}^{(2)}|)\mathrm{d}\boldsymbol{x}^{(1)}\mathrm{d}\boldsymbol{x}^{(2)}.$$

由于 n_2 仅依赖于相对距离 $r=|\boldsymbol{x}^{(1)}-\boldsymbol{x}^{(2)}|$,而且当 $r\to\infty$ 时,$\varphi(r)\to0$ 足够快,上式对 $\boldsymbol{x}^{(2)}$ 在 V 中的积分近似为无穷积分.结果不依赖于 $\boldsymbol{x}^{(1)}$,对 $\boldsymbol{x}^{(1)}$ 积分产生因子 V.最后得势能贡献为

$$\frac{V}{2}\int_0^{\infty}n_2(r)\varphi(r)4\pi r^2\mathrm{d}r,$$

连动能项$=\dfrac{3}{2}NkT$ 便得证内能 E 的表达式. 注意此处因子$\dfrac{1}{2}$的出现,来源于$\dfrac{1}{2}\sum\limits_{i,j=1}^{N}$中的因子$\dfrac{1}{2}$,这是因为 $\varphi(|\boldsymbol{x}_i-\boldsymbol{x}_j|)$是一对分子的势能.

一般讲来,对于任意函数 $B(\boldsymbol{x}_i,\boldsymbol{x}_j)$,

$$\int F_N\mathrm{d}\boldsymbol{x}_1\cdots\mathrm{d}\boldsymbol{\xi}_N\left[\sum_{i,j=1}^{N}B(\boldsymbol{x}_i,\boldsymbol{x}_j)\right]$$

即等于

$$\iint_V n_2(|\boldsymbol{x}^{(1)}-\boldsymbol{x}^{(2)}|)B(\boldsymbol{x}^{(1)},\boldsymbol{x}^{(2)})\mathrm{d}\boldsymbol{x}^{(1)}\mathrm{d}\boldsymbol{x}^{(2)}.$$

6.2.3 分子间力对压强的贡献

现在计算分子间力对压强的贡献. $-\dfrac{\partial\varphi(\boldsymbol{x}^{(1)}-\boldsymbol{x}^{(2)})}{\partial\boldsymbol{x}^{(1)}}$表示 $\boldsymbol{x}^{(2)}$ 分子作用在 $\boldsymbol{x}^{(1)}$

分子上的力.取 $\boldsymbol{x}^{(1)}$ 在球 G 内,则$(V-G)$中所有分子对球 G 内所有分子的总力为

$$\int_{(V-G)}\mathrm{d}\boldsymbol{x}^{(2)}\int_G\mathrm{d}\boldsymbol{x}^{(1)}n_2(\boldsymbol{x}^{(1)},\boldsymbol{x}^{(2)})\left[-\frac{\partial}{\partial\boldsymbol{x}^{(1)}}\varphi(|\boldsymbol{x}^{(1)}-\boldsymbol{x}^{(2)}|)\right],$$

此处对 $x^{(2)}$ 的积分区域可扩充至 V,因为显然有

$$\int_G\mathrm{d}\boldsymbol{x}^{(2)}\int_G\mathrm{d}\boldsymbol{x}^{(1)}n_2(\boldsymbol{x}^{(1)},\boldsymbol{x}^{(2)})\left[-\frac{\partial}{\partial\boldsymbol{x}^{(1)}}\varphi(|\boldsymbol{x}^{(1)}-\boldsymbol{x}^{(2)}|)\right]=0;$$

这是由于 $n_2(\boldsymbol{x}^{(1)},\boldsymbol{x}^{(2)})=n_2(\boldsymbol{x}^{(2)},\boldsymbol{x}^{(1)})$,将 $\boldsymbol{x}^{(1)}$ 和 $\boldsymbol{x}^{(2)}$ 调换后有

$$\begin{aligned}\text{上面积分}&=\int_G\mathrm{d}\boldsymbol{x}^{(1)}\int_G\mathrm{d}\boldsymbol{x}^{(2)}n_2(\boldsymbol{x}^{(1)},\boldsymbol{x}^{(2)})\left[-\frac{\partial}{\partial\boldsymbol{x}^{(2)}}\varphi(|\boldsymbol{x}^{(1)}-\boldsymbol{x}^{(2)}|)\right]\\&=\frac{1}{2}\int_G\mathrm{d}\boldsymbol{x}^{(2)}\int_G\mathrm{d}\boldsymbol{x}^{(1)}n_2(\boldsymbol{x}^{(1)},\boldsymbol{x}^{(2)})\left[-\frac{\partial\varphi}{\partial\boldsymbol{x}^{(1)}}-\frac{\partial\varphi}{\partial\boldsymbol{x}^{(2)}}\right]\\&=0,\end{aligned}$$

因为内力互相抵消.

暂时定义

$$\boldsymbol{r}=\boldsymbol{x}^{(2)}-\boldsymbol{x}^{(1)},\quad\boldsymbol{R}=\frac{1}{2}(\boldsymbol{x}^{(2)}+\boldsymbol{x}^{(1)}),$$

则有

$$n_2(\boldsymbol{x}^{(1)},\boldsymbol{x}^{(2)})=n_2^*(\boldsymbol{r},\boldsymbol{R}),\ \mathrm{d}\boldsymbol{x}^{(1)}\mathrm{d}\boldsymbol{x}^{(2)}=\mathrm{d}\boldsymbol{r}\mathrm{d}\boldsymbol{R};$$

$$\begin{aligned}\text{总力}&=\int_{V_2}\int_{G_1}\mathrm{d}\boldsymbol{r}\mathrm{d}\boldsymbol{R}\cdot n_2^*(\boldsymbol{r},\boldsymbol{R})\frac{\partial\varphi(r)}{\partial\boldsymbol{r}}\\&=\int_{V_2}\mathrm{d}\boldsymbol{r}\frac{\mathrm{d}\varphi}{r\mathrm{d}r}\boldsymbol{r}\int_{G_1}\mathrm{d}\boldsymbol{R}n_2^*(\boldsymbol{r},\boldsymbol{R});\end{aligned}$$

此处 V_2G_1 表示 $\boldsymbol{x}^{(2)}$ 在 V 中,$\boldsymbol{x}^{(1)}$ 在球 G 中.先计算 $\int_{G_1}\mathrm{d}\boldsymbol{R}n_2^*(\boldsymbol{r},\boldsymbol{R})$,代入 $\boldsymbol{R}=\boldsymbol{x}^{(1)}+\frac{\boldsymbol{r}}{2}$,其中 $\boldsymbol{r}$ 固定不变,则

$$\begin{aligned}\int_{G_1}\mathrm{d}\boldsymbol{R}n_2^*(\boldsymbol{r},\boldsymbol{R})&=\int_G\mathrm{d}\boldsymbol{x}^{(1)}n_2^*\left(\boldsymbol{r},\boldsymbol{x}^{(1)}+\frac{\boldsymbol{r}}{2}\right)\\&=\int_G\mathrm{d}\boldsymbol{x}^{(1)}n_2^*(\boldsymbol{r},\boldsymbol{x}^{(1)})+\frac{\boldsymbol{r}}{2}\cdot\int_G\mathrm{d}\boldsymbol{x}^{(1)}\left[\frac{\partial}{\partial\boldsymbol{x}^{(1)}}n_2^*(\boldsymbol{r},\boldsymbol{x}^{(1)})\right]+\cdots.\end{aligned}$$

我们注意到,对于任意函数 $f(r)$,在整个空间积分时,有下列公式:

$$\int f(r)\boldsymbol{r}\mathrm{d}\boldsymbol{r}=0,$$

$$\int f(r)\boldsymbol{rr}\mathrm{d}\boldsymbol{r}=\frac{1}{3}\mathbf{1}\int f(r)r^2\mathrm{d}\boldsymbol{r}.$$

显然,由于对 x,y 或 z 的奇函数的积分为零,所以第一个公式为零,第二个公式中非对角项亦为零.而对于对角项,由于对称性,有

$$\int x^2 f(r)\mathrm{d}\boldsymbol{r} = \int y^2 f(r)\mathrm{d}\boldsymbol{r} = \int z^2 f(r)\mathrm{d}\boldsymbol{r}$$
$$= \frac{1}{3}\int (x^2+y^2+z^2) f(r)\mathrm{d}\boldsymbol{r} = \frac{1}{3}\int r^2 f(r)\mathrm{d}\boldsymbol{r},$$

第二个公式得证.

现在将 $\int_{G_1} \mathrm{d}\boldsymbol{R} n_2^*(\boldsymbol{r},\boldsymbol{R})$ 的展开式代入总力公式中后,第一项无贡献.第二项对 G 球的积分可以化为面积分,$\boldsymbol{x}_S$ 在球面 S 上,$\boldsymbol{n}_S$ 为外向单位法线矢量:

$$\int_G \mathrm{d}\boldsymbol{x}^{(1)} \frac{\partial}{\partial \boldsymbol{x}^{(1)}} n_2^*(\boldsymbol{r},\boldsymbol{x}^{(1)}) = \int_{S(G)} \boldsymbol{n}_S \mathrm{d}S n_2^*(\boldsymbol{r},\boldsymbol{x}_S);$$

所以对球 G 内所有分子的总力也是面积分表示:

$$\int_{S(G)} \boldsymbol{n}_S \mathrm{d}S \cdot \int_{V_2} \mathrm{d}\boldsymbol{r} \frac{1}{r}\frac{\mathrm{d}\varphi}{\mathrm{d}r}\frac{\boldsymbol{rr}}{2} n_2^*(\boldsymbol{r},\boldsymbol{x}_S).$$

当 $n_2(\boldsymbol{x}^{(1)},\boldsymbol{x}^{(2)}) = n_2(|\boldsymbol{x}^{(1)}-\boldsymbol{x}^{(2)}|)$ 时(V 大时,在 V 的内部合用),$n_2^*(\boldsymbol{r},\boldsymbol{x}_S) = n_2(\boldsymbol{r})$,对 $\mathrm{d}\boldsymbol{r}$ 积分时由于力减弱很快,V_2 可取为无穷,得对球 G 内所有分子的总力为

$$\int_{S(G)} \boldsymbol{n}_S \mathrm{d}S \frac{1}{6}\int_0^\infty r\frac{\mathrm{d}\varphi}{\mathrm{d}r} n_2(r) 4\pi r^2 \mathrm{d}r;$$

这力应该等于

$$\int_G (-\nabla p)\mathrm{d}\boldsymbol{x}^{(1)} = -\int_{S(G)} p_{\text{分子力}} \boldsymbol{n}_S \mathrm{d}S,$$

所以最后求得

$$p_{\text{分子力}} = -\frac{1}{6}\int_0^\infty r\frac{\mathrm{d}\varphi}{\mathrm{d}r} n_2(r) 4\pi r^2 \mathrm{d}r.$$

6.2.4 硬球模型计算结果

对硬球模型$\left(\text{直径 }\sigma\text{,并令 }\frac{2}{3}\pi\sigma^3 \equiv b\right)$,计算结果如下.物态方程写为

$$\frac{pv}{kT} = 1 + \frac{Bb}{v} + \frac{Cb^2}{v^2} + \frac{Db^3}{v^3} + \frac{Eb^4}{v^4} + \cdots,$$

其中 $Bb, Cb^2, \cdots$ 称为第二、第三、…位力系数,一般为 T 的函数,硬球模型中 T 不出现了.硬球模型位力系数的精确值,目前已有人计算到第八位力系数,前几个值分别是①:

$B=1$,

$C=\frac{5}{8}$,

① 参见 W. T. Grandy, Jr., *Foundations of Statistical Mechanics*, Vol. I, 1987, Reidel, Dordrecht.

$$D=[2707\pi+438\sqrt{2}-4131\cos^{-1}(1/3)]/4480\pi\approx0.2869,$$
$$E=(0.1103\pm0.0003).$$

表6.1列出了硬球模型位力系数的理论值与精确值的比较①;表6.2列出了物态方程理论计算数值比较②,可以看出它们定性符合;而内能的比较符合得更好.表中计算机"实验"是采用1000硬球的三维蒙特卡洛法计算结果③.

表6.1 硬球模型的位力系数,理论值与精确值比较

	B	C	D	E	
精确值	1	5/8	0.2869	0.1103	
YBG	1	5/8	0.2252	0.0475	伊翁、玻恩-格林方程
HNC	1	5/8	0.4453	0.1447	超网链方程
PY	1	5/8	0.2500	0.0859	珀卡斯-耶维克方程

表6.2 硬球模型物态方程理论计算数值比较

$\frac{d^3}{v}$ \ 理论 $\frac{pv}{kT}$	YBG	HNC	PY	计算机"实验"
0.1	1.239	1.242	1.240	
0.2	1.546	1.562	1.549	
0.3	1.937	2.000	1.954	
0.4	2.431	2.604	2.480	
0.5	3.047	3.463	3.173	
0.6		4.650	4.093	
0.7		6.874	5.323	5.85
0.8		9.711	7.000	7.95
0.9		13.767	9.328	10.50
1.0		19.145	12.773	

6.3 动理论与统计热力学的联系

6.3.1 分子分布函数与位形配分函数

关于平衡态有标准的统计热力学处理方法,我们在这里说明其联系.对于平衡态,所有 f_s 对于速度分布都是麦克斯韦型,所有 n_s 则可以从 $s=N$ 方程倒过来解.

---

① 引自 J. A. Barker and D. Hendersen, *Rev. Mod. Phys.*, **48**(1976), 613.

② 引自 M. N. Rosenbluth and A. W. Rosenbluth, *J. Chem. Phys.*, **22**(1959), 881.

③ 见 M. N. Rosenbluth and A. W. Rosenbluth, *J. Chem. Phys.*, **22**(1959), 881.

严格解取 $s=N, n_{N+1}\equiv 0$ 则平衡态方程：

$$\frac{\partial n_N}{\partial \boldsymbol{x}^{(i)}}+\frac{n_N}{kT}\frac{\partial}{\partial \boldsymbol{x}^{(i)}}\sum_{j=1}^{N}\varphi^{(ij)}=0;$$

可以严格解出如下：令

$$\Phi=\frac{1}{2}\sum_{ij}\varphi^{(ij)},$$

则

$$\frac{\partial}{\partial \boldsymbol{x}^{(i)}}\Phi=\sum_{j=1}^{N}\frac{\partial \varphi^{(ij)}}{\partial \boldsymbol{x}^{(i)}},$$

所以

$$\frac{\partial n_N}{\partial \boldsymbol{x}^{(i)}}+\frac{n_N}{kT}\frac{\partial}{\partial \boldsymbol{x}^{(i)}}\Phi=0;$$

得

$$n_N=\text{const}\cdot \mathrm{e}^{-\Phi/kT}.$$

代入 f_N 中(见 145 页)：

$$F_N N!=f_N=\frac{1}{Q}\mathrm{e}^{-\Phi/kT}\left(\frac{m}{2\pi kT}\right)^{\frac{3N}{2}}\mathrm{e}^{-\frac{m}{2kT}\sum_{i=1}^{N}\xi_i^2};$$

量 Q 称为位形配分函数，可从 F_N 的归一化定出为：

$$Q=\frac{1}{N!}\int \mathrm{e}^{-\Phi/kT}\mathrm{d}\boldsymbol{x}_1\cdots\mathrm{d}\boldsymbol{x}_N.$$

因为 F_N 及 F_s 皆为概率密度，后者从前者积分得来. 经过积分并注意到 $f_s=\frac{N!}{(N-s)!}F_s$ 和 f_s 对速度的积分即是 n_s，容易验证

$$Qn_s=\frac{1}{(N-s)!}\int \mathrm{e}^{-\Phi/kT}\mathrm{d}\boldsymbol{x}^{(s+1)}\cdots\mathrm{d}\boldsymbol{x}^{(N)};$$

特别是

$$Qn_2=\frac{1}{(N-2)!}\int \mathrm{e}^{-\Phi/kT}\mathrm{d}\boldsymbol{x}^{(3)}\cdots\mathrm{d}\boldsymbol{x}^{(N)},$$

$$Qn_1=\frac{1}{(N-1)!}\int \mathrm{e}^{-\Phi/kT}\mathrm{d}\boldsymbol{x}^{(2)}\cdots\mathrm{d}\boldsymbol{x}^{(N)}.$$

最后一个积分，由于 Φ 只依赖于相对位置，与 $\boldsymbol{x}^{(1)}$ 无关，将其两侧对 $\mathrm{d}\boldsymbol{x}^{(1)}$ 积分，在左侧得 Qn_1V，右侧得 $\frac{N!}{(N-1)!}Q=NQ$；所以 $n_1=N/V=n$ 为均匀分布.

6.3.2 理想气体的熵

在平衡态时，熵可以定义如下

$$S = -k\int F_N \ln\{f_N h^{3N}/m^{3N}\}\mathrm{d}\boldsymbol{x}_1\cdots\mathrm{d}\boldsymbol{x}_N\mathrm{d}\boldsymbol{\xi}_1\cdots\mathrm{d}\boldsymbol{\xi}_N,$$

即是$-k\ln\{f_N h^{3N}/m^{3N}\}$的$6N$维相空间平均值：其中$h^{3N}/m^{3N}$常量抵消$f_N$的量纲. 这里要用$f_N=F_N N!$而非$F_N$，有物理差别. 这样定义的熵才是与$N$成正比的量(广延量).

先举理想气体为例，我们有$\Phi\equiv 0$，于是

$$Q=\frac{V^N}{N!},$$

$$\ln\left(f_N\frac{h^{3N}}{m^{3N}}\right)=\ln\left\{\frac{N!}{V^N}\left(\frac{h^2}{2\pi mkT}\right)^{\frac{3N}{2}}\mathrm{e}^{-\frac{m}{2kT}\sum\limits_{i=1}^{N}\xi_i^2}\right\},$$

其中

$$\ln\frac{N!}{V^N}=N\ln\frac{N}{V\mathrm{e}},$$

对数中只出现每个分子占据的体积V/N. 这里利用了斯特林(J. Stirling)公式$N!\approx\left(\frac{N}{\mathrm{e}}\right)^N$，即$\ln N!=N(\ln N-1)$. 最后得萨克[①]-特多鲁特[②]公式：

$$S=Nk\left\{\frac{3}{2}+\ln\left[\frac{V\mathrm{e}}{N}\left(\frac{2\pi mkT}{h^2}\right)^{3/2}\right]\right\}.$$

(如用$\ln F_N$则出现$N\ln\frac{1}{V}$，而V又正比于N，则S就不是正比于N了.)

在如玻尔兹曼方程中所用的分子混沌性拟设下，

$$F_N(\boldsymbol{x}_1,\boldsymbol{\xi}_1,\cdots,\boldsymbol{x}_N,\boldsymbol{\xi}_N,t)=F_1(\boldsymbol{x}_1,\boldsymbol{\xi}_1,t)\cdots F_1(\boldsymbol{x}_N,\boldsymbol{\xi}_N,t),$$

所以

$$\begin{aligned}\ln\left(f_N\frac{h^{3N}}{m^{3N}}\right)&=\ln\left\{N!\prod_{i=1}^{N}\left[F_1(\boldsymbol{x}_i,\boldsymbol{\xi}_i,t)\frac{h^3}{m^3}\right]\right\}\\&=\ln\left\{\frac{N!}{N^N}\prod_{i=1}^{N}\left[f(\boldsymbol{x}_i,\boldsymbol{\xi}_i,t)\frac{h^3}{m^3}\right]\right\}\\&=\sum_{i=1}^{N}\ln\left\{f(\boldsymbol{x}_i,\boldsymbol{\xi}_i,t)\frac{h^3}{m^3\mathrm{e}}\right\},\end{aligned}$$

$$\begin{aligned}-\frac{S}{k}&=\int\mathrm{d}\boldsymbol{x}_1\cdots\mathrm{d}\boldsymbol{x}_N\mathrm{d}\boldsymbol{\xi}_1\cdots\mathrm{d}\boldsymbol{\xi}_N F_N\sum_{i=1}^{N}\ln\left[f(\boldsymbol{x}_i,\boldsymbol{\xi}_i,t)\frac{h^3}{m^3\mathrm{e}}\right]\\&=\sum_{i=1}^{N}\int\mathrm{d}\boldsymbol{x}_i\mathrm{d}\boldsymbol{\xi}_i F_1(\boldsymbol{x}_i,\boldsymbol{\xi}_i,t)\ln\left[f(\boldsymbol{x}_i,\boldsymbol{\xi}_i,t)\frac{h^3}{m^3\mathrm{e}}\right];\end{aligned}$$

---

① O. Sackur, *Ann. Physik*, **36**(1911), 958; **40**(1912), 67.

② H. Tetrode, *Ann. Physik*, **38**(1912), 434; **39**(1912), 255; *Proc. Kon. Ned. Akad. Wet.* (Amsterdam), **23**(1920), 162.

因为每项相等，但 $NF_1=f$，所以

$$-\frac{S}{k}=\int \mathrm{d}\boldsymbol{x}\mathrm{d}\boldsymbol{\xi} f\left[\ln\left(f\frac{h^3}{m^3}\right)-1\right].$$

由于 $S=\int \rho s\mathrm{d}\boldsymbol{x}$，这与

$$\rho s=-k\int \mathrm{d}\boldsymbol{\xi} f\left[\ln\left(f\frac{h^3}{m^3}\right)-1\right]$$

一致. 这验证表明如气体动理论中把熵定义推广到局域热力学平衡态一样，上面平衡态定义的熵也可同样推广. F_N 或 $f_N=F_N N!$ 满足动理论方程. 格林证明熵源≥0 定理时，则需要考虑这个 N 分子系统与(另外类似系统)外界的碰撞，这时再引入混沌性假设 $f_{N+1}=f_N f_1$.

6.3.3 液体的热力学性质

现在回到 $\Phi\neq 0$ 的情况. 这时有

$$\ln\left(F_N N!\frac{h^{3N}}{m^{3N}}\right)=-\ln Q-\frac{\Phi}{kT}+N\ln\left(\frac{h^2}{2\pi mkT}\right)^{3/2}-\frac{\frac{1}{2}m\sum_{i=1}^{N}\xi_i^2}{kT}.$$

对 $F_N\mathrm{d}\boldsymbol{x}_1\cdots\mathrm{d}\boldsymbol{x}_N\mathrm{d}\boldsymbol{\xi}_1\cdots\mathrm{d}\xi_N$ 积分(即用 F_N 为权重求上式的平均)得

$$-\frac{S}{k}=-\ln Q-\frac{E}{kT}+N\ln\left(\frac{h^2}{2\pi mkT}\right)^{3/2}=-\ln Z-E/kT,$$

定义亥姆霍兹自由能为 $F=E-TS$，于是

$$F=-kT\ln Z,$$

$$Z=Q\left(\frac{2\pi mkT}{h^2}\right)^{3N/2}=\int \mathrm{e}^{-H/kT}\frac{\mathrm{d}^{3N}x\,\mathrm{d}^{3N}p}{N!h^{3N}},$$

得

$$\frac{F}{T}=-k\ln Q+Nk\ln\left(\frac{h^2}{2\pi mkT}\right)^{3/2};$$

此处 E 为流体(即 N 个分子整体)动能及相互势能总和的平均值，亦即内能. 标准热力学方程给出(N 不变时)

$$T\mathrm{d}S=\mathrm{d}E+p\mathrm{d}V,$$

所以

$$\mathrm{d}\frac{F}{T}=\frac{\mathrm{d}E-T\mathrm{d}S-S\mathrm{d}T}{T}-\frac{E-TS}{T^2}\mathrm{d}T=-\frac{E}{T^2}\mathrm{d}T-\frac{p}{T}\mathrm{d}V.$$

现在来验证这个热力学公式. 先看 V 不变时是否得到 $-T^2\frac{\partial}{\partial T}\left(\frac{F}{T}\right)=E$?从

$$-T^2\frac{\partial}{\partial T}\left(\frac{F}{T}\right)=\frac{\partial}{\partial\left(\frac{1}{T}\right)}\frac{F}{T}=\frac{3}{2}NkT-\frac{\partial}{\partial\left(\frac{1}{kT}\right)}\ln Q,$$

而后一项等于

$$-\frac{1}{Q}\frac{\partial}{\partial\left(\frac{1}{kT}\right)}Q=\frac{\frac{1}{N!}\int\Phi\mathrm{e}^{-\Phi/kT}\mathrm{d}\boldsymbol{x}_1\cdots\mathrm{d}\boldsymbol{x}_N}{Q},$$

分子中 $\Phi=\frac{1}{2}\sum_{i,j=1}^{N}{}'\varphi^{(ij)}$，$\sum_{i,j}{}'$ 表示求和时 $i\neq j$，每项积分贡献相等，所以，

$$\begin{aligned}分子=&\frac{1}{N!}\frac{N(N-1)}{2}(N-2)!Q\\&\times\int_0^\infty n_2(\boldsymbol{x}^{(1)},\boldsymbol{x}^{(2)})\varphi(|\boldsymbol{x}^{(1)}-\boldsymbol{x}^{(2)}|)\mathrm{d}\boldsymbol{x}^{(1)}\mathrm{d}\boldsymbol{x}^{(2)};\end{aligned}$$

于是，

$$-T^2\frac{\partial}{\partial T}\left(\frac{F}{T}\right)=\frac{3}{2}NkT+\frac{1}{2}V\int_0^\infty n_2(r)\varphi(r)4\pi r^2\mathrm{d}r,$$

它与前面所求得的内能 E 的表达式相同，因此得证.

再来看 T 不变时是否得到 $-\frac{\partial}{\partial V}\frac{F}{T}=\frac{p}{T}$？即看是否有 $p=kT\frac{\partial}{\partial V}\ln Q$？令 $\boldsymbol{x}^{(i)}=l\boldsymbol{\theta}^{(i)}$，并取 $l^3\equiv V$，则

$$Q=\frac{l^{3N}}{N!}\int_{-\frac{1}{2}}^{\frac{1}{2}}(3N\ 重)\int_{-\frac{1}{2}}^{\frac{1}{2}}\mathrm{e}^{-\Phi/kT}\prod_{i=1}^{N}\mathrm{d}\boldsymbol{\theta}^{(i)},$$

其中

$$\Phi=\frac{1}{2}\sum_{j,j'=1}^{N}{}'\varphi(l|\boldsymbol{\theta}^{(j')}-\boldsymbol{\theta}^{(j)}|),$$

所以

$$\begin{aligned}\frac{\partial Q}{\partial l}=&\frac{3NQ}{l}-\frac{l^{3N}}{N!}\frac{1}{2}\sum_{j,j'=1}^{N}{}'\int_{-1/2}^{1/2}(3N\ 重)\int_{-1/2}^{1/2}\\&\cdot[\varphi'(l|\boldsymbol{\theta}^{(j)}-\boldsymbol{\theta}^{(j')}|)/kT]|\boldsymbol{\theta}^{(j)}-\boldsymbol{\theta}^{(j')}|\mathrm{e}^{-\Phi/kT}\prod_{i=1}^{N}\mathrm{d}\boldsymbol{\theta}^{(i)},\end{aligned}$$

后面各项积分后相等，得

$$\frac{\partial Q}{\partial V}=\frac{1}{3l^2}\frac{\partial Q}{\partial l}=\frac{NQ}{V}-\frac{1}{6V}\int\frac{\varphi'(r)}{kT}rQn_2(\boldsymbol{x})\mathrm{d}\boldsymbol{x}^{(1)}\mathrm{d}\boldsymbol{x}^{(2)};$$

给出

$$kT\frac{\partial\ln Q}{\partial V}=n_1kT-\frac{1}{6}\int r\frac{\partial\varphi}{\partial r}n_2(r)4\pi r^2\mathrm{d}r,$$

它与前面所求得的压强表达式相同，因此得证.

6.4 叠加近似的意义和改进途径

关于叠加近似的意义和改进途径，下面关于熵的分解也许能有帮助①.

注意熵是$-k\ln\left(F_N N!\ \dfrac{h^{3N}}{m^{3N}}\right)$的平均，将$F_N(1,\cdots,N)N!\ \dfrac{h^{3N}}{m^{3N}}$写成

$$\frac{F_N(1,\cdots,N)}{F_1(1)\cdots F_1(N)}\prod_{i=1}^{N}\left\{F_1(i)\ \frac{h^3 N}{m^3\mathrm{e}}\right\},$$

注意比值

$$R_N=\frac{F_N(1,\cdots,N)}{F_1(1)\cdots F_1(N)},$$

无论$F_1(1)$除以V，$F_N(1,\cdots,N)$除以V^N（$F_s(1,\cdots,s)$除以V^s）时，或$F_1(1)$乘以$\mathrm{e}^{\frac{m}{2kT}\xi_1^2}$，$F_N(1,\cdots,N)$乘以$\mathrm{e}^{\frac{m}{2kT}\sum\limits_{i=1}^{N}\xi_i^2}$（$F(1,\cdots,s)$乘以$\mathrm{e}^{\frac{m}{2kT}\sum\limits_{i=1}^{s}\xi_i^2}$）时，$R_N$都不改变.

如$N=1, R_1=1, \ln R_1=0$；

如$N=2, R_2=\dfrac{F_2(1,2)}{F_1(1)F_1(2)}$，令$\ln R_2\equiv\Psi_2(1,2)$；

如$N=3, R_3=\dfrac{F_3(1,2,3)}{F_1(1)F_1(2)F_1(3)}$，令$\ln R_3\equiv\Psi_3(1,2,3)+\Psi_2(1,2)+\Psi_2(2,3)+\Psi_2(3,1)$；则

$$\Psi_3(1,2,3)=\ln\left[\frac{F_3(1,2,3)F_1(1)F_1(2)F_1(3)}{F_2(1,2)F_2(2,3)F_2(3,1)}\right].$$

同样，令$\ln R_4\equiv\Psi_4+\Psi_3$（4 项）$+\Psi_2$（6 项），得

$$\Psi_4(1234)=\ln\frac{F_4(1234)F_2(12)F_2(13)F_2(14)F_2(23)F_2(24)F_2(34)}{F_3(123)F_3(124)F_3(134)F_3(234)F_1(1)F_1(2)F_1(3)F_1(4)}.$$

采用简单符号，可写为

$$\mathrm{e}^{\Psi_2}=\frac{F_2}{(F_1)^2}\qquad \Big|\qquad \text{分子补 } F_0\equiv 1 \text{ 因子},$$

$$\mathrm{e}^{\Psi_3}=\frac{F_3(F_1)^3}{(F_2)^3}\qquad \Big|\qquad \text{分母补 } F_0\equiv 1 \text{ 因子}.$$

$$\mathrm{e}^{\Psi_4}=\frac{F_4(F_2)^6}{(F_3)^4(F_1)^4},$$

$$\mathrm{e}^{\Psi_N}=(F_N)^{\binom{N}{0}}\left(\frac{1}{F_{N-1}}\right)^{\binom{N}{1}}(F_{N-2})^{\binom{N}{2}}\left(\frac{1}{F_{N-3}}\right)^{\binom{N}{3}}\cdots,$$

最后为F_0或$\left(\dfrac{1}{F_0}\right)$的$\binom{n}{n}=1$次方因子$=1$.

---

① 参见 I. Z. Fisher, *Statistical Theory of Liquids*, 1964 (University Press, Chicago), p. 55, p. 153.

$$\ln R_N = \Psi_N(1,2,\cdots,N) + \left\{\Psi_{N-1}(1,2,\cdots,N-1) + \text{排列共}\binom{N}{1}\text{项}\right\}$$
$$+\left\{\Psi_{N-2}\ \text{排列共}\binom{N}{2}\text{项}\right\} + \cdots + \left\{\Psi_2\ \text{排列共}\binom{N}{2}\text{项}\right\}.$$

这样

$$S = -kN\int F_1 \ln\left(F_1\,\frac{h^3 N}{m^3 \mathrm{e}}\right)\mathrm{d}\boldsymbol{x}_1\,\mathrm{d}\boldsymbol{\xi}_1 - k\,\frac{N(N-1)}{2!}\int F_2\,\Psi_2\,\mathrm{d}\boldsymbol{x}_1\,\mathrm{d}\boldsymbol{x}_2\,\mathrm{d}\boldsymbol{\xi}_1\,\mathrm{d}\boldsymbol{\xi}_2$$
$$-k\,\frac{N(N-1)(N-2)}{3!}\int F_3\,\Psi_3\,\mathrm{d}\boldsymbol{x}_1\,\mathrm{d}\boldsymbol{x}_2\,\mathrm{d}\boldsymbol{x}_3\,\mathrm{d}\boldsymbol{\xi}_1\,\mathrm{d}\boldsymbol{\xi}_2\,\mathrm{d}\boldsymbol{\xi}_3 - \cdots$$
$$= -k\int f_1 \ln\left(f_1\,\frac{h^3}{m^3 \mathrm{e}}\right)\mathrm{d}\boldsymbol{x}\,\mathrm{d}\boldsymbol{\xi} - \frac{k}{2!}\int f_2\,\Psi_2\,\mathrm{d}\boldsymbol{x}_1\,\mathrm{d}\boldsymbol{x}_2\,\mathrm{d}\boldsymbol{\xi}_1\,\mathrm{d}\boldsymbol{\xi}_2 - \cdots$$
$$-\frac{k}{N!}\int f_N \Psi_N\,\mathrm{d}\boldsymbol{x}_1\cdots\mathrm{d}\boldsymbol{x}_N\,\mathrm{d}\boldsymbol{\xi}_1\cdots\mathrm{d}\boldsymbol{\xi}_N.$$

伊翁,玻恩-格林的叠加近似相当于取 $\Psi_3=0$. 估计改取 $\Psi_4=0$ 的超叠加近似可能给出更好的结果. 这样保留 $s=1,s=2,s=3$ 的方程,而将 F_4 用 F_3,F_2,F_1 表示之(除去速度因子后). 在气体情况下,压强对密度展开时,这样可多准一项[①].

① 参见所引 Fisher 书的 p. 154,又参考同书的补篇中的不同意见.

第7章 统计热力学

7.1 平衡态熵最大律

7.1.1 系综平均

在统计热力学中我们将局限于研究宏观系统的平衡态.一般讲来,在一定宏观条件下所观察到的宏观量都相当于相空间的统计平均值,如宏观量 $\bar{u}$:

$$\bar{u}=\frac{\int\cdots\int u(q,p)\rho(q,p,t)\,\mathrm{d}q\cdots\mathrm{d}p\cdots}{\int\cdots\int\rho(q,p,t)\,\mathrm{d}q\cdots\mathrm{d}p\cdots},$$

这又简称为系综平均,系综的概率密度为

$$w_\Gamma\mathrm{d}\Gamma=\frac{\rho(q,p,t)\,\mathrm{d}q\cdots\mathrm{d}p\cdots}{\int\cdots\int\rho(q,p,t)\,\mathrm{d}q\cdots\mathrm{d}p\cdots},$$

满足归一化条件:

$$\int w_\Gamma\mathrm{d}\Gamma=1.$$

我们可以想像有大量性质完全相同的力学系统,其中所有系统各自独立,处在以 $q\cdots p\cdots$ 标志的不同运动状态的系统个数正比于 $\rho(q,p,t)$;这个集合就是所谓"(统计)系综"[①].系综只是提供平均宏观量时的权重取法.例如系统的能量 $H(q,p)$(设为保守系,H 与 t 无关)简写为 H_Γ,则宏观量 $\overline{H}$(即内能 E)为

$$E=\overline{H}=\int H_\Gamma w_\Gamma\mathrm{d}\Gamma,$$

即系统中能量的统计平均.

7.1.2 正则系综

1. 正则分布

平衡态的宏观量可用吉布斯(J. W. Gibbs,1839—1903,美)正则系综求统计平均,这可由熵最大定出.熵的定义在分子数给定时为

---

① J. W. Gibbs, *Elementary Principles of Statisticl Mechanics*, Yale Univ. Press, New Haven, 1902.

$$S = \int (-k\ln w_\Gamma) w_\Gamma \mathrm{d}\Gamma,$$

其中 k 为玻尔兹曼常量.正则系综要求在宏观量内能

$$E = \int H_\Gamma w_\Gamma \mathrm{d}\Gamma = \text{给定}$$

下求熵的最大.注意到归一化条件:

$$1 = \int w_\Gamma \mathrm{d}\Gamma,$$

引入拉格朗日乘子以适应这两个附加条件,得

$$\begin{aligned} 0 &= \delta S - \frac{1}{T}\delta E + \left(\frac{F}{T} + k\right)\delta 1 \\ &= \int \left[-k\ln w_\Gamma - k - \frac{H_\Gamma}{T} + \left(\frac{F}{T} + k\right) \right] \delta w_\Gamma \mathrm{d}\Gamma, \end{aligned}$$

由此即得正则系综的概率密度分布为

$$w_\Gamma = \mathrm{e}^{\frac{F-H_\Gamma}{kT}}.$$

这里两个拉格朗日乘子,一个写为$\left(-\frac{1}{T}\right)$,另一个写为$\left(\frac{F}{T}+k\right)$,需要由两个附加条件定,即从

$$\int H_\Gamma \mathrm{e}^{\frac{F-H_\Gamma}{kT}} \mathrm{d}\Gamma = E, \quad \int \mathrm{e}^{\frac{F-H_\Gamma}{kT}} \mathrm{d}\Gamma = 1$$

确定.

2. 热力学公式

引入配分函数 Z:

$$\int \mathrm{e}^{-H_\Gamma/kT} \mathrm{d}\Gamma = Z,$$

则从归一化条件得

$$F = -kT\ln Z.$$

又内能为

$$E = Z^{-1}\int H_\Gamma \mathrm{e}^{-H_\Gamma/kT} \mathrm{d}\Gamma = -\frac{\partial \ln Z}{\partial (1/kT)} = \frac{\partial (F/T)}{\partial (1/T)} = F - T\frac{\partial F}{\partial T}.$$

将正则系综分布代入熵的积分表示得:

$$S = \int \frac{H_\Gamma - F}{T} w_\Gamma \mathrm{d}\Gamma = \frac{E-F}{T} = -\frac{\partial F}{\partial T},$$

所以 T 为温度而 $F=E-TS$ 等于亥姆霍兹自由能[①].利用热力学关系

$$T\mathrm{d}S = \mathrm{d}E + p\mathrm{d}V - \mu\mathrm{d}N,$$

得

① H. L. F. Helmholtz, *Berlin Ber.*, 1882, i, 22.

$$dF = dE - TdS - SdT = -SdT - pdV + \mu dN,$$

除熵

$$S = -\left(\frac{\partial F}{\partial T}\right)_{V,N}$$

外，又得压强 p 和化学势 μ 为

$$p = -\left(\frac{\partial F}{\partial V}\right)_{T,N}, \mu = \left(\frac{\partial F}{\partial N}\right)_{T,V};$$

注意 F 为以 T,V,N 为变量的特性函数.

7.1.3 巨正则系综

1. 巨正则分布

在分子数 N 不定时，熵的定义为

$$S = \sum_{N=0}^{\infty}\int[-k\ln w_{\Gamma(N)}]w_{\Gamma(N)}\,d\Gamma(N).$$

吉布斯巨正则系综要求在宏观量内能和分子数：

$$E = \sum_{N=0}^{\infty}\int H_{\Gamma(N)}\,w_{\Gamma(N)}\,d\Gamma(N) = \text{给定},$$

$$\bar{N} = \sum_{N=0}^{\infty}\int N w_{\Gamma(N)}\,d\Gamma(N) = \text{给定}$$

下求熵的最大，并注意到归一化条件

$$1 = \sum_{N=0}^{\infty}\int w_{\Gamma(N)}\,d\Gamma(N),$$

引入三个拉格朗日乘子：

$$\delta S - \frac{1}{T}\delta E + \frac{\mu}{T}\delta\bar{N} + \left(\frac{\Omega}{T} + k\right)\delta 1 = 0,$$

得巨正则系综的概率密度分布为

$$w_{\Gamma(N)} = \exp\left(\frac{\Omega + \mu N - H_{\Gamma(N)}}{kT}\right),$$

这三个乘子$\left(-\frac{1}{T}\right)$，$\frac{\mu}{T}$，$\left(\frac{\Omega}{T}+k\right)$需要由三个附加条件定.

2. 热力学公式

引入巨配分函数：

$$\mathscr{Z} \equiv \sum_{N=0}^{\infty}\int e^{\frac{\mu N - H_{\Gamma(N)}}{kT}}\,d\Gamma(N),$$

则归一化条件给出：

$$\Omega = -kT\ln\mathscr{Z},$$

分子数给定的条件给出(求出$\mathscr{L}$后,可以仍用N来表示宏观量):

$$N = kT\frac{\partial}{\partial\mu}\ln\mathscr{L} = -\frac{\partial\Omega}{\partial\mu},$$

能量给定的条件给出:

$$E-\mu N = \frac{\partial\ln\mathscr{L}}{\partial(-1/kT)} = \frac{\partial(\Omega/T)}{\partial(1/T)} = \Omega - T\frac{\partial\Omega}{\partial T};$$

而代入熵的积分表达式得

$$S = \frac{E-\mu N-\Omega}{T} = -\frac{\partial\Omega}{\partial T}.$$

利用热力学关系

$$T\mathrm{d}S = \mathrm{d}E + p\mathrm{d}V - \mu\mathrm{d}N$$

可得

$$\begin{aligned}\mathrm{d}\Omega &= \mathrm{d}(E-\mu N-TS) = \mathrm{d}E - T\mathrm{d}S - S\mathrm{d}T - \mu\mathrm{d}N - N\mathrm{d}\mu\\ &= -p\mathrm{d}V - S\mathrm{d}T - N\mathrm{d}\mu,\end{aligned}$$

所以得

$$S = -\left(\frac{\partial\Omega}{\partial T}\right)_{V,\mu},$$

$$N = -\left(\frac{\partial\Omega}{\partial\mu}\right)_{V,T},$$

另外有

$$p = -\left(\frac{\partial\Omega}{\partial V}\right)_{T,\mu};$$

注意Ω为以T,V,μ为变量的特性函数.

注意,吉布斯自由能[①]

$$G = E - TS + pV,$$

满足

$$\begin{aligned}\mathrm{d}G &= \mathrm{d}E - T\mathrm{d}S - S\mathrm{d}T + p\mathrm{d}V + V\mathrm{d}p,\\ &= \mu\mathrm{d}N - S\mathrm{d}T + V\mathrm{d}p,\end{aligned}$$

表示G为p,T,N的函数,并且有化学势

$$\mu = \left(\frac{\partial G}{\partial N}\right)_{p,T};$$

但p,T均为强度量,只有N为广延量,而G为广延量,所以

$$G = N\mu(p,T);$$

于是

---

① J. W. Gibbs(1873),见"Scientific Papers"**1**(1906),50.

$$\Omega = E - TS - N\mu = E - TS - G = -pV,$$

这是 Ω 的物理意义;但作为热力学函数,必须用 T,V,μ 予以表达.

7.1.4 理想气体的平衡性质

以理想气体为例,先用正则系综然后用巨正则系综,计算其物态方程和能量等关系.

正则系综:

$$Z = \int e^{-H_\Gamma/kT} d\Gamma,$$

$$H_\Gamma = \sum_{i=1}^{N}\left[\frac{p_i^2}{2m} + H_i^{(内)}\right],$$

$$d\Gamma = \frac{1}{N!}\prod_{i=1}^{N}\left[\frac{d\boldsymbol{x}_i d\boldsymbol{p}_i}{h^3} d\Gamma_i^{(内)}\right],$$

注意到

$$\int e^{-\frac{p^2}{2mkT}} d\boldsymbol{p} = (2\pi mkT)^{3/2},$$

$$z^{(内)} = \int e^{-\frac{H_i^{(内)}}{kT}} d\Gamma_i^{(内)},$$

与 i 及 V 无关. 于是得到:

$$Z = \frac{1}{N!}\frac{V^N}{h^{3N}}(2\pi mkT)^{\frac{3N}{2}}(z^{(内)})^N$$

$$= \frac{V^N}{N!}\left(\frac{2\pi mkT}{h^2}\right)^{\frac{3N}{2}}(z^{(内)})^N,$$

$$F = -kT\ln Z = -NkT\ln\left[\frac{Ve}{N}\left(\frac{2\pi mkT}{h^2}\right)^{3/2} z^{(内)}\right],$$

$$S = -\frac{\partial F}{\partial T} = Nk\ln\left[\frac{Ve}{N}\left(\frac{2\pi mkT}{h^2}\right)^{3/2} z^{(内)}\right] + \frac{3}{2}Nk + NkT\frac{\partial \ln z^{(内)}}{\partial T}$$

(萨克 - 特多鲁特方程),

$$E = F + TS = \frac{3}{2}NkT + NkT^2\frac{\partial}{\partial T}\ln z^{(内)},$$

$$p = -\frac{\partial F}{\partial V} = \frac{NkT}{V} \quad (\text{因为 } z^{(内)} \text{ 与 } V \text{ 无关}),$$

$$G = F + pV = NkT\ln\left[\frac{N}{V}\left(\frac{h^2}{2\pi mkT}\right)^{3/2}\frac{1}{z^{(内)}}\right],$$

所以

$$\mu = kT\ln\left[\frac{N}{V}\left(\frac{h^2}{2\pi mkT}\right)^{3/2}\frac{1}{z^{(内)}}\right].$$

巨正则系综:

$$
\begin{aligned}
\mathscr{L} &= \sum_{N=0}^{\infty} \mathrm{e}^{\mu N/kT} Z(N) \\
&= \sum_{N=0}^{\infty} \mathrm{e}^{\mu N/kT} \frac{V^N}{N!}\left[\frac{(2\pi mkT)^{3/2}}{h^3} z^{(内)}\right]^N \\
&= \sum_{N=0}^{\infty} \frac{1}{N!}\left[\mathrm{e}^{\mu/kT} \frac{V(2\pi mkT)^{3/2}}{h^3} z^{(内)}\right]^N \\
&= \exp\left\{\mathrm{e}^{\mu/kT} \frac{V(2\pi mkT)^{3/2} z^{(内)}}{h^3}\right\},
\end{aligned}
$$

$$
\Omega = -kT\ln\mathscr{L} = -kT\mathrm{e}^{\mu/kT} \frac{V(2\pi mkT)^{3/2} z^{(内)}}{h^3},
$$

$$
N = -\left(\frac{\partial\Omega}{\partial\mu}\right)_{V,T} = \mathrm{e}^{\mu/kT} \frac{V(2\pi mkT)^{3/2} z^{(内)}}{h^3},
$$

由 N 可确定 μ,结果与正则系综的相同,

$$
p = -\left(\frac{\partial\Omega}{\partial V}\right)_{T,\mu} = kT\mathrm{e}^{\mu/kT} \frac{(2\pi mkT)^{3/2} z^{(内)}}{h^3} = kT\frac{N}{V},
$$

$$
S = -\left(\frac{\partial\Omega}{\partial T}\right)_{V,\mu} = \frac{\Omega}{T}\left(\frac{\mu}{kT} - \frac{5}{2} - \frac{\partial\ln z^{(内)}}{\partial\ln T}\right),
$$

代入 $\frac{\Omega}{T} = -Nk$ 和 $-\frac{\mu}{kT} = \ln\left[\frac{V}{N}\left(\frac{2\pi mkT}{h^2}\right)^{3/2} z^{(内)}\right]$ 得

$$
S = Nk\ln\left[\frac{V}{N}\left(\frac{2\pi mkT}{h^2}\right)^{3/2} z^{(内)}\right] + \frac{5}{2}Nk + Nk\frac{\partial\ln z^{(内)}}{\partial\ln T},
$$

与正则系综的熵也符合.

7.1.5 统计系综之间的关系

一般讲来,与外界有能量交换而无分子交换时用正则系综方便,与外界有能量交换又有分子交换用巨正则系综方便.还有微正则系综,它的权重为在能量很小范围内等权重,范围外则权重为零;这则对孤立系统(与外界不交换能量或分子)方便.一般常以此为出发点,将所考虑的系统和与之交换的热源或分子源包括在一起作为孤立系统.当源很大时,便可以从总系统的微正则系综推导出所考虑的系统的正则系综或巨正则系综来.所以等权重的孤立系统也只是平衡时适用.但所有这三个系综选取都是假设,可以证明它们的等效.但作为物理规律而言,都依赖于其推论与事实相符;更方便的检验是与热力学相符,并且将热力学与物质结构分子运动结合起来.当然,热力学也是通过与大量事实检验建立起来的.(参考王竹溪:《统计物理学导论》.)

正则系综和巨正则系综看来或者也可能可以推广到局部热力学平衡态的情况.参考前两章的讨论.

7.1.6 正则分布的极值性质

证明正则系综的极值熵是满足给定能量条件下的最大. 比较

$$w_\Gamma = e^{\frac{F-H_\Gamma}{kT}} \quad 与 \quad w_\Gamma^* = w_\Gamma e^{\Delta/kT},$$

后者是任意非正则系综,故意写为这个形式,Δ 为此定义的任意量. 它们皆满足

$$\int w_\Gamma d\Gamma = \int w_\Gamma^* d\Gamma,$$

$$\int w_\Gamma H_\Gamma d\Gamma = \int w_\Gamma^* H_\Gamma d\Gamma = E,$$

则有

$$\begin{aligned}\frac{S-S^*}{k} &= \int w_\Gamma \frac{H_\Gamma - F}{kT} d\Gamma - \int w_\Gamma^* \frac{H_\Gamma - F - \Delta}{kT} d\Gamma \\ &= \int w_\Gamma^* \frac{\Delta}{kT} d\Gamma = \int w_\Gamma e^{\Delta/kT} \frac{\Delta}{kT} d\Gamma,\end{aligned}$$

其中含$(H_\Gamma - F)$的项由于两个约束条件分别抵消. 右侧再加上抵消为零的两项 $\int w_\Gamma d\Gamma - \int w_\Gamma^* d\Gamma = 0$ 得

$$\frac{S-S^*}{k} = \int w_\Gamma (x e^x + 1 - e^x) d\Gamma \geqslant 0 \quad (x \equiv \Delta/kT).$$

因为对于任意的 $x \neq 0$ 有 $xe^x + 1 - e^x > 0$(除外 $x=0$ 时等于零). 所以得证平衡态的熵极值为最大, 由正则系综唯一确定. 同样可证,巨正则系综的熵为最大也唯一确定.

7.1.7 熵最大与趋向平衡的方向

熵最大有助于判断趋向平衡时过程的方向. 举例如下. 设系统分为 1,2 两部分,每部分已平衡. 所以

$$T_i dS_i = dE_i + p_i dV_i - \mu_i dN_i \quad (i = 1,2).$$

1. 热平衡条件

例一: $S = S_1 + S_2$, $E = E_1 + E_2$. 保持总能量不变,而使 E_2 减少 δE_1, E_1 增加 δE_1,则总熵变化为

$$\delta S = \frac{\partial S_1}{\partial E_1}\delta E_1 - \frac{\partial S_2}{\partial E_2}\delta E_1 = \left(\frac{1}{T_1} - \frac{1}{T_2}\right)\delta E_1,$$

所以系统平衡(热平衡)的条件为 $T_1 = T_2$. 系统不平衡时 S 不是最大,所以向平衡发展时 $\delta S > 0$,这要求 $T_2 > T_1$, $\delta E_1 > 0$ 或 $T_2 < T_1$, $\delta E_1 < 0$;即高温部分减少能量,使低温部分增加能量.

2. 力学平衡条件

例二: $S = S_1 + S_2$, $V = V_1 + V_2$, $T_1 = T_2 = T$. 设 V_2 减少 δV_1,而 V_1 增加 δV_1,

以保持总体积 V 不变,则

$$\delta S=\frac{\partial S_1}{\partial V_1}\delta V_1-\frac{\partial S_2}{\partial V_2}\delta V_1=\left(\frac{p_1}{T}-\frac{p_2}{T}\right)\delta V_1.$$

平衡时(力学平衡)$p_1=p_2$ 压强相等.不平衡时 $\delta S>0$ 要求 $p_1>p_2$ 才使 $\delta V_1>0$,即压强高的部分膨胀而压强低的部分被压缩.

3. 扩散和相变

例三:$S=S_1+S_2$,$N=N_1+N_2$,已知 $p_1=p_2=p$,$T_1=T_2=T$,设 N_2 减少 δN_1 而 N_1 增加 δN_1 以维持总分子数不变,则

$$\delta S=\frac{\partial S_1}{\partial N_1}\delta N_1-\frac{\partial S_2}{\partial N_2}\delta N_1=\left(-\frac{\mu_1}{T}+\frac{\mu_2}{T}\right)\delta N_1.$$

平衡时 $\mu_1=\mu_2$.不平衡时 $\delta S>0$ 要求 $\mu_2>\mu_1$,使 $\delta N_1>0$,即分子从化学势高处转向化学势低处.这可以是扩散,也可以是相变.如为扩散,化学势中有浓度的对数项,所以从高浓度扩散到低浓度.如为相变 $\mu_1=\mu_2$,$\mu_1+\mathrm{d}\mu_1=\mu_2+\mathrm{d}\mu_2$,$\mathrm{d}\mu=v\mathrm{d}p-s\mathrm{d}T$ 得克拉珀龙方程①:

$$\mathrm{d}p/\mathrm{d}T=(s_2-s_1)/(v_2-v_1)=\lambda/T(v_2-v_1),$$

其中 λ 是相变潜热.

注意:在以上三例中都用了 $T\mathrm{d}S=\mathrm{d}E+p\mathrm{d}V-\mu\mathrm{d}N$,每部分已平衡,讨论的转移量 δ 是小量,两部分宏观条件差得不多,所以讨论指明在平衡态附近趋向平衡的方向.

7.1.8 几点评注

1. 量子力学系统

以上似乎限于用经典力学处理力学系统,如果我们必需用量子力学处理力学系统时,只需适当地将 $\int w_\Gamma \mathrm{d}\Gamma$ 理解为 $\sum_n w_n$,熵最大理解为 $-k\sum_n w_n \ln w_n$ 最大,其中 n 替换系统的相空间而代表系统的量子态.所有公式仍适用.例如用正则系综,则可以从 $Z=\sum_n \mathrm{e}^{-E_n/kT}$(配分函数或态和)出发,得到统计热力学所有关系.经典力学对应量子力学,除 $\mathrm{d}\Gamma$ 中每个 $\mathrm{d}q\mathrm{d}p$ 须除以 h 外(h 为普朗克常量,量子论的基本常量),还需要注意粒子的全同性(例如气体中 N 个分子平动自由度要除以 $N!$),以及其他对称性和其他的自由度(如自旋之类).总之需要正确地计数量子态,这在以后再讲.微正则系综即是每个量子态都是等权重,而正则系综中每个量子态的权量为 $\mathrm{e}^{-E_n/kT}$(E_n 代表该量子态的能量).

---

① B. P. E. Clapeyron, *J. de l'Ecole Polytechnique*, **14**(1834), 153; *Ann. Physik*, **59**(1843), 446, 556.

2. 其他约束条件

在上面例如正则系综中我们只约定了总能量 E 为给定.如果再增加其他约束,如总动量为给定,或总角动量为给定的约束条件,则如法炮制引入更多的拉格朗日乘子即可确定其相应的平衡态系综(或局部平衡态系综).相应的拉格朗日乘子将与系统的速度或角速度(除以 kT)有关.这类约束在星体中可能需要.

3. 多成分系统与广义功

另外,在 $TdS=dE+pdV-\mu dN$ 中,$-pdV$ 及 μdN 皆属代表性项.多成分时 μdN 应改为 $\sum\limits_a \mu_a dN_a$ (a:不同成分),$G=\mu N$ 改为 $G=\sum\limits_a \mu_a N_a$.参见 7.2 节.

$-pdV$ 为外界对系统做的功,多种功项时 $-pdV$ 应改为 $\sum X dx$(不同做功项),

$$X=\int\left(\frac{\partial H_\Gamma}{\partial x}\right)w_\Gamma d\Gamma=\frac{1}{Z}\int\frac{\partial H_\Gamma}{\partial x}e^{-H_\Gamma/kT}d\Gamma=-kT\frac{\partial}{\partial x}\ln Z=\frac{\partial F}{\partial x},$$

取 $x=V$,$X=-p$ 即得 $p=-\partial F/\partial V$.参见 7.3 节.

7.2 混合理想气体和化学反应

7.2.1 混合理想气体的热力学公式

考虑多成分的混合理想气体,现在注意到分子的内部自由度,包括转动和振动等.写出

$$H_\Gamma=\sum_a\sum_{i=1}^{N_a}\left[\frac{1}{2m_a}p_i^{(a)2}+H_i^{(a内)}\right]=\sum_a H_{\Gamma(N_a)},$$

$$d\Gamma=\prod_a\frac{1}{N_a!}\prod_{i=1}^{N_a}\left[\frac{d\boldsymbol{x}_i^{(a)}\,d\boldsymbol{p}_i^{(a)}}{h^3}\,d\Gamma_i^{(a内)}\right]=\prod_a d\Gamma^{(a)},$$

其中平动部分明显表达.总体积 V 中 a 成分的分子有 N_a 个.由于 H_Γ 为和的形式,$d\Gamma$ 为积的形式,所以 $Z=\int e^{-H_\Gamma/kT}d\Gamma$ 为积的形式:

$$Z=\prod_a\frac{V^{N_a}}{N_a!}\left[\left(\frac{2\pi m_a kT}{h^2}\right)^{3/2}z_a^{(内)}\right]^{N_a}.$$

注意 $z_a^{(内)}$ 只与 a 类参量及温度 T 有关,与 N_a 或 V 无关.

$$F=-kT\ln Z=-kT\sum_a N_a\ln\left[\frac{Ve}{N_a}\left(\frac{2\pi m_a kT}{h^2}\right)^{3/2}z_a^{(内)}\right],$$

$$S=-\frac{\partial F}{\partial T}=k\sum_a N_a\ln\left[\frac{Ve}{N_a}\left(\frac{2\pi m_a kT}{h^2}\right)^{3/2}z_a^{(内)}\right]$$

$$+\frac{3}{2}k\sum_a N_a+kT\sum_a N_a\frac{\partial}{\partial T}\ln z_a^{(内)},$$

$$E = F + TS = \frac{3}{2}kT\sum_a N_a + kT^2\sum_a N_a \frac{\partial}{\partial T}\ln z_a^{(内)},$$

$$p = -\frac{\partial F}{\partial V} = \frac{kT}{V}\sum_a N_a,$$

$$G = F + pV = -kT\sum_a N_a \ln\left[\frac{V}{N_a}\left(\frac{2\pi m_a kT}{h^2}\right)^{3/2} z_a^{(内)}\right].$$

对于混合多成分系统,热力学关系:

$$TdS = dE + pdV - \sum_a \mu_a dN_a,$$

给出 $dF = -pdV - SdT + \sum_a \mu_a dN_a$,所以

$$\mu_a = \left(\frac{\partial F}{\partial N_a}\right)_{T,V} = -kT\ln\left[\frac{V}{N_a}\left(\frac{2\pi m_a kT}{h^2}\right)^{3/2} z_a^{(内)}\right].$$

这样又验证了多成分的 $G = \sum_a \mu_a N_a$ 关系. 从 $G=E-TS+pV$ 有

$$dG = dE + pdV - TdS + Vdp - SdT,$$

代入 $TdS = dE + pdV - \sum_a \mu_a dN_a$ 得

$$dG = Vdp - SdT + \sum_a \mu_a dN_a.$$

在压强、温度不变的条件下,化学反应的平衡条件为

$$\sum_a \mu_a dN_a = 0.$$

7.2.2　理想气体的化学反应

1. 化学平衡条件

将化学反应方程写为

$$\sum_a \nu_a A_a = 0,$$

A_a 为 a 成分的分子式,ν_a 为化学计量系数,对于生成物为正,对于反应物为负,化学反应方程(反应物⟶生成物)全移项到右侧.

例如:

$$3H_2 + N_2 \rightleftharpoons 2NH_3,$$

移项为

$$-3H_2 - N_2 + 2NH_3 = 0,$$

则

$$A_a = H_2, N_2, NH_3,$$

$$\nu_a = -3, -1, +2.$$

如有 δn 的分子式反应则

$$\delta N_a = \nu_a \delta n.$$

在 T, p 不变时，

$$\delta G = \sum_a \mu_a \delta N_a = (\sum_a \nu_a \mu_a)\delta n.$$

所以对 $\sum_a \nu_a \mathrm{A}_a = 0$ 反应而言，化学平衡条件为

$$\sum_a \nu_a \mu_a = 0.$$

如不平衡时，$\sum_a \nu_a \mu_a < 0$，使化学反应朝 $\delta n > 0$ 方向进行. 即反应物减少而生成物增加，这时系统的总化学势则减少($\delta G < 0$).

2. 质量作用定律

定义各成分的分子浓度为

$$x_a = \frac{N_a}{\sum_b N_b},$$

显然有

$$\sum_a x_a = 1.$$

注意

$$\mu_a = kT\ln(x_a p) + \varphi_a(T),$$

其中 $\varphi_a(T)$ 与 p 和 x_a 无关；则平衡条件 $\sum_a \nu_a \mu_a = 0$ 给出质量作用定律为

$$\prod_a [p_a]^{\nu_a} = \prod_a [x_a p]^{\nu_a} = \mathrm{e}^{-\sum_a \nu_a \varphi_a(T)/kT} = K_p(T),$$

其中 $p_a = x_a p$ 为分压强，$K_p(T)$ 称为定压平衡恒量；或者，写成另一种表达形式为

$$\prod_a [x_a]^{\nu_a} = p^{-\sum_a \nu_a} K_p(T) = K,$$

其中 K 称为平衡恒量.

3. 范托夫关系

平衡恒量随反应条件，温度、压强的变化有范托夫关系(1877)[①]

$$\left(\frac{\partial}{\partial T}\ln K\right)_p = \frac{\partial \ln K_p}{\partial T} = \frac{\Delta h}{kT^2},$$

$$\Delta h = \sum_a \nu_a h_a = \text{生成物的焓} - \text{反应物的焓} = \text{反应热}.$$

$\Big($按：化学反应物用分子式计算，用摩尔计算则 $\frac{\Delta h}{kT^2}$ 改为 $\frac{\Delta H}{kT^2}$. $\Big)$ 对吸热反应 $\Delta h > 0$，

① J. H. van't Hoff, *Arch. Néerl.*, **20**(1885), 302; *K. Svensk. Akad. Handl.*, **21**, No. 17(1885); *Z. Phys. Chem.*, **1**(1887), 481; *Phil. Mag.*, **26**(1888), 81.

温度增高使反应更向正向进行.对压强条件变化,从

$$\left(\frac{\partial \ln K}{\partial p}\right)_T = -\frac{\sum_a \nu_a}{p},$$

反应后总摩尔数减少的反应 $\sum_a \nu_a < 0$,压强增加使反应更向正向进行.

范托夫关系的证明如下:将混合气体中的 μ_a,

$$\mu_a = kT\ln(x_a p) + \varphi_a(T),$$

与纯 a 成分的气体的 $\mu_a^{纯}$,

$$\mu_a^{纯} = kT\ln p + \varphi_a(T),$$

进行比较,在同样压强和温度的条件下相差

$$\mu_a = kT\ln x_a + \mu_a^{纯}.$$

而从混合气体的化学反应平衡条件 $\sum_a \nu_a \mu_a = 0$ 得

$$\ln K = \sum_a \nu_a \ln x_a = -\frac{1}{kT}\sum_a \nu_a \mu_a^{纯}.$$

但对纯物质有

$$\left[\frac{\partial(\mu/T)}{\partial(1/T)}\right]_p = \mu + \frac{1}{T}\left(\frac{\partial \mu}{\partial(1/T)}\right)_p$$

$$= \mu - T\left(\frac{\partial \mu}{\partial T}\right)_p = \mu + Ts = h.$$

此即

$$\left[\frac{\partial(G/T)}{\partial(1/T)}\right]_{p,N} = G - T\left(\frac{\partial G}{\partial T}\right)_{p,N} = G + TS = H$$

式除以 N;而 $\sum_a \nu_a h_a$ 为压强一定下反应所吸热(根据热力学第一定律).于是

$$\left[\frac{\partial}{\partial(1/T)}\ln K\right]_p = -\sum_a \nu_a h_a / k,$$

即

$$\frac{\partial \ln K}{\partial T} = \sum_a \nu_a h_a / kT^2 = \frac{\Delta h}{kT^2},$$

此即范托夫关系.

4. 质量作用定律(续)

在 A+B+⋯⟶C+D+⋯反应中,

$$正向反应率 = k_f[A][B]\cdots,$$

$$反向反应率 = k_b[C][D]\cdots,$$

[ ]代表浓度,一般按 mol/dm^3 计,与分子数密度成正比.平衡时两者相等,所以

$$K = \frac{[C][D]\cdots}{[A][B]\cdots} = \frac{k_f}{k_b},$$

这是质量作用定律的又一种表达形式. 因为 k_f, k_b 只是温度的函数, 所以 K 也只是温度的函数.

不平衡时, 净反应率为(以正向为正):

$$k_f[A][B]\cdots - k_b[C][D]\cdots = k_f[A][B]\cdots\left[1 - \frac{1}{K}\frac{[C][D]\cdots}{[A][B]\cdots}\right];$$

当 $\frac{[C][D]\cdots}{[A][B]\cdots}$ 小于平衡恒量时, 即生成物浓度还未达到平衡浓度时, 仍向正向反应.

5. 阿伦尼斯关系

净反应率随温度激烈变化, 其根源在于 k_f 强烈依赖于温度. 粗糙地讲, 有阿伦尼斯关系(1889)①:

$$k_f = A\mathrm{e}^{-\varepsilon/kT},$$

其中 ε 称为激活能而 A 称为频率因子. 从分子碰撞的角度讲, 以两体碰撞为例:

$$\mathrm{A} + \mathrm{B} \longrightarrow \text{生成物},$$

$$-\frac{\mathrm{d}}{\mathrm{d}t}n_A = -\frac{\mathrm{d}}{\mathrm{d}t}n_B = k_f n_A n_B.$$

如果我们假设产生反应的碰撞要求碰撞时相对的沿两球连心线的动能 $\geqslant\varepsilon$, 根据麦克斯韦速度分布, 简单计算得单位体积中每秒碰撞数为

$$n_A n_B\left(\frac{d_A + d_B}{2}\right)^2\sqrt{8\pi kT\left(\frac{1}{m_A} + \frac{1}{m_B}\right)}\,\mathrm{e}^{-\varepsilon/kT},$$

所以

$$A = \left(\frac{d_A + d_B}{2}\right)^2\sqrt{8\pi kT\left(\frac{1}{m_A} + \frac{1}{m_B}\right)},$$

这频率因子适用于两单原子的碰撞.

注意 $\mathrm{e}^{-\varepsilon/kT}$ 的确变化很大, 见表 7.1(表中 N_A 为阿伏伽德罗常量, $N_A\approx6.022\times10^{23}$/mol, 而 $N_A k = R\approx8.31$ J/mol).

表 7.1 $\mathrm{e}^{-\varepsilon/kT}$ 的值

$N_A\varepsilon$ / (MJ/mol) \ $\mathrm{e}^{-\varepsilon/kT}$ \ T/K	300	1000	3000
0.05	2.0×10^{-9}	2.4×10^{-3}	1.3×10^{-1}
0.10	3.9×10^{-18}	6.0×10^{-6}	1.8×10^{-2}
0.15	7.6×10^{-27}	1.5×10^{-8}	2.4×10^{-3}
0.20	1.5×10^{-35}	3.6×10^{-11}	3.2×10^{-4}
0.25	3.0×10^{-44}	8.7×10^{-14}	4.4×10^{-5}

注: $N_A\varepsilon$ 称为摩尔激活能.

① S. Arrhenius, *Z. physik. Chem.*, **4**(1889), 226.

6. 激活复合体[①]

对于复杂的分子碰撞,内部自由度有影响.运用激活复合体的概念,沿反应坐标有势能图,激活复合体少一个振动自由度改变为一个沿反应坐标的平动自由度,见图7.1.

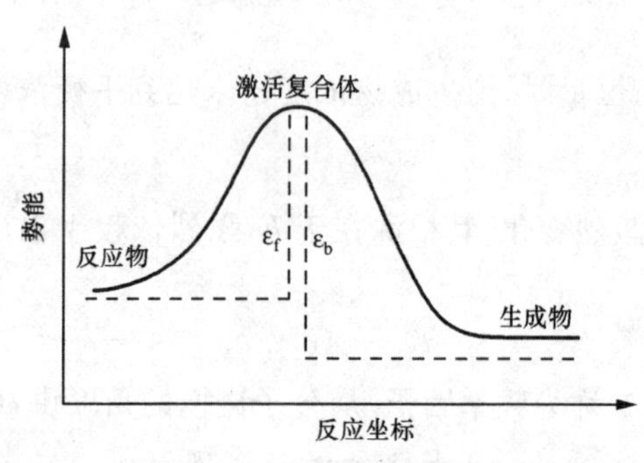

图7.1 反应坐标势能图

有艾林公式[②]:

$$k_f = K_{\neq}\frac{kT}{h},$$

其中 $K_{\neq}$ 为反应物⟶激活复合体的平衡恒量,h 为普朗克常量,而$\frac{kT}{h}$为激活复合体的分解率(量纲为 1/s),

$$K_{\neq} = \frac{c_{\neq}}{c_A c_B \cdots},$$

其中 $c_A, c_B\cdots$和 $c_{\neq}$分别是反应物质 A,B…和激活复合体的浓度.

对于两原子碰撞(不计内部自由度),$A_{\mathrm{Eyring}} = A_{动理论}$(见习题7.5);而对于原子与分子或分子与分子碰撞 A_{Eyring} 比 $A_{动理论}$ 多一个因子 P:

两原子,$P=1$;

原子+双原子分子,$P=\begin{cases} Z_{\mathrm{vib}}/Z_{\mathrm{rot}}, 非线性复合体, \\ (Z_{\mathrm{vib}}/Z_{\mathrm{rot}})^2, 线性复合体; \end{cases}$

双原子分子+双原子分子,$P=\begin{cases} (Z_{\mathrm{vib}}/Z_{\mathrm{rot}})^3, 非线性复合体, \\ (Z_{\mathrm{vib}}/Z_{\mathrm{rot}})^4, 线性复合体; \end{cases}$

其中 Z_{vib}和 Z_{rot}分别是振动和转动配分函数.

一般 $Z_{\mathrm{vib}}\sim 1$ 而 $Z_{\mathrm{rot}}<10$;分子越复杂,P 越小.常称 P 为立体因子,表示反应

---

① 参考 S. Glasstone, K. J. Laidler, H. Eyring, *The Theory of Rate Processes*, McGraw-Hill, New York, 1941.

② H. Eyring, *J. Chem. Phys.*, **3**(1935), 107. 关于评论文章,见 H. Eyring, *Chem. Rev.*, **17**(1935), 65; *Trans. Faraday Soc.*, **34**(1938), 41.

分子碰撞时形成激活复合体受立体结构的影响①.

在高空或在人造的分子束、原子束环境下,原子、离子及分子的碰撞,能量转移或引起化学反应,连同激光技术,激波管技术,近年来有很大的发展.

7.3 晶体的热容和弹性

7.3.1 晶格动力学

除理想气体外,理想晶体的动力学可以很好地近似处理,详见晶格动力学的专著②.考虑简单晶体中原子在规则的格点上排好,其平衡位置 $\boldsymbol{a}^l$

$$\boldsymbol{a}^l = l_1\boldsymbol{a}_1 + l_2\boldsymbol{a}_2 + l_3\boldsymbol{a}_3$$

为格点位置,称为格矢,$(\boldsymbol{a}_1,\boldsymbol{a}_2,\boldsymbol{a}_3)$为晶格的基矢,而晶胞的体积为

$$(a_1a_2a_3) \equiv (\boldsymbol{a}_1 \times \boldsymbol{a}_2)\cdot \boldsymbol{a}_3.$$

每个原子的位置为

$$\boldsymbol{r}^l = \boldsymbol{a}^l + \boldsymbol{u}^l,$$

其中热位移 $\boldsymbol{u}^l$ 为小量.定义 $\boldsymbol{b}_1,\boldsymbol{b}_2,\boldsymbol{b}_3$ 为倒晶格的基矢,

$$\boldsymbol{b}_i \cdot \boldsymbol{a}_j = \delta_{ij},$$

即
$$\boldsymbol{b}_1 = \frac{\boldsymbol{a}_2 \times \boldsymbol{a}_3}{(a_1a_2a_3)},\quad \boldsymbol{b}_2 = \frac{\boldsymbol{a}_3 \times \boldsymbol{a}_1}{(a_1a_2a_3)},\quad \boldsymbol{b}_3 = \frac{\boldsymbol{a}_1 \times \boldsymbol{a}_2}{(a_1a_2a_3)};$$

而将热位移展开为波的叠加:

$$\boldsymbol{u}^l = \sum_q \frac{\mathrm{e}^{\mathrm{i}\boldsymbol{b}^q\cdot\boldsymbol{a}^l}}{\sqrt{N}}\boldsymbol{U}^q = (\boldsymbol{u}^l)^*,$$

其中

$$\boldsymbol{b}^q = q_1\boldsymbol{b}_1 + q_2\boldsymbol{b}_2 + q_3\boldsymbol{b}_3$$

为倒格矢或波矢.由于 $\boldsymbol{u}^l$ 为实矢量,有 $\boldsymbol{u}^l=(\boldsymbol{u}^l)^*$(*代表复共轭),所以

$$\boldsymbol{U}^{-q} = (\boldsymbol{U}^q)^*;$$

反解得:
$$\boldsymbol{U}^q = \sum_l \frac{\mathrm{e}^{-\mathrm{i}\boldsymbol{b}^q\cdot\boldsymbol{a}^l}}{\sqrt{N}}\boldsymbol{u}^l;$$

此处
$$\sum_l \equiv \sum_{l_1}\sum_{l_2}\sum_{l_3},$$

① 参考 Clarke & McCherney, *The Dynamics of Real Gases*, Amsterdam, 1964.

② M. Born, *Atomtheorie des festen Zustandes*(固态的原子理论), Teubner, Berlin, 1923. M. Born, M. G. Mayer, *Dynamische Gittetheorie der Kristalle*(晶格动力学理论), in *Handb. Physik*(Geiger-Scheels), XXIV/2, 2nd ed., (1933), 623. M. Born, K. Huang(黄昆), *Dynamical Theory of Crystal Lattices*, Clarendon, Oxford, 1954. M. Blackman, *The Specific Heat of Solids*, *Handb. Physik*(Flügge), Ⅶ/1(1955), 325.

$$\sum_q \equiv \sum_{q_1}\sum_{q_2}\sum_{q_3}, \quad -L_1 < l_1 \leqslant L_1.$$

每个求和都是 N 项相加，$N=(2L_1)(2L_2)(2L_3)$，而

$$-L_i < \frac{L_i q_i}{\pi} = \text{整数} \leqslant L_i \quad (i=1,2,3).$$

这里采用了玻恩和冯卡门提出的周期边界条件①，即 $l_1=L_1$ 与 $l_1=-L_1$ 的 u^l 相等，因为

$$\mathrm{e}^{\mathrm{i}\boldsymbol{b}^q\cdot\boldsymbol{a}^l} = \mathrm{e}^{\mathrm{i}(q_1 l_1+q_2 l_2+q_3 l_3)}$$

中 $\mathrm{e}^{\mathrm{i}q_1 L_1}$ 与 $\mathrm{e}^{-\mathrm{i}q_1 L_1}$ 相差因子 $\mathrm{e}^{2\mathrm{i}q_1 L_1}=\mathrm{e}^{2\pi\mathrm{i}(\text{整数})}\equiv 1$. 同样 U^q 中 $q_1=\pi$ 和 $q_1=-\pi$ 时，

$$\mathrm{e}^{-\mathrm{i}\boldsymbol{b}^q\cdot\boldsymbol{a}^l} = \mathrm{e}^{-\mathrm{i}(q_1 l_1+q_2 l_2+q_3 l_3)}$$

中 $\mathrm{e}^{-\mathrm{i}\pi l_1}$ 与 $\mathrm{e}^{\mathrm{i}\pi l_1}$ 也总是相等的. 周期边界条件人为地把有限晶格的 $N(N=8L_1L_2L_3)$ 个晶胞无穷地向各方延伸出去，而避免了边界上的复杂效应.

从 $\boldsymbol{u}^l$ 到 $\boldsymbol{U}^q$ 可以看作是个正则变换（简单说是坐标变换，用以引入简正坐标，处理小振动问题）. 例如，N 个粒子的动能为

$$\begin{aligned}
\sum_l \frac{m}{2}\left(\frac{\mathrm{d}\boldsymbol{r}^l}{\mathrm{d}t}\right)^2 &= \sum_l \frac{m}{2}\left(\frac{\mathrm{d}\boldsymbol{u}^l}{\mathrm{d}t}\right)^2 \\
&= \sum_l \frac{m}{2} \sum_q \frac{\mathrm{e}^{\mathrm{i}\boldsymbol{b}^q\cdot\boldsymbol{a}^l}}{\sqrt{N}}\left(\frac{\mathrm{d}\boldsymbol{U}^q}{\mathrm{d}t}\right)\times \sum_{q'} \frac{\mathrm{e}^{\mathrm{i}\boldsymbol{b}^{q'}\cdot\boldsymbol{a}^l}}{\sqrt{N}}\left(\frac{\mathrm{d}\boldsymbol{U}^{q'}}{\mathrm{d}t}\right) \\
&= \frac{m}{2}\sum_q \frac{\mathrm{d}\boldsymbol{U}^q}{\mathrm{d}t}\cdot\left(\frac{\mathrm{d}\boldsymbol{U}^q}{\mathrm{d}t}\right)^*;
\end{aligned}$$

这里用了

$$\sum_l \frac{\mathrm{e}^{\mathrm{i}\boldsymbol{b}^q\cdot\boldsymbol{a}^l}}{N} = \begin{cases}1, & q=0,\\ 0, & q\neq 0;\end{cases}$$

和

$$\sum_l \frac{\mathrm{e}^{\mathrm{i}(\boldsymbol{b}^q+\boldsymbol{b}^{q'})\cdot\boldsymbol{a}^l}}{N} = \begin{cases}1, & q+q'=0,\\ 0, & q+q'\neq 0.\end{cases}$$

注意当 $q=0$ 时 $\boldsymbol{U}^q = \dfrac{1}{\sqrt{N}}\sum_l \boldsymbol{u}^l$ 不妨取定为零，整个固体做质心位移不必考虑.

N 个粒子的势能，用两体势能近似，取至展开的二阶项为

$$\begin{aligned}
\Phi &= \frac{1}{2}\sum_{l\neq l'}\sum \varphi(\boldsymbol{r}^l-\boldsymbol{r}^{l'}) = \frac{1}{2}\sum_{l\neq l'}\sum \varphi(\boldsymbol{a}^{l-l'}+\boldsymbol{u}^l-\boldsymbol{u}^{l'}) \\
&= \Phi^{(0)}+\Phi^{(1)}+\Phi^{(2)};
\end{aligned}$$

其中 $\Phi^{(0)}$ 为平衡位形的势能，

① M. Born, Th. v. Karman, *Phys. Z.*, **13**(1912), 297.

$$\Phi^{(0)} = \frac{1}{2}\sum_{l\neq l'}\sum\varphi(\boldsymbol{a}^{l-l'}).$$

可以证明，一阶项 $\Phi^{(1)}$ 为零，

$$\begin{aligned}\Phi^{(1)} &= \frac{1}{2}\sum_{l\neq l'}\sum(\boldsymbol{u}^{l}-\boldsymbol{u}^{l'})\cdot\nabla\varphi(\boldsymbol{a}^{l-l'})\\ &= \frac{1}{2}\sum_{l\neq l'}\sum\sum_{q}\frac{\mathrm{e}^{\mathrm{i}\boldsymbol{b}^{q}\cdot\boldsymbol{a}^{l'}}}{\sqrt{N}}(\mathrm{e}^{\mathrm{i}\boldsymbol{b}^{q}\cdot\boldsymbol{a}^{l-l'}}-1)(\boldsymbol{U}^{q}\cdot\nabla)\varphi(\boldsymbol{a}^{l-l'})\\ &= 0,\end{aligned}$$

因为 l 可先求和，求和后不依赖于 l'（因为 $l=l'$ 项因子恒等于零可以补足），再对 l' 求和为零（对于 $q=0$，已约定 $\boldsymbol{U}^{q}=0$）.

二阶项 $\Phi^{(2)}$ 可以写成

$$\begin{aligned}\Phi^{(2)} &= \frac{1}{2}\sum_{l\neq l'}\sum\frac{1}{2}(\boldsymbol{u}^{l}-\boldsymbol{u}^{l'})(\boldsymbol{u}^{l}-\boldsymbol{u}^{l'}):\nabla\nabla\varphi(\boldsymbol{a}^{l-l'})\\ &= \frac{1}{2}\sum_{l\neq l'}\sum\frac{1}{2}\sum_{q}\sum_{q'}\frac{\mathrm{e}^{\mathrm{i}(\boldsymbol{b}^{q}+\boldsymbol{b}^{q'})\cdot\boldsymbol{a}^{l'}}}{N}(\mathrm{e}^{\mathrm{i}\boldsymbol{b}^{q}\cdot\boldsymbol{a}^{l-l'}}-1)\\ &\quad\times(\mathrm{e}^{\mathrm{i}\boldsymbol{b}^{q'}\cdot\boldsymbol{a}^{l-l'}}-1)(\boldsymbol{U}^{q}\cdot\nabla)(\boldsymbol{U}^{q'}\cdot\nabla)\varphi(\boldsymbol{a}^{l-l'})\\ &= \frac{1}{4}\sum_{q}\sum_{l}(\mathrm{e}^{\mathrm{i}\boldsymbol{b}^{q}\cdot\boldsymbol{a}^{l-l'}}-1)(\mathrm{e}^{-\mathrm{i}\boldsymbol{b}^{q}\boldsymbol{a}^{l-l'}}-1)(\boldsymbol{U}^{q}\cdot\nabla)(\boldsymbol{U}^{q*}\cdot\nabla)\varphi(\boldsymbol{a}^{l-l'})\\ &= \frac{1}{2}\sum_{q}\sum_{l}(1-\cos(\boldsymbol{b}^{q}\cdot\boldsymbol{a}^{l-l'}))(\boldsymbol{U}^{q}\cdot\nabla)(\boldsymbol{U}^{q*}\cdot\nabla)\varphi(\boldsymbol{a}^{l-l'});\end{aligned}$$

因为对 l 求和后不依赖于 l'，而对 l' 求和限制了 $\boldsymbol{b}^{q}+\boldsymbol{b}^{q'}=0$；每个 q 对应一个矢量振幅 $\boldsymbol{U}^{q}$，共有 N 个 q 波矢共对应 $3N$ 个一维振子.

于是，晶格的哈密顿函数为

$$H_{\Gamma} = \sum_{q}\left\{\frac{m}{2}\left(\frac{\mathrm{d}\boldsymbol{U}^{q}}{\mathrm{d}t}\cdot\frac{\mathrm{d}\boldsymbol{U}^{-q}}{\mathrm{d}t}\right)+\frac{1}{2}\boldsymbol{U}^{q}\cdot\mathsf{K}_{q}\cdot\boldsymbol{U}^{-q}\right\},$$

其中张量 K_{q}（其分量组成动力学矩阵）为

$$\mathsf{K}_{q} = \sum_{l}(1-\cos\boldsymbol{b}^{q}\cdot\boldsymbol{a}^{l})\nabla\nabla\varphi(\boldsymbol{a}^{l}).$$

由此可求得运动方程为

$$m\ddot{\boldsymbol{U}}^{q} = -\mathsf{K}_{q}\cdot\boldsymbol{U}^{q};$$

其解为

$$\boldsymbol{U}^{q} = \hat{\boldsymbol{U}}^{q}\mathrm{e}^{-\mathrm{i}\omega t},$$

容易得出行列式方程

$$|\mathsf{K}_{q}-m\omega^{2}\mathbf{1}| = 0,$$

它确定波矢 q 的振动频率 ω. 所以

$$\sum_{i}^{3N\text{项}} \ln(m\omega_i^2) = \sum_{q}^{N\text{项}} \ln|K_q| = \ln\prod_{q}^{N\text{项}} |K_q|.$$

7.3.2 晶体的热力学函数

在简谐振动近似下，即势能只取到热位移的二次方项时，适当选取简正坐标后，各振子不相干涉. $3N$ 个振子总的能量为

$$E = E_{(n_i)} = \sum_{i}^{3N\text{项}} \left(n_i + \frac{1}{2}\right) h\nu_i,$$

其中 $\omega_i = 2\pi\nu_i$，于是，配分函数为

$$Z = \mathrm{e}^{-\Phi^{(0)}/kT} \prod_{i}^{3N\text{项}} \frac{\mathrm{e}^{-\frac{1}{2}h\nu_i/kT}}{1-\mathrm{e}^{-h\nu_i/kT}}.$$

严格讲只有 $(3N-6)$ 个一维振子，因为 $q=0$ 的三个振子不计(代表平动)，又有三个自由度代表转动，但因为 N 很大，$3N-6 \approx 3N$.

由此得自由能 F 为

$$F = \Phi^{(0)} + \sum_{i}^{3N\text{项}} \frac{h\nu_i}{2} + kT \sum_{i}^{3N\text{项}} \ln(1-\mathrm{e}^{-h\nu_i/kT}).$$

令

$$E_0 \equiv \Phi^{(0)} + \sum_{i}^{3N\text{项}} \frac{h\nu_i}{2},$$

从 F 得

$$E = F - T\frac{\partial F}{\partial T} = E_0 + \sum_{i}^{3N\text{项}} \frac{h\nu_i}{\mathrm{e}^{h\nu_i/kT}-1};$$

$$p = -\frac{\partial F}{\partial V} = -\frac{\partial E_0}{\partial V} + \sum_{i}^{3N\text{项}} \frac{h\nu_i}{\mathrm{e}^{h\nu_i/kT}-1}\left(-\frac{\partial \ln\nu_i}{\partial V}\right),$$

这里的 $\ln\nu_i$ 应理解为 $\ln\left(\frac{h\nu_i}{kT}\right)$，但 $\frac{\partial}{\partial V}$ 时 T 不变.

7.3.3 格林爱森物态方程[①]

格林爱森近似取

$$-\frac{\partial \ln\nu_i}{\partial \ln V} = \gamma_i = \gamma,$$

与那个频率无关，则令

$$p_0 = -\frac{\partial E_0}{\partial V},$$

① E. Grüneisen, *Ann. Physik*, **26**(1908), 393.

得格林爱森物态方程

$$p-p_0=\gamma(E-E_0)/V,$$

其中常数 γ（格林爱森常数）可从

$$\gamma=\frac{\alpha_V V}{\kappa C_V}$$

估计，并且随温度变化不大，此处 α_V 为体膨胀率，$\alpha_V=\frac{1}{V}\frac{\partial V}{\partial T}$，$C_V=\left(\frac{\partial E}{\partial T}\right)_V$ 为定体热容量，而 κ 为压缩率，$\kappa=-\frac{1}{V}\frac{\partial V}{\partial p}$. 证明如下：

$$\gamma=-\frac{\partial \ln\nu_i}{\partial \ln V}$$

只是 V 的函数，与 T 无关. 将格林爱森物态方程对 T 取偏导数，令 V 不变，得

$$\left(\frac{\partial p}{\partial T}\right)_V=\frac{\gamma}{V}\left(\frac{\partial E}{\partial T}\right)_V,$$

代入

$$\left(\frac{\partial E}{\partial T}\right)_V=C_V,\quad \left(\frac{\partial p}{\partial T}\right)_V\equiv-\left(\frac{\partial p}{\partial V}\right)_T\left(\frac{\partial V}{\partial T}\right)_p=\frac{\alpha_V}{\kappa}$$

即得. 后式前恒等式从物态方程 $p=p(T,V)$ 导出，在

$$\mathrm{d}p=\left(\frac{\partial p}{\partial T}\right)_V\mathrm{d}T+\left(\frac{\partial p}{\partial V}\right)_T\mathrm{d}V$$

中令 p＝固定不变时得

$$\left(\frac{\partial V}{\partial T}\right)_p=-\frac{(\partial p/\partial T)_V}{(\partial p/\partial V)_T}.$$

表 7.2 给出几种金属的 γ 值.

表 7.2 几种金属的 γ 值

金属	Al	Ni	Ag	Au
γ	2.19	1.93	2.40	2.99

7.3.4 晶体热容的德拜理论①

在高温情况，$kT\gg h\nu_i$，

$$\frac{h\nu_i}{e^{h\nu_i/kT}-1}\approx\frac{h\nu_i}{\frac{h\nu_i}{kT}\left(1+\frac{1}{2}\frac{h\nu_i}{kT}\right)}\approx kT-\frac{1}{2}h\nu_i,$$

$$E=\Phi^{(0)}+3NkT,$$

① P. Debye, *Ann. Physik*, **39**(1912), 789.

$$p = -\frac{\partial \Phi^{(0)}}{\partial V} - kT\sum_i \frac{\partial \ln \nu_i}{\partial V},$$

和

$$F = \Phi^{(0)} + kT\sum_i \ln\frac{h\nu_i}{kT}.$$

在低温情况，$kT < h\nu_i$，需要知道 ω_i 的分布. 对热容贡献重要者是 ω_i 低者，这可从德拜近似得到. 德拜（1884—1966，荷-美）考虑热振动为声波的叠加，某声波 $e^{i\boldsymbol{b}^q\cdot\boldsymbol{x}-i\omega t}$ 的波长 $\lambda = \frac{2\pi}{|\boldsymbol{b}^q|}$（沿传播矢量 $\boldsymbol{b}^q$ 方向），频率 $\nu = \frac{\omega}{2\pi}$. 所以声速 $\lambda\nu = v = \frac{\omega}{|\boldsymbol{b}^q|}$，即 $\omega^2 = (\boldsymbol{b}^q)^2 v^2$. 这从 K_q 中含有 $(1-\cos(\boldsymbol{b}^q\cdot\boldsymbol{a}^l))$ 因子也可看出，当 $(\boldsymbol{b}^q)^2$ 小时，ω^2 正比于 $(\boldsymbol{b}^q)^2$. 如果 $\boldsymbol{a}^l$ 格点有立方对称性，我们暂设如此；取体积 $(2L)^3 = V$，$x = -L$ 和 $x = +L$ 的振动相同（周期性边界条件），

$$b_x^q = \frac{\pi}{L}n_x, \quad n_x \text{ 为整数}(y, z \text{ 同样});$$

则

$$\begin{aligned}\sum_q^{N\text{项}} &= \sum_{n_x n_y n_z} \Delta n_x \Delta n_y \Delta n_z = \iiint \left(\frac{L}{\pi}\right)^3 db_x^q db_y^q db_z^q \\ &= \frac{V}{(2\pi)^3}\iiint db_x^q db_y^q db_z^q = \frac{V}{(2\pi)^3}\int 4\pi\,|\boldsymbol{b}^q|^2 d\,|\boldsymbol{b}^q| \\ &= \frac{V}{(2\pi)^2}\int \frac{4\pi\omega^2 d\omega}{v^3} = \frac{V}{v^3}\int 4\pi\nu^2 d\nu.\end{aligned}$$

考虑到固体中声波有纵波和横波两种，声速有别. 德拜取

$$\sum_i^{3N\text{项}} \cdots = V\left(\frac{1}{v_l^3} + \frac{2}{v_t^3}\right)\int_0^{\nu_D} 4\pi\nu^2 d\nu\cdots,$$

德拜的最大频率 ν_D 由总振动自由度确定，

$$V\left(\frac{1}{v_l^3} + \frac{2}{v_t^3}\right)\frac{4\pi}{3}\nu_D^3 = 3N.$$

图 7.2 所示是对(a)钨(W)和(b)锂(Li)的格波频谱（实线，拟合弹性数据）和德拜频谱（虚线）①.

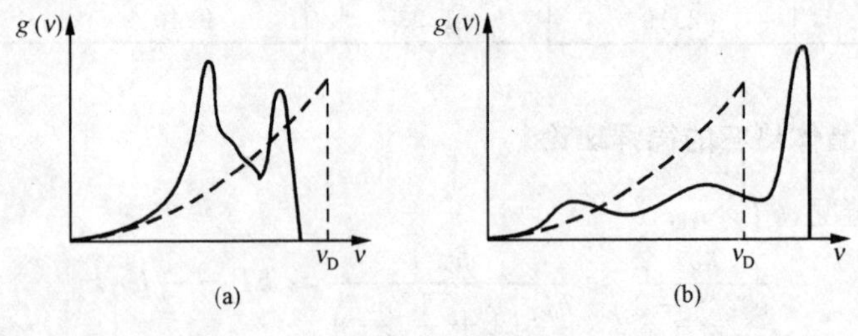

图 7.2

① 引自 G. Günther, *Handb. Physik*, Ⅷ/1(1955), p. 250.

德拜近似对

$$E = E_0 + \sum_i^{3N\text{项}} \frac{h\nu_i}{e^{h\nu_i/kT} - 1}$$

和

$$C_V = \left(\frac{\partial E}{\partial T}\right)_V = \sum_i^{3N\text{项}} \frac{e^{h\nu_i/kT} k \left(\frac{h\nu_i}{kT}\right)^2}{(e^{h\nu_i/kT} - 1)^2},$$

给出为

$$E = E_0 + 3NkTD\left(\frac{\Theta_D}{T}\right),$$

$$C_V = 9Nk \frac{1}{x_D^3} \int_0^{x_D} \frac{x^4 e^x}{(e^x - 1)^2} \, dx \equiv 3Nkf\left(\frac{\Theta_D}{T}\right),$$

其中 $x_D = \frac{h\nu_D}{kT} \equiv \frac{\Theta_D}{T}$，$\Theta_D = \frac{h\nu_D}{k}$是德拜温度，

$$\Theta_D = \frac{h}{k}\left(\frac{9N}{4\pi V\left(\frac{1}{v_l^3} + \frac{2}{v_t^3}\right)}\right)^{1/3},$$

$$D(y) = \frac{3}{y^3} \int_0^y \frac{x^3 \, dx}{e^x - 1},$$

$$f(y) = \frac{3}{y^3} \int_0^y \frac{x^4 e^x}{(e^x - 1)^2} \, dx = 4D(y) - \frac{3y}{e^y - 1},$$

$D(y)$是德拜函数，而 $f(y)$是德拜热容函数，$f(x_D)$的图形见图 7.3.

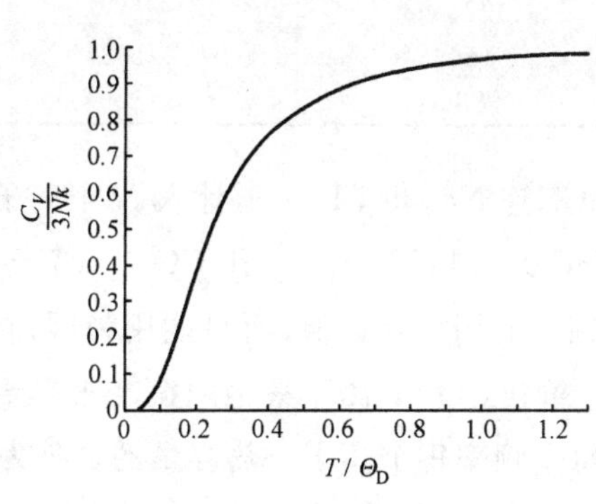

图 7.3 固体的热容

当 $T \ll \Theta_D$，

$$\int_0^{x_D} \frac{x^4 e^x}{(e^x - 1)^2} \, dx = \int_0^\infty \frac{x^4 e^x}{(e^x - 1)^2} \, dx = \frac{4}{15}\pi^4,$$

$$C_V = \frac{12}{5}\pi^4 Nk \frac{T^3}{\Theta_D^3}.$$

而当 $T \gg \Theta_D$，

$$C_V = 3Nk.$$

表7.3给出几种材料的德拜温度①，(C_V 高温)表示凑热容高温部分 $T \sim \Theta_D/2$，(T^3)表示凑低温 T^3 公式，(v_l, v_t)表示根据弹性系数计算 v_l 和 v_t 而求得的各种德拜温度，

$$v_l = \sqrt{\frac{3(1-\sigma)}{\kappa\rho(1+\sigma)}}, \quad v_t = \sqrt{\frac{3(1-2\sigma)}{2\kappa\rho(1+\sigma)}},$$

κ 为压缩率，σ 为泊松比，ρ 为密度.

表7.3　几种材料的德拜温度

材料	$\Theta_D(C_V$ 高温$)/K$	$\Theta_D(T^3)/K$	$\Theta_D(v_l, v_t)/K$
金刚石	1840	2230	
Na	159		
Al	398	385	399
K	99		
Fe	420	428	467
Cu	315	321	329
Zn	235	205	
Mo	379	379	
Ag	215		212
Cd	160	129	168
Sn	160	127	
Pt	225		226
Au	180	162	
Pb	88		72

对于离子晶体如 NaCl，连 Na^+ 带 Cl^- 一道计入 N 个离子，用德拜近似如上. 对于复杂的离子晶体如 $CaCO_3$，则只计 Ca^{++} 和 CO_3^{--} 离子到 N 个离子中去. 而 CO_3^{--} 内部的分子振动则不能用德拜近似，而只能用爱因斯坦近似②(即内部分子振动频率不随 $\boldsymbol{b}^q$ 变，仍与单独 CO_3^{--} 离子根中的振动频率差不多). 这内部频率 $h\nu \gg kT$ 对比热贡献很小，每个频率每个离子对热容量的贡献为

$$k\left(\frac{h\nu}{kT}\right)^2 \frac{e^{h\nu/kT}}{(e^{h\nu/kT}-1)^2} \approx k\left(\frac{h\nu}{kT}\right)^2 e^{-h\nu/kT},$$

随温度 T 下降趋于零远比 T^3 下降得快. 在低温(T^3 区域)时无贡献(相对于德拜部分).

---

① 参考 J. C. Slater, *Introduction to Chemical Physics*, (1939), p. 237.

② A. Einstein, *Ann. Physik*, **22**(1907), 180, 800.

7.3.5 晶体的弹性

1. 应变与应力

现在讨论晶体的弹性.在引入德拜近似以前,我们从晶格动力学定振动频率,但平衡位置 $\boldsymbol{a}^l$ 可以是由于晶体受外界应力而均匀形变过的位置.换言之,$\boldsymbol{a}^l$ 可以是

$$\boldsymbol{a}^l = \boldsymbol{a}^{0l} + \boldsymbol{e} \cdot \boldsymbol{a}^{0l},$$

其中对称张量 $\boldsymbol{e}$ 表示均匀形变;原来在 $\boldsymbol{x}^0$ 点处形变到 $\boldsymbol{x}^0 + \boldsymbol{e} \cdot \boldsymbol{x}^0$ 处.均匀形变 $\boldsymbol{e} \cdot \boldsymbol{x}^0$ 只较 $\boldsymbol{x}^0$ 相对地小,与热运动本身绝对地小不同.

定义应力$\left(\dfrac{\text{力}}{\text{面积}}\text{的量纲}\right)$为

$$\boldsymbol{\tau}_\Gamma = \frac{1}{V_0}\frac{\partial H_\Gamma}{\partial \boldsymbol{e}} \quad \left(\frac{\text{能量}}{\text{体积}}\text{的量纲}\right),$$

其宏观量即应力张量

$$\boldsymbol{\tau} = \int \boldsymbol{\tau}_\Gamma w_\Gamma \mathrm{d}\Gamma;$$

代入

$$w_\Gamma = \mathrm{e}^{\frac{F-H_\Gamma}{kT}} \text{及} \ \mathrm{e}^{\frac{F}{kT}} = Z^{-1}, \quad F = -kT\ln Z,$$

则

$$\boldsymbol{\tau} = \frac{Z^{-1}}{V_0}\int \mathrm{e}^{-H_\Gamma/kT}\frac{\partial H_\Gamma}{\partial \boldsymbol{e}}\mathrm{d}\Gamma = -\frac{kT}{V_0}\frac{\partial}{\partial \boldsymbol{e}}\ln Z = \frac{1}{V_0}\frac{\partial F}{\partial \boldsymbol{e}},$$

此处 V_0 表示在均匀形变以前的原来体积.

2. 弹性常量

在小形变时,假设均匀形变前有立方对称,则展开$\dfrac{F}{V_0}$到二次方项,一次方项可取作零,因为在均匀形变以前应力为零(即以此状态为标准而展开者).所以采用爱因斯坦求和约定

$$\frac{F}{V_0} = \frac{1}{2}\lambda e_{ii}^2 + \mu e_{ik}^2,$$

即

$$\frac{F}{V_0} = \frac{1}{2}(\lambda + 2\mu)(e_{xx} + e_{yy} + e_{zz})^2$$
$$+ 2\mu(e_{yz^2} + e_{zx}^2 + e_{xy}^2 - e_{xx}e_{yy} - e_{yy}e_{zz} - e_{zz}e_{xx}),$$

其中 λ 和 μ 是拉梅[①]所引进的弹性常量.所以

---

① G. Lamé, *Leçons sur la Théorie mathématique de l'Elasticité des Corps solides*(固体弹性的数学理论教程), Paris, 1852.

$$\tau_{ik} = \frac{1}{V_0}\frac{\partial F}{\partial e_{ik}} = \lambda e_{ll}\delta_{ik} + 2\mu e_{ik},$$

即

$$\begin{aligned}\tau_{xx} &= (\lambda+2\mu)(e_{xx}+e_{yy}+e_{zz}) - 2\mu(e_{yy}+e_{zz}) \\ &= \lambda(e_{xx}+e_{yy}+e_{zz}) + 2\mu e_{xx}, \\ \tau_{xy} &= 2\mu e_{xy},\end{aligned}$$

求这个导数时要把 $2\mu e_{xy}^2$ 看做 $2\mu e_{xy}e_{yx}$，而求 τ_{xy} 时要对 e_{yx} 求导数.

取

$$e_{xx} = e_{yy} = e_{zz} = \frac{1}{3}\frac{\Delta V}{V}, e_{xy} = e_{yz} = e_{zx} = 0,$$

则得

$$\tau_{xx} = \tau_{yy} = \tau_{zz} = -p,$$

$$-p = \left(\lambda + \frac{2}{3}\mu\right)\frac{\Delta V}{V},$$

体积弹性模量为压缩率的倒数，所以

$$K = \frac{1}{\kappa} = \lambda + \frac{2}{3}\mu;$$

又 μ 即是切应力对切应变的比例，称为剪切模量，有时用 G 表示，$\mu=G$. 应变 $\mathbf{e}$ 与弹性位移 $\boldsymbol{\xi}$ 的关系为

$$e_{xx} = \frac{\partial \xi_x}{\partial x}, \quad e_{xy} = \frac{1}{2}\left(\frac{\partial \xi_x}{\partial y} + \frac{\partial \xi_y}{\partial x}\right),$$

$$\mathbf{e} = \frac{1}{2}[\nabla\boldsymbol{\xi} + (\nabla\boldsymbol{\xi})^{\mathrm{T}}] \quad (\mathrm{T}\text{ 表示转置}),$$

$$\begin{aligned}\boldsymbol{\tau} &= \lambda(\nabla\cdot\boldsymbol{\xi})\mathbf{1} + 2\mu\mathbf{e} \quad (\text{胡克定律，1660 年发现})^{①} \\ &= K(\nabla\cdot\boldsymbol{\xi})\mathbf{1} + 2G\left(\mathbf{e} - \frac{\nabla\cdot\boldsymbol{\xi}}{3}\mathbf{1}\right).\end{aligned}$$

3. 运动方程

弹性位移的运动方程为

$$\rho\frac{\partial^2\boldsymbol{\xi}}{\partial t^2} = \nabla\cdot\boldsymbol{\tau} + \rho\boldsymbol{F}^{外},$$

设 $\boldsymbol{F}^{外}=0, \lambda, \mu=\mathrm{const}$，则

$$\rho\frac{\partial^2\boldsymbol{\xi}}{\partial t^2} = \lambda\nabla(\nabla\cdot\boldsymbol{\xi}) + \mu\nabla^2\boldsymbol{\xi} + \mu\nabla(\nabla\cdot\boldsymbol{\xi}),$$

所以

$$\rho\frac{\partial^2\nabla\cdot\boldsymbol{\xi}}{\partial t^2} = (\lambda+2\mu)\nabla^2(\nabla\cdot\boldsymbol{\xi}),$$

① R. Hooke, A Description of Helioscopes, and Some Other Instruments, London, 1676, Postscribt, 31 中发表；Lectures de Potentia Restitutiva, or of Spring, London, 1678, [1], 5 中解释.

和

$$\rho \frac{\partial^2 \nabla \times \boldsymbol{\xi}}{\partial t^2} = \mu \nabla^2 \nabla \times \boldsymbol{\xi}.$$

$\nabla \cdot \boldsymbol{\xi}$ 表示体积的变化，满足纵波方程，波速为

$$v_{\mathrm{l}}^2 = \frac{\lambda + 2\mu}{\rho};$$

$\nabla \times \boldsymbol{\xi} = \boldsymbol{\omega}$，满足 $\nabla \cdot \boldsymbol{\omega} = 0$ 为横波，横波波速为

$$v_{\mathrm{t}}^2 = \mu/\rho.$$

4. 声速的弹性力学公式

引入泊松比[①] σ 和杨氏模量[②] E，

$$\sigma = -\frac{\text{旁应变}}{\text{线应变}}, \quad E = \frac{\text{拉应力}}{\text{线应变}},$$

取线应变沿 z 方向，沿 z 方向拉力为 τ_{zz}，其他应力皆为零. 则有

$$\begin{aligned} \tau_{zz} &= \lambda(e_{xx} + e_{yy} + e_{zz}) + 2\mu e_{zz}, \\ 0 &= \lambda(e_{xx} + e_{yy} + e_{zz}) + 2\mu e_{xx}, \\ 0 &= \lambda(e_{xx} + e_{yy} + e_{zz}) + 2\mu e_{yy}; \end{aligned}$$

所以有

$$e_{xx} = e_{yy}, \quad 0 = 2(\lambda + \mu) e_{xx} + \lambda e_{zz},$$

给出

$$\sigma = -\frac{e_{xx}}{e_{zz}} = \frac{\lambda}{2(\lambda + \mu)} \quad \left(\text{所以 } 1 - 2\sigma = \frac{\mu}{\lambda + \mu}\right),$$

代入

$$\tau_{zz} = (\lambda + 2\mu) e_{zz} - \frac{\lambda^2}{\lambda + \mu} e_{zz} = \frac{(3\lambda + 2\mu)\mu}{\lambda + \mu} e_{zz},$$

给出

$$E = \frac{\mu(3\lambda + 2\mu)}{\lambda + \mu} \quad (\text{所以 } E = 3(1 - 2\sigma)K),$$

由 $K = \frac{1}{\kappa} = \lambda + \frac{2}{3}\mu$ 和 $\sigma = \frac{\lambda}{2(\lambda + \mu)}$ 解出 λ, μ 并代入 $v_{\mathrm{l}}^2 = \frac{\lambda + 2\mu}{\rho}$ 和 $v_{\mathrm{t}}^2 = \frac{\mu}{\rho}$，便是前面用来计算德拜温度的弹性力学公式.

5. 热应力

顺便讲一下工程中必须考虑到的热应力的情况. 到简谐振子近似，晶格动力学不能给出热膨胀的描述，热膨胀(从微观看来)是非简谐效应. 所以上面应力应变关系中也没出现热应力项. 修正的办法是，考虑到温度升高引起体积膨胀(立方对称

---

① S. D. Poisson, *Mém. Acad.* Sci., **8**(1829), 357; Traité de Mécanique(力学论著), Paris, 1833.

② T. Young, *Lectures on Natural Philosophy*, **1**(1807), 135.

时，体膨胀率为 $\alpha_V=3\alpha,\alpha$ 为线膨胀率）而压力（即应力）不变，所以胡克定律

$$\boldsymbol{\tau}=K(\nabla\cdot\boldsymbol{\xi})\mathbf{1}+2G\left(\boldsymbol{e}-\frac{\nabla\cdot\boldsymbol{\xi}}{3}\mathbf{1}\right)$$

应修改为

$$\boldsymbol{\tau}=K[(\nabla\cdot\boldsymbol{\xi})-3\alpha T]\mathbf{1}+2G[\boldsymbol{e}-\frac{\nabla\cdot\boldsymbol{\xi}}{3}\mathbf{1}],$$

后一项是切应变引起的切应力，前一项体积变化中扣除了热膨胀部分. 这样 $\boldsymbol{\tau}$ 中就包含了由于物体各区温度 T 不相同而产生的热应力在内了. 运动方程仍是

$$\rho\frac{\partial^2\boldsymbol{\xi}}{\partial t^2}=\nabla\cdot\boldsymbol{\tau}+\rho\boldsymbol{F}^{外},$$

左侧为非定常效应.

7.4 系综平均值的偏差

7.4.1 正则系综的能量涨落

取正则系综为例，

$$w_\Gamma=\mathrm{e}^{\frac{F-H_\Gamma}{kT}},$$

$$\overline{H}_\Gamma=E=\int w_\Gamma H_\Gamma\mathrm{d}\Gamma$$

给出正则系综的平均能量，

$$\overline{(H_\Gamma-E)^2}=\int(H_\Gamma-E)^2w_\Gamma\mathrm{d}\Gamma$$

则给出正则系综的能量偏差的平方的平均值. 令 $\beta\equiv\dfrac{1}{kT}$,

$$\int w_\Gamma H_\Gamma\mathrm{d}\Gamma=\mathrm{e}^{\beta F}\int H_\Gamma\mathrm{e}^{-\beta H_\Gamma}\mathrm{d}\Gamma=\mathrm{e}^{\beta F}\left(-\frac{\partial}{\partial\beta}\right)\mathrm{e}^{-\beta F}=E,$$

$$\int(H_\Gamma-E)^2w_\Gamma\mathrm{d}\Gamma=\mathrm{e}^{\beta F}\int H_\Gamma^2\mathrm{e}^{-\beta H_\Gamma}\mathrm{d}\Gamma-E^2$$

$$=\mathrm{e}^{\beta F}\frac{\partial^2}{\partial\beta^2}\mathrm{e}^{-\beta F}-E^2=\mathrm{e}^{\beta F}\left(-\frac{\partial}{\partial\beta}\right)(\mathrm{e}^{-\beta F}E)-E^2=-\frac{\partial E}{\partial\beta},$$

即

$$\overline{(\Delta E)^2}\equiv\overline{(H_\Gamma-E)^2}=kT^2\frac{\partial E}{\partial T};$$

相对涨落为

$$\frac{\overline{(\Delta E)^2}}{E^2}=\frac{kT}{E}\frac{\partial\ln E}{\partial\ln T}\ll1.$$

7.4.2 巨正则系综的分子数涨落

取巨正则系综为例(下面用 $\widetilde{N}$ 表示微观量):

$$w_{\Gamma(\widetilde{N})} = \mathrm{e}^{\frac{\Omega+\mu\widetilde{N}-H_{\Gamma(\widetilde{N})}}{kT}},$$

$$\overline{\widetilde{N}} = N = \sum_{\widetilde{N}}\int \mathrm{d}\Gamma(\widetilde{N})\widetilde{N}w_{\Gamma(\widetilde{N})}$$

给出巨正则系综的平均分子数;

$$\overline{(\Delta N)^2} \equiv \overline{(\widetilde{N}-N)^2} = \sum_{N}\int \mathrm{d}\Gamma(\widetilde{N})\widetilde{N}^2 w_{\Gamma(\widetilde{N})} - N^2$$

则给出巨正则系综中分子数偏差的平方的平均值. 令 $\alpha \equiv -\dfrac{\mu}{kT}$,

$$N = \mathrm{e}^{\frac{\Omega}{kT}}\sum_{\widetilde{N}}\int \mathrm{d}\Gamma(\widetilde{N})\widetilde{N}\mathrm{e}^{-\alpha\widetilde{N}-\beta H_{\Gamma(\widetilde{N})}} = \mathrm{e}^{\frac{\Omega}{kT}}\left(-\frac{\partial}{\partial\alpha}\right)\mathrm{e}^{-\Omega/kT},$$

$$\begin{aligned}\overline{(\Delta N)^2} &= \mathrm{e}^{\frac{\Omega}{kT}}\frac{\partial^2}{\partial\alpha^2}\mathrm{e}^{-\Omega/kT} - N^2 \\ &= \mathrm{e}^{\frac{\Omega}{kT}}\left(-\frac{\partial}{\partial\alpha}\right)(\mathrm{e}^{-\Omega/kT}N) - N^2 = -\frac{\partial N}{\partial\alpha},\end{aligned}$$

即

$$\overline{(\Delta N)^2} = kT\left(\frac{\partial N}{\partial\mu}\right)_{T,V}.$$

但从热力学关系

$$T\mathrm{d}S = \mathrm{d}E + p\mathrm{d}V - \mu\mathrm{d}N$$

及

$$E + pV - TS = \mu N,$$

得

$$\mathrm{d}(E - TS) = -S\mathrm{d}T - p\mathrm{d}V + \mu\mathrm{d}N = \mathrm{d}F,$$

和

$$N\mathrm{d}\mu = -S\mathrm{d}T + V\mathrm{d}p.$$

从前式知

$$p = -\left(\frac{\partial F}{\partial V}\right),\quad \mu = \left(\frac{\partial F}{\partial N}\right),$$

所以有

$$\left(\frac{\partial p}{\partial N}\right) = -\left(\frac{\partial\mu}{\partial V}\right),$$

其中 T,V,N 作为独立变量. 连同后式即

$$N\left(\frac{\partial\mu}{\partial N}\right)_{T,V} = V\left(\frac{\partial p}{\partial N}\right)_{T,V},$$

与

$$N\left(\frac{\partial\mu}{\partial V}\right)_{T,N}=V\left(\frac{\partial p}{\partial V}\right)_{T,N}$$

皆用倒数，得

$$\left(\frac{\partial N}{\partial\mu}\right)_{T,V}=\frac{N}{V}\left(\frac{\partial N}{\partial p}\right)_{T,V}=-\frac{N}{V}\left(\frac{\partial V}{\partial\mu}\right)_{T,N}$$
$$=-\frac{N^2}{V^2}\left(\frac{\partial V}{\partial p}\right)_{T,N},$$

所以分子数相对涨落为

$$\frac{\overline{(\Delta N)^2}}{N^2}=-\frac{kT}{V^2}\left(\frac{\partial V}{\partial p}\right)_{T,N}.$$

对于理想气体

$$p=\frac{NkT}{V},\quad\left(\frac{\partial p}{\partial V}\right)_{T,N}=-\frac{NkT}{V^2},$$

相对涨落

$$\frac{\overline{(\Delta N)^2}}{N^2}=\frac{1}{N}$$

很小. 但在特殊情况，$\left(\frac{\partial p}{\partial V}\right)_{T,N}$ 可以很小(例如临界点处)，这时涨落可以很大. 详细情况可参考王竹溪:《统计物理学导论》，第二版，§51，光的散射.

7.5 相对论统计物理初步

7.5.1 相对论流体力学[①]

流体力学共有五个方程：一个连续方程，通常认为是质量守恒方程，实际上是粒子数守恒方程.(这在多成分混合物的多个连续方程看得最清楚，多个连续方程表示各成分的粒子数分别守恒，在扩散及化学反应问题中有更复杂的表现.)我们只讨论单一成分的流体，这时粒子数守恒方程乘以静质量即得通常的所谓质量守恒方程. 令

$$u^\mu=\left(\frac{c}{\sqrt{1-v^2/c^2}},\frac{\boldsymbol{v}}{\sqrt{1-v^2/c^2}}\right)$$

为四维速度矢量，则粒子数守恒方程为

① 关于流体力学，可参考 L. D. Landau and E. M. Lifshitz, *Fluid Mechanics*(译自俄文)，Chap. XV，相对论流体力学 §125，§126.

$$\frac{\partial \overset{*}{n} u^{\mu}}{\partial x^{\mu}}=0, \quad \text{即} \quad \frac{\partial n^{\mu}}{\partial x^{\mu}}=0,$$

其中 n^{μ} 为粒子流密度矢量. 乘以静质量 m 后,得

$$\frac{\partial j^{\mu}}{\partial x^{\mu}}=0,$$

j^{μ} 为静质量流密度矢量,

$$j^{\mu}=mn^{\mu}=m\overset{*}{n}u^{\mu},$$

即

$$j^{0}=\rho c, \quad j^{1,2,3}=\rho \boldsymbol{v};$$

而

$$\nabla \cdot (\rho \boldsymbol{v})+\frac{\partial \rho}{\partial t}=0$$

为通常的连续方程(质量守恒意义). 我们改用粒子数守恒方程

$$\frac{\partial n^{\mu}}{\partial x^{\mu}}=\nabla \cdot (n\boldsymbol{v})+\frac{\partial n}{\partial t}=0.$$

我们注意到($\rho=mn$)

$$n^{0}=\frac{\overset{*}{n}c}{\sqrt{1-v^{2}/c^{2}}}=nc, \quad n^{1,2,3}=\frac{\overset{*}{n}\boldsymbol{v}}{\sqrt{1-v^{2}/c^{2}}}=n\boldsymbol{v},$$

其中 $n=\dfrac{\overset{*}{n}}{\sqrt{1-v^{2}/c^{2}}}$为粒子数密度,而 $\overset{*}{n}$ 为追随粒子集体运动的共动参考系中的粒子数密度.(注意,共动参考系中的物理量本节中均以上面带星号表示.)n 是四维矢量中的一个类时分量,而 $\overset{*}{n}$ 则是一个标量(不是矢量的分量). 另外通常的三个运动方程也可写为连续方程形式表示动量守恒,还有一个能量方程也是连续方程形式表示能量守恒. 在相对论流体力学中这四个连续方程构成一个张量方程

$$\frac{\partial T^{\lambda\mu}}{\partial x^{\mu}}=0, \quad \lambda=(0,1,2,3).$$

能量动量应力张量 $T^{\lambda\mu}$ 的各分量有如下意义:

T^{00} 能量密度,

$T^{ij}\,(i,j=1,2,3)$构成三维动量流密度张量亦即应力张量.

cT^{0i} 为三维能流矢量,

T^{i0}/c 为三维动量密度矢量.

对于理想流体,在共动参考系中有

$$\overset{*}{T}{}^{\lambda\mu}=\begin{cases}\overset{*}{T}{}^{ij}=\overset{*}{p}\delta^{ij}, & \text{对角应力相等,等于压强 } \overset{*}{p};\\[2ex] \overset{*}{T}{}^{00}=\dfrac{\overset{*}{E}}{\overset{*}{V}}=\overset{*}{n}\overset{*}{e}, & \text{能量密度}=\dfrac{\text{能量}}{\text{体积}},\end{cases}$$

其中 $\overset{*}{p}$ 为压强,$\overset{*}{e}$ 为每个粒子的能量,$\overset{*}{n}$ 为粒子数密度.

令 $\overset{*}{h}$ 为每个粒子的焓

$$\overset{*}{h}=\overset{*}{e}+\overset{*}{p}\frac{1}{\overset{*}{n}}=\overset{*}{e}+\overset{*}{p}\overset{*}{v},$$

所以 $\overset{*}{v}=(\overset{*}{n})^{-1}$ 为每个粒子占据的体积.

在实验室参考系中,流体速度为 u^μ 时,则

$$T^{\lambda\mu}=\frac{(\overset{*}{n}\overset{*}{e}+\overset{*}{p})}{c^2}u^\lambda u^\mu-\overset{*}{p}g^{\lambda\mu}$$

$$=\overset{*}{n}\overset{*}{h}\frac{u^\lambda u^\mu}{c^2}-\overset{*}{p}g^{\lambda\mu}.$$

为验证此方程的正确性,只需注意这方程两侧皆是二阶对称张量,而当右侧的 u^μ 特别取值为 $\overset{*}{u}^u=(c,0,0,0)$ 时(注意到度规张量: $g^{00}=1,g^{ij}=-\delta^{ij}$),右侧还原为 $\overset{*}{T}^{\lambda u}$.

写在一起有流体力学方程:

$$\frac{\partial}{\partial x^\mu}(\overset{*}{n}u^\mu)=0,$$

$$\frac{\partial}{\partial x^\mu}\left[\overset{*}{n}\overset{*}{h}\frac{u^\lambda u^\mu}{c^2}-\overset{*}{p}g^{\lambda\mu}\right]=0.$$

利用前式,后式可化为

$$\frac{\overset{*}{n}u^\mu}{c^2}\frac{\partial}{\partial x^\mu}(\overset{*}{h}u^\lambda)-g^{\lambda\mu}\frac{\partial\overset{*}{p}}{\partial x^\mu}=0.$$

再乘以 u_λ,并注意到

$$u_\lambda u^\lambda\equiv c^2,\ u_\lambda\frac{\partial}{\partial x^\mu}u^\lambda\equiv 0,$$

得

$$\overset{*}{n}u^\mu\frac{\partial}{\partial x^\mu}\overset{*}{h}-u^\mu\frac{\partial}{\partial x^\mu}\overset{*}{p}=0,$$

即

$$u^\mu\frac{\partial}{\partial x^\mu}\overset{*}{h}-\overset{*}{v}u^\mu\frac{\partial}{\partial x^\mu}\overset{*}{p}=0.$$

在共动参考系中有热力学关系:

$$\mathrm{d}\overset{*}{h}-\overset{*}{v}\mathrm{d}\overset{*}{p}=\mathrm{d}(\overset{*}{e}+\overset{*}{p}\overset{*}{v})-\overset{*}{v}\mathrm{d}\overset{*}{p}=\mathrm{d}\overset{*}{e}+\overset{*}{p}\mathrm{d}\overset{*}{v}=\overset{*}{T}\mathrm{d}\overset{*}{s},$$

所以有

$$\overset{*}{T}u^\mu\frac{\partial}{\partial x^\mu}\overset{*}{s}=0,\quad 即\quad u^\mu\frac{\partial}{\partial x^\mu}\overset{*}{s}=0.$$

或再乘以 $\overset{*}{n}$,而利用

$$\frac{\partial}{\partial x^\mu}(\overset{*}{n}u^\mu)=0,$$

得

$$\frac{\partial}{\partial x^{\mu}}(\overset{*}{n}\overset{*}{s}u^{\mu}) = 0,$$

即熵的连续方程，$\overset{*}{s}$为每个粒子的熵，$\overset{*}{n}\overset{*}{s}$为每单位体积的熵，即熵密度，$\overset{*}{n}\overset{*}{s}u^{\mu}$ 为熵流四维矢量. 熵的连续方程表明产生熵的源为零，即是理想流体，未计及热传导、黏滞性和扩散等现象. 要计入这些效应需修改能量动量应力张量，这里不讲①.

下面我们验证非相对论近似下即得通常的流体力学方程. 为此只消验证 $T^{\lambda\mu}$ 在 $c^2\to\infty$ 近似下的行为. 注意 $\overset{*}{e}$ 包含静能 mc^2 在内

$$T^{00} = \frac{\overset{*}{n}\overset{*}{e}+\overset{*}{p}}{1-v^2/c^2}-\overset{*}{p} \approx \frac{\overset{*}{n}\overset{*}{e}}{1-v^2/c^2} = \frac{n\overset{*}{e}}{\sqrt{1-v^2/c^2}} = \frac{\rho c^2+\rho\varepsilon}{\sqrt{1-v^2/c^2}}$$

$$\approx \rho c^2 + \left(\rho\varepsilon + \frac{\rho}{2}v^2\right),$$

$$cT^{0i} = \frac{\overset{*}{n}\overset{*}{e}+\overset{*}{p}}{1-v^2/c^2}v^i \approx \rho c^2 v^i + \left(\rho\varepsilon + \overset{*}{p} + \frac{\rho}{2}v^2\right)v^i,$$

$$T^{i0}/c = \text{上式除以 } c^2 \approx \rho v^i,$$

$$T^{ij} = \frac{\overset{*}{n}\overset{*}{e}+\overset{*}{p}}{1-v^2/c^2}\frac{v^iv^j}{c^2} + \overset{*}{p}\delta^{ij} \approx \rho v^iv^j + \overset{*}{p}\delta^{ij}.$$

所以，通常的能量方程是在

$$\frac{\partial T^{00}}{\partial t} + \frac{\partial}{\partial x^i}(cT^{0i}) = 0$$

左侧减去 c^2 倍

$$\frac{\partial\rho}{\partial t} + \frac{\partial}{\partial x^i}(\rho v^i) = 0$$

后所得，这样就不计入静能了. 通常的动量方程即是

$$\frac{\partial}{c\partial t}T^{i0} + \frac{\partial}{\partial x^j}T^{ij} = 0.$$

这里比较只能看出

$$\overset{*}{p} \approx p,$$

近似如此. 更仔细地考虑洛伦兹变换关系得到严格的

$$\overset{*}{p} = p,$$

即压强是洛伦兹不变量.

7.5.2 相对论热力学②

我们把托尔曼讨论的热力学量对洛伦兹变换的关系式分别列出如下. 共动参

① 参见 L. D. Landau and E. M. Lifschitz, *Fluid Mechanics*（译自俄文），§ 127.

② 关于热力学参考 R. C. Tolman, *Relativity, Thermodynamics and Cosmology*, Chap. Ⅸ，相对论热力学，特别是 § 69.

考系，相对实验室系以速度 $\boldsymbol{v}$ 运动. 共动参考系中的物理量仍以其上加 * 号表示.

(1) 体积与压强

$$V = \overset{*}{V}\sqrt{1-v^2/c^2},$$

因为一个方向的洛伦兹收缩，其他两个方向不变.

$$p = \overset{*}{p},$$

平行、垂直于运动方向均不变. 因为沿运动方向其力不变，沿其他两个方向的力减弱 $\sqrt{1-v^2/c^2}$ 倍；结合洛伦兹收缩考虑，力除以其垂直面积，即得压强不变的结果.

(2) 焓与内能

$$H = \overset{*}{H}/\sqrt{1-v^2/c^2},$$

焓是 $H=E+pV$. 考虑变化 $\boldsymbol{v}$，用外力

$$\boldsymbol{F} = \frac{\mathrm{d}}{\mathrm{d}t}\left(\frac{H}{c^2}\boldsymbol{v}\right) = \frac{\mathrm{d}\boldsymbol{G}}{\mathrm{d}t},$$

其中总动量

$$\boldsymbol{G} = V\left(\rho\boldsymbol{v} + \frac{p\boldsymbol{v}}{c^2}\right) = \frac{E+pV}{c^2}\boldsymbol{v} = \frac{H}{c^2}\boldsymbol{v},$$

作用

$$\frac{\mathrm{d}E}{\mathrm{d}t} = \boldsymbol{F}\cdot\boldsymbol{v} - p\frac{\mathrm{d}V}{\mathrm{d}t},$$

维持

$$p = \overset{*}{p}, \quad V = \overset{*}{V}\sqrt{1-v^2/c^2}$$

下变化，换言之

$$\frac{\mathrm{d}H}{\mathrm{d}t} = \frac{\boldsymbol{v}}{c^2}\cdot\frac{\mathrm{d}}{\mathrm{d}t}(H\boldsymbol{v}) = \frac{v^2}{c^2}\frac{\mathrm{d}H}{\mathrm{d}t} + \frac{H}{c^2}\boldsymbol{v}\cdot\frac{\mathrm{d}\boldsymbol{v}}{\mathrm{d}t},$$

即

$$\mathrm{d}\ln H = \frac{\boldsymbol{v}\cdot\mathrm{d}\boldsymbol{v}}{c^2}\bigg/\left(1-\frac{v^2}{c^2}\right) = -\frac{1}{2}\mathrm{d}\ln\left(1-\frac{v^2}{c^2}\right),$$

积分得上述焓的变换关系式.

明显写出

$$E + pV = \frac{\overset{*}{E} + \overset{*}{p}\overset{*}{V}}{\sqrt{1-v^2/c^2}},$$

给出内能的变换关系式

$$E = \frac{\overset{*}{E} + \overset{*}{p}\overset{*}{V}v^2/c^2}{\sqrt{1-v^2/c^2}}.$$

(3) 功

$$\mathrm{d}W = \sqrt{1-v^2/c^2}\,\mathrm{d}\overset{*}{W} - \frac{v^2/c^2}{\sqrt{1-v^2/c^2}}\mathrm{d}\overset{*}{H},$$

维持 v 不变时，

$$dW = p dV - \boldsymbol{v} \cdot d\boldsymbol{G} = p dV - \frac{v^2}{c^2} dH,$$

代入 p,V,H 变换关系得

$$dW = \sqrt{1 - v^2/c^2}\,\overset{*}{p} d\overset{*}{V} - \frac{v^2/c^2}{\sqrt{1 - v^2/c^2}} d\overset{*}{H},$$

此即是上述功的变换关系式.

(4) 热量

要求热力学第一定律形式不变得

$$dQ = \sqrt{1 - v^2/c^2}\, d\overset{*}{Q}.$$

因为

$$dQ = dE + dW,$$

代入相应变换关系得

$$\begin{aligned} dQ &= \frac{d\overset{*}{E} + d(\overset{*}{p}\overset{*}{V}) v^2/c^2}{\sqrt{1 - v^2/c^2}} + \sqrt{1 - v^2/c^2}\, d\overset{*}{W} \\ &\quad - \frac{v^2/c^2}{\sqrt{1 - v^2/c^2}} [d\overset{*}{E} + d(\overset{*}{p}\overset{*}{V})] \\ &= \sqrt{1 - v^2/c^2} (d\overset{*}{E} + d\overset{*}{W}) \\ &= \sqrt{1 - v^2/c^2}\, d\overset{*}{Q}. \end{aligned}$$

(5) 熵

可用绝热可逆过程变化速度，所以

$$S = \overset{*}{S}$$

不变.

(6) 温度

要求热力学第二定律形式不变得

$$T = \sqrt{1 - v^2/c^2}\, \overset{*}{T}.$$

我们注意到从平衡态熵最大律出发，熵应是洛伦兹不变量，而$\frac{1}{kT}$是由拉格朗日乘子引入的，考虑到能量约束条件. 在相对论统计热力学中，应该考虑到能量动量四维矢量的约束条件，因而引入四维矢量的拉格朗日乘子

$$\frac{1}{kT}(c, \boldsymbol{v}) = \frac{1}{k\overset{*}{T}} u^{\mu},$$

注意到温度的倒数是四维矢量的类时分量.

7.5.3　相对论性理想气体①

在辛格处理相对论性理想气体时，用正则系综求熵最大，带四维矢量的约束条件，得到理想气体的物态方程如下：

$$\overset{*}{p} = \overset{*}{n}k\overset{*}{T},$$

这与

$$p = nkT$$

的变换

$$p = \overset{*}{p},\ n = \frac{\overset{*}{n}}{\sqrt{1 - v^2/c^2}},\quad T = \sqrt{1 - v^2/c^2}\,\overset{*}{T}$$

符合.

理想气体每个粒子的焓(包括静能)为

$$\overset{*}{h} = mc^2 G\left(\frac{mc^2}{k\overset{*}{T}}\right),$$

其中

$$G(x) \equiv \frac{\mathrm{K}_3(x)}{\mathrm{K}_2(x)},$$

而 K_ν 是变形第二类贝塞尔函数. $G(x)$在低温($x \gg 1$)和高温($x \ll 1$)下的展开式分别为

$$G(x) = \begin{cases} 1 + \dfrac{5}{2x}, & x \gg 1(\text{低温}), \\ \dfrac{4}{x}, & x \ll 1(\text{高温}), \end{cases}$$

高温主要用于辐射(光子).

每个粒子的熵为

$$\overset{*}{s} = -k\ln\left[\frac{\overset{*}{n}L(x)h^3}{4\pi m^3 c^3}\right],$$

其中 x 仍代表$\dfrac{mc^2}{k\overset{*}{T}}$, h 是普朗克常量(不要与焓混淆)；而

$$L(x) \equiv \frac{x}{\mathrm{K}_2(x)}\exp\left[-\frac{x\mathrm{K}_3(x)}{\mathrm{K}_2(x)}\right],$$

$L(x)$的低温和高温展开式分别为

---

① 关于气体参考 J. L. Synge, *The Relativistic Gas*, 特别是 Chap. Ⅳ, §13, §14 及 §12 和 §27.

$$L(x) \simeq \sqrt{\frac{2}{\pi}} x^{3/2} \mathrm{e}^{-5/2}, \quad x \gg 1\ (\text{低温}),$$

$$L(x) \approx \frac{1}{2} x^3 / \mathrm{e}^4, \qquad x \ll 1\ (\text{高温}),$$

在低温($x\gg 1$)情况还原为理想气体的普通的热力学关系.

等熵压缩关系为

$$\mathring{n} L\left(\frac{mc^2}{k\mathring{T}}\right) = \text{const},$$

低温$\left(\frac{mc^2}{k\mathring{T}} \gg 1\right)$下有

$$\begin{aligned} \mathring{n}/\mathring{T}^{3/2} &= \text{const}, \\ VT^{3/2} &= \text{const}, \\ pV^{5/3} &= \text{const}, \\ \gamma &= 5/3; \end{aligned}$$

高温$\left(\frac{mc^2}{k\mathring{T}} \ll 1\right)$下有

$$\begin{aligned} \mathring{n}/\mathring{T}^{3} &= \text{const}, \\ VT^{3} &= \text{const}, \\ pV^{4/3} &= \text{const}; \end{aligned}$$

高温极限有

$$\gamma = \frac{4}{3}.$$

习　题

7.1 求经典的双原子分子在刚体近似下的转动配分函数.

解：双原子分子的相对运动的动能

$$T_{\text{相对}} = \frac{\mu}{2}\left[\left(\frac{\mathrm{d}r}{\mathrm{d}t}\right)^2 + r^2\left(\frac{\mathrm{d}\theta}{\mathrm{d}t}\right)^2 + r^2\sin^2\theta\left(\frac{\mathrm{d}\varphi}{\mathrm{d}t}\right)^2\right],$$

其中$\mu=\frac{m_1 m_2}{m_1+m_2}$为约化质量,$r=|\boldsymbol{x}_1-\boldsymbol{x}_2|$为两原子间距离,$\theta,\varphi$则为分子轴线矢量$\boldsymbol{x}_1-\boldsymbol{x}_2$的方位角.$\theta$从0到$\pi$,$\varphi$从0到$2\pi$.如不考虑振动,刚体近似下$r$取为常量,即其平衡距离,则

$$p_\theta = \frac{\partial T_{\text{相对}}}{\partial \frac{\mathrm{d}\theta}{\mathrm{d}t}} = \mu r^2 \frac{\mathrm{d}\theta}{\mathrm{d}t},$$

$$p_\varphi = \frac{\partial T_{\text{相对}}}{\partial \frac{\mathrm{d}\varphi}{\mathrm{d}t}} = \mu r^2 \sin^2\theta \frac{\mathrm{d}\varphi}{\mathrm{d}t}.$$

令 $I \equiv \mu r^2$，得转动动能部分给出为

$$H_{\text{转}} = \frac{\dot{p}_\theta^2}{2I} + \frac{\dot{p}_\varphi^2}{2I\sin^2\theta};$$

于是配分函数为

$$Z_{\text{转}} = \int \mathrm{e}^{-H_{\text{转}}/kT}\,\mathrm{d}p_\theta \mathrm{d}p_\varphi \mathrm{d}\theta \mathrm{d}\varphi / h^2,$$

$$Z_{\text{转}} = \int \sqrt{2\pi IkT}\ \sqrt{2\pi I(\sin^2\theta)kT}\ \frac{\mathrm{d}\theta\mathrm{d}\varphi}{h^2} = 4\pi\left(\frac{2\pi IkT}{h^2}\right).$$

注意，转动惯量 I 也可以从两原子对质量中心距离计算. 因为

$$m_1 r_1 = m_2 r_2,$$

所以

$$\frac{r_1}{1/m_1} = \frac{r_2}{1/m_2} = \frac{r}{1/\mu},$$

而

$$I = m_1 r_1^2 + m_2 r_2^2 = \mu r^2.$$

7.2 求经典非线性多原子分子的转动配分函数.

解：相对于质量中心的转动的哈密顿函数(刚体近似下)，根据第1章习题1.11，为

$$\begin{aligned} H_{\text{转动}} = & \frac{1}{2}\left(\frac{\cos^2\psi}{A} + \frac{\sin^2\psi}{B}\right) \\ & \times \left[p_\theta + \frac{\sin\psi\cos\psi}{\frac{\cos^2\psi}{A} + \frac{\sin^2\psi}{B}}\left(\frac{1}{A} - \frac{1}{B}\right)\frac{p_\varphi - p_\psi\cos\theta}{\sin\theta}\right]^2 \\ & + \frac{1}{2AB}\,\frac{1}{\frac{\cos^2\psi}{A} + \frac{\sin^2\psi}{B}}\,\frac{1}{\sin^2\theta}(p_\varphi - p_\psi\cos\theta)^2 + \frac{1}{2C}p_\psi^2; \end{aligned}$$

其中 θ,φ,ψ 为欧拉角，而 $p_\theta,p_\varphi,p_\psi$ 为其共轭动量. 在转动配分函数中依次对 p_θ，p_φ,p_ψ 积分，并注意到

$$\int_{-\infty}^{\infty} \mathrm{e}^{-\alpha(x-\beta)^2}\,\mathrm{d}x = \sqrt{\frac{\pi}{\alpha}},$$

以及

$$\int_0^\pi \sin\theta\mathrm{d}\theta = 2,\quad \int_0^{2\pi}\mathrm{d}\varphi = 2\pi,\quad \int_0^{2\pi}\mathrm{d}\psi = 2\pi;$$

容易求得

$$Z_{转动} = \int e^{-H_{转动}/kT} \frac{dp_\theta dp_\varphi dp_\psi d\theta d\varphi\, d\psi}{h^3}$$

$$= (2\pi kT)^{3/2}(ABC)^{1/2}\int \sin\theta d\theta d\varphi\, d\psi / h^3$$

$$= 8\pi^2 (ABC)^{1/2}\left(\frac{2\pi kT}{h^2}\right)^{3/2}.$$

7.3　转动对内能的贡献,线性双原子或多原子分子每个贡献 kT,非线性多原子分子每个贡献$\frac{3}{2}kT$.

7.4　求经典的和量子的双原子分子的振动配分函数,并比较其对热容量的贡献.

解:径向相对运动的动能和势能分别为

$$T_{相对} = \frac{\mu}{2}\left(\frac{dr}{dt}\right)^2,$$

$$V_{相对} = V(r),$$

在平衡距离 r_e 附近展开至二次项

$$V_{相对} = V(r_e) + \frac{V''(r_e)}{2}(r-r_e)^2 = V_e + \frac{V''_e}{2}(r-r_e)^2,$$

$V''_e > 0$ 为振动(简谐),则相应拉格朗日函数为

$$L_{振动} = \frac{\mu}{2}\left(\frac{dr}{dt}\right)^2 - \frac{V''(r_e)}{2}(r-r_e)^2 - V_e,$$

取

$$q = r - r_e,$$

则有

$$\frac{dq}{dt} = \frac{dr}{dt},$$

$$p = \frac{\partial L}{\partial \frac{dq}{dt}} = \mu \frac{dr}{dt},$$

所以

$$H_{振动} = \frac{p^2}{2\mu} + \frac{V''_e}{2}q^2 + V_e,$$

于是经典的振动配分函数为

$$Z_{振动} = \int e^{-H_{振动}/kT}\frac{dp dq}{h} = e^{-V_e/kT}\left(\frac{2\pi kT\ \sqrt{\mu/V''_e}}{h}\right)$$

$$= e^{-V_e/kT}\left(\frac{2\pi kT}{h\omega}\right) = e^{-V_e/kT}\left(\frac{kT}{h\nu}\right),$$

其中 $\omega^2 = V''_e/\mu$ 为简谐振动频率的平方,又 $\omega = 2\pi\nu$. 代入分子数据 $I \approx md^2$, $m \approx$

10^{-25} kg, $d\approx 10^{-10}$ m, $h\approx 6\times 10^{-34}$ Js, $h^2/I\approx 4\times 10^{-22}$ J，而 $k\approx 10^{-23}$ J/K；对于转动，室温下 $kT\approx 4\times 10^{-21}$ J比 h^2/I 大，量子效应不显著（只低温下氢分子才显著），经典的配分函数够准了. 但对于振动，取 $\omega_e/c\approx 10^5$ m^{-1} 即 $\omega_e\approx 3\times 10^{13}$ s^{-1}，$h\omega_e\approx 2\times 10^{-20}$ J 比室温下的 $kT\approx 4\times 10^{-21}$ J 大，量子效应显著.（ω_e/c 用 cm^{-1} 计，数据举例：H_2：4162 cm^{-1}，N_2：2331 cm^{-1}，O_2：1566 cm^{-1}，Cl_2：557cm^{-1}，Br_2：322 cm^{-1}，I_2：213 cm^{-1}，HCl：2886 cm^{-1}）.

量子简谐振动的能级为：

$$E_n=\left(n+\frac{1}{2}\right)h\nu+V_e,$$

所以量子的振动配分函数为

$$\begin{aligned}Z_{振动}&=\sum_{n=0}^{\infty}e^{-E_n/kT}=e^{-\frac{V_e}{kT}-\frac{1}{2}\frac{h\nu}{kT}}(1+e^{-h\nu/kT}+e^{-2h\nu/kT}+\cdots)\\&=e^{-V_e/kT}e^{-\frac{1}{2}h\nu/kT}(1-e^{-h\nu/kT})^{-1}.\end{aligned}$$

每个分子的一个振动自由度对内能的贡献为

$$kT^2\frac{\partial \ln Z_{振动}}{\partial T}=V_e+\frac{1}{2}h\nu+\frac{h\nu}{e^{h\nu/kT}-1}.$$

当 $kT\gg h\nu$ 时，这式简化为 V_e+kT，与经典配分函数对内能的贡献相同. 但当 $kT\ll h\nu$ 时，对热容量的贡献从每分子一个振动自由度的经典的 k 降低为 k 乘以因子

$$E(u)=\frac{u^2e^u}{(e^u-1)^2}\ \left(u=\frac{h\nu}{kT}\right).$$

$E(u)$	0.99	0.95	0.90	0.70	0.50	0.30	0.10	0.03
u	0.40	0.80	1.15	2.10	3.00	4.00	5.8	7.6

这解释了振动自由度在室温下一般对热容量贡献很小. 这结果既适用于分子也适用于固体.

7.5　证明两原子碰撞的频率因子在激活复合体统计理论和动理论碰撞结果一样.

证：在激活复合体统计理论中，频率因子为

$$A_{Eyring}=\frac{kT}{h}\frac{z^{\neq}}{z_A z_B},$$

$z^{\neq}$ 为 $AB^{\neq}$ 的配分函数除以体积，共计质心三个自由度，转动两个自由度，没有振动自由度，这自由度变成沿反应坐标分解的自由度，贡献因子 kT/h. 所以

$$z^{\neq}=\left(\frac{2\pi(m_A+m_B)kT}{h^2}\right)^{3/2}\left(\frac{8\pi IkT}{h^2}\right),$$

其中 $I=\frac{m_A m_B}{m_A+m_B}d_{AB}^2$，$d_{AB}$ 为复合体中两原子 A 与 B 间距离. 除以

$$z_A = \left(\frac{2\pi m_A kT}{h^2}\right)^{3/2} \quad 和 \quad z_B = \left(\frac{2\pi m_B kT}{h^2}\right)^{3/2},$$

得

$$A_{\text{Eyring}} = \frac{kT}{h} \frac{\left(\frac{2\pi(m_A + m_B)kT}{h^2}\right)^{3/2}\left(\frac{8\pi^2 kT}{h^2}\right)}{\left(\frac{2\pi m_A kT}{h^2}\right)^{3/2}\left(\frac{2\pi m_B kT}{h^2}\right)^{3/2}} \frac{m_A m_B}{m_A + m_B} d_{AB}^2$$

$$= \left(8\pi \frac{m_A + m_B}{m_A \cdot m_B} kT\right)^{1/2} d_{AB}^2,$$

与碰撞计算相合，用 $d_{AB} = \frac{d_A + d_B}{2}$ 即是.

分子碰撞数，在碰撞方向的相对速度不小于 v 者，为$\left(令 \mu = \frac{m_A m_B}{m_A + m_B}, \varepsilon = \frac{\mu}{2}v^2\right)$：

$$4\pi d_{AB}^2 n_A n_B \int_{\sqrt{2\varepsilon/\mu}}^{\infty} v_r e^{-\mu v_r^2/2kT} dv_r \sqrt{\frac{\mu}{2\pi kT}} = \sqrt{8\pi \frac{kT}{\mu}} d_{AB}^2 n_A n_B e^{-\varepsilon/kT}$$

$$= A e^{-\varepsilon/kT} n_A n_B = k_f n_A n_B.$$

这里 $A = \sqrt{8\pi kT/\mu} d_{AB}^2$ 是频率因子，k_f 是反应率系数.

7.6 求经典的电容率，假设分子既可极化又具有永久电偶极矩. 注意每分子的哈密顿量为

$$H = \frac{1}{2I}\left(p_\theta^2 + \frac{1}{\sin^2\theta} p_\varphi^2\right) - pE\cos\theta - \frac{1}{2}\alpha E^2.$$

而分子在电场方向的电偶极矩为

$$-\frac{\partial H}{\partial E} = p\cos\theta + \alpha E;$$

第一项来源于分子的永久电偶极矩 $\boldsymbol{p}$，θ 为 $\boldsymbol{p}$ 与电场 $\boldsymbol{E}$ 的夹角（$pE\cos\theta = \boldsymbol{p} \cdot \boldsymbol{E}$）；第二项 αE 则来源于分子的被极化. 宏观平均为

$$-\overline{\frac{\partial H}{\partial E}} = \int (p\cos\theta + \alpha E) e^{\frac{F-H}{kT}} \frac{dp_\theta d\theta}{h} \frac{dp_\varphi d\varphi}{h},$$

其中

$$\int e^{\frac{F-H}{kT}} \frac{dp_\theta d\theta dp_\varphi d\varphi}{h \cdot h} = 1;$$

所以

$$-\overline{\frac{\partial H}{\partial E}} = \frac{\int_0^\pi \sin\theta d\theta e^{\left(pE\cos\theta + \frac{1}{2}\alpha E^2\right)/kT}(p\cos\theta + \alpha E)}{\int_0^\pi \sin\theta d\theta e^{\left(pE\cos\theta + \frac{1}{2}\alpha E^2\right)/kT}}$$

$$= \alpha E + \frac{\partial}{\partial\left(\frac{E}{kT}\right)} \ln\left[\int_0^\pi \sin\theta d\theta e^{pE\cos\theta/kT}\right];$$

令 $\mu=\cos\theta$,积分值为 J,则

$$J=\int_0^{\pi}\sin\theta\mathrm{d}\theta\mathrm{e}^{pE\cos\theta/kT}=\int_{-1}^{1}\mathrm{d}\mu\ \mathrm{e}^{(pE/kT)\mu}=\left(2\Big/\left(\frac{pE}{kT}\right)\right)\mathrm{sh}\left(\frac{pE}{kT}\right);$$

$$\ln J=\ln2-\ln\left(\frac{pE}{kT}\right)+\ln\ \mathrm{sh}\ \left(\frac{pE}{kT}\right),$$

$$\frac{\partial}{\partial\left(\frac{E}{kT}\right)}\ln J=\frac{-p}{\left(\frac{pE}{kT}\right)}+\frac{\mathrm{ch}(pE/kT)}{\mathrm{sh}(pE/kT)}p$$

$$=\frac{kT}{E}\left[\left(\frac{pE}{kT}\right)\mathrm{cth}\left(\frac{pE}{kT}\right)-1\right],$$

所以

$$\left(-\overline{\frac{\partial H}{\partial E}}\right)=\alpha E+\frac{kT}{E}\left[\left(\frac{pE}{kT}\right)\mathrm{cth}\left(\frac{pE}{kT}\right)-1\right].$$

当 $pE\ll kT$ 时,

$$x\mathrm{cth}x-1\approx\frac{x^2}{3}\quad(x\ll1),$$

$$\left[\left(\frac{pE}{kT}\right)\mathrm{cth}\left(\frac{pE}{kT}\right)-1\right]\approx\frac{p^2E^2}{3k^2T^2};$$

$$-\overline{\frac{\partial H}{\partial E}}=\alpha E+\frac{p^2}{3kT}E=\left(\alpha+\frac{p^2}{3kT}\right)E.$$

代入洛伦兹-洛伦茨公式得

$$\frac{\varepsilon_r-1}{\varepsilon_r+2}=\frac{1}{3\varepsilon_0}N\left(\alpha+\frac{p^2}{3kT}\right),$$

表明电容率随温度的变化. 注意从 H 可得电场作用下分子转动的运动方程

$$I\frac{\mathrm{d}^2\theta}{\mathrm{d}t^2}=-pE\sin\theta,$$

如 E 为光波的电场,变化频率 $\omega_{光}$ 满足 $\frac{pE}{I}\ll\omega_{光}^2$,则分子电偶极矩来不及跟着转动. 这时上面统计处理的平衡态假设被破坏,不能用了①.

7.7 推导相对论性理想气体的热力学性质.

解:只考虑平动,在共动参考系中,相对论性粒子的能量(包括静能)是

$$\varepsilon_r=(p^2c^2+m^2c^4)^{1/2};$$

而对非相对论性粒子的动能则是

$$\varepsilon_{nr}=p^2/2m.$$

在非相对论公式中,平动对 Ω 的贡献是

---

① 关于修正参见 R. H. Fowler, E. A. Guggenheim, *Statistical Thermodynamics*, Cambridge, 1956, §1427, §1428.

$$\int_{-\infty}^{\infty} \mathrm{e}^{-\varepsilon_{\mathrm{nr}}/kT} \mathrm{d}\boldsymbol{p} = (2\pi mkT)^{3/2}$$

的因子，它显然应该由

$$\int_{-\infty}^{\infty} \mathrm{e}^{-\varepsilon_{\mathrm{r}}/kT} \mathrm{d}\boldsymbol{p}$$

来代替(为了方便，省略宏观量上的 * 号).

同样为了方便，在公式推导过程中，采用自然单位

$$k = \hbar = c = m = 1;$$

最后结果中再按量纲恢复成一般形式. 这样，长度、质量、时间和温度的单位分别是 $\lambda_{\mathrm{C}} = \hbar/mc$(康普顿(A. H. Compton，1892—1962，美)波长)，m，$\hbar/mc^2$ 和 mc^2/k；而能量和压强的单位则是 mc^2 和 $mc^2/\lambda_{\mathrm{C}}^3$.

采用自然单位后，ε_{r} 变为

$$\varepsilon_{\mathrm{r}}^2 = p^2 + 1;$$

注意到双曲函数公式

$$\mathrm{ch}^2\theta = \mathrm{sh}^2\theta + 1,$$

可令

$$\varepsilon_{\mathrm{r}} = \mathrm{ch}\theta,\ p = \mathrm{sh}\,\theta,\ \mathrm{d}p = \mathrm{ch}\theta\mathrm{d}\theta;$$

于是(再令 $x=1/T$)

$$\begin{aligned}\int_{-\infty}^{\infty} \mathrm{e}^{-\varepsilon_{\mathrm{r}}/T} \mathrm{d}\boldsymbol{p} &= 4\pi\int_{0}^{\infty} \mathrm{e}^{-x\mathrm{ch}\theta} \mathrm{sh}^2\theta\mathrm{ch}\theta\mathrm{d}\theta \\ &= \frac{4\pi}{3}x\int_{0}^{\infty} \mathrm{e}^{-x\mathrm{ch}\theta} \mathrm{sh}^4\theta\mathrm{d}\theta,\end{aligned}$$

最后一步用了分部积分. 注意到变形第二类贝塞尔函数 $\mathrm{K}_n(x)$ 的下列积分表达式(其中 n 为正整数)[①]

$$\begin{aligned}\mathrm{K}_n(x) &= \int_{0}^{\infty} \mathrm{e}^{-x\mathrm{ch}\theta} \mathrm{ch}n\theta\mathrm{d}\theta \\ &= \frac{x^n}{(2n-1)!!}\int_{0}^{\infty} \mathrm{e}^{-x\mathrm{ch}\theta} \mathrm{sh}^{2n}\theta\mathrm{d}\theta,\end{aligned}$$

于是上述因子变为

$$4\pi\,\frac{\mathrm{K}_2(x)}{x}.$$

用此因子替换原来 Ω 公式中 $(2\pi mkT)^{3/2}$，并采用自然单位，结果得到

---

① 关于 $\mathrm{K}_n(x)$ 的有关公式见 I. S. Gradshteyn，I. M. Ryzhik，*Tables of Integrals，Series，and Products*，Academic Press，New York，1980(译自俄文)；8. 432 之 1，2；8. 472 之 4；8. 446；8. 451 之 6. 下面简称积分表.

$$\Omega = -\frac{V}{2\pi^2} e^{\mu x} \frac{K_2(x)}{x^2}.$$

于是

$$N = -\frac{\partial \Omega}{\partial \mu} = -x\Omega,$$

$$n = \frac{N}{V} = \frac{1}{2\pi^2} e^{\mu x} \frac{K_2(x)}{x},$$

$$\mu = \frac{1}{x}\ln\left(2\pi^2 n \frac{x}{K_2(x)}\right);$$

$$p = -\frac{\partial \Omega}{\partial V} = -\frac{\Omega}{V} = \frac{N}{V}\frac{1}{x} = nT;$$

$$S = -\frac{\partial \Omega}{\partial T} = x^2 \frac{\partial \Omega}{\partial x} = x\Omega\left[\mu x - \frac{xK_3(x)}{K_2(x)}\right],$$

$$s = \frac{S}{N} = -\left[\mu x - \frac{xK_3(x)}{K_2(x)}\right],$$

这里利用了公式(见所引积分表之 8.472.4)

$$\left(\frac{d}{x dx}\right)^m \left[\frac{K_n(x)}{x^n}\right] = (-)^m \frac{K_{n+m}(x)}{x^{n+m}}.$$

于是

$$h = \mu + Ts = \frac{K_3(x)}{K_2(x)} \equiv G(x),$$

$$s = \frac{xK_3(x)}{K_2(x)} - \ln\left(2\pi^2 n \frac{x}{K_2(x)}\right) = -\ln[2\pi^2 n L(x)],$$

$$L(x) \equiv \frac{x}{K_2(x)} \exp\left[-\frac{xK_3(x)}{K_2(x)}\right].$$

恢复到一般形式,得到$\left(x = \frac{mc^2}{kT}\right)$:

$$p = nkT,$$

$$h = mc^2 G(x),$$

$$s = -k\ln\left[\frac{2\pi^2 n L(x)\hbar^3}{m^3 c^3}\right];$$

这些与 7.5 节中后面给出的结果一致.(注意,s 中的 $\hbar$ 是普朗克常量,而上一公式中的 h 是焓.)

注意到 $K_n(x)$的升幂级数表示(见所引积分表之 8.446)

$$K_n(x) = \frac{1}{2}\sum_{k=0}^{n-1} \frac{(-)^k (n-k-1)!}{k!}\left(\frac{x}{2}\right)^{2k-n}$$

$$+ (-)^{n+1} \sum_{k=0}^{\infty} \frac{1}{k!(n+k)!}\left[\ln\frac{x}{2} - \frac{1}{2}\psi(n+k+1)\right.$$

$$-\frac{1}{2}\psi(k+1)\Big]\Big(\frac{x}{2}\Big)^{2k+n},$$

其中 $\psi(n)$是双 Γ 函数

$$\psi(n)=\psi(1)+\sum_{k=1}^{n-1}k^{-1}\quad(n\geqslant 2),$$

而$-\psi(1)=0.577\,216\cdots$是欧拉常数;当 $x\ll 1$ 时

$$\mathrm{K}_0(x)\approx -\ln\frac{x}{2},\ \mathrm{K}_n(x)\sim\frac{(n-1)!}{2}\Big(\frac{x}{2}\Big)^{-n}\quad(n\geqslant 1);$$

和 $\mathrm{K}_n(x)$当 $x\gg 1$ 时的渐近展开式(见所引积分表之 8.451.6)

$$\mathrm{K}_n(x)\simeq\sqrt{\frac{\pi}{2x}}\,\mathrm{e}^{-x}\Big[1+\sum_{k=1}^{\infty}\{4n^2-1\}\{4n^2-3^2\}\cdots\times\{4n^2-(2k-1)^2\}/k!(8x)^k\Big];$$

不难得到 7.5 节中给出的展开式.

第8章 随机运动

8.1 朗之万方程[①②]

8.1.1 朗之万方程

朗之万方程最早出现于对布朗运动[③](指花粉或胶粒在水中的随机运动)的研究.布朗粒子较水分子大得多,其热运动速度则小很多.由于水的黏滞阻力,只能观察到一种扩散运动.

为简单起见,只讨论水平 x 轴方向的运动,朗之万方程是:

$$u = \frac{\mathrm{d}x}{\mathrm{d}t},$$

$$M\frac{\mathrm{d}u}{\mathrm{d}t} = -Cu + F_{随机}(t);$$

此处 $-Cu$ 为流体的阻力,据流体力学知道(见习题 8.2),阻力系数 $C=6\pi\eta R$(η 为流体的黏度,R 为布朗粒子(球形)半径,M 为布朗粒子质量,u 为其速度,x 为其位移);而随机力 $F_{随机}(t)$则来源于大量水分子不断碰撞整个布朗粒子所引起的.举数量级例,$M\sim10^{-16}$ kg,$R\sim3$—4×10^{-7} m, $\eta\sim10^{-3}$ kgm^{-1}s^{-1}, $\sqrt{kT/M}\sim v_{热}\sim10^{-2}$ m/s,$M/C\sim10^{-8}$秒.受碰撞频率在水中每秒钟 10^{21} 次,在气体中每秒钟 10^{15} 次,所以即使在比 M/C 很小的时间内仍受到大量碰撞(例如,在 $10^{-3}M/C$ 时间内仍受到 10^{10} 或 10^4 次碰撞).

将朗之万方程对时间积分,得$\left(令\ \beta=\dfrac{C}{M}\right)$

$$u - u_0\mathrm{e}^{-\beta t} = \int_0^t A(\xi)\mathrm{d}\xi\mathrm{e}^{-\beta(t-\xi)},$$

$$x - x_0 - u_0\frac{1-\mathrm{e}^{-\beta t}}{\beta} = \int_0^t A(\xi)\mathrm{d}\xi\,\frac{1-\mathrm{e}^{-\beta(t-\xi)}}{\beta},$$

---

① P. Langevin, *Compt. Rend.*, **146**(1908), 530. A. Einstein, *Investigations on the Thery of the Brownian Movement*, (ed. R. Fürth, tr. A. D. Cowper, Dover, New York, 1965. 五篇论文).

② 参考 R. H. Fowler, *Statistical Mechanics* (2nd. ed., 1936), p. 786. S. Chandrasekhar, *Rev. Mod. Phys.*, **15**(1943), 1—89,特别是 pp. 21—26. 王竹溪:《统计物理学导论》,人民教育出版社,第二版,1965, §54.

③ R. Brown, *Edinburgh New Phil. Journal*, **5**(1828), 358.

其中 $A(t)=\frac{1}{M}F_{随机}(t)$ 是随机加速度. 将朗之万方程

$$\frac{\mathrm{d}u}{\mathrm{d}t}+\beta u = A(t)$$

乘以 $\mathrm{e}^{\beta t}\mathrm{d}t$ 后,化为

$$\mathrm{d}\{\mathrm{e}^{\beta t}u\} = \mathrm{e}^{\beta t}A(t)\mathrm{d}t;$$

积分后再除以 $\mathrm{e}^{\beta t}$ 便得前式. 后式从前式乘 $\mathrm{d}t$ 后积分得来,注意:

$$\int_0^t u_0\,\mathrm{e}^{-\beta t}\mathrm{d}t = u_0\,\frac{1-\mathrm{e}^{-\beta t}}{\beta},$$

$$\int_0^t \mathrm{d}t_1\int_0^{t_1}A(\xi)\mathrm{d}\xi\mathrm{e}^{-\beta(t_1-\xi)} = \int_0^t A(\xi)\mathrm{d}\xi\int_\xi^t \mathrm{d}t_1\,\mathrm{e}^{-\beta(t_1-\xi)}$$

$$= \int_0^t A(\xi)\mathrm{d}\xi\left(\frac{1-\mathrm{e}^{-\beta(t-\xi)}}{\beta}\right).$$

由于右侧出现随机变量,所以左侧也只能是随机变量,只能说 $u-u_0\mathrm{e}^{-\beta t}$ 和 $x-x_0-u_0\,\frac{1-\mathrm{e}^{-\beta t}}{\beta}$ 的平均值为 0.

8.1.2 随机变量的概率分布

下面将求出左侧随机变量之概率分布. 我们注意这两式有共同形状

$$X = \int_0^t A(\xi)a(\xi)\mathrm{d}\xi,$$

例如

$$X = u - u_0\mathrm{e}^{-\beta t},\quad a(\xi) = \mathrm{e}^{-\beta(t-\xi)};$$

或

$$X = x - x_0 - u_0\frac{1-\mathrm{e}^{-\beta t}}{\beta},\quad a(\xi) = \frac{1-\mathrm{e}^{-\beta(t-\xi)}}{\beta}.$$

将积分区域从 0 到 t 分为大量小段,每段时间比 $\frac{1}{\beta}=\frac{M}{C}$ 还小,但仍包含大量碰撞. 为简单起见取各段间隔相等,注意每段中 $a(\xi)$ 对 ξ 变化不大,

$$X = \sum_{j=0}^{s}\left\{\int_{j\tau}^{(j+1)\tau}A(\xi)\mathrm{d}\xi\right\}a_j = \sum_{j=0}^{s}B_ja_j = \sum_{j=0}^{s}x_j;$$

$j=0$ 到 s,$(s+1)\tau=t$,而 $a_j=a(\xi_j)$,ξ_j 为 $j\tau$ 到 $(j+1)\tau$ 间某值,这其间 $a(\xi)$ 变化不大. 但 $B_j=\int_{j\tau}^{(j+1)\tau}A(\xi)\mathrm{d}\xi$ 由于积分区域已包括了大量碰撞,不同的 B_j 可以认为是独立的随机变量;所以 x_j 是独立随机变量. 根据中心极限定理(见习题 8.1),X 的分布为正态分布,

$$w(X) = \frac{1}{\sqrt{2\pi}\sigma}\exp\left[-\frac{X^2}{2\sigma^2}\right];$$

其方差为

$$\sigma^2 = \overline{X^2} = \sum_{j=0}^{s} \overline{x_j^2} = \sum_{j=0}^{s} \overline{B_j^2} a_j^2.$$

关于 B_j 的方差,由于 $B_j = \int_{j\tau}^{(j+1)\tau} A(\xi)\mathrm{d}\xi$ 的积分区域 τ 已足够大,所以 $\overline{B_j^2}$ 与 j 无关,$\overline{B_j^2}=\overline{B^2}$;又如果改取原来的 τ 的两倍作新的 τ,则新的 B_j 为原来的两个独立的 B_j 的和,所以新的 $\overline{B_j^2}$ 将等于原来的 $\overline{B_j^2}$ 的两倍. 换言之,

$$\overline{B_j^2} = \overline{B^2} = K\tau,$$

K 为比例系数,即 τ 放大若干倍,$\overline{B^2}$ 也放大同样倍. 所以

$$\overline{X^2} = K\sum_{j=0}^{s} a_j^2 \tau = K\sum_{j=0}^{s} a_j^2 \int_{j\tau}^{(j+1)\tau} \mathrm{d}\xi = K\int_0^t a^2(\xi)\mathrm{d}\xi.$$

对于 $X=u-u_0\mathrm{e}^{-\beta t}$,则

$$\frac{\sigma^2}{K} = \int_0^t a^2(\xi)\mathrm{d}\xi = \int_0^t \mathrm{e}^{-2\beta(t-\xi)}\mathrm{d}\xi = \frac{1-\mathrm{e}^{-2\beta t}}{2\beta}.$$

对于 $X=x-x_0-u_0\dfrac{1-\mathrm{e}^{-\beta t}}{\beta}$,则有

$$\begin{aligned}\frac{\sigma^2}{K} &= \int_0^t a^2(\xi)\mathrm{d}\xi = \int_0^t \left[\frac{1-\mathrm{e}^{-\beta(t-\xi)}}{\beta}\right]^2 \mathrm{d}\xi \\ &= \frac{1}{\beta^2}\left[t - \frac{2}{\beta}(1-\mathrm{e}^{-\beta t}) + \frac{1-\mathrm{e}^{-2\beta t}}{2\beta}\right].\end{aligned}$$

所以给出下列概率分布:令 $w(u,t;u_0)\mathrm{d}u$ 表示初始时刻 $t_0=0$ 时速度为 u_0 的布朗粒子在 t 时速度位于 u 与 $u+\mathrm{d}u$ 之间的概率,则有:

$$w(u,t;u_0,t_0=0) = \frac{1}{\sqrt{2\pi\dfrac{1-\mathrm{e}^{-2\beta t}}{2\beta}K}}\exp\left[-\frac{(u-u_0\mathrm{e}^{-\beta t})^2}{2\dfrac{1-\mathrm{e}^{-2\beta t}}{2\beta}K}\right];$$

同样,令 $w(x,t;x_0,u_0)\mathrm{d}x$ 表示初始时刻坐标为 x_0,速度为 u_0 的布朗粒子在 t 时坐标位于 x 与 $x+\mathrm{d}x$ 之间的概率,则有:

$$\begin{aligned}w(x,t;x_0,u_0) &= \frac{1}{\sqrt{2\pi\sigma^2}}\exp\left\{-\frac{\left(x-x_0-u_0\dfrac{1-\mathrm{e}^{-\beta t}}{\beta}\right)^2}{2\sigma^2}\right\} \\ &= \int_{-\infty}^{\infty} w(x,u,t;x_0,u_0)\mathrm{d}u, \\ \sigma^2 &= \frac{1}{\beta^2}\left[t - \frac{3-4\mathrm{e}^{-\beta t}+\mathrm{e}^{-2\beta t}}{2\beta}\right]K;\end{aligned}$$

可以看出,两者均为正态分布.

8.1.3 爱因斯坦关系

因为布朗粒子所受的随机力来源于分子的碰撞，比例系数 K 可以由此确定. 令 $\beta t\to\infty$，则

$$w(u,t;u_0)\longrightarrow\frac{1}{\sqrt{2\pi\frac{K}{2\beta}}}\exp\left(-\left[\frac{u^2}{2\frac{K}{2\beta}}\right]\right),$$

与麦克斯韦分布比较，

$$\frac{K}{2\beta}=\frac{kT}{M},$$

所以

$$\frac{K}{\beta^2}=\frac{2kT}{\beta M}=\frac{2kT}{C},\quad 即\quad K=2D\beta^2,$$

其中

$$D=\frac{kT}{C}=\frac{kT}{6\pi\eta R}$$

常称为扩散系数，这就是爱因斯坦关系①. 这时

$$w(x,t;x_0=0,u_0=0,t_0=0)=\frac{1}{\sqrt{4\pi Dt}}e^{-\frac{x^2}{4Dt}},$$

这结果表明当 t 足够大，使发生多次碰撞，则位移的均方值与时间成正比，比例系数 $\overline{x^2}/t=2D$.

这可以通过测量一个布朗粒子多次位移的均方求得. 如每隔 Δt 时间，位移为 Δx，则有

$$\frac{\overline{x^2}}{t}=\frac{\overline{(\sum_j\Delta x_j)^2}}{\sum_j\Delta t}=\frac{\sum_j\overline{(\Delta x_j)^2}}{\Delta t\sum_j 1}=\frac{\overline{(\Delta x)^2}}{\Delta t},$$

由于每次位移为独立随机事件，交叉项的平均 $\overline{\Delta x_j\Delta x_k}\,(j\neq k)$，给出为零.

皮兰实验②观察 $\overline{(\Delta x)^2}$ 与 Δt 的关系（每隔 $\Delta t=30$ s 观察一次布朗粒子的位置），从 D 根据爱因斯坦关系定出玻尔兹曼常量 $k\approx1.2\times10^{-23}$ J/K，相应的阿伏伽德罗常量 $N_A\approx6.85\times10^{23}$ mol^{-1}.

---

① A. Einstein, *Ann. Physik*, **17**(1905), 549; **19**(1906), 371.

② J. B. Perrin, *Compt. Rend.*, **146**(1908), 967; **147**(1908), 475; *Ann. de Chimie et de Phys.*, (1909); 详情见 J. B. Perrin, *The Atoms*. (Constable, London, 1916).

8.2 福克尔-普朗克方程[1][2]

8.2.1 随机过程的概率描述

随机过程以一串概率密度描述,如

$$W_1(y_1;t), W_2(y_2,t_2 \mid y_1,t_1), W_3(y_3,t_3 \mid y_2,t_2 \mid y_1,t_1)\ \text{等等};$$

$W_1 \mathrm{d}y_1$ 给出 t_1 时刻 y 在 y_1 到 $y_1+\mathrm{d}y_1$ 间的单一事件出现的概率,$W_2\mathrm{d}y_2\mathrm{d}y_1$ 给出 t_2 时刻 y 在 y_2 到 $y_2+\mathrm{d}y_2$ 并且 t_1 时刻 y 在 y_1 到 $y_1+\mathrm{d}y_1$ 的双重事件出现的联合概率等等.所有概率密度都不是负数,W_n 对于 $y_i, t_i (i=1,2,\cdots,n)$ 的任意排列都是全对称的函数,并且满足概率求和关系:

$$\underbrace{\int\cdots\int}_{(n-k\text{重})}\mathrm{d}y_{k+1}\cdots\mathrm{d}y_n W_n(y_n,t_n\mid\cdots\mid y_1,t_1) = W_k(y_k,t_k\mid\cdots\mid y_1,t_1).$$

最简单的情况是纯粹随机过程,只需 $W_1(y_1,t_1)$ 即足以确定所有其他联合概率.例如,对于联合概率 W_2 有

$$W_2(y_2,t_2\mid y_1,t_1) = W_1(y_2,t_2)W_1(y_1;t_1),$$

其他联合概率也都是 W_1 的乘积,这表示在 t_2 时刻的 y_2 与在 t_1 时刻的 y_1 完全无关.放射性自然衰变过程属于这一类.

1. 马尔可夫过程

其次简单的情况是马尔可夫过程[3],只需 W_1 和 W_2 便足以确定其他所有联合概率.令 $t_2>t_1$,则引入转移概率 $w(y_2,t_2\mid y_1,t_1)$ 定义如下:

$$W_2(y_2,t_2\mid y_1,t_1) = w(y_2,t_2\mid y_1,t_1)W_1(y_1,t_1)\quad(t_2>t_1).$$

从上面定义显然有

$$\int w(y_2,t_2\mid y_1,t_1)\mathrm{d}y_2 \equiv 1,$$

所以是转移概率.又令 $t_3>t_2>t_1$,则其他联合概率如下确定:

$$W_3(y_3,t_3\mid y_2,t_2\mid y_1,t_1) = w(y_3,t_3\mid y_2,t_2)W_2(y_2,t_2\mid y_1,t_1);$$

同样

$$\begin{aligned}&W_n(y_n,t_n\mid y_{n-1},t_{n-1}\mid\cdots\mid y_1,t_1)\\ &\quad = w(y_n,t_n\mid y_{n-1},t_{n-1})W_{n-1}(y_{n-1},t_{n-1}\mid\cdots\mid y_1,t_1).\end{aligned}$$

总之,转移概率从 t_{n-1} 的 y_{n-1} 转移到 t_n 的 y_n 与 t_{n-1} 以前的历史无关.换句话说,t_n

---

① A. D. Fokker, *Ann. Physik*, **43**(1914), 810; M. Planck, *Berl. Ber.*, (1917), 324.

② 参考 A. N. Kolmogoroff, *Math. Ann.*, **104**(1931), 415; **108**(1933), 149. *Grundbegriffe der Wahrscheinlichkeiterechnung*(概率计算基本概念)(Berlin, 1933). M. C. Wang(王明贞), G. E. Uhlenbeck, *Rev. Med. Phys.*, **17**(1945), 323. 王竹溪:《统计物理学导论》,人民教育出版社,第二版,1965,§55.

③ A. A. Markov, *Wahrscheinlichkeiterechnung*(概率计算), Leipzig, 1912, §16, §33.

时刻的 y_n 只与 t_{n-1} 时刻的 y_{n-1} 有关而与 $t<t_{n-1}$ 时刻的各 $y_1,\cdots,y_{n-2}$ 无关.

2. 斯莫陆绰斯基方程

将 W_2 代入 W_3 得

$$W_3(y_3t_3\mid y_2t_2\mid y_1t_1)=w(y_3t_3\mid y_2t_2)w(y_2,t_2\mid y_1,t_1)W_1(y_1,t_1).$$

对 y_2 积分,左侧给出

$$\int W_3(y_3,t_3\mid y_2,t_2\mid y_1,t_1)\mathrm{d}y_2=W_2(y_3,t_3\mid y_1,t_1)$$
$$=w(y_3,t_3\mid y_1,t_1)W_1(y_1,t_1).$$

所以消去 $W_1(y_1,t_1)$ 共同因子,得斯莫陆绰斯基方程[①]或科尔莫戈罗夫-查普曼方程[②]:

$$w(y_3,t_3\mid y_1,t_1)=\int w(y_3,t_3\mid y_2,t_2)w(y_2,t_2\mid y_1,t_1)\mathrm{d}y_2,$$

即从 t_1 时刻的 y_1 转移到 t_3 时刻的 y_3,可以通过中间时刻 t_2 的所有的 y_2 积分计算之.这关系有时也作为马尔可夫过程的定义.

3. 平稳马尔可夫过程

常见的是平稳马尔可夫过程.或者将 y 扩充为几个变量后是多变量的平稳马尔可夫过程.带有这个理解,我们用一个变量的形式,则平稳马尔可夫过程的 $w(y_2,t_2\mid y_1,t_1)$ 只与 $(y_2\mid y_1)$ 和 (t_2-t_1) 有关.并且,例如布朗运动之类的马尔可夫过程,只有一阶和二阶矩.即:当 $t_2-t_1\to 0$ 时

$$\int(y_2-y_1)w(y_2,t_2\mid y_1,t_1)\mathrm{d}y_2=\mathrm{O}(t_2-t_1)\equiv A(y_1)(t_2-t_1),$$

$$\int(y_2-y_1)^2w(y_2,t_2\mid y_1,t_1)\mathrm{d}y_2=\mathrm{O}(t_2-t_1)\equiv B(y_1)(t_2-t_1),$$

更高阶转移矩:

$$\int(y_2-y_1)^n w(y_2,t_2\mid y_1,t_1)\mathrm{d}y_2=\mathrm{o}(t_2-t_1)\quad(n\geqslant 3).$$

8.2.2 福克尔-普朗克方程

这时令

$$w(y_2,t_2\mid y_1,t_1)\equiv w(y\mid x;t),$$

其中 $t\equiv t_2-t_1,y\equiv y_2,x\equiv y_1$;可以证明它满足下列方程:

$$\frac{\partial w(y\mid x;t)}{\partial t}=-\frac{\partial}{\partial y}(A(y)w(y\mid x;t))+\frac{1}{2!}\frac{\partial^2}{\partial y^2}(B(y)w(y\mid x;t)).$$

---

① M. von Smoluchowski, Kinetische Theorie der Brownschen Bewegung(布朗运动的动理论), *Ann. Physik*, (4)**21**(1906), 756—780.

② A. N. Kolmogoroff,见前引文献.

同样，

$$W_1(y_2,t_2)\equiv W(y,t),$$

其中 $t\equiv t_2, y\equiv y_2$；它也满足下列方程：

$$\frac{\partial}{\partial t}W(y,t)=-\frac{\partial}{\partial y}[A(y)W(y,t)]+\frac{1}{2!}\frac{\partial^2}{\partial y^2}[B(y)W(y;t)].$$

换言之，转移概率 $w(y_2,t_2|y_1,t_1)$ 和单一事件出现的概率 $W(y,t)$ 皆满足类似的福克尔-普朗克方程，后者显然可以从前者推出. 因为

$$\begin{aligned}W_1(y_2,t_2)&=\int W_2(y_2,t_2|y_1,t_1)\mathrm{d}y_1\\&=\int w(y_2,t_2|y_1,t_1)\mathrm{d}y_1W_1(y_1,t_1),\end{aligned}$$

所以对前式作 $\int\cdots\mathrm{d}y_1W(y_1,t_1)$ 运算即得后式.

1. 科尔莫戈罗夫的证明①

为推导福克尔-普朗克方程，考虑任意光滑缓变函数 $R(y)$，在 $y\to\pm\infty$ 时，$R(y)\to 0$. 计算

$$\begin{aligned}&\int\frac{\partial w(y_2,t_2|y_1,t_1)}{\partial t_2}R(y_2)\mathrm{d}y_2\\&\quad=\lim_{\Delta t_2\to 0}\frac{1}{\Delta t_2}\int R(y_2)\mathrm{d}y_2[w(y_2,t_2+\Delta t_2|y_1,t_1)-w(y_2,t_2|y_1,t_1)],\end{aligned}$$

代入斯莫陆绰斯基关系：

$$\begin{aligned}&w(y_2,t_2+\Delta t_2|y_1,t_1)\\&\qquad=\int w(y_2,t_2+\Delta t_2|y_2',t_2)w(y_2',t_2|y_1,t_1)\mathrm{d}y_2',\end{aligned}$$

则上式右侧(第一项积分变量 y_2 和 y_2' 可以交换名称)为

$$\begin{aligned}\lim_{\Delta t_2\to 0}\frac{1}{\Delta t_2}\Big\{&\int R(y_2')\mathrm{d}y_2'\int w(y_2',t_2+\Delta t_2|y_2,t_2)w(y_2,t_2|y_1,t_1)\mathrm{d}y_2\\&-\int R(y_2)\mathrm{d}y_2w(y_2,t_2|y_1,t_1)\Big\};\end{aligned}$$

将 $R(y_2')$ 在 y_2 处展开

$$\begin{aligned}R(y_2')=&R(y_2)+(y_2'-y_2)\frac{\partial R(y_2)}{\partial y_2}\\&+\frac{1}{2}(y_2'-y_2)^2\frac{\partial^2R(y_2)}{\partial y_2^2}+\mathrm{O}(y_2'-y_2)^3,\end{aligned}$$

并注意：

---

① A. N. Kolmogoroff, *Math. Ann.*, **104**(1931), 415.

$$\int w(y_2', t_2 + \Delta t_2 \mid y_2, t_2) \mathrm{d}y_2' = 1,$$

$$\int (y_2' - y_2) w(y_2', t_2 + \Delta t_2 \mid y_2, t_2) \mathrm{d}y_2' = A(y_2)\Delta t_2,$$

$$\int (y_2' - y_2)^2 w(y_2', t_2 + \Delta t_2 \mid y_2, t_2) \mathrm{d}y_2' = B(y_2)\Delta t_2,$$

其他高阶矩$=\mathrm{o}(\Delta t_2)$，结果得极限：

$$\int \left\{ A(y_2) \frac{\partial R(y_2)}{\partial y_2} + \frac{1}{2} B(y_2) \frac{\partial^2 R(y_2)}{\partial y_2^2} \right\} w(y_2, t_2 \mid y_1, t_1) \mathrm{d}y_2.$$

分部积分后化为

$$\int \left\{ -\frac{\partial}{\partial y_2} [A(y_2) w(y_2, t_2 \mid y_1, t_1)] + \frac{1}{2} \frac{\partial^2}{\partial y_2^2} [B(y_2) w(y_2, t_2 \mid y_1, t_1)] \right\} R(y_2) \mathrm{d}y_2.$$

因为 $R(y_2)$ 为任意函数，所以福克尔-普朗克方程得证. 从这证明中也可以看出如果高阶矩不是 $\mathrm{o}(\Delta t_2)$ 而是 $\mathrm{O}(\Delta t_2)$ 时如何修正.

2. 两个变量的福克尔-普朗克方程

在上面普遍马尔可夫过程定义中，y 可以代表不只一个量，例如 y 代表位置 x 和速度 u 两个量，则转移概率 $w(y_2, t_2 | y_1, t_1)$ 代表 $w(x_2, u_2, t_2 | x_1, u_1, t_1)$. 同上，令 $t_2 - t_1 \to 0$ 时有

$$\int (x_2 - x_1) w(x_2, u_2, t_2 \mid x_1, u_1, t_1) \mathrm{d}x_2 \mathrm{d}u_2 = a(x_1, u_1)(t_2 - t_1),$$

$$\int (u_2 - u_1) w(x_2, u_2, t_2 \mid x_1, u_1, t_1) \mathrm{d}x_2 \mathrm{d}u_2 = A(x_1, u_1)(t_2 - t_1),$$

$$\int (x_2 - x_1)^2 w(x_2, u_2, t_2 \mid x_1, u_1, t_1) \mathrm{d}x_2 \mathrm{d}u_2 = b(x_1, u_1)(t_2 - t_1),$$

$$\int (u_2 - u_1)^2 w(x_2, u_2, t_2 \mid x_1, u_1, t_1) \mathrm{d}x_2 \mathrm{d}u_2 = B(x_1, u_1)(t_2 - t_1),$$

$$\int (x_2 - x_1)(u_2 - u_1) w(x_2, u_2, t_2 \mid x_1, u_1, t_1) \mathrm{d}x_2 \mathrm{d}u_2 = c(x_1, u_1)(t_2 - t_1);$$

更高阶转移矩为 $\mathrm{o}(t_2 - t_1)$，则得福克尔-普朗克方程，

$$\frac{\partial w}{\partial t} + \frac{\partial}{\partial x}(aw) + \frac{\partial}{\partial u}(Aw) - \frac{1}{2} \frac{\partial^2}{\partial x^2}(bw) - \frac{1}{2} \frac{\partial^2}{\partial u^2}(Bw) - \frac{\partial^2}{\partial x \partial u}(cw) = 0.$$

3. 布朗运动问题中的福克尔-普朗克方程

对于布朗粒子转移概率的矩可以从朗之万方程

$$\frac{\mathrm{d}x}{\mathrm{d}t}=u,\quad \frac{\mathrm{d}u}{\mathrm{d}t}=-\beta u+A(t)$$

求得(平均值表示对转移概率的积分):

$$a=\lim_{\Delta t\to 0}\frac{\overline{\Delta x}}{\Delta t}=u,$$

$$A=\lim_{\Delta t\to 0}\frac{\overline{\Delta u}}{\Delta t}=-\beta u,$$

$$b=\lim_{\Delta t\to 0}\frac{\overline{(\Delta x)^2}}{\Delta t}=0,$$

$$B=\lim_{\Delta t\to 0}\frac{\overline{(\Delta u)^2}}{\Delta t}=\lim_{\Delta t\to 0}\frac{\overline{\left[\int_0^{\Delta t}A(t)\mathrm{d}t\right]^2}}{\Delta t}=\lim_{\Delta t\to 0}\frac{\overline{B^2}}{\tau}=K=2D\beta^2,$$

$$c=\lim_{\Delta t\to 0}\frac{\overline{\Delta x\cdot\Delta u}}{\Delta t}=0;$$

所以 $w(x,u,t|x_0,u_0,0)=w(x,u,t)=w$ 满足下列方程:

$$\frac{\partial w}{\partial t}+u\frac{\partial w}{\partial x}-\beta\frac{\partial}{\partial u}(uw)-D\beta^2\frac{\partial^2 w}{\partial u^2}=0.$$

8.2.3 福克尔-普朗克方程的求解

1. 傅里叶积分变换

为解这个福克尔-普朗克方程,可用傅里叶积分变换

$$f(\xi,\rho,t)=\int_{-\infty}^{\infty}\mathrm{d}x\int_{-\infty}^{\infty}\mathrm{d}uw(x,u,t)\mathrm{e}^{\mathrm{i}\xi x+\mathrm{i}\rho u},$$

$$w(x,u,t)=\frac{1}{2\pi}\int_{-\infty}^{\infty}\mathrm{d}\xi\frac{1}{2\pi}\int_{-\infty}^{\infty}\mathrm{d}\rho f(\xi,\rho,t)\mathrm{e}^{-\mathrm{i}\xi x-\mathrm{i}\rho u}.$$

这样,从后式看出,对 $w(x,u,t)$ 作用的 $\frac{\partial}{\partial x}$ 相当于对 $f(\xi,p,t)$ 作用的 $-\mathrm{i}\xi$, $\frac{\partial}{\partial u}$ 相当于 $-\mathrm{i}\rho$,又从前式看出对 w 乘以 u 相当于对 f 作用 $\frac{\partial}{\partial(\mathrm{i}\rho)}$. 所以得到对于 $f(\xi,\rho,t)$ 的方程为

$$\frac{\partial f}{\partial t}+\frac{\partial}{\partial(\mathrm{i}\rho)}(-\mathrm{i}\xi)f-\beta(-\mathrm{i}\rho)\frac{\partial}{\partial(\mathrm{i}\rho)}f-D\beta^2(-\mathrm{i}\rho)^2f=0,$$

即

$$\frac{\partial f}{\partial t}-\xi\frac{\partial f}{\partial\rho}+\beta\rho\frac{\partial f}{\partial\rho}+D\beta^2\rho^2 f=0,$$

$$\frac{\partial f}{\partial t}+(\beta\rho-\xi)\frac{\partial f}{\partial\rho}=-D\beta^2\rho^2 f.$$

2. 对于 $f(\xi,\rho,t)$ 的方程的求解

为了求上式的解,可以先求其相应的常微分方程组

$$\frac{\mathrm{d}t}{1}=\frac{\mathrm{d}\xi}{0}=\frac{\mathrm{d}\rho}{\beta\rho-\xi}=\frac{\mathrm{d}f}{-D\beta^2\rho^2 f}$$

的积分. 首先,

$$\mathrm{d}\xi=0 \text{ 给出 } \xi=c_1;$$

其次,由

$$\frac{\beta\mathrm{d}\rho}{\beta\rho-\xi}=\beta\mathrm{d}t,$$

令 $\beta\rho-\xi\equiv\eta$,得

$$\mathrm{d}\ln\eta-\mathrm{d}(\beta t)=0 \text{ 给出 } \eta\mathrm{e}^{-\beta t}=c_2.$$

最后一个方程写成

$$\mathrm{d}\ln f+D(\eta+\xi)^2\mathrm{d}t=0,$$

即

$$\mathrm{d}[\ln f+D\xi^2 t]+\frac{D(\eta^2+2\eta\xi)}{\beta}\frac{\mathrm{d}\eta}{\eta}=0,$$

给出

$$\ln f+D\xi^2 t+\frac{D}{2\beta}[\eta^2+4\xi\eta]=c_3.$$

于是,偏微分方程的通解即是 $c_3=F(c_1,c_2)$,即

$$\ln f+D\xi^2 t+\frac{D}{2\beta}(\eta^2+4\xi\eta)=F(\xi,\eta\mathrm{e}^{-\beta t}),$$

其中 $\eta=\beta\rho-\xi$,这通解中任意函数 F 由初值条件

$$\lim_{t\to 0}w(x,u,t\,|\,x_0,u_0,0)=\delta(x-x_0)\delta(u-u_0),$$

即

$$\lim_{t\to 0}f(\xi,\rho,t)=\mathrm{e}^{\mathrm{i}\xi x_0+\mathrm{i}\rho u_0}$$

予以确定. 所以

$$F(\xi,\eta)=\mathrm{i}\xi x_0+\mathrm{i}\rho u_0+\frac{D}{2\beta}(\eta^2+4\xi\eta),$$

代入 $\rho=\frac{\eta+\xi}{\beta}$ 得

$$F(\xi,\eta)=\mathrm{i}\left(x_0+\frac{u_0}{\beta}\right)\xi+\mathrm{i}\,\frac{u_0}{\beta}\eta+\frac{D}{2\beta}(\eta^2+4\xi\eta);$$

给出

$$\ln f=-D\xi^2 t+\mathrm{i}\xi\left(x_0+\frac{u_0}{\beta}\right)+\mathrm{i}\,\frac{u_0}{\beta}\eta\mathrm{e}^{-\beta t}$$

$$+\frac{D}{2\beta}[\eta^2(e^{-2\beta t}-1)+4\eta\xi(e^{-\beta t}-1)];$$

再代回 $\eta=\beta\rho-\xi$ 得

$$\ln f=-\frac{D\xi^2}{2}G-\frac{D\rho^2}{2}F-\frac{D2\xi\rho}{2}H-i\xi(R-x)-i\rho(S-u),$$

其中

$$G=\frac{1}{\beta}(2\beta t-3+4e^{-\beta t}-e^{-2\beta t}),$$

$$F=\beta(1-e^{-2\beta t}),$$

$$H=(1-2e^{-\beta t}+e^{-2\beta t})=(1-e^{-\beta t})^2,$$

$$R=x-x_0-\frac{u_0}{\beta}(1-e^{-\beta t}),$$

$$S=u-u_0e^{-\beta t}.$$

3. *求 $f(\xi,\rho,t)$ 的反演*

$f(\xi,\rho,t)$ 的反演给出

$$w(x,u,t\mid x_0,u_0,0)=\frac{1}{2\pi}\int_{-\infty}^{\infty}d\xi\,\frac{1}{2\pi}\int_{-\infty}^{\infty}d\rho f e^{-i\xi x-i\rho u}$$

$$=\frac{1}{(2\pi)^2}\int_{-\infty}^{\infty}\int_{-\infty}^{\infty}d\xi d\rho\exp\left\{-\frac{D\xi^2}{2}G-\frac{D\rho^2}{2}F-\frac{D2\xi\rho}{2}H-i\xi R-i\rho S\right\}$$

$$=\frac{1}{2\pi D\sqrt{FG-H^2}}\exp\left[-\frac{FR^2-2HRS+GS^2}{2D(FG-H^2)}\right].$$

这里的积分可利用下列公式

$$\frac{1}{2\pi}\int_{-\infty}^{\infty}e^{-\frac{ax^2}{2}-ibx}dx=\frac{1}{\sqrt{2\pi a}}e^{-\frac{b^2}{2a}}$$

予以计算.先对 ξ 积分后尚余有

$$\frac{1}{2\pi}\int_{-\infty}^{\infty}d\rho\,\frac{1}{\sqrt{2\pi DG}}\exp\left\{-\frac{R^2}{2DG}+\frac{iRH\rho}{G}+\frac{DH^2}{2G}\rho^2-\frac{DF}{2}\rho^2-i\rho S\right\},$$

再次利用上述公式对 ρ 积分后得到

$$\frac{1}{\sqrt{2\pi D\left(F-\frac{H^2}{G}\right)}}\cdot\frac{1}{\sqrt{2\pi DG}}\exp\left\{-\frac{\left(S-\frac{RH}{G}\right)^2}{2(F-H^2/G)D}-\frac{R^2}{2GD}\right\};$$

经过化简后最后得到前面的结果.

4. *福克尔-普朗克方程的解*

福克尔-普朗克方程的通解是

$$w(x,u,t\mid x_0,u_0,0)=\frac{1}{2\pi D\sqrt{FG-H^2}}\exp\left[-\frac{FR^2-2HRS+GS^2}{2D(FG-H^2)}\right].$$

从这个通解 $w(x,u,t|x_0,u_0,0)$ 可以积分得到

$$w(u,t|u_0,0)=\int_{-\infty}^{\infty}w(x,u,t|x_0,u_0,0)\mathrm{d}x\quad(\text{其中 }x_0\text{ 不见了}),$$

$$w(x,t|x_0,u_0,0)=\int_{-\infty}^{\infty}w(x,u,t|x_0,u_0,0)\mathrm{d}u,$$

$$w(x,t|x_0,0)=\int_{-\infty}^{\infty}w(x,t|x_0,u_0,0)\left(\frac{M}{2\pi kT}\right)^{1/2}\mathrm{e}^{-\frac{Mu_0^2}{2kT}}\mathrm{d}u_0;$$

注意$\dfrac{M}{kT}=\dfrac{2\beta}{K}=\dfrac{1}{D\beta}$,结果为

$$w(u,t|u_0,0)=\frac{1}{\sqrt{2\pi DF}}\mathrm{e}^{-S^2/2DF},$$

$$w(x,t|x_0,u_0,0)=\frac{1}{\sqrt{2\pi DG}}\mathrm{e}^{-R^2/2DG},$$

此两式与上节结果相同,而

$$w(x,t|x_0,0)=\frac{1}{\sqrt{4\pi D\left(t-\dfrac{1-\mathrm{e}^{-\beta t}}{\beta}\right)}}\exp\left\{-\frac{(x-x_0)^2}{4D\left(t-\dfrac{1-\mathrm{e}^{-\beta t}}{\beta}\right)}\right\}.$$

最后一式也可以较简便地从前二式和$\overline{u_0^2}=kT/M=D\beta$推出.因为从

$$\overline{(u-u_0\mathrm{e}^{-\beta t})^2}=D\beta(1-\mathrm{e}^{-2\beta t}),$$

$$\overline{\left[x-x_0-\frac{u_0}{\beta}(1-\mathrm{e}^{-\beta t})\right]^2}=\overline{(x-x_0)^2}-\overline{\left\{\frac{u_0}{\beta}(1-\mathrm{e}^{-\beta t})\right\}^2}$$

$$=2D\left[t+\frac{-3+4\mathrm{e}^{-\beta t}-\mathrm{e}^{-2\beta t}}{2\beta}\right],$$

和$\overline{u_0^2}/\beta^2=D/\beta$得

$$\overline{(x-x_0)^2}=2D\left[t-\frac{1-\mathrm{e}^{-\beta t}}{\beta}\right].$$

可以看出,在 $t\gg\dfrac{1}{\beta}$时

$$\overline{(x-x_0)^2}=2Dt,$$

为扩散过程;而在 $t\ll\dfrac{1}{\beta}$时反而有

$$\overline{(x-x_0)^2}=D\beta t^2=\overline{(u_0t)^2},$$

为匀速运动过程,只是匀速要取统计平均值(热速度平均按方均根计算).

习 题

8.1 中心极限定理.

随机变量之和本身也是随机变量. 在很广泛的条件下,有中心极限定理成立,即随机变量之和本身,当其中项数很多时,按正态分布. 令 $x_1, x_2, \cdots, x_n$ 为独立随机变量,其平均值为零,并有绝对矩 $\mu_{2+\delta}^{(i)}(\delta>0)$. 令 B_n 代表 $x_1+x_2+\cdots+x_n$ 之方差,则

$$w_n = \left(\sum_{i=1}^{n} \mu_{2+\delta}^{(i)}\right) \Big/ B_n^{1+\delta/2} \rightarrow 0,$$

而$\dfrac{x_1+x_2+\cdots+x_n}{\sqrt{B_n}}<t$ 的概率一致趋向于

$$\frac{1}{\sqrt{2\pi}} \int_{-\infty}^{t} \mathrm{e}^{-u^2/2} \mathrm{d}u.$$

绝对矩定义为

$$\mu_{\alpha}^{(i)} = \int_{-\infty}^{\infty} |x_i|^{\alpha} f(x_i) \mathrm{d}x_i.$$

验证

$$f(x) = \frac{1}{2} \quad (-1<x<1); \quad f(x) = 0 \quad (|x|>1)$$

的三阶绝对矩存在,$w_n = \dfrac{n/4}{(n/3)^{3/2}} \rightarrow 0$ 当 $n \rightarrow \infty$. 而 $f(x) = \dfrac{1}{\pi(1+x^2)}(-\infty<x<\infty)$的方差和 $2+\delta$ 阶绝对矩不存在,所以中心极限定理对此不适用. 关于此定理的证明可参考乌斯宾斯基①和王竹溪②的书. 后书中的证明如下:令

$$X = x_1 + x_2 + \cdots + x_n = \sum_{i=1}^{n} x_i,$$

则 X 的概率分布

$$F(X)\mathrm{d}X = \int_{\text{条件}}^{(n)} \prod_{i=1}^{n} \{f(x_i)\mathrm{d}x_i\},$$

这里用$\int^{(n)}$ 代表 n 重积分,其中条件是

$$X - \frac{1}{2}\mathrm{d}X \leqslant \sum_{i=1}^{n} x_i \leqslant X + \frac{1}{2}\mathrm{d}X.$$

最后约束条件相当于引入因子(见题后注)

---

① Uspensky: *Introdution to Mathematical Probabilty*, McGraw-Hill, New York, 1937.

② 王竹溪:《统计物理学导论》,人民教育出版社,第一版,1956.

$$\int_{-\infty}^{\infty}\frac{\sin\left[\left(\frac{\mathrm{d}X}{2}\right)\xi\right]}{\pi\xi}\mathrm{e}^{\mathrm{i}\xi\left(\sum_{i=1}^{n}x_i-X\right)}\mathrm{d}\xi=\begin{cases}1, & \left|\sum_{i=1}^{n}x_{\mathrm{i}}-X\right|<\frac{\mathrm{d}X}{2},\\ 0, & \left|\sum_{i=1}^{n}x_{\mathrm{i}}-X\right|>\frac{\mathrm{d}X}{2}.\end{cases}$$

这样$\int^{(n)}$中的条件限制可不必用. 注意到$\sin\left[\left(\frac{\mathrm{d}X}{2}\right)\xi\right]\to\frac{\xi}{2}\mathrm{d}X$,所以

$$\begin{aligned}F(X)&=\int_{\text{无条件}}^{(n)}\int_{-\infty}^{\infty}\prod_{i=1}^{n}\{f(x_i)\mathrm{e}^{\mathrm{i}\xi x_i}\mathrm{d}x_i\}\frac{\mathrm{d}\xi}{2\pi}\mathrm{e}^{-\mathrm{i}\xi X}\\&=\int\frac{\mathrm{d}\xi}{2\pi}\,\mathrm{e}^{-\mathrm{i}\xi X}\left[\int f(x)\mathrm{e}^{\mathrm{i}\xi x}\,\mathrm{d}x\right]^n.\end{aligned}$$

展开 $\mathrm{e}^{\mathrm{i}\xi x}=1+\mathrm{i}\xi x-\frac{1}{2}\xi^2x^2-\cdots$,

$$\left[\int f(x)\mathrm{e}^{\mathrm{i}\xi x}\,\mathrm{d}x\right]^n=\left(1-\frac{1}{2}\xi^2\,\overline{x^2}+\cdots\right)^n=\mathrm{e}^{-\frac{n}{2}\xi^2\overline{x^2}},$$

其中

$$\overline{x^2}=\int x^2f(x)\mathrm{d}x;$$

于是

$$F(X)=\int\frac{\mathrm{d}\xi}{2\pi}\mathrm{e}^{-\mathrm{i}\xi X-\frac{1}{2}\xi^2n\overline{x^2}}=\frac{1}{\sqrt{2\pi n\,\overline{x^2}}}\exp\left(-\frac{X^2}{2n\,\overline{x^2}}\right),$$

即正态分布. 平均值为

$$\overline{X}=\overline{x}_1+\overline{x}_2+\cdots+\overline{x}_n=0,$$

方差为

$$\overline{X^2}=\overline{x_1^2}+\overline{x_2^2}+\cdots+\overline{x_n^2}=n\,\overline{x^2}\quad(\text{交叉项平均为 }0).$$

注：由于

$$U(c)\equiv\frac{1}{2\pi\mathrm{i}}\int_C\frac{\mathrm{e}^{\mathrm{i}c\xi}}{\xi}\mathrm{d}\xi=\begin{cases}1, & c>0,\\0, & c<0;\end{cases}$$

其中所取周线C沿实轴从$-\infty$至$+\infty$,但避开原点由其下面沿反时针方向绕过,再以上半平面($c>0$)或下半平面($c<0$)的半圆使之闭合. 因而

$$\begin{aligned}\int_{-\infty}^{\infty}\frac{\sin a\xi}{\pi\xi}\mathrm{e}^{\mathrm{i}b\xi}\mathrm{d}\xi&=\frac{1}{2\pi\mathrm{i}}\int_C\left[\frac{\mathrm{e}^{\mathrm{i}(b+a)\xi}}{\xi}-\frac{\mathrm{e}^{\mathrm{i}(b-a)\xi}}{\xi}\right]\mathrm{d}\xi\\&=U(b+a)-U(b-a)\\&=\left.\begin{cases}0, & b>a,\\1, & b<a,\ -a<b,\\0, & b<-a,\end{cases}\right\}(\text{取 }a>0).\end{aligned}$$

8.2 证明斯托克斯公式[①][②],阻力$=6\pi\eta Ru$,其中R为球半径,$-\boldsymbol{u}$为球在介质中的运动速度,η为介质的黏度.

证:从流体力学方程出发,不可压缩近似$\nabla\cdot\boldsymbol{v}=0$下的定常流方程

$$(\boldsymbol{v}\cdot\nabla)\boldsymbol{v}=-\frac{1}{\rho}\nabla p+\frac{\eta}{\rho}\nabla^2\boldsymbol{v},$$

在$\rho vR/\eta\ll 1$时,

$$(\boldsymbol{v}\cdot\nabla)v\ll\frac{\eta}{\rho}\nabla^2\boldsymbol{v};$$

所以

$$\eta\nabla^2\boldsymbol{v}-\nabla p=0,$$
$$\nabla\cdot\boldsymbol{v}=0,$$
$$\nabla^2(\nabla\times\boldsymbol{v})=0.$$

可以取球静止,而介质运动流过球,在无穷远处介质速度$\boldsymbol{v}\to\boldsymbol{u}$.注意到$\nabla\cdot(\nabla\times\boldsymbol{A})\equiv 0$,所以$\boldsymbol{v}=\boldsymbol{u}+\nabla\times\boldsymbol{A}$.因为$\boldsymbol{A}$必须包含$\boldsymbol{u}$(因为$\boldsymbol{u}=0$则$\boldsymbol{v}=0$),又必须是轴矢量,所以

$$\boldsymbol{A}=\nabla f(r)\times\boldsymbol{u}=\nabla\times\{f(r)\boldsymbol{u}\},$$

即

$$\boldsymbol{v}=\boldsymbol{u}+\nabla\times[\nabla\times(f\boldsymbol{u})];$$

这里注意到$\boldsymbol{u}$是常矢量,f为r的函数.于是

$$\begin{aligned}\nabla\times\boldsymbol{v}&=\nabla\times\nabla\times[\nabla\times(f\boldsymbol{u})]\\&=(\nabla\nabla\cdot-\nabla^2)[\nabla\times(f\boldsymbol{u})]\\&=-\nabla^2[\nabla\times(f\boldsymbol{u})],\end{aligned}$$

$\nabla^2(\nabla\times\boldsymbol{v})=0$给

$$(\nabla^2)(\nabla^2)[\nabla f\times\boldsymbol{u}]=0,$$

即 $$\nabla^2\nabla^2\nabla f=0\ \text{或}\ \nabla(\nabla^2\nabla^2 f)=0;$$

积分得 $$\nabla^2\nabla^2 f=c_1(\text{常量}),$$

$$\nabla^2 f=\frac{c_1}{6}r^2+c_2+\frac{2a}{r},$$

$$f=\frac{c_1}{120}r^4+\frac{c_2}{6}r^2+ar+\frac{b}{r}+c_3;$$

可取$c_3\equiv 0$,因为只以∇f出现.因为当$r\to\infty$时,$\boldsymbol{v}\to\boldsymbol{u}$,所以

$$\nabla\times\boldsymbol{A}=\nabla\times[\nabla f\times\boldsymbol{u}]=(\boldsymbol{u}\cdot\nabla)\nabla f-\boldsymbol{u}\nabla^2 f\to 0,$$

定出 $$c_1=0,\quad c_2=0;$$

---

① G. G. Stokes, *Trans. Cambr. Phil. Soc.*, **9**(1850), 8.

② 参考Л. Д. 朗道, E. M. 栗弗席兹著,孔祥言等译:《流体力学》,高教出版社,1983, § 20.

取 $f=ar+\frac{b}{r}$，

$$\nabla f = a\frac{\boldsymbol{r}}{r} - \frac{b}{r^3}\boldsymbol{r},$$

$$\nabla\nabla f = \left(\frac{a}{r} - \frac{b}{r^3}\right)\mathbf{1} - \left(\frac{a}{r^3} - \frac{3b}{r^5}\right)\boldsymbol{rr};$$

于是求得

$$\boldsymbol{v} = \boldsymbol{u} - \left(\frac{a}{r}\right)[\boldsymbol{u} + \boldsymbol{n}(\boldsymbol{u}\cdot\boldsymbol{n})] + \frac{b}{r^3}[3\boldsymbol{n}(\boldsymbol{u}\cdot\boldsymbol{n}) - \boldsymbol{u}],$$

其中 $\boldsymbol{n}\equiv\frac{\boldsymbol{r}}{r}$. 在 $r=R$ 球面上 $\boldsymbol{v}=0$，所以

$$\begin{cases} \frac{a}{R} + \frac{b}{R^3} - 1 = 0, \\ -\frac{a}{R} + \frac{3b}{R^3} = 0; \end{cases}$$

得 $a=\frac{3}{4}R, b=\frac{1}{4}R^3$，所以

$$\boldsymbol{v} = \boldsymbol{u} - \frac{3}{4}\left(\frac{R}{r}\right)[\boldsymbol{u} + \boldsymbol{n}(u\cdot\boldsymbol{n})] + \frac{1}{4}\left(\frac{R}{r}\right)^3[3\boldsymbol{n}(\boldsymbol{u}\cdot\boldsymbol{n}) - \boldsymbol{u}].$$

令

$$\boldsymbol{u}\cdot\boldsymbol{n} = u_r = u\cos\theta,\ v_r = u\cos\theta\left[1 - \frac{3R}{2r} + \frac{R^3}{2r^3}\right],$$

$$\boldsymbol{n}\times\boldsymbol{u} = u_\theta = -u\sin\theta,\ v_\theta = -u\sin\theta\left[1 - \frac{3R}{4r} - \frac{R^3}{4r^3}\right].$$

为求压强 p，从

$$\begin{aligned} \nabla p &= \eta\nabla^2\boldsymbol{v} = \eta\nabla^2[\nabla\times\nabla\times(f\boldsymbol{u})] \\ &= \eta\nabla^2(\nabla\nabla\cdot - \nabla^2)(f\boldsymbol{u}) \\ &= \nabla\{\eta\nabla\cdot(\nabla^2 f\boldsymbol{u})\}, \end{aligned}$$

最后等式是因为 $\nabla^2\nabla^2 f=0$. 所以

$$p = \eta(\boldsymbol{u}\cdot\nabla)\nabla^2 f + p_0.$$

代入

$$\nabla^2 f = \frac{2a}{r} = \frac{3}{2}\frac{R}{r},$$

最后得到

$$p = p_0 - \frac{3}{2}\eta R\frac{\boldsymbol{u}\cdot\boldsymbol{n}}{r^2}.$$

在 $r=R$ 球面上对球沿 $\boldsymbol{u}$ 方向总力为

$$F_u = \oint (-p\cos\theta + \sigma'_{rr}\cos\theta - \sigma'_{r\theta}\sin\theta)\mathrm{d}S,$$

其中

$$p = p_0 - \frac{3}{2}\frac{\eta}{R}u\cos\theta,$$

$$\sigma'_{rr} = 2\eta\left(\frac{\partial v_r}{\partial r}\right)_{r=R} = 2\eta u\cos\theta\left(\frac{3R}{2r^2} - \frac{3R^3}{2r^4}\right)_{r=R} = 0,$$

$$\sigma'_{r\theta} = \eta\left(\frac{1}{r}\frac{\partial v_r}{\partial\theta} + \frac{\partial v_\theta}{\partial r} - \frac{v_\theta}{r}\right)_{r=R} = -\frac{3\eta}{2R}u\sin\theta;$$

所以,最后求得阻力为

$$F_u = \frac{3}{2}\frac{\eta}{R}u\oint\mathrm{d}S = \frac{3}{2}\frac{\eta}{R}u4\pi R^2 = 6\pi\eta Ru.$$

8.3 主方程和 H 定理(Pauli 的证明)[①②].

令 u_{sr} 为自 r 态到 s 态的每单位时间的转移概率,而 N_r 为 r 态的概然值,常认为

$$\frac{\mathrm{d}N_r}{\mathrm{d}t} = \underset{(\text{进入}r\text{态率})}{\sum_s{}' u_{rs}N_s} - \underset{(\text{离开}r\text{态率})}{N_r\sum_s{}' u_{sr}},$$

这是直观统计的主方程,难以直接从力学推导(中间常要引入随机相位假设,比较玻尔兹曼方程的分子混沌拟设),可参考范霍甫早期的文章[③].

这方面近年来还有许多工作.(没有磁场及自旋复杂性的)一般情况下,正过程和逆过程的转移概率相等:$u_{sr}=u_{rs}$(细致平衡原理).平衡态时,

$$\frac{\mathrm{d}N_r}{\mathrm{d}t} = \sum_s{}' u_{rs}(N_s - N_r) = 0$$

要求 $N_s - N_r = 0$.因为如果

$$N_1 = N_2 = \cdots = N_l < N_{l+1} = \cdots = N_{l+k} < N_{l+k+1}$$

等等,则

$$\frac{\mathrm{d}N_r}{\mathrm{d}t} = 0, \quad 1 \leqslant r \leqslant l$$

要求

$$u_{r,l+1}(N_{l+1} - N_r) + u_{r,l+2}(N_{l+2} - N_r) + \cdots = 0,$$

但其中每项都是正数其和不可能为零.平衡态 N_r 全同是微正则系综所要求的,每态权重相等.

定义熵

① W. Pauli, *Sommerfeld Festschrift*(索末菲纪念文集), Leipzig, 1928, p. 30.

② 参考 C. Kittel, *Elementary Statistical Physics*, Wiley, New York 1958, § 36.

③ L. Van Hove, *Physica*, **21**(1955), 517.

$$S=-k\sum_r \frac{N_r}{N}\ln\frac{N_r}{N}=-kH,$$

其中

$$N=\sum_r N_r,\quad H=\sum_r \frac{N_r}{N}\ln\frac{N_r}{N};$$

则因为$\frac{\mathrm{d}N}{\mathrm{d}t}=0$,所以

$$\frac{\mathrm{d}S}{\mathrm{d}t}=-k\sum_r\left[\ln\frac{N_r}{N}+1\right]\frac{1}{N}\frac{\mathrm{d}N_r}{\mathrm{d}t}=-k\sum_r\left(\ln\frac{N_r}{N}\right)\frac{1}{N}\frac{\mathrm{d}N_r}{\mathrm{d}t},$$

将主方程代入,

$$\begin{aligned}\frac{\mathrm{d}S}{\mathrm{d}t}&=k\sum_{r\neq s}\sum\left(\frac{N_r-N_s}{N}\right)\left(\ln\frac{N_r}{N}\right)u_{rs}\\&=\frac{1}{2}k\sum_r\sum_s\left(\frac{N_r}{N}-\frac{N_s}{N}\right)\left\{\ln\frac{N_r}{N}-\ln\frac{N_s}{N}\right\}u_{rs}\geqslant 0,\end{aligned}$$

所以 H 定理或熵最大定理得证.

第9章 量子力学初步

9.1 量子力学的产生

9.1.1 发展简史

量子论发源于对黑体辐射的研究，进一步研究辐射与原子结构导致量子力学的建立.

自从普朗克（1858—1947，德）（1900）[1]提出辐射能量在被吸收或发射时以整个量子（其能量 $\varepsilon=h\nu$，这里 ν 是频率，而 h 后来称为**普朗克常量**）出现后，结合光谱的研究，玻尔（1885—1962，丹麦）（1913）[2]指出原子结构具有量子态，能量为 E_m 和 E_n 的两个量子态 m 和 n，其能量差与光谱频率 $\nu_{m\to n}$ 有下列关系：

$$\nu_{m\to n}=\frac{E_m-E_n}{h}.$$

在未与经典力学彻底决裂以前，一度认为量子态是在经典力学的运动状态（电子轨道）中附加所谓量子化条件

$$\oint p\mathrm{d}q=\left(n\text{ 或 }n+\frac{1}{2}\right)h\quad(n\text{ 为非负整数})$$

而选定，其中 q 和 p 是共轭的坐标和动量，$\oint$ 指一个运动周期的积分，这称为旧量子论.

原子的光谱线强度和极化与量子化的运动状态也有某种对应关系（玻尔对应原理）. 在这基础上，克拉默斯（1894—1952，荷）（1924）[3]凑出了色散关系；玻恩（1882—1970，德）（1924）[4]给出了微扰理论的推导，并第一次以量子力学作为标题.

在海森伯（1901—1976，德）（1925）提出直接用光谱实验测量到的频率和振幅来描述对辐射的吸收及发射的原子系统后，海森伯、玻恩和若尔当严格建立起用矩

---

① M. Planck, *Ann. Physik*, **4** (1901), 553.

② N. Bohr, *Phil. Mag.*, **26** (1913), 1, 471, 857.

③ H. A. Kramers, *Nature*, **113** (1924), 673; **114** (1924), 310.

④ M. Born, Über Quantenmechanik（论量子力学）, *Z. Physik*, **26** (1924), 379.

阵描述力学变量的量子力学(亦特称为矩阵力学)[①②];狄拉克(1902—1984,英)严格建立起用不满足乘法对易律的"量子"数,简称 q 数(与"经典"数,简称 c 数相对应)描述力学变量的量子力学[③].这两者在数学上是等价的,狄拉克也是听了海森伯的报告而后独立创建的.

另一方面,从普朗克的辐射量子论出发,进一步对辐射深入研究,爱因斯坦(1905)[④]提出辐射不在被吸收或发射时也是以量子状态存在.光量子的能量 ε 等于其频率 ν(或角频率 ω)与普朗克常数 h(或 $\hbar=h/2\pi$)的乘积,即

$$\varepsilon = h\nu = \hbar\omega,$$

并且相应有动量 $\boldsymbol{p}$,其大小为 $p=h/\lambda$,λ 为波长,或者用波矢量 $\boldsymbol{k}$ 表示为

$$\boldsymbol{p} = \hbar\boldsymbol{k}; \quad |\boldsymbol{k}| = \frac{2\pi}{\lambda} = \frac{1}{\lambda}, \quad \lambda\nu = \lambda\omega = c;$$

$\omega,\boldsymbol{k}$ 为四维波矢,c 是光速;以此解释了光电效应.

德布罗意(1892—1987,法)(1923)[⑤]受此启发提出了这种粒子与波的联系的普遍性,譬如对于电子也适用.电子的德布罗意波在 1927 年为戴维孙和革末[⑥]以及汤姆孙[⑦]各自独立进行的衍射实验所证实.

严肃认真地认为粒子是波,牛顿力学相当于几何光学,薛定谔(1887—1961,奥)(1926)[⑧]建立了波动力学,也解释了原子结构的量子态.他又证明了波动力学与量子力学的数学等价[⑨].

虽然原来出发时物理概念是有差别,薛定谔认为波是物质的结构,而玻恩等[⑩]认为波是粒子运动的统计描述.前面这种想法至今尚不能自圆其说,后面这种解释则是自洽的,但是否不允许更根本的解释也有时有人怀疑.

从这段发展史看来,严格(无论与实验比较或理论上检讨)和多方向性(群众性)都很重要,而核心是敢于革新,善于革新.量子力学与狭义相对论虽然都是 20

---

① W. Heisenberg, *Z. Physik*, **33**(1925), 879.

② M. Born, P. Jordan, *Z. Physik*, **34** (1925), 858.
M. Born P. Jordan, W. Heisenberg, *Z. Physik*, , **35** (1926), 557.
W. Heisenberg, P. Jordan, *Z. Physik*, **37** (1926), 263.

③ P. A. M. Dirac, *Proc. Roy. Soc.* (London), **A109**(1925), 642; **A110**(1926), 561; **A111**(1926), 281; **A114**(1927), 710.

④ A. Einstein, *Ann. Physik*, **17** (1905), 132.

⑤ L. de Broglie, *Comptes Rendus*, **177**(1923), 507; *Nature*, **112** (1928), 540.

⑥ C. J. Davisson, L. H. Germer, *Phys. Rev.*, **30**(1927), 705.

⑦ G. P. Thomson, *Nature*, **120**(1927), 802; *Proc. Roy. Soc.* (London), **A117** (1928), 600.

⑧ E. Schrödinger, *Ann. Physik*, **79**(1926), 361, 489; **80**(1926), 437; **81**(1926), 109.

⑨ E. Schrödinger, *Ann. Physik*, **79** (1926), 734.

⑩ M. Born, *Z. Physik*, **37** (1926), 863; **38** (1926), 803; *Nature*, **119** (1927), 354.
P. Jordan, *Z. Physik.*, **41** (1927), 797.
W. Heisenberg, *Z. Physik.*, **43** (1927), 172.

世纪物理理论的革新,但量子力学跟相对论有所不同:从将相对论仍归属于经典物理,而将量子论归属于量子物理的这种划分可见.因为在一般常见的事物中,相对论效应常是一个小的修正,而原子的存在,化学的反应,以至于生物的遗传则都是量子效应.经典物理中粒子和波的运动,在量子物理中被量子态代替.

下面定量地作简要介绍.

9.1.2 黑体辐射

黑体辐射指一真空密闭腔,腔壁维持在均匀温度 T,达到平衡时,腔中各频率的电磁波的能量有一定的分布(能量密度为 $u_\nu \mathrm{d}\nu$).实验观察时可在腔壁开一小口(小到不影响腔中平衡),单位小孔面积向外辐射的能量则是$c/4$倍腔中能量密度(参考习题 9.1).

1. 黑体辐射等效于辐射振子的力学系统

为计算腔内平衡态的能量密度,先将这腔中的电磁场用简正坐标表示为力学系统,具体作法如下:为简单起见取腔为立方体,体积 $V=L^3$,L 为边长.引入矢势 $\boldsymbol{A}(\boldsymbol{r},t)$来描述电磁场(本书采用国际单位制.关于电磁量,量子力学文献中常使用高斯单位制.为了读者阅读文献的方便,我们指出,只要在本书后面几章的有关表达式中作以下变换

$$4\pi\varepsilon_0 \to 1,\quad \varepsilon_0\mu_0 \to 1/c^2;$$

$$\boldsymbol{A}\to\boldsymbol{A}/c,\quad \boldsymbol{B}\to\boldsymbol{B}/c,\quad \boldsymbol{m}_{磁}\to c\boldsymbol{m}_{磁},\quad \boldsymbol{H}\to c\boldsymbol{H}/4\pi,\quad \boldsymbol{D}\to\boldsymbol{D}/4\pi;$$

就可得到高斯单位制的相应表达式,其中 ε_0 和 μ_0 为真空的电容率和磁导率,$\boldsymbol{B}$,$\boldsymbol{m}_{磁}$,$\boldsymbol{H}$,$\boldsymbol{D}$ 则分别为磁感应强度、磁矩、磁场强度、电位移.后面还将在有关地方再次提醒.关于较详细情况,见本书第 2 章,尤其是 2.1.4 节).电场强度 $\boldsymbol{E}$ 和磁感应强度 $\boldsymbol{B}$ 为

$$\boldsymbol{E}=-\frac{\partial\boldsymbol{A}}{\partial t},\quad \boldsymbol{B}=\nabla\times\boldsymbol{A},$$

则麦克斯韦方程化为矢势 $\boldsymbol{A}$ 需满足的方程

$$\nabla\cdot\boldsymbol{A}=0,\quad \nabla^2\boldsymbol{A}-\frac{\partial^2}{c^2\partial t^2}\boldsymbol{A}=0.$$

采用周期性边界条件而将 $\boldsymbol{A}$ 展开为

$$\boldsymbol{A}(\boldsymbol{r},t)=\sum_\lambda q_\lambda(t)\boldsymbol{A}_\lambda(\boldsymbol{r}),$$

其中

$$\nabla^2\boldsymbol{A}_\lambda+\frac{1}{c^2}\omega_\lambda^2\boldsymbol{A}_\lambda=0,\quad \nabla\cdot\boldsymbol{A}_\lambda=0;$$

$\boldsymbol{A}_\lambda$ 是周期函数,譬如

$$\boldsymbol{A}_\lambda = \sqrt{\frac{2}{V\varepsilon_0}}\boldsymbol{e}_\lambda \cos(\boldsymbol{k}_\lambda \cdot \boldsymbol{r}) \text{ 及 } \sqrt{\frac{2}{V\varepsilon_0}}\boldsymbol{e}_\lambda \sin(\boldsymbol{k}_\lambda \cdot \boldsymbol{r}),$$

这里 cos 和 sin 都算,但 $\boldsymbol{k}$ 与 $-\boldsymbol{k}$ 只取一个波矢 $\boldsymbol{k}$ 作为 $\boldsymbol{k}_\lambda$. 满足周期边界条件要求

$$\boldsymbol{k}_\lambda = \frac{2\pi}{L}(n_x, n_y, n_z) \quad (n_x, n_y, n_z \text{ 为整数}),$$

而 $\nabla \cdot \boldsymbol{A}_\lambda = 0$ 则要求

$$\boldsymbol{e}_\lambda \cdot \boldsymbol{k}_\lambda = 0;$$

所以给定了 $\boldsymbol{k}$,还有两个 $\boldsymbol{e}_\lambda$ 可选取,即代表两个线偏振方向. 又要求角频率 ω_λ 满足

$$\omega_\lambda^2 = c^2 \boldsymbol{k}_\lambda^2,$$

以使

$$\nabla^2 \boldsymbol{A}_\lambda + \frac{1}{c^2}\omega_\lambda^2 \boldsymbol{A}_\lambda = 0.$$

因此

$$\nabla^2 \boldsymbol{A} - \frac{\partial^2}{c^2 \partial t^2}\boldsymbol{A} = 0$$

给出

$$\frac{\mathrm{d}^2}{\mathrm{d}t^2}q_\lambda + \omega_\lambda^2 q_\lambda = 0,$$

此为简正坐标 q_λ 的运动方程. 整个系统的能量为

$$\int_V \frac{\varepsilon_0 E^2 + B^2/\mu_0}{2}\mathrm{d}\boldsymbol{r} = \frac{1}{2}\sum_\lambda \left\{ \left(\frac{\mathrm{d}q_\lambda}{\mathrm{d}t}\right)^2 + \omega_\lambda^2 q_\lambda^2 \right\}.$$

因为

$$\int_V (\boldsymbol{A}_\lambda \cdot \boldsymbol{A}_\mu)\mathrm{d}\boldsymbol{r} = \frac{1}{\varepsilon_0}\delta_{\lambda\mu},$$

所以电场部分,

$$\int_V \frac{\varepsilon_0 E^2}{2}\,\mathrm{d}\boldsymbol{r} = \frac{\varepsilon_0}{2}\sum_\lambda \sum_\mu \left(-\frac{\mathrm{d}q_\lambda}{\mathrm{d}t}\right)\left(-\frac{\mathrm{d}q_\mu}{\mathrm{d}t}\right)\frac{1}{\varepsilon_0}\delta_{\lambda\mu} = \frac{1}{2}\sum_\lambda \left(\frac{\mathrm{d}q_\lambda}{\mathrm{d}t}\right)^2.$$

而对于磁场部分,

$$B^2 = \boldsymbol{B} \cdot \nabla \times \boldsymbol{A} = \nabla \cdot (\boldsymbol{A} \times \boldsymbol{B}) + \boldsymbol{A} \cdot (\nabla \times \boldsymbol{B})$$

中前一项对积分无贡献,后一项为

$$\begin{aligned}\boldsymbol{A} \cdot (\nabla \times \boldsymbol{B}) &= \boldsymbol{A} \cdot \nabla \times (\nabla \times \boldsymbol{A}) \\ &= A \cdot (\nabla\nabla \cdot \boldsymbol{A} - \nabla^2 \boldsymbol{A}) = -\boldsymbol{A} \cdot \nabla^2 \boldsymbol{A},\end{aligned}$$

最后一个等式是由于 $\nabla \cdot \boldsymbol{A} = 0$;所以

$$\int_V \frac{B^2}{2\mu_0}\,\mathrm{d}\boldsymbol{r} = \frac{1}{2\mu_0}\sum_\lambda \sum_\mu q_\lambda q_\mu \frac{1}{\varepsilon_0}\delta_{\lambda\mu} k_\mu^2 = \frac{1}{2}\sum_\lambda c^2 k_\lambda^2 q_\lambda^2 = \frac{1}{2}\sum_\lambda \omega_\lambda^2 q_\lambda^2.$$

这样,黑体辐射的平衡态便相当于一系列谐振子的力学系统的平衡态,哈密顿

函数为

$$H = \sum_{\lambda} \frac{1}{2}(p_{\lambda}^{2} + \omega_{\lambda}^{2} q_{\lambda}^{2});$$

其正则方程为

$$\frac{\mathrm{d}q_{\lambda}}{\mathrm{d}t} = p_{\lambda}, \quad \frac{\mathrm{d}p_{\lambda}}{\mathrm{d}t} = -\omega_{\lambda}^{2} q_{\lambda},$$

与其运动方程重合.

2. 瑞利-金斯公式

对于辐射振子,因为 $k=0$ 时只有 $\cos(\boldsymbol{k}_{\lambda} \cdot \boldsymbol{r})$ 一个 λ,而 $k \neq 0$ 时 $\boldsymbol{k}_{\lambda}$ 和 $-\boldsymbol{k}_{\lambda}$ 算一个 k_{λ} 但有 cos 和 sin 算两个 λ;再考虑到每个 $\boldsymbol{k}$ 有两个 $\boldsymbol{e}$ 也算两个 λ. 所以,频率在 ν 到 $\nu+\mathrm{d}\nu$ 的振子总数为

$$\begin{aligned} &\sum_{\lambda} 1 \mid \text{限制 } \omega_{\lambda} = 2\pi\nu \text{ 到 } 2\pi(\nu + \mathrm{d}\nu) \\ &\quad = 2 \sum_{n_x, n_y, n_z} \Delta n_x \Delta n_y \Delta n_z \mid \text{限制 } \sqrt{n_x^2 + n_y^2 + n_z^2} = \frac{L}{c}\nu \text{ 到 } \frac{L}{c}(\nu + \mathrm{d}\nu) \\ &\quad = L^3 \frac{8\pi\nu^2 \mathrm{d}\nu}{c^3}. \end{aligned}$$

根据经典统计物理的能量均分定理,每个振子的平均能量为(此处用 U 免得与电场 E 混淆)

$$U = \frac{\int H \mathrm{e}^{-H/kT} \mathrm{d}p \mathrm{d}q}{\int \mathrm{e}^{-H/kT} \mathrm{d}p \mathrm{d}q} = kT,$$

这里 T 是温度,k 是玻尔兹曼常量(不要与波数 k 混淆). 所以得到

$$u_{\nu} \mathrm{d}\nu = \frac{8\pi\nu^2}{c^3} kT \mathrm{d}\nu.$$

这就是瑞利(1900)[①]-金斯(1905)[②]公式,它与鲁本斯和库尔鲍姆(1900～1901)[③]的长波长实验符合,但与短波长实验不合;也不可能符合,因为 ν 没有上限,瑞利公式给出无限大热容,由于腔的自由度是无穷多个.

3. 斯特藩-玻尔兹曼定律

在这以前,玻尔兹曼(1884)[④]从辐射压强

$$p = \frac{1}{3} u,$$

---

① Lord Rayleigh, *Phil. Mag.*, **49** (1900), 539; *Nature*, **72**(1905), 54, 243.

② J. H. Jeans, *Phil. Mag.*, **10** (1905), 91.

③ H. Rubens, F. Kurlbaum, *Ann. Physik*, **4**(1901), 649.

④ L. E. Boltzmann, *Wied. Ann. Phys.*, **22**(1884), 291.

其中 $u=\int_0^\infty u_\nu \mathrm{d}\nu$ 为总能量密度，以及热力学第二定律，

$$\mathrm{d}(uV)+p\mathrm{d}V=T\mathrm{d}S,$$

其中 S 是熵，V 是体积；由 $\mathrm{d}S$ 为全微分得

$$\mathrm{d}S=\frac{V}{T}\frac{\partial u}{\partial T}\mathrm{d}T+\frac{4u}{3T}\mathrm{d}V,$$

所以

$$\frac{\partial}{\partial V}\left(\frac{V}{T}\frac{\partial u}{\partial T}\right)-\frac{\partial}{\partial T}\left(\frac{4u}{3T}\right)=0,\quad \text{即}\quad \frac{\partial u}{\partial T}-4\frac{u}{T}=0,$$

积分得到下列定律：黑体辐射的能量密度与绝对温度的四次方成正比，即

$$u=aT^4,$$

而斯特藩(1879)①早就从实验上发现了这条定律，因此，现在称为斯特藩-玻尔兹曼定律，其中 a 是一常量，现在通常把 $\sigma=\frac{1}{4}ac$ 称为斯特藩常量.

4. 维恩公式

类似但更细致的考虑，利用运动界面反射电磁波时的多普勒效应，维恩(1893)②证明了

$$u_\nu \mathrm{d}\nu=\nu^3\varphi\left(\frac{\nu}{T}\right)\mathrm{d}\nu,$$

其中 $\varphi\left(\frac{\nu}{T}\right)$ 是变量 ν/T 的任意函数. 仿效麦克斯韦分子速度分布律，维恩(1896)③提出半经验式

$$u_\nu \mathrm{d}\nu \propto \nu^3 \mathrm{e}^{-c_2/\lambda T}\mathrm{d}\nu,$$

其中 $\lambda=c/\nu$ 为波长，c_2 称为第二辐射常量；这与短波长实验符合，但与长波长实验不合. 实验的高度精确使不同的插值公式可以甄别.

5. 普朗克公式④

普朗克(1900 年 10 月 19 日)在德国柏林物理学会会议上提出的插值公式是用如下方式凑出来的. 根据能量与平均值偏差的统计力学关系，有(参考 7.4 节)

$$\overline{(H-U)^2}=kT^2\frac{\mathrm{d}U}{\mathrm{d}T}=-k\bigg/\frac{\mathrm{d}}{\mathrm{d}U}\left(\frac{1}{T}\right).$$

对于维恩公式，

---

① J. Stefan, *Wien. Ber.*, **79** (1879), 391.

② W. Wien, *Berl. Ber.*, (1893), 55.

③ W. Wien, *Wied. Ann.*, **52**(1894), 132; **58** (1896), 662.

④ M. Planck, *Verhl. d. D. Phys. Ges.*, **2**(1900). 202(公式), 237(推导); *Ann. Physik*, **1** (1900), 69, 719; **4**(1901) 553.

$$U = \gamma\nu e^{-\frac{c_2\nu}{cT}},$$

其中 γ 是常量，得

$$\frac{1}{T} = -\frac{c}{c_2\nu}\ln\frac{U}{\gamma\nu}, \quad \frac{d}{dU}\left(\frac{1}{T}\right) = -\frac{c}{c_2\nu U},$$

于是

$$\overline{(H-U)^2} = \frac{kc_2\nu}{c}U;$$

对于瑞利公式，有

$$U = kT, \quad \frac{1}{T} = \frac{k}{U}, \quad \frac{d}{dU}\left(\frac{1}{T}\right) = -\frac{k}{U^2},$$

因而

$$\overline{(H-U)^2} = U^2.$$

普朗克取偏差方和(两个独立因素引致总的偏差方和为各因素独立引致的各偏差方的和)作为插值，

$$\overline{(H-U)^2} = U^2 + \frac{kc_2\nu}{c}U = -k\Big/\frac{d}{dU}\left(\frac{1}{T}\right),$$

因而

$$\frac{d}{dU}\left(\frac{1}{T}\right) = \frac{-k}{U(U+kc_2\nu/c)} = \frac{c}{c_2\nu}\left[\frac{1}{U+kc_2\nu/c} - \frac{1}{U}\right],$$

进行积分后得到

$$\frac{1}{T} = \frac{c}{c_2\nu}\ln\frac{U+kc_2\nu/c}{U},$$

即

$$U = \frac{kc_2\nu/c}{e^{c_2\nu/cT}-1} = \frac{h\nu}{e^{h\nu/kT}-1},$$

其中 $h=kc_2/c$ 称为普朗克常量(k 为玻尔兹曼常量，而 $c_2=hc/k$ 为前面维恩公式中的第二辐射常量)结果得到黑体辐射的能量分布为

$$u_\nu d\nu = \frac{8\pi\nu^2}{c^3}\frac{h\nu}{e^{h\nu/kT}-1}d\nu,$$

这就是普朗克公式，它包括维恩公式和瑞利公式作为两端的近似，并与短波长、长波长及中间波长的实验比较完全一致(陆末-普林斯海姆实验[①]，鲁本斯-库尔鲍姆实验[②]及帕邢(1901)实验[③])．并且由此给出

---

① O. R. Lummer, E. Pringsheim, *Verhl. d. D. Phys. Ges.*, **2**(1900), 163; *Ann. Physik.*, **6**(1901), 192.

② H. Rubens, F. Kurlbaum, *Ann. Physik*, **4**(1901), 649.

③ F. Paschen, *Ann. Physik*, **4**(1901), 277.

$$h = 6.55 \times 10^{-34}\ \mathrm{Js},\ k = 1.346 \times 10^{-23}\ \mathrm{JK^{-1}},$$

这相当于

$$N = 6.175 \times 10^{23}\ \mathrm{mol^{-1}},$$

与当时梅耶(1899)①的值

$$N = 6.40 \times 10^{23}\ \mathrm{mol^{-1}}$$

符合. 根据普朗克公式容易求得(参见习题 9.1)

$$a = \frac{8\pi^5 k^4}{15c^3 h^3},\quad \sigma = \frac{2\pi^5 k^4}{15c^2 h^3}.$$

两个月后,普朗克(1900 年 12 月 14 日)②又在柏林物理学会上给他的公式以量子说明(参见习题 9.2),这就是量子论的生日. 他宣称:辐射能量在吸收或发射时以整个量子进行,频率 ν 的辐射其量子能量为 $\varepsilon = h\nu$. 频率 ν 的辐射振子的能量 E_n 只能取其量子 ε 的整数倍数 $n\varepsilon$,从

$$U = \frac{\sum\limits_n E_n \mathrm{e}^{-E_n/kT}}{\sum\limits_n \mathrm{e}^{-E_n/kT}},$$

其中 $E_n = n\varepsilon = nh\nu$,也得出平均能量

$$U = \frac{\varepsilon}{\mathrm{e}^{\varepsilon/kT} - 1} = \frac{h\nu}{\mathrm{e}^{h\nu/kT} - 1}.$$

谐振子平均能量的量子论公式也被爱因斯坦(1907)③和德拜(1912)④引用来解释固体低温的热容比杜隆-珀蒂(1819)定律⑤所给为低的原因(见前第 7 章 7.3 节).

辐射振子的量子态 $E_n = nh\nu$ 先是将它看做经典轨道(参量表示式

$$q(t) = \sqrt{\frac{nh}{\pi\omega}}\sin(\omega t + \varphi),$$

$$p(t) = \frac{\mathrm{d}q(t)}{\mathrm{d}t} = \sqrt{\frac{nh\omega}{\pi}}\cos(\omega t + \varphi)$$

的轨道,相当于能量为

$$\frac{1}{2}(p^2 + \omega^2 q^2) = nh\nu$$

者)满足量子化条件

---

① O. E. Meyer, *Kinetic Theory of Gases*, 1899, p. 299f.

② M. Planck, *Ann. Physik*, **4** (1901), 553.

③ A. Einstein, *Ann. Physik*, **22**(1907), 180, 800; **34**(1911), 170, 590.

④ P. Debye, *Ann. Physik*, **39**(1912), 789.

⑤ P. L. Dulong, A. T. Petit, *Ann. Chim.*, **10**(1819), 395.

$$\oint p\mathrm{d}q = nh$$

而选出者,$\oint$ 积分表示沿一周期从 $t=0$ 到 $t=2\pi/\omega$. 这样,在相空间 p,q 中每块面积 h 相当于一个量子态.

9.1.3 原子结构和原子光谱

闭合轨道的这样的量子化条件被玻尔①采用到原子结构中. 按卢瑟福 α 粒子散射实验②,原子中心有集中几乎全部质量的原子核,周围有电子运动. 玻尔考虑氢原子,核近似不动在坐标原点,电子质量为 m,电荷为 $e(=-|e|)$,在半径为 r 的圆周轨道上以匀速 v 旋转,与核电荷 $|e|$ 之间的吸引力 $e^2/(4\pi\varepsilon_0)r^2$ 提供向心力,mv^2/r,所以 $mv^2r=e^2/(4\pi\varepsilon_0)$;这里 ε_0 是真空电容率,高斯单位制中没有此$(4\pi\varepsilon_0)$因子. 应用量子化条件 $\oint p\mathrm{d}q=nh$ 到 p 为角动量 $p_\varphi=mvr$ 而 q 为角坐标 φ 时,注意到角动量守恒,得到

$$mvr = nh/2\pi = n\hbar,$$

其中 $\hbar\equiv h/2\pi$. 选出的玻尔轨道的速度 v_n 和半径 r_n 为

$$v_n = \frac{e^2}{(4\pi\varepsilon_0)n\hbar}, \quad r_n = \frac{(4\pi\varepsilon_0)n^2\hbar^2}{me^2};$$

而量子态的能量为

$$E_n = \frac{1}{2}mv_n^2 - \frac{e^2}{(4\pi\varepsilon_0)r_n} = -\frac{1}{n^2}\left(\frac{me^4}{2(4\pi\varepsilon_0)^2\hbar^2}\right).$$

从量子态 n 向量子态 2 跃迁时,电子的能量损失了

$$E_n - E_2 = \frac{me^4}{2(4\pi\varepsilon_0)^2\hbar^2}\left(\frac{1}{4}-\frac{1}{n^2}\right),$$

相应发出光谱频率为

$$\nu_{n\to 2} = (E_n - E_2)/h = R_\infty c\left(\frac{1}{4}-\frac{1}{n^2}\right),$$

或波数为

$$\tilde{\nu}_{n\to 2} = \frac{1}{\lambda_{n\to 2}} = \frac{1}{c}\nu_{n\to 2} = (E_n - E_2)/hc = R_\infty\left(\frac{1}{4}-\frac{1}{n^2}\right),$$

其中 R_∞ 为里德伯(1854—1919,瑞典)常量③,它的表达式和光谱测定值为

$$R_\infty = \frac{me^4}{2(4\pi\varepsilon_0)^2\hbar^2 hc} = 10\ 973\ 731.568\ 527(73)\ \mathrm{m}^{-1};$$

---

① N. Bohr, *Phil. Mag.*, **26** (1913), 1, 471, 857.

② E. Rutherford, *Phil. Mag.*, **21** (1911), 669.

③ J. R. Rydberg, *Phil. Mag.*, **29**(1890), 331.

$$R_{\infty}c=\frac{me^4}{2(4\pi\varepsilon_0)^2\hbar h}=3.289\,841\,960\,361(22)\times 10^{15}\ \mathrm{Hz};$$

而按当时的基本常量算出的 $R_{\infty}c$ 值为 3.26×10^{15} Hz，与实验数据符合. 不同的 $n=3,4,\cdots$ 构成巴耳末系[①]. 同样，

$$\tilde{\nu}_{n\to 3}=R_{\infty}\left(\frac{1}{9}-\frac{1}{n^2}\right),\quad n=4,5,\cdots,$$

构成帕邢系（1908 发现前两条）[②]. 玻尔理论建立于 1913 年，而莱曼系[③]

$$\tilde{\nu}_{n\to 1}=R_{\infty}\left(1-\frac{1}{n^2}\right),\quad n=2,3,\cdots,$$

于 1914 年发现；布拉开系[④]

$$\tilde{\nu}_{n\to 4}=R_{\infty}\left(\frac{1}{16}-\frac{1}{n^2}\right),\quad n=5,6,\cdots,$$

于 1922 年发现；普丰德系[⑤].

$$\tilde{\nu}_{n\to 5}=R_{\infty}\left(\frac{1}{25}-\frac{1}{n^2}\right),\quad n=6,7,\cdots,$$

于 1924 年发现. 这样，光谱线与原子的两个量子态有关

$$\nu_{m\to n}=\frac{E_m-E_n}{h},$$

称为普朗克-玻尔关系.

9.1.4 玻尔对应原理

玻尔拒绝用经典力学和电动力学研究量子态间的跃迁过程的详细描述. 他指出当 $m=n+\tau$（n 大时）有

$$\nu_{n+\tau\to n}=\frac{me^4}{h\cdot 2(4\pi\varepsilon_0)^2\hbar^2}\left(\frac{1}{n^2}-\frac{1}{(n+\tau)^2}\right)$$
$$\approx\frac{me^4}{2\pi(4\pi\varepsilon_0)^2\hbar^3 n^3}\,\tau,$$

与经典的轨道频率

$$\nu_n=\frac{v_n}{2\pi r_n}=\frac{me^4}{2\pi(4\pi\varepsilon_0)^2\hbar^3 n^3}$$

的 τ 倍频相当；所以，他进一步假设，$n+\tau\to n$ 跃迁所发射的光谱线的强度及其极化方向，也与第 n 个量子化轨道的振幅的傅里叶展开中的 τ 倍频系数有关. 这就是著

① J. J. Balmer, *Ann. Physik*, **25**(1885), 80.

② F. Paschen, *Ann. Physik*, **27**(1908), 565.

③ T. Lyman, *Phys. Rev.*, **3**(1914), 504.

④ F. S. Brackett, *Nature*, **109**(1922), 209.

⑤ H. A. Pfund, *J. Opt. Soc. Am.*, **9**(1924), 193.

名的**玻尔对应原理**①.

在这个基础上,克拉默斯(1924)②凑出了色散关系(参见第10章习题10.4),对于原子的感生电偶极矩 $\boldsymbol{p}$ 与(微弱)外辐射场 $\boldsymbol{E}$ 的比值,即原子极化率 α 可表示为

$$\alpha = \frac{\boldsymbol{p}}{\boldsymbol{E}} = (4\pi\varepsilon_0)\frac{c^3}{32\pi^4}\left\{\sum_i \frac{A_{i\to 1}}{\nu_i^2(\nu_i^2-\nu^2)} - \sum_j \frac{A_{1\to j}}{\nu_j^2(\nu_j^2-\nu^2)}\right\},$$

其中 $A_{m\to n}$ 为单位时间从 m 态向 n 态的自发跃迁概率,ν 是入射光(辐射场)频率,而 $\nu_i=(E_i-E_1)/h$,$\nu_j=(E_1-E_j)/h$. 这里假设电场使在态1上,否则要乘以处于态1的原子数 N_1,并对1求和. 现在一般将上式称为克拉默斯-海森伯色散公式.

玻恩(1924)③给出了振动系统受微扰的普遍方法(也包含克拉默斯色散关系),并第一次用量子力学作为文章的标题. 他指出,对于物理量 Φ,经典⟶量子的关系普遍为

$$\tau\frac{\partial\Phi}{\partial J} = \frac{1}{h}\tau\frac{\partial}{\partial n}\Phi \longrightarrow \frac{1}{h}[\Phi(n+\tau)-\Phi(n)],$$

或者

$$\tau\frac{\partial}{\partial n}\Phi \longrightarrow \Phi(n+\tau)-\Phi(n);$$

其中 J 是作用量,h 是作用量子(普朗克常量).

下面将可看到,量子力学就是玻尔对应原理的严格表述.

9.1.5 矩阵力学④

海森伯(1925)认为物理中只应该用可观察量,他建议消除原子轨道(其大小和频率等),而直接用其吸收或发射的光的频率和强度(更好些是用振幅)来描述. 注意到量子论与经典理论的如下相似点:

---

① N. Bohr, On the Quantum Theory of Line Spectra, *Dansk. Vidensk, Selsk. Scriftcr*, Naturvidensk. og Mathem. Afd. 8, Række, Ⅳ. **1**, Nr. 1—3(1918—1922); *The Theory of Spectra and Atomic Constitution*, Cambridge Univ. Press, New York, 1922.

② H. A. Kramers, *Nature*, **113** (1924), 673; **114** (1924), 310.
H. A. Kramers, W. Heisenberg, *Z. Physik*, **31** (1925), 681.

③ M. Born, Über Quantenmechanik(论量子力学), *Z. Physik*, **26** (1924), 379.

④ W. Heisenberg, *Z. Physik*, **33** (1925), 879
M. Born, P. Jordan, *ibid*, **34** (1925), 858.
M. Born, P. Jordan, W. Heisenberg, *ibid*, **35** (1926), 557.
W. Heisenberg, P. Jordan, *ibid*, **37** (1926), 263.
P. A. M. Dirac, *Proc. Roy. Soc.* (London), **A109** (1925), 642; **A110** (1926), 561; **A111** (1926), 281; **A114** (1927), 710.

量子论	经典理论
$\nu(n,n-\tau)=\frac{1}{h}\{E(n)-E(n-\tau)\}$ 普朗克-玻尔关系	$\nu(n,\alpha)=\alpha\nu(n)=\alpha\frac{\mathrm{d}W}{\mathrm{d}J}=\frac{\alpha}{h}\frac{\mathrm{d}W}{\mathrm{d}n}\quad(J=nh)$
$\nu(n,n-\alpha)+\nu(n-\alpha,n-\alpha-\beta)=\nu(n,n-\alpha-\beta)$ 里茨组合原理[1]	$\nu(n,\alpha)+\nu(n,\beta)=\nu(n,\alpha+\beta)$ 傅里叶级数(两级数组合)

海森伯引入(省去取实数部分 Re 冠词)

$A(n,n-\alpha)\mathrm{e}^{2\pi i\nu(n,n-\alpha)t}$	$A_\alpha(n)\mathrm{e}^{2\pi i\nu(n)\alpha t}$

并注意到其与后者的对应关系，相当于将经典理论中傅里叶级数的乘法 $z=xy$ 引入对应的乘法规则如下：

$x(t)=\sum A(n,n-\alpha)\mathrm{e}^{2\pi i\nu(n,n-\alpha)t}$	$x(n,t)=\sum_{\alpha=-\infty}^{\infty}A_\alpha(n)\mathrm{e}^{2\pi i\nu(n)\alpha t}$
$y(t)=\sum B(n,n-\alpha)\mathrm{e}^{2\pi i\nu(n,n-\alpha)t}$	$y(n,t)=\sum_{\alpha=-\infty}^{\infty}B_\alpha(n)\mathrm{e}^{2\pi i\nu(n)\alpha t}$
$z(t)=\sum C(n,n-\alpha)\mathrm{e}^{2\pi i\nu(n,n-\alpha)t}$	$z(n,t)=\sum_{\alpha=-\infty}^{\infty}C_\alpha(n)\mathrm{e}^{2\pi i\nu(n)\alpha t}$
$C(n,n-\beta)=\sum_{\alpha=-\infty}^{\infty}A(n,n-\alpha)\times B(n-\alpha,n-\beta)$	$C_\beta(n)=\sum_{\alpha=-\infty}^{\infty}A_\alpha(n)B_{\beta-\alpha}(n)$

量子论中乘法关系由里茨组合原理决定.那时理论物理学者对数学的矩阵不熟悉,而玻恩求学于希尔伯特,数学较好,他发现此乘法即矩阵乘法,经典力学中的傅里叶级数改换为量子力学的矩阵

$$x(t)=(A_{nm}\mathrm{e}^{2\pi i\nu_{nm}t}),$$
$$y(t)=(B_{nm}\mathrm{e}^{2\pi i\nu_{nm}t}),$$

则有

$$z(t)=x(t)y(t)=(C_{nm}\mathrm{e}^{2\pi i\nu_{nm}t}),$$
$$C_{nm}=\sum_k A_{nk}B_{km}.$$

由于玻尔关系和里茨组合原理

① W. Ritz. Über ein neues Gesetz der Serienspektren(关于谱线系的一个新原则), *Phys. Zeits.*, **9** (1908), 521; *Astrophys. J.*, **28**(1908), 237.

$$\nu_{nk} + \nu_{km} = \nu_{nm},$$

$$\frac{1}{h}(E_n - E_k) + \frac{1}{h}(E_k - E_m) = \frac{1}{h}(E_n - E_m).$$

相应于经典傅里叶级数展开的$\oint p\mathrm{d}q = nh$（也有时用$(n+1/2)h$）（量子化条件）即用 $J = nh$

$$1 = \frac{\mathrm{d}}{\mathrm{d}J}\oint p\mathrm{d}q = \frac{\mathrm{d}}{\mathrm{d}J}\int_0^{1/\nu} p\,\frac{\mathrm{d}q}{\mathrm{d}t}\,\mathrm{d}t,$$

$$\int_0^{1/\nu} p\,\frac{\mathrm{d}q}{\mathrm{d}t}\,\mathrm{d}t = \sum_\tau \sum_{\tau'} \int_0^{1/\nu} q_\tau(n)\mathrm{e}^{2\pi\mathrm{i}\nu(n)\tau t}\, 2\pi\mathrm{i}\nu(n)\tau p_{\tau'}(n)\mathrm{e}^{2\pi\mathrm{i}\nu(n)\tau' t}\,\mathrm{d}t$$

$$= 2\pi\mathrm{i}\sum_{\tau=-\infty}^{\infty} \tau q_\tau(n) p_{-\tau}(n) = J,$$

对 $J = nh$ 微分得

$$\sum_{\tau=-\infty}^{\infty}\left(\tau\frac{\partial}{\partial n}\right) q_\tau(n) p_{-\tau}(n) = \frac{h}{2\pi\mathrm{i}},$$

这个经典关系对应有量子关系

$$\sum_\tau \{q_\tau(n+\tau)p_{-\tau}(n+\tau) - q_\tau(n)p_{-\tau}(n)\} = \frac{h}{2\pi\mathrm{i}},$$

或

$$\sum_{-\infty}^{\infty}\{q(n+\tau,n)p(n,n+\tau) - q(n,n-\tau)p(n-\tau,n)\} = \frac{h}{2\pi\mathrm{i}}.$$

这式代表矩阵方程

$$pq - qp = \frac{h}{2\pi\mathrm{i}} \equiv \frac{\hbar}{\mathrm{i}}$$

的对角部分.非对角部分先设为零（玻恩）后证明为零（若尔当）.

这样，经典力学系统以哈密顿函数 $H = H(q,p)$ 描述者，其运动方程为

$$\frac{\mathrm{d}q}{\mathrm{d}t} = \dot{q} = \frac{\partial H}{\partial p},\quad \frac{\mathrm{d}p}{\mathrm{d}t} = \dot{p} = -\frac{\partial H}{\partial q};$$

作为量子力学系统，同样哈密顿函数 $H = H(q,p)$（其中 q,p 为矩阵，乘法次序有关系）和同样运动方程

$$q(t) = (q_{mn}\mathrm{e}^{2\pi\mathrm{i}\nu_{mn}t}),$$

$$\dot{q}(t) = (2\pi\mathrm{i}\nu_{mn}q_{mn}\mathrm{e}^{2\pi\mathrm{i}\nu_{mn}t}).$$

保守系统的 $H(q,p)$ 不明显依赖于 t，有$\frac{\partial H}{\partial t} = 0$，从

$$\frac{\mathrm{d}F}{\mathrm{d}t} = \frac{\partial F}{\partial t} + \frac{\partial F}{\partial q}\dot{q} + \frac{\partial F}{\partial p}\dot{p} = \frac{\partial F}{\partial t} + \frac{\partial F}{\partial q}\frac{\partial H}{\partial p} - \frac{\partial F}{\partial p}\frac{\partial H}{\partial q}$$

$$= \frac{\partial F}{\partial t} + [F,H]$$

得 $\frac{\mathrm{d}H}{\mathrm{d}t}=0$,即能量守恒.所以 H 矩阵为对角矩阵.求定态能级的问题即是把哈密顿矩阵对角化,并考虑到量子化条件.

矩阵力学的运动方程即矩阵方程

$$\dot{q}=\frac{\partial H}{\partial p}=\frac{2\pi\mathrm{i}}{h}[Hq-qH]=[q,H],$$

$$\dot{p}=-\frac{\partial H}{\partial q}=\frac{2\pi\mathrm{i}}{h}[Hp-pH]=[p,H].$$

从量子条件

$$pq-qp=\frac{\hbar}{\mathrm{i}},\quad \text{即}\quad [q,p]=1$$

知道,矩阵必然是无穷行无穷列,因为有限行有限列的矩阵 $AB-BA$ 的对角元和恒等于零,与量子化条件不相容.玻恩和维纳(1926)①证明无穷矩阵实即算符的表示,

$$p=\frac{\hbar}{\mathrm{i}}\frac{\partial}{\partial q},$$

满足量子化条件.

狄拉克在听了海森伯的演讲后,考虑观察量在量子力学中用 q 数表示(不同于经典力学中用 c 数表示,c 数即普通实数,而 q 数乘法不满足对易律)(1925,1926),实际也就是算符.狄拉克证明,将经典力学系统改做量子力学系统,只需将泊松括号定义改变:

$$[\xi,\eta]=\sum_r\left\{\frac{\partial\xi}{\partial q_r}\frac{\partial\eta}{\partial p_r}-\frac{\partial\eta}{\partial q_r}\frac{\partial\xi}{\partial p_r}\right\}\quad \text{经典力学}$$

$$[\xi,\eta]=\frac{\xi\eta-\eta\xi}{\mathrm{i}\hbar}\quad \text{量子力学}$$

即可.量子化条件为

$$[q_r,q_s]=0,\quad [p_r,p_s]=0,\quad [q_r,p_s]=\delta_{rs};$$

而运动方程在海森伯绘景为

$$\frac{\mathrm{d}\xi}{\mathrm{d}t}=[\xi,H]+\frac{\partial\xi}{\partial t},$$

其中 H 为系统的哈密顿量.

海森伯(随之玻恩和狄拉克)使经典力学系统不必先求解然后量子化,而是直接化为量子力学系统再求解,这样将经典力学⟶量子力学.

① M. Born, N. Wiener, *Z. Physik*, **36** (1926), 174.

9.1.6 波动力学

另外一条发展道路(波动力学)也是从普朗克量子出发,对于光的量子,不仅在吸收和发射时而且即使在传输时也是处于量子状态.爱因斯坦(1905)[①]根据 $h\nu$ 解释了光电效应,逸出电子最大动能为 $h\nu - e\varphi$($e\varphi$ 为逸出表面时的逸出功损失).根据相对论,光量子除能量 $h\nu$ 外,尚有动量 $h\nu/c$,这解释了康普顿效应(1922)[②].如图9.1所示,频率为 ν 的X射线,经轻元素散射后频率下降为 ν',一部分能量动量给予(基本上是自由的)电子.由能量守恒

$$h\nu = h\nu' + mc^2\left\{\left(1-\frac{v^2}{c^2}\right)^{-\frac{1}{2}} - 1\right\}$$

和动量守恒

$$\frac{h\nu}{c} = \frac{h\nu'}{c}\cos\varphi + \frac{mv}{\sqrt{1-\frac{v^2}{c^2}}}\cos\theta,$$

$$0 = \frac{h\nu'}{c}\sin\varphi - \frac{mv}{\sqrt{1-\frac{v^2}{c^2}}}\sin\theta,$$

给出

$$\nu' = \frac{\nu}{1+\frac{h\nu}{mc^2}(1-\cos\varphi)},$$

或

$$\Delta\lambda = \frac{c}{\nu'} - \frac{c}{\nu} = \frac{2h}{mc}\sin^2\frac{\varphi}{2},$$

其中$\frac{h}{mc} = \lambda_C$ 称为康普顿波长,对于电子,$\lambda_C = 2.426\ 310\ 217\ 5(33)\times 10^{-12}$ m.

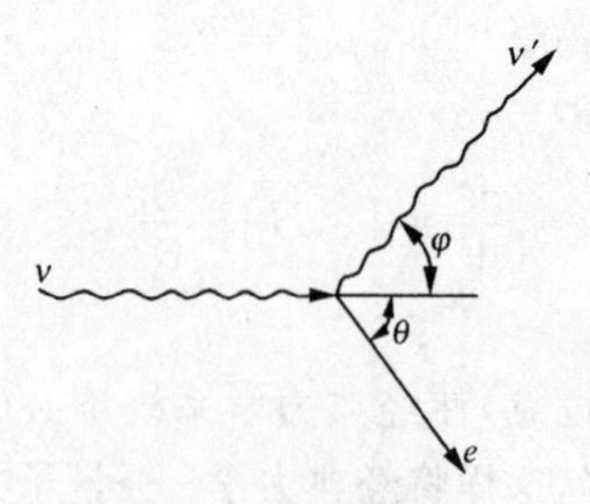

图9.1 康普顿散射

① A. Einstein, *Ann. Physik*, **17** (1905), 132.

② A. H. Compton, *Phys. Rev.*, **21**(1923), 483; **22**(1923), 409.

1. 德布罗意波

电磁波的光有这样的粒子表现，德布罗意(1923)[①]认为这是普遍现象，电子也应有波的表现. 德布罗意波的频率 ν 为

$$h\nu = \frac{mc^2}{\sqrt{1-\frac{v^2}{c^2}}} = E_{电子},$$

其波长 λ 满足

$$\frac{h}{\lambda} = p_{电子} = \frac{mv}{\sqrt{1-\frac{v^2}{c^2}}},$$

德布罗意波为

$$\Psi = \exp \frac{\mathrm{i}}{\hbar}(-Et + \boldsymbol{p}\cdot\boldsymbol{r})$$

的叠加，后者在光量子时即是电磁波. 用德布罗意波解释氢原子的玻尔量子化条件

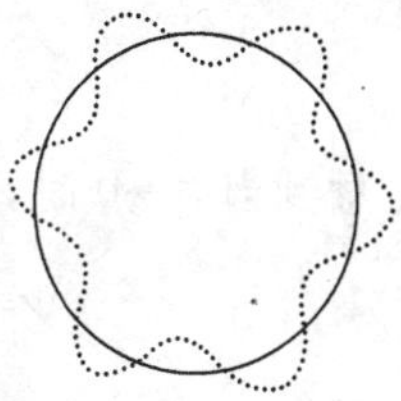

$$2\pi rp = nh \quad 即 \quad 2\pi r = n\lambda,$$

要求玻尔轨道的周长为德布罗意波长的整数倍(见图 9.2).

图 9.2

2. 薛定谔方程

在戴维森和革末(1927)[②]及汤姆孙(1927)[③]电子衍射实验证明德布罗意波以前，薛定谔即认为电子本质是波，应该用波动力学描写电子的运动，经典力学为波动力学的近似，正如同几何光学为波动光学的近似一样，量子效应即是干涉效应. 经典力学中粒子在保守势能 V 中运动有

$$H = \frac{p^2}{2m} + V = E \quad (常量能量),$$

相应的德布罗意波满足波动力学方程(现通称薛定谔方程)：

$$\left[\frac{\hbar^2}{2m\mathrm{i}^2}\left(\frac{\partial}{\partial \boldsymbol{r}}\right)^2 + V\right]\Psi = -\frac{\hbar}{\mathrm{i}}\frac{\partial}{\partial t}\Psi,$$

或者令

$$\Psi = \psi \mathrm{e}^{-\frac{\mathrm{i}}{\hbar}Et},$$

则有定态薛定谔方程：

$$\left\{-\frac{\hbar^2}{2m}\nabla^2 + V\right\}\psi = E\psi;$$

---

① L. de Broglie, *Comtes Rendus*, **177** (1923), 507; *Nature*, **112** (1923), 540.

② C. J. Davisson, L. H. Germer, *Phys. Rev.*, **30** (1927), 705.

③ G. P. Thomson, *Proc. Roy. Soc.* (London), **A117** (1928), 600.

量子化条件是ψ单值而有限(即使在V的奇点处).薛定谔考虑氢原子,取$V=-\frac{e^2}{(4\pi\varepsilon_0)r}$,而定出$E$必须是本征值

$$E=E_n=-\frac{me^4}{2(4\pi\varepsilon_0)^2\hbar^2}\frac{1}{n^2},$$

量子化条件才能满足,结果与玻尔轨道一致.他的文章的标题即是“量子化作为本征值问题”①.

对于普遍的哈密顿量,波动力学的方程为

$$\left\{H\left(q,\frac{\hbar}{\mathrm{i}}\frac{\partial}{\partial q},t\right)+\frac{\hbar}{\mathrm{i}}\frac{\partial}{\partial t}\right\}\Psi=0,$$

代入

$$\Psi=A\mathrm{e}^{\frac{\mathrm{i}}{\hbar}R},$$

注意到当$\hbar\to0$时,有

$$p\Psi=\frac{\hbar}{\mathrm{i}}\frac{\partial}{\partial q}A\mathrm{e}^{\frac{\mathrm{i}}{\hbar}R}=\Psi\left[\frac{\partial R}{\partial q}+\frac{\hbar}{\mathrm{i}}\frac{\partial}{\partial q}\ln A\right]\approx\Psi\frac{\partial R}{\partial q},$$

$$p^2\Psi\approx\Psi\left[\left(\frac{\partial R}{\partial q}\right)^2+\frac{\hbar}{\mathrm{i}}\frac{\partial^2 R}{\partial q^2}\right]\approx\Psi\left(\frac{\partial R}{\partial q}\right)^2,$$

$$-E\Psi=\frac{\hbar}{\mathrm{i}}\frac{\partial}{\partial t}A\mathrm{e}^{\frac{\mathrm{i}}{\hbar}R}=\Psi\left[\frac{\partial R}{\partial t}+\frac{\hbar}{\mathrm{i}}\frac{\partial}{\partial t}\ln A\right]\approx\Psi\frac{\partial R}{\partial t};$$

当$\hbar\to0$时,意味着忽略量子效应,结果得到经典力学的哈密顿-雅可比方程(参考1.4节)

$$H\left(q,\frac{\partial G}{\partial q},t\right)+\frac{\partial G}{\partial t}=0.$$

9.1.7　波动力学与矩阵力学的数学等价

波动力学也处理了谐振子,结果与矩阵力学一致.矩阵力学也处理了氢原子问题,结果与波动力学一致,但计算颇繁(泡利(1900—1958,奥-瑞士))②.薛定谔③自己证明了波动力学与矩阵力学的数学等价.如将Ψ_a展开为正交归一完备系Ψ_n的叠加,

$$\Psi_a=\sum a_n\Psi_n,$$

作用在Ψ_a上的任意算符$\alpha\left(q,\frac{\hbar}{\mathrm{i}}\frac{\partial}{\partial q}\right)$,所得结果也展开,

---

① E. Schrödinger, Quantisierung als Eigenwertproblem, Ⅰ, Ⅱ, Ⅲ, Ⅳ, *Ann, Physik*, **79** (1926), 361, 489; **80** (1926), 437; **81** (1926), 109.

② W. Pauli, *Z. Physik*, **36**(1926), 336.

③ E. Schrödinger, *Ann. Physik*, **79** (1926), 734.

$$\Psi_b \equiv \alpha \Psi_a = \sum_m b_m \Psi_m ,$$

则

$$b_m = \int \Psi_m^* \alpha \Psi_a \mathrm{d}q = \sum_n \alpha_{mn} a_n ,$$

其中

$$\alpha_{mn} = \int \Psi_m^* \alpha \Psi_n \mathrm{d}q$$

为矩阵

$$\alpha = (\alpha_{mn})$$

的矩阵元.

用狄拉克的括号符号①

$$\Psi_a \longrightarrow |a\rangle, \quad \Psi_n \longrightarrow |n\rangle,$$

$$\Psi_a = \sum_n a_n \Psi_n \longrightarrow |a\rangle = \sum_n |n\rangle\langle n|a\rangle,$$

$$\Psi_b \equiv \alpha\Psi_a = \sum_m b_m \Psi_m \longrightarrow |b\rangle = \alpha|a\rangle = \sum_m |m\rangle\langle m|b\rangle$$

$$= \sum_{m,n} |m\rangle\langle m|\alpha|n\rangle\langle n|a\rangle;$$

其中

$$a_n \longrightarrow \langle n|a\rangle, \quad b_m \longrightarrow \langle m|b\rangle,$$

$$b_m = \sum_n \alpha_{mn} a_n \longrightarrow \langle m|b\rangle = \sum_n \langle m|\alpha|n\rangle\langle n|a\rangle;$$

而

$$\alpha_{mn} \longrightarrow \langle m|\alpha|n\rangle = \int \Psi_m^* \alpha \Psi_n \mathrm{d}q.$$

用狄拉克括号符号,只需注意

$$\sum_n |n\rangle\langle n| = 1,$$

此即 Ψ_n 为完备系的条件,而

$$\langle m|1|n\rangle = \langle m|n\rangle = \delta_{mn}$$

则为正交归一条件.

求量子态,波动力学为解本征值问题

$$\Psi_n = \psi_n \mathrm{e}^{-\frac{\mathrm{i}}{\hbar}E_n t},$$

$$-\frac{\hbar}{\mathrm{i}}\frac{\partial}{\partial t}\Psi_n = E_n \Psi_n,$$

① 参考 P. A. M. Dirac, *The Principles of Quantum Mechanics*, 4th ed., Oxford, 1958(中译本:P. A. M. 狄拉克著,陈咸亨译:《量子力学原理》,科学出版社,1965.)

$$H\left(q,\frac{\hbar}{\mathrm{i}}\frac{\partial}{\partial q}\right)\Psi_n(q)=E_n\Psi_n(q).$$

量子力学或矩阵力学为对角化问题

$$UH(q,p)U^{-1}=W.$$

注意到

$$UqU^{-1}=Q,\quad UpU^{-1}=P$$

满足

$$U(pq-qp)U^{-1}=U\frac{h}{2\pi\mathrm{i}}U^{-1}=\frac{h}{2\pi\mathrm{i}},$$

亦即

$$PQ-QP=\frac{h}{2\pi\mathrm{i}};$$

它是正则变换的量子推广.

9.2 谐振子和氢原子

9.2.1 谐振子

1. 矩阵解法

谐振子的哈密顿量 H 为

$$H=\frac{1}{2m}p^2+\frac{m}{2}\omega^2q^2,$$

其中 m,ω 和 q,p 分别是谐振子的质量,角频率和共轭坐标与动量. 我们用矩阵力学求其能级,就是取 H 为对角矩阵,同时要求满足量子化条件

$$pq-qp=\frac{\hbar}{\mathrm{i}}.$$

注意到上节中 9.1.5 小节的结果,正则坐标 q 可用矩阵表示为

$$q=(q_{mn}(t))=(q_{mn}(0)\mathrm{e}^{\frac{\mathrm{i}}{\hbar}(E_m-E_n)t}),$$

$$\dot{q}=\left(\frac{\mathrm{i}}{\hbar}(E_m-E_n)q_{mn}(t)\right)$$

$$=\frac{\mathrm{i}}{\hbar}(Hq-qH),$$

其中 H 代表对角矩阵

$$H=(H_{nn})=(E_n);$$

右方矩阵乘积的 mn 矩阵元是

$$(Hq-qH)_{mn}=\sum_l H_{ml}q_{ln}-\sum_r q_{mr}H_{rn}$$

$$= H_{mm}q_{mn} - q_{mn}H_{nn}$$
$$= (E_m - E_n)q_{mn}.$$

代入

$$H = \frac{1}{2m}p^2 + \frac{m}{2}\omega^2 q^2,$$

得

$$\dot{q} = \frac{\mathrm{i}}{\hbar}\cdot\frac{1}{2m}(p^2q - qp^2) = \frac{\mathrm{i}}{\hbar}\frac{1}{2m}(p^2q - pqp + pqp - qp^2)$$
$$= \frac{1}{2m}p\cdot\frac{\mathrm{i}}{\hbar}(pq - qp) + \frac{\mathrm{i}}{\hbar}(pq - qp)\cdot\frac{1}{2m}p$$
$$= \frac{1}{2m}p + \frac{1}{2m}p = \frac{p}{m}\left(= \frac{\partial H}{\partial p}\right);$$

同样可求得

$$\dot{p} = \frac{\mathrm{i}}{\hbar}(Hp - pH) = \frac{\mathrm{i}}{\hbar}\frac{m\omega^2}{2}(q^2p - pq^2)$$
$$= \frac{m\omega^2}{2}\frac{\mathrm{i}}{\hbar}(q^2p - qpq + qpq - pq^2)$$
$$= \frac{m\omega^2}{2}(-q - q) = -m\omega^2 q\left(= -\frac{\partial H}{\partial q}\right).$$

注：从 $\dot{q} = \dfrac{\partial H}{\partial p}, \dot{p} = -\dfrac{\partial H}{\partial q}$ 得

$$(pq - qp)^{\cdot} = p\frac{\partial H}{\partial p} - \frac{\partial H}{\partial p}p + q\frac{\partial H}{\partial q} - \frac{\partial H}{\partial q}q.$$

对于谐振子的特殊情形，前两项和后两项分别为零. 但一般(哈密顿量存在情况下)则为

$$(pq - qp)^{\cdot} = \frac{\hbar}{\mathrm{i}}\left[\frac{\partial}{\partial q}\frac{\partial H}{\partial p} - \frac{\partial}{\partial p}\frac{\partial H}{\partial q}\right] \equiv 0.$$

所以一般满足为零. 因此

$$pq - qp = \frac{\hbar}{\mathrm{i}}1$$

自洽.

矩阵的厄米共轭为行列转置并且 $\mathrm{i} \to -\mathrm{i}$. 容易看到，$p$ 和 q 均为厄米自共轭，即厄米矩阵. 因为

$$pq - qp = \frac{\hbar}{\mathrm{i}}1;$$

两边分别取厄米共轭(转置用右上角加 T 表示，而复共轭则用右上角加 * 表示)

$$(pq - qp)^{*\mathrm{T}} = q^{*\mathrm{T}}p^{*\mathrm{T}} - p^{*\mathrm{T}}q^{*\mathrm{T}},$$

$$\left(\frac{\hbar}{\mathrm{i}}1\right)^{*\mathrm{T}}=-\frac{\hbar}{\mathrm{i}}1=qp-pq.$$

H 也是厄米自共轭,同样,$\dot{p}$,$\dot{q}$ 等也都是厄米自共轭.以后简写 ^{*T} 为 †.

引入

$$b=\frac{1}{\sqrt{2\hbar\omega}}\left(\frac{p}{\sqrt{m}}+\mathrm{i}\sqrt{m}\omega q\right),$$

$$b^{\dagger}=\frac{1}{\sqrt{2\hbar\omega}}\left(\frac{p}{\sqrt{m}}-\mathrm{i}\sqrt{m}\omega q\right);$$

则有

$$\begin{aligned}b^{\dagger}b&=\frac{1}{2\hbar\omega}\left[\frac{p^2}{m}+m\omega^2q^2+\mathrm{i}\omega(pq-qp)\right]\\&=\frac{1}{\hbar\omega}H+\frac{1}{2},\\bb^{\dagger}&=\frac{1}{2\hbar\omega}\left[\frac{p^2}{m}+m\omega^2q^2-\mathrm{i}\omega(pq-qp)\right]\\&=\frac{1}{\hbar\omega}H-\frac{1}{2};\end{aligned}$$

前式左乘以 b 与后式右乘以 b 相等,所以有

$$b\left(\frac{1}{\hbar\omega}H+\frac{1}{2}\right)=\left(\frac{1}{\hbar\omega}H-\frac{1}{2}\right)b,$$

或

$$b=\frac{1}{\hbar\omega}(Hb-bH),$$

取其矩阵元,注意到 H 为对角矩阵,得方程

$$\langle H'|b|H''\rangle\left(\frac{H''-H'}{\hbar\omega}+1\right)=0.$$

所以只有当

$$H'=H''+\hbar\omega$$

时,$\langle H'|b|H''\rangle$才不恒等于零.又取 $bb^{\dagger}$ 式对角元,

$$\langle H'|b|H''\rangle\langle H''|b^{\dagger}|H'\rangle=\frac{H'}{\hbar\omega}-\frac{1}{2},$$

因为左方 $\langle H''|b^{\dagger}|H'\rangle=\langle H'|b|H''\rangle^*$,所以 $H'-\frac{1}{2}\hbar\omega\geqslant0$,本征值为

$$H'=\frac{1}{2}\hbar\omega,\ \frac{3}{2}\hbar\omega,\ \frac{5}{2}\hbar\omega,\cdots,\left(n+\frac{1}{2}\right)\hbar\omega,\cdots$$

的无穷集合,于是求得 b 和 $b^{\dagger}$ 下列不为零的矩阵元:

$$\left\langle\left(n+\frac{1}{2}\right)\hbar\omega\ \middle|\ b\ \middle|\ \left(n-\frac{1}{2}\right)\hbar\omega\right\rangle=\sqrt{n}\mathrm{e}^{\mathrm{i}\Phi_n},$$

$$\left\langle \left(n-\frac{1}{2}\right)\hbar\omega \mid b^{\dagger} \mid \left(n+\frac{1}{2}\right)\hbar\omega \right\rangle = \sqrt{n}\,\mathrm{e}^{-\mathrm{i}\Phi_n};$$

其余矩阵元均为零. 又从

$$b = \frac{1}{\sqrt{2\hbar\omega}}\left(\frac{p}{\sqrt{m}} + \mathrm{i}\,\sqrt{m}\omega q\right)$$

求导数并注意到 $\dot{q} = p/m$ 和 $\dot{p} = -m\omega^2 q$, 得到

$$\begin{aligned} \dot{b} &= \frac{1}{\sqrt{2\hbar\omega}}\left(\frac{\dot{p}}{\sqrt{m}} + \mathrm{i}\,\sqrt{m}\omega\dot{q}\right) \\ &= \frac{1}{\sqrt{2\hbar\omega}}\left(-\sqrt{m}\omega^2 q + \mathrm{i}\omega\,\frac{p}{\sqrt{m}}\right) \\ &= \mathrm{i}\omega\, b, \end{aligned}$$

同样有

$$\dot{b}^{\dagger} = -\mathrm{i}\omega\, b^{\dagger}.$$

于是从 $\dot{b}=\mathrm{i}\omega b$ 定出

$$\Phi_n = \omega t + \varphi_n.$$

另外,从 $b, b^{\dagger}$ 可反解出

$$q = \sqrt{\frac{\hbar}{2m\omega}}\,\frac{1}{\mathrm{i}}\,(b - b^{\dagger}),$$

$$p = \sqrt{\frac{\hbar m\omega}{2}}\,(b + b^{\dagger});$$

于是容易得到 q 和 p 的矩阵为(容易看出,只有紧邻对角元两侧的矩阵元才不为零):

$$\begin{array}{cccccc} \frac{\hbar\omega}{2} & \frac{3\hbar\omega}{2} & \frac{5\hbar\omega}{2} & \cdots & \left(n-\frac{1}{2}\right)\hbar\omega & \left(n+\frac{1}{2}\right)\hbar\omega \quad \cdots \end{array}$$

$$q=\sqrt{\frac{\hbar}{2m\omega}}\begin{bmatrix} 0 & -\frac{\sqrt{1}}{\mathrm{i}}\mathrm{e}^{-\mathrm{i}\omega t-\mathrm{i}\varphi_1} & & & & & \\ \frac{\sqrt{1}}{\mathrm{i}}\mathrm{e}^{\mathrm{i}\omega t+\mathrm{i}\varphi_1} & 0 & -\frac{\sqrt{2}}{\mathrm{i}}\mathrm{e}^{-\mathrm{i}\omega t-\mathrm{i}\varphi_2} & & & & \\ & \frac{\sqrt{2}}{\mathrm{i}}\mathrm{e}^{\mathrm{i}\omega t+\mathrm{i}\varphi_2} & 0 & & & & \\ & & & \ddots & & & \\ & & & & 0 & -\frac{\sqrt{n}}{\mathrm{i}}\mathrm{e}^{-\mathrm{i}\omega t-\mathrm{i}\varphi_n} & \\ & & & & \frac{\sqrt{n}}{\mathrm{i}}\mathrm{e}^{\mathrm{i}\omega t+\mathrm{i}\varphi_n} & 0 & \\ & & & & & & \ddots \end{bmatrix}, \quad \begin{array}{c} \frac{\hbar\omega}{2} \\ \frac{3\hbar\omega}{2} \\ \frac{5\hbar\omega}{2} \\ \vdots \\ \left(n-\frac{1}{2}\right)\hbar\omega \\ \left(n+\frac{1}{2}\right)\hbar\omega \\ \vdots \end{array}$$

$$p=\sqrt{\frac{\hbar m\omega}{2}}\begin{bmatrix} 0 & -\sqrt{1}\mathrm{e}^{-\mathrm{i}\omega t-\mathrm{i}\varphi_1} & & & & & \\ \sqrt{1}\mathrm{e}^{\mathrm{i}\omega t+\mathrm{i}\varphi_1} & 0 & -\sqrt{2}\mathrm{e}^{-\mathrm{i}\omega t-\mathrm{i}\varphi_2} & & & & \\ & \sqrt{2}\mathrm{e}^{\mathrm{i}\omega t+\mathrm{i}\varphi_2} & 0 & & & & \\ & & & \ddots & & & \\ & & & & 0 & -\sqrt{n}\mathrm{e}^{-\mathrm{i}\omega t-\mathrm{i}\varphi_n} & \\ & & & & \sqrt{n}\mathrm{e}^{\mathrm{i}\omega t+\mathrm{i}\varphi_n} & 0 & \\ & & & & & & \ddots \end{bmatrix}.$$

对于辐射振子,因为要求

$$H'_{辐射}=n\hbar\omega=nh\nu,$$

所以

$$H_{辐射}=bb^{\dagger}\hbar\omega=\frac{p^2}{2}+\frac{\omega^2q^2}{2}-\frac{\hbar\omega}{2},$$

换言之

$$H_{辐射}=\frac{1}{2}(p+\mathrm{i}\omega q)(p-\mathrm{i}\omega q).$$

经典变量与$\frac{1}{2}(p^2+\omega^2q^2)$无差别,量子变量有差别.对于分子和晶体的等效振子,则取

$$H=\frac{p^2}{2m}+\frac{m\omega^2}{2}q^2,$$

零点能$\frac{\hbar\omega}{2}$有限并存在.

2. 波动力学解法

相应的波动力学描述为(参考习题9.3)

$$\left(-\frac{\hbar^2}{2m}\frac{\partial^2}{\partial q^2}+\frac{1}{2}m\omega^2q^2\right)\Psi_n(q)=-\frac{\hbar}{\mathrm{i}}\frac{\partial}{\partial t}\Psi_n(q)=E_n\Psi_n(q),$$

其解可用抛物柱面函数 $\mathrm{D}_n(x)$表示为①

$$\Psi_n(q)-\mathrm{e}^{-\frac{\mathrm{i}}{\hbar}\left(n+\frac{1}{2}\right)\hbar\omega t-\mathrm{i}\gamma_n}\frac{1}{\sqrt{n!\sqrt{\pi\hbar/m\omega}}}\mathrm{D}_n\left(\sqrt{\frac{2m\omega}{\hbar}}q\right),$$

或者更通常是用厄米(C. Hermite,1822—1901,法)多项式 $\mathrm{H}_n(x)$表示

$$\Psi_n(q)=\mathrm{e}^{-\frac{\mathrm{i}}{\hbar}\left(n+\frac{1}{2}\right)\hbar\omega t-\mathrm{i}\gamma_n}\mathrm{e}^{-\frac{m\omega}{\hbar}q^2}\frac{1}{\sqrt{2^n n!\sqrt{\pi\hbar/m\omega}}}\mathrm{H}_n\left(\sqrt{\frac{m\omega}{\hbar}}q\right);$$

厄米多项式可表达为

$$\mathrm{H}_n(x)=(-)^n\mathrm{e}^{x^2}\left(\frac{\mathrm{d}}{\mathrm{d}x}\right)^n\mathrm{e}^{-x^2},$$

① 可参考王竹溪,郭敦仁:《特殊函数概论》,北京大学出版社,2000,§6.12,§6.13.

它们满足下列关系式

$$x\mathrm{H}_n(x) = n\mathrm{H}_{n-1}(x) + \frac{1}{2}\mathrm{H}_{n+1}(x),$$

$$\frac{\mathrm{d}}{\mathrm{d}x}\mathrm{H}_n(x) = 2n\mathrm{H}_{n-1}(x);$$

例如,前几个厄米多项式是

$$\mathrm{H}_0(x) = 1,\quad \mathrm{H}_1(x) = 2x,\quad \mathrm{H}_2(x) = 4x^2 - 2,\quad \mathrm{H}_3(x) = 8x^3 - 12x.$$

鲍林和威尔逊的书①给出直至 $n=10$ 的前几个厄米多项式$\mathrm{H}_n(x)$.

于是

$$\int_{-\infty}^{\infty} \Psi_m^*(q) q \Psi_n(q)\mathrm{d}q = q_{mn} = \langle (m + \frac{1}{2})\hbar\omega \mid q \mid (n + \frac{1}{2})\hbar\omega) \rangle,$$

同样有

$$\int_{-\infty}^{\infty} \Psi_m^*(q) \frac{\hbar}{\mathrm{i}} \frac{\partial}{\partial q}\Psi_n(q)\mathrm{d}q = p_{mn} = \langle (m + \frac{1}{2})\hbar\omega \mid p \mid (n + \frac{1}{2})\hbar\omega \rangle.$$

另外,

$$\gamma_1 - \gamma_0 = \varphi_1 - \frac{\pi}{2},\quad \gamma_2 - \gamma_1 = \varphi_2 - \frac{\pi}{2},\quad \cdots$$

等依此类推.注意到

$$\int_{-\infty}^{\infty} \Psi_m^*(q)\ 1\ \Psi_n(q)\mathrm{d}q = \delta_{mn}$$

是从

$$\psi_n(x) = \mathrm{e}^{-\frac{x^2}{2}} \frac{\mathrm{H}_n(x)}{\sqrt{2^n n!\sqrt{\pi}}},$$

和

$$\int_{-\infty}^{\infty} \psi_m(x)\psi_n(x)\mathrm{d}x = \delta_{mn}$$

得来,并且容易验证

$$\frac{1}{\sqrt{2}}\left(\frac{\mathrm{d}}{\mathrm{d}x} + x\right)\psi_n(x) = \sqrt{n}\psi_{n-1}(x),$$

$$\frac{1}{\sqrt{2}}\left(-\frac{\mathrm{d}}{\mathrm{d}x} + x\right)\psi_n(x) = \sqrt{n+1}\psi_{n+1}(x).$$

由此可得到前面用矩阵法求出的相同结果.

9.2.2 氢原子

氢原子的哈密顿量为

---

① L. Pauling, E. B. Wilson, Jr., *Introduction to Quantum Mechanics*, McGraw-Hill, New York, 1935.

$$H=\frac{1}{2m}(p_x^2+p_y^2+p_z^2)-\frac{e^2}{(4\pi\varepsilon_0)(x^2+y^2+z^2)^{1/2}},$$

我们用波动力学求其能级.令

$$p_x=\frac{\hbar}{\mathrm{i}}\frac{\partial}{\partial x},\quad p_y=\frac{\hbar}{\mathrm{i}}\frac{\partial}{\partial y},\quad p_z=\frac{\hbar}{\mathrm{i}}\frac{\partial}{\partial z},$$

和

$$\Psi=\psi\mathrm{e}^{-\frac{\mathrm{i}}{\hbar}Et};$$

于是化为求解本征值问题

$$-\frac{\hbar^2}{2m}\nabla^2\psi-\frac{e^2}{(4\pi\varepsilon_0)r}\psi=E\psi,$$

要求它满足 ψ 单值、有限的量子化条件.采用球面坐标(参考第2章习题2.10),上述方程化为

$$\left[-\frac{\hbar^2}{2m}\left(\frac{\partial^2}{\partial r^2}+\frac{2}{r}\frac{\partial}{\partial r}+\frac{1}{r^2}\left(\frac{1}{\sin\theta}\frac{\partial}{\partial\theta}\sin\theta\frac{\partial}{\partial\theta}+\frac{1}{\sin^2\theta}\frac{\partial^2}{\partial\varphi^2}\right)\right)-\frac{e^2}{(4\pi\varepsilon_0)r}\right]\psi=E\psi.$$

用分离变量法,令

$$\psi=R(r)\Theta(\theta)\Phi(\varphi)=R(r)\mathrm{Y}(\theta,\varphi),$$

其中 $0\leqslant\varphi\leqslant2\pi$,$0\leqslant\theta\leqslant\pi$;容易得到一个 φ 的方程

$$\frac{\partial^2}{\partial\varphi^2}\Phi=-m^2\Phi,$$

其满足单值连续和正交归一条件的解是

$$\Phi(\varphi)=\frac{1}{\sqrt{2\pi}}\mathrm{e}^{\mathrm{i}m\varphi},\quad m=\text{整数};$$

和一个 θ 的方程

$$\left(\frac{1}{\sin\theta}\frac{\partial}{\partial\theta}\sin\theta\frac{\partial}{\partial\theta}-\frac{m^2}{\sin^2\theta}\right)\Theta(\theta)=-l(l+1)\Theta(\theta),$$

若令 $\mu=\cos\theta$,上式化为关联勒让德方程①

$$\left[\frac{\mathrm{d}}{\mathrm{d}\mu}(1-\mu^2)\frac{\mathrm{d}}{\mathrm{d}\mu}+l(l+1)-\frac{m^2}{1-\mu^2}\right]\Theta=0,$$

其满足物理条件的解可用关联勒让德多项式 $\mathrm{P}_l^m(\mu)$ 来表达

$$\Theta(\theta)=\sqrt{\frac{2l+1}{2}\frac{(l-m)!}{(l+m)!}}\mathrm{P}_l^m(\cos\theta),\quad l(=\text{整数})\geqslant0,\quad m=-l,-l+1,\cdots,+l.$$

因为要使它有限,如 $\mathrm{P}_l^m(\mu=1)$ 有限,则 $\mathrm{P}_l^m(\mu=-1)$ 只有在 l 为整数时为有限.还可将 $\Theta(\theta)$ 与 $\Phi(\varphi)$ 合并成球谐函数 $\mathrm{Y}_{lm}(\theta,\varphi)$

$$\mathrm{Y}_{lm}(\theta,\varphi)=\sqrt{\frac{2l+1}{4\pi}\frac{(l-m)!}{(l+m)!}}\mathrm{P}_l^m(\cos\theta)\mathrm{e}^{\mathrm{i}m\varphi}\quad(m=0,\pm1,\cdots,\pm l),$$

---

① 可参考前引王竹溪,郭敦仁书,第五章.

并且有

$$\mathrm{P}_l^m(x) = (-)^m (1-x^2)^{m/2} \frac{\mathrm{d}^m}{\mathrm{d}x^m} \frac{1}{2^l l\,!} \frac{\mathrm{d}^l}{\mathrm{d}x^l}(x^2-1)^l,$$

$$\mathrm{Y}_{l,-m}(\theta,\varphi) = (-)^m \mathrm{Y}_{l,m}^*(\theta,\varphi),$$

$$\mathrm{P}_l^{-m}(x) = (-)^m \frac{(l-m)!}{(l+m)!} \mathrm{P}_l^m(x);$$

球谐函数满足正交归一条件

$$\int_0^{\pi}\int_0^{2\pi} \mathrm{Y}_{lm}^*(\theta,\varphi)\mathrm{Y}_{l'm'}(\theta,\varphi)\sin\theta \mathrm{d}\varphi\, \mathrm{d}\theta = \delta_{mm'}\delta_{ll'}.$$

最后一个径向波函数 $R(r)$ 满足

$$\left[-\frac{\hbar^2}{2m}\left(\frac{\mathrm{d}^2}{\mathrm{d}r^2}+\frac{2}{r}\frac{\mathrm{d}}{\mathrm{d}r}-\frac{l(l+1)}{r^2}\right)-\frac{e^2}{(4\pi\varepsilon_0)r}-E\right]R(r) = 0;$$

令 $rR=u$，则有$\dfrac{\mathrm{d}^2 u}{\mathrm{d}r^2}=r\left(\dfrac{\mathrm{d}^2}{\mathrm{d}r^2}+\dfrac{2}{r}\dfrac{\mathrm{d}}{\mathrm{d}r}\right)R$，所以

$$\left[-\frac{\hbar^2}{2m}\left(\frac{\mathrm{d}^2}{\mathrm{d}r^2}-\frac{l(l+1)}{r^2}\right)-\frac{e^2}{(4\pi\varepsilon_0)r}-E\right]u = 0.$$

1. 离散谱

对于 $E<0$，束缚量子态用下面的无量纲化变换：

$$\rho = 2\frac{\sqrt{2m}\sqrt{-E}}{\hbar}r, \quad -E = \frac{me^4}{2(4\pi\varepsilon_0)^2\hbar^2 n^2};$$

所以

$$\rho = \frac{2r}{na_0}, \quad \frac{e^2/(4\pi\varepsilon_0)}{4(-E)r} = \frac{n}{\rho},$$

其中 $a_0=\dfrac{(4\pi\varepsilon_0)\hbar^2}{me^2}$ 是玻尔半径. 于是 u 满足方程

$$\left(\frac{\mathrm{d}^2}{\mathrm{d}\rho^2}-\frac{l(l+1)}{\rho^2}+\frac{n}{\rho}-\frac{1}{4}\right)u = 0.$$

令 $u=\mathrm{e}^{-\rho/2}v$，则 v 满足

$$\left(\frac{\mathrm{d}^2}{\mathrm{d}\rho^2}-\frac{\mathrm{d}}{\mathrm{d}\rho}+\frac{n}{\rho}-\frac{l(l+1)}{\rho^2}\right)v = 0.$$

展开

$$v = \sum c_k \rho^k,$$

得到

$$\sum\{k(k-1)-l(l+1)\}c_k\rho^{k-2}+\sum(n-k)c_k\rho^{k-1} = 0.$$

要求上式中 ρ 的各幂次项的系数为零，则最低项应取 $k=l+1$（另一值 $k=-l$ 不能用，因为它不满足 R 在 $r=0$ 处为有限的条件），而一般项则要求

$$\{(k+1)k-l(l+1)\}c_{k+1}+(n-k)c_k=0.$$

由此看出，如果 n 为整数，并且 $n\geqslant l+1$，则级数有终止 $c_{n+1}=0$. 否则，由于

$$\frac{c_{k+1}}{c_k}=\frac{k-n}{(k-l)(k+l+1)}\xrightarrow[k\to\infty]{}\frac{1}{k},$$

使得当 $\rho\to\infty$ 处 v 如 e^{ρ} 发散超过 $e^{-\rho/2}$ 因子，$R\sim e^{\rho/2}/\rho$ 不满足 $\rho\to\infty$ 处量子化条件. 当

$$n-l-1=\text{整数}=0,1,2,\cdots$$

时令 $v=\rho^{l+1}w$，则因为 $\rho^2\dfrac{d^2}{d\rho^2}=\left(\rho\dfrac{d}{d\rho}-1\right)\rho\dfrac{d}{d\rho}$，得到 w 应满足

$$\left[\left(\rho\frac{d}{d\rho}+l\right)\left(\rho\frac{d}{d\rho}+l+1\right)-l(l+1)+\rho\left(n-\rho\frac{d}{d\rho}-l-1\right)\right]w=0;$$

即

$$\left[\rho^2\frac{d^2}{d\rho^2}+2(l+1)\rho\frac{d}{d\rho}+\rho\left(n-l-1-\rho\frac{d}{d\rho}\right)\right]w=0,$$

或

$$\left\{\rho\frac{d^2}{d\rho^2}+[2(l+1)-\rho]\frac{d}{d\rho}+(n-l-1)\right\}w=0,$$

其解为关联拉盖尔多项式 $L_{n+l}^{2l+1}(\rho)$

$$L_{n+l}^{2l+1}(\rho)=\sum_{k=0}^{n-l-1}(-)^{k+1}\frac{[(n+l)!]^2\rho^k}{(n-l-1-k)!(2l+1+k)!k!}.$$

由于(具体运算见习题9.4)

$$\int_0^{\infty}e^{-\rho}\rho^{2l}\{L_{n+l}^{2l+1}(\rho)\}^2\rho^2 d\rho=\frac{2n[(n+l)!]^3}{(n-l-1)!},$$

所以归一化的径向波函数 $R_{nl}(r)$ 为

$$R_{nl}(r)=-\sqrt{\left(\frac{2}{na_0}\right)^3\frac{(n-l-1)!}{2n[(n+l)!]^3}}\,e^{-\frac{\rho}{2}}\rho^l L_{n+l}^{2l+1}(\rho);$$

其中 $\rho=\dfrac{2r}{na_0}$，根号前负号是为了使 R_{nl} 在 r 小时为正. R_{nl} 满足归一化条件

$$\int_0^{\infty}R_{nl}^2(r)r^2 dr=1.$$

鲍林和威尔逊的书[①]给出直至 $n=6$，$l=5$ 的各组量子数的归一化波函数表达式.

---

① L. Pauling, E. B. Wilson Jr., *Introduction to Quantum Mechanics*, McGraw-Hill, New York, 1935. Tables 21.1—21.3 in pp. 133—136.

2. 连续谱①

对于 $E>0$，令 $E=\frac{\hbar^2}{2m}k^2$，$\rho=2\mathrm{i}kr$，则有

$$\frac{e^2/(4\pi\varepsilon_0)r}{4(-E)}=\frac{(e^2/4\pi\varepsilon_0)2\mathrm{i}k}{-4(\hbar^2k^2/2m)\rho}=-\frac{\mathrm{i}}{ka_0\rho},$$

其中 $a_0=\frac{(4\pi\varepsilon_0)\hbar^2}{me^2}$，这相当于将以前的 n 改为 $-\frac{\mathrm{i}}{ka_0}$. 我们还不妨将 e^2 改成 $-ZZ'e^2$，得到 $V=-\frac{e^2}{(4\pi\varepsilon_0)r}\longrightarrow\frac{ZZ'e^2}{(4\pi\varepsilon_0)r}$，于是 $\frac{V}{4E}$ 项改为 $\frac{\mathrm{i}ZZ'}{ka_0\rho}$；这相当于一般库仑场中的运动. 回到氢原子，现在有 $\frac{1}{na_0}=\mathrm{i}k$，$n=-\frac{\mathrm{i}}{ka_0}$，于是

$$\left(\frac{\mathrm{d}^2}{\mathrm{d}\rho^2}-\frac{l(l+1)}{\rho^2}-\frac{\mathrm{i}}{ka_0\rho}-\frac{1}{4}\right)u=0.$$

或者，仍用 $\frac{1}{na_0}=\mathrm{i}k$，$n=-\frac{\mathrm{i}}{ka_0}$ 是复数(纯虚数)，于是仍可写成

$$\left(\frac{\mathrm{d}^2}{\mathrm{d}\rho^2}-\frac{l(l+1)}{\rho^2}+\frac{n}{\rho}-\frac{1}{4}\right)u=0.$$

令 $u=\mathrm{e}^{-\rho/2}v$，则 v 满足

$$\left(\frac{\mathrm{d}^2}{\mathrm{d}\rho^2}-\frac{\mathrm{d}}{\mathrm{d}\rho}+\frac{n}{\rho}-\frac{l(l+1)}{\rho^2}\right)v=0.$$

再令 $v=\rho^{l+1}w$，则 w 满足汇合型超几何方程②

$$\left\{\rho\frac{\mathrm{d}^2}{\mathrm{d}\rho^2}+[2(l+1)-\rho]\frac{\mathrm{d}}{\mathrm{d}\rho}+(n-l-1)\right\}w=0.$$

令 $w=\sum_{k=0}^{\infty}c_k\rho^k\ (c_0\equiv 1)$，则有

$$\sum_{k=0}^{\infty}[k(k-1)+2(l+1)k]c_k\rho^{k-1}+\sum_{k=0}^{\infty}[(n-l-1)-k]c_k\rho^k=0.$$

于是

$$(k+1)(k+2l+2)c_{k+1}=(k+l+1-n)c_k,$$

$$\frac{c_{k+1}}{c_k}=\frac{k+l+1-n}{(k+2l+2)(k+1)};$$

$$c_0\equiv 1,\quad c_1=\frac{l+1-n}{(2l+2)\cdot 1},$$

---

① 可参考 L. D. Landau, E. M. Lifshitz, *Quantum Mechanics, Non-relativistic Theory*, Pergamon, 1977.(译自俄文).[或中译本:Л. Д. 朗道, E. M. 栗弗席兹著,严肃译:《量子力学(非相对论理论)》,高等教育出版社,2008.]特别是 § 33, § 36.

② 可参考前引王竹溪,郭敦仁的书,第六章.

$$c_2 = c_1 \frac{l+2-n}{(2l+3)\cdot 2} = \frac{(l+1-n)(l+2-n)}{(2l+2)(2l+3)\cdot 1\cdot 2},$$

$$c_k = \frac{(l+1-n)\cdots(l+k-n)}{(2l+2)\cdots(2l+1+k)k!},$$

引进汇合型超几何函数

$$\mathrm{F}(\alpha,\gamma,z) \equiv \sum_{k=0}^{\infty} \frac{(\alpha)_k}{k!(\gamma)_k} = 1 + \frac{\alpha}{\gamma} z + \frac{\alpha(\alpha+1)}{\gamma(\gamma+1)2!} z^2 + \cdots$$

$$+ \frac{\alpha(\alpha+1)\cdots(\alpha+k-1)}{\gamma(\gamma+1)\cdots(\gamma+k-1)k!} z^k + \cdots;$$

因而

$$w = \text{const}\ \mathrm{F}(l+1-n, 2l+2, \rho),$$

$$u = \text{const}\ \mathrm{e}^{-\rho/2} \rho^{l+1} \mathrm{F}(l+1-n, 2l+2, \rho),$$

$$R_{kl} = C\mathrm{e}^{-\mathrm{i}kr} (2kr)^{l+1} \mathrm{F}\left(l+1-\frac{\mathrm{i}}{ka}, 2l+2, 2\mathrm{i}kr\right).$$

但 $\mathrm{F}(\alpha,\gamma,z)$ 有渐近展开式

$$\mathrm{F}(\alpha,\gamma,z) \simeq \frac{\Gamma(\gamma)}{\Gamma(\gamma-\alpha)} \mathrm{e}^{\alpha\pi\mathrm{i}} (z)^{-\alpha} + \frac{\Gamma(\gamma)}{\Gamma(\alpha)} \mathrm{e}^z z^{\alpha-\gamma},$$

所以

$$\mathrm{e}^{-\mathrm{i}kr} \mathrm{F}\left(l+1-\frac{\mathrm{i}}{ka_0}, 2l+2, 2\mathrm{i}kr\right)$$

$$\simeq \frac{\Gamma(2l+2)\mathrm{e}^{-\mathrm{i}kr}}{\Gamma\left(l+1+\frac{\mathrm{i}}{ka_0}\right)} \mathrm{e}^{\left(l+1-\frac{\mathrm{i}}{ka_0}\right)\pi\mathrm{i}} (2\mathrm{i}kr)^{-\left(l+1-\frac{\mathrm{i}}{ka_0}\right)}$$

$$+ \frac{\Gamma(2l+2)}{\Gamma\left(l+1-\frac{\mathrm{i}}{ka_0}\right)} \mathrm{e}^{\mathrm{i}kr} (2\mathrm{i}kr)^{-(l+1)-\frac{\mathrm{i}}{ka_0}}.$$

关于连续谱的正交归一化见习题 9.6 和参考前引朗道和栗弗席兹的书.

3. 原子单位

我们注意到,处理原子问题时,在最后结果中或在方程的无量纲化过程中,会出现一些自然单位;例如,作为长度单位的玻尔半径 $a_0 = \frac{(4\pi\varepsilon_0)\hbar^2}{me^2}$,作为能量单位的里德伯能量 $R_\infty hc = \frac{me^4}{2(4\pi\varepsilon_0)^2\hbar^2}$ 等. 可以看出, 其中有电子质量 m,电子电荷 e,普朗克常量 $\hbar$,以及真空电容率 ε_0,它们的量纲互不相关,可以组合给出力学量和电磁量的一切有关单位.(高斯制中没有$(4\pi\varepsilon_0)$因子,可由 $m,e,\hbar$ 组成相应单位.)还可看到,如果一开始就在方程中令

$$2m = \frac{e^2}{2} = \hbar = (4\pi\varepsilon_0) = 1,$$

则在结果中就自然以上述的 a_0,$R_\infty hc$ 等作为单位;这样在运算过程中可省略写出这许多常量的麻烦,会显得十分方便.这相当于斯莱特书中采用的单位,①常称为斯莱特原子单位(原子单位简写为 au).

原子单位最早是由哈特里(1928)②采用的,相当于令

$$m = |e| = \hbar = (4\pi\varepsilon_0) = 1;$$

(实际上当时采用高斯制,并没有$(4\pi\varepsilon_0)$这因子.)它的长度单位仍是玻尔半径 a_0,而能量单位则是斯莱特的单位的 2 倍,常称为哈特里(hartree).哈特里原子单位即通常文献中较广泛使用的原子单位(au),看来使用它在理论上建立方程较方便,将上述常量一概忽略即可.然而,在实验上常喜欢采用里德伯能量为单位,这样便于与实验直接比较.

下面以氢原子或类氢离子的方程为例,用这两种原子单位分别写出为

$$\left(-\nabla^2 - \frac{2Z}{r}\right)\psi = E\psi, \quad \text{(斯莱特原子单位)}$$

$$\left(-\frac{1}{2}\nabla^2 - \frac{Z}{r}\right)\psi = E\psi, \quad \text{(哈特里原子单位)}$$

可以注意到它们之间的差别.

现在将有关物理常量和一些原子单位及其数值列出如下③(圆括号中的数是标准偏差,1.054 571 628(53)应读做(1.054 571 628±0.000 000 053).):

光速 $c = 299\ 792\ 458\ \mathrm{ms^{-1}}$

真空电容率 $\varepsilon_0 = 8.854\ 187\ 817\cdots \times 10^{-12}\ \mathrm{Fm^{-1}}$

普朗克常量 $h = 6.626\ 068\ 96(33) \times 10^{-34}\ \mathrm{Js}$

$\hbar = 1.054\ 571\ 628(53) \times 10^{-34}\ \mathrm{Js}$

电子电荷 $|e| = 1.602\ 176\ 487(40) \times 10^{-19}\ \mathrm{C}$

$= 4.803\ 204\ 272(120) \times 10^{-10}\ \mathrm{CGSE}$

电子质量 $m_e = 9.109\ 382\ 15(45) \times 10^{-31}\ \mathrm{kg}$

精细结构常数

$\alpha = \dfrac{e^2}{(4\pi\varepsilon_0)\hbar c}$ $\alpha = 0.007\ 297\ 352\ 5376(50)$

$\alpha^{-1} = 137.035\ 999\ 679(94)$

$\alpha^2 = 5.325\ 135\ 4058(73) \times 10^{-5}$

玻尔半径 $a_0 = 0.529\ 177\ 208\ 59(36) \times 10^{-10}\ \mathrm{m}$

---

① 参考 J. C. Slater, *Quantum Theory of Atomic Structure*, Vol. Ⅰ, pp. 25, 167—168.

② D. R. Hartree, *Proc. Camb. Phil. Soc.*, **24** (1928), 89.

③ 数据系国际科学技术数据委员会(CODATA)2006 年推荐值,见本书附录:常用物理量单位和物理常量.

$$a_0=\frac{(4\pi\varepsilon_0)\hbar^2}{m_e e^2}$$

里德伯常量 $R_\infty=10\ 973\ 731.568\ 527(73)\ \mathrm{m}^{-1}$

$$R_\infty=\frac{m_e e^4}{2(4\pi\varepsilon_0)^2\hbar^2 hc}$$

里德伯能量 $R_\infty hc=2.179\ 871\ 97(11)\times10^{-18}\ \mathrm{J}$

$=13.605\ 691\ 93(34)\ \mathrm{eV}$

里德伯频率 $R_\infty c=3.289\ 841\ 960\ 361(22)\times10^{15}\ \mathrm{Hz}$

另外,当涉及温度时,有时亦令玻尔兹曼常量 $k=1$,而将温度用能量单位表示,或者将能量折成温度来表示.例如,作为能量单位使用的电子伏(eV)(电子在真空中通过1 V电势差所获得的能量),也可用温度表示:

$$1\ \mathrm{eV}=1.602\ 176\ 487(40)\times10^{-19}\ \mathrm{J}$$
$$=11\ 604.505(20)\ \mathrm{K}.$$

注意,玻尔兹曼常量 k 的推荐值是

$$k=1.380\ 6504(24)\times10^{-23}\ \mathrm{JK^{-1}}.$$

至于以前曾使用过的能量单位kcal(千卡),现建议应停止使用,但为了与旧文献比较,下面列出换算单位,

$$1\ \mathrm{kcal_{th}}=4.1840\times10^3\ \mathrm{J},$$

这里 $\mathrm{cal_{th}}$ 表示热化学卡.

9.3 角动量和自旋

在氢原子(或其他有心力)问题中,$Y_{lm}(\theta,\varphi)$可分离变量;换言之,量子态可依角动量分类.

9.3.1 轨道角动量

定义轨道角动量为 $\boldsymbol{l}=\boldsymbol{r}\times\boldsymbol{p}$,或者写成分量为

$$l_x=yp_z-zp_y,\quad l_y=zp_x-xp_z,\quad l_z=xp_y-yp_x.$$

作下列泊松括号(注意到量子条件$[q_r,p_s]=\delta_{rs}$及$[q_r,q_s]=[p_r,p_s]=0$):

$$[l_z,x]=[xp_y-yp_x,x]=-y[p_x,x]=y,$$
$$[l_z,y]=-x,\quad [l_z,z]=0;$$
$$[l_z,p_x]=[xp_y-yp_x,p_x]=[x,p_x]p_y=p_y,$$
$$[l_z,p_y]=-p_x,\quad [l_z,p_z]=0,$$

以及附标 $\begin{matrix} x \rightarrow y \\ \nwarrow \swarrow \\ z \end{matrix}$ 循环置换的结果;还有

$$\begin{aligned}[l_z,l_x] &= [l_z, yp_z - zp_y] \\ &= [l_z,y]p_z + y[l_z,p_z] - [l_z,z]p_y - z[l_z,p_y] \\ &= -xp_z + zp_x \\ &= l_y,\end{aligned}$$

以及附标 $\begin{matrix} x \rightarrow y \\ \nwarrow \swarrow \\ z \end{matrix}$ 循环置换的结果. 最后,容易验证,轨道角动量还满足:

$$l_x x + l_y y + l_z z = 0,$$
$$l_x p_x + l_y p_y + l_z p_z = 0.$$

9.3.2 广义角动量

我们定义凡满足 $[l_z,l_x]=l_y$ 及附标 $\begin{matrix} x \rightarrow y \\ \nwarrow \swarrow \\ z \end{matrix}$ 循环置换者的 l_x,l_y,l_z 为角动量

量子定义

$$l_z l_x - l_x l_z = \mathrm{i}\hbar l_y,$$
$$l_x l_y - l_y l_x = \mathrm{i}\hbar l_z,$$
$$l_y l_z - l_z l_y = \mathrm{i}\hbar l_x;$$

而不一定要求为轨道角动量,即放弃要求

$$l_x x + l_y y + l_z z = 0 \quad 或 \quad l_x p_x + l_y p_y + l_z p_z = 0.$$

这样,矩阵可取为 $l_x^2+l_y^2+l_z^2$ 及 l_z 同时对角化,因为这两个变量可对易,

$$\begin{aligned}[l_x^2 + l_y^2 + l_z^2, l_z] &= l_x[l_x,l_z] + [l_x,l_z]l_x + l_y[l_y,l_z] + [l_y,l_z]l_y \\ &= -l_x l_y - l_y l_x + l_y l_x + l_x l_y = 0.\end{aligned}$$

同样 $l_x^2+l_y^2+l_z^2$ 与 l_x,l_y 也是可对易的. 令

$$l_x + \mathrm{i}l_y = l^+, \quad l_x - \mathrm{i}l_y = l^-,$$

它们互为厄米共轭;因为每个 l_x,l_y,l_z 是厄米自共轭的,例如,$yp_z=p_z y$ 等等. 从

$$\begin{aligned} l^+ l_z - l_z l^+ &= l_x l_z - l_z l_x + \mathrm{i}(l_y l_z - l_z l_y) \\ &= -\mathrm{i}\hbar l_y - \hbar l_x = -\hbar l^+, \end{aligned}$$

$$l^- l_z - l_z l^- = \hbar l^-,$$

$$\begin{aligned} l^+ l^- &= (l_x + \mathrm{i}l_y)(l_x - \mathrm{i}l_y) = l_x^2 + l_y^2 + \mathrm{i}(l_y l_x - l_x l_y) \\ &= \boldsymbol{l}^2 - l_z^2 + l_z\hbar, \end{aligned}$$

$$l^- l^+ = \boldsymbol{l}^2 - l_z^2 - l_z\hbar.$$

从这些公式得($\boldsymbol{l}^2$ 和 l_z 皆对角矩阵;因为 $\boldsymbol{l}^2$ 与 l^+,l^-,l_z 皆可对易,$\boldsymbol{l}^2$ 取如常量值,

实则指 $\boldsymbol{l}^2$ 各本征值的子矩阵部分，其他也都指子矩阵.）

$$\langle l_z'' | l^+ | l_z' \rangle (l_z' + \hbar - l_z'') = 0,$$

$$\langle l_z' | l^- | l_z'' \rangle (l_z'' - \hbar - l_z') = 0.$$

$$0 \leqslant \langle l_z'' | l^+ | l_z'' - \hbar \rangle \langle l_z'' - \hbar | l^- | l_z'' \rangle = \boldsymbol{l}^2 - l_z''^2 + l_z'' \hbar,$$

$$0 \leqslant \langle l_z' | l^- | l_z' + \hbar \rangle \langle l_z' + \hbar | l^+ | l_z' \rangle = \boldsymbol{l}^2 - l_z'^2 - l_z' \hbar.$$

所以，令

$$\boldsymbol{l}^2 = l(l+1)\hbar^2, \quad l_z'' = m''\hbar, \quad l_z' = m'\hbar,$$

有

$$\left(l_z'' - \frac{\hbar}{2}\right)^2 \leqslant \left[\left(l + \frac{1}{2}\right)\hbar\right]^2, \quad \left(l_z' + \frac{\hbar}{2}\right)^2 \leqslant \left[\left(l + \frac{1}{2}\right)\hbar\right]^2;$$

给出

$$-\left(l + \frac{1}{2}\right) \leqslant m'' - \frac{1}{2} \leqslant \left(l + \frac{1}{2}\right)$$

和

$$-\left(l + \frac{1}{2}\right) \leqslant m' + \frac{1}{2} \leqslant \left(l + \frac{1}{2}\right);$$

它们共同限制 $-l \leqslant m \leqslant l$，子矩阵共 $(2l+1)$ 行或列，$l \geqslant 0$ 的整数或半整数. 对于轨道角动量，容易证明 m 为整数，所以 l 亦为整数. 因为

$$l_z = xp_y - yp_x = \frac{\hbar}{\mathrm{i}} \frac{\partial}{\partial \varphi},$$

而由

$$l_z \psi = \frac{\hbar}{\mathrm{i}} \frac{\partial}{\partial \varphi} \psi = m\hbar \psi,$$

得到

$$\psi = \mathrm{e}^{\mathrm{i}m\varphi};$$

ψ 为单值要求 m 为整数（φ 增加 2π 的任意倍时 ψ 不变）.

9.3.3　自旋角动量

推广的角动量不受 l＝整数的限制. 最简单的非轨道角动量为 $l=1/2$ 的情形，如电子的自旋角动量. 矩阵为 $2l+1$ 二行二列者. 令

$$l_x \Longrightarrow \frac{\hbar}{2}\sigma_x = s_x, \quad l_y \Longrightarrow \frac{\hbar}{2}\sigma_y = s_y, \quad l_z \Longrightarrow \frac{\hbar}{2}\sigma_z = s_z;$$

由 $l_x l_y - l_y l_x = \mathrm{i}\hbar l_z$ 容易求得

$$\sigma_x \sigma_y - \sigma_y \sigma_x = 2\mathrm{i}\sigma_z$$

等关系. 由于 $l=\frac{1}{2}$ 时有 $-\frac{1}{2} \leqslant m \leqslant \frac{1}{2}$，即 s_z 等只能取 $\frac{1}{2}\hbar$ 或 $-\frac{1}{2}\hbar$，而 σ_z 等只能

取+1或−1,所以有

$$\sigma_x^2 = \sigma_y^2 = \sigma_z^2 = 1.$$

另外,用 σ_x 分别左乘和右乘 $\sigma_z\sigma_x - \sigma_x\sigma_z = 2\mathrm{i}\sigma_y$ 后相加,并利用 $\sigma_x^2 = 1$ 条件,容易求得

$$\sigma_x\sigma_y + \sigma_y\sigma_x = 0$$

等关系,它们说明,σ_x,σ_y,σ_z 是互为反对易的;可求得

$$\sigma_x\sigma_y = \mathrm{i}\sigma_z = -\sigma_y\sigma_x,$$

$$\sigma_y\sigma_z = \mathrm{i}\sigma_x = -\sigma_z\sigma_y,$$

$$\sigma_z\sigma_x = \mathrm{i}\sigma_y = -\sigma_x\sigma_z,$$

以及

$$\sigma_x\sigma_y\sigma_z = \mathrm{i}.$$

1. 泡利矩阵

现在来建立 σ_x,σ_y,σ_z 的矩阵表示. 取 σ_z 为对角矩阵,由于其本征值为±1,于是

$$\sigma_z = \begin{bmatrix} 1 & 0 \\ 0 & -1 \end{bmatrix};$$

对于 σ_x 和 σ_y,由于厄米性,其对角元为实数,非对角元互为共轭复数;又由于它们与 σ_z 反对易,因而对角元必须为0;因为 $\sigma_x^2 = \sigma_y^2 = 1$,非对角元必然为 $\mathrm{e}^{\mathrm{i}\alpha}$ 和 $\mathrm{e}^{-\mathrm{i}\alpha}$,其中 α 为实数相因子;适当选取相因子,可使

$$\sigma_x = \begin{bmatrix} 0 & 1 \\ 1 & 0 \end{bmatrix};$$

而 σ_y 由 $\sigma_y = \mathrm{i}\sigma_x\sigma_z$ 确定. 于是,我们有下列泡利矩阵①:

$$\sigma_z = \begin{bmatrix} 1 & 0 \\ 0 & -1 \end{bmatrix}, \quad \sigma_x = \begin{bmatrix} 0 & 1 \\ 1 & 0 \end{bmatrix}, \quad \sigma_y = \begin{bmatrix} 0 & -\mathrm{i} \\ \mathrm{i} & 0 \end{bmatrix}.$$

2. 磁矩

对于轨道角动量,

$$\boldsymbol{l} = \boldsymbol{r} \times \boldsymbol{p},$$

电子轨道运动产生的磁矩为(高斯单位制中的磁矩应在右边分母内添上 c(光速)因子)

$$\boldsymbol{m}_{磁矩} = \frac{1}{2}\int \boldsymbol{r} \times \boldsymbol{j}\,\mathrm{d}\boldsymbol{r},$$

其中 $\boldsymbol{j}$ 是电流密度;对于点电荷,可求得

① W. Pauli, *Z. Physik*, **43** (1927), 601.

$$\boldsymbol{m}_{\text{磁矩}} = \frac{e}{2}\boldsymbol{r}\times\boldsymbol{v} = \frac{e}{2m_e}\boldsymbol{r}\times\boldsymbol{p} = \frac{e}{2m_e}\boldsymbol{l},$$

其中 $\boldsymbol{v}$ 是电子速度，m_e 是电子质量，$e(=-|e|)$是电子电荷. 但对于自旋角动量 $\boldsymbol{s}=\frac{\hbar}{2}\boldsymbol{\sigma}$，相应的磁矩则为$\frac{e}{m_e}\boldsymbol{s}$，即(磁矩/角动量)的比例(称为旋磁比)加倍！这使得自旋的效应在多电子原子光谱中即使无外加磁场也可以表现出来.

3. 自旋波函数

自旋坐标可取 σ_z'，即只取+1，−1 这两个值的一个坐标；自旋态可取 s_z 的本征态，即只取 α,β 这两个态为基，

$$s_z\alpha = \frac{\hbar}{2}\alpha,\quad s_z\beta = -\frac{\hbar}{2}\beta;$$

即取 $\sigma_z=\begin{bmatrix}1 & 0\\ 0 & -1\end{bmatrix}$表示时，$\alpha=\begin{bmatrix}1\\ 0\end{bmatrix}$，$\beta=\begin{bmatrix}0\\ 1\end{bmatrix}$为本征态. 由于自旋变量 $\sigma_x,\sigma_y,\sigma_z$ 与 x,y,z,p_x,p_y,p_z 皆可对易，x,y,z,σ_z 为独立的可对易变量，波函数可用它们的本征值 x',y',z',σ_z' 来表示

$$\psi(x',y',z',\sigma_z') = \begin{bmatrix}\psi_+(x,y,z)\\ \psi_-(x,y,z)\end{bmatrix},$$

其中

$$\psi_+(x,y,z) = \psi(x',y',z',\sigma_z');\quad \sigma_z' = +1,$$

$$\psi_-(x,y,z) = \psi(x',y',z',\sigma_z');\quad \sigma_z' = -1.$$

所以有自旋 1/2 后可以或者认为波函数需用两分量的矩阵表示，或者认为增加一个新的坐标(只取两个离散值)；这两种看法是等效的.

9.3.4　多电子系统的量子态

电子具有自旋 1/2 这事实，即使在哈密顿量中忽略所有与自旋角动量变量有关的项，仍很大地影响多电子系统的量子态. 这是因为所有电子全同，将任意两电子的所有坐标互换后哈密顿量不变. 交换 1，2 两电子的所有坐标，这可作为一个量子力学的算符 P_{12} 或即是动力学变量，在它作用下哈密顿量不变，即

$$P_{12}H\Psi = HP_{12}\Psi,$$

它表示

$$P_{12}H - HP_{12} = 0.$$

所以

$$\mathrm{i}\hbar\dot{P}_{12} = P_{12}H - HP_{12} = 0,$$

得 P_{12} 守恒. 又因为交换两次还原，

$$P_{12}P_{12}=1,$$

所以 P_{12} 的本征值为 ± 1.

1. 泡利原理

对于电子,实验证实

$$P_{12}\boldsymbol{\Psi}=-\boldsymbol{\Psi},$$

即 P_{12} 的本征值总是 -1. 这简称为泡利原理[①],即多电子系统的波函数对任两个电子的所有坐标同时交换必定是反对称的. 如果空间轨函相同(指 $\psi(x,y,z,\sigma_z')=u(x,y,z)\chi(\sigma_z')$ 的 $u(x,y,z)$ 相同),至多能容纳自旋相反的两个电子

$$\begin{aligned}
&\psi(x_1,y_1,z_1,s_1;x_2,y_2,z_2,s_2)\\
&=u(x_1,y_1,z_1)u(x_2,y_2,z_2)\frac{\alpha(s_1)\beta(s_2)-\alpha(s_2)\beta(s_1)}{\sqrt{2}}\\
&=-\psi(x_2,y_2,z_2,s_2;x_1,y_1,z_1,s_1).
\end{aligned}$$

因两个自旋轨道 α,β 无法容纳三个电子且全反对称,$\alpha(1)\alpha(2)\beta(3)$ 经过全反对称化后必然恒等于零. $\sum\limits_P(-)^PP$ 共 6 项作用在 $\alpha(1)\alpha(2)\beta(3)$ 上给出

$$\left.\begin{aligned}
&\alpha(1)\alpha(2)\beta(3)-\alpha(2)\alpha(1)\beta(3)\\
&-\alpha(3)\alpha(2)\beta(1)+\alpha(2)\alpha(3)\beta(1)\\
&-\alpha(1)\alpha(3)\beta(2)+\alpha(3)\alpha(1)\beta(2)
\end{aligned}\right\}\equiv 0.$$

2. 氦原子

下面以氦原子为例进行分析. 二电子系统的波函数为

$$\psi(x_1,y_1,z_1,s_1;x_2,y_2,z_2,s_2)=u(x_1,y_1,z_1;x_2,y_2,z_2)\chi(s_1,s_2),$$

其中 $\chi(s_1,s_2)$ 为自旋波函数,总自旋 $\boldsymbol{S}=\boldsymbol{s}^{(1)}+\boldsymbol{s}^{(2)}$ 其平方的本征值为 $S(S+1)\hbar^2$; $S_z=s_z^{(1)}+s_z^{(2)}=-S\hbar$ 到 $S\hbar$,为 $(2S+1)$ 重多重态. 自旋波函数分为两种情况:两自旋相反

$$\chi(s_1,s_2)=\frac{\alpha(1)\beta(2)-\alpha(2)\beta(1)}{\sqrt{2}},$$

$\frac{1}{2}\sigma_z^{(1)}+\frac{1}{2}\sigma_z^{(2)}=0$, $S=0$,单态,称为仲氦态;两自旋相同

$$\chi(s_1,s_2)=\alpha(1)\alpha(2),\ \beta(1)\beta(2),\ \frac{\alpha(1)\beta(2)+\alpha(2)\beta(1)}{\sqrt{2}},$$

$\frac{1}{2}\sigma_z^{(1)}+\frac{1}{2}\sigma_z^{(2)}=1,-1,0$, $S=1$,三重态,称为正氦态.

---

① W. Pauli, *Z. Physik*, **31** (1925), 765.

由于

$$S(S+1)=\left[\frac{1}{2}(\sigma_x^{(1)}+\sigma_x^{(2)})\right]^2+\left[\frac{1}{2}(\sigma_y^{(1)}+\sigma_y^{(2)})\right]^2$$

$$+\left[\frac{1}{2}(\sigma_z^{(1)}+\sigma_z^{(2)})\right]^2$$

$$=\frac{3}{4}+\frac{3}{4}+\frac{1}{2}(\boldsymbol{\sigma}^{(1)}\cdot\boldsymbol{\sigma}^{(2)})$$

$$=\frac{3+(\boldsymbol{\sigma}^{(1)}\cdot\boldsymbol{\sigma}^{(2)})}{2}=1+P_{12}^{\boldsymbol{\sigma}},$$

其中

$$P_{12}^{\boldsymbol{\sigma}}\equiv\frac{1+(\boldsymbol{\sigma}^{(1)}\cdot\boldsymbol{\sigma}^{(2)})}{2},$$

它作用在反对称自旋波函数$\frac{\alpha(1)\beta(2)-\alpha(2)\beta(1)}{\sqrt{2}}$上，其本征值为$-1$；它作用在对称自旋波函数$\alpha(1)\alpha(2)$，$\beta(1)\beta(2)$，$\frac{\alpha(1)\beta(2)+\alpha(2)\beta(1)}{\sqrt{2}}$上，其本征值为$+1$；或者

$$P_{12}^{\boldsymbol{\sigma}}\chi(\boldsymbol{s}_1,\boldsymbol{s}_2)=(-1)^{S+1}\chi(\boldsymbol{s}_1,\boldsymbol{s}_2).$$

在非相对论近似下，仲氦态和正氦态互相之间不能跃迁.

多电子原子的量子态，总轨道角动量$\boldsymbol{L}=\sum_i \boldsymbol{l}_i$，其本征值相当于0,1,2,3,…的态，用大写拉丁字母标记，分别称为S,P,D,F,…态；总自旋角动量$\boldsymbol{S}=\sum_i \boldsymbol{s}_i$，其本征值从$-S$到$+S$，相当于$2S+1$重多重态；多重数$2S+1$常标记于上述S,P,D,F,…之左上角. 或者

$$\left(\sum_i \boldsymbol{l}_i\right)^2=L(L+1)\hbar^2,\quad L\text{ 必须是整数；}$$

$$\left(\sum_i \boldsymbol{s}_i\right)^2=S(S+1)\hbar^2,$$

$$\left(\sum_i s_{zi}\right)=-S\hbar,\cdots\text{ 到 }+S\hbar,\quad S\text{ 可以是半整数.}$$

对于三重态$S=1$，有$P_{12}^{\boldsymbol{\sigma}}=+1$，所以$P_{12}^{r}=-1$；对于单重态$S=0$，有$P_{12}^{\boldsymbol{\sigma}}=-1$，所以$P_{12}^{r}=+1$；其中$P_{12}^{\boldsymbol{\sigma}}$作用于自旋波函数，而$P_{12}^{r}$则作用于空间(轨道)波函数. 这样

$$P_{12}=P_{12}^{r}P_{12}^{\boldsymbol{\sigma}}=-1.$$

对于氦原子的基态和低激发态见表9.1.

表 9.1 氦原子的基态和低激发态

	组态	原子态	空间波函数	自旋波函数
基 态	$1s^2$	^1S	$1s(1)1s(2)$	$\frac{\alpha(1)\beta(2)-\alpha(2)\beta(1)}{\sqrt{2}}$
激发态	$1s2s$	^3S	$\frac{1s(1)2s(2)-1s(2)2s(1)}{\sqrt{2}}$	$\alpha(1)\alpha(2)$ $\beta(1)\beta(2)$ $\frac{\alpha(1)\beta(2)+\alpha(2)\beta(1)}{\sqrt{2}}$
	$1s2s$	^1S	$\frac{1s(1)2s(2)+1s(2)2s(1)}{\sqrt{2}}$	$\frac{\alpha(1)\beta(2)-\alpha(2)\beta(1)}{\sqrt{2}}$

9.4 氦 原 子

量子力学或波动力学对氢原子光谱的结果与旧量子论一致.但在氦原子的电离能的计算判定了旧量子论错误,而波动力学与实验一致(旧量子论结果与实验差别很大).

9.4.1 波动方程

波动力学方程为

$$H\Psi = -\frac{\hbar}{\mathrm{i}}\frac{\partial}{\partial t}\Psi;$$

代入 $\Psi=\psi e^{-\frac{\mathrm{i}}{\hbar}Et}$,得定态薛定谔方程为

$$H\psi = E\psi.$$

对于氦原子(或类氦离子),设原子核在坐标原点(0,0,0)静止不动,核带$+Z|e|$电荷,电子带$e(e=-|e|)$电荷,电子质量为m.量子化条件采用

$$[q_a,q_b]=[p_a,p_b]=0,$$

即

$$q_aq_b-q_bq_a=0,$$
$$p_ap_b-p_bp_a=0,$$

和

$$[q_a,p_b]=\delta_{ab}, \quad 即 \quad p_bq_a-q_ap_b=\frac{\hbar}{\mathrm{i}}\delta_{ab},$$

其中

$$q_a = x_1,y_1,z_1,x_2,y_2,z_2,$$

$$p_a = \frac{\hbar}{\mathrm{i}}\frac{\partial}{\partial x_1}, \frac{\hbar}{\mathrm{i}}\frac{\partial}{\partial y_1}, \frac{\hbar}{\mathrm{i}}\frac{\partial}{\partial z_1}, \frac{\hbar}{\mathrm{i}}\frac{\partial}{\partial x_2}, \frac{\hbar}{\mathrm{i}}\frac{\partial}{\partial y_2}, \frac{\hbar}{\mathrm{i}}\frac{\partial}{\partial z_2}.$$

于是,波动方程为

$$\left(-\frac{\hbar^2}{2m}\nabla_1^2 - \frac{\hbar^2}{2m}\nabla_2^2 - \frac{Ze^2}{(4\pi\varepsilon_0)r_1} - \frac{Ze^2}{(4\pi\varepsilon_0)r_2} + \frac{e^2}{(4\pi\varepsilon_0)r_{12}}\right)\psi = E\psi,$$

其中

$$r_1 = \sqrt{x_1^2 + y_1^2 + z_1^2}, \quad r_2 = \sqrt{x_2^2 + y_2^2 + z_2^2},$$

$$r_{12} = \sqrt{(x_1 - x_2)^2 + (y_1 - y_2)^2 + (z_1 - z_2)^2},$$

$$\nabla_1^2 = \frac{\partial^2}{\partial x_1^2} + \frac{\partial^2}{\partial y_1^2} + \frac{\partial^2}{\partial z_1^2}, \quad \nabla_2^2 = \frac{\partial^2}{\partial x_2^2} + \frac{\partial^2}{\partial y_2^2} + \frac{\partial^2}{\partial z_2^2}.$$

注意,考虑多粒子问题,则波 Ψ 在位形空间(对于两电子为 6 维空间),所以不好给 Ψ 三维物理空间中的图像.

计算 E 和 ψ 一般有两种方法,微扰法和变分法.

9.4.2 微扰法

微扰法中选取某个小参量 λ 使 $H = H_0 + \lambda H_1$ 而将 E,ψ 展开为 λ 的幂级数. 这样,有下列逐级方程:

零级　$H_0\psi_0 = E_0\psi_0$,

一级　$H_0\psi_1 + H_1\psi_0 = E_0\psi_1 + E_1\psi_0$,

二级　$H_0\psi_2 + H_1\psi_1 = E_0\psi_2 + E_1\psi_1 + E_2\psi_0$,

三级　$H_0\psi_3 + H_1\psi_2 = E_0\psi_3 + E_1\psi_2 + E_2\psi_1 + E_3\psi_0$,

等等. 例如,在两电子问题中把两电子间作用项 $e^2/(4\pi\varepsilon_0)r_{12}$ 作为微扰处理,取 $\lambda = 1/Z$(Z 为原子核所带正电荷数,故氦的 $\lambda = 1/2$,但氢负离子的 $\lambda = 1$,Li^+ 的 $\lambda = 1/3$ 则更小了). 首先解出未微扰方程的波函数,$\psi_n^{(0)}$ 和能量 $E_n^{(0)}$,以后再解一级方程求得相应的 ψ_{1n} 和 E_{1n},这样逐级求解下去. 微扰法只便于作到 λ 的一两次幂修正. 对于非简并态情况,常用公式为(这里用狄拉克括号符号写出):

$$E_{1n} = \langle n | H_1 | n \rangle,$$

$$E_{2n} = \sum_m{}' \frac{\langle n | H_1 | m \rangle \langle m | H_1 | n \rangle}{E_n^{(0)} - E_m^{(0)}},$$

$$\psi_{1n} = \sum_m{}' \frac{| m \rangle \langle m | H_1 | n \rangle}{E_n^{(0)} - E_m^{(0)}},$$

其中求和号上角的撇号表示求和时不包括 $m = n$ 项. 顺便说一句,如果哈密顿量中还包括二级微扰项 H_2,则在上述 $s(\geqslant 2)$ 级微扰方程中应包括 $H_2\psi_{s-2}$ 项,而在二级微扰能量 E_{2n} 中应包括 $\langle n | H_2 | n \rangle$ 项.

具体对氦原子，容易求得（R_{He}是在 R_∞ 中将电子质量 m_e 用电子与氦核的约化质量代替）

$$E_0 = -2Z^2 R_{He}hc, \quad E_1 = \frac{5}{4} Z R_{He}hc,$$

而氦离子 He^+ 的能量是 $-Z^2 R_{He}hc$；所以 $He \longrightarrow He^+$ 时所要求的电离能是

$$\begin{aligned} I(He \to He^+) &= \left\{-Z^2 - \left[-2Z^2 + \frac{5}{4}Z\right]\right\} R_{He}hc \\ &= \left(Z^2 - \frac{5}{4}Z\right) R_{He}hc \\ &= 1.5 R_{He}hc \approx 20.409 \text{ eV}, \end{aligned}$$

与实验值 24.590 eV 比较，相差约 17%.

9.4.3 变分法

更准确些的方法是变分法，特别对于基态，能量 E 和波函数 ψ 可由下列能量泛函

$$E = \frac{\iint \left\{ \frac{\hbar^2}{2m} \cdot \frac{1}{2} \left[(\nabla_1 \psi)^2 + (\nabla_2 \psi)^2 \right] + \frac{1}{2} V \psi^2 \right\} d\tau_1 d\tau_2}{\iint \psi^2 d\tau_1 d\tau_2}$$

的极小求出，极值条件即给振幅方程作为变分方程，其中 ψ 取实函数时，动能 $-\frac{\hbar^2}{2m}\nabla_1^2\psi$ 项由 $\frac{\hbar^2}{2m}(\nabla_1\psi)^2$ 积分项变分而得

$$\frac{\hbar^2}{2m}(\nabla_1 \psi) \cdot (\nabla_1 \delta\psi) \Longrightarrow \delta\psi \left\{ -\frac{\hbar^2}{2m} \nabla_1^2 \psi \right\},$$

势能项 $V\psi$ 由 $\frac{1}{2}V\psi^2$ 积分项变分而得 $\delta\psi(V\psi)$. 对于氦原子或类氦离子，势能

$$V = -\frac{Ze^2}{(4\pi\varepsilon_0)r_1} - \frac{Ze^2}{(4\pi\varepsilon_0)r_2} + \frac{e^2}{(4\pi\varepsilon_0)r_{12}}.$$

在计算积分时，选用长度单位和能量单位使所有变量皆化为无量纲变量，而在尝试函数 ψ 中引入若干参量使泛函积分后为这些参量的代数式. 这样一来，泛函的极小问题就变为多参量的代数式的极小问题.

希勒洛斯①采用

$$\psi(r_1, r_2, r_{12}) = \varphi(ks, kt, ku),$$

其中

$$s = r_1 + r_2, \quad t = r_1 - r_2, \quad u = r_{12};$$

---

① E. A. Hylleraas, *Z. Physik*, **54** (1929), 347.

而取 φ 为如下形式：

$$\varphi(s,t,u)=\mathrm{e}^{-s/2}\sum_{l}\sum_{n}\sum_{m}c_{n,2l,m}s^{n}t^{2l}u^{m}.$$

这样得到能量 E 为

$$E=\frac{k^2M-kL}{N}$$

的形式，由

$$\frac{\partial E}{\partial k}=0,\quad \frac{\partial E}{\partial c_{n,2l,m}}=0$$

定极小，代数式可迭代求解. 先用近似的 k，从线性方程

$$k^2\frac{\partial M}{\partial c}-k\frac{\partial L}{\partial c}-E\frac{\partial N}{\partial c}=0$$

的行列式为零定 E 和 c 的比例；代入

$$2kM-L=0$$

得改进的 k；这样反复迭代直到满足精度要求为止. 如此得到例如：

$E=-2.903\,24$　（原子单位）（希勒洛斯 6 参量）①，

$E=-2.903\,71$　（原子单位）（钱德拉塞卡 18 参量）②，

$E=-2.903\,723$　（原子单位）（木下 38 参量）③.

巴特莱特等④与福克⑤皆证明

$$\psi=\sum A_{lmn}r_1^l r_2^m r_{12}^n$$

形式的解不存在，而需要对数项

$$\psi=\sum_{k=0}^{\infty}C_k(r_1,r_2,r_{12})(\ln\sqrt{r_1^2+r_2^2})^k.$$

注意到用 s,t,u 变量时有 $0\leqslant t\leqslant u\leqslant s\leqslant\infty$，所以

$$\ln\sqrt{s^2+t^2}=\ln s+\frac{1}{2}\ln\left(1+\frac{t^2}{s^2}\right)$$

可用 $\ln s$ 代替（其余部分正规），弗兰可夫斯基和皮克里斯⑥采用希勒洛斯型尝试函数但包含了

$$\ln(r_1+r_2),\ \{\ln(r_1+r_2)\}^2 \text{ 和 } \sqrt{r_1^2+r_2^2}$$

因子的项. 表 9.2 给出氦原子和类氦离子的总能量：$-E$（哈特里原子单位）.

---

① E. A. Hylleraas, *Z. Physik*, **54** (1929), 347.

② S. Chandrasekhar, G. Herzberg, *Phys. Rev.*, **98** (1955), 1050.

③ T. Kinoshita, *Phys. Rev.*, **105** (1957), 1490.

④ J. H. Bartlett, J. J. Gibbons, C. G. Dunn, *Phys. Rev.*, **47** (1935), 679.

⑤ В. А. Фок, Изв. АН СССР. Физика, **18** (1954), 161.

⑥ K. Frankowski, C. L. Pekeris, *Phys. Rev.*, **146** (1996), 46.

表 9.2 变分法求得的氦原子和类氦离子的总能量

（$-E$，原子单位：$2R_Z hc$）*

线性参数个数	H^-	He	Li^+
59	0.527 750 48	2.903 724 351	7.279 913 365
101	0.527 750 98	2.903 724 3763	7.279 913 4110
170	0.527 751 0150	2.903 724 377 011	7.279 913 412 613
246	0.527 751 016 35	2.903 724 377 0326	7.279 913 412 6660
∞外推	0.527 751 016 38	2.903 724 377 0333	7.279 913 412 6678
希勒洛斯结果	0.526 27	2.903 24	

* $R_Z=R_\infty\left(1+\frac{m_e}{M_Z}\right)^{-1}$，其中 M_Z 为核的质量．

他们给出从 $Z=1$ (H^-)，$Z=2$ (He)，一直到 $Z=10$ (Ne^{8+}) 的十组值．氦原子 He 电离为 He^+ 离子的电离能，实验值为 $(198\ 310.5\pm1)\ cm^{-1}$，而

$$R_{He}=\frac{R_\infty}{1+m_e/M_{He}}=\frac{10\ 973\ 731.53\pm0.013}{1+\dfrac{0.000\ 548\ 579\ 903}{4.0038}}\ m^{-1}$$

$$=10\ 972\ 228.2\ m^{-1},$$

所以理论电离能为

$$2\times0.903\ 724\ 3770\times10\ 972\ 228.2\ m^{-1}=19\ 831\ 740.1\ m^{-1}$$

已比实验值大了．变分法的能级只可能估计偏高，所以电离能只能估计偏低．这理论值比实验值大是因为由于核运动，相对论效应和辐射修正（兰姆移位[①]）尚未计入．计入这些修正，共计 $(-6.5_5\pm0.4)\ cm^{-1}$，得理论电离能（修正值）为 $(198\ 310.8\pm0.4)cm^{-1}$，与实验值符合得很好．我们注意到非相对论能级计算已达到 $10^{-13}\sim10^{-12}$ 精确度．

9.4.4 变分微扰法[②③]

还可以将变分法与微扰法结合起来运用．

考虑一般波动力学方程

$$(H_0+\lambda H_1-E)\psi=0,$$

其中 H_0 和 H_1 是任何两个厄米算符，λ 认作小参数．将本征函数 ψ 和本征值 E 展开成

① W. E. Lamb, Jr. et al, *Phys. Rev.*, **72**(1947), 241; **75**(1949), 1325, 1332; **79**(1950), 549; W. E. Lamb, *Rep. Prog. Phys.*, **14**(1950), 19.

② H. A. Bethe, E. E. Salpeter, *Quantum Mechanies of One and Two-Electron Systems*, Springer-Verlag, Berlin, 1957. §25.

③ F. W. Byron, Jr., C. J. Joachain, *Phys. Rev.*, **146** (1966), 1.

$$E=\sum_{n=0}^{\infty}\lambda^n E_n,\quad \psi=\sum_{n=0}^{\infty}\lambda^n\psi_n,$$

可以得到下列各级微扰方程：

(0) $H_0\psi_0-E_0\psi_0=0$,

(1) $H_0\psi_1+H_1\psi_0-E_0\psi_1-E_1\psi_0=0$,

(2) $H_0\psi_2+H_1\psi_1-E_0\psi_2-E_1\psi_1-E_2\psi_0=0$,

(3) $H_0\psi_3+H_1\psi_2-E_0\psi_3-E_1\psi_2-E_2\psi_1-E_3\psi_0=0$,

(4) $H_0\psi_4+H_1\psi_3-E_0\psi_4-E_1\psi_3-E_2\psi_2-E_3\psi_1-E_4\psi_0=0$,

(5) $H_0\psi_5+H_1\psi_4-E_0\psi_5-E_1\psi_4-E_2\psi_3-E_3\psi_2-E_4\psi_1-E_5\psi_0=0$,

还可写出一般形式为

$$(n)\quad H_0\psi_n+H_1\psi_{n-1}-\sum_{m=0}^{n}E_m\psi_{n-m}=0,$$

下面就是依次逐级求解这组方程.

到此为止与通常的微扰法一般无二,区别主要在于求解方法上.通常的微扰法是先按本征值问题求解出未微扰的(0)级方程的本征值和本征函数，在解以后的各组方程时则皆以未微扰本征函数为基作展开来进行求解.变分微扰法则与此不同,它是采用变分法来求解的.下面讨论各级微扰方程的变分求解.

给定 H_0 后,E_0 和 ψ_0 同时由

$$E_0=\min_{\varphi_0}\langle\varphi_0|H_0|\varphi_0\rangle,\quad 带\quad (\varphi_0,\varphi_0)=1$$

来定,φ_0 为尝试函数;这里采用狄拉克符号,

$$\langle\psi|\alpha|\varphi\rangle=\int\psi^*\alpha\varphi\,\mathrm{d}\tau.$$

并且由$\langle\psi_0|(1)\rangle-\langle\psi_1|(0)\rangle$容易得到

$$E_1=\langle\psi_0|H_1|\psi_0\rangle,$$

因此 E_1 也已定出.再由$\langle\psi_0|(2)\rangle+\langle\psi_1|(1)\rangle-\langle\psi_2|(0)\rangle$得

$$E_2=\langle\psi_1|H_0-E_0|\psi_1\rangle+\langle\psi_1|H_1-E_1|\psi_0\rangle+\langle\psi_0|H_1-E_1|\psi_1\rangle,$$

因此若要求

$$\frac{\delta E_2}{\delta\psi_1}=(H_0-E_0)\psi_1+(H_1-E_1)\psi_0=0,$$

即 E_2 和 ψ_1 同时由

$$E_2=\min_{\varphi_1}\{\langle\varphi_1|H_0-E_0|\varphi_1\rangle+2\langle\varphi_1|H_1-E_1|\psi_0\rangle\}$$

来定,φ_1 为尝试函数;并且得出

$$E_2=\langle\psi_0|H_1-E_1|\psi_1\rangle=-\langle\psi_1|H_0-E_0|\psi_1\rangle;$$

同时由$\langle\psi_0|(3)\rangle+\langle\psi_1|(2)\rangle-\langle\psi_2|(1)\rangle-\langle\psi_3|(0)\rangle$容易得到

$$E_3=\langle\psi_1|H_1-E_1|\psi_1\rangle-2E_2\langle\psi_0|\psi_1\rangle.$$

以此类推,由

$$E_4 = \min_{\varphi_2}\{\langle\varphi_2|H_0 - E_0|\varphi_2\rangle + 2\langle\varphi_2|H_1 - E_1|\psi_1\rangle - E_2\langle\varphi_2|\psi_0\rangle\}$$
$$- E_2\langle\psi_1|\psi_1\rangle - 2E_3\langle\psi_0|\psi_1\rangle$$

可同时定出 φ_2 和 E_4 以及 E_5. 现将结果全部写出为

$$E_1=\langle\psi_0|H_1|\psi_0\rangle,$$
$$E_2=\langle\psi_0|H_1-E_1|\psi_1\rangle=-\langle\psi_1|H_0-E_0|\psi_1\rangle,$$
$$E_3=\langle\psi_1|H_1-E_1|\psi_1\rangle-2E_2\langle\psi_0|\psi_1\rangle,$$
$$E_4=-\langle\psi_2|H_0-E_0|\psi_2\rangle-E_2\langle\psi_1|\psi_1\rangle-2E_3\langle\psi_0|\psi_1\rangle,$$
$$E_5=\langle\psi_2|H_1-E_1|\psi_2\rangle-2E_2\langle\psi_1|\psi_2\rangle-E_3\langle\psi_1|\psi_1\rangle-2E_3\langle\psi_0|\psi_2\rangle-2E_4\langle\psi_0|\psi_1\rangle.$$

拜伦和约阿钱恩①采用上述变分微扰法探讨了基态氦原子的关联能. 他们用哈特里-福克哈密顿量作为 H_0(采用哈特里原子单位):

$$H_0=-\frac{1}{2}\nabla_1^2-\frac{1}{2}\nabla_2^2-\frac{2}{r_1}-\frac{2}{r_2}+2V_d(\boldsymbol{r}_1)-V_e(\boldsymbol{r}_1)$$
$$+2V_d(\boldsymbol{r}_2)-V_e(\boldsymbol{r}_2),$$

其中 V_d 和 V_e 分别是"直接"势和(非定域)哈特里-福克势(交换势),定义为

$$V_d(\boldsymbol{r})=\int\frac{1}{|\boldsymbol{r}-\boldsymbol{r}'|}\psi_0^*(\boldsymbol{r}')\psi_0(\boldsymbol{r}')\mathrm{d}\boldsymbol{r}',$$

$$V_e(\boldsymbol{r})f(\boldsymbol{r})=\psi_0(\boldsymbol{r})\int\psi_0^*(\boldsymbol{r}')\frac{1}{|\boldsymbol{r}-\boldsymbol{r}'|}f(\boldsymbol{r}')\mathrm{d}\boldsymbol{r}';$$

因而

$$H_1=\frac{1}{r_{12}}-2V_d(\boldsymbol{r}_1)+V_e(\boldsymbol{r}_1)-2V_d(\boldsymbol{r}_2)+V_e(\boldsymbol{r}_2);$$

并定义关联能为(因为他们采用 HF 波函数作为未微扰波函数)

$$E_{关联}=\sum_{i=2}^{\infty}E_i.$$

他们的计算结果是(10 个参量的尝试函数,哈特里原子单位):

$$E_2=-0.037\ 19,$$
$$E_3=-0.003\ 46,$$
$$E_4=-0.001\ 09,$$
$$E_5=-0.000\ 06,$$
$$E_{关联}=-0.041\ 80;$$

而哈特里-福克的结果有

$$E_0+E_1=-2.861\ 67;$$

所以

① F. W. Byron, Jr., C. T. Joachain, *Phys. Rev.*, **146** (1966), 1.

$$E_{总}=E_0+E_1+E_2+E_3+E_4+E_5=-2.90347,$$

而相同有效位数的严格值(参考9.4.3节)为

$$E_{总}(严格)=-2.90372,$$

或者

$$E_{关联}(严格)=-2.90372-(-2.86167)=-0.04205,$$

这里的变分微扰法结果与之相差约为0.6%.

9.4.5 激发态

以上讨论的主要是氦原子基态,对于激发态(参考9.3.4节及表9.2),也有类似处理.若采用

$$H_0=-\frac{\hbar^2}{2m}(\nabla_1^2+\nabla_2^2)-\frac{Ze^2}{(4\pi\varepsilon_0)r_1}-\frac{Ze^2}{(4\pi\varepsilon_0)r_2},$$

并令 $H_1=\frac{e^2}{(4\pi\varepsilon_0)r_{12}}$ 为微扰,则得到

$$E(^3\mathrm{S})=E_{1s}+E_{2s}+Q-A,$$

$$E(^1\mathrm{S})=E_{1s}+E_{2s}+Q+A,$$

其中

$$E_{1s}=-Z^2R_{\mathrm{He}}hc=-4R_{\mathrm{He}}hc,$$

$$E_{2s}=-\frac{Z^2}{2^2}R_{\mathrm{He}}hc=-1R_{\mathrm{He}}hc,$$

$$Q=\int\frac{e^2}{(4\pi\varepsilon_0)r_{12}}[(1s(1)2s(2))]^2\mathrm{d}\boldsymbol{r}_1\mathrm{d}\boldsymbol{r}_2,$$

$$A=\int\frac{e^2}{(4\pi\varepsilon_0)r_{12}}[(1s(1)2s(2))][1s(2)2s(1)]\mathrm{d}\boldsymbol{r}_1\mathrm{d}\boldsymbol{r}_2;$$

这里 Q 是库仑积分,A 是交换积分.具体计算及与实验数据 $E(^3\mathrm{S})=-4.350R_{\mathrm{He}}hc$,$E(^1\mathrm{S})=-4.292R_{\mathrm{He}}hc$ 的比较见习题9.7.

对于氦原子的 $1s2s\,^3\mathrm{S}$ 态也可以用变分法求.希勒洛斯采用变分波函数

$$s\mathrm{e}^{-Z's}\sinh ct,$$

其中

$$s=\frac{r_1+r_2}{a_0},\quad t=\frac{r_1-r_2}{a_0},$$

而 Z' 和 c 是变分参量.或者展开写出为

$$s\mathrm{e}^{-Z's}\sinh ct=\frac{r_1+r_2}{a_0}\mathrm{e}^{-Z'\frac{r_1+r_2}{a_0}}\cdot\frac{1}{2}\left(\mathrm{e}^{\frac{c(r_1-r_2)}{a_0}}-\mathrm{e}^{\frac{c(r_2-r_1)}{a_0}}\right)$$

$$=\frac{r_1+r_2}{2a_0}\mathrm{e}^{-(Z'-c)\frac{r_1}{a_0}}\mathrm{e}^{-(Z'+c)\frac{r_2}{a_0}}-\frac{r_1+r_2}{2a_0}\mathrm{e}^{-(Z'+c)\frac{r_1}{a_0}}\mathrm{e}^{-(Z'-c)\frac{r_2}{a_0}},$$

这相应于

$$2s_{Z'-c}(1)1s_{Z'+c}(2)-2s_{Z'-c}(2)1s_{Z'+c}(1),$$

结果得到 $Z'=1.374$, $c=0.825$ 和 $E=-4.3420R_{\mathrm{He}}hc$ 与实验值 $-4.3504R_{\mathrm{He}}hc$ 接近;这相应于 $Z_{1s}=Z'+c=2.198$, $Z_{2s}=2(Z'-c)=1.099$,也是合理的.他还曾经将因子 s 改为 $s+c_1u$(其中 $u=r_{12}/a_0$)或 $s+c_2t^2$,得到 E 分别为 $-4.3448R_{\mathrm{He}}hc$ 或 $-4.3484R_{\mathrm{He}}hc$. 详情请参考鲍林和威尔逊的书①.

习　题

9.1 辐射强度、辐射流和辐射能量密度②.

我们用

$$\mathrm{d}E_\nu = I_\nu\,\mathrm{d}\nu\,\mathrm{d}\sigma\,\cos\theta\,\mathrm{d}\Omega\,\mathrm{d}t$$

表示经过面积元 $\mathrm{d}\sigma$,在立体角元 $\mathrm{d}\Omega$(其轴与 $\mathrm{d}\sigma$ 的法线夹角为 θ)方向,在 $\mathrm{d}t$ 时间内流过的频率在 ν 到 $\nu+\mathrm{d}\nu$ 间的一束辐射的能量. 这式中的 I_ν 定义称为辐射强度, $I_\nu=I_\nu(\boldsymbol{r},\Omega,t)$, $\boldsymbol{r}$ 表示其位置, Ω 表示其方向, t 表示时间. 对所有方向积分得辐射流

$$\int I_\nu\,\cos\theta\mathrm{d}\Omega,$$

这代表单位时间流过 $\mathrm{d}\sigma$ 单位面积的单位频率中的能量,是个矢量,方向沿 $\mathrm{d}\sigma$ 的法线方向.

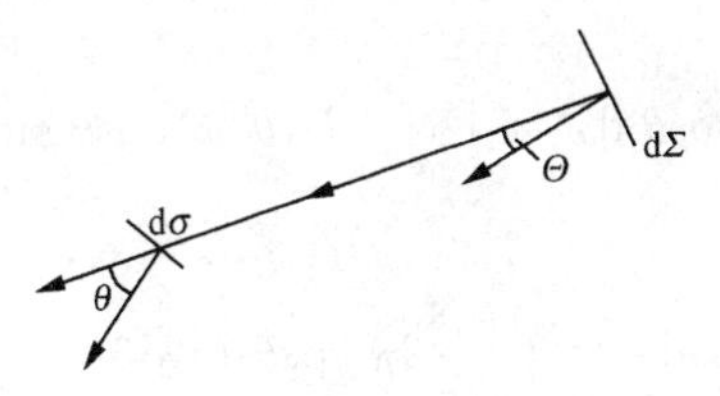

图　9.3

为了计算在 $\boldsymbol{r}$ 处的辐射能量密度 $u_\nu\mathrm{d}\nu$,即在输运过程中单位体积的辐射能量,先将 $\boldsymbol{r}$ 围以凸闭面 σ 包围体积 v(皆为无穷小),再取凸闭面 Σ 包含 σ 在内(Σ 较 σ 大得多,但 Σ 仍小到使 I_ν 与 $\boldsymbol{r}$ 近似无关). 经过 v 的辐射从 $\mathrm{d}\Sigma$ 进入 $\mathrm{d}\sigma$,其连线与各自法线夹角为 Θ 和 θ, $\mathrm{d}\sigma$ 及 $\mathrm{d}\Sigma$ 间距离为 r. 单位时间通过 $\mathrm{d}\Sigma$ 和 $\mathrm{d}\sigma$ 的辐射能量为

$$\mathrm{d}E_\nu/\mathrm{d}t = I_\nu\mathrm{d}\nu\ \mathrm{d}\Sigma\cos\Theta\mathrm{d}\omega,$$

① L. Pauling, E. B. Wilson, Jr., *Introduction to Quantum Mechanics*, McGraw-Hill, New York, 1935, p. 225.

② 参考 S. Chandrasekhar,, *Radiative Transfer*, Oxford Univ. Press, New York, 1950, § 2.

其中 $d\omega$ 为 $d\sigma$ 在 $d\Sigma$ 处所张立体角,即

$$d\omega = \frac{d\sigma \cos\theta}{r^2}.$$

这束辐射用 $dl/c = dt$ 时间走过小体积元

$$dv = dl d\sigma \cos\theta,$$

所以贡献给 v 中的能量计为

$$\begin{aligned} dE_\nu &= I_\nu \, d\nu \, d\Sigma \cos\Theta \, \frac{dl}{c} \, \frac{d\sigma \cos\theta}{r^2} \\ &= \frac{1}{c} I_\nu \, d\nu \, d\Omega \, dv, \end{aligned}$$

其中

$$d\Omega = \frac{d\Sigma \cos\Theta}{r^2}$$

为 $d\Sigma$ 在 $d\sigma$ 即在 $\boldsymbol{r}$ 点所张之立体角.对所有 $d\Sigma$ 积分得 $\boldsymbol{r}$ 处辐射能量密度(频率在 ν 到 $\nu + d\nu$ 内者)为

$$u_\nu d\nu = \int_{\text{各方向}} \frac{dE_\nu}{dv} = \left(\frac{1}{c} \int I_\nu \, d\Omega \right) d\nu.$$

对于各向同性辐射,

$$u_\nu = \frac{4\pi}{c} I_\nu.$$

从辐射强度定义和单位时间通过单位面积向正法线侧面总共辐射的能量(频率在 ν 到 $\nu + d\nu$ 者)为

$$\int_{\cos\theta > 0} I_\nu \cos\theta \, d\omega = \int_{\cos\theta > 0} I_\nu(\theta, \varphi) \cos\theta \sin\theta \, d\theta \, d\varphi;$$

对于各向同性辐射

$$\int_{\cos\theta > 0} I_\nu \cos\theta d\omega = I_\nu \int_0^{\pi/2} 2\pi \cos\theta \sin\theta d\theta = \pi I_\nu = \frac{c}{4} u_\nu.$$

对于黑体辐射,利用普朗克公式得到

$$\begin{aligned} u &= \int_0^\infty u_\nu \, d\nu = \int_0^\infty \frac{8\pi h\nu^3 / c^3}{e^{h\nu/kT} - 1} \, d\nu \\ &= \frac{8\pi k^4 T^4}{h^3 c^3} \int_0^\infty \frac{x^3 \, dx}{e^x - 1} = aT^4, \end{aligned}$$

$$a = \frac{8\pi^5 k^4}{15 h^3 c^3} = \frac{\pi^2 k^4}{15 \hbar^3 c^3},$$

其中用了

$$\int_0^\infty \frac{x^3 \, dx}{e^x - 1} = \frac{\pi^4}{15},$$

这可以从伯努利数 B_n 的积分表达式①

$$B_n = 4n\int_0^\infty \frac{t^{2n-1}\,\mathrm{d}t}{\mathrm{e}^{2\pi t}-1} \quad 和 \quad B_2 = \frac{1}{30}$$

得到；或者从

$$\int_0^\infty \frac{x^3\,\mathrm{d}x}{\mathrm{e}^x-1} = \int_0^\infty x^3\,\mathrm{d}x(\mathrm{e}^{-x}+\mathrm{e}^{-2x}+\cdots) = 6\left\{\frac{1}{1}+\frac{1}{2^4}+\frac{1}{3^4}+\cdots\right\}$$

和黎曼 ζ 函数②：$\zeta(s) = \sum_{n=1}^\infty \frac{1}{n^s}$，即

$$\zeta(4) = 1+\frac{1}{2^4}+\frac{1}{3^4}+\cdots = \frac{\pi^4}{90}$$

得到.最后求得单位面积单侧总辐射能流

$$S = \frac{c}{4}\int_0^\infty u_\nu\,\mathrm{d}\nu = \sigma T^4,$$

$$\sigma = \frac{ca}{4} = \frac{2\pi^5 k^4}{15h^3c^2} = \frac{\pi^2 k^4}{60\hbar^3 c^2},$$

σ 是斯特藩常量.

9.2　谐振子的能量分布.

将总能量 $P\varepsilon$(计 P 个量子，每个量子的能量为 ε)分配给 N 个振子(每个振子平均能量为 $U=P\varepsilon/N$)，每个振子所含量子数无任何限制，热平衡时求证

$$U = \frac{\varepsilon}{\mathrm{e}^{\varepsilon/kT}-1},$$

其中，T 是绝对温度，k 是玻尔兹曼常量.

证：共计有

$$W = \frac{(N+P-1)!}{(N-1)!P!}$$

种分配办法，如下数出.将 N 个振子以 $v_1,v_2,\cdots,v_N$ 代表，P 个量子以 $q_1,q_2,\cdots,q_P$ 代表，而以

$$v_1q_1q_2v_2q_3q_4q_5v_3v_4q_6\cdots\cdots$$

表示第一个振子分配两个量子，第二个振子分配三个量子，第三个振子分配零个量子，第四个振子分配等等.不妨固定以 v_1 开始，然后接连排上 $N+P-1$ 个字母；这样共计$(N+P-1)!$ 个排列办法.其中有 $P!(N-1)!$ 个排列的差别只在 P 个量子的附标和其余 $N-1$ 个振子的附标的排列上；因为振子皆全同，量子也皆全同，这些排列都是同一种分配办法.(W 叫做配容或热力学概率，但 W 是个大整数.)普

① 参考王竹溪，郭敦仁：《特殊函数概论》，北京大学出版社，2000，116 页和 3 页.

② 同上书，110 页，114 页.

朗克利用玻尔兹曼关系：

$$S_N = k\ln W,$$

这相当于取 $S_N = -k\ \ln w, w = \frac{1}{W}$,对所有分配办法具有相同权重.当 N 和 P 皆为大数时,可利用斯特林公式

$$\ln N! \approx N\ln N - N,$$

得下列近似

$$S_N \approx k[(N+P)\ln(N+P) - N\ln N - P\ln P]$$
$$= kN\left\{\left(1+\frac{U}{\varepsilon}\right)\ln\left(1+\frac{U}{\varepsilon}\right) - \frac{U}{\varepsilon}\ln\frac{U}{\varepsilon}\right\} = NS,$$

S 代表每个振子的熵.从热力学的

$$\frac{\mathrm{d}S}{\mathrm{d}U} = \frac{1}{T}$$

关系得

$$\frac{1}{T} = \frac{\mathrm{d}S}{\mathrm{d}U} = \frac{k}{\varepsilon}\left\{1 + \ln\left(1+\frac{U}{\varepsilon}\right) - 1 - \ln\frac{U}{\varepsilon}\right\} = \frac{k}{\varepsilon}\ln\frac{U+\varepsilon}{U};$$

所以

$$U + \varepsilon = U\mathrm{e}^{\varepsilon/kT},$$

即

$$U = \frac{\varepsilon}{\mathrm{e}^{\varepsilon/kT} - 1};$$

与普朗克公式比较只需要假设量子能量 $E = h\nu$.

9.3　谐振子波动力学的量子化(参考9.2.1节之2).

谐振子的定态波动方程是

$$\left(-\frac{\hbar^2}{2m}\frac{\mathrm{d}^2}{\mathrm{d}q^2} + \frac{1}{2}m\omega^2q^2\right)\psi - E\psi = 0.$$

令

$$\psi = \mathrm{e}^{-\frac{m\omega}{2\hbar}q^2}\varphi,$$

上列方程化为

$$\left[-\frac{\hbar^2}{2m}\left(\frac{\mathrm{d}}{\mathrm{d}q} - \frac{m\omega}{\hbar}q\right)^2 + \frac{1}{2}m\omega^2q^2 - E\right]\varphi = 0,$$

或者

$$-\frac{\hbar^2}{2m}\frac{\mathrm{d}^2\varphi}{\mathrm{d}q^2} + \hbar\omega q\frac{\mathrm{d}\varphi}{\mathrm{d}q} - \left(E - \frac{\hbar\omega}{2}\right)\varphi = 0.$$

再进行无量纲化,令

$$x = \sqrt{\frac{m\omega}{\hbar}}\,q,\quad \frac{E}{\hbar\omega} - \frac{1}{2} \equiv \varepsilon,$$

得到

$$-\frac{1}{2}\frac{\mathrm{d}^2\varphi}{\mathrm{d}x^2}+x\frac{\mathrm{d}\varphi}{\mathrm{d}x}-\varepsilon\varphi=0.$$

将 φ 展开成 x 的级数：

$$\varphi=\sum c_k x^k,$$

于是

$$x\frac{\mathrm{d}\varphi}{\mathrm{d}x}=\sum kc_k x^k,\quad \frac{\mathrm{d}^2\varphi}{\mathrm{d}x^2}=\sum k(k-1)c_k x^{k-2};$$

所以 k 可从 0 或 1 开始增长. 从

$$-\frac{1}{2}(k+2)(k+1)c_{k+2}+(k-\varepsilon)c_k=0$$

可以看出，如果 ε＝整数，则级数可终止，$c_{\varepsilon+2}=0$；如果 $\varepsilon\neq$整数，则

$$\frac{c_{k+2}}{c_k}=\frac{2(k-\varepsilon)}{(k+2)(k+1)}\xrightarrow[k\to\infty]{}\frac{2}{k},$$

使 φ 在 $x\to\infty$ 时按 e^{x^2} 发散，超过 ψ 中的收敛因子 $\mathrm{e}^{-\frac{x^2}{2}}$，所以 ψ 也发散，不满足量子化条件. 量子态 $\varepsilon=n$ 即

$$E=E_n=\left(n+\frac{1}{2}\right)\hbar\omega.$$

另外，将谐振子的波动方程与韦伯方程①

$$\frac{\mathrm{d}^2}{\mathrm{d}z^2}\mathrm{D}_n(z)+\left(n+\frac{1}{2}-\frac{1}{4}z^2\right)\mathrm{D}_n(z)=0$$

比较得(相差归一化常数)

$$\psi\propto\mathrm{D}_n\left(\sqrt{\frac{2m\omega}{\hbar}}q\right),$$

$\mathrm{D}_n(z)$称为抛物柱面函数，它与厄米函数 $\mathrm{H}_n(z)$的关系为

$$\mathrm{H}_n(z)=2^{\frac{n}{2}}\mathrm{e}^{\frac{1}{2}z^2}\mathrm{D}_n(\sqrt{2}z);$$

而当 $n=0,1,2,\cdots$时，$\mathrm{H}_n(z)$称为厄米多项式.

9.4 广义拉盖尔多项式的积分②：

$$\int_0^\infty \mathrm{e}^{-\rho}\rho^{s+1}\mathrm{L}_r^s(\rho)\mathrm{L}_t^s(\rho)\mathrm{d}\rho,$$

可以由其母函数

---

① 关于韦伯方程和抛物柱面函数的详细性质，可参考前引王竹溪、郭敦仁的书，6.12 节(312—317 页).

② 可参考 L. Pauling, E. B. Wilson, Jr., *Introduction to Quantum Mechanics*, McGraw-Hill, New York, 1935, App. Ⅶ.

$$\sum_{r=s}^{\infty}\frac{L_r^s(\rho)}{r!}u^r=(-)^s\frac{e^{-\frac{\rho u}{1-u}}}{(1-u)^{s+1}}u^s=U_s(\rho,u)$$

和 $V_s(\rho,v)$ 的积分来求. 我们有

$$\begin{aligned}
&\int_0^{\infty}e^{-\rho}\rho^{s+1}U_s(\rho,u)V_s(\rho,v)d\rho\\
&=\sum_{r,t=s}^{\infty}\sum\frac{u^rv^t}{r!t!}\int_0^{\infty}e^{-\rho}\rho^{s+1}L_r^s(\rho)L_t^s(\rho)d\rho\\
&=\frac{(uv)^s}{(1-u)^{s+1}(1-v)^{s+1}}\int_0^{\infty}\rho^{s+1}e^{-\rho\left(1+\frac{u}{1-u}+\frac{v}{1-v}\right)}d\rho\\
&=\frac{(s+1)!(uv)^s(1-u)(1-v)}{(1-uv)^{s+2}}\\
&=(s+1)!(1-u-v+uv)\sum_{k=0}^{\infty}\frac{(s+k+1)!}{k!(s+1)!}(uv)^{s+k},
\end{aligned}$$

这里应用了

$$\int_0^{\infty}e^{-t}t^{z-1}dt=\Gamma(z)\quad 及\quad \Gamma(n+1)=n!.$$

令 $r=n+l=t$, $s=2l+1$,比较$(uv)^{n+l}$的系数便得到

$$\begin{aligned}
\int_0^{\infty}e^{-\rho}\rho^{2l+2}\left[L_{n+l}^{2l+1}(\rho)\right]^2d\rho&=\int_0^{\infty}\rho^2d\rho\left[e^{-\frac{\rho}{2}}\rho^lL_{n+l}^{2l+1}(\rho)\right]^2\\
&=\frac{2n[(n+l)!]^3}{(n-l-1)!};
\end{aligned}$$

这结果是从

$$(r!)^2\left[\frac{(r+1)!}{(r-s)!}+\frac{r!}{(r-s-1)!}\right]=\frac{(2r-s+1)(r!)^3}{(r-s)!}$$

得来.

9.5 对于类氦原子,若采用 r_1,r_2 和 r_{12}坐标,试证明:

(1) 其薛定谔方程可化为

$$\begin{aligned}
&-\frac{\hbar^2}{2m}\left[\frac{\partial^2}{\partial r_1^2}+\frac{2}{r_1}\frac{\partial}{\partial r_1}+\frac{\partial^2}{\partial r_2^2}+\frac{2}{r_2}\frac{\partial}{\partial r_2}+2\frac{\partial^2}{\partial r_{12}^2}+\frac{4}{r_{12}}\frac{\partial}{\partial r_{12}}\right.\\
&\left.+\frac{r_1^2-r_2^2+r_{12}^2}{r_1r_{12}}\frac{\partial^2}{\partial r_1\partial r_{12}}+\frac{r_2^2-r_1^2+r_{12}^2}{r_2r_{12}}\frac{\partial^2}{\partial r_2\partial r_{12}}\right]\psi\\
&+\left(-\frac{Ze^2}{(4\pi\varepsilon_0)r_1}-\frac{Ze^2}{(4\pi\varepsilon_0)r_2}+\frac{e^2}{(4\pi\varepsilon_0)r_{12}}\right)\psi=E\psi;
\end{aligned}$$

(2) 又利用

$$s=r_1+r_2,\quad t=r_1-r_2,\quad u=r_{12},$$

则位形空间体积元为

$$d\tau=d\boldsymbol{r}_1d\boldsymbol{r}_2=8\pi^2r_1r_2r_{12}dr_1dr_2dr_{12}$$

$$= \pi^2 (s^2 - t^2) u \mathrm{d}s\mathrm{d}t\mathrm{d}u,$$

积分区域为

$$-u \leqslant t \leqslant u, \quad 0 \leqslant u \leqslant s \leqslant \infty.$$

证：9.4 节给出类氦原子的薛定谔方程为

$$-\frac{\hbar^2}{2m}[\nabla_1^2 + \nabla_2^2]\psi + \left(-\frac{Ze^2}{(4\pi\varepsilon_0)r_1} - \frac{Ze^2}{(4\pi\varepsilon_0)r_2} + \frac{e^2}{(4\pi\varepsilon_0)r_{12}}\right)\psi = E\psi.$$

因为

$$\nabla r = \frac{\boldsymbol{r}}{r}, \quad \nabla \cdot \frac{\boldsymbol{r}}{r} = \frac{2}{r}, \quad \nabla_1 r_{12} = \frac{\boldsymbol{r}_1 - \boldsymbol{r}_2}{r_{12}} = -\nabla_2 \boldsymbol{r}_{12};$$

$$2\boldsymbol{r}_1 \cdot (\boldsymbol{r}_1 - \boldsymbol{r}_2) = [(\boldsymbol{r}_1 + \boldsymbol{r}_2) + (\boldsymbol{r}_1 - \boldsymbol{r}_2)] \cdot (\boldsymbol{r}_1 - \boldsymbol{r}_2)$$

$$= r_1^2 - r_2^2 + r_{12}^2;$$

所以有

$$\nabla_1 \psi = \frac{\boldsymbol{r}_1}{r_1}\frac{\partial \psi}{\partial r_1} + \frac{\boldsymbol{r}_1 - \boldsymbol{r}_2}{r_{12}}\frac{\partial \psi}{\partial r_{12}},$$

$$\nabla_1^2 \psi = \frac{\partial^2 \psi}{\partial r_1^2} + \frac{2}{r_1}\frac{\partial \psi}{\partial r_1} + \frac{\partial^2 \psi}{\partial r_{12}^2} + \frac{2}{r_{12}}\frac{\partial \psi}{\partial r_{12}} + \frac{r_1^2 - r_2^2 + r_{12}^2}{r_1 r_{12}}\frac{\partial^2 \psi}{\partial r_1 \partial r_{12}},$$

和 $\nabla_2^2 \psi$ 的类似结果. 所以(1)部分得证.

因为空间位形仅取决于 r_1, r_2, r_{12}，它们构成平面三角形，我们不妨对 $\boldsymbol{r}_1$ 的方向积分并将 $\boldsymbol{r}_1$ 作为 $\boldsymbol{r}_2$ 的一个极轴，同时对角度 φ_2 积分，我们有

$$\mathrm{d}\boldsymbol{r}_1 = r_1^2 \mathrm{d}r_1 \sin\theta_1 \mathrm{d}\theta_1 \mathrm{d}\varphi_1 = 4\pi r_1^2 \mathrm{d}r_1,$$

$$\mathrm{d}\boldsymbol{r}_2 = r_2^2 \mathrm{d}r_2 \sin\theta_{12} \mathrm{d}\theta_{12} \mathrm{d}\varphi_2 = 2\pi r_2^2 \mathrm{d}r_2 \sin\theta_{12} \mathrm{d}\theta_{12},$$

$$r_{12}^2 = r_1^2 + r_2^2 - 2r_1 r_2 \cos\theta_{12}, \quad r_{12}\mathrm{d}r_{12} = r_1 r_2 \sin\theta_{12} \mathrm{d}\theta_{12};$$

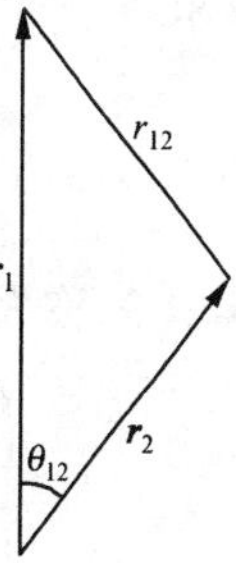

图　9.4

于是

$$\mathrm{d}\boldsymbol{r}_1 \mathrm{d}\boldsymbol{r}_2 = 8\pi^2 r_1 r_2 r_{12} \mathrm{d}r_1 \mathrm{d}r_2 \mathrm{d}r_{12}.$$

另外，$r_1, r_2 \to s, t$ 时，有

$$r_1 = \frac{1}{2}(s+t), \quad r_2 = \frac{1}{2}(s-t), \quad r_1 r_2 = \frac{1}{4}(s^2 - t^2),$$

$$J = \frac{\partial(r_1, r_2)}{\partial(s, t)} = -\frac{1}{2};$$

因而又有

$$\mathrm{d}\boldsymbol{r}_1 \mathrm{d}\boldsymbol{r}_2 = 8\pi^2 r_1 r_2 \mathrm{d}r_1 \mathrm{d}r_2 r_{12} \mathrm{d}r_{12} = \pi^2 (s^2 - t^2) u \mathrm{d}s\mathrm{d}t\mathrm{d}u,$$

(2)部分得证.

9.6　连续谱的正交归一化①.

设连续谱的波函数为

$$\psi = R_{kl}(r)Y_l^m(\theta,\varphi),$$

其中球谐函数 $Y_l^m(\theta,\varphi)$按 4π 立体角归一化. 而径向函数则按波数标度或能量标度归一化:

$$\int_0^\infty R_{k'l}(r)R_{kl}(r)r^2\mathrm{d}r = \delta(k'-k),$$

或

$$\int_0^\infty R_{E'l}(r)R_{El}(r)r^2\mathrm{d}r = \delta(E'-E).$$

因为

$$E = \frac{\hbar^2}{2m}k^2, \quad \frac{\mathrm{d}E}{\mathrm{d}k} = \frac{\hbar^2 k}{m}.$$

所以有

$$R_{El} = R_{kl}\sqrt{\frac{\mathrm{d}k}{\mathrm{d}E}} = R_{kl}\sqrt{\frac{m}{\hbar^2 k}}.$$

连续谱的正交归一化一般可通过其 $R_{kl}(r)$的渐近展开式计算得到. 计算结果要求

$$R_{kl} \simeq \sqrt{\frac{2}{\pi}}\frac{\sin\left(kr-\frac{1}{2}l\pi+\delta_l\right)}{r},$$

其中 δ_l 称为相移,因为

$$\left(\frac{2}{\pi}\right)\int_0^\infty \sin\left(k'r-\frac{1}{2}l\pi+\delta_l\right)\sin\left(kr-\frac{1}{2}l\pi+\delta_l\right)\mathrm{d}r$$

$$= \frac{1}{\pi}\int_0^\infty \{\cos(k'-k)r - \cos[(k'+k)r-l\pi+2\delta_l]\}\mathrm{d}r;$$

后一项无奇异性,前一项给出

$$\frac{1}{2\pi}\int_{-\infty}^\infty \cos[(k'-k)r]\mathrm{d}r = \frac{1}{2\pi}\int_{-\infty}^\infty \mathrm{e}^{\mathrm{i}(k'-k)r}\mathrm{d}r = \delta(k'-k).$$

即使在库仑场中[上(下)面的正负号对应于引(斥)力场],

$$\sin\left(kr \pm \frac{1}{k}\ln 2kr - \frac{1}{2}l\pi+\delta_l\right)$$

亦然(对数项较线性项可忽略),而

---

① 参考 L. D. Landau, E. M. Lifshitz, *Quantum Mechanics, Non-relativistic Theory*, Pergamon Press, 1977 (译自俄文). [或中译本: Л. Д. 朗道, E. M. 栗弗席兹著, 严肃译:《量子力学(非相对论理论)》, 高等教育出版社, 2008.]特别是 33 节和 36 节.

$$\delta_l = \arg\Gamma\left(l+1\mp\frac{\mathrm{i}}{k}\right).$$

9.7 氦原子 1s2s 的^{3}S 态和^{1}S 态能量计算到一级微扰.库仑积分 Q 和交换积分 A 为

$$Q = \int \frac{e^2}{(4\pi\varepsilon_0)r_{12}}[1\mathrm{s}(1)2\mathrm{s}(2)]^2 \mathrm{d}\boldsymbol{r}_1 \mathrm{d}\boldsymbol{r}_2,$$

$$A = \int \frac{e^2}{(4\pi\varepsilon_0)r_{12}}[1\mathrm{s}(1)2\mathrm{s}(2)1\mathrm{s}(2)2\mathrm{s}(1)]\mathrm{d}\boldsymbol{r}_1 \mathrm{d}\boldsymbol{r}_2;$$

而

$$E(^3\mathrm{S}) = -5R_{\mathrm{He}}hc + Q - A,$$
$$E(^1\mathrm{S}) = -5R_{\mathrm{He}}hc + Q + A.$$

因为

$$E(1\mathrm{s}) = -4R_{\mathrm{He}}hc,\quad E(2\mathrm{s}) = -1R_{\mathrm{He}}hc;$$

$$1\mathrm{s}(1) = \left(\frac{2}{a_0}\right)^{3/2}\frac{1}{\sqrt{\pi}}\mathrm{e}^{-2r_1/a_0},$$

$$2\mathrm{s}(1) = \frac{1}{4\sqrt{2\pi}}\left(\frac{2}{a_0}\right)^{3/2}\left(2-2\frac{r_1}{a_0}\right)\mathrm{e}^{-r_1/a_0};$$

1s(1),2s(1)等皆归一化,例如

$$\int[1\mathrm{s}(1)]^2 r_1^2 \mathrm{d}r_1 \sin\theta_1 \mathrm{d}\theta_1 \mathrm{d}\varphi_1 = \int[1\mathrm{s}(1)]^2 \mathrm{d}v_1 = 1.$$

于是容易得到

$$Q = 128\frac{e^2}{(4\pi\varepsilon_0)a_0}\int_0^\infty\int_0^\infty \frac{\mathrm{d}x_1\mathrm{d}x_2}{x_{大}}x_1^2\mathrm{e}^{-4x_1}x_2^2(1-x_2)^2\mathrm{e}^{-2x_2},$$

$$A = 128\frac{e^2}{(4\pi\varepsilon_0)a_0}\int_0^\infty\int_0^\infty \frac{\mathrm{d}x_1\mathrm{d}x_2}{x_{大}}x_1^2(1-x_1)\mathrm{e}^{-3x_1}x_2^2(1-x_2)\mathrm{e}^{-3x_2},$$

其中 $x_{大}$ 为积分中 x_1,x_2 中的大者,即

$$\int_0^\infty\int_0^\infty\frac{\mathrm{d}x_1\mathrm{d}x_2}{x_{大}}[\cdots] = \int_0^\infty \mathrm{d}x_1\left[\frac{1}{x_1}\int_0^{x_1}\mathrm{d}x_2[\cdots] + \int_{x_1}^\infty \mathrm{d}x_2\frac{1}{x_2}[\cdots]\right].$$

因而

$$\frac{A}{R_{\mathrm{He}}hc} = 256\left\{\int_0^\infty \mathrm{d}x_1\, x_1(1-x_1)\mathrm{e}^{-3x_1}\int_0^{x_1}\mathrm{d}x_2\, x_2^2(1-x_2)\mathrm{e}^{-3x_2}\right.$$
$$\left.+\int_0^\infty \mathrm{d}x_1 x_1^2(1-x_1)\mathrm{e}^{-3x_1}\int_{x_1}^\infty \mathrm{d}x_2\, x_2(1-x_2)\mathrm{e}^{-3x_2}\right\}$$
$$= 512\int_0^\infty \mathrm{d}x_1 x_1(1-x_1)\mathrm{e}^{-3x_1}\int_0^{x_1}\mathrm{d}x_2 x_2^2(1-x_2)\mathrm{e}^{-3x_2}$$
$$= 512\cdot\frac{1}{3}\int_0^\infty \mathrm{d}x_1(x_1^4-x_1^5)\mathrm{e}^{-6x_1}$$

$$= 512 \cdot \frac{1}{3 \cdot 6^6}[6 \cdot 4! - 5!] = \frac{2^9 \cdot 4!}{2^6 \cdot 3^7} = \frac{2^6}{3^6} = 0.087\,79,$$

这里第二个等式是在上面第二项积分中先交换积分次序再令变量 x_1, x_2 互换得到,直接从对 x_1, x_2 之间的对称性质也可以看出.而

$$\int_0^{x_1} \mathrm{d}x_2\, x_2^2(1 - x_2)\mathrm{e}^{-3x_2} = \frac{1}{3}x_1^3$$

和下面的具体计算则利用了下列积分公式:

$$\int_0^u x^n \mathrm{e}^{-\alpha x}\mathrm{d}x = \frac{n!}{\alpha^{n+1}} - \mathrm{e}^{-\alpha u}\sum_{k=0}^{n}\frac{n!}{k!}\frac{u^k}{\alpha^{n-k+1}},$$

$$\int_0^\infty x^n \mathrm{e}^{-\alpha x}\mathrm{d}x = \frac{\Gamma(n+1)}{\alpha^{n+1}} = \frac{n!}{\alpha^{n+1}}.$$

类似地可以求得

$$\begin{aligned}
\frac{Q}{R_{\mathrm{He}}hc} &= 256\left\{\int_0^\infty \mathrm{d}x_2 x_2(1 - x_2)^2\mathrm{e}^{-2x_2}\int_0^{x_2}\mathrm{d}x_1 \cdot x_1^2\mathrm{e}^{-4x_1}\right. \\
&\quad \left. + \int_0^\infty \mathrm{d}x_2 x_2^2(1 - x_2)^2\mathrm{e}^{-2x_2}\int_{x_2}^\infty \mathrm{d}x_1 x_1\mathrm{e}^{-4x_1}\right\} \\
&= 256\left\{\int_0^\infty \mathrm{d}x x(1 - x)^2\mathrm{e}^{-2x}\left[\frac{1}{32} - \mathrm{e}^{-4x}\left(\frac{1}{32} + \frac{1}{8}x + \frac{1}{4}x^2\right)\right]\right. \\
&\quad \left. + \int_0^\infty \mathrm{d}x x^2(1 - x)^2\mathrm{e}^{-6x}\left(\frac{1}{16} + \frac{1}{4}x\right)\right\} \\
&= 8\left\{\int_0^\infty \mathrm{d}x x(1 - x)^2\mathrm{e}^{-2x} - \int_0^\infty \mathrm{d}x x(1 - x)^2(1 + 2x)\mathrm{e}^{-6x}\right\} \\
&= 8\left\{\int_0^\infty \mathrm{d}x[9x(1 - 3x)^2 - x(1 - x)^2(1 + 2x)]\mathrm{e}^{-6x}\right\} \\
&= 8\int_0^\infty \mathrm{d}x[8x - 54x^2 + 84x^3 - 2x^4]\mathrm{e}^{-6x} \\
&= 2^4\left[\frac{4}{6^2} - \frac{27 \cdot 2}{6^3} + \frac{42 \cdot 3!}{6^4} - \frac{4!}{6^5}\right] \\
&= 2^4\left[\frac{1}{9} - \frac{1}{4} + \frac{7}{36} - \frac{1}{4 \times 3^4}\right] \\
&= \frac{4 \times 17}{81} = 0.8395.
\end{aligned}$$

最后得到

$$E(^3\mathrm{S}) = -4.248R_{\mathrm{He}}hc, \quad E(^1\mathrm{S}) = -4.073R_{\mathrm{He}}hc;$$

而实验值为

$$E(^3\mathrm{S}) = -4.350R_{\mathrm{He}}hc, \quad E(^1\mathrm{S}) = -4.292R_{\mathrm{He}}hc.$$

9.8 求原子极化率①

解：设原子处于沿 z 轴方向、强度为 $\mathscr{E}$ 的均匀电场中，则有原子中电子系统的哈密顿量为

$$H = H_0 + V,$$

其中

$$V = - ez\mathscr{E} \quad (\text{氢原子、单电子}),$$

或

$$V = - e(z_1 + z_2)\mathscr{E} \quad (\text{氦原子、双电子});$$

解得能量为

$$E = E_0 - \frac{1}{2}\alpha\mathscr{E}^2,$$

α 为原子极化率，而原子电偶极矩为

$$p = - \frac{\partial E}{\partial \mathscr{E}} = \alpha\mathscr{E}.$$

可以看出，α(高斯制)或$(4\pi\varepsilon_0)^{-1}\alpha$(SI 制)的量纲为体积，可以玻尔半径的三次方 a_0^3 为单位.

对于基态氢原子，二级微扰给出

$$(4\pi\varepsilon_0)^{-1}\alpha_{\mathrm{H(1s)}} = \frac{9}{2}a_0^3 \approx 0.667 \times 10^{-30}\ \mathrm{m}^3,$$

而哈塞②应用 $\psi_{1s}(1+Az+Bzr)$ 作为变分函数得出同样结果；若应用 $\psi_{1s}(1+Az)$ 作为变分函数，则得到结果为

$$(4\pi\varepsilon_0)^{-1}\alpha_{\mathrm{H(1s)}} = 4a_0^3 \approx 0.59 \times 10^{-30}\ \mathrm{m}^3.$$

对于基态氦，哈塞③变分法用 $\mathrm{e}^{-Z'\frac{r_1+r_2}{a_0}}[1+A(z_1+z_2)]$ 给出

$$(4\pi\varepsilon_0)^{-1}\alpha_{\mathrm{He(1s^2)}} = 0.150 \times 10^{-30}\ \mathrm{m}^3,$$

而用 $\mathrm{e}^{-Z'\frac{r_1+r_2}{a_0}}(1+c_1u)[1+A(z_1+z_2)+B(z_1r_1+z_2r_2)]$(其中 $u=r_{12}/a_0$)给出其值为 $0.201\times10^{-30}\mathrm{m}^3$，与实验值 $0.205\times10^{-30}\mathrm{m}^3$ 接近.

---

① 可参考 L. Pauling, E. B. Wilson, *Introduction to Quantum Mechanics*, McGraw-Hill, New York, 1935. pp. 185, 228.

② H. R. Hassé, *Proc. Camb. Phil. Soc.*, **26** (1930), 542.

③ H. R. Hassé, 见上引文献.

第 10 章　碰撞和跃迁

10.1　量子态的意义

1. 量子态和简并性

当系统有哈密顿量 H 并且不依赖于时间 t 时，则由薛定谔方程

$$H\Psi = -\frac{\hbar}{\mathrm{i}}\frac{\partial}{\partial t}\Psi = E\Psi$$

可定出本征值 E，称为能态或能级，同时

$$\Psi = \psi \mathrm{e}^{-\frac{\mathrm{i}}{\hbar}Et},\quad H\psi = E\psi.$$

注意，本征值 E 可能是简并的，即有若干不同的本征函数 ψ 属于同一本征值 E. 对于连续谱 E' 则有无穷简并情况. 一般对于自由粒子情况，则可以用器壁限制于体积 V 之中. 这样，连续谱改变为准连续而可数，无穷简并改变为有限简并.

简并的态，在粗糙近似下可能较多，在进一步近似下可能减少，简并被解除了. 注意在解除简并时，微扰对所有简并态的子矩阵要先对角化以取得制备态（指微扰趋于零时的原来简并态的组合）. 譬如，对于

$$H'_{11} = H'_{22} = 0,\quad H'_{12} = H'_{21} = \varepsilon,$$

则制备态为

$$\frac{\psi_1^{(0)} \pm \psi_2^{(0)}}{\sqrt{2}},\quad E' = \pm\varepsilon;$$

$$H'\frac{\psi_1^{(0)} \pm \psi_2^{(0)}}{\sqrt{2}} = \frac{\varepsilon(\psi_2^{(0)} \pm \psi_1^{(0)})}{\sqrt{2}} = E'\frac{\psi_1^{(0)} \pm \psi_2^{(0)}}{\sqrt{2}};$$

这样才可以继续往下做高级微扰. 有的简并态，无论几级微扰总是不能解除其简并性. 简并性必然与某种对称性相联系，这对称算符与各级微扰算符皆可对易，而不导致对称破缺，态的简并性在微扰处理时须特别加以注意！

2. 量子态在统计力学中的意义

统计力学中利用量子态来求配分函数（又称为态和），

$$Z = \sum_n \mathrm{e}^{-E_n/kT} = \sum_{E_n} g_n \mathrm{e}^{-E_n/kT},$$

其中 $\sum_n$ 指对量子态求和，而 $\sum_{E_n}$ 则指对能级求和；每态权重一样，简并能态的权重

称为能级简并度 g_n. 可以用不同方式分离变量来求解

$$H\psi = E\psi,$$

而引入不同的量子数,但总集合 E 及其简并度 g 则是不变的,给出的配分函数 Z 相同. 同时,有了配分函数后,有关系统的热力学性质皆可求得.

根据这个统计力学意义,荷电多粒子系统受外加电场或磁场作用时(对于恒定场,电场 $\boldsymbol{E}$ 要在哈密顿量 H 中增加一项 $-\sum_i \boldsymbol{E}\cdot\boldsymbol{r}_i e_i$, $\boldsymbol{r}_i$ 和 e_i 是 i 粒子的坐标和电荷;而磁场 $\boldsymbol{B}$ 要在哈密顿量 H 中将 i 粒子的动量 $\boldsymbol{p}_i$ 改变为 $\boldsymbol{p}_i - e_i\boldsymbol{A}(\boldsymbol{r}_i)$,其中矢势 $\boldsymbol{A}(\boldsymbol{r}_i) = \frac{1}{2}\boldsymbol{B}\times\boldsymbol{r}_i$),系统的电偶极矩 $\bar{\bar{\boldsymbol{p}}}_{电}$ 或磁矩 $\bar{\bar{\boldsymbol{m}}}_{磁}$ 可用下式求得:

$$\bar{\bar{\boldsymbol{p}}}_{电} = kT\frac{\partial}{\partial \boldsymbol{E}}\ln Z, \quad \bar{\bar{\boldsymbol{m}}}_{磁} = kT\frac{\partial}{\partial \boldsymbol{B}}\ln Z;$$

物理量上的"="符号表示统计平均. 计算 Z 时 E_n 可用微扰法求至二次幂项便够计算电磁矩至 $\boldsymbol{E}$,$\boldsymbol{B}$ 的一次幂. 详情可参考范扶累克的书[①].

这里我们只指出范列文定理[②],经典统计力学无法解释磁化率,因为

$$m_z = \frac{1}{2}\sum_i e_i(x_i\dot{y}_i - y_i\dot{x}_i) = \sum_k a_k\dot{q}_k = \sum_k a_k\frac{\partial H}{\partial p_k},$$

所以其经典统计平均值为零,即

$$\begin{aligned}\bar{\bar{m}}_z &= \int\sum_k a_k\frac{\partial H}{\partial p_k}\mathrm{e}^{-H/kT}\mathrm{d}q_1\cdots\mathrm{d}p_f \\ &= \sum_k a_k(-kT)\int\frac{\partial}{\partial p_k}(\mathrm{e}^{-H/kT})\mathrm{d}q_1\cdots\mathrm{d}p_f \equiv 0.\end{aligned}$$

在量子理论中,由于 E_n 之间好多的间隔都远远大于 kT($1\ \mathrm{eV}\approx 1.16\times10^4\ \mathrm{K}$),只有较低的几个能级有贡献,甚至于只计基态即足够近似 Z,这时

$$\bar{\bar{\boldsymbol{p}}}_{电} = -\frac{\partial E_{基态}}{\partial \boldsymbol{E}}, \quad \bar{\bar{\boldsymbol{m}}}_{磁} = -\frac{\partial E_{基态}}{\partial \boldsymbol{B}},$$

谈不到经典的抵消了. 另一方面,磁矩 $\frac{e\hbar}{2m}$ 也表示磁现象从根本上讲是量子现象($\hbar$ 出现,在 $\hbar\to 0$ 的经典近似下趋于零).

3. 量子态在碰撞和跃迁中的意义

除统计力学中运用量子态(能级)外,讨论光谱中的跃迁,碰撞中的散射等将给我们关于量子态更多的理解,具体情况见本章以下几节的内容.

---

① J. H. Van Vleck, *Theroy of Electric and Magnetic Susceptibilities*, Oxford Univ. Press, Oxford, 1932.

② H.-J. Van Leeuwen, 'Problèmes de la Théorie Electronique du Magnetisme'(磁性电子理论的问题), Ph. D. thesis, 1919, Leiden. [*J. de Phys. et Le Radium*, **2**(1921), 361.]

10.2 跃迁概率

1. 含时微扰论[①]

我们设未微扰的系统，其哈密顿量 H_0(不依赖于 t)的量子态皆已解出，即

$$H_0\Psi_a = -\frac{\hbar}{\mathrm{i}}\frac{\partial\Psi_a}{\partial t} = E_a\Psi_a$$

的本征值 E_a 和本征函数 Ψ_a 皆为已知. 我们将用这些已知的量子态来描述另一系统(称为微扰系统)，其哈密顿量 $H=H_0+V$(差别 V 不大，作为微扰).

用参数变易法解

$$H\Psi = -\frac{\hbar}{\mathrm{i}}\frac{\partial\Psi}{\partial t} = (H_0+V)\Psi.$$

令

$$\Psi = \sum_a c_a\Psi_a,$$

不妨取 Ψ_a 为正交归一的：

$$\int\Psi_b^*\Psi_a\mathrm{d}\tau = \delta_{ab},$$

代入后得

$$-\frac{\hbar}{\mathrm{i}}\sum_a\frac{\mathrm{d}c_a}{\mathrm{d}t}\Psi_a - \sum_a c_a\frac{\hbar}{\mathrm{i}}\frac{\partial\Psi_a}{\partial t} = H_0\sum_a c_a\Psi_a + V\sum_a c_a\Psi_a,$$

消去中间两项即得

$$-\frac{\hbar}{\mathrm{i}}\sum_a\frac{\mathrm{d}c_a}{\mathrm{d}t}\Psi_a = V\sum_a c_a\Psi_a.$$

两边同乘以 Ψ_b^* 并对 $\mathrm{d}\tau$ 积分，由正交归一条件得

$$-\frac{\hbar}{\mathrm{i}}\frac{\mathrm{d}c_b}{\mathrm{d}t} = \sum_a V_{ba}c_a,$$

其中

$$V_{ba} = \int\Psi_b^* V\Psi_a\mathrm{d}\tau.$$

如果 V 也不依赖于 t，则 V_{ba} 与 t 有如下关系

$$V_{ba} = V_{ba}(t=0)\mathrm{e}^{\frac{\mathrm{i}}{\hbar}(E_b-E_a)t};$$

这是由于 $\Psi_a=\psi_a\mathrm{e}^{-\frac{\mathrm{i}}{\hbar}E_a t}$ 和 $\Psi_b^*=\psi_b^*\mathrm{e}^{\frac{\mathrm{i}}{\hbar}E_b t}$，而

$$V_{ba}(t=0) = \int\psi_b^* V\psi_a\mathrm{d}\tau.$$

① P. A. M. Dirac, *Proc. Roy. Soc(London)*, **A112**(1926), 661; **A114**(1927), 243.

从 Ψ 的归一和 Ψ_a 的正交归一容易得到

$$\sum_a |c_a|^2 = 1,$$

这条件与

$$-\frac{\hbar}{\mathrm{i}}\frac{\mathrm{d}c_b}{\mathrm{d}t} = \sum_a V_{ba} c_a$$

及其共轭一致，因为

$$\frac{\hbar}{\mathrm{i}}\frac{\mathrm{d}c_b^*}{\mathrm{d}t} = \sum_a c_a^* V_{ba}^* = \sum_a c_a^* V_{ab},$$

$$-\frac{\hbar}{\mathrm{i}}\frac{\mathrm{d}}{\mathrm{d}t}\Big[\sum_b c_b^* c_b\Big] = \sum_b c_b^* \sum_a V_{ba} c_a - \sum_b \sum_a c_a^* V_{ab} c_b = 0,$$

这里应用了 V 是厄米算符，V_{ab} 矩阵是自厄米共轭的.

2. 跃迁概率(直接跃迁过程)

设 $t=0$ 时 $c_a=0$ 对所有的态 a，只除外 $c_A=1$(A 代表初态，来自德文 Anfang). 当 V 很小时，前面方程右边的 $\sum_a V_{ba} c_a$ 中的 c_a 可用初值代入得 V_{bA}，所以得到

$$-\frac{\hbar}{\mathrm{i}}\frac{\mathrm{d}c_b}{\mathrm{d}t} = V_{bA} = V_{bA}(t=0)\mathrm{e}^{\frac{\mathrm{i}}{\hbar}(E_b - E_A)t} \quad (b \neq A);$$

积分得

$$c_b = V_{bA}(t=0)\frac{\mathrm{e}^{\frac{\mathrm{i}}{\hbar}(E_b - E_A)t} - 1}{E_A - E_b},$$

积分常数已由初值条件 $t=0$ 时 $c_b=0$ 定出. 在 $t=T$ 时，到达 b 态的概率为

$$|c_b(T)|^2 = |V_{bA}(t=0)|^2 \frac{2\left\{1-\cos\frac{(E_b - E_A)T}{\hbar}\right\}}{(E_b - E_A)^2}.$$

令所有态 b 在能量等于 E_b 到 $E_b+\mathrm{d}E_b$ 之间者为 $\rho_B(E_b)\mathrm{d}E_b$，b 中除 E_b 外其他特征叫 B，则

$$\sum_b |c_b(T)|^2 = \int \rho_B(E_b)\mathrm{d}E_b\, |V_{BA}|^2 \frac{2\left\{1-\cos\frac{(E_b - E_A)T}{\hbar}\right\}}{(E_b - E_A)^2}.$$

令 $E_b = E_A + \frac{\hbar x}{T}$，则

$$\frac{\mathrm{d}E_b}{(E_b - E_A)^2} = \frac{\frac{\hbar}{T}\mathrm{d}x}{\frac{\hbar^2}{T^2}x^2} = \frac{T}{\hbar}\frac{\mathrm{d}x}{x^2},$$

x 的上下限由 $\frac{T}{\hbar}(E_b - E_A)$ 确定，当 $T \gg \frac{\hbar}{E_b - E_A} = \frac{\hbar}{\Delta E}$ 时，x 的上下限实际上可取为

从 $-\infty$ 至 $+\infty$(对 x 积分限 $\pm\infty$ 表示积分区域限度为 $|E_b-E_A|T/\hbar>\pi$);而由于

$$\int_{-\infty}^{\infty}\frac{1-\cos x}{x^2}\,\mathrm{d}x=\pi^{①},$$

所以

$$\sum_b|c_b(T)|^2=\frac{2\pi T}{\hbar}\rho_B|V_{BA}|^2\quad(E_B=E_A).$$

这必须 $\ll 1$ 才近似合理,即要求 T 又不能太大,

$$T\ll\frac{\hbar}{2\pi\rho_B|V_{BA}|^2}.$$

这样,从开始在 A 态,有单位时间的跃迁概率 $w_{A\to B}$:

$$\frac{2\pi}{\hbar}\rho_B|V_{BA}|^2\equiv w_{A\to B}=\frac{\sum_b|c_b(T)|^2}{T},$$

这是常用的单位时间跃迁概率的近似公式.

3. 跃迁概率(含中间态的跃迁过程)

如果从初态 A 到末态 B 的直接矩阵元 V_{BA} 恒等于零,则需高一级微扰近似. 比如 V_{Bi} 和 V_{iA} 都不等于零,i 称为中间过渡态,但 $E_i-E_A\neq 0$(能量不守恒);则有

$$-\frac{\hbar}{\mathrm{i}}\frac{\mathrm{d}c_i}{\mathrm{d}t}=V_{iA}=V_{iA}(t=0)\mathrm{e}^{\frac{\mathrm{i}}{\hbar}(E_i-E_A)t},$$

$$-\frac{\hbar}{\mathrm{i}}\frac{\mathrm{d}c_B}{\mathrm{d}t}=V_{Bi}c_i=V_{Bi}(t=0)\mathrm{e}^{\frac{\mathrm{i}}{\hbar}(E_B-E_i)t}V_{iA}(t=0)\frac{\mathrm{e}^{\frac{\mathrm{i}}{\hbar}(E_i-E_A)t}-1}{E_A-E_i}$$

$$=K_{BA}(0)\{\mathrm{e}^{\frac{\mathrm{i}}{\hbar}(E_B-E_A)t}-\mathrm{e}^{\frac{\mathrm{i}}{\hbar}(E_B-E_i)t}\},$$

其中 $K_{BA}(0)=V_{Bi}(0)V_{iA}(0)/(E_A-E_i)$;后者积分得

$$c_B=K_{BA}(0)\left\{\frac{\mathrm{e}^{\frac{\mathrm{i}}{\hbar}(E_B-E_A)t}-1}{E_A-E_B}-\frac{\mathrm{e}^{\frac{\mathrm{i}}{\hbar}(E_B-E_i)t}-1}{E_i-E_B}\right\},$$

前一项比后一项大得多(后项分母总是很大). 前项给出类似的单位时间的跃迁概率为

$$w_{A\to B}=\frac{2\pi}{\hbar}\rho_B|K_{BA}|^2,$$

---

①
$$\int_{-\infty}^{\infty}\frac{1-\cos x}{x^2}\,\mathrm{d}x=\int_{-\infty}^{\infty}(1-\cos x)\mathrm{d}\left(-\frac{1}{x}\right)=\int_{-\infty}^{\infty}\frac{\sin x}{x}\,\mathrm{d}x,$$
$$\int_{-\infty}^{\infty}\frac{\sin x}{x}\,\mathrm{d}x=\frac{1}{2\mathrm{i}}\int_{-\infty}^{\infty}\frac{\mathrm{e}^{\mathrm{i}x}-\mathrm{e}^{-\mathrm{i}x}}{x}\,\mathrm{d}x=\frac{1}{2\mathrm{i}}\int\frac{\mathrm{e}^{\mathrm{i}x}-\mathrm{e}^{-\mathrm{i}x}}{x}\,\mathrm{d}x;$$

而最后两项的积分周线,前者从上补足取⌒,后者从下补足取⌣,结果得到

$$\int\frac{\mathrm{e}^{\mathrm{i}x}}{x}\,\mathrm{d}x=2\pi\mathrm{i}\quad 和\quad\int\frac{\mathrm{e}^{-\mathrm{i}x}}{x}\,\mathrm{d}x=0.$$

其中

$$K_{BA}=\frac{V_{Bi}(0)V_{iA}(0)}{E_A-E_i}.$$

注意到跃迁概率公式中 V_{BA} 或 K_{BA} 等皆不包含时间因子.

上述理论首先由狄拉克提出并应用到光谱跃迁①,解决了自发跃迁概率的计算.

10.3 势 散 射

10.3.1 一般描述

考虑粒子与有限区域内不为零的势场 $V(\boldsymbol{r})$ 的散射问题,波动方程是

$$-\frac{\hbar}{\mathrm{i}}\frac{\partial\Psi}{\partial t}=H\Psi=\left[-\frac{\hbar^2}{2m}\nabla^2+V\right]\Psi=E\Psi,$$

其中

$$\Psi(\boldsymbol{r},t)=\psi(\boldsymbol{r})\mathrm{e}^{-\frac{\mathrm{i}}{\hbar}Et},\quad E=\frac{\hbar^2k^2}{2m};$$

满足如下定解条件:在 $|\boldsymbol{r}|=r\to\infty$ 远处,对于一般方向 $\boldsymbol{n}=\boldsymbol{r}/r$ 只有向外走向的出射波,即球面散射波,如

$$\Psi_{\text{散射}}\sim\frac{\mathrm{e}^{\mathrm{i}kr}}{r}f(\boldsymbol{n},\boldsymbol{n}_0)\mathrm{e}^{-\frac{\mathrm{i}}{\hbar}Et}\quad(\boldsymbol{n}\neq\boldsymbol{n}_0),$$

而只在入射方向 $\boldsymbol{n}_0$ 则尚有平面入射波:

$$\Psi_{\text{入射}}\sim\mathrm{e}^{\mathrm{i}k\boldsymbol{n}_0\cdot\boldsymbol{r}-\frac{\mathrm{i}}{\hbar}Et}\quad(\boldsymbol{n}=\boldsymbol{n}_0);$$

此处 $\hbar k$ 代表粒子的动量大小,$\hbar k=mv$,粒子入射时动量为 $\hbar k\boldsymbol{n}_0$,散射后动量为 $\hbar k\boldsymbol{n}$,势散射时动能不变. 粒子方向从 $\boldsymbol{n}_0$ 改变到 $\boldsymbol{n}$ 附近 $\mathrm{d}\Omega(\boldsymbol{n})$ 内的散射截面为

$$|f(\boldsymbol{n},\boldsymbol{n}_0)|^2\mathrm{d}\Omega(\boldsymbol{n}).$$

这可由下列概率守恒方程导出:

$$\frac{\partial}{\partial t}(\Psi^*\Psi)+\nabla\cdot\frac{\hbar}{2m\mathrm{i}}(\Psi^*\nabla\Psi-\Psi\nabla\Psi^*)=0.$$

这个方程可验证如下:

$$\begin{aligned}\text{左边}&=\frac{\partial\Psi^*}{\partial t}\Psi+\Psi^*\frac{\partial\Psi}{\partial t}+\frac{\hbar}{2m\mathrm{i}}(\Psi^*\nabla^2\Psi-\Psi\nabla^2\Psi^*)\\&=\frac{1}{\mathrm{i}\hbar}\left\{\Psi^*H\Psi-\Psi H\Psi^*+\Psi^*\frac{\hbar^2}{2m}\nabla^2\Psi-\Psi\frac{\hbar^2}{2m}\nabla^2\Psi^*\right\}\\&=\frac{1}{\mathrm{i}\hbar}\{\Psi^*V\Psi-\Psi V\Psi^*\}=0.\end{aligned}$$

① P. A. M. Dirac, *Proc. Roy. Soc. (London)*, **A112**(1926), 661; **A114**(1927), 243.

所以

$$\Psi^* \Psi \qquad \text{为概率密度,}$$

$$\frac{\hbar}{2m\mathrm{i}}(\Psi^* \nabla \Psi - \Psi \nabla \Psi^*) \qquad \text{为概率流密度.}$$

在定态下 $\Psi=\psi \mathrm{e}^{-\frac{\mathrm{i}}{\hbar}Et}$,时间相因子抵消,所以

$$\psi^* \psi \qquad \text{为概率密度,}$$

$$\frac{\hbar}{2m\mathrm{i}}(\psi^* \nabla \psi - \psi \nabla \psi^*) \qquad \text{为概率流密度.}$$

对于入射波 $\psi_{\text{入射}}=\mathrm{e}^{\mathrm{i}k\boldsymbol{n}_0\cdot\boldsymbol{r}}$,概率流密度为

$$\frac{\hbar k}{m}\boldsymbol{n}_0 = v\boldsymbol{n}_0,$$

而对于散射波 $\psi_{\text{散射}}=\frac{\mathrm{e}^{\mathrm{i}kr}}{r}f(\boldsymbol{n},\boldsymbol{n}_0)$,其概率流密度为

$$\sim \frac{1}{r^2}\frac{\hbar k}{m}|f(\boldsymbol{n},\boldsymbol{n}_0)|^2\boldsymbol{n} = \frac{1}{r^2}|f(\boldsymbol{n},\boldsymbol{n}_0)|^2 v\boldsymbol{n}.$$

我们注意到 $\psi=\psi_{\text{入射}}+\psi_{\text{散射}}$ 的交叉项不必计,因为 $\psi_{\text{散射}}$ 在 r 大时已避开 $\psi_{\text{入射}}$ 了.对于入射束,每单位时间每单位垂直截面通过一个粒子(即单位入射粒子流)时,则每单位时间在 $\boldsymbol{n}$ 方向每单位立体角通过 $|f(\boldsymbol{n},\boldsymbol{n}_0)|^2$ 个粒子.注意,$|f(\boldsymbol{n},\boldsymbol{n}_0)|^2$ 称为微分截面(指单位立体角的),其量纲为 L^2(长度平方即面积的量纲).

10.3.2 玻恩近似[①]

将波动方程

$$-\frac{\hbar^2}{2m}\nabla^2\psi+V\psi = E\psi, \quad E=\frac{\hbar^2k^2}{2m}$$

写成非齐次方程形式为

$$(\nabla^2+k^2)\psi=-\rho, \quad \rho=-\frac{2m}{\hbar^2}V\psi;$$

注意到边界条件得其解为

$$\psi = \mathrm{e}^{\mathrm{i}k\boldsymbol{n}_0\cdot\boldsymbol{r}}+\frac{1}{4\pi}\int\frac{\mathrm{e}^{\mathrm{i}k|\boldsymbol{r}-\boldsymbol{r}'|}}{|\boldsymbol{r}-\boldsymbol{r}'|}\rho(\boldsymbol{r}')\mathrm{d}\boldsymbol{r}';$$

积分为无穷区域,但 ρ 中 V 因子限制积分区域为势场 V 不等于零的有限区域.由于 V 是小量,一级近似中可取 $\rho(\boldsymbol{r}')=-\frac{2m}{\hbar^2}V(\boldsymbol{r}')\psi(\boldsymbol{r}')$ 中的 $\psi(\boldsymbol{r}')\approx\mathrm{e}^{\mathrm{i}k\boldsymbol{n}_0\cdot\boldsymbol{r}'}$;得一级近似:

---

① M. Born, *Z. Physik*, **38**(1926), 803.

$$\psi = \mathrm{e}^{\mathrm{i}k\boldsymbol{n}_0\cdot\boldsymbol{r}} + \frac{1}{4\pi}\int\frac{\mathrm{e}^{\mathrm{i}k|\boldsymbol{r}-\boldsymbol{r}'|}}{|\boldsymbol{r}-\boldsymbol{r}'|}\left(-\frac{2m}{\hbar^2}V(\boldsymbol{r}')\mathrm{e}^{\mathrm{i}k\boldsymbol{n}_0\cdot\boldsymbol{r}'}\right)\mathrm{d}\boldsymbol{r}'.$$

当$|\boldsymbol{r}|$很大时,

$$\mathrm{e}^{\mathrm{i}k|\boldsymbol{r}-\boldsymbol{r}'|} \approx \mathrm{e}^{\mathrm{i}k(r-\boldsymbol{r}'\cdot\boldsymbol{n})} = \mathrm{e}^{\mathrm{i}kr}\mathrm{e}^{-\mathrm{i}k\boldsymbol{n}\cdot\boldsymbol{r}'},$$

其中 $\boldsymbol{n}=\boldsymbol{r}/r$ 为单位矢量,而分母$|\boldsymbol{r}-\boldsymbol{r}'|\sim r$ 即足够. 于是

$$\psi_{\text{散射}} \sim \frac{\mathrm{e}^{\mathrm{i}kr}}{r}f(\boldsymbol{n},\boldsymbol{n}_0),$$

$$f(\boldsymbol{n},\boldsymbol{n}_0) = -\frac{m}{2\pi\hbar^2}\int\mathrm{e}^{-\mathrm{i}k\boldsymbol{n}\cdot\boldsymbol{r}'}V(\boldsymbol{r}')\mathrm{e}^{\mathrm{i}k\boldsymbol{n}_0\cdot\boldsymbol{r}'}\mathrm{d}\boldsymbol{r}';$$

微分截面为

$$\mathrm{d}\sigma = |f(\boldsymbol{n},\boldsymbol{n}_0)|^2\mathrm{d}\Omega = \frac{m^2}{4\pi^2\hbar^4}\left|\int V\right|^2\mathrm{d}\Omega,$$

其中 $\int V$ 代表

$$\int V = \int\mathrm{e}^{-\mathrm{i}k\boldsymbol{n}\cdot\boldsymbol{r}}V(\boldsymbol{r})\mathrm{e}^{\mathrm{i}k\boldsymbol{n}_0\cdot\boldsymbol{r}}\mathrm{d}\boldsymbol{r};$$

这近似常称为玻恩近似.

10.3.3 散射看做跃迁

散射也可以看做跃迁. 将 $H=-\frac{\hbar^2}{2m}\nabla^2+V$ 看成 $H_0=-\frac{\hbar^2}{2m}\nabla^2$ 为未微扰的自由粒子系统,和 V 为微扰. 考虑 L^3 立方体积,

$$H_0\Psi_l = -\frac{\hbar}{\mathrm{i}}\frac{\partial\Psi_l}{\partial t} = E\Psi_l,$$

$$\psi_l = \frac{1}{\sqrt{L^3}}\mathrm{e}^{\mathrm{i}\boldsymbol{p}_l\cdot\boldsymbol{r}/\hbar}, \quad E = \frac{p_l^2}{2m};$$

周期边界条件要求

$$\boldsymbol{p}_l = \frac{2\pi\hbar}{L}(l_x,l_y,l_z),$$

其中 l_x,l_y,l_z 皆为整数. 设由初态 $A(\boldsymbol{p}_A=\hbar k\boldsymbol{n}_0$,所以 $E=\hbar^2k^2/2m)$跃迁到末态 B. 令 $\boldsymbol{p}_B=\hbar k\boldsymbol{n}$ 为中心在 $\mathrm{d}\Omega(\boldsymbol{n})$立体角内,$E_B=p_B^2/2m$ 在 E 到 $E+\mathrm{d}E$ 间,共计态数为

$$\sum_{l_x}\sum_{\substack{l_y\\(\text{限制}B)}}\sum_{l_z}\Delta l_x\Delta l_y\Delta l_z = \frac{L^3}{(2\pi\hbar)^3}\underset{(\text{限制}B)}{\mathrm{d}\boldsymbol{p}_l}$$

$$= \frac{L^3}{(2\pi\hbar)^3}\mathrm{d}\Omega(\boldsymbol{n})p_l^2\mathrm{d}p_l\,|\,\text{限制}\frac{p_l^2}{2m} = E\text{ 到 }E+\mathrm{d}E$$

$$= \mathrm{d}\Omega(\boldsymbol{n})\frac{L^3}{(2\pi\hbar)^3}p_l m\,\mathrm{d}E = \rho(E)\mathrm{d}E;$$

所以

$$\rho(E)=\frac{L^3}{(2\pi\hbar)^3}\mathrm{d}\Omega(\boldsymbol{n})pm.$$

跃迁矩阵元按上节定义为

$$V_{BA}=\int\Psi_B^* V\Psi_A\mathrm{d}\boldsymbol{r},$$

写成这一节的符号,并注意到 $E_B\approx E_A$,结果有

$$\begin{aligned}V_{BA}(0)&=\frac{1}{L^3}\int\mathrm{e}^{-\mathrm{i}\boldsymbol{p}_B\cdot\boldsymbol{r}/\hbar}V(\boldsymbol{r})\mathrm{e}^{\mathrm{i}\boldsymbol{p}_A\cdot\boldsymbol{r}/\hbar}\mathrm{d}\boldsymbol{r}\\&=-\frac{2\pi\hbar^2}{mL^3}f(\boldsymbol{n},\boldsymbol{n}_0).\end{aligned}$$

单位时间的跃迁概率为

$$\begin{aligned}w_{A\to B}&=\frac{2\pi}{\hbar}\rho\,|V_{BA}(0)|^2\\&=\frac{2\pi}{\hbar}\frac{L^3}{(2\pi\hbar)^3}\mathrm{d}\Omega(\boldsymbol{n})pm\left(\frac{2\pi\hbar^2}{mL^3}\right)^2|f(\boldsymbol{n},\boldsymbol{n}_0)|^2\\&=\frac{p}{mL^3}|f(\boldsymbol{n},\boldsymbol{n}_0)|^2\mathrm{d}\Omega(\boldsymbol{n}).\end{aligned}$$

但用入射波函数

$$\psi_A=\frac{1}{\sqrt{L^3}}\mathrm{e}^{\mathrm{i}\boldsymbol{p}_A\cdot\boldsymbol{r}/\hbar}$$

时,入射流密度为

$$\frac{\hbar}{2m\mathrm{i}}(\psi_A^*\nabla\psi_A-\psi_A\nabla\psi_A^*)=\frac{1}{L^3}\frac{\boldsymbol{p}_A}{m},$$

其大小为

$$\frac{1}{L^3}\frac{p}{m}\equiv j_{\text{入射}}.$$

所以散射截面为(见图10.1)

$$w_{A\to B}/j_{\text{入射}}=\mathrm{d}\sigma(\boldsymbol{n})=|f(\boldsymbol{n},\boldsymbol{n}_0)|^2\mathrm{d}\Omega(\boldsymbol{n}).$$

图　10.1

每秒散射(到 $\mathrm{d}\Omega(\boldsymbol{n})$中的)粒子数 $w_{A\to B}$等于散射截面 $\mathrm{d}\sigma(\boldsymbol{n})$乘以入射流密度 $j_{\text{入射}}$;它们的量纲分别是

$$\dim j_{\text{入射}}=\mathrm{N}/(\mathrm{L}^2\cdot\mathrm{T}),\quad\dim\mathrm{d}\sigma(\boldsymbol{n})=\mathrm{L}^2;$$

所以两者的乘积得

$$\dim w_{A\to B} = \mathrm{N/T}.$$

这里 $\dim Q$ 表示物理量 Q 的量纲,而 L,T,N 分别为基本量长度,时间和物质的量的量纲(此处物质的量就是粒子数).

10.3.4 分波法

严格计算 $f(\boldsymbol{n},\boldsymbol{n}_0)$ 可采用分波法(又称相移分析法). 如果将入射波 $\mathrm{e}^{\mathrm{i}kz}$ 对球谐函数展开($\boldsymbol{n}_0$ 方向取作 z 轴,θ 为矢径 $\boldsymbol{r}$ 与 z 轴的夹角),

$$\mathrm{e}^{\mathrm{i}kz} = \mathrm{e}^{\mathrm{i}kr\cos\theta} = \sum_{l=0}^{\infty}(2l+1)\mathrm{e}^{\frac{l\pi}{2}\mathrm{i}}\mathrm{P}_l(\cos\theta)\mathrm{j}_l(kr),$$

$$\mathrm{j}_l(kr) \equiv \sqrt{\frac{\pi}{2kr}}\mathrm{J}_{l+\frac{1}{2}}(kr);$$

其中 $\mathrm{P}_l(\cos\theta)$是 l 次勒让德多项式,$\mathrm{j}_l(kr)$是球贝塞尔函数,而$\mathrm{J}_{l+\frac{1}{2}}(kr)$是半奇数阶贝塞尔函数. 当 $r\to\infty$时,$\mathrm{j}_l(kr)$的渐近展开是

$$\mathrm{j}_l(kr) \simeq \frac{1}{kr}\sin\left(kr-\frac{l\pi}{2}\right) = \frac{1}{2\mathrm{i}kr}\left(\mathrm{e}^{\mathrm{i}\left(kr-\frac{l\pi}{2}\right)} - \mathrm{e}^{-\mathrm{i}\left(kr-\frac{l\pi}{2}\right)}\right).$$

在有心势(假设当 $r\to\infty$时,$rV(r)\to 0$)下的径向方程

$$\left\{\frac{\mathrm{d}^2}{\mathrm{d}r^2}+\frac{2}{r}\frac{\mathrm{d}}{\mathrm{d}r}+k^2-\frac{l(l+1)}{r^2}-\frac{2m}{\hbar^2}V(r)\right\}R_l = 0$$

的解,在 $r=0$ 点有限,在 $r\to\infty$时渐近如

$$R_l \simeq \frac{1}{kr}\sin\left(kr-\frac{l\pi}{2}+\delta_l\right) = \frac{1}{2\mathrm{i}kr}\left[\mathrm{e}^{\mathrm{i}\left(kr-\frac{l\pi}{2}+\delta_l\right)} - \mathrm{e}^{-\mathrm{i}\left(kr-\frac{l\pi}{2}+\delta_l\right)}\right].$$

(注意,如果 $V(r)\equiv 0$,则 δ_l 必然为零,因为 $\mathrm{e}^{\mathrm{i}kz}$ 是无势情况下的严格解;所以 δ_l 称为相移.)于是,满足 $r\to\infty$时无向心波的边界条件定出

$$\psi = \sum_{l=0}^{\infty}(2l+1)\mathrm{e}^{\frac{l\pi}{2}\mathrm{i}}\mathrm{P}_l(\cos\theta)\mathrm{e}^{\mathrm{i}\delta_l}R_l(r) \underset{r\to\infty}{\simeq} \sum_{l=0}^{\infty}(2l+1)(\mathrm{e}^{2\mathrm{i}\delta_l}-1)\mathrm{P}_l(\cos\theta)\frac{\mathrm{e}^{\mathrm{i}kr}}{2\mathrm{i}kr} + \mathrm{e}^{\mathrm{i}kz},$$

组合的系数由 $\mathrm{e}^{-\mathrm{i}kr}$ 部分为零决定. 于是

$$f(\boldsymbol{n},\boldsymbol{n}_0) = \frac{1}{2\mathrm{i}k}\sum_{l=0}^{\infty}(2l+1)(\mathrm{e}^{2\mathrm{i}\delta_l}-1)\mathrm{P}_l(\cos\theta) = \frac{1}{k}\sum_{l=0}^{\infty}(2l+1)\mathrm{P}_l(\cos\theta)\mathrm{e}^{\mathrm{i}\delta_l}\sin\delta_l,$$

其中 $\cos\theta=\boldsymbol{n}\cdot\boldsymbol{n}_0$.

按莫脱和马瑟的《原子碰撞理论》书中讲①，只有对于库仑场散射的情况，级数求和可表达为已知函数，结果与经典理论一致. 经研究过的其他场均不同于经典结果.

现在来计算总截面

$$\begin{aligned}\sigma &= 2\pi\int_0^{\pi}|f(\theta)|^2\sin\theta\mathrm{d}\theta \\ &= \frac{1}{k^2}\sum_{l=0}^{\infty}\sum_{l'=0}^{\infty}(2l+1)(2l'+1)\sin\delta_l\sin\delta_{l'}\mathrm{e}^{\mathrm{i}(\delta_l-\delta_{l'})}2\pi\int_0^{\pi}\mathrm{P}_l\mathrm{P}_{l'}\sin\theta\mathrm{d}\theta \\ &= \frac{4\pi}{k^2}\sum_{l=0}^{\infty}(2l+1)\sin^2\delta_l,\end{aligned}$$

因为 $\int_0^{\pi}\mathrm{P}_l\mathrm{P}_{l'}\sin\theta\mathrm{d}\theta=\frac{2}{2l+1}\delta_{ll'}$.

10.3.5 动量表象中的解

直接在动量表象中解散射问题见狄拉克的《量子力学原理》②，这样做只是坐标表象中的傅里叶变换. 但动量表象对光子(自旋为1者)合用，还可以很容易地计及相对论速度为光速.

将波动方程

$$H\psi=(T+V)\psi=E\psi$$

(其中 T 为动能)写为

$$(E-T)\psi=V\psi,$$

用微扰法求解

$$(E-T)\psi^{(0)}=0,$$

$$(E-T)\psi^{(1)}=V\psi^{(0)},$$

或者用狄拉克符号，可以得到

$$\left(E-\frac{p^2}{2m}\right)\varphi^{(1)}=\langle p|V|p_0\rangle,$$

$$\varphi^{(1)}=\langle p|V|p_0\rangle\frac{1}{E-\frac{p^2}{2m}+\mathrm{i}\varepsilon}$$

---

① N. F. Mott, H. S. W. Massey, *The Theory of Atomic Collisions*, 3rd ed., Oxford Univ. Press, Oxford, 1965, p. 24.

② P. A. M. Dirac, *The Principles of Quantum Mechanics*, 4th ed., Oxford Univ. Press, New York, 1958, §50. (中译本：P. A. M. 狄拉克著，陈咸亨译：《量子力学原理》，科学出版社，1965.)

$$= \langle p | V | p_0 \rangle \left(\mathscr{P} \frac{1}{E - \frac{p^2}{2m}} - \mathrm{i}\pi\delta\left(E - \frac{p^2}{2m}\right) \right);$$

其中 ε 是趋于 0 的小正数,$\mathscr{P}$ 表示当积分时取主值,即

$$\frac{1}{x + \mathrm{i}\varepsilon} = \frac{x}{x^2 + \varepsilon^2} - \mathrm{i}\pi \frac{\varepsilon}{\pi(x^2 + \varepsilon^2)} \xrightarrow[\varepsilon \to 0]{} \mathscr{P}\frac{1}{x} - \mathrm{i}\pi\delta(x),$$

这个因子是 $\varphi^{(1)}$ 只代表向外运动的粒子的条件;因为

$$\int \mathrm{e}^{\mathrm{i}\boldsymbol{p}\cdot\boldsymbol{r}/\hbar} \frac{\mathrm{d}\boldsymbol{p}}{E - \frac{p^2}{2m} + \mathrm{i}\varepsilon} \propto \frac{\mathrm{e}^{\mathrm{i}kr}}{r},$$

而

$$\int_{-\infty}^{\infty} \frac{\mathrm{e}^{-\mathrm{i}kr}\,\mathrm{d}k}{k_0 - k + \mathrm{i}\varepsilon} \equiv 0.$$

于是,在动量表象中,微分截面可以表示为

$$\mathrm{d}\sigma = (2\pi)^4 \hbar^2 m^2 \, |\langle p | V | p_0 \rangle|^2,$$

详细情况可参考所引狄拉克的书.

10.4 全同粒子的散射

对于全同粒子的散射,需考虑波函数对称性要求的影响.

1. 电子电子散射

对于电子电子散射,若自旋波函数对称:

$$\alpha\alpha, \quad \frac{\alpha\beta + \beta\alpha}{\sqrt{2}}, \quad \beta\beta,$$

则要求空间波函数反对称:

$$\mathrm{e}^{\mathrm{i}kz} - \mathrm{e}^{-\mathrm{i}kz} + \frac{\mathrm{e}^{\mathrm{i}kr}}{r}[f(\theta) - f(\pi - \theta)],$$

反之,若自旋波函数反对称:

$$\frac{\alpha\beta - \beta\alpha}{\sqrt{2}},$$

则要求空间波函数对称:

$$\mathrm{e}^{\mathrm{i}kz} + \mathrm{e}^{-\mathrm{i}kz} + \frac{\mathrm{e}^{\mathrm{i}kr}}{r}[f(\theta) + f(\pi - \theta)];$$

所以平均散射截面(每立体角)应改为

$$\frac{3}{4} | f(\theta) - f(\pi - \theta) |^2 + \frac{1}{4} | f(\theta) + f(\pi - \theta) |^2$$
$$= | f(\theta) |^2 + | f(\pi - \theta) |^2$$

$$-\frac{1}{2}[f(\theta)f^*(\pi-\theta)+f^*(\theta)f(\pi-\theta)],$$

差个交叉项.

代入库仑场的 $f(\theta)$（习题10.1），并注意到质心系中采用相对质量 $m=m_0/2$，以及 $ZZ'=+1$，则有

$$f(\theta)=-\frac{(e^2/4\pi\varepsilon_0)}{m_0v^2}\frac{1}{\sin^2(\theta/2)}\mathrm{e}^{-\mathrm{i}\alpha\ln\frac{1}{2}(1-\cos\theta)}\frac{\Gamma(1+\mathrm{i}\alpha)}{\Gamma(1-\mathrm{i}\alpha)};$$

其中 $\alpha=\dfrac{(e^2/4\pi\varepsilon_0)}{\hbar v}$. 于是平均散射截面（每立体角）结果为

$$\left(\frac{(e^2/4\pi\varepsilon_0)}{m_0v^2}\right)^2\left\{\frac{1}{\sin^4(\theta/2)}+\frac{1}{\cos^4(\theta/2)}-\frac{\cos\left[\frac{(e^2/4\pi\varepsilon_0)}{\hbar v}\left(\ln\mathrm{tg}^2\frac{\theta}{2}\right)\right]}{\sin^2(\theta/2)\cos^2(\theta/2)}\right\},$$

这就是莫脱（1930）公式[①]. 这里用了

$$\begin{aligned}\frac{1}{2}[\mathrm{e}^{-\mathrm{i}\alpha\ln\frac{1}{2}(1-\cos\theta)}\mathrm{e}^{+\mathrm{i}\alpha\ln\frac{1}{2}(1+\cos\theta)}+*]&=\frac{1}{2}[\mathrm{e}^{\mathrm{i}\alpha\ln\frac{1+\cos\theta}{1-\cos\theta}}+*]\\&=\cos\left[\alpha\ln\frac{1+\cos\theta}{1-\cos\theta}\right]=\cos\left[\alpha\ln\frac{\cos^2(\theta/2)}{\sin^2(\theta/2)}\right]\\&=\cos[\alpha\ln\cot^2(\theta/2)]=\cos[\alpha\ln\tan^2(\theta/2)].\end{aligned}$$

2. 一般情况

对一般情况，若自旋 s 为半整数时，要求总波函数为反对称，交叉项前的系数应为 $-\dfrac{1}{2s+1}$；而当自旋 s 为整数时，要求总波函数为对称，则交叉项前的系数应为 $+\dfrac{1}{2s+1}$.（注意，这里的 s 相当于9.3节的 $s/\hbar$.）详细讨论，请参考朗道和栗弗席兹的书[②].

3. 实验室系和质心系

设在实验室系中，粒子1（质量 m_1）不动（碰撞前速度 v_{1L}），粒子2（质量 m_2，碰撞前速度 v_{2L}）打击粒子1，这时有

$$m_2v_{2L}+m_1v_{1L}=(m_1+m_2)V,$$

于是质心速度 V 为

$$V=\frac{m_1v_{1L}+m_2v_{2L}}{m_1+m_2}=\frac{m_2v_{2L}}{m_1+m_2}.$$

---

① N. F. Mott, *Proc. Roy. Soc.* (*London*), **A127**(1930), 658. 参考 N. F. Mott, H. S. W. Massey, *The Theory of Atomic Collisions*, 3rd ed., Oxford Univ. Press, Oxford, 1995, Ch. XI, § 5.

② L. D. Landau, E. M. Lifshitz, Quantum Mechanics, Non-relativistic Theory, Pergamon, 1977（译自俄文），§ 137.［或中译本：Л. Д. 朗道，E. M. 栗弗席兹著，严肃译：《量子力学（非相对论理论）》，高等教育出版社，2000.］

现在采用非相对论的伽利略变换,从实验室系变换到质心系(参考 4.1 节),则有

$$m_2 v_{2C} + m_1 v_{1C} = 0,$$

即

$$v_{1C} = v_{1L} - V = -V,$$
$$v_{2C} = v_{2L} - V;$$

由此可见,相对速度不变:

$$v_{2C} - v_{1C} = v_{2L} - v_{1L} = v_{2L},$$

并且

$$\frac{v_{2C}}{m_1} = \frac{-v_{1C}}{m_2} = \frac{v_{2L}}{m_1 + m_2}.$$

设碰撞后状态如图 10.2,则有

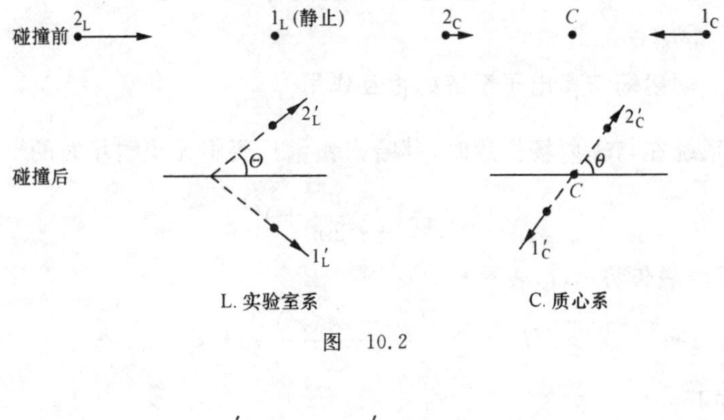

图 10.2

$$v'_{2L}\cos\Theta = v'_{2C}\cos\theta + V,$$
$$v'_{2L}\sin\Theta = v'_{2C}\sin\theta;$$

但在质心系中有

$$v'_{2C} = v_{2C},$$

所以

$$\tan\Theta = \frac{v_{2C}\sin\theta}{v_{2C}\cos\theta - v_{1C}} = \frac{m_1\sin\theta}{m_1\cos\theta + m_2},$$

这里用了 $V = -v_{1C}$ 以及 $\frac{v_{2C}}{m_1} = \frac{-v_{1C}}{m_2}$.

对于全同粒子的散射,则上式简化为

$$\tan\Theta = \frac{\sin\theta}{1+\cos\theta} = \frac{2\sin\frac{\theta}{2}\cos\frac{\theta}{2}}{2\cos^2\frac{\theta}{2}} = \tan\frac{\theta}{2},$$

所以

$$\Theta = \frac{\theta}{2} \quad 或 \quad \theta = 2\Theta,$$

$$\sin\theta \mathrm{d}\theta = \sin 2\Theta \cdot 2\mathrm{d}\Theta = 4\cos\Theta\sin\Theta\mathrm{d}\Theta;$$

由于伽利略变换下,相对速度不变,入射流不变,跃迁概率不变,导致截面不变

$$|f(\theta)|^2 2\pi\sin\theta\mathrm{d}\theta = \mathrm{d}\sigma = |f(2\Theta)|^2 \cdot 2\pi \cdot 4\cos\Theta\sin\Theta\mathrm{d}\Theta,$$

结果有

$$\left(\frac{\mathrm{d}\sigma}{\mathrm{d}\Omega}\right)_{\mathrm{C}} = |f(\theta)|^2,$$

$$\left(\frac{\mathrm{d}\sigma}{\mathrm{d}\Omega}\right)_{\mathrm{L}} = 4\cos\Theta\, |f(2\Theta)|^2.$$

10.5　多电子系统的辐射跃迁

10.5.1　辐射场与多电子系统的相互作用

多电子系统在与辐射场作用时,其哈密顿量只要将无辐射场时的

$$H^{(\mathrm{m})} = \sum_i \frac{\boldsymbol{p}_i^2}{2m} + V,$$

改为(辐射场由磁矢势 $\boldsymbol{A}(\boldsymbol{r})$ 表示)

$$H = \sum_i \frac{[\boldsymbol{p}_i - e\boldsymbol{A}(\boldsymbol{r}_i)]^2}{2m} + V$$

即可.证明如下:

$$\frac{\mathrm{d}}{\mathrm{d}t}\boldsymbol{r}_i = \frac{\partial H}{\partial \boldsymbol{p}_i} = \frac{\boldsymbol{p}_i - e\boldsymbol{A}(\boldsymbol{r}_i)}{m},$$

$$\frac{\mathrm{d}}{\mathrm{d}t}\boldsymbol{p}_i = -\frac{\partial H}{\partial \boldsymbol{r}_i} = \frac{\partial H}{\partial(\boldsymbol{p}_i - eA(\boldsymbol{r}_i))} \cdot e\left(\frac{\partial}{\partial \boldsymbol{r}_i}\boldsymbol{A}\right)^{\mathrm{T}} - \frac{\partial V}{\partial \boldsymbol{r}_i}$$

$$= e\left(\frac{\mathrm{d}}{\mathrm{d}t}\boldsymbol{r}_i\right) \cdot \left(\frac{\partial}{\partial \boldsymbol{r}_i}\boldsymbol{A}\right)^{\mathrm{T}} - \frac{\partial V}{\partial \boldsymbol{r}_i},$$

其中物理量右上的 T 表示转置,而

$$\frac{\mathrm{d}}{\mathrm{d}t}[-e\boldsymbol{A}(\boldsymbol{r}_i)] = -e\frac{\partial}{\partial t}\boldsymbol{A}(\boldsymbol{r}_i) - e\left(\frac{\mathrm{d}}{\mathrm{d}t}\boldsymbol{r}_i\right) \cdot \left(\frac{\partial}{\partial \boldsymbol{r}_i}\boldsymbol{A}\right);$$

所以

$$\frac{\mathrm{d}}{\mathrm{d}t}\left(m\frac{\mathrm{d}}{\mathrm{d}t}\boldsymbol{r}_i\right) = \frac{\mathrm{d}}{\mathrm{d}t}[\boldsymbol{p}_i - e\boldsymbol{A}(\boldsymbol{r}_i)]$$

$$= -\frac{\partial V}{\partial \boldsymbol{r}_i} + e\left[\boldsymbol{E}(\boldsymbol{r}_i) + \frac{\mathrm{d}\boldsymbol{r}_i}{\mathrm{d}t} \times \boldsymbol{B}(\boldsymbol{r}_i)\right],$$

其中

$$\boldsymbol{E}(\boldsymbol{r}_i)=-\frac{\partial}{\partial t}\boldsymbol{A}(\boldsymbol{r}_i),\quad \boldsymbol{B}(\boldsymbol{r}_i)=\nabla_i\times\boldsymbol{A}(\boldsymbol{r}_i)$$

是在 $\boldsymbol{r}_i$ 处的电场强度($\boldsymbol{E}$)和磁感应强度($\boldsymbol{B}$);这样得到洛伦兹力公式.另外,由矢量分析公式

$$\boldsymbol{c}\times(\boldsymbol{a}\times\boldsymbol{b})=(\boldsymbol{c}\cdot\boldsymbol{b})\boldsymbol{a}-(\boldsymbol{c}\cdot\boldsymbol{a})\boldsymbol{b},$$

可以验证

$$\left(\frac{\mathrm{d}}{\mathrm{d}t}\boldsymbol{r}_i\right)\times[\nabla_i\times\boldsymbol{A}(\boldsymbol{r}_i)]=\left(\frac{\mathrm{d}}{\mathrm{d}t}\boldsymbol{r}_i\right)\cdot(\nabla_i\boldsymbol{A}(\boldsymbol{r}_i))^{\mathrm{T}}-\left(\left(\frac{\mathrm{d}}{\mathrm{d}t}\boldsymbol{r}_i\right)\cdot\nabla_i\right)\boldsymbol{A}(\boldsymbol{r}_i),$$

而 $\nabla_i\equiv\dfrac{\partial}{\partial\boldsymbol{r}_i}$.

所以,与辐射场作用时的多电子系统,其哈密顿量为

$$H=H^{(\mathrm{m})}-\frac{e}{m}\sum_i\boldsymbol{p}_{\mathrm{i}}\cdot\boldsymbol{A}(\boldsymbol{r}_{\mathrm{i}})+\frac{e^2}{2m}\sum_i[\boldsymbol{A}(\boldsymbol{r}_{\mathrm{i}})]^2,$$

其中 $H^{(\mathrm{m})}$ 为不计及辐射场时多电子系统原来的哈密顿量,后两项则分别为一次和二次相互作用哈密顿量.

10.5.2　辐射振子系统

对于辐射振子系统,9.1.2 和 9.2.1 小节曾经讨论过,这里重新扼要地予以介绍.

将矢势 $\boldsymbol{A}(\boldsymbol{r},t)$ 展开为平面波的叠加,

$$\boldsymbol{A}(\boldsymbol{r},t)=\sum_\lambda q_\lambda(t)\sqrt{\frac{1}{\varepsilon_0V}}\boldsymbol{e}_\lambda\mathrm{e}^{\mathrm{i}\boldsymbol{k}_\lambda\cdot\boldsymbol{r}}+*,$$

式中 * 号表示前面的复共轭项;此处用了

$$\boldsymbol{A}_\lambda(r)=\boldsymbol{e}_\lambda\sqrt{\frac{1}{\varepsilon_0V}}\mathrm{e}^{\mathrm{i}\boldsymbol{k}_\lambda\cdot\boldsymbol{r}},$$

$\boldsymbol{k}$ 和 $-\boldsymbol{k}$ 算不同的 $\boldsymbol{k}_\lambda$,正交归一化条件为

$$\int_V(\boldsymbol{A}_\lambda\cdot\boldsymbol{A}_\mu^*)\mathrm{d}\boldsymbol{r}=\int_V(\boldsymbol{A}_\lambda\cdot\boldsymbol{A}_{-\mu})\mathrm{d}\boldsymbol{r}=\frac{1}{\varepsilon_0}\delta_{\lambda\mu};$$

其中 $\boldsymbol{A}_{-\mu}$ 是具有波矢 $-\boldsymbol{k}_\mu$($\boldsymbol{e}_{-\mu}=\boldsymbol{e}_\mu$)的波.并注意到

$$\dot{q}_\lambda=-\mathrm{i}\omega_\lambda q_\lambda.$$

引进正则变量

$$Q_\lambda=q_\lambda+q_\lambda^*,\quad P_\lambda=-\mathrm{i}\omega_\lambda(q_\lambda-q_\lambda^*);$$

于是,单一波的能量为

$$H_\lambda=\frac{1}{2}(P_\lambda^2+\omega_\lambda^2Q_\lambda^2)=\omega_\lambda^2(q_\lambda q_\lambda^*+q_\lambda^*q_\lambda),$$

减掉其中的零点能之后得到

$$H_\lambda = 2\omega_\lambda^2 q_\lambda^* q_\lambda,$$

所以量子化条件为

$$P_\lambda Q_\lambda - Q_\lambda P_\lambda = \frac{\hbar}{\mathrm{i}},$$

或者

$$q_\lambda q_\mu^* - q_\mu^* q_\lambda = \frac{\hbar}{2\omega_\lambda}\delta_{\lambda\mu}.$$

另外,由

$$\dot{q} = -\mathrm{i}\omega q,$$

取适当相位(相当于$\varphi=\pi/2$)使q的矩阵元可表示为

$$q_{n,n+1} = \sqrt{\frac{\hbar(n+1)}{2\omega}}\mathrm{e}^{-\mathrm{i}\omega t},$$

$$q^\dagger_{n+1,n} = \sqrt{\frac{\hbar(n+1)}{2\omega}}\mathrm{e}^{\mathrm{i}\omega t},$$

$$q_{n+1,n} = q^\dagger_{n,n+1} = 0.$$

这些就是我们在下面需要用到的主要结果.

10.5.3 多电子与辐射振子的组合系统

下面考虑多电子系统与辐射振子系统组合的总系统,只计及一次相互作用项

$$H_1 = -\frac{e}{m}\sum_i \boldsymbol{p}_i \cdot \boldsymbol{A}(\boldsymbol{r}_i),$$

而忽略二次相互作用项

$$H_2 = \frac{e^2}{2m}\sum_i [\boldsymbol{A}(\boldsymbol{r}_i)]^2.$$

总系统的未微扰哈密顿量为

$$H_0 = H^{(\mathrm{m})} + \sum_\lambda H_\lambda,$$

其中λ代表波矢$\boldsymbol{k}$及极化方向$\boldsymbol{e}$(两个与$\boldsymbol{k}$垂直者).因为H_0是$H^{(\mathrm{m})}$及各辐射振子的哈密顿量H_λ的直接求和,总系统的量子态即可以多电子系统的量子态a,b等及各辐射振子的量子态n_λ(各λ)表示之.H_0的本征波函数为下列乘积

$$\Psi_0 = \Psi_{an_\lambda} = \Psi_a \prod_\lambda \Psi_{n_\lambda};$$

其中Ψ_a为多电子系统a态的波函数,只与电子坐标(包括自旋坐标)有关;Ψ_{n_λ}为第λ个辐射振子的n_λ态波函数.能量本征值为

$$E_{an_\lambda} = E_a + \sum_\lambda n_\lambda \hbar\omega_\lambda.$$

于是,相互作用哈密顿量的矩阵元为

$$\int \Psi_{an_\lambda-1}^* H_1 \Psi_{bn_\lambda} = -\frac{e}{m}\sqrt{\frac{1}{\varepsilon_0 V}}\sqrt{\frac{\hbar n_\lambda}{2\omega_\lambda}} e^{-\frac{i}{\hbar}(E_b+\hbar\omega_\lambda-E_a)t} \times \int \psi_a^* \sum_i \boldsymbol{e}_\lambda \cdot \boldsymbol{p}_i e^{i\boldsymbol{k}_\lambda\cdot\boldsymbol{r}_i}\psi_b \prod_i d\boldsymbol{r}_i,$$

最后积分中 ψ_a 为多电子系统的振幅波函数,

$$\Psi_a = e^{-\frac{i}{\hbar}E_a t}\psi_a,$$

其中时间因子已写在前面. 同样有

$$\int \Psi_{bn_\lambda+1}^* H_1 \Psi_{an_\lambda} = -\frac{e}{m}\sqrt{\frac{1}{\varepsilon_0 V}}\sqrt{\frac{\hbar(n_\lambda+1)}{2\omega_\lambda}} e^{-\frac{i}{\hbar}(E_a-\hbar\omega_\lambda-E_b)t} \times \int \psi_b^* \sum_i \boldsymbol{e}_\lambda \cdot \boldsymbol{p}_i e^{-i\boldsymbol{k}_\lambda\cdot\boldsymbol{r}_i}\psi_a \prod_i d\boldsymbol{r}_i.$$

类似地有

$$\int \Psi_{bn_\lambda+1n_\mu}^* H_2 \Psi_{an_\lambda n_\mu+1} = \frac{e^2}{2m}\sqrt{\frac{1}{\varepsilon_0 V}}\sqrt{\frac{\hbar(n_\lambda+1)}{2\omega_\lambda}}\sqrt{\frac{1}{\varepsilon_0 V}}\sqrt{\frac{\hbar(n_\mu+1)}{2\omega_\mu}} \times e^{-\frac{i}{\hbar}(E_a+\hbar\omega_\mu-\hbar\omega_\lambda-E_b)t} \int \psi_b^* \sum_i \boldsymbol{e}_\lambda \cdot \boldsymbol{e}_\mu e^{i(\boldsymbol{k}_\mu-\boldsymbol{k}_\lambda)\cdot\boldsymbol{r}_i}\psi_a \prod_i d\boldsymbol{r}_i.$$

10.5.4　发射和吸收跃迁概率

下面来求单位时间的跃迁概率公式. 我们注意到,当 $a,n_\lambda \to b,n_\lambda+1$时有

$$E = E_a + n_\lambda\hbar\omega_\lambda = E_b + (n_\lambda+1)\hbar\omega_\lambda,$$

$$\rho = \int \frac{L^3}{(2\pi)^3}k^2 dk d\Omega \delta(\hbar ck - (E_a - E_b)) = \frac{L^3}{(2\pi)^3}\frac{k_{ab}^2}{\hbar c}d\Omega;$$

其中

$$k_{ab} = \frac{E_a - E_b}{\hbar c} = \frac{\omega_{ab}}{c} = \frac{2\pi\nu_{ab}}{c},$$

$$\nu_{ab} = \frac{E_a - E_b}{h} > 0,$$

称为普朗克-玻尔关系;而 $d\Omega$ 为 k_λ 的立体角范围. 发射跃迁概率(每单位时间)为

$$w_{a,n_\lambda\to b,n_\lambda+1} = \frac{e^2\nu_{ab}(\bar{n}_\lambda+1)}{(4\pi\varepsilon_0)\hbar c^3 m^2}d\Omega\left[\int \psi_b^*\left(\sum_i \boldsymbol{e}_\lambda\cdot\boldsymbol{p}_i e^{-i\boldsymbol{k}_\lambda\cdot\boldsymbol{r}_i}\right)\psi_a \prod_i d\boldsymbol{r}_i\right]^2,$$

吸收跃迁概率(每单位时间)为

$$w_{b,n_\lambda\to a,n_\lambda-1} = \frac{e^2\nu_{ab}\bar{n}_\lambda}{(4\pi\varepsilon_0)\hbar c^3 m^2}d\Omega\left[\int \psi_a^*\left(\sum_i \boldsymbol{e}_\lambda\cdot\boldsymbol{p}_i e^{i\boldsymbol{k}_\lambda\cdot\boldsymbol{r}_i}\right)\psi_b \prod_i d\boldsymbol{r}_i\right]^2,$$

其中仍用 $\nu_{ab}=\dfrac{E_a-E_b}{h}>0$.

注意到 $a,n_\lambda\to b,n_\lambda+1$ 发射时,其跃迁概率正比于 $\bar{n}_\lambda+1$,其中与 $\bar{n}_\lambda$ 正比这部分称为受激发射,与1正比这部分称为自发发射;而 $b,n_\lambda\to a,n_\lambda-1$ 吸收时,其跃迁概率正比于 $\bar{n}_\lambda$.

现在来求辐射能量密度.由于

$$u_\nu=\frac{1}{V}\sum_\lambda n_\lambda\hbar\omega_\lambda=\frac{1}{V}\int 2\frac{L^3}{(2\pi)^3}nh\nu k^2\,\mathrm{d}k\,\mathrm{d}\Omega\,\delta\left(\nu-\frac{ck}{2\pi}\right)$$
$$=\bar{n}\,\frac{8\pi h\nu^3}{c^3},$$

其中2来源于 $\sum\limits_e$,4π 来源于 $\mathrm{d}\Omega$,L^3 与 V 抵消,$\dfrac{k}{2\pi}\to\dfrac{\nu}{c}$,$\displaystyle\int\frac{\mathrm{d}k}{2\pi}\delta\left(\nu-\frac{ck}{2\pi}\right)=\frac{1}{c}$,而 $\nu=\dfrac{E_a-E_b}{h}$.平衡时多电子系统在 a 态或 b 态的占据数正比于 $\mathrm{e}^{-E_a/kT}$ 或 $\mathrm{e}^{-E_b/kT}$,于是

$$w_{a,n_\lambda\to b,n_\lambda+1}\,\mathrm{e}^{-E_a/kT}=w_{b,n_\lambda\to a,n_\lambda-1}\,\mathrm{e}^{-E_b/kT};$$

所以

$$(\bar{n}+1)\mathrm{e}^{-E_a/kT}=\bar{n}\mathrm{e}^{-E_b/kT},$$

即

$$\bar{n}=\frac{1}{\mathrm{e}^{h\nu/kT}-1};$$

这就得到普朗克黑体辐射公式:

$$u_\nu=\frac{8\pi}{c^3}\,\frac{h\nu^3}{\mathrm{e}^{h\nu/kT}-1}.$$

爱因斯坦(1917)[①]在玻尔(1913)[②]光谱理论提出后即给普朗克公式新的推导(见习题10.3),引入自发发射和受激发射概念.量子力学建立时(简谐振子的矩阵表示)便给出矩阵元中含有 $\sqrt{n+1}$ 和 $\sqrt{n}$.弄清楚这矩阵元平方的 $n+1$ 中 n 相当于受激发射而1相当于自发发射,特别是必然有自发发射则是狄拉克的工作[③].

10.5.5 偶极近似和振子强度

在电偶极辐射近似下,辐射的波长比原子分子的大小大很多,$\mathrm{e}^{-\mathrm{i}\boldsymbol{k}_\lambda\cdot\boldsymbol{r}_i}\approx1-\mathrm{i}\boldsymbol{k}_\lambda\cdot\boldsymbol{r}_i$ 中后一项可忽略而用1代替.注意到矩阵元

---

① A. Einstein, *Physik. Z.*, **18**(1917), 121.

② N. Bohr, *Phil. Mag.*, **26**(1913), 1, 471, 857.

③ P. A. M. Dirac, *Proc. Roy. Soc.* (London), **A114**(1927), 243.

$$|\boldsymbol{e}\cdot\boldsymbol{p}_{ba}|^2=m^2\omega_{ab}^2\,|\boldsymbol{e}\cdot\boldsymbol{r}_{ba}|^2,$$

其中用了$\dfrac{\boldsymbol{p}}{m}=\dot{\boldsymbol{r}}$.将 $\underset{0\to1}{w_{a\to b}}$对所有 $\mathrm{d}\Omega$ 及 $\boldsymbol{e}$ 求积分或求和,并令 $\bar{n}_\lambda\equiv0$,得到自发发射跃迁概率为

$$w_{a\to b}=\frac{e^2\omega_{ab}^3}{\pi\varepsilon_0\hbar c^3}\,|X_{ba}|^2,$$

此处 $X=\sum_i x_i$ 指坐标之一分量而言,坐标方向则对 4π 平均过.

定义振子强度 f_{ba} 为

$$f_{a\to b}=\frac{2m\omega_{ba}}{\hbar}\,|X_{ba}|^2.$$

对于单电子系统,从量子化条件

$$pq-qp=\frac{\hbar}{\mathrm{i}},$$

取其 aa 对角元,

$$\sum_b p_{ab}q_{ba}-\sum_b q_{ab}p_{ba}=\frac{\hbar}{\mathrm{i}};$$

又 $p=m\dot{q}$ 给出

$$p_{ab}=m\mathrm{i}\omega_{ab}q_{ab},$$

这是因为

$$q_{ab}=q_{ab}(0)\mathrm{e}^{\frac{2\pi\mathrm{i}}{h}(E_a-E_b)t}=q_{ab}(0)\mathrm{e}^{\mathrm{i}\omega_{ab}t};$$

所以

$$\sum_b m\mathrm{i}\omega_{ab}q_{ab}q_{ba}-\sum_b q_{ab}m\mathrm{i}\omega_{ba}q_{ba}=\frac{\hbar}{\mathrm{i}},$$

即

$$\sum_b f_{a\to b}=1(\text{单电子系统}).$$

对于多电子系统,因为

$$\sum_b\sum_i p_{ab}^i\sum_j q_{ba}^j-\sum_b\sum_j q_{ab}^j\sum_i p_{ba}^i=\sum_i\sum_j(p^iq^j-q^jp^i)_{aa}$$
$$=\sum_j(p^jq^j-q^jp^j)_{aa}=\frac{\hbar}{\mathrm{i}}\sum_j 1,$$

所以

$$\sum_b f_{a\to b}=\sum_j 1=\text{电子数(多电子系统)}.$$

以上是振子强度的求和定则.

振子强度即拉登堡(1921)[①]的色散电子数除以低能态的分子数,参见习题10.4.

以振子强度

$$f_{n\to n'}=\frac{2m}{\hbar}\omega_{n'n}\ |X_{n'n}|^2$$

表示,则自发跃迁概率为

$$w_{n\to n'}=A_{n\to n'}=8.03\times10^9\left(\frac{\nu}{R_\infty}\right)^2 f_{n\to n'}\quad \mathrm{s}^{-1};$$

其中 $R_\infty c$ 为里德伯频率;而每个发射原子每单位时间所发射出的能量为

$$J_{n\to n'}=0.175\times10^{-7}\left(\frac{\nu}{R_\infty c}\right)^3 f_{n\to n'}\quad \mathrm{Js}^{-1}.$$

下面列出几个数量级关系.

原子序数为 Z 的原子的物理量以下标 Z 表示,则有原子半径 a_Z

$$a_Z\approx\frac{a_0}{Z}=\frac{\hbar}{Z\alpha m_e c},$$

其中 $a_0=\frac{\hbar^2(4\pi\varepsilon_0)}{m_e e^2}=\frac{\hbar}{\alpha m_e c}\approx$'137'$\frac{\hbar}{m_e c}$是玻尔半径,$\alpha=\frac{e^2}{(4\pi\varepsilon_0)\hbar c}\approx\frac{1}{\text{'137'}}$,是精细结构常数;从 $p_Z\approx\hbar/a_Z\approx Z\alpha m_e c$ 得原子基态能量:

$$w_Z\approx p_Z^2/2m_e\approx Z^2\,\frac{\alpha^2 m_e c^2}{2}=Z^2\,\frac{m_e e^4}{2(4\pi\varepsilon_0)^2\hbar^2}=Z^2R_\infty hc,$$

其中 $R_\infty hc$ 是里德伯能量,

$$R_\infty hc=\frac{e^2}{2(4\pi\varepsilon_0)a_0}=\frac{m_e e^4}{2(4\pi\varepsilon_0)^2\hbar^2}=\left(\frac{e^2}{4\pi\varepsilon_0\hbar c}\right)^2\frac{1}{2}m_e c^2$$

$$=\frac{1}{2}\alpha^2 m_e c^2\approx\frac{m_e c^2}{2}\frac{1}{(\text{'137'})^2}.$$

而绕转频率为

$$\nu_Z\approx w_Z/h\approx(Z\alpha)^2 m_e c^2/4\pi\hbar\approx Z^2\times10^{16}\ \mathrm{Hz}.$$

电偶极近似

$$kr_{n'n}\leqslant ka_Z\approx\frac{\nu_Z a_Z}{c}\sim Z\alpha,$$

在 $Z\ll137$ 时可用.激发态的总衰变概率为

$$\sum_{E_{n'}<E_n}w_{n\to n'}\approx\alpha(Z\alpha)^2\nu_Z\approx Z^4\times10^9\ \mathrm{s}^{-1},$$

---

① R. Ladenburg, *Z. Physik*, **4**(1921), 451.

因为 $w_{a\to b}$ 有 $\alpha\nu_Z\left(\frac{\omega X}{c}\right)^2$ 即 $\alpha\nu_Z(Z\alpha)^2$.

10.5.6 氢原子的跃迁概率和振子强度表①

表 10.1 给出氢原子的自发跃迁概率和激发态寿命. 表中

$$w_{n\to n'}(\text{平均}) = \sum_{l,l'}\frac{2l+1}{n^2}w_{nl\to n'l'},$$

例如: $4.69=\frac{2\times1+1}{2^2}\times6.25$,

$$0.43=\frac{1}{9}(0.063+3\times0.22+5\times0.64)=\frac{3.9}{9}.$$

表 10.1 氢原子的自发跃迁概率 $w_{nl\to n'l'}$ ($10^8\ \mathrm{s}^{-1}$) 和激发态寿命 $\left(\sum_{n'}w_{n\to n'}\right)^{-1}$ (10^{-8} s)

初态	末态	$n'=1$	2	3	4	总和 ($10^8\ \mathrm{s}^{-1}$)	寿命 (10^{-8} s)
2s	n'p	—	—	—	—	0	∞
2p	n's	6.25	—	—	—	6.25	0.16
2	平均	4.69	—	—	—	4.69	0.21
3s	n'p	—	0.063	—	—	0.063	16
3p	n's	1.64	0.22	—	—	1.86	0.54
3d	n'p	—	0.64	—	—	0.64	1.56
3	平均	0.55	0.43	—	—	0.98	1.02
4s	n'p	—	0.025	0.018	—	0.043	16
4p	n's	0.68	0.095	0.030	—	0.81	1.24
	n'd	—	—	0.003	—		
4d	n'p	—	0.204	0.070	—	0.274	3.65
4f	n'd	—	—	0.137	—	0.137	7.3
4	平均	0.12_3	0.083	0.089	—	0.299	3.35
5s	n'p	—	0.012_7	0.008_5	0.006_5	0.027_7	36
5p	n's	0.34	0.049	0.016	0.007_5	0.415	2.40
	n'd	—	—	0.001_5	0.002		
5d	n'p	—	0.094	0.034	0.014	0.142	7.0
	n'f	—	—	—	0.000_5		
5f	n'd	—	—	0.045	0.026	0.071	14.0
5g	n'f	—	—	—	0.042_5	0.042_5	23.5
5	平均	0.040	0.025	0.022	0.027	0.114	8.8

① 表 10.1 和表 10.2 均摘引自 H. A. Bethe, E. E. Salpeter, *Quantum Mechanics of One and Two Electron Atoms*, Springer-Verlag, OHG, Berlin, 1957, § 63.

表10.2给出氢原子的振子强度.表中与态 nl 相结合的连续态中平均能量定义为

$$\langle E'\rangle \equiv \frac{\int_{连续谱} E' \mid R_{nl\to E'l'} \mid^2 \mathrm{d}E'}{\int_{连续谱} \mid R_{nl\to E'l'} \mid^2 \mathrm{d}E'} \cdot \frac{n^2}{R_\infty hc},$$

其中偶极矩的平方 $|R_{nl\to n'l'}|^2$ 为

$$|R_{nl\to n'l'}|^2 = \left(\int_0^\infty R^*_{n'l'} R_{nl} r^3 \mathrm{d}r\right)^2,$$

而 R_{nl} 为径向波函数.

表10.2　氢原子的振子强度

初态	1s	2s	2p		3s	3p		3d	
末态	np	np	ns	nd	np	ns	nd	np	nf
$n=1$	—	—	−0.139	—	—	−0.026	—	—	—
$n=2$	0.4162	—	—	—	−0.041	−0.145	—	−0.417	—
$n=3$	0.0791	0.4349	0.014	0.696	−1	—	—	—	—
$n=4$	0.0290	0.1028	0.0031	0.122	0.484	0.032	0.619	0.011	1.016
$n=5$	0.0139	0.0419	0.0012	0.044	0.121	0.007	0.139	0.0022	0.156
$n=6$	0.0078	0.0216	0.0006	0.022	0.052	0.003	0.056	0.0009	0.053
$n=7$	0.0048	0.0127	0.0003	0.012	0.027	0.002	0.028	0.0004	0.025
$n=8$	0.0032	0.0081	0.0002	0.008	0.016	0.001	0.017	0.0002	0.015
$n=9\sim\infty$	0.0109	0.0268	0.0007	0.023	0.048	0.002	0.045	0.0007	0.037
渐近	$1.6n^{-3}$	$3.7n^{-3}$	$0.1n^{-3}$	$3.3n^{-3}$	$6.2n^{-3}$	$0.3n^{-3}$	$6.1n^{-3}$	$0.07n^{-3}$	$4.4n^{-3}$
总束缚态	0.5650	0.6489	−0.119	0.928	0.707	−0.121	0.904	−0.402	1.302
总连续态	0.4350	0.3511	0.008	0.183	0.293	0.010	0.207	0.002	0.098
和	1.000	1.000	−0.111	1.111	1.000	−0.111	1.111	−0.400	1.400
$\frac{\langle E'\rangle}{R_\infty hc}n^2$	0.54	0.61	0.6	0.42	0.78	0.47		0.39	

习　　题

10.1　库仑场散射,卢瑟福公式[①].

带电为 $Z'|e|$ 的 α 粒子被带电为 $Z|e|$ 的原子核散射,经典力学给出微分散射截面(参见第5章习题5.3)

① 参考 N. F. Mott, H. S. W. Massey, *The Theory of Atomic Collisions*, 3rd ed., Oxford Univ. Press, Oxford, 1965, Ch. Ⅲ, §1, §2.

$$\left(\frac{ZZ'e^2}{(4\pi\varepsilon_0)2mv^2}\right)^2\frac{1}{\sin^4(\theta/2)}\mathrm{d}\Omega,$$

这里 m 和 v 指入射粒子的质量和速度，认为核静止且无穷重. 量子力学对于在库仑场 $V=\dfrac{ZZ'e^2}{(4\pi\varepsilon_0)r}$ 中运动的粒子有波动方程

$$\nabla^2\psi+\frac{2m}{\hbar^2}(E-V)\psi=0.$$

若令

$$\psi=I+Sf(\theta),$$

也给出

$$|f(\theta)|^2=\left(\frac{ZZ'e^2}{(4\pi\varepsilon_0)2mv^2}\right)^2\frac{1}{\sin^4(\theta/2)};$$

这里 I 代表入射波，S 代表散射波. 按照分波法（相移分析法），

$$\left[\frac{\mathrm{d}^2}{\mathrm{d}r^2}+\frac{2}{r}\frac{\mathrm{d}}{\mathrm{d}r}+k^2-\frac{l(l+1)}{r^2}-\frac{2m}{\hbar^2}\frac{ZZ'e^2}{(4\pi\varepsilon_0)r}\right]R_l=0$$

的渐近解为

$$R_l\sim\frac{1}{kr}\sin\left(kr-\frac{l}{2}\pi+\delta_l-\alpha\ln 2kr\right),$$

其中

$$\alpha=\frac{ZZ'e^2}{(4\pi\varepsilon_0)\hbar v}=\frac{mZZ'e^2}{(4\pi\varepsilon_0)\hbar^2k},\quad mv=\hbar k,\quad E=\frac{\hbar^2k^2}{2m}=\frac{1}{2}mv^2,$$

而

$$\delta_l=\arg\Gamma(l+1+\mathrm{i}\alpha),$$

$$\mathrm{e}^{\mathrm{i}\delta_l}=\frac{\Gamma(l+1+\mathrm{i}\alpha)}{|\Gamma(l+1+\mathrm{i}\alpha)|}=\sqrt{\frac{\Gamma(l+1+\mathrm{i}\alpha)}{\Gamma(l+1-\mathrm{i}\alpha)}}.$$

于是，戈登（1928）①证明了有下列结果：

$$\begin{aligned}\sum_{l=0}^{\infty}(2l+1)\mathrm{e}^{\frac{l}{2}\pi\mathrm{i}}\mathrm{e}^{\mathrm{i}\delta_l}R_l(r)\mathrm{P}_l(\cos\theta)&=\psi(r,\theta)\\&=\mathrm{e}^{-\frac{\pi}{2}\alpha}\Gamma(1+\mathrm{i}\alpha)\mathrm{e}^{\mathrm{i}kr\cos\theta}\mathrm{F}(-\mathrm{i}\alpha;1;\mathrm{i}kr(1-\cos\theta))\\&\sim I+Sf(\theta),\end{aligned}$$

$$I=\left[1+\frac{\alpha^2}{\mathrm{i}kr(1-\cos\theta)}\right]\mathrm{e}^{\mathrm{i}kz+\mathrm{i}\alpha\ln kr(1-\cos\theta)},$$

$$S=\frac{1}{r}\mathrm{e}^{\mathrm{i}kr-\mathrm{i}\alpha\ln 2kr},$$

① W. Gordon, *Z. Physik*, **48**(1928), 180.

$$f(\theta)=\frac{ZZ'(e^2/4\pi\varepsilon_0)}{2mv^2}\frac{1}{\sin^2(\theta/2)}\mathrm{e}^{-\mathrm{i}\alpha\ln\frac{1}{2}(1-\cos\theta)+\mathrm{i}\pi+2\mathrm{i}\delta_0},$$

$$\delta_0=\arg\Gamma(1+\mathrm{i}\alpha)\quad 或 \quad \mathrm{e}^{2\mathrm{i}\delta_0}=\frac{\Gamma(1+\mathrm{i}\alpha)}{\Gamma(1-\mathrm{i}\alpha)};$$

而

$$\mathrm{F}(a,b,z)=1+\frac{a}{b}z+\frac{a(a+1)}{b(b+1)}\frac{z^2}{2!}+\cdots$$

是汇合型超几何函数,又称库默尔(E. E. Kummer)函数;结果与经典力学一致.详细讨论,请参考朗道和栗弗席兹的书[①].

另外,从

$$\left(\nabla^2+k^2-\frac{2\alpha k}{r}\right)\psi=0,$$

令 $\psi=\mathrm{e}^{\mathrm{i}kz}\mathrm{F}$,得

$$\left(\nabla^2+2\mathrm{i}k\frac{\partial}{\partial z}-\frac{2\alpha k}{r}\right)\mathrm{F}=0,$$

而这方程有 $\mathrm{F}=\mathrm{F}(r-z)$ 形式的解.因为取 $\mathrm{F}=\mathrm{F}(\xi)$,$\xi\equiv r-z$,用 $\frac{r}{2}$ 乘以上方程后可以化为

$$\xi\frac{\mathrm{d}^2\mathrm{F}}{\mathrm{d}\xi^2}+\frac{\mathrm{dF}}{\mathrm{d}\xi}(1-\mathrm{i}k\xi)-\alpha k\mathrm{F}=0.$$

在 $\xi=0$ 为有限的解为

$$\mathrm{F}=\mathrm{F}(-\mathrm{i}\alpha,1,\mathrm{i}k\xi).$$

这是坦普尔[②]的做法,与戈登的结果一致.戈登解释 I 的相位面垂直于双曲线轨道的非 $z=$ 常量,而是

$$z+\frac{ZZ'(e^2/4\pi\varepsilon_0)}{mv^2}\ln k(r-z)=常量.$$

10.2 用玻恩近似讨论屏蔽库仑场散射.

由10.3节知,一般势 $V(r)$ 下的散射有

$$f(\boldsymbol{n},\boldsymbol{n}_0)=-\frac{m}{\hbar h}\int V(\boldsymbol{r})\mathrm{e}^{(\mathrm{i}k\boldsymbol{n}_0-\mathrm{i}k\boldsymbol{n})\cdot\boldsymbol{r}}\mathrm{d}\boldsymbol{r}.$$

对于屏蔽库仑场,取(采用国际单位制,如令 $(4\pi\varepsilon_0)=1$ 即得高斯制的结果)

$$V(\boldsymbol{r})=\frac{ZZ'e^2}{(4\pi\varepsilon_0)r}\mathrm{e}^{-\kappa r},$$

得

---

① L. D. Landau, E. M. Lifshitz, *Quantum Mechanics, Non-relativistic Theory*, Pergaman, 1977.(译自俄文).[或中译本:Л. Д. 朗道,E. M. 栗弗席兹著,严肃译:《量子力学(非相对论理论)》,高等教育出版社,2000.]第十七章,特别是§135.

② Temple, *Proc, Roy. Soc.* (London), **A121**(1928), 673.

$$\int V(\boldsymbol{r})\mathrm{e}^{\mathrm{i}\boldsymbol{K}\cdot\boldsymbol{r}}\mathrm{d}\boldsymbol{r} = \frac{ZZ'e^2}{(4\pi\varepsilon_0)}\frac{4\pi}{K^2+\kappa^2} = \frac{ZZ'e^2}{\varepsilon_0(K^2+\kappa^2)}.$$

验证如下：

$$\begin{aligned}\int V(\boldsymbol{r})(K^2+\kappa^2)\mathrm{e}^{\mathrm{i}\boldsymbol{K}\cdot\boldsymbol{r}}\mathrm{d}\boldsymbol{r} &= \int V(\boldsymbol{r})(-\nabla^2+\kappa^2)\mathrm{e}^{\mathrm{i}\boldsymbol{K}\cdot\boldsymbol{r}}\mathrm{d}\boldsymbol{r}\\ &= \int \mathrm{e}^{\mathrm{i}\boldsymbol{K}\cdot\boldsymbol{r}}(-\nabla^2+\kappa^2)V(\boldsymbol{r})\mathrm{d}\boldsymbol{r}\\ &= \int \mathrm{e}^{\mathrm{i}\boldsymbol{K}\cdot\boldsymbol{r}}\frac{ZZ'e^2}{(4\pi\varepsilon_0)}\cdot 4\pi\delta(\boldsymbol{r})\mathrm{d}\boldsymbol{r}\\ &= \frac{4\pi ZZ'e^2}{(4\pi\varepsilon_0)} = \frac{ZZ'e^2}{\varepsilon_0}.\end{aligned}$$

同时注意到

$$K^2 = k^2(\boldsymbol{n}-\boldsymbol{n}_0)^2 = 2k^2(1-\cos\theta),\cos\theta = \boldsymbol{n}\cdot\boldsymbol{n}_0,$$

$$\hbar k = p = mv, 1-\cos\theta = 2\sin^2\frac{\theta}{2},$$

于是得到

$$\begin{aligned}|f(\boldsymbol{n},\boldsymbol{n}_0)|^2 &= \frac{m^2}{(2\pi\hbar^2)^2}\frac{Z^2Z'^2e^4}{\varepsilon_0^2(K^2+\kappa^2)^2}\\ &= \frac{Z^2Z'^2e^4m^2}{(4\pi\varepsilon_0)^2\hbar^4k^4}\frac{1}{[(1-\cos\theta)+\kappa^2/2k^2]^2}\\ &= \frac{Z^2Z'^2e^4}{(4\pi\varepsilon_0)^2 4m^2v^4}\frac{1}{\left(\sin^2\dfrac{\theta}{2}+\dfrac{\kappa^2}{4k^2}\right)^2};\end{aligned}$$

当 $\kappa/k \ll 1$ 时，即当 $\hbar\kappa/mv \ll 1$ 时，还原为卢瑟福公式[①].

10.3　普朗克辐射公式的爱因斯坦推导(1917)[②].

在玻尔(1913)光谱理论提出以后，利用原子在量子态 m 和 n 间跃迁的细致平衡，爱因斯坦对普朗克辐射公式给出简单直观的推导如下：有 N_m 个原子在 m 态，N_n 个原子在 n 态，从 m 态跃迁到 n 态放出辐射能量为 $\varepsilon = E_m - E_n$. 设每单位时间从 m 态到 n 态的自发跃迁概率为 $A_{m\to n}$，受激跃迁概率为 $B_{m\to n}u_\nu$，其中 u_ν 为辐射能量密度，而 n 态吸收辐射后跃迁到 m 态的概率为 $B_{n\to m}u_\nu$. 细致平衡要求

$$N_n B_{n\to m}u_\nu = N_m(B_{m\to n}u_\nu + A_{m\to n}).$$

在热力学平衡时，根据玻尔兹曼因子得

$$N_n : N_m = \mathrm{e}^{-E_n/kT} : \mathrm{e}^{-E_m/kT};$$

令 u_ν 随 $T\to\infty$ 而增至无穷，则得

---

① E. Rutherford, *Phil. Mag.*, (6), **21**(1911), 669.

② A. Einstein, *Physik. Z.*, **18**(1917), 121.

$$B_{n\to m}=B_{m\to n};$$

因而由前列平衡式可以解出

$$u_\nu=\frac{A_{m\to n}/B_{m\to n}}{\mathrm{e}^{(E_m-E_n)/kT}-1},$$

这里 $E_m-E_n=h\nu$,其中 $h=\frac{c_2}{c}k$,c_2 由维恩公式定;另外,$A_{m\to n}/B_{m\to n}=\frac{8\pi h\nu^3}{c^3}$ 由瑞利公式定.所以导得普朗克公式

$$u_\nu=\frac{8\pi h\nu^3}{c^3}\frac{1}{\mathrm{e}^{h\nu/kT}-1},$$

证毕.

10.4 拉登堡(1921)[①]色散电子数.

谐振子的振幅是 $x=x_0\cos\omega t$,对时间 t 的平均能量是 $U=\frac{1}{2}m_\mathrm{e}x_0^2\omega^2$,单位时间内每个色散电子总辐射能量为

$$\frac{2}{3}\frac{e^2}{(4\pi\varepsilon_0)c^3}\overline{\ddot{x}^2}=\frac{e^2\omega^4}{3(4\pi\varepsilon_0)c^3}x_0^2=\frac{2}{3}\frac{e^2}{(4\pi\varepsilon_0)c^3}\frac{\omega^2}{m_\mathrm{e}}U,$$

$\mathfrak{N}$ 个色散电子总辐射 $\frac{2}{3}\frac{e^2}{(4\pi\varepsilon_0)c^3}\frac{\omega^2}{m_\mathrm{e}}\mathfrak{N}U$.如与辐射在温度 T 下达到平衡,每个电子作三维振动,则前三式中 U 皆放大三倍仍叫做 U,则

$$\rho_\nu\mathrm{d}\nu=\frac{8\pi\nu^2}{c^3}\mathrm{d}\nu U_1=\frac{8\pi\nu^2}{3c^3}\mathrm{d}\nu U_3=\frac{8\pi\nu^2}{3c^3}U\mathrm{d}\nu,$$

这里 U_3 是三维振子的平均能量,即后来的 U.所以

$$U=\frac{3c^3}{8\pi\nu^2}\rho_\nu.$$

所以 $\mathfrak{N}$ 个色散电子的总辐射为

$$J_{\text{电动力学}}=\frac{2}{3}\frac{e^2}{(4\pi\varepsilon_0)c^3}\frac{\omega^2}{m_\mathrm{e}}\mathfrak{N}U=\frac{e^3}{4\varepsilon_0 m_\mathrm{e}}\mathfrak{N}\rho_\nu,$$

它应该等于量子论的总吸收 $N_1B_{1\to 2}\rho_\nu h\nu$,于是

$$\frac{e^2}{4\varepsilon_0 m_\mathrm{e}}\mathfrak{N}\rho_\nu=N_1B_{1\to 2}\rho_\nu h\nu.$$

按照爱因斯坦关系

$$B_{1\to 2}=\frac{c^3}{8\pi h\nu^3}A_{2\to 1},$$

所以求得色散电子数

---

① R. W. Ladenburg, Die quantentheoretische Deutung der Zahlder Dispersions-elektronen(色散电子数的量子理论解释), *Z. Physik*, **4** (1921), 451.

$$\mathfrak{N} = N_1 \frac{h\nu B_{1\to2}}{e^2/4\varepsilon_0 m_e} = N_1 \frac{(4\pi\varepsilon_0)m_e c^3}{8\pi^2 e^2 \nu^2} A_{2\to1} = \frac{(4\pi\varepsilon_0)m_e c^3 N_1}{2e^2\omega^2} A_{2\to1};$$

代入色散关系

$$3\frac{n^2-1}{n^2+2} = \frac{1}{\varepsilon_0}\frac{e^2}{m_e}\frac{\mathfrak{N}}{(\omega^2-\omega_0^2)} = 4\pi\frac{c^3 N_1}{2\omega^2}\frac{A_{2\to1}}{(\omega^2-\omega_0^2)},$$

其中 $\hbar\omega=E_2-E_1$，而 ω_0 是入射光的角频率. 因而量子论给出一个原子有极化率 α 为

$$\alpha = \frac{\boldsymbol{p}_{电}}{\boldsymbol{E}} = \frac{(4\pi\varepsilon_0)c^3}{2\omega^2}\frac{A_{2\to1}}{(\omega^2-\omega_0^2)},$$

这里 $\boldsymbol{p}_{电}$ 是原子的电极化强度，$\boldsymbol{E}$ 是电场强度，原子在基态 1. 这是拉登堡的结果. 克拉默斯①给出修正为

$$\alpha = \frac{\boldsymbol{p}}{\boldsymbol{E}} = (4\pi\varepsilon_0)\left[\sum_i \frac{c^3}{2\omega_i^2}\frac{A_{i\to1}}{(\omega_i^2-\omega_0^2)} - \sum_j \frac{c^3}{2\omega_j^2}\frac{A_{1\to j}}{(\omega_j^2-\omega_0^2)}\right],$$

这里 $\hbar\omega_i=E_i-E_1$，$\hbar\omega_j=E_1-E_j$. 这是一个原子的贡献. 对于每单位体积 N 个原子的情况，有

$$3\frac{n^2-1}{n^2+2} = \frac{1}{\varepsilon_0}N\alpha.$$

注意到极化率(α/ε_0)的量纲为 L^3（体积的量纲），因为 $A_{i\to1}$ 的量纲为 T^{-1}（时间倒数的量纲）.

① H. A. Kramers, *Nature*, **113** (1924), 673; **114** (1924), 310.

第 11 章　原子分子等的近似处理

11.1　电子运动与核运动的近似分离

11.1.1　玻恩-奥本海默近似[①]

由于原子核质量较电子质量至少大 1836 倍，所以电子运动比核运动快得多．在核运动的每个刹那，电子运动可以认为达到定态，即有电子的薛定谔方程为

$$H\psi_\alpha(\boldsymbol{r}^{(i)},\boldsymbol{R}_a)=E_\alpha(\boldsymbol{R}_a)\psi_\alpha(\boldsymbol{r}^{(i)},\boldsymbol{R}_a),$$

其中电子的哈密顿量为

$$H=\sum_{(i)}-\frac{\hbar^2}{2m}\left(\frac{\partial}{\partial\boldsymbol{r}^{(i)}}\right)^2-\sum_a\sum_{(i)}\frac{Z_ae^2}{(4\pi\varepsilon_0)\,|\boldsymbol{R}_a-\boldsymbol{r}^{(i)}|}$$
$$+\frac{1}{2}\sum_{(i),(j)}{}'\frac{e^2}{(4\pi\varepsilon_0)\,|\boldsymbol{r}^{(i)}-\boldsymbol{r}^{(j)}|}+\frac{1}{2}\sum_{a,b}{}'\frac{Z_aZ_be^2}{(4\pi\varepsilon_0)\,|\boldsymbol{R}_a-\boldsymbol{R}_b|}$$

（这里和以后 $\sum{}'$ 总是表示不包括指标相同的项）；它包括电子的动能，电子与核间的库仑势能，电子间的库仑势能，以及核间的库仑势能．所有核位置 $\boldsymbol{R}_a$ 在 H 中作为给定量对待，所以，电子的本征函数 ψ_α 和本征值 E_α 中，$\boldsymbol{R}_a$ 皆以参量形式出现，给定所有 $\boldsymbol{R}_a$ 后，本征值可以有不同值（比如离散的值），标志电子运动状态的不同．每个 E_α 作为参量 $\boldsymbol{R}_a$ 的函数描述一个能面

$$E_\alpha=E_\alpha(\boldsymbol{R}_a),$$

核运动即近似以此能面作为势能函数．

以上结果常称为玻恩-奥本海默浸渐近似．现在证明如下：

整个核与电子系统有哈密顿量

$$\mathscr{H}=H+\sum_a-\frac{\hbar^2}{2M_a}\left(\frac{\partial}{\partial\boldsymbol{R}_a}\right)^2,$$

和薛定谔方程

$$\mathscr{H}\boldsymbol{\Psi}=-\frac{\hbar}{\mathrm{i}}\frac{\partial}{\partial t}\boldsymbol{\Psi}.$$

将整个系统的波函数 $\boldsymbol{\Psi}$ 以电子波函数 ψ_α 的线性组合来表示：

---

① M. Born, J. R. Oppenheimer, *Ann. Physik*, **84**(1927), 457.

$$\Psi = \sum_{\alpha} C_{\alpha}(\boldsymbol{R}_a, t)\psi_{\alpha}(\boldsymbol{r}^{(i)}),$$

如不计及 ψ_α 中参量 $\boldsymbol{R}_a$ 的变化，代入上式，并注意到电子的定态薛定谔方程，容易得到

$$\sum_{\alpha} -\frac{\hbar}{\mathrm{i}}\left(\frac{\partial C_\alpha}{\partial t}\right)\psi_\alpha = \sum_{\alpha}\psi_\alpha\left[\sum_a -\frac{\hbar^2}{2M_a}\left(\frac{\partial}{\partial \boldsymbol{R}_a}\right)^2\right]C_\alpha + \sum_{\alpha} C_\alpha E_\alpha \psi_\alpha,$$

或者进一步利用 ψ_α 的正交归一条件，得到

$$-\frac{\hbar}{\mathrm{i}}\frac{\partial C_\alpha}{\partial t} = \left\{\sum_a\left[-\frac{\hbar^2}{2M_a}\left(\frac{\partial}{\partial \boldsymbol{R}_a}\right)^2\right] + E_\alpha\right\}C_\alpha;$$

所以 C_α 为核运动的波函数，E_α 相当于其势能函数. 如果计及 ψ_α 中参量 $\boldsymbol{R}_a$ 的变化，则前一式右侧尚须增加

$$\sum_{\beta} C_\beta \sum_a\left[-\frac{\hbar^2}{2M_a}\left(\frac{\partial}{\partial \boldsymbol{R}_a}\right)^2\right]\psi_\beta + \sum_{\beta} 2\left[\sum_a -\frac{\hbar^2}{2M_a}\left(\frac{\partial C_\beta}{\partial \boldsymbol{R}_a}\right)\cdot\left(\frac{\partial \psi_\beta}{\partial \boldsymbol{R}_a}\right)\right],$$

所以后一式右侧则须增加 $\sum_{\beta} V_{\beta\alpha} C_\beta$，其中

$$V_{\beta\alpha} = \int \psi_\alpha^* \left[\sum_a -\frac{\hbar^2}{2M_a}\left(\frac{\partial}{\partial \boldsymbol{R}_a}\right)^2\right]\psi_\beta \prod_{(i)} \mathrm{d}\boldsymbol{r}^{(i)}$$
$$+ 2\int \psi_\alpha^* \left[\sum_a -\frac{\hbar^2}{2M_a}\left(\frac{\partial \psi_\beta}{\partial \boldsymbol{R}_a}\right)\cdot\left(\frac{\partial}{\partial \boldsymbol{R}_a}\right)\right]\prod_{(i)} \mathrm{d}\boldsymbol{r}^{(i)}$$

表示微扰，引致能面跳跃！即引致不同能面间的跃迁，在两能面间距较小的区域 $\boldsymbol{R}_a$ 发生. 这个问题在化学反应时需要考虑.

11.1.2 赫尔曼-费恩曼定理①

在势能面 E_α 上运动，核 a 受力为 $-\dfrac{\partial E_\alpha}{\partial \boldsymbol{R}_a}$，这容易证明为 $-\dfrac{\partial H}{\partial \boldsymbol{R}_a}$ 对 ψ_α 态的平均值，即

$$-\frac{\partial E_\alpha}{\partial \boldsymbol{R}_a} = \int \psi_\alpha^*\left(-\frac{\partial H}{\partial \boldsymbol{R}_a}\right)\psi_\alpha \prod_{(i)} \mathrm{d}\boldsymbol{r}^{(i)},$$

这通常称为赫尔曼-费恩曼定理. 证明如下：

假设电子运动的波函数是归一化的：

$$\int \psi_\alpha^* \psi_\alpha \prod_{(i)} \mathrm{d}\boldsymbol{r}^{(i)} = 1,$$

由能量

$$E_\alpha = \int \psi_\alpha^* H \psi_\alpha \prod_{(i)} \mathrm{d}\boldsymbol{r}^{(i)}$$

---

① H. Hellmann, *Einführung in die Quantenchemie*,（量子化学引论）Deuticke, Leibzig and Vienna, 1937. R. P. Feynman, *Phys. Rev.*, **56** (1939), 340.

对 $\boldsymbol{R}_a$ 求导数，则赫尔曼-费恩曼定理要求另外两项之和恒为零，即要求

$$\int\left[\left(\frac{\partial\psi_a^*}{\partial\boldsymbol{R}_a}\right)H\psi_a+\psi_a^*H\left(\frac{\partial\psi_a}{\partial\boldsymbol{R}_a}\right)\right]\prod_{(i)}\mathrm{d}\boldsymbol{r}^{(i)}\equiv 0;$$

这式左侧等于

$$E_a\int\left[\left(\frac{\partial\psi_a^*}{\partial\boldsymbol{R}_a}\right)\psi_a+\psi_a^*\left(\frac{\partial\psi_a}{\partial\boldsymbol{R}_a}\right)\right]\prod_{(i)}\mathrm{d}\boldsymbol{r}^{(i)}=E_a\frac{\partial}{\partial\boldsymbol{R}_a}\int\psi_a^*\psi_a\prod_i\mathrm{d}\boldsymbol{r}^{(i)}$$

$$=E_a\frac{\partial}{\partial\boldsymbol{R}_a}1=0,$$

即上式恒等满足；所以定理得证.

在玻恩-奥本海默的浸渐近似下，核运动即以瞬时能量为势能面. 如果势能面互相不接近，化学反应只在一个势能面上进行. 如果对原子核运动采用经典力学近似，则从势能面求力即可.

11.1.3 变分法

多电子问题主要靠变分法

$$E=\min\frac{\int\psi^*H\psi\prod_{(i)}\mathrm{d}\boldsymbol{r}^{(i)}}{\int\psi^*\psi\prod_{(i)}\mathrm{d}\boldsymbol{r}^{(i)}},$$

即

$$\delta\left[\int\psi^*H\psi\prod_{(i)}\mathrm{d}\boldsymbol{r}^{(i)}-E\int\psi^*\psi\prod_{(i)}\mathrm{d}\boldsymbol{r}^{(i)}\right]=0;$$

因此变分方程相当于

$$H\psi=E\psi.$$

由于 E 为极值，若在右侧积分中用近似解 $\psi^{(0)}$ 代替 ψ，设 $\psi^{(0)}$ 与 ψ 差别为一级小量，则依据右侧积分计算出的结果 $E^{(0)}$ 与 E 只差二级小量(由于一级变分为零). 设 ψ 为严格解，而与近似解 $\psi^{(0)}$ 之差 $\delta\equiv\psi^{(0)}-\psi$ 为一级小量，即

$$\psi^{(0)}=\psi+\delta,$$

则有

$$E^{(0)}=\frac{\int\psi^{(0)*}H\psi^{(0)}\prod\mathrm{d}\tau}{\int\psi^{(0)*}\psi^{(0)}\prod\mathrm{d}\tau}=\frac{\int(\psi^*+\delta^*)H(\psi+\delta)\prod\mathrm{d}\tau}{\int(\psi^*+\delta^*)(\psi+\delta)\prod\mathrm{d}\tau},$$

它与严格值

$$E=\frac{\int\psi^*H\psi\prod\mathrm{d}\tau}{\int\psi^*\psi\prod\mathrm{d}\tau}$$

之差为

$$E^{(0)}-E=\frac{\int(\psi^*+\delta^*)H(\psi+\delta)\prod \mathrm{d}\tau}{\int(\psi^*+\delta^*)(\psi+\delta)\prod \mathrm{d}\tau}-\frac{\int\psi^* H\psi\prod \mathrm{d}\tau}{\int\psi^*\psi\prod \mathrm{d}\tau};$$

其一级量为

$$\begin{aligned}\delta E^{(1)}&=\frac{\int(\delta^* H\psi+\psi^* H\delta)\prod \mathrm{d}\tau}{\int\psi^*\psi\prod \mathrm{d}\tau}\\&\quad-\frac{\int\psi^* H\psi\prod \mathrm{d}\tau}{\int\psi^*\psi\prod \mathrm{d}\tau}\cdot\frac{\int(\delta^*\psi+\psi^*\delta)\prod \mathrm{d}\tau}{\int\psi^*\psi\prod \mathrm{d}\tau}\\&=\frac{1}{\int\psi^*\psi\prod \mathrm{d}\tau}\int\{\delta^*(H-E)\psi+\psi^*(H-E)\delta\}\prod \mathrm{d}\tau\\&=0;\end{aligned}$$

因为对于严格解 ψ 有 $H\psi-E\psi=0$,而 $\int\psi^*(H-E)\delta\prod \mathrm{d}\tau$ 可经分部积分化为 $\int\{(H-E)\psi^*\}\delta\prod \mathrm{d}\tau=0$.

具体做法在于选取某种形式的尝试波函数进行最佳变分计算,选取形式不同得出不同近似.各种近似求 ψ 最后都必须遵循这样一个原则,即无论怎样去取得一个近似解 $\psi^{(0)}$ 后,总要将 $\psi^{(0)}$ 代入变分积分中以计算 E(电子总能量),使能量计算精确度比波函数的高一级.

11.2 多电子系统的单电子近似(一)

11.2.1 单电子能级和自洽场方法

1. 单电子能级

现在考虑核不动的多电子系统.在原子中从光谱(包括 X 射线光谱)实验中很早就体会光谱频率依赖于单电子的能级间的跃迁.周期表结构也表明单电子在有心力场近似下根据泡利原理填充能级.

关于轻原子的实验能级值见表 11.1.

表 11.2 给出自洽场计算所确定的轻原子不同波函数的径向电荷密度$[r^2R^2(r)]$极大处的半径.

表 11.1 轻原子的实验能级值① （单位：$-R_\infty hc$）

		1s	2s	2p	3s	3p	3d	4s	4p	4d	5s
H	1	1.00									
He	2	1.81									
Li	3	4.77	0.40								
Be	4	8.9	0.69								
B	5	14.5	1.03	0.42							
C	6	21.6	1.43	0.79							
N	7	30.0	1.83	0.95							
O	8	39.9	2.38	1.17							
F	9	51.2	2.95	1.37							
Ne	10	64.0	3.56	1.59							
Na	11	79.4	5.2	2.80	0.38						
Mg	12	96.5	7.0	4.1	0.56						
Al	13	115.3	9.0	5.8	0.83	0.44					
Si	14	135.9	11.5	7.8	1.10	0.57					
P	15	158.3	14.1	10.1	1.35	0.72					
S	16	182.4	17.0	12.5	1.54	0.86					
Cl	17	208.4	20.3	15.3	1.86	1.01					
A	18	236.2	24.2	18.5	2.15	1.16					
K	19	266.2	28.2	22.2	3.0	1.81		0.32			
Ca	20	297.9	32.8	26.1	3.7	2.4		0.45			
Sc	21	331.1	37.3	30.0	4.2	2.6	0.59	0.55			
Ti	22	366.1	42.0	34.0	4.8	2.9	0.68	0.52			
V	23	402.9	46.9	38.3	5.3	3.2	0.74	0.55			
Cr	24	441.6	51.9	43.0	6.0	3.6	0.75	0.57			
Mn	25	482.0	57.7	47.8	6.6	4.0	0.57	0.50			
Fe	26	524.3	63.0	52.8	7.3	4.4	0.64	0.53			
Co	27	568.3	69.0	58.2	8.0	4.9	0.66	0.53			
Ni	28	614.1	75.3	63.7	8.7	5.4	0.73	0.55			
Cu	29	662.0	81.3	69.6	9.6	6.1	0.79	0.57			
Zn	30	712.0	88.7	76.2	10.5	7.0	1.28	0.69			
Ga	31	764.0	96.4	83.0	11.8	7.9	1.6	0.93	0.44		
Ge	32	818.2	104.6	90.5	13.5	9.4	2.4	1.15	0.55		
As	33	874.5	113.0	98.5	15.4	10.8	3.4	1.30	0.68		

① J. C. Slater, *Phys. Rev.*, **98** (1955), 1039.
转引自 J. C. Slater, *Quantum Theory of Atomic Structure*, Vol. Ⅰ, McGraw-Hill, New York, 1960, p. 206.

(续表)

		1s	2s	2p	3s	3p	3d	4s	4p	4d	5s
Se	34	932.6	122.1	106.8	17.3	12.2	4.5	1.54	0.80		
Br	35	993.0	131.7	115.6	19.9	13.8	5.6	1.80	0.93		
Kr	36	1,055.5	142.0	124.7	22.1	15.9	7.1	2.00	1.03		
Rb	37	1,120.1	152.7	134.5	24.3	18.3	8.7	2.7	1.56		0.31
Sr	38	1,186.7	163.7	144.6	26.8	20.5	10.4	3.3	2.0		0.42
Y	39	1,255.3	175.1	155.0	29.4	22.7	12.0	3.7	2.3	0.48	0.64
Zr	40	1,325.9	186.7	165.5	32.0	24.8	13.6	4.1	2.3	0.61	0.54
Nb	41	1,398.9	199.3	176.9	35.1	27.6	15.8	5.0	3.1		0.58

表 11.2 轻原子径向电荷密度极大处的半径① (单位：10^{-10} m)

	1s	2s	2p	3s	3p	3d	4s	4p
H	0.53							
He	0.30							
Li	0.20	1.50						
Be	0.143	1.19						
B	0.112	0.88	0.85					
C	0.090	0.67	0.66					
N	0.080	0.56	0.53					
O	0.069	0.48	0.45					
F	0.061	0.41	0.38					
Ne	0.055	0.37	0.32					
Na	0.050	0.32	0.28	1.55				
Mg	0.046	0.30	0.25	1.32				
Al	0.042	0.27	0.23	1.16	1.21			
Si	0.040	0.24	0.21	0.98	1.06			
P	0.037	0.23	0.19	0.88	0.92			
S	0.035	0.21	0.18	0.78	0.82			
Cl	0.032	0.20	0.16	0.72	0.75			
A	0.031	0.19	0.155	0.66	0.67			
K	0.029	0.18	0.145	0.60	0.63		2.20	
Ca	0.028	0.16	0.133	0.55	0.58		2.03	
Sc	0.026	0.16	0.127	0.52	0.54	0.61	1.80	
Ti	0.025	0.150	0.122	0.48	0.50	0.55	1.66	

① 引自 J. C. Slater，出处同上，p. 210.

(续表)

	1s	2s	2p	3s	3p	3d	4s	4p
V	0.024	0.143	0.117	0.46	0.47	0.49	1.52	
Cr	0.023	0.138	0.112	0.43	0.44	0.45	1.41	
Mn	0.022	0.133	0.106	0.40	0.41	0.42	1.31	
Fe	0.021	0.127	0.101	0.39	0.39	0.39	1.22	
Co	0.020	0.122	0.096	0.37	0.37	0.36	1.14	
Ni	0.019	0.117	0.090	0.35	0.36	0.34	1.07	
Cu	0.019	0.112	0.085	0.34	0.34	0.32	1.03	
Zn	0.018	0.106	0.081	0.32	0.32	0.30	0.97	
Ga	0.017	0.103	0.078	0.31	0.31	0.28	0.92	1.13
Ge	0.017	0.100	0.076	0.30	0.30	0.27	0.88	1.06
As	0.016	0.097	0.073	0.29	0.29	0.25	0.84	1.01
Se	0.016	0.095	0.071	0.28	0.28	0.24	0.81	0.95
Br	0.015	0.092	0.069	0.27	0.27	0.23	0.76	0.90
Kr	0.015	0.090	0.067	0.25	0.25	0.22	0.74	0.86

2. *自洽场方法*

先是哈特里[①]利用有心力场计算各单电子能级，非球对称的单电子波函数所产生的非球对称的场改取其球对称的部分. 后来改用变分法推导哈特里单电子方程，多电子波函数改用单电子波函数的乘积作为近似[②]. 由于泡利原理，每项各单电子波函数(现在包括自旋坐标在内)，经过反对称化，将取行列式形[③]. 结果得到哈特里-福克单电子方程.

对于原子(有核为中心，所以有角动量守恒)，其波函数同时还需要是总自旋平方的本征函数，总轨道角动量平方的本征函数，并且是总自旋及总轨道角动量的某 z 方向分量的本征函数. 这样一般将由几个行列式线性组合而成[④]. 对于双原子分子可取原子连线方向为轴，只有角动量在此轴方向的分量为守恒量(当然还有自旋平方及自旋在此轴方向分量也都是守恒量). 在多原子系统中非相对论近似(不计自旋轨道耦合)总有自旋平方及自旋某分量可取为波函数分类用. 波函数一般将由几个行列式线性组合而成. 在自旋单重态时只有一个行列式(电子数为偶数，自旋配对全抵消净).

---

① D. R. Hartree, The Wave Mechanics of an Atom with a Non-Coulomb Central Field, Ⅰ, Ⅱ, Ⅲ, *Proc. Camb. Phil. Soc.*, **24** (1928), 89, 111, 426.

② J. C. Slater; The Self consistent Field and the Structure of Atoms, *Phy. Rev.*, **32** (1928), 339; Notes on Hartree's Method, *ibid*, **35** (1930), 210.

③ V. Fock, Approximate Methods for the Solutions of Quantum-mechanical Many Body Problems, *Z. Physik*, **61** (1930), 126.

④ J. C. Slater, *Phys. Rev.*, **34**(1929), 1923, **35**(1930), 210.

单电子方程的求解一般需采用迭代法,因为势场依赖于波函数,需迭代至自洽为止.所以此类方法常称为自洽场方法.

11.2.2 哈特里-福克方程

现在,我们以一个行列式情形为例导出哈特里-福克方程.

令单电子自旋轨道波函数为以附标 $1,2,\cdots,n$ 标志的 n 个不同态(比如 $1=1s_a\alpha$ 即以核 a 为中心的 1s 轨道且自旋波函数为 α 者之类),以 (i) 标志第 i 个电子的空间坐标 x_i,y_i,z_i 和自旋坐标 s_i,对 (i) 积分表示对空间坐标 x_i,y_i,z_i 求积分并且对自旋坐标 s_i 求和.不妨假设 $1,2,\cdots,n$ 为正交归一化的.核的位置 $\boldsymbol{R}_a$ 等参量不明显注明.

电子的本征态和本征值满足变分法

$$\delta\int\psi^* H\psi\prod_i \mathrm{d}(i)=0,$$

带归一化条件

$$\int\psi^*\psi\prod_i \mathrm{d}(i)=1.$$

1. 斯莱特行列式

采用行列式形状的波函数,所谓斯莱特行列式,

$$\psi=\frac{1}{\sqrt{n!}}\sum_P(-)^P P[\varphi_1(1)\varphi_2(2)\cdots\varphi_n(n)],$$

其中 P 表示对各电子坐标 $(1),\cdots,(n)$ 的一个排列而 $(-)^P$ 代表 $+1$(当 P 为偶排列)或 -1(当 P 为奇排列),即

$$\psi=\frac{1}{\sqrt{n!}}\begin{vmatrix}\varphi_1(1) & \varphi_1(2) & \cdots & \varphi_1(n)\\ \varphi_2(1) & \varphi_2(2) & \cdots & \varphi_2(n)\\ \vdots & \vdots & \ddots & \vdots\\ \varphi_n(1) & \varphi_n(2) & \cdots & \varphi_n(n)\end{vmatrix},$$

行列式前面的因子 $\frac{1}{\sqrt{n!}}$ 是为了归一化.

因为,先将行列式 ψ^* 展开而不展开行列式 ψ,得

$$\int\psi^*\psi\prod_i \mathrm{d}(i)=\frac{1}{\sqrt{n!}}\sum_P(-)^P\int P[\varphi_1^*(1)\cdots\varphi_n^*(n)]\psi\prod_i \mathrm{d}(i).$$

对每项积分 $\int P[\varphi_1^*(1)\cdots\varphi_n^*(n)]\psi\prod_i \mathrm{d}(i)$ 将积分变量重新命名(即用 P 的逆排列重新命名)积分化为

$$\int\varphi_1^*(1)\cdots\varphi_n^*(n)P^{-1}[\psi]\prod_i \mathrm{d}(i),$$

但由于行列式的性质

$$P^{-1}[\psi]=(-)^{P^{-1}}\psi=(-)^{P}\psi$$

(排列及其逆排列的奇偶性相同). 所以 $\sum_P$ 各项贡献相等

$$\begin{aligned}\int\psi^*\psi\prod_i \mathrm{d}(i)&=\sum_P\frac{1}{\sqrt{n!}}\int\varphi_1^*(1)\cdots\varphi_n^*(n)\psi\prod_i \mathrm{d}(i)\\&=\sqrt{n!}\int\varphi_1^*(1)\cdots\varphi_n^*(n)\psi\prod_i \mathrm{d}(i).\end{aligned}$$

此处再将行列式 ψ 展开，得到

$$\int\psi^*\psi\prod_i \mathrm{d}(i)=\int\varphi_1^*(1)\cdots\varphi_n^*(n)\sum_P(-)^P P[\varphi_1(1)\cdots\varphi_n(n)]\prod_i \mathrm{d}(i),$$

注意到正交归一化条件

$$\int\varphi_i^*(1)\varphi_j(1)\mathrm{d}(1)=\delta_{ij},$$

上式右侧只有 $P=I$(恒等排列)一项有贡献 $\prod_i 1=1$ 外，其他项均含有 $\delta_{ij}(i\neq j)=0$ 的因子.

2. 能量泛函

注意到 H 中有与(i)无关作为参量的项

$$\frac{1}{2}\sum_{a,b}{}'\frac{Z_aZ_b(e^2/4\pi\varepsilon_0)}{|\boldsymbol{R}_a-\boldsymbol{R}_b|},$$

有 $\sum_i f(i)$ 的项，单电子算符 $f(i)$ 为

$$f(i)\equiv-\frac{\hbar^2}{2m}\left(\frac{\partial}{\partial\boldsymbol{r}^{(i)}}\right)^2-\sum_a\frac{Z_a(e^2/4\pi\varepsilon_0)}{|\boldsymbol{r}^{(i)}-\boldsymbol{R}_a|},$$

以及 $\frac{1}{2}\sum_{i,j}{}'g(i,j)$ 的项，双电子算符 $g(i,j)$ 为

$$g(i,j)\equiv\frac{(e^2/4\pi\varepsilon_0)}{|\boldsymbol{r}^{(i)}-\boldsymbol{r}^{(j)}|}.$$

总之 H 对于$(i)=(1),\cdots,(n)$是全对称算符，与排列算符 P 可对易，

$$PH\psi=HP\psi.$$

仿照上面的处理，

$$\begin{aligned}\int\psi^*\left\{\sum_i f(i)\right\}\psi\prod_i \mathrm{d}(i)=&\int\varphi_1^*(1)\cdots\varphi_n^*(n)\left\{\sum_i f(i)\right\}\\&\times\sum_P(-)^P P[\varphi_1(1)\cdots\varphi_n(n)]\prod_i \mathrm{d}(i),\end{aligned}$$

只有 $P=I$(恒等排列)的项有贡献

$$\sum_i\int\varphi_i^*(i)f(i)\varphi_i(i)\mathrm{d}(i)$$

(如 P 将 $\varphi_j(j)\psi_k(k)$ 换为 $\varphi_j(k)\varphi_k(j)$,则

$$\int\varphi_j^*(j)\varphi_k(j)\mathrm{d}(j)=0 \quad 或 \quad \int\varphi_k^*(k)\varphi_j(k)\mathrm{d}(k)=0,$$

两个因子必有一个出现在右侧)而

$$\int\psi^*\left\{\frac{1}{2}\sum_{i,j}{}'g(i,j)\right\}\psi\prod_l\mathrm{d}(l)=\int\varphi_1^*(1)\cdots\varphi_n^*(n)\left\{\frac{1}{2}\sum_{i,j}{}'g(i,j)\right\}$$
$$\times\sum_P(-)^P P[\varphi_1(1)\cdots\varphi_n(n)]\prod_l\mathrm{d}(l),$$

除 $P=I$(恒等排列)的贡献

$$\frac{1}{2}\sum_{i,j}{}'\int\varphi_i^*(i)\varphi_j^*(j)g(i,j)\varphi_i(i)\varphi_j(j)\mathrm{d}(i)\mathrm{d}(j)$$

外,尚有 $P=P_{ij}$(i 与 j 的交换)项也有贡献,因为除

$$-\frac{1}{2}\sum_{i,j}{}'\int\varphi_i^*(i)\varphi_j^*(j)g(i,j)\varphi_i(j)\varphi_j(i)\mathrm{d}(i)\mathrm{d}(j)$$

因子外,其他因子 $\int\varphi_l^*(l)\varphi_l(l)\mathrm{d}(l)$ 皆等于 1. 此处 $g(i,j)$ 与 $(i)(j)$ 的自旋坐标无关,其贡献又限于自旋波函数对于 i,j 相同者,即同为 α 或同为 β.

结果得到能量泛函为

$$\int\psi^* H\psi\prod_l\mathrm{d}(l)=\frac{1}{2}\sum_{a,b}{}'\frac{Z_aZ_b(e^2/4\pi\varepsilon_0)}{|\boldsymbol{R}_a-\boldsymbol{R}_b|}+\sum_{态i}\int\varphi_i^*(k)f(k)\varphi_i(k)\mathrm{d}(k)$$
$$+\frac{1}{2}\sum_{态i}\sum_{态j}\int\varphi_i^*(k)\varphi_j^*(l)g(k,l)\varphi_i(k)\varphi_j(l)\mathrm{d}(k)\mathrm{d}(l)$$
$$-\frac{1}{2}\sum_{\substack{态i\\(s_i\parallel s_j)}}\sum_{态j}\int\varphi_i^*(k)\varphi_j^*(l)g(k,l)\varphi_i(l)\varphi_j(k)\mathrm{d}(k)\mathrm{d}(l),$$

最后两求和号中态 $i\neq$ 态 j 的限制可取消,因为态 $i=$ 态 j 的贡献在两个求和中相同而自动抵消.

3. 哈特里-福克方程

用拉格朗日乘子得变分法

$$\delta\left[\int\psi^* H\psi\prod_l\mathrm{d}(l)-\sum_{态i}\sum_{态j}\lambda_{ij}\int\varphi_i^*(l)\varphi_j(l)\mathrm{d}(l)\right]=0;$$

即得哈特里-福克方程

$$\left\{-\frac{\hbar^2}{2m}\nabla^2-\sum_a\frac{Z_a(e^2/4\pi\varepsilon_0)}{|\boldsymbol{r}-\boldsymbol{R}_a|}\right\}\varphi_i+\mathscr{C}\varphi_i-\mathscr{A}\varphi_i=\sum_j\lambda_{ij}\varphi_j,$$

其中库仑势为

$$\mathscr{C}=\int\frac{(e^2/4\pi\varepsilon_0)}{|\boldsymbol{r}-\boldsymbol{r}'|}\left\{\sum_j\varphi_j^*(\boldsymbol{r}')\varphi_j(\boldsymbol{r}')\right\}\mathrm{d}\boldsymbol{r}',$$

而交换势 $\mathscr{A}$ 为

$$\mathscr{A}\varphi_i=\int\frac{(e^2/4\pi\varepsilon_0)}{|\boldsymbol{r}-\boldsymbol{r}'|}\left\{\sum_j\varphi_j^*(\boldsymbol{r}')\varphi_i(\boldsymbol{r}')\right\}\mathrm{d}\boldsymbol{r}'\varphi_j(r).$$

在库仑势中 $\sum\limits_j$ 对两种自旋态求和,但在交换势中 $\sum\limits_j$ 只对自旋与 i 态相同者有贡献($\int\mathrm{d}\boldsymbol{r}'$本来还带有对自旋坐标 s'求和). 交换势是个线性积分算符给哈特里-福克方程的求解增加麻烦.

右侧的 λ_{ij} 可以通过选择 φ_j 的适当线性组合而予以对角化

$$\sum\lambda_{ij}\varphi_j\Longrightarrow\varepsilon_i\varphi_i.$$

(注意这里的单电子能量 ε_i 与真空电容率 ε_0 的区别.)因为行列式 ψ 在使 φ_j 正交化时不变,所以正交条件根本不是条件,不正交的 φ_j 总可以使之正交化而不改变 ψ,即不改变 $\int\psi^*H\psi\prod\limits_l\mathrm{d}(l)$. 拉格朗日乘子只需注意归一化条件. 于是,哈特里-福克方程变为

$$\left\{-\frac{\hbar^2}{2m}\nabla^2-\sum_a\frac{Z_a(e^2/4\pi\varepsilon_0)}{|\boldsymbol{r}-\boldsymbol{R}_a|}\right\}\varphi_i+\left\{\int\frac{(e^2/4\pi\varepsilon_0)}{|\boldsymbol{r}-\boldsymbol{r}'|}\left[\sum_j\varphi_j^*(\boldsymbol{r}')\varphi_j(\boldsymbol{r}')\right]\mathrm{d}\boldsymbol{r}'\right\}\varphi_i$$

$$-\left\{\int\frac{(e^2/4\pi\varepsilon_0)}{|\boldsymbol{r}-\boldsymbol{r}'|}\left[\sum_{\substack{j\\(s_j\parallel s_i)}}\varphi_j^*(\boldsymbol{r}')\varphi_i(\boldsymbol{r}')\right]\mathrm{d}(\boldsymbol{r}')\right\}\varphi_j=\varepsilon_i\varphi_i.$$

4. 单电子能级的物理意义

现在从哈特里-福克方程容易求得

$$\begin{aligned}\varepsilon_i=&\int\varphi_i^*(k)f(k)\varphi_i(k)\mathrm{d}(k)\\&+\sum_{\text{态}j}\int\varphi_i^*(k)\varphi_j^*(l)g(k,l)\varphi_i(k)\varphi_j(l)\mathrm{d}(k)\mathrm{d}(l)\\&-\sum_{\text{态}j}\int\varphi_i^*(k)\varphi_j^*(l)g(k,l)\varphi_i(l)\varphi_j(k)\mathrm{d}(k)\mathrm{d}(l),\end{aligned}$$

以及

$$\begin{aligned}\sum_i\varepsilon_i=&\sum_{\text{态}i}\int\varphi_i^*(k)f(k)\varphi_i(k)\mathrm{d}(k)\\&+\sum_{\text{态}i}\sum_{\text{态}j}\int\varphi_i^*(k)\varphi_j^*(l)g(k,l)\varphi_i(k)\varphi_j(l)\mathrm{d}(k)\mathrm{d}(l)\\&-\sum_{\text{态}i}\sum_{\text{态}j}\int\varphi_i^*(k)\varphi_j^*(l)g(k,l)\varphi_i(l)\varphi_j(k)\mathrm{d}(k)\mathrm{d}(l)\\=&\int\psi^*H\psi\prod_l\mathrm{d}(l)\\&+\frac{1}{2}\sum_{\text{态}i}\sum_{\text{态}j}\int\varphi_i^*(k)\varphi_j^*(l)g(k,l)\varphi_i(k)\varphi_j(l)\mathrm{d}(k)\mathrm{d}(l)\end{aligned}$$

$$-\frac{1}{2}\sum_{\text{态}i}\sum_{\text{态}j}\int\varphi_i^*(k)\varphi_j^*(l)g(k,l)\varphi_i(l)\varphi_j(k)\mathrm{d}(k)\mathrm{d}(l)$$

$$-\frac{1}{2}\sum_{a,b}{}'\frac{Z_aZ_b(e^2/4\pi\varepsilon_0)}{|\boldsymbol{R}_a-\boldsymbol{R}_b|},$$

其中 f 和 g 是前面在哈密顿量 H 中所引用的单电子和双电子算符. 移项得到系统总能量 E 与单电子能量 ε_i 之间的关系：

$$\begin{aligned}E=&\int\psi^*H\psi\prod_l\mathrm{d}(l)\\=&\sum_i\varepsilon_i+\frac{1}{2}\sum_{a,b}{}'\frac{Z_aZ_b(e^2/4\pi\varepsilon_0)}{|R_a-R_b|}\\&-\frac{1}{2}\sum_{\text{态}i}\sum_{\text{态}j}\int\varphi_i^*(k)\varphi_j^*(l)g(k,l)\varphi_i(k)\varphi_j(l)\mathrm{d}(k)\mathrm{d}(l)\\&+\frac{1}{2}\sum_{\text{态}i}\sum_{\text{态}j}\int\varphi_i^*(k)\varphi_j^*(l)g(k,l)\varphi_i(l)\varphi_j(k)\mathrm{d}(k)\mathrm{d}(l).\end{aligned}$$

由此可见，从原子移走 i 态电子所需能量正好是 $-\varepsilon_i$，如果假定离子与原子的轨函相同，这个结果称为库普曼斯定理①.

11.3　简单系统的近似处理

11.3.1　原子间力(简单做法)

原子间距离近时，原子间力常通称为重叠力，包括在距离特近时的排斥力，距离稍大一点时的成键力或反成键力；后者指原子中价电子的行为，前者指原子内壳层的行为. 这两者分别以氢分子和两个氦原子的排斥为典型代表. 原子间距离远时(即再大很多时)，普遍有微弱的吸引力，来源于一个原子内的运动电子产生的瞬时电矩对另一个原子产生的瞬时极化，这个与距离的立方成反比(R^{-3})的微扰，本身虽然平均为零，但其二级微扰一般($-R^{-6}$)是吸引的能量，通常称为范德瓦尔斯(van der Waals)力(与范德瓦尔斯物态方程的吸引力有关)，又称为色散力(因为它和色散一样都是来源于原子的瞬时极化). 由于距离不同，力的强弱不同，宜于分别讨论.

1. 氢分子的海特勒-伦敦近似法(HL 法)

先考虑氢分子[海特勒和伦敦(1927)②]. 在两原子间距离接近原子大小时，两个自由原子的近似需要进一步修正. 用微扰论的精神讲，对于哈密顿量

---

① T. C. Koopmans, *Physica*, **1** (1933), 104.

② W. H. Heitler, F. London, *Z. Physik*, **44** (1927), 455.

$$H=-\frac{\hbar^2}{2m}\nabla_1^2-\frac{\hbar^2}{2m}\nabla_2^2-\frac{e^2/(4\pi\varepsilon_0)}{r_{1A}}-\frac{e^2/(4\pi\varepsilon_0)}{r_{2B}}$$
$$-\frac{e^2/(4\pi\varepsilon_0)}{r_{2A}}-\frac{e^2/(4\pi\varepsilon_0)}{r_{1B}}+\frac{e^2/(4\pi\varepsilon_0)}{r_{12}}+\frac{e^2/(4\pi\varepsilon_0)}{r_{AB}},$$

它的本征函数已不能用 $\psi_{\mathrm{I}}=u_{1s_A}(1)u_{1s_B}(2)$（表示电子 $\boldsymbol{r}_1$ 与 A 核结合为氢原子的 1s 态，同时电子 $\boldsymbol{r}_2$ 与 B 核结合为氢原子的 1s 态）或 $\psi_{\mathrm{II}}=u_{1s_A}(2)u_{1s_B}(1)$ 作为近似，而需要用更好些的近似

$$\psi=C_{\mathrm{I}}\psi_{\mathrm{I}}+C_{\mathrm{II}}\psi_{\mathrm{II}},$$

这叫做原子轨函线性组合法(LCAO)（原子轨函以某核为心在附标 $1s_A$ 中标出，$1s_A$ 代表以 A 核为中心的 1s 轨函）. 按变分法求

$$E=\frac{\int\psi^* H\psi\mathrm{d}\boldsymbol{r}_1\mathrm{d}\boldsymbol{r}_2}{\int\psi^*\psi\mathrm{d}\boldsymbol{r}_1\mathrm{d}\boldsymbol{r}_2}$$

的极值，注意到分子分母均为 $C_{\mathrm{I}}, C_{\mathrm{II}}$ 的厄米二次型：

$$E=\frac{C_{\mathrm{I}}^* H_{\mathrm{I\,I}}C_{\mathrm{I}}+C_{\mathrm{I}}^* H_{\mathrm{I\,II}}C_{\mathrm{II}}+C_{\mathrm{II}}^* H_{\mathrm{II\,I}}C_{\mathrm{I}}+C_{\mathrm{II}}^* H_{\mathrm{II\,II}}C_{\mathrm{II}}}{C_{\mathrm{I}}^* 1_{\mathrm{I\,I}}C_{\mathrm{I}}+C_{\mathrm{I}}^* 1_{\mathrm{I\,II}}C_{\mathrm{II}}+C_{\mathrm{II}}^* 1_{\mathrm{II\,I}}C_{\mathrm{I}}+C_{\mathrm{II}}^* 1_{\mathrm{II\,II}}C_{\mathrm{II}}},$$

其中

$$H_{\mathrm{I\,II}}\equiv\int\psi_{\mathrm{I}}^* H\psi_{\mathrm{II}}\mathrm{d}\boldsymbol{r}_1\mathrm{d}\boldsymbol{r}_2,$$
$$1_{\mathrm{I\,II}}\equiv\int\psi_{\mathrm{I}}^*\psi_{\mathrm{II}}\mathrm{d}\boldsymbol{r}_1\mathrm{d}\boldsymbol{r}_2,$$

等等，并且

$$H_{\mathrm{II\,I}}=H_{\mathrm{I\,II}}^*, 1_{\mathrm{II\,I}}=1_{\mathrm{I\,II}}^*$$

(H 和 1 皆为厄米算符). 但在积分中可以交换积分变量 $\boldsymbol{r}_1\leftrightarrow\boldsymbol{r}_2$，注意到交换积分变量时 H 不变（因为 H 为对 $\boldsymbol{r}_1,\boldsymbol{r}_2$ 的全对称函数），而 $\psi_{\mathrm{I}},\psi_{\mathrm{II}}$ 互相交换，同样有 $\psi_{\mathrm{I}}^*\leftrightarrow\psi_{\mathrm{II}}^*$，所以

$$H_{\mathrm{I\,II}}=\int\psi_{\mathrm{I}}^* H\psi_{\mathrm{II}}\mathrm{d}\boldsymbol{r}_1\mathrm{d}\boldsymbol{r}_2\xrightarrow{\boldsymbol{r}_1\leftrightarrow\boldsymbol{r}_2}\int\psi_{\mathrm{II}}^* H\psi_{\mathrm{I}}\mathrm{d}\boldsymbol{r}_1\mathrm{d}\boldsymbol{r}_2=H_{\mathrm{II\,I}},$$
$$H_{\mathrm{I\,I}}=\int\psi_{\mathrm{I}}^* H\psi_{\mathrm{I}}\mathrm{d}\boldsymbol{r}_1\mathrm{d}\boldsymbol{r}_2\xlongequal{\boldsymbol{r}_1\leftrightarrow\boldsymbol{r}_2}\int\psi_{\mathrm{II}}^* H\psi_{\mathrm{II}}\mathrm{d}\boldsymbol{r}_1\mathrm{d}\boldsymbol{r}_2=H_{\mathrm{II\,II}},$$

而

$$1_{\mathrm{I\,I}}=1_{\mathrm{II\,II}}=1$$

(u_{1s_A} 归一化，u_{1s_B} 也归一化)，以及

$$1_{\mathrm{I\,II}}=1_{\mathrm{II\,I}}=\int u_{1s_A}^*(\boldsymbol{r}_1)u_{1s_B}(\boldsymbol{r}_1)\mathrm{d}\boldsymbol{r}_1\int u_{1s_B}^*(\boldsymbol{r}_2)u_{1s_A}(\boldsymbol{r}_2)\mathrm{d}\boldsymbol{r}_2\equiv\Delta^2$$

($\Delta=\int u_{1s_A}^*(\boldsymbol{r})u_{1s_B}(\boldsymbol{r})\mathrm{d}(\boldsymbol{r})$ 不妨取为实数). 于是求得极值条件为

$$\begin{cases}(H_{\mathrm{I\,I}}-E1_{\mathrm{I\,I}})C_{\mathrm{I}}+(H_{\mathrm{I\,II}}-E1_{\mathrm{I\,II}})C_{\mathrm{II}}=0,\\(H_{\mathrm{II\,I}}-E1_{\mathrm{II\,I}})C_{\mathrm{I}}+(H_{\mathrm{II\,II}}-E1_{\mathrm{II\,II}})C_{\mathrm{II}}=0,\end{cases}$$

其中 $H_{\mathrm{I\,I}}=H_{\mathrm{II\,II}}=$实数，$1_{\mathrm{I\,I}}=1_{\mathrm{II\,II}}=1$，$H_{\mathrm{I\,II}}=H_{\mathrm{II\,I}}=$实数，$1_{\mathrm{I\,II}}=1_{\mathrm{II\,I}}=$实数，所以相加和相减得

$$E=E_{+}=\frac{H_{\mathrm{I\,I}}+H_{\mathrm{I\,II}}}{1_{\mathrm{I\,I}}+1_{\mathrm{I\,II}}},\quad C_{\mathrm{I}}:C_{\mathrm{II}}=+1,$$

$$E=E_{-}=\frac{H_{\mathrm{I\,I}}-H_{\mathrm{I\,II}}}{1_{\mathrm{I\,I}}-1_{\mathrm{I\,II}}},\quad C_{\mathrm{I}}:C_{\mathrm{II}}=-1.$$

注意到当 $C_{\mathrm{I}}:C_{\mathrm{II}}=+1$(或$-1$)时，$\psi_{+}(\boldsymbol{r}_1,\boldsymbol{r}_2)$[或 $\psi_{-}(\boldsymbol{r}_1,\boldsymbol{r}_2)$]对 $\boldsymbol{r}_1\leftrightarrow\boldsymbol{r}_2$ 交换为对称(或反对称)函数；根据泡利原理，其自旋波函数因子则必然为反对称(或对称)函数，即分别对应于单重态$^1\Sigma$(或三重态$^3\Sigma$).

显然，$\psi(\boldsymbol{r}_1,\boldsymbol{r}_2)$对 $\boldsymbol{r}_1\leftrightarrow\boldsymbol{r}_2$ 对称的能量低，相当于两电子自旋配对总自旋为零. 这是化学键的关键——共价键. 两电子自旋平行则空间波函数对 $\boldsymbol{r}_1\leftrightarrow\boldsymbol{r}_2$ 反对称必然要增加动能(波函数在 $\boldsymbol{r}_1\leftrightarrow\boldsymbol{r}_2$ 处有节点，无穷远又为零，所以多起伏引起动能$|\nabla\psi|^2$增加). 两电子自旋轨函 $1s_A\uparrow 1s_B\downarrow$(反平行)为成键轨函，而 $1s_A\uparrow 1s_B\uparrow$(平行自旋)则为反成键轨函.

图 11.1 给出氢分子$^1\Sigma$态(基态)和$^3\Sigma$态(排斥态)能量曲线的计算结果，以及与基态能量的观察值的比较①.

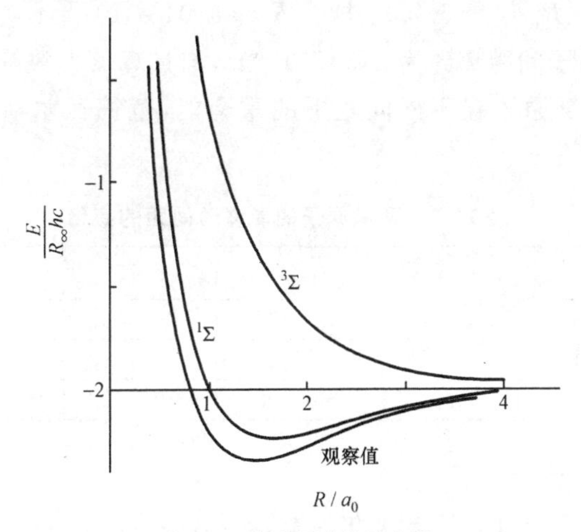

图 11.1 氢分子的能量曲线

这里附带提一下，后面用微扰变分法求得的范德瓦尔斯能为(见 11.3.1 节之3)

① J. C. Slater, *Quantum Theory of Molecules and Solids*, Vol. 1, McGraw-Hill, New York, 1963, p. 53.

$$-6.5e^2a_0^5/(4\pi\varepsilon_0)R^6 = -6.5\frac{e^2}{(4\pi\varepsilon_0)a_0}\left(\frac{a_0}{R}\right)^6 = -13\left(\frac{a_0}{R}\right)^6(R_\infty hc),$$

对于$(R/a_0)=2,3,4$时,仅分别为$-0.2,-0.018,-0.0032(R_\infty hc)$.

2. 两个氦原子的相互作用

对于满壳层电子如He,$1s^2=1s\alpha 1s\beta$即$1s\uparrow 1s\downarrow$,则提供不出成键轨函.所以,可以期望两个氦原子的基态总是排斥力.两个氦原子4个电子的波函数(归一化因子在外,u_{1s}省略为u)为

$$\psi \propto \begin{vmatrix} u_A(1)\alpha(1) & u_A(1)\beta(1) & u_B(1)\alpha(1) & u_B(1)\beta(1) \\ u_A(2)\alpha(2) & u_A(2)\beta(2) & u_B(2)\alpha(2) & u_B(2)\beta(2) \\ u_A(3)\alpha(3) & u_A(3)\beta(3) & u_B(3)\alpha(3) & u_B(3)\beta(3) \\ u_A(4)\alpha(4) & u_A(4)\beta(4) & u_B(4)\alpha(4) & u_B(4)\beta(4) \end{vmatrix}.$$

用He的1s波函数并取有效电荷数$Z'=27/16$,根蒂勒(1930)①计算过其能量.斯莱特(1928)②做过更准些的计算,用的波函数复杂些,给出近似插值公式

$$E-E(\infty)=7.70\times10^{-17}\,e^{-2.43R/a_0}\ \mathrm{J},$$

其中$a_0=(4\pi\varepsilon_0)\hbar^2/me^2\approx0.529\times10^{-10}\,\mathrm{m}$为玻尔半径.又有范德瓦尔斯能为

$$-0.607\left(\frac{a_0}{R}\right)^6\times10^{-17}\ \mathrm{J}.$$

上述重叠能与范德瓦尔斯能叠加给极小值在

$$R/a_0\approx5.75\quad 即\quad R\approx3.04\times10^{-10}\ \mathrm{m},$$

而固体氦实验值原子间距离约为$3.5\times10^{-10}\,\mathrm{m}$,与计算值大致符合.

表11.3给出氦原子在不同间距下的重叠能,范德瓦尔斯能,以及其总和的情况.

表11.3　两氦原子的能量随间距的变化

原子距离(R/a_0)	5	5.5	5.75	6	6.5
重叠能/10^{-21} J	0.407	0.1208	0.0658	0.0358_5	0.01064
范德瓦尔斯能/10^{-21} J	-0.388_5	−0.2193	−0.1680	−0.1301	−0.08048
二者之总和/10^{-21} J	+0.0185	−0.0985	−0.1022	−0.0942	−0.0698

3. 范德瓦尔斯能的计算

计算两个基态氢原子的范德瓦尔斯能,波函数可取为

$$\psi^{(0)}=u_{1s_A}(1)u_{1s_B}(2),$$

交换项已无须考虑,因为$^1\Sigma$,$^3\Sigma$在$r_{AB}=R\gg a_0$(原子半径)时已重合不分.微扰项

---

① G. Gentile, *Z. Physik*, **63** (1930), 795.

② J. C. Slater, *Phys. Rev.*, **32** (1928), 349.

$$H' = -\frac{e^2/(4\pi\varepsilon_0)}{r_{1A}} - \frac{e^2/(4\pi\varepsilon_0)}{r_{2B}} + \frac{e^2/(4\pi\varepsilon_0)}{r_{12}} + \frac{e^2/(4\pi\varepsilon_0)}{r_{AB}}$$

可展开为

$$H' = -\frac{e^2/(4\pi\varepsilon_0)}{R^3}(x_{1A}x_{2B} + y_{1A}y_{2B} - 2z_{1A}z_{2B}) + \cdots,$$

主要项为偶极-偶极贡献. 二级微扰给出

$$E^{(2)} = \sum_n \frac{H'_{0n}H'_{n0}}{E_0^{(0)} - E_n^{(0)}},$$

忽略分母中 $E_n^{(0)}$ ($|E_n^{(0)}| \ll |E_0^{(0)}|$) 得到

$$\begin{aligned}
E^{(2)} &\approx \sum_n \frac{H'_{0n}H'_{n0}}{E_0^{(0)}} = \frac{[(H')^2]_{00}}{E_0^{(0)}} \\
&= \frac{e^4}{(4\pi\varepsilon_0)^2R^6}\frac{1}{E_0^{(0)}}\int|\psi^{(0)}|^2[x_{1A}^2x_{2B}^2 + y_{1A}^2y_{2B}^2 + 4z_{1A}^2z_{2B}^2]\mathrm{d}\boldsymbol{r}_1\mathrm{d}\boldsymbol{r}_2 \\
&= \frac{e^4}{(4\pi\varepsilon_0)^2R^6}\left(-\frac{e^2}{(4\pi\varepsilon_0)a_0}\right)^{-1}\frac{6}{9}\overline{r_{1A}^2}\,\overline{r_{2B}^2} \\
&= -6\frac{e^2a_0^5}{(4\pi\varepsilon_0)R^6}.
\end{aligned}$$

二级微扰更精确些可采用微扰变分法：

$$\begin{aligned}
&(H^{(0)} - E^{(0)})\psi^{(0)} = 0, \\
&(H^{(0)} - E^{(0)})\psi^{(1)} + (H^{(1)} - E^{(1)})\psi^{(0)} = 0, \\
&(H^{(0)} - E^{(0)})\psi^{(2)} + (H^{(1)} - E^{(1)})\psi^{(1)} + (H^{(2)} - E^{(2)})\psi^{(0)} = 0,
\end{aligned}$$

等等,由此依次定出

$$E^{(1)} = \int\psi^{(0)*}H^{(1)}\psi^{(0)}\mathrm{d}\tau,$$

$$\begin{aligned}
E^{(2)} = &\int[\psi^{(1)*}(H^{(0)} - E^{(0)})\psi^{(1)} + \psi^{(1)*}(H^{(1)} - E^{(1)})\psi^0 \\
&+ \psi^{(0)*}(H^{(1)} - E^{(1)})\psi^{(1)}]\mathrm{d}\tau + \int\psi^{(0)*}H^{(2)}\psi^{(0)}\mathrm{d}\tau.
\end{aligned}$$

取极值的方程即是一级微扰方程,代入一级微扰方程后得极值

$$E^{(2)} = \int\psi^{(0)*}H^{(2)}\psi^{(0)}\mathrm{d}\tau + \int\psi^{(0)*}(H^{(1)} - E^{(1)})\psi^{(1)}\mathrm{d}\tau,$$

与用二级微扰方程定 $E^{(2)}$ 值的条件一致. 所以再上面的公式可作为 $E^{(2)}$ 的变分泛函. 关于尝试函数,对氢的情况一般用

$$\psi^{(1)} = \psi^{(0)}H^{(1)}f(r_{1A}, r_{2B}),$$

而对氦的情况则一般用

$$\psi^{(1)} = \psi^{(0)}\sum_{i,j}H_{ij}^{(1)}f(r_{iA}, r_{jB}),$$

其中下标 iA, jB 表示 i 在 A 核附近，j 在 B 核附近，所以 $\sum_{i,j}$ 共包括四项.

表 11.4 和表 11.5 分别给出对氢和氦的计算结果①.

表 11.4　两个氢原子的范德瓦尔斯能的变分法计算

$f(r_1, r_2)$	范德瓦尔斯能 $(e^2 a_0^5/(4\pi\varepsilon_0)R^6)$
A	-6.00
$A+B(r_1+r_2)$	-6.462
$A+Br_1r_2$	-6.469
$A+B(r_1+r_2)+Cr_1r_2$	-6.482
$Ar_1^\nu r_2^\nu(\nu=0.325)$	-6.49
$A+Br_1r_2+Cr_1^2r_2^2$	-6.490
$A+Br_1r_2+Cr_1^2r_2^2+Dr_1^3r_2^3$	-6.498
多项式至 $r_1^3r_2^3$	-6.49899
多项式至 $r_1^4r_2^4$	-6.49903

表 11.5　两个氦原子的范德瓦尔斯能的变分法计算

$\psi^{(0)}\left(s=\frac{r_1+r_2}{a_0}, u=\frac{r_{12}}{a_0}\right)$	$f(r_1, r_2)$	范德瓦尔斯能 $(e^2a_0^5/(4\pi\varepsilon_0)R^6)$
$e^{-Z's}$, $Z'=1.6875$	A	-1.079
$e^{-Z's}$, $Z'=1.6875$	$A+Br_1r_2$	-1.225
$e^{-Z's}$, $Z'=1.6875$	$A+Br_1r_2+Cr_1^2r_2^2$	-1.226
$e^{-Z's}(1+c_1u)$, $Z'=1.849, c_1=0.364$	A	-1.280
$e^{-Z's}(1+c_1u)$, $Z'=1.849, c_1=0.364$	$A+Br_1r_2$	-1.413

塞茨的《现代固体理论》给出用极化率和线系极限来估算范德瓦尔斯能的公式②.

偶极-偶极相互作用对能量的贡献可以写成

$$E_{偶极\text{-}偶极}(R)=6\frac{e^4}{(4\pi\varepsilon_0)^2R^6}\frac{\left[\left(\sum_i z_{iA}\right)^2\right]_{00}\left[\left(\sum_j z_{jB}\right)^2\right]_{00}}{E_A^0+E_B^0-\bar{E}_A-\bar{E}_B}.$$

在均匀外电场 $\mathscr{E}$(不失一般性，设为沿 z 轴方向)中，原子中电子系统的哈密顿量为

① 引自 L. Pauling, E. B. Wilson Jr., *Introduction to Quantum Mechanics*, McGraw-Hill, New York, 1935, §47.

② F. Seitz, *The Modern Theory of Solids*, McGraw-Hill, New York, 1940, p. 267.

$$H = H_0 + V,$$

其中微扰势为

$$V = -e\Big(\sum_i z_i\Big)\mathscr{E}.$$

二级微扰给出能量为

$$E(\mathscr{E}) = E_0 - \frac{1}{2}\alpha\mathscr{E}^2,$$

其中原子极化率 α 可表达为(对于 A 原子)

$$\alpha_A = -2e^2\frac{\left|\Big(\sum_i z_i\Big)^2\right|_{00}}{E_A^0 - \bar{E}_A} = 2e^2\frac{\left|\Big(\sum_i z_i\Big)^2\right|_{00}}{\bar{E}_A - E_A^0},$$

这里 E_A^0 是正常态原子能量而 $\bar{E}_A$ 是有效能量零点.

于是,范德瓦尔斯能可表达为

$$\begin{aligned}E_{偶极\text{-}偶极}(R) &= -6\frac{e^4}{(4\pi\varepsilon_0)^2R^6}\frac{(\bar{E}_A - E_A^0)(\bar{E}_B - E_B^0)}{(\bar{E}_A - E_A^0) + (\bar{E}_B - E_B^0)}\frac{\alpha_A\alpha_B}{4e^4}\\ &= -\frac{3}{2}\frac{h\nu_A\nu_B}{\nu_A + \nu_B}\frac{\alpha_A\alpha_B}{(4\pi\varepsilon_0)^2R^6},\end{aligned}$$

其中

$$h\nu_A = \bar{E}_A - E_A^0 = \text{A 原子的线系极限} = I_A,$$

而 ν 为原子或离子离散谱的线系极限频率,α 是极化率.

4. 氢分子的分子轨函法(MO 法)[①]

氢分子的分子轨函方法,取波函数为

$$\psi(1,2) = u(\boldsymbol{r}_1)u(\boldsymbol{r}_2)\frac{1}{\sqrt{2}}(\alpha_1\beta_2 - \alpha_2\beta_1),$$

其中分子轨函 $u(\boldsymbol{r})$ 可以近似用 $u_{1s_A}(\boldsymbol{r}) + u_{1s_B}(\boldsymbol{r})$(LCAO),即 $1\sigma_g^2(1\sigma_g\uparrow 1\sigma_g\downarrow)$ 基态. 但是,r_{AB}大时,这基态不合用,因为

$$\begin{aligned}1\sigma_g^2 &= u_{1\sigma_g}(\boldsymbol{r}_1)u_{1\sigma_g}(\boldsymbol{r}_2) = [u_{1s_A}(\boldsymbol{r}_1) + u_{1s_B}(\boldsymbol{r}_1)][u_{1s_A}(\boldsymbol{r}_2) + u_{1s_B}(\boldsymbol{r}_2)]\\ &= [u_{1s_A}(\boldsymbol{r}_1)u_{1s_B}(\boldsymbol{r}_2) + u_{1s_B}(\boldsymbol{r}_1)u_{1s_A}(\boldsymbol{r}_2)]\\ &\quad + [u_{1s_A}(\boldsymbol{r}_1)u_{1s_A}(\boldsymbol{r}_2)] + [u_{1s_B}(\boldsymbol{r}_1)u_{1s_B}(\boldsymbol{r}_2)];\end{aligned}$$

前一部分代表两个氢原子 H_AH_B,后二部分代表两个离子 $H_A^-H_B^+$ 和 $H_A^+H_B^-$. 离化成分占一半可能. 若用两项

$$1\sigma_g^2\uparrow\downarrow + 1\sigma_u^2\uparrow\downarrow,$$

便可得到可变的离子成分,因为

① F. Hund, *Z. Physik*, **51**(1928), 759; **73**(1931), 1; etc.
R. S. Mulliken, *Phys. Rev.*, **32** (1928), 186, 761; **33**(1929), 730; **41**(1932), 49; etc.

$$\begin{aligned}1\sigma_u^2 &= u_{1\sigma_u}(\boldsymbol{r}_1)u_{1\sigma_u}(\boldsymbol{r}_2) = [u_{1s_A}(\boldsymbol{r}_1) - u_{1s_B}(\boldsymbol{r}_1)][u_{1s_A}(\boldsymbol{r}_2) - u_{1s_B}(\boldsymbol{r}_2)]\\ &= -[u_{1s_A}(\boldsymbol{r}_1)u_{1s_B}(\boldsymbol{r}_2) + u_{1s_B}(\boldsymbol{r}_1)u_{1s_A}(\boldsymbol{r}_2)]\\ &\quad + [u_{1s_A}(\boldsymbol{r}_1)u_{1s_A}(\boldsymbol{r}_2)] + [u_{1s_B}(\boldsymbol{r}_1)u_{1s_B}(\boldsymbol{r}_2)].\end{aligned}$$

普遍用(引进反映离化成分的参数 c)①

$$\begin{aligned}&[\mathrm{A}(1)\mathrm{B}(2) + \mathrm{B}(1)\mathrm{A}(2)] + c[\mathrm{A}(1)\mathrm{A}(2) + \mathrm{B}(1)\mathrm{B}(2)] =\\ &= \frac{1}{2}(\mathrm{g}^2 - \mathrm{u}^2) + c\,\frac{1}{2}(\mathrm{g}^2 + \mathrm{u}^2)\\ &= \frac{1+c}{2}\mathrm{g}^2 - \frac{1-c}{2}\mathrm{u}^2,\end{aligned}$$

这里采用了简略记号

$$u_{1s_A}(\boldsymbol{r}_1) \to \mathrm{A}(1),\quad u_{1s_B}(\boldsymbol{r}_2) \to \mathrm{B}(2),\cdots;$$

$$1\sigma_g^2 \to \mathrm{g}^2,\quad 1\sigma_u^2 \to \mathrm{u}^2.$$

5. *氢分子的詹姆斯-库利吉变分计算*②

詹姆斯和库利吉对于氢分子基态 $^1\Sigma$ 的变分法计算,采用的尝试波函数形式为

$$\psi = \frac{1}{2\pi}\mathrm{e}^{-\delta(\xi_1+\xi_2)}\sum_{mnjkp} c_{mnjkp}(\xi_1^m\xi_2^n\eta_1^j\eta_2^k u^p + 1\leftrightarrow 2),$$

其中

$$\xi_1 = \frac{r_{1\mathrm{A}} + r_{1\mathrm{B}}}{r_{\mathrm{AB}}},\quad \eta_1 = \frac{r_{1\mathrm{A}} - r_{1\mathrm{B}}}{r_{\mathrm{AB}}},\quad u = \frac{2r_{12}}{r_{\mathrm{AB}}},$$

ξ_2 和 η_2 仿此;而括号中的 $1\leftrightarrow 2$ 表示前一项的下标交换. 由于在波函数中包括 r_{12} 项,他们的结果的精度可与实验值的精度相比较.

表 11.6 给出关于正常氢分子的平衡原子间距 $\bar{r}_{\mathrm{AB}}$、离解能 D 等的几种近似的计算结果,以及与实验值的比较. 其中 c 是离化参数,Z' 是有效核电荷.

关于对氢分子的各种近似处理的详细情况,可参考斯莱特的书③以及鲍林和威尔逊的书④.

---

① S. Weinbaum, *J. Chem. Phys.*, **1** (1933), 593.

② H. M. James, A. S. Coolidge, *J. Chem. Phys.*, **1** (1933), 825; *Phys. Rev.*, **43**(1933), 588; *J. Chem. Phys.*, **3** (1935), 129.

③ J. C. Slater, *Quantum Theory of Molecules and Solids*, Vol. 1, McGraw-Hill, New York, 1963. Chs. 3, 4.

④ L. Pauling, E. B. Wilson. Jr, *Introduction to Quantum Mechanics*, McGraw-Hill, New York, 1935; §43.(表 11.6 引自 p. 549.)

表 11.6 氢分子的几种近似计算结果[②]

	c	Z'	$\bar{r}/10^{-10}$ m	D/eV
HL 法[①]	0		0.80	−3.14
MO 法	1	1.193	0.73	−3.47
王守竞[②]	0	1.166	0.76	−3.76
温鲍姆[③]	0.256	1.193	0.77	−4.00
詹姆斯-库利吉			0.74	−4.722
实验[④]			0.7395	−4.72

6. 氢分子的振动和转动

(1) 正氢和仲氢[⑤⑥]

氢分子的完全波函数可以表示为

$$\Psi = \psi(\text{电子})C(\text{核}).$$

由于泡利原理[电子和质子(氢核)的自旋均为$\frac{1}{2}\hbar$],电子波函数 ψ(电子)对电子交换是反对称的,对核的交换是对称的(核坐标仅作为参量);而核波函数 C(核)则对核的交换是反对称的,而对电子交换是对称的(不依赖于电子坐标).核波函数还可进一步表示为

$$C(\text{核}) = C(\text{振动})C(\text{转动})C(\text{自旋}),$$

对于核的交换来说,C(振动)是对称的(仅依赖于核间距),而对 C(转动)和 C(自旋)而言,则可以或者对称(偶态),或者反对称(奇态);结果得到氢分子的核态如表 11.7.

表 11.7 氢分子的核态

振动态	转动态	自旋态	核态重数	分子种类
偶	偶	奇(一个)	单重态	仲氢
偶	奇	偶(三个)	三重态	正氢
		平均氢$=\frac{3}{4}$(正氢)$+\frac{1}{4}$(仲氢)		

① W. Heitler, F. London, *Z. Physik*, **44** (1927), 455.
Y. Sugiura, *Z. Physik*, **45** (1927), 484.

② S. C. Wang, *Phys. Rev.*, **31** (1928), 579.

③ S. Weinbaum, *J. Chem. Phys.*, **1** (1933), 593.

④ H. Beutler, *Z. phys. Chem.*, **B27** (1934), 287.

⑤ D. M. Dennison, *Proc. Roy. Soc.*, **A115** (1927), 483.

⑥ 可参考 L. Pauling, E. B. Wilson Jr., *Introduction to Quantum Mechanics*, McGraw-Hill, New York, 1935, § 43f.

冷却到液态空气温度，仲氢达到转动量子数 $l=0$ 的态，而正氢达到 $l=1$ 的态(而热平衡时应该几乎所有分子都达到 $l=0$ 的态)，这个亚稳条件能维持以月计. 然而，木炭催化剂能很快制备出纯仲氢，但不能催化 $H_2+D_2 \rightleftharpoons 2HD$，所以正仲转换源于核自旋的改变(由 O_2，NO 或顺磁离子等催化). 在较高温度时，正仲转换源于(通过固体催化剂催化的)离解与复合.

(2) 氢分子的振动

双原子分子的振动能是 $\left(v+\frac{1}{2}\right)\hbar\omega$，$v$ 是振动量子数，ω 是振动特征频率，所以振动配分函数是

$$Z_{振}=\sum_{v=0}^{\infty}e^{-\left(v+\frac{1}{2}\right)\hbar\omega/kT}.$$

由于氢的 $\hbar\omega/k=6100\mathrm{K}$，一般情况下，振动对比热没有贡献.

(3) 氢分子的低温转动热容量①

双原子分子(转子)的转动能是 $\frac{\hbar^2}{2I}l(l+1)$，具有简并度 $g_l=2l+1$，l 是转动量子数，I 是转动惯量，转动配分函数一般情况是

$$Z_{转}=\sum_{l=0}^{\infty}(2l+1)e^{-\frac{\hbar^2}{2IkT}l(l+1)}.$$

但对氢分子，由于 $\frac{\hbar^2}{2Ik}=85.4\ \mathrm{K}$，低温下有正氢和仲氢，上述形式的 $Z_{转}$ 不对，

$$Z_{转}=\sum_{l偶}^{\infty}(2l+1)e^{-\frac{\hbar^2 l(l+1)}{2IkT}}+3\sum_{l奇}^{\infty}(2l+1)e^{-\frac{\hbar^2 l(l+1)}{2IkT}}$$

也不对，所以正氢和仲氢处于亚稳平衡，达不到热平衡. 因而 $Z_{转}$ 分为

$$Z_{转}^{仲}=\sum_{l偶}^{\infty}(2l+1)\,e^{-\frac{\hbar^2 l(l+1)}{2IkT}},$$

$$Z_{转}^{正}=\sum_{l奇}^{\infty}(2l+1)e^{-\frac{\hbar^2 l(l+1)}{2IkT}};$$

而(摩尔)转动热容量分别为

$$\frac{C_{转}^{仲}}{R}=\beta^2\frac{d^2}{d\beta^2}\ln Z_{转}^{仲},$$

$$\frac{C_{转}^{正}}{R}=\beta^2\frac{d^2}{d\beta^2}\ln Z_{转}^{正};$$

---

① 可参考 R. H. Fowler, *Statistical Mechanics*, Cambridge Univ. Press, Cambridge, 2nd ed., 1936, §3.4.

王竹溪:《统计物理学导论》，人民教育出版社，第二版，1965，§59.

其中 $\beta=\frac{1}{kT}$，R 是气体常量. 而对正仲比为 3∶1的气体氢，(摩尔)转动热容量为

$$\frac{C_{转}}{R}=\frac{1}{4}\frac{C_{转}^{仲}}{R}+\frac{3}{4}\frac{C_{转}^{正}}{R},$$

相当于转动配分函数为

$$Z_{转}=[(Z_{转}^{仲})(Z_{转}^{正})^3]^{1/4}.$$

图 11.2 给出氢分子气体的低温摩尔转动热容量①，其中 $\Theta_r\equiv\frac{\hbar}{2Ik}$；如按一般情况(平衡)的计算结果，与实验点不符合；如果按正仲比为 3∶1的亚稳平衡进行计算，则结果(曲线 3)与实验符合(曲线 1 和 2 分别对应于仲氢和正氢).

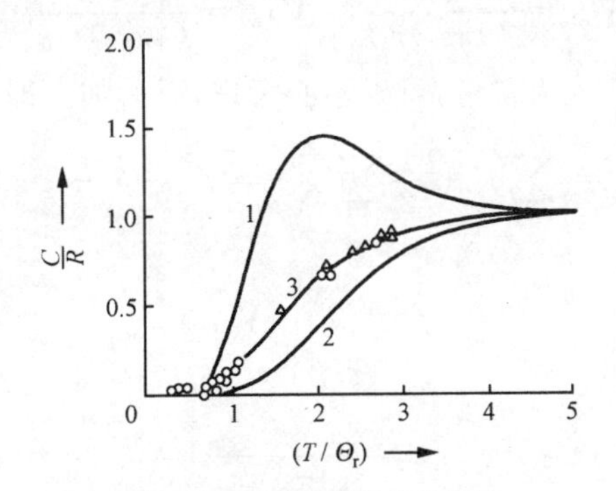

图 11.2 氢分子的转动热容量

关于详细情况，可参考所引文献.

11.3.2 两个电子系统的哈特里-福克(HF)近似

1. 哈特里-福克单电子方程

(1) 哈密顿量

以氦原子或氢原子对为两电子系统的例子，其哈密顿量可写成

$$H=-\frac{\hbar^2}{2m}\nabla_1^2-\frac{\hbar^2}{2m}\nabla_2^2+V=T_1+T_2+V;$$

对于氦原子($Z=2$)势能 V 为

$$V=-\frac{Ze^2}{(4\pi\varepsilon_0)r_1}-\frac{Ze^2}{(4\pi\varepsilon_0)r_2}+\frac{e^2}{(4\pi\varepsilon_0)r_{12}}=V_1+V_2+V_{12},$$

而对于氢原子对则有

$$V=-\frac{Z_A e^2}{(4\pi\varepsilon_0)r_{1A}}-\frac{Z_B e^2}{(4\pi\varepsilon_0)r_{1B}}-\frac{Z_A e^2}{(4\pi\varepsilon_0)r_{2A}}-\frac{Z_B e^2}{(4\pi\varepsilon_0)r_{2B}}$$

---

① 引自 R. K. Pathria，*Statistical Mechanics*，Pergamon，New York，1977，Ch. 6 § 6，6B.

$$+\frac{e^2}{(4\pi\varepsilon_0)r_{12}}+\frac{Z_A Z_B e^2}{(4\pi\varepsilon_0)r_{AB}}$$

$$=V_1+V_2+V_{12}+V_{AB},$$

其中V_1,V_2为电子与A,B核的总相互作用势能：

$$V_1=-\frac{Z_A e^2}{(4\pi\varepsilon_0)r_{1A}}-\frac{Z_B e^2}{(4\pi\varepsilon_0)r_{1B}},$$

$$V_2=-\frac{Z_A e^2}{(4\pi\varepsilon_0)r_{2A}}-\frac{Z_B e^2}{(4\pi\varepsilon_0)r_{2B}},$$

以及V_{12}和V_{AB}则分别为两电子之间和两核之间的相互作用势能：

$$V_{12}=\frac{e^2}{(4\pi\varepsilon_0)r_{12}},\quad V_{AB}=\frac{Z_A Z_B e^2}{(4\pi\varepsilon_0)r_{AB}}.$$

处理电子运动时,V_{AB}为常量,可以不必考虑,以后加上即可.于是

$$H=\sum_{i=1}^{2}f_i+\frac{1}{2}\sum_{i,j}{}' g_{ij}=f_1+f_2+g_{12},$$

其中单电子算符部分f_i为

$$f_i=T_i+V_i,$$

而双电子算符部分g_{ij}为

$$g_{ij}=\frac{e^2}{(4\pi\varepsilon_0)r_{ij}}.$$

(2) 波函数

福克波函数取单个行列式[两电子自旋相反而空间原子轨函(对氦原子)或分子轨函(对氢分子)则相同]

$$\psi(1,2)=\frac{1}{\sqrt{2!}}\begin{vmatrix}\psi_1(1) & \psi_1(2)\\ \psi_2(1) & \psi_2(2)\end{vmatrix}$$

$$=\frac{1}{\sqrt{2!}}\sum_P(-)^P P[\psi_1(1)\psi_2(2)],$$

其中

$$\psi_1(1)=u(\boldsymbol{r}_1)\alpha(s_1),\quad \psi_2(1)=u(\boldsymbol{r}_1)\beta(s_1),$$

这里$u(\boldsymbol{r}_1)$为分子轨函(MO)或原子轨函(AO),于是,分子轨函(或原子轨函)自洽场哈特里-福克[MO-(或AO-)SCF-HF]方法的波函数是

$$\psi(1,2)=u(\boldsymbol{r}_1)u(\boldsymbol{r}_2)\frac{1}{\sqrt{2}}(\alpha_1\beta_2-\alpha_2\beta_1),$$

自旋波函数$\frac{1}{\sqrt{2}}[\alpha(s_1)\beta(s_2)-\alpha(s_2)\beta(s_1)]$反对称为总自旋为零者(单态),空间波函数对于$\boldsymbol{r}_1$和$\boldsymbol{r}_2$对称(其能量较反对称者低).

(3) 能量泛函

因而,能量泛函可以写出为

$$\overline{H}=\int\psi^*(1,2)H\psi(1,2)\mathrm{d}(1)\mathrm{d}(2)$$

$$=\sum_P\frac{1}{\sqrt{2!}}(-)^P\int P[\psi_1^*(1)\psi_2^*(2)]H\psi(1,2)\mathrm{d}(1)\mathrm{d}(2),$$

由于 $\sum\limits_P$ 包括 $P=I$(恒等排列),$(-)^P=+1$ 和 $P=P_{12}$(交换(1,2)坐标),$(-)^P=-1$ 两项,所以

$$\overline{H}=\frac{1}{\sqrt{2!}}\int\psi_1^*(1)\psi_2^*(2)H\psi(1,2)\mathrm{d}(1)\mathrm{d}(2)$$

$$-\frac{1}{\sqrt{2!}}\int\psi_1^*(2)\psi_2^*(1)H\psi(1,2)\mathrm{d}(1)\mathrm{d}(2).$$

在第二项中交换积分变量(1)→(2),有

$$\int P[\psi_1^*(1)\psi_2^*(2)]H\psi(1,2)\mathrm{d}(1)\mathrm{d}(2)$$

$$=\int\psi_1^*(1)\psi_2^*(2)HP\psi(1,2)\mathrm{d}(1)\mathrm{d}(2)$$

$$=(-)^P\int\psi_1^*(1)\psi_2^*(2)H\psi(1,2)\mathrm{d}(1)\mathrm{d}(2),$$

所以

$$\overline{H}=\sqrt{2!}\int\psi_1^*(1)\psi_2^*(2)H\psi(1,2)\mathrm{d}(1)\mathrm{d}(2)$$

$$=\int\psi_1^*(1)\psi_2^*(2)H\sum_P(-)^PP[\psi_1(1)\psi_2(2)]\mathrm{d}(1)\mathrm{d}(2)$$

$$=\int\psi_1^*(1)\psi_2^*(2)H[\psi_1(1)\psi_2(2)-\psi_1(2)\psi_2(1)]\mathrm{d}(1)\mathrm{d}(2).$$

d(1)对自旋求和时,$\psi_1^*(1)H\psi_2(1)$给出为零,$\sum\limits_{s_1}\alpha(s_1)\beta(s_1)\equiv 0$,因为 $\alpha\left(+\frac{1}{2}\right)=1$,$\beta\left(+\frac{1}{2}\right)=0$ 和 $\alpha\left(-\frac{1}{2}\right)=0$,$\beta\left(-\frac{1}{2}\right)=1$,故无论 $s_1=+\frac{1}{2}$ $\left(\text{或}-\frac{1}{2}\right)$均有 $\alpha(s_1)\beta(s_1)=0$. 所以对两电子系统而言,单行列式波函数(HF 近似)与乘积波函数 $u(\boldsymbol{r}_1)u(\boldsymbol{r}_2)$(哈特里近似)结果相同,

$$\overline{H}=\int u^*(\boldsymbol{r}_1)u^*(\boldsymbol{r}_2)Hu(\boldsymbol{r}_1)u(\boldsymbol{r}_2)\mathrm{d}\boldsymbol{r}_1\mathrm{d}\boldsymbol{r}_2.$$

归一化条件(令 $H\equiv 1$ 得到)

$$\int u^*(\boldsymbol{r})u(\boldsymbol{r})\mathrm{d}\boldsymbol{r}=1.$$

于是,代入 $H=f_1+f_2+g_{12}$ 得

$$\overline{H} = 2\int u^*(\boldsymbol{r})f(\boldsymbol{r})u(\boldsymbol{r})\mathrm{d}\boldsymbol{r} + \int u^*(\boldsymbol{r})u^*(\boldsymbol{r}')g(\boldsymbol{r},\boldsymbol{r}')u(\boldsymbol{r})u(\boldsymbol{r}')\mathrm{d}\boldsymbol{r}\mathrm{d}\boldsymbol{r}'.$$

(4) 单电子方程

引入 2ε 作为归一化条件的拉格朗日乘子,则决定 $u(\boldsymbol{r})$ 的变分方程为

$$f(\boldsymbol{r})u(\boldsymbol{r}) + \int u^*(\boldsymbol{r}')g(|\boldsymbol{r}-\boldsymbol{r}'|)u(\boldsymbol{r}')\mathrm{d}\boldsymbol{r}'u(\boldsymbol{r}) = \varepsilon u(\boldsymbol{r});$$

即哈特里-福克方程为

$$\left\{-\frac{\hbar^2}{2m}\nabla^2 + V + C\right\}u = \varepsilon u = fu + Cu,$$

其中

$$C = \int g(|\boldsymbol{r}-\boldsymbol{r}'|)u(\boldsymbol{r}')u^*(\boldsymbol{r}')\mathrm{d}\boldsymbol{r}'$$

为库仑势.但是,因为 2ε 中 C 算过两次,所以

$$\overline{H} = 2\varepsilon - \int u^* Cu\,\mathrm{d}\boldsymbol{r} = 2\int u^* fu\,\mathrm{d}\boldsymbol{r} + \int u^* Cu\,\mathrm{d}\boldsymbol{r},$$

而

$$\varepsilon = \int u^* fu\,\mathrm{d}\boldsymbol{r} + \int u^* Cu\,\mathrm{d}\boldsymbol{r}.$$

2. 氦原子

(1) 单电子近似的不足

对于氦原子,单电子方程为

$$\left(-\frac{\hbar^2}{2m}\nabla^2 - \frac{Ze^2}{(4\pi\varepsilon_0)r}\right)u + \left\{\int \frac{e^2/(4\pi\varepsilon_0)}{|\boldsymbol{r}-\boldsymbol{r}'|}|u(\boldsymbol{r}')|^2\mathrm{d}\boldsymbol{r}'\right\}u = \varepsilon u,$$

计算结果

$$E_{\mathrm{HF}} = -5.72334 R_{\mathrm{He}}hc$$

比严格变分法结果(皮克里斯①)

$$E = -5.807448 R_{\mathrm{He}}hc$$

差些,所差额叫做关联能

$$E_{\text{关联}} = -0.0841 R_{\mathrm{He}}hc.$$

关联能使两电子总能下降了 1.14eV(每电子约 0.5eV).电子关联的存在,表明了单电子近似的不足之处.

(2) 组态混合

如将氦原子基态波函数 $u(\boldsymbol{r}_1)u(\boldsymbol{r}_2)$ 改为

① C. L. Pekeris, *Phys. Rev.*, **112** (1958), 1649.

$$\sum_i u_i(\boldsymbol{r}_1)u_i(\boldsymbol{r}_2)C_i+\frac{1}{2}\sum_{i,j}[u_i(\boldsymbol{r}_1)u_j(\boldsymbol{r}_2)+u_j(\boldsymbol{r}_1)u_i(\boldsymbol{r}_2)]C_{ij},$$

对不同组态 i 求和,叫做考虑到组态混合或组态相互作用. 当然,从基态 ^{1}S 要求

$$L_x^2+L_y^2+L_z^2=0(0+1)\hbar^2,$$

其中轨道角动量

$$L_x=(yp_z-zp_y)_1+(yp_z-zp_y)_2,\cdots,$$

对相互作用的组态的配合有所选择. 详见斯莱特的书①. 这样作比希勒洛斯用 r_{12} 项可能要多些项,但积分简单些,是计算机上常用的办法. 组态中 $1s^2$, 1s2s, 1s3s, …, $2s^2$, 2s3s, …(角动量 $0+0=0$), $2p^2$, 2p3p, …, $3p^2$, …(角动量 $1+1$ 有 0 部分,分量 $m_1+m_2=0$ 定出只能由 $2p_z$ 与 $2p_z$ 或者由 $2p_{x+iy}$ 与 $2p_{x-iy}$ 组合);一般 $L=0, M_L=0$ 要求

$$\sum A_m\frac{1}{\sqrt{2}}[u_{n_1lm}(1)u_{n_2l\bar{m}}(2)+u_{n_2l\bar{m}}(1)u_{n_1lm}(2)]$$

中的 $A_m=(-)^m$ 或 $A_m=(-)^{l+m}/\sqrt{2l+1}$,给出 ^{1}S 态.

3. 氢分子

(1) 分子轨函哈特里-福克方法

对于氢分子,分子轨函哈特里-福克(MO-HF)方程为

$$\left\{-\frac{\hbar^2}{2m}\nabla^2-\frac{Z_Ae^2/(4\pi\varepsilon_0)}{|\boldsymbol{r}-\boldsymbol{R}_A|}-\frac{Z_Be^2/(4\pi\varepsilon_0)}{|\boldsymbol{r}-\boldsymbol{R}_B|}\right\}u+\left\{\int\frac{e^2/(4\pi\varepsilon_0)}{|\boldsymbol{r}-\boldsymbol{r}'|}|u(\boldsymbol{r}')|^2\mathrm{d}\boldsymbol{r}'\right\}u=\varepsilon u,$$

这里不作进一步讨论.

(2) 原子轨函超哈特里-福克方法

对于氢分子,原子轨函超哈特里-福克(AO-HHF)方法,采用两个行列式,

$$\begin{aligned}\psi(1,2)&=\frac{1}{\sqrt{2!}}\begin{vmatrix}\psi_{A\alpha}(1)&\psi_{A\alpha}(2)\\\psi_{B\beta}(1)&\psi_{B\beta}(2)\end{vmatrix}+\frac{1}{\sqrt{2!}}\begin{vmatrix}\psi_{B\alpha}(1)&\psi_{B\alpha}(2)\\\psi_{A\beta}(1)&\psi_{A\beta}(2)\end{vmatrix}\\&=\frac{1}{\sqrt{2}}[u_A(\boldsymbol{r}_1)u_B(\boldsymbol{r}_2)\alpha(s_1)\beta(s_2)+u_B(\boldsymbol{r}_1)u_A(\boldsymbol{r}_2)\alpha(s_1)\beta(s_2)\\&\quad-u_A(\boldsymbol{r}_2)u_B(\boldsymbol{r}_1)\alpha(s_2)\beta(s_1)-u_B(\boldsymbol{r}_2)u_A(\boldsymbol{r}_1)\alpha(s_2)\beta(s_1)]\\&=[u_A(\boldsymbol{r}_1)u_B(\boldsymbol{r}_2)+u_B(\boldsymbol{r}_1)u_A(\boldsymbol{r}_2)]\\&\quad\times\frac{1}{\sqrt{2}}[\alpha(s_1)\beta(s_2)-\alpha(s_2)\beta(s_1)]\\&=\varphi(\boldsymbol{r}_1,\boldsymbol{r}_2)\chi(s_1,s_2),\end{aligned}$$

① J. C. Slater, *Quantum Theory of Atomic Structure*, Vol. Ⅱ, § 18.3, McGraw-Hill, New York, 1960.

其中 $\varphi(\boldsymbol{r}_1,\boldsymbol{r}_2)$ 为对称空间波函数，

$$\varphi(\boldsymbol{r}_1,\boldsymbol{r}_2)=[u_{\mathrm{A}}(\boldsymbol{r}_1)u_{\mathrm{B}}(\boldsymbol{r}_2)+u_{\mathrm{B}}(\boldsymbol{r}_1)u_{\mathrm{A}}(\boldsymbol{r}_2)],$$

而 χ 为单态反对称自旋波函数

$$\chi(s_1,s_2)=\frac{1}{\sqrt{2}}[\alpha(s_1)\beta(s_2)-\alpha(s_2)\beta(s_1)].$$

于是

$$\int\psi^*(1,2)H\psi(1,2)\mathrm{d}(1)\mathrm{d}(2)=\int\varphi^*(\boldsymbol{r}_1,\boldsymbol{r}_2)H\varphi(\boldsymbol{r}_1,\boldsymbol{r}_2)\mathrm{d}\boldsymbol{r}_1\mathrm{d}\boldsymbol{r}_2,$$

代入 $H=f_1+f_2+g_{12}$（$+G_{\mathrm{AB}}$最后加上即可）得到

$$\begin{aligned}&\int\psi^*(1,2)H\psi(1,2)\mathrm{d}(1)\mathrm{d}(2)\\&\qquad=\int[u_{\mathrm{A}}^*(\boldsymbol{r}_1)u_{\mathrm{B}}^*(\boldsymbol{r}_2)+u_{\mathrm{B}}^*(\boldsymbol{r}_1)u_{\mathrm{A}}^*(\boldsymbol{r}_2)](f_1+f_2+g_{12})\\&\qquad\quad\times[u_{\mathrm{A}}(\boldsymbol{r}_1)u_{\mathrm{B}}(\boldsymbol{r}_2)+u_{\mathrm{B}}(\boldsymbol{r}_1)u_{\mathrm{A}}(\boldsymbol{r}_2)]\mathrm{d}\boldsymbol{r}_1\mathrm{d}\boldsymbol{r}_2.\end{aligned}$$

注意到 $\psi(1,2)$ 未归一化，所以能量为

$$E=\frac{\int\psi^*(1,2)H\psi(1,2)\mathrm{d}(1)\mathrm{d}(2)}{\int\psi^*(1,2)\psi(1,2)\mathrm{d}(1)\mathrm{d}(2)}.$$

若引进符号

$$\rho_{\mathrm{A}}(\boldsymbol{r})=u_{\mathrm{A}}(\boldsymbol{r})u_{\mathrm{A}}^*(\boldsymbol{r}),\quad\rho_{\mathrm{AB}}(\boldsymbol{r},\boldsymbol{r}')=u_{\mathrm{A}}(\boldsymbol{r})u_{\mathrm{B}}^*(\boldsymbol{r}'),$$

并注意到

$$\int u_{\mathrm{A}}^*(\boldsymbol{r})u_{\mathrm{A}}(\boldsymbol{r})\mathrm{d}\boldsymbol{r}=1,\quad\int u_{\mathrm{B}}^*(\boldsymbol{r})u_{\mathrm{B}}(\boldsymbol{r})\mathrm{d}\boldsymbol{r}=1,$$

以及令

$$\int u_{\mathrm{A}}^*(\boldsymbol{r})u_{\mathrm{B}}(\boldsymbol{r})\mathrm{d}\boldsymbol{r}=\Delta=\int u_{\mathrm{B}}^*(\boldsymbol{r})u_{\mathrm{A}}(\boldsymbol{r})\mathrm{d}\boldsymbol{r},$$

即 Δ 为实数；则能量 E 可以表示为

$$\begin{aligned}E=&\frac{1}{1+\Delta^2}\Big\{\int u_{\mathrm{A}}^*fu_{\mathrm{A}}\mathrm{d}\boldsymbol{r}+\int u_{\mathrm{B}}^*fu_{\mathrm{B}}\mathrm{d}\boldsymbol{r}+\Delta\int u_{\mathrm{A}}^*fu_{\mathrm{B}}\mathrm{d}\boldsymbol{r}+\Delta\int u_{\mathrm{B}}^*fu_{\mathrm{A}}\mathrm{d}\boldsymbol{r}\\&+\iint\mathrm{d}\boldsymbol{r}'g(\boldsymbol{r}-\boldsymbol{r}')\mathrm{d}\boldsymbol{r}[u_{\mathrm{A}}^*(\boldsymbol{r})u_{\mathrm{A}}(\boldsymbol{r})][u_{\mathrm{B}}^*(\boldsymbol{r}')u_{\mathrm{B}}(\boldsymbol{r}')]\\&+\iint\mathrm{d}\boldsymbol{r}'g(\boldsymbol{r}-\boldsymbol{r}')\mathrm{d}\boldsymbol{r}[u_{\mathrm{B}}^*(\boldsymbol{r})u_{\mathrm{A}}(\boldsymbol{r})][u_{\mathrm{A}}^*(\boldsymbol{r}')u_{\mathrm{B}}(\boldsymbol{r}')]\Big\}\\=&\frac{1}{1+\Delta^2}\Big\{\int\mathrm{d}\boldsymbol{r}f(\boldsymbol{r})[\rho_{\mathrm{A}}(\boldsymbol{r})+\rho_{\mathrm{B}}(\boldsymbol{r})+\Delta\rho_{\mathrm{AB}}(\boldsymbol{r},\boldsymbol{r})+\Delta\rho_{\mathrm{BA}}(\boldsymbol{r},\boldsymbol{r})]\\&+\iint\mathrm{d}\boldsymbol{r}'g(\boldsymbol{r}-\boldsymbol{r}')\mathrm{d}\boldsymbol{r}[\rho_{\mathrm{A}}(\boldsymbol{r})\rho_{\mathrm{B}}(\boldsymbol{r}')+\rho_{\mathrm{AB}}(\boldsymbol{r},\boldsymbol{r})\rho_{\mathrm{BA}}(\boldsymbol{r}',\boldsymbol{r}')]\Big\}.\end{aligned}$$

11.3.3 氢分子的微扰和变分处理

海特勒和伦敦(1927)[①]最先解释了化学键,分子的形成依赖于原子中价电子(外层电子)的自旋配对. 与此同时,洪德(1927)[②]创始,马利肯(1928)[③]发展自洽场(SCF)方法处理分子,现在称为分子轨函自洽场(MO-SCF),这方法前些时与哈特里-福克(HF)方法结合,称为原子轨函线性组合法,简称 LCAO 法,或 LCAO-MO-SCF-HF 法. 现在逐渐认识到组态相互作用的重要性,皆以变分法为后台. 与氦原子情况的由希勒洛斯[④]开创的变分法类似,也有詹姆斯和库利吉[⑤]作出的氢分子的变分法,在波函数中带有 r_{12} 项(管角关联用,如用组态相互作用,则需要轴向角动量量子数不为零的贡献 $\cos m(\varphi_1-\varphi_2)$, $m\neq 0$,不只是 σ 轨道,还需要 π 轨道、δ 轨道等,两个电子的总和轴向角动量量子数则为零). 变分法所取的组态不要像过去取与基态组态的波函数正交的很高的激发态(这种波函数对改进电荷密度大处不大灵敏),而应取与基态波函数的指数不变动多少的正交幂多项式. 这样,组态为变分法的代名词了. 关于复杂专门的技巧见斯莱特的书[⑥].

11.4 多电子系统的单电子近似(二)

11.4.1 引言

现在回到一般多电子问题,其哈密顿量为

$$H_{电子}=\left(-\sum_i \frac{\hbar^2}{2m}\nabla_i^2\right)+\sum_i\sum_a\left(-\frac{Z_a(e^2/4\pi\varepsilon_0)}{|\boldsymbol{r}_i-\boldsymbol{R}_a|}\right)+\frac{1}{2}\sum_{i,j}{}'\frac{(e^2/4\pi\varepsilon_0)}{|\boldsymbol{r}_i-\boldsymbol{r}_j|},$$

其中核位置 $\boldsymbol{R}_a$ 等作为给定参量;下面的考虑与核核间势能

① W. H. Heitler, F. London, *Z. Physik*, **44** (1927), 455.

② F. Hund, *Z. Physik*, **40** (1927), 742; **42** (1927), 93; **43** (1927), 805.

③ R. S. Mulliken, *Phys. Rev.*, **32** (1928), 186.

④ E. Hylleraas, *Z. Physik*, **54** (1929), 347; **71** (1931), 739.

⑤ H. M. James, A. S. Coolidge, *J. Chem. Phys.*, **1** (1933), 825; *Phys. Rev.*, **43** (1933), 588; *J. Chem. Phys.*, **3** (1935), 129.

⑥ J. C. Slater, *Quantum Theory of Atomic Structure*, Vols1, 2, McGraw-Hill, New York, 1960

J. C. Slater, *Quantum Theory of Molecules and Solids*, Vols 1, 2, 3, 4, McGraw-Hill, New York, 1963, 1965, 1967, 1974.

J. C. Slater, *The Calculation of Molecular Orbitals*, Wiley, New York, 1979.

J. C. Slater, *Quantum Theory of Matter*, 2nd ed., McGraw-Hill, New York, 1968.

$$\left[\text{常量项}\frac{1}{2}\sum_{a,b}{}' \frac{Z_a Z_b (e^2/4\pi\varepsilon_0)}{|\boldsymbol{R}_a-\boldsymbol{R}_b|}\right]$$

无关，所以为简便起见，取 $H_{\text{电子}}$ 如上. 如解多电子问题

$$H_{\text{电子}}\psi_{\text{电子}} = E_{\text{电子}}\psi_{\text{电子}},$$

求得 $E_{\text{电子}}$ 和 $\psi_{\text{电子}}$，根据玻恩-奥本海默定理，则有

$$E_{\text{电子}} = \frac{\int \psi^*_{\text{电子}} H_{\text{电子}} \psi_{\text{电子}} \mathrm{d}\tau_{\text{电子}}}{\int \psi^*_{\text{电子}} \psi_{\text{电子}} \mathrm{d}\tau_{\text{电子}}} = V_{\text{核}}^{\text{等效}} - \frac{1}{2}\sum_{a,b}{}' \frac{Z_a Z_b (e^2/4\pi\varepsilon_0)}{|\boldsymbol{R}_a-\boldsymbol{R}_b|}.$$

核运动的等效哈密顿量为

$$H_{\text{核}}^{\text{等效}} = \sum_a \left[-\frac{\hbar^2}{2M_a}\left(\frac{\partial}{\partial \boldsymbol{R}_a}\right)^2\right] + V_{\text{核}}^{\text{等效}}.$$

多电子问题的变分法描述即为

$$\min \frac{\int \psi^*_{\text{电子}} H_{\text{电子}} \psi_{\text{电子}} \mathrm{d}\tau_{\text{电子}}}{\int \psi^*_{\text{电子}} \psi_{\text{电子}} \mathrm{d}\tau_{\text{电子}}} = E_{\text{电子}}.$$

为了简便，以后将省略下标“电子”. 由于 E 为极值，所以左侧积分中 ψ 若取用其近似解 $\psi^{(0)}$，设 $\psi^{(0)}$ 与 ψ 差别为一级小量，则依据左侧积分计算出的结果 $E^{(0)}$ 与 E 只差二级小量(一级变分为零的缘故).

11.4.2　自洽场哈特里-福克方法

(1) 哈特里方法

单电子近似中的 $\psi^{(0)}$ 用若干个正交归一化的单电子的自旋轨函 $\varphi_1,\varphi_2,\cdots,\varphi_n$ 来表示，最简单的取其连乘积形式

$$\psi^{(0)}(1,\cdots,n) = \varphi_1(1)\varphi_2(2)\cdots\varphi_n(n),$$

右侧下标表示不同的自旋轨函，比如 $1\mathrm{s_A}\alpha, 2\mathrm{p_B}\beta$ 之类，自旋轨函 φ_i 后括号中的 (i) 代表 $x_i y_i z_i s_i$，即第 i 个电子的空间和自旋坐标. 这称为哈特里方法. 这样的近似不好，因为它不满足泡利原理. [它只能在所有电子互相之间距离很远时采用，这时泡利原理不起作用. 这里不作进一步讨论.]

(2) 哈特里-福克方法

更好的近似为行列式型的组合

$$\psi^{(0)} = \frac{1}{\sqrt{n!}}\sum_P (-)^P P[\varphi_1(1)\varphi_2(2)\cdots\varphi_n(n)],$$

其中 $(n!)^{-1/2}$ 为归一化因子，$P[\varphi_1(1)\varphi_2(2)\cdots\varphi_n(n)]$ 当 $P=I$ 时为主对角线项，当 $P=(12)$ 表示交换(1)，(2)坐标时，

$$P[\varphi_1(1)\varphi_2(2)\varphi_3(3)\cdots\varphi_n(n)] = \varphi_1(2)\varphi_2(1)\varphi_3(3)\cdots\varphi_n(n),$$

这时$(-)^P=-1$,这项出现在行列式中带有负号.前式右侧共计$n!$项,P为(1)…(n)坐标在自旋轨函1,2,…,n上的任意排列,共计n个物在n个位置上的排列数有$n!$种可能.

将H分为单电子部分和双电子部分

$$H=\sum_i f(i)+\frac{1}{2}\sum_{i,j}{}' g(i,j),$$

$$f(i)=-\frac{\hbar^2}{2m}\nabla_i^2-\sum_a\frac{Z_a e^2/(4\pi\varepsilon_0)}{|\boldsymbol{r}_i-\boldsymbol{R}_a|},$$

$$g(i,j)=\frac{e^2/(4\pi\varepsilon_0)}{|\boldsymbol{r}_i-\boldsymbol{r}_j|};$$

容易求得能量泛函为(参考11.2.2节之2):

$$\begin{aligned}
E&=\int\psi^{(0)*}H\psi^{(0)}\prod\mathrm{d}\tau\\
&=\int\psi^{(0)*}\sum_i f(i)\psi^{(0)}\prod\mathrm{d}\tau+\int\psi^{(0)*}\frac{1}{2}\sum_{i,j}{}'g(i,j)\psi^{(0)}\prod\mathrm{d}\tau\\
&=\sum_i\int\varphi_i^*(\boldsymbol{r})f(\boldsymbol{r})\varphi_i(\boldsymbol{r})\mathrm{d}\boldsymbol{r}\\
&\quad+\frac{1}{2}\sum_{i,j}\int g(i,j)\,|\varphi_i(\boldsymbol{r}_i)|^2\,|\varphi_j(\boldsymbol{r}_j)|^2\mathrm{d}\boldsymbol{r}_i\mathrm{d}\boldsymbol{r}_j\\
&\quad-\frac{1}{2}\sum_{\substack{i,j\\ s_i\parallel s_j}}\int g(i,j)\varphi_i^*(\boldsymbol{r}_i)\varphi_j^*(\boldsymbol{r}_j)\varphi_i(\boldsymbol{r}_j)\varphi_j(\boldsymbol{r}_i)\mathrm{d}\boldsymbol{r}_i\mathrm{d}\boldsymbol{r}_j,
\end{aligned}$$

式中一致可免去$i\neq j$的限制,因为$i=j$的两项自动抵消.

定义下列密度矩阵:

$$\rho_\uparrow(\boldsymbol{r},\boldsymbol{r}')=\sum_i\varphi_i(\boldsymbol{r})\varphi_i^*(\boldsymbol{r}')\quad(i\text{ 属于 }\uparrow),$$

$$\rho_\downarrow(\boldsymbol{r},\boldsymbol{r}')=\sum_i\varphi_i(\boldsymbol{r})\varphi_i^*(\boldsymbol{r}')\quad(i\text{ 属于 }\downarrow),$$

则有

$$\sum_i|\varphi_i(\boldsymbol{r}_i)|^2=\rho_\uparrow(\boldsymbol{r},\boldsymbol{r})+\rho_\downarrow(\boldsymbol{r},\boldsymbol{r})=\rho(\boldsymbol{r},\boldsymbol{r})\equiv\rho(\boldsymbol{r}).$$

于是

$$\begin{aligned}
\int\psi^{(0)*}\frac{1}{2}\sum_{i,j}{}'g(i,j)\psi^{(0)}\prod\mathrm{d}\tau&=\frac{e^2}{2(4\pi\varepsilon_0)}\int\frac{\rho(\boldsymbol{r})\rho(\boldsymbol{r}')}{|\boldsymbol{r}-\boldsymbol{r}'|}\mathrm{d}\boldsymbol{r}\mathrm{d}\boldsymbol{r}'\\
&\quad-\frac{e^2}{2(4\pi\varepsilon_0)}\int\frac{\mathrm{d}\boldsymbol{r}\mathrm{d}\boldsymbol{r}'}{|\boldsymbol{r}-\boldsymbol{r}'|}[\rho_\uparrow(\boldsymbol{r},\boldsymbol{r}')\rho_\uparrow(\boldsymbol{r}',\boldsymbol{r})+\rho_\downarrow(\boldsymbol{r},\boldsymbol{r}')\rho_\downarrow(\boldsymbol{r}',\boldsymbol{r})].
\end{aligned}$$

注意到$e\rho(\boldsymbol{r})=e\rho(\boldsymbol{r},\boldsymbol{r})$代表$\boldsymbol{r}$点的电荷密度(电子云电荷),而$e\rho_\uparrow(\boldsymbol{r},\boldsymbol{r}')$及$e\rho_\downarrow(\boldsymbol{r},\boldsymbol{r}')$称为交换电荷密度.

对正交归一化条件

$$\int \varphi_i^* \varphi_j \mathrm{d}\boldsymbol{r} = \delta_{ij}$$

引入拉格朗日乘子 λ_{ij}（因为只有自旋平行者才需要正交限制，所以 $\lambda_{ij}^{\parallel} \neq 0$，当 i,j 平行时），由 $\delta E = 0$ 得到哈特里-福克方程为

$$f\varphi_i + (\mathscr{C} - \mathscr{A})\varphi_i = \sum_j \lambda_{ij}^{\parallel} \varphi_j,$$

$$\mathscr{C} = \int \frac{(e^2/4\pi\varepsilon_0)}{|\boldsymbol{r}-\boldsymbol{r}'|}\rho(\boldsymbol{r}')\mathrm{d}\boldsymbol{r}'$$

$$= \int \frac{(e^2/4\pi\varepsilon_0)}{|\boldsymbol{r}-\boldsymbol{r}'|}[\rho_{\uparrow}(\boldsymbol{r}') + \rho_{\downarrow}(\boldsymbol{r}')]\mathrm{d}\boldsymbol{r}',$$

$$\mathscr{A}\varphi_i(\boldsymbol{r}) = \int \frac{(e^2/4\pi\varepsilon_0)}{|\boldsymbol{r}-\boldsymbol{r}'|}\rho_{\uparrow\text{或}\downarrow}(\boldsymbol{r},\boldsymbol{r}')\varphi_i(\boldsymbol{r}')\mathrm{d}\boldsymbol{r}'$$

$$= \int \frac{(e^2/4\pi\varepsilon_0)}{|\boldsymbol{r}-\boldsymbol{r}'|}\underset{(\text{自旋与}i\parallel\text{者})}{\rho(\boldsymbol{r},\boldsymbol{r}')}\varphi_i(\boldsymbol{r}')\mathrm{d}\boldsymbol{r}';$$

此处 $\mathscr{C}$ 为库仑势，即↑及↓自旋的电子云密度 $\rho(\boldsymbol{r}')$ 在 $\boldsymbol{r}$ 处产生的静电库仑势. 而 $\mathscr{A}$ 为交换积分算符，即只与所作用的轨函的自旋相平行的那部分交换电荷密度 $\rho_{\uparrow\text{或}\downarrow}(\boldsymbol{r},\boldsymbol{r}')$ 与 $e^2/4\pi\varepsilon_0|\boldsymbol{r}-\boldsymbol{r}'|$ 的乘积为积分算符的核. 或者写成

$$\mathscr{A}\varphi(\boldsymbol{r}) = \int \mathscr{A}(\boldsymbol{r},\boldsymbol{r}')\varphi(\boldsymbol{r}')\mathrm{d}\boldsymbol{r}',$$

$\mathscr{A}(\boldsymbol{r},\boldsymbol{r}')$ 称为积分算符 $\mathscr{A}$ 的核. 右侧对 φ_j 的自旋与 φ_i 的自旋平行者求和.

有时可以采用线性变换使 λ_{ij} 矩阵对角化，这样便只有 $\lambda_{ii} = \varepsilon_i$ 称为单电子能级. 哈特里-福克方程变成

$$(f + \mathscr{C} - \mathscr{A})\varphi_i = \varepsilon_i\varphi_i.$$

它们组成方程组，求解时需采用迭代法. 从某种近似猜测的 φ_i 出发，计算

$$\rho(\boldsymbol{r}) = \sum_i \varphi_i^*(\boldsymbol{r})\varphi_i(\boldsymbol{r}) \text{ 和 } \rho(\boldsymbol{r},\boldsymbol{r}') = \sum_i \varphi_i(\boldsymbol{r})\varphi_i^*(\boldsymbol{r}'),$$

则 $\mathscr{C}$，$\mathscr{A}$ 暂为已知，去解本征值问题

$$(f + \mathscr{C} - \mathscr{A})\varphi_i = \varepsilon_i\varphi_i,$$

求得更准确一些的 φ_i；再以此修正 $\rho(\boldsymbol{r})$ 及 $\rho(\boldsymbol{r},\boldsymbol{r}')$ 得到 $\mathscr{C}$，$\mathscr{A}$ 的更好些的近似，再去解修正后的本征值方程，如此迭代求解，直至足够精确为止. 这便是一般求解非线性方程组的迭代法. 所解得的结果 $\varphi_1,\cdots,\varphi_n$ 为哈特里-福克轨函，$\varepsilon_1,\cdots,\varepsilon_n$ 为 HF 近似的单电子能级.

如果 f 中有多个核，则 $(f + \mathscr{C} - \mathscr{A})\varphi_i = \varepsilon_i\varphi_i$ 方程定出的 HF 轨函即是分子轨函（HF 近似）.

(3) 哈特里-福克问题的罗特汉方法

如何定 HF 方法的分子轨函(MO)呢？罗特汉①提出用原子轨函线性组合法(LCAO 法)，令

$$\varphi_i = \sum_{k=1}^{m} a_k R_{ki},$$

其中 $a_k(k=1,2,\cdots,m)$ 为原子自旋轨函，以原子为中心，不必正交，而 R_{ki} 为罗特汉系数，当然 $m \geqslant n$. 再令

$$\int a_n^*(1) f(1) a_k(1) \mathrm{d}\tau(1) = \langle n \mid f \mid k \rangle,$$

$$\int a_p^*(2) \int a_n^*(1) \frac{(e^2/4\pi\varepsilon_0)}{|\boldsymbol{r}_1 - \boldsymbol{r}_2|} a_k(1) \mathrm{d}\tau(1) a_q(2) \mathrm{d}\tau(2) = \langle pn \mid g \mid kq \rangle;$$

注意到 n,k 必须自旋平行，p,q 也必须自旋平行，结果才不致恒等于零. 于是有

$$\begin{aligned} \langle \mid H \mid \rangle = & \sum_i R_{ni}^* \langle n \mid f \mid k \rangle R_{ki} \\ & + \frac{1}{2} \sum_{i,j} R_{pj}^* R_{ni}^* [\langle pn \mid g \mid kq \rangle - \langle pn \mid g \mid qk \rangle] R_{ki} R_{qj}, \end{aligned}$$

第一行中 $\sum_n \sum_k$ 未标出，同样第二行中 $\sum_p \sum_n \sum_k \sum_q$ 未标出，而第二行中 $i=j$ 项经过 $\sum_k \sum_q$ 后自动抵消. 另外，又有正交归一化关系

$$\int \varphi_j^*(1) \varphi_i(1) \mathrm{d}(1) = R_{nj}^* \langle n \mid k \rangle R_{ki},$$

其中包含对 n,k 求和，以及

$$\langle n \mid k \rangle = \int a_n^*(1) a_k(1) \mathrm{d}\tau(1).$$

于是，变分方程为

$$\{\langle n \mid H \mid k \rangle - E_i \langle n \mid k \rangle\} R_{ki} = 0,$$

其中

$$\langle n \mid H \mid k \rangle = \langle n \mid f \mid k \rangle + \sum_j R_{pj}^* [\langle pn \mid g \mid kq \rangle - \langle pn \mid g \mid qk \rangle] R_{qj}.$$

求 R_{ki} 及 E_i 仍用迭代法.

11.4.3 斯莱特的 Xα 方法②

1. 交换势的统计处理

近似取自由电子波函数

---

① C. C. J. Roothaan, *Rev. Mod. Phys.*, **23** (1951), 69.

② J. C. Slater, A Simplification of the Hartree-Fock Method, *Phys, Rev.*, **81** (1951), 385.
J. C. Slater, *Quantum Theory of Molecules and Solids*, McGraw-Hill, New York, 1974, Ch. 1.

$$\varphi^{\text{自由}} = \frac{1}{(2\pi)^{3/2}} e^{i\boldsymbol{k}\cdot\boldsymbol{r}},$$

则有

$$\rho_{\uparrow}(\boldsymbol{r},\boldsymbol{r}') = \frac{1}{(2\pi)^3}\int e^{i\boldsymbol{k}\cdot(\boldsymbol{r}-\boldsymbol{r}')}\,d\boldsymbol{k},$$

积分区域是半径为 $K_{\uparrow}$ 的球；而 $K_{\uparrow}$ 由

$$\rho_{\uparrow}(\boldsymbol{r}) = \frac{1}{(2\pi)^3}\int d\boldsymbol{k} = \frac{1}{(2\pi)^3}\cdot\frac{4\pi}{3}K_{\uparrow}^3$$

定出为

$$K_{\uparrow} = 2\pi\left(\frac{3\rho_{\uparrow}(\boldsymbol{r})}{4\pi}\right)^{1/3},$$

因而

$$\rho_{\uparrow}(\boldsymbol{r},\boldsymbol{r}') = \frac{1}{2\pi^2}\,\frac{\sin(K_{\uparrow}|\boldsymbol{r}-\boldsymbol{r}'|)-(K_{\uparrow}|\boldsymbol{r}-\boldsymbol{r}'|)\cos(K_{\uparrow}|\boldsymbol{r}-\boldsymbol{r}'|)}{|\boldsymbol{r}-\boldsymbol{r}'|^3},$$

则有①

$$\begin{aligned}
\int\frac{d\boldsymbol{r}d\boldsymbol{r}'}{|\boldsymbol{r}-\boldsymbol{r}'|}\rho_{\uparrow}(\boldsymbol{r},\boldsymbol{r}')\rho_{\uparrow}(\boldsymbol{r}',\boldsymbol{r}) &= \int d\boldsymbol{r}\,\frac{4\pi}{4\pi^4}\int d\,|\boldsymbol{r}-\boldsymbol{r}'| \\
&\quad\times\left\{\frac{[\sin(K_{\uparrow}|\boldsymbol{r}-\boldsymbol{r}'|)-(K_{\uparrow}|\boldsymbol{r}-\boldsymbol{r}'|)\cos(K_{\uparrow}|\boldsymbol{r}-\boldsymbol{r}'|)]^2}{|\boldsymbol{r}-\boldsymbol{r}'|^5}\right\} \\
&= \int d\boldsymbol{r}\,\frac{K_{\uparrow}^4}{\pi^3}\int\frac{(\sin u - u\cos u)^2}{u^5}\,du \\
&= \int d\boldsymbol{r}\,\frac{K_{\uparrow}^4}{4\pi^3} = \frac{1}{4\pi^3}(2\pi)^4\,\frac{3}{4\pi}\left(\frac{3}{4\pi}\right)^{1/3}\int\rho_{\uparrow}^{4/3}(\boldsymbol{r})\,d\boldsymbol{r} \\
&= 3\left(\frac{3}{4\pi}\right)^{1/3}\int\rho_{\uparrow}^{4/3}(\boldsymbol{r})\,d\boldsymbol{r}.
\end{aligned}$$

最后结果中将 $\rho_{\uparrow}$ 还原写成

$$\rho_{\uparrow} = \sum_i \varphi_i(\boldsymbol{r})\varphi_i^*(\boldsymbol{r})\quad(i\ \text{属于}\ \uparrow),$$

则由

$$\langle|H|\rangle = \sum_i\int\varphi_i^*(\boldsymbol{r})f(\boldsymbol{r})\varphi_i(\boldsymbol{r})\,d\boldsymbol{r} + \frac{e^2/(4\pi\varepsilon_0)}{2}\int\frac{d\boldsymbol{r}d\boldsymbol{r}'}{|\boldsymbol{r}-\boldsymbol{r}'|}\rho(\boldsymbol{r})\rho(\boldsymbol{r}')$$

---

① 这里用了 $I=\int_0^\infty\frac{(\sin u - u\cos u)^2}{u^5}du=\frac{1}{4}$，可运算如下：经过两次分部积分可得（令 $x=2u$）

$$I = \frac{1}{2}\int_0^\infty\frac{\sin u(\sin u - u\cos u)}{u^3}\,du = \frac{1}{4}\int_0^\infty\frac{\sin x - x\cos x}{x^2}\,dx,$$

进一步运算需引进如 $e^{-\alpha x}$ 的收敛因子并取极限 $\alpha\to 0$. 于是再经一次分部积分可得

$$I = \frac{1}{4}\lim_{\alpha\to 0}\int_0^\infty e^{-\alpha x}\frac{\sin x - x\cos x}{x^2}\,dx = \frac{1}{4}\lim_{\alpha\to 0}\int_0^\infty e^{-\alpha x}\sin x\,dx = \frac{1}{4}.$$

$$-\frac{3}{2}\frac{e^2}{(4\pi\varepsilon_0)}\left(\frac{3}{4\pi}\right)^{1/3}\int[\rho_{\uparrow}^{4/3}(\boldsymbol{r})+\rho_{\downarrow}^{4/3}(\boldsymbol{r})]\mathrm{d}\boldsymbol{r},$$

得变分方程为

$$f_i\varphi_i+\frac{e^2}{(4\pi\varepsilon_0)}\int\frac{\mathrm{d}\boldsymbol{r}'\rho(\boldsymbol{r}')}{|\boldsymbol{r}-\boldsymbol{r}'|}\varphi_i-2\frac{e^2}{(4\pi\varepsilon_0)}\left(\frac{3}{4\pi}\right)^{1/3}\rho_{\uparrow}^{1/3}(\boldsymbol{r})\varphi_i=\varepsilon_{i\mathrm{Xs}}\varphi_i.$$

Xs 表示交换项采用统计处理.

2. $X\alpha$ 方法. 调节因子 α

为纠正近似处理,在交换项前引入调节因子 α($X\alpha$ 表示交换项前附有调节因子 α,具体常数 α 随原子而不同),如下定义:将 $X\alpha$ 方程写成

$$f_i\varphi_i+\frac{e^2}{(4\pi\varepsilon_0)}\int\frac{\mathrm{d}\boldsymbol{r}'\rho(\boldsymbol{r}')}{|\boldsymbol{r}-\boldsymbol{r}'|}\varphi_i-3\alpha\frac{e^2}{(4\pi\varepsilon_0)}\left(\frac{3}{4\pi}\right)^{1/3}\rho_{\uparrow}^{1/3}(\boldsymbol{r})\varphi_i=\varepsilon_{i\mathrm{X}\alpha}\varphi_i,$$

交换项前的数字因子由 2 变为 3,这是因为原先斯莱特作近似时,是对 $\frac{e^2}{(4\pi\varepsilon_0)}\int\frac{\mathrm{d}\boldsymbol{r}'\rho_{\uparrow}(\boldsymbol{r},\boldsymbol{r}')}{|\boldsymbol{r}-\boldsymbol{r}'|}$ 求平均而不是变分,所以没有 $\frac{1}{2}$ 和 $\frac{4}{3}$ 因子,这时 $-\frac{e^2}{(4\pi\varepsilon_0)}$ 前系数为 3,变分相当于 $\alpha=\frac{2}{3}$①;斯莱特旧的结果相当于 $\alpha=1$.

具体的 α 值随原子而不同,可通过要求 $X\alpha$ 法的能量与该原子在某组态下的 HF 能量一致而定. 施瓦茨②的计算结果见表 11.8.

表 11.8 原子的 α 值

Z	原子	组态	α	Z	原子	组态	α
1	H	$1s$	0.97804	18	Ar	$3s^2 3p^6$	0.72177
2	He	$1s^2$	0.77298	19	K	(Ar)+4s	0.72117
3	Li	$1s^2 2s$	0.78147	20	Ca	$4s^2$	0.71984
4	Be	$1s^2 2s^2$	0.76823	21	Sc	$3d4s^2$	0.71841
5	B	$1s^2 2s^2 2p$	0.76531	22	Ti	$3d^2 4s^2$	0.71698
6	C	$1s^2 2s^2 2p^2$	0.75928	23	V	$3d^3 4s^2$	0.71556
7	N	$1s^2 2s^2 2p^3$	0.75197	24	Cr	$3d^5 4s$	0.71352
8	O	$1s^2 2s^2 2p^4$	0.74447	26	Fe	$3d^6 4s^2$	0.71151
9	F	$1s^2 2s^2 2p^5$	0.73732	29	Cu	$3d^{10} 4s$	0.70697
10	Ne	$1s^2 2s^2 2p^6$	0.73081	30	Zn	$3d^{10} 4s^2$	0.70677
11	Na	(Ne)+3s	0.73115	31	Ga	$3d^{10} 4s^2 4p$	0.70690
12	Mg	$3s^2$	0.72913	33	As	$3d^{10} 4s^2 4p^3$	0.70665

① R. Gaspar, *Acta Phys. Acad. Sci. Hung.*, **3** (1954), 263.
W. Kohn, L. J. Sham, *Phys. Rev.*, **140** (1965), A1133.

② K. Schwarz, *Phys. Rev.*, **B5** (1972), 2466.

（续表）

Z	原子	组态	α	Z	原子	组态	α
13	Al	$3s^2 3p$	0.72853	36	Kr	$3d^{10}4s^2 4p^6$	0.70574
14	Si	$3s^2 3p^2$	0.72751	37	Rb	(Kr)+5s	0.70553
15	P	$3s^2 3p^3$	0.72620	38	Sr	$5s^2$	0.70504
16	S	$3s^2 3p^4$	0.72475	40	Zr	$4d^2 5s^2$	0.70424
17	Cl	$3s^2 3p^5$	0.72325	41	Nb	$4d^4 5s$	0.70383

3. 单电子能级和能量

$\varepsilon_{i\mathrm{HF}}$与$\varepsilon_{i\mathrm{X}\alpha}$不同，前者为

$$\varepsilon_{i\mathrm{HF}}=\langle E\mathrm{HF}(n_i=1)\rangle-\langle E\mathrm{HF}(n_i=0)\rangle,$$

而后者为

$$\varepsilon_{i\mathrm{X}\alpha}=\frac{\partial\langle E\mathrm{X}\alpha\rangle}{\partial n_i};$$

其中$\langle E\mathrm{HF}\rangle$和$\langle E\mathrm{X}\alpha\rangle$分别为

$$\begin{aligned}\langle E\mathrm{HF}\rangle=&\sum_i n_i\int\varphi_i^*(1)f(1)\varphi_i(1)\mathrm{d}\boldsymbol{r}_1\\&+\frac{1}{2}\int\Big[\sum_i n_i\varphi_i^*(1)\varphi_i(1)\Big]\Big[\sum_j n_j\varphi_j^*(2)\varphi_j(2)\Big]g(1,2)\mathrm{d}\boldsymbol{r}_1\mathrm{d}\boldsymbol{r}_2\\&-\frac{1}{2}\int\sum_{i\uparrow,j\uparrow}n_in_j\varphi_i^*(1)\varphi_j^*(2)\varphi_j(1)\varphi_i(2)g(1,2)\mathrm{d}\boldsymbol{r}_1\mathrm{d}\boldsymbol{r}_2\\&-\frac{1}{2}\int\sum_{i\downarrow,j\downarrow}n_in_j\varphi_i^*(1)\varphi_j^*(2)\varphi_j(1)\varphi_i(2)g(1,2)\mathrm{d}\boldsymbol{r}_1\mathrm{d}\boldsymbol{r}_2,\end{aligned}$$

$$\begin{aligned}\langle E\mathrm{X}\alpha\rangle=&\sum_i n_i\int\varphi_i^*(1)f(1)\varphi_i(1)\mathrm{d}\boldsymbol{r}_1\\&+\frac{e^2/(4\pi\varepsilon_0)}{2}\int\Big[\sum_i n_i\varphi_i^*(1)\varphi_i(1)\Big]\Big[\sum_j n_j\varphi_j^*(2)\varphi_j(2)\Big]\frac{\mathrm{d}\boldsymbol{r}_1\mathrm{d}\boldsymbol{r}_2}{|\boldsymbol{r}_1-\boldsymbol{r}_2|}\\&-\frac{e^2}{(4\pi\varepsilon_0)}\frac{9}{4}\alpha\left(\frac{3}{4\pi}\right)^{1/3}\int\Big\{\Big[\sum_{i\uparrow}n_i\varphi_i^*(1)\varphi_i(1)\Big]^{4/3}\\&+\Big[\sum_{i\downarrow}n_i\varphi_i^*(1)\varphi_i(1)\Big]^{4/3}\Big\}\mathrm{d}\boldsymbol{r}_1;\end{aligned}$$

这里n_i是态i的占有数.

斯莱特认为Xα方法是HF方法的简化，可以广泛应用到复杂分子甚至固体包括杂质在内处（与集团法结合起来应用）. 求解Xα轨函也要采用迭代法.

4. 氢分子的Xα方法计算

对于氢分子，Xα方法不出现分子轨函在R大处的离子化麻烦（需要两个行列式叠加）.

由$\langle E\mathrm{X}\alpha\rangle$与$\langle E\mathrm{HF}\rangle$相等的条件来定$\alpha$的值. 先给定一个$\alpha$，迭代求出Xα轨函，

再计算出$\langle EX\alpha\rangle$；然后变化α得到变化的$\langle EX\alpha\rangle$(单调变化，不是极值问题). 由$\langle EX\alpha\rangle=-1\,R_\infty hc$(后者为总能的正确值，也是HF值)定出$\alpha=0.978\,04$. 这时$\varepsilon_{1sX\alpha}=-0.580\,06\,R_\infty hc$. 对于有半个电子处于1sXα轨函，另外半个挪到无穷远的过渡状态，若仍然取$\alpha=0.978\,04$，伍德[①]求得$\varepsilon_{1sX\alpha|过渡}=-1.02961\,R_\infty hc$.

考虑氢分子，当核间距R较大的情况，仍用$\alpha=0.97804$. 因为Xα是分子轨函$1\sigma_g(1)=\frac{1}{\sqrt{2}}(A(1)+B(1))$，有$1\sigma_g\uparrow$和$1\sigma_g\downarrow$重叠. 忽略$\frac{1}{\sqrt{2}}$归一化. 电荷密度在1附近为$|A(1)|^2$(两电子各贡献一半)，在库仑势$V_C(1)$(电子在$\boldsymbol{r}_1$)中有核A、电子$|A(2)|^2$和核B与电子$|B(2)|^2$贡献(后两者基本抵消)，所以$V_C(1)$与用Xα方法处理原子氢时的情况基本相同. 又$\rho_\uparrow(1)$与原子氢相同，其交换势[Xα方法!]也与原子氢相同，换言之，与$R\to\infty$时，两个原子氢分别用Xα方法处理的情况相同，每个原子中电子的自旋$\frac{1}{2}\uparrow$与$\frac{1}{2}\downarrow$总和无极化. 这样避开了好多行列式的叠加.

11.4.4　结束语

总的讲起来，以HF单电子近似为基础，用变分法多项叠加(组态混合)上计算机. 斯莱特自己推荐Xα法[②]. 单电子近似精确度有限、不够用，各种改进办法要解决容量、时间与精确度(10^{-10}以上)要求的差距问题.

斯莱特的Xα法，将HF的交换势项(包括自作用抵消项在内)简化为平均的普通势形状，并引入一个调节因子α，使原子的电子总能量与HF计算相同以定α值如表11.3. 这样简化计算，避免了多个行列式叠加的问题(因为Xα法处理氢分子时只用一个MO-LCAO-Xα就行，在r_{AB}大时便是原子集合)；详见前面所引斯莱特的书《分子和固体的量子理论》第四卷.

这方法还可以处理晶格杂质或缺陷，以及处理少量原子的晶体.

博伊斯和汉迪[③]的方法，则以下述方式引入关联项r_{12}，他们将一个斯莱特行列式Φ乘以

$$C=\prod_{i>j}f(r_i,r_j)$$

因子，得

$$\Psi=C\Phi,$$

用变分法定C，只需要求六维积分或六维孪积分，后者为

① J. H. Wood. 未发表.

② J. C. Slater, A Simplification of the Hartree-Fock Method, *Phys. Rev.*, **81** (1951), 385.
J. C. Slater, *Quantum Theory of Molecules and Solids*, Vol. 4, McGraw-Hill, New York, 1974.

③ S. F. Boys, N. C. Handy, *Proc. Roy. Soc.* (London), **310** (1969), 43.

$$\int\rho_1(\boldsymbol{r}_1)\mathrm{d}\boldsymbol{r}_1\left[\int\rho_2(\boldsymbol{r}_2)\frac{\nabla_1 f_{12}}{f_{12}}\mathrm{d}\boldsymbol{r}_2\right]\cdot\left[\int\rho_3(\boldsymbol{r}_3)\frac{\nabla_1 f_{13}}{f_{13}}\mathrm{d}\boldsymbol{r}_3\right],$$

积分的维数与原子数无关.

近年来可能还有其他新发展.

第12章 相对论性电子理论

12.1 狄拉克方程的建立

12.1.1 相对论性处理

前面讲的量子力学一直建立在非相对论的基础上，哈密顿量为

$$H=\frac{1}{2m}(\boldsymbol{p}-e\boldsymbol{A})^2+e\varphi.$$

当粒子速度$\frac{1}{m}(\boldsymbol{p}-e\boldsymbol{A})$绝对值接近光速 c 时，似应改用相对论性哈密顿量

$$H=\sqrt{m^2c^4+c^2(\boldsymbol{p}-e\boldsymbol{A})^2}+e\varphi.$$

从这个哈密顿量得经典力学的正则方程为

$$\dot{x}=\frac{\partial H}{\partial p_x}=\frac{c^2(p_x-eA_x)}{\sqrt{m^2c^4+c^2(\boldsymbol{p}-e\boldsymbol{A})^2}},$$

$$\begin{aligned}\dot{p}_x&=-\frac{\partial H}{\partial x}=-e\frac{\partial\varphi}{\partial x}-\frac{\partial H}{\partial(\boldsymbol{p}-e\boldsymbol{A})}\cdot\left(-e\frac{\partial\boldsymbol{A}}{\partial x}\right)\\&=-e\frac{\partial\varphi}{\partial x}+e\dot{\boldsymbol{r}}\cdot\frac{\partial\boldsymbol{A}}{\partial x}\end{aligned}$$

从前式得

$$\frac{\boldsymbol{v}^2}{c^2}=\frac{\dot{\boldsymbol{r}}^2}{c^2}=\frac{c^2(\boldsymbol{p}-e\boldsymbol{A})^2}{m^2c^4+c^2(\boldsymbol{p}-e\boldsymbol{A})^2},$$

所以

$$1-\frac{\boldsymbol{v}^2}{c^2}=\frac{m^2c^4}{m^2c^4+c^2(\boldsymbol{p}-e\boldsymbol{A})^2},$$

即

$$\sqrt{m^2c^4+c^2(\boldsymbol{p}-e\boldsymbol{A})^2}=\frac{mc^2}{\sqrt{1-\boldsymbol{v}^2/c^2}};$$

前式可以改写为

$$(p_x-eA_x)=\frac{m\dot{x}}{\sqrt{1-\boldsymbol{v}^2/c^2}}.$$

后式，连同

$$\dot{A}_x = \frac{\partial A_x}{\partial t} + \frac{\partial A_x}{\partial \boldsymbol{r}} \cdot \dot{\boldsymbol{r}},$$

给出

$$\dot{p}_x - e\dot{A}_x = \frac{\mathrm{d}}{\mathrm{d}t}(p_x - eA_x) = -e\frac{\partial \varphi}{\partial x} - e\frac{\partial A_x}{\partial t} + e\dot{\boldsymbol{r}} \cdot \left(\frac{\partial \boldsymbol{A}}{\partial x} - \frac{\partial A_x}{\partial \boldsymbol{r}}\right).$$

将电场 $\boldsymbol{E}=-\nabla\varphi-\frac{\partial \boldsymbol{A}}{\partial t}$ 的 x 分量和磁场 $\boldsymbol{B}=\nabla\times A$ 的 y 及 z 分量代入，则上式右侧等于 $e[E_x+(\dot{y}B_z-\dot{z}B_y)]$. 这样便得到洛伦兹运动方程：

$$\frac{\mathrm{d}}{\mathrm{d}t}\frac{m\dot{x}}{\sqrt{1-\dfrac{\dot{x}^2+\dot{y}^2+\dot{z}^2}{c^2}}} = e[E_x + (\dot{y}B_z - \dot{z}B_y)],$$

即

$$\frac{\mathrm{d}}{\mathrm{d}t}\frac{m\boldsymbol{v}}{\sqrt{1-\boldsymbol{v}^2/c^2}} = e[\boldsymbol{E} + \boldsymbol{v} \times \boldsymbol{B}].$$

注意，此处 e 为点粒子的电荷，对于电子 e 为 $-|e|$（狄拉克及斯莱特书中的 e 为这里的 $|e|$）.

在量子力学中，我们知道

$$H(\text{其中 } \boldsymbol{p} = \frac{\hbar}{\mathrm{i}}\nabla)\Psi = E\Psi = -\frac{\hbar}{\mathrm{i}}\frac{\partial \Psi}{\partial t};$$

在这里，

$$p_x = \frac{\hbar}{\mathrm{i}}\frac{\partial}{\partial x},\quad p_y = \frac{\hbar}{\mathrm{i}}\frac{\partial}{\partial y},\quad p_z = \frac{\hbar}{\mathrm{i}}\frac{\partial}{\partial z},\ E = -\frac{\hbar}{\mathrm{i}}\frac{\partial}{\partial t}.$$

注意到在相对论中，时间和空间是对称的，按上下指标关系有（参看第4章）

$$x^0 = ct,\quad x^1 = x,\quad x^2 = y,\quad x^3 = z,\quad \text{或}\quad x^\mu = (ct, \boldsymbol{r}),$$
$$x_0 = ct,\quad x_1 = -x,\quad x_2 = -y,\quad x_3 = -z,\quad \text{或}\quad x_\mu = (ct, -\boldsymbol{r});$$
$$p^\mu = \left(\frac{E}{c}, \boldsymbol{p}\right),\quad p_\mu = \left(\frac{E}{c}, -\boldsymbol{p}\right);$$

这里希腊字母可取0,1,2,3，而 $\hbar$ 是不变量. 所以平面波可写为

$$\mathrm{e}^{\mathrm{i}(\boldsymbol{p}\cdot\boldsymbol{r}-Et)/\hbar} = \mathrm{e}^{-\mathrm{i}(p_\mu x^\mu)/\hbar},$$

按求和约定上下相同字母 μ 表示对0,1,2,3求和.

但狄拉克[①]认为，按上述办法得到的方程

$$\left\{\sqrt{m^2c^4 + c^2\left(\frac{\hbar}{\mathrm{i}}\nabla - e\boldsymbol{A}\right)^2}\right\}\Psi = \left\{-\frac{\hbar}{\mathrm{i}}\frac{\partial}{\partial t} - e\varphi\right\}\Psi$$

对时间和空间不对称，因此他认为不满足相对论原理.

---

① P. A. M. Dirac, *Proc. Roy. Soc.* (*London*), **A117**(1928), 610; **A118**(1928), 351.

12.1.2 狄拉克方程

以自由粒子运动为例，$\boldsymbol{A}\equiv 0$，$\varphi\equiv 0$，狄拉克建议

$$E=\sqrt{m^2c^4+c^2p^2}=c\sqrt{p_x^2+p_y^2+p_z^2+m^2c^2}$$

应为 p_x,p_y,p_z 的线性组合，

$$\frac{E}{c}=\alpha_xp_x+\alpha_yp_y+\alpha_zp_z+\alpha_m mc.$$

这样(令 $p_m=mc$)得到的狄拉克方程：

$$c\left(\alpha_x\frac{\hbar}{\mathrm{i}}\frac{\partial}{\partial x}+\alpha_y\frac{\hbar}{\mathrm{i}}\frac{\partial}{\partial y}+\alpha_z\frac{\hbar}{\mathrm{i}}\frac{\partial}{\partial z}+\alpha_mp_m\right)\Psi=-\frac{\hbar}{\mathrm{i}}\frac{\partial}{\partial t}\Psi,$$

便对 x,y,z,ct 对称了.

本来，在

$$\left(\frac{E^2}{c^2}-p_x^2-p_y^2-p_z^2-p_m^2\right)\Psi=0$$

中用 $E=-\frac{\hbar}{\mathrm{i}}\frac{\partial}{\partial t}$，$\boldsymbol{p}=\frac{\hbar}{\mathrm{i}}\nabla$ 得到的克莱因-戈尔登方程①(薛定谔②也曾推得该方程)，倒是对 x,y,z,ct 对称，但狄拉克从量子力学角度要求 $\frac{\hbar}{\mathrm{i}}\frac{\partial}{\partial t}$ 为线性方程，所以也不合用；这些考虑都比较原始. 一旦 Ψ 有多个分量后，总可化为 $\frac{\hbar}{\mathrm{i}}\frac{\partial}{\partial t}$ 的一次系. 只看猜出的方程后果能否与实际联系而为之证实. 猜的根据是不必靠得住的，有理由，理由是片面的，前进一步，又不能固执到犯错误.

12.1.3 狄拉克矩阵($\alpha_x,\alpha_y,\alpha_z,\alpha_m$)

上述根式的线性组合表示，要求 $\alpha_x,\alpha_y,\alpha_z,\alpha_m$ 满足条件

$$\alpha_x^2=\alpha_y^2=\alpha_z^2=\alpha_m^2=1,$$

$$\alpha_x\alpha_y+\alpha_y\alpha_x=0,\ \alpha_x\alpha_z+\alpha_z\alpha_x=0,\ \alpha_x\alpha_m+\alpha_m\alpha_x=0,$$

$$\alpha_y\alpha_z+\alpha_z\alpha_y=0,\ \alpha_y\alpha_m+\alpha_m\alpha_y=0,\ \alpha_z\alpha_m+\alpha_m\alpha_z=0;$$

结果得到 4×4 狄拉克矩阵：

$$\alpha_x=\begin{bmatrix}0&0&0&1\\0&0&1&0\\0&1&0&0\\1&0&0&0\end{bmatrix},\quad \alpha_y=\begin{bmatrix}0&0&0&-\mathrm{i}\\0&0&\mathrm{i}&0\\0&-\mathrm{i}&0&0\\\mathrm{i}&0&0&0\end{bmatrix},$$

---

① D. Klein, *Z. Physik*, **37** (1926), 895.
W. Gordon, *Z. Physik*, **40** (1926), 117.

② E. Schrödinger, *Ann. Physik*, **81** (1926), 109.

$$\alpha_z = \begin{bmatrix} 0 & 0 & 1 & 0 \\ 0 & 0 & 0 & -1 \\ 1 & 0 & 0 & 0 \\ 0 & -1 & 0 & 0 \end{bmatrix}, \quad \alpha_m = \begin{bmatrix} 1 & 0 & 0 & 0 \\ 0 & 1 & 0 & 0 \\ 0 & 0 & -1 & 0 \\ 0 & 0 & 0 & -1 \end{bmatrix},$$

它们是厄米矩阵. 或者用 2×2 泡利矩阵 $\boldsymbol{\sigma}$ 和单位矩阵 **1** 作为矩阵元将它们表示成 2×2 矩阵

$$\alpha_x = \begin{bmatrix} 0 & \sigma_x \\ \sigma_x & 0 \end{bmatrix}, \quad \alpha_y = \begin{bmatrix} 0 & \sigma_y \\ \sigma_y & 0 \end{bmatrix},$$

$$\alpha_z = \begin{bmatrix} 0 & \sigma_z \\ \sigma_z & 0 \end{bmatrix}, \quad \alpha_m = \begin{bmatrix} 1 & 0 \\ 0 & -1 \end{bmatrix}.$$

现在以 2×2 矩阵作为矩阵元来验证上述条件: 首先可以看出, $\alpha_x^2=\alpha_y^2=\alpha_z^2=\alpha_m^2=1$ 是 $\sigma_x^2=\sigma_y^2=\sigma_z^2=1$ 的结果. 其次,

$$\alpha_x\alpha_y = \begin{bmatrix} \sigma_x\sigma_y & 0 \\ 0 & \sigma_x\sigma_y \end{bmatrix}, \quad \alpha_y\alpha_x = \begin{bmatrix} \sigma_y\sigma_x & 0 \\ 0 & \sigma_y\sigma_x \end{bmatrix},$$

由于 $\sigma_x\sigma_y+\sigma_y\sigma_x=0$, 所以 $\alpha_x\alpha_y+\alpha_y\alpha_x=0$; 同时

$$\alpha_x\alpha_m = \begin{bmatrix} 0 & -\sigma_x \\ \sigma_x & 0 \end{bmatrix}, \quad \alpha_m\alpha_x = \begin{bmatrix} 0 & \sigma_x \\ -\sigma_x & 0 \end{bmatrix},$$

所以 $\alpha_x\alpha_m+\alpha_m\alpha_x=0$. 另一方面注意到, 由于 $\sigma_x\sigma_y-\sigma_y\sigma_x=2\mathrm{i}\sigma_z$, 因而

$$\frac{1}{2\mathrm{i}}(\alpha_x\alpha_y-\alpha_y\alpha_x) = \frac{1}{2\mathrm{i}}\begin{bmatrix} \sigma_x\sigma_y-\sigma_y\sigma_x & 0 \\ 0 & \sigma_x\sigma_y-\sigma_y\sigma_x \end{bmatrix}$$

$$= \begin{bmatrix} \sigma_z & 0 \\ 0 & \sigma_z \end{bmatrix} = \begin{bmatrix} 1 & 0 & 0 & 0 \\ 0 & -1 & 0 & 0 \\ 0 & 0 & 1 & 0 \\ 0 & 0 & 0 & -1 \end{bmatrix}.$$

12.1.4 狄拉克旋量

所以, 波函数 Ψ 的 4 个分量为

$$\Psi = \begin{bmatrix} \Psi(\alpha_m=+1,\sigma_z=+1) \\ \Psi(\alpha_m=+1,\sigma_z=-1) \\ \Psi(\alpha_m=-1,\sigma_z=+1) \\ \Psi(\alpha_m=-1,\sigma_z=-1) \end{bmatrix} = \begin{bmatrix} \Psi_1 \\ \Psi_2 \\ \Psi_3 \\ \Psi_4 \end{bmatrix} = \begin{bmatrix} \Psi_{+\uparrow} \\ \Psi_{+\downarrow} \\ \Psi_{-\uparrow} \\ \Psi_{-\downarrow} \end{bmatrix},$$

比两分量的自旋波函数又复杂一层, 多了 +, − 附标; 这样的波函数通常称为狄拉克旋量.

12.2 狄拉克方程的协变形式

下面将狄拉克方程

$$c(\boldsymbol{\alpha}\cdot\boldsymbol{p}+\alpha_m p_m)\Psi = E\Psi$$

写成协变形式,并证明它在洛伦兹变换下的不变性.

12.2.1 狄拉克矩阵(γ^μ)

在闵可夫斯基四维时空中,

$$x^\mu = (ct,\boldsymbol{r}),\quad p^\mu = \left(\frac{E}{c},\boldsymbol{p}\right) = -\frac{\hbar}{\mathrm{i}}\frac{\partial}{\partial x_\mu} = -\frac{\hbar}{\mathrm{i}}\partial^\mu,$$

$$x_\mu = (ct,-\boldsymbol{r}),\quad p_\mu = \left(\frac{E}{c},-\boldsymbol{p}\right) = -\frac{\hbar}{\mathrm{i}}\frac{\partial}{\partial x^\mu} = -\frac{\hbar}{\mathrm{i}}\partial_\mu;$$

或者引进度规张量 $g^{\mu\nu}=g_{\mu\nu}$:

$$g^{00} = -g^{11} = -g^{22} = -g^{33} = 1,\quad g^{\mu\nu} = 0\quad (\mu\neq\nu),$$

则可随意提升或下降指标,例如:

$$x_\mu = g_{\mu\nu}x^\nu,\quad p^\mu = g^{\mu\nu}p_\nu;$$

这里采用上下重复的指标表示对 0,1,2,3 求和的约定.

用矩阵 α_m 左乘上述狄拉克方程,并定义

$$\gamma^\mu = (\gamma^0,\gamma^1,\gamma^2,\gamma^3)\equiv(\alpha_m,\alpha_m\alpha_x,\alpha_m\alpha_y,\alpha_m\alpha_z),$$

可将方程写成协变形式:

$$(\gamma^\mu p_\mu - p_m)\Psi = 0 \text{ 或 } \left(\frac{\hbar}{\mathrm{i}}\gamma^\mu\partial_\mu + p_m\right)\Psi = 0.$$

由于矩阵 $\alpha_m,\alpha^k(k=1,2,3)$满足

$$\alpha^j\alpha^k+\alpha^k\alpha^j = 2\delta_{jk} = -2g^{jk},$$

$$\alpha^k\alpha_m+\alpha_m\alpha^k = 0,\quad \alpha_m^2 = 1.$$

拉丁附标表示可取 1,2,3;于是容易得到矩阵 γ^μ 满足

$$\gamma^\mu\gamma^\nu+\gamma^\nu\gamma^\mu = 2g^{\mu\nu},$$

希腊附标总是表示可取 0,1,2,3.

由于 α_m,α^k 是厄米矩阵,所以 γ^0 是厄米矩阵,而 γ^k 则是反厄米矩阵,因为

$$(\gamma^k)^\dagger = (\alpha_m\alpha^k)^\dagger = \alpha^k\alpha_m = -\alpha_m\alpha^k = -\gamma^k,$$

矩阵右上角的 † 号表示取其厄米共轭(转置加复共轭);同时它们还可表示成

$$(\gamma^\mu)^\dagger = \gamma^0\gamma^\mu\gamma^0.$$

最后,用 α_m,α^k 的具体形式,可得

$$\gamma^0=\begin{bmatrix}1&0&0&0\\0&1&0&0\\0&0&-1&0\\0&0&0&-1\end{bmatrix},\quad \gamma^1=\begin{bmatrix}0&0&0&1\\0&0&1&0\\0&-1&0&0\\-1&0&0&0\end{bmatrix},$$

$$\gamma^2=\begin{bmatrix}0&0&0&-\mathrm{i}\\0&0&\mathrm{i}&0\\0&\mathrm{i}&0&0\\-\mathrm{i}&0&0&0\end{bmatrix},\quad \gamma^3=\begin{bmatrix}0&0&1&0\\0&0&0&-1\\-1&0&0&0\\0&1&0&0\end{bmatrix}.$$

12.2.2　洛伦兹变换下的不变性

1. 狄拉克方程的不变性

下面要证明狄拉克方程

$$\left(\frac{\hbar}{\mathrm{i}}\gamma^\mu\partial_\mu+p_m\right)\Psi=0$$

在洛伦兹变换

$$x^\mu=l^\mu{}_\nu x'^\nu\text{（或 }x'^\mu=l_\nu{}^\mu x^\nu\text{）}$$

下的不变性，就是说，要证明在新坐标系中仍有

$$\left(\frac{\hbar}{\mathrm{i}}\gamma^\mu\partial'_\mu+p_m\right)\Psi'(x')=0,$$

式中 γ^μ 不变，而 $\partial'_\mu=\dfrac{\partial}{\partial x'^\mu}$.

对于具体的洛伦兹变换

$$[l_\nu{}^\mu]=\begin{bmatrix}\gamma&-\beta\gamma&0&0\\-\beta\gamma&\gamma&0&0\\0&0&1&0\\0&0&0&1\end{bmatrix}=\begin{bmatrix}\mathrm{ch}\varphi&-\mathrm{sh}\varphi&0&0\\-\mathrm{sh}\varphi&\mathrm{ch}\varphi&0&0\\0&0&1&0\\0&0&0&1\end{bmatrix},$$

其中

$$\gamma=\frac{1}{\sqrt{1-w^2/c^2}}=\mathrm{ch}\varphi,\quad \beta=\frac{w}{c}=\mathrm{th}\varphi=\frac{\mathrm{sh}\varphi}{\mathrm{ch}\varphi},$$

$\mathrm{sh}\varphi,\mathrm{ch}\varphi,\mathrm{th}\varphi$ 则分别为双曲正弦、余弦、正切函数；可以找到旋量变换矩阵 Λ

$$\Lambda=\mathrm{ch}\,\frac{\varphi}{2}-\gamma^0\gamma^1\,\mathrm{sh}\,\frac{\varphi}{2},$$

$$\Lambda^{-1}=\mathrm{ch}\,\frac{\varphi}{2}+\gamma^0\gamma^1\,\mathrm{sh}\,\frac{\varphi}{2},$$

使得

$$\Psi'(x')=\Lambda\Psi(x).$$

同时由于

$$\begin{aligned}
\Lambda^{-1}\gamma^{\mu}\Lambda &= \left(\operatorname{ch}\frac{\varphi}{2}+\gamma^{0}\gamma^{1}\operatorname{sh}\frac{\varphi}{2}\right)\gamma^{\mu}\left(\operatorname{ch}\frac{\varphi}{2}-\gamma^{0}\gamma^{1}\operatorname{sh}\frac{\varphi}{2}\right)\\
&= \gamma^{\mu}\operatorname{ch}^{2}\frac{\varphi}{2}-\gamma^{0}\gamma^{1}\gamma^{\mu}\gamma^{0}\gamma^{1}\operatorname{sh}^{2}\frac{\varphi}{2}\\
&\quad +(\gamma^{0}\gamma^{1}\gamma^{\mu}-\gamma^{\mu}\gamma^{0}\gamma^{1})\operatorname{sh}\frac{\varphi}{2}\operatorname{ch}\frac{\varphi}{2}\\
&= (\gamma^{\mu}-g^{\mu0}\gamma^{0}+g^{\mu1}\gamma^{1})+(g^{\mu0}\gamma^{0}-g^{\mu1}\gamma^{1})\operatorname{ch}\varphi\\
&\quad +(g^{\mu1}\gamma^{0}-g^{\mu0}\gamma^{1})\operatorname{sh}\varphi\\
&= l_{\nu}{}^{\mu}\gamma^{\nu}\overset{\text{定义}}{=\!=\!=}\gamma'^{\mu};
\end{aligned}$$

这里曾反复应用 $\gamma^{\mu}\gamma^{\nu}+\gamma^{\nu}\gamma^{\mu}=2g^{\mu\nu}$，得到

$$\begin{aligned}
\gamma^{\mu}\gamma^{0}\gamma^{1} &= \gamma^{0}\gamma^{1}\gamma^{\mu}+2(g^{\mu0}\gamma^{1}-g^{\mu1}\gamma^{0}),\\
\gamma^{0}\gamma^{1}\gamma^{0}\gamma^{1} &= -\gamma^{0}\gamma^{0}\gamma^{1}\gamma^{1}=-g^{00}g^{11}=1,
\end{aligned}$$

以及应用了双曲函数的性质

$$\operatorname{ch}^{2}\frac{\varphi}{2}-\operatorname{sh}^{2}\frac{\varphi}{2}=1,\quad 1+2\operatorname{sh}^{2}\frac{\varphi}{2}=\operatorname{ch}\varphi,\quad 2\operatorname{sh}\frac{\varphi}{2}\operatorname{ch}\frac{\varphi}{2}=\operatorname{sh}\varphi;$$

最后一步将 $l_{\nu}{}^{\mu}\gamma^{\nu}$ 定义为 γ'^{μ}，把它看做四维反变矢量那样变换，因此有

$$\gamma'^{\mu}\partial'_{\mu}=\gamma^{\mu}\partial_{\mu}$$

为不变量. 所以，当用 Λ^{-1} 左乘

$$\left(\frac{\hbar}{\mathrm{i}}\gamma^{\mu}\partial'_{\mu}+p_{m}\right)\Psi'(x')=0,$$

并将以上结果代入时，就立刻得到

$$\left(\frac{\hbar}{\mathrm{i}}\gamma^{\mu}\partial_{\mu}+p_{m}\right)\Psi(x)=0,$$

这就是狄拉克方程在洛伦兹变换下的不变性.

2. 概率守恒方程的不变性

下面再来证明概率守恒方程的不变性.

对于狄拉克方程

$$\left(\frac{\hbar}{\mathrm{i}}\gamma^{\mu}\partial_{\mu}+p_{m}\right)\Psi=0,$$

取其厄米共轭并右乘以 γ^{0}，得共轭方程

$$\frac{\hbar}{\mathrm{i}}\partial_{\mu}\overline{\Psi}\gamma^{\mu}-p_{m}\overline{\Psi}=0;$$

其中 $\overline{\Psi}=\Psi^{\dagger}\gamma^{0}$ 称为 Ψ 的狄拉克共轭，并曾用了 $(\gamma^{\mu})^{\dagger}=\gamma^{0}\gamma^{\mu}\gamma^{0}$ 的性质. 用 $\overline{\Psi}$ 左乘狄拉克方程，用 Ψ 右乘其共轭方程，两者相加后得到概率守恒方程

$$\partial_{\mu}(\overline{\Psi}\gamma^{\mu}\Psi)=0\quad\text{或}\quad\partial_{\mu}j^{\mu}=0,$$

其中四维概率流密度矢量定义为

$$\frac{j^\mu}{c} = \bar{\Psi}\gamma^\mu\Psi = \left(\rho, \frac{\boldsymbol{j}}{c}\right) = (\Psi^\dagger\Psi, \Psi^\dagger\boldsymbol{\alpha}\Psi).$$

现在来看 j^μ 的变换性质,由于

$$\bar{\Psi}' = \Psi'^\dagger\gamma^0 = \Psi^\dagger\Lambda^\dagger\gamma^0 = \bar{\Psi}\gamma^0\Lambda^\dagger\gamma^0,$$

并且容易证明

$$\gamma^0\Lambda^\dagger\gamma^0 = \Lambda^{-1},$$

所以有

$$\frac{j'^\mu}{c} = \bar{\Psi}'\gamma^\mu\Psi' = \bar{\Psi}\Lambda^{-1}\gamma^\mu\Lambda\Psi = \bar{\Psi}l^\mu{}_\nu\gamma^\nu\Psi = l^\mu{}_\nu\frac{j^\nu}{c},$$

它的确按四维矢量变换,因此守恒方程在洛伦兹变换下保持不变,即有

$$\partial'_\mu j'^\mu = 0.$$

对于狄拉克方程在更一般的洛伦兹变换下的不变性,可参考狄拉克的《量子力学原理》①和博戈留波夫、希尔科夫的《量子场论引论》②.

12.3　自旋磁矩

12.3.1　自旋的存在

自由粒子的哈密顿量为

$$H = c(\alpha_x p_x + \alpha_y p_y + \alpha_z p_z) + \alpha_m mc^2,$$

而一般在电磁场作用下则变为

$$H = c(\boldsymbol{\alpha}, \boldsymbol{p} - e\boldsymbol{A}) + \alpha_m mc^2 + e\varphi,$$

其中 φ,$\boldsymbol{A}$ 分别为标势和矢势,(,)表示标积.

为了证明狄拉克哈密顿量为描述自旋为$\frac{\hbar}{2}$的粒子的哈密顿量,我们考虑只有中心对称静电场的情况:$\boldsymbol{A}=0$,$\varphi=\varphi(r)$.这种情况下有狄拉克哈密顿量为

$$H = c(\boldsymbol{\alpha}\cdot\boldsymbol{p}) + \alpha_m mc^2 + e\varphi(r).$$

首先来看轨道角动量

$$l_z = xp_y - yp_x,$$

注意到

---

① P. A. M. Dirac, The *Principles of Quantum Mechanics*, Oxford Univ. Press, Oxford, 4th ed., 1958, §68.(中译本:P. A. M. 狄拉克著,陈咸亨译:《量子力学原理》.)

② Н. Н. Боголюбов, Д. В. Ширков, *Введение В Теорию Квантованных Полей*(量子场论引论), Гостехтеориздат., Москва, 1957, §6.

$$[l_z,\boldsymbol{p}]=\frac{1}{\mathrm{i}\hbar}[l_z\boldsymbol{p}-\boldsymbol{p}l_z]=(p_y,-p_x,0),$$

则有 l_z 随时间的变化为

$$\dot{l}_z=\frac{1}{\mathrm{i}\hbar}(l_zH-Hl_z)=\frac{1}{\mathrm{i}\hbar}[l_zc(\boldsymbol{\alpha}\cdot\boldsymbol{p})-c(\boldsymbol{\alpha}\cdot\boldsymbol{p})l_z]$$

$$=c(\alpha_xp_y-\alpha_yp_x)\neq 0,$$

由此可见,轨道角动量不守恒.

如果令

$$s_z=\frac{\hbar}{2}\frac{\alpha_x\alpha_y}{\mathrm{i}},$$

则其厄米共轭为(注意到 α_x,α_y 为厄米矩阵)

$$s_z^{\dagger}=\frac{\hbar}{2}\frac{\alpha_y\alpha_x}{-\mathrm{i}}=\frac{\hbar}{2}\frac{\alpha_x\alpha_y}{\mathrm{i}}=s_z,$$

这表明 s_z 也是厄米矩阵. s_z 随时间的变化为

$$\dot{s}_z=\frac{\hbar}{2\mathrm{i}}\frac{1}{\mathrm{i}\hbar}(\alpha_x\alpha_yH-H\alpha_x\alpha_y),$$

但是由于

$$\alpha_x\alpha_y\alpha_x-\alpha_x\alpha_x\alpha_y=-2\alpha_y,$$

$$\alpha_x\alpha_y\alpha_y-\alpha_y\alpha_x\alpha_y=2\alpha_x,$$

$$\alpha_x\alpha_y\alpha_z-\alpha_z\alpha_x\alpha_y=\alpha_z\alpha_x\alpha_y-\alpha_z\alpha_x\alpha_y=0,$$

$$\alpha_x\alpha_y\alpha_m-\alpha_m\alpha_x\alpha_y=\alpha_m\alpha_x\alpha_y-\alpha_m\alpha_x\alpha_y=0;$$

所以

$$s_z=-\frac{1}{2}c\{-2\alpha_yp_x+2\alpha_xp_y\}=-c(\alpha_xp_y-\alpha_yp_x).$$

现在将 l_z 与 s_z 相加起来得到

$$\frac{\mathrm{d}}{\mathrm{d}t}(l_z+s_z)=0,$$

同样可以得到

$$\frac{\mathrm{d}}{\mathrm{d}t}(\boldsymbol{l}+\boldsymbol{s})=0;$$

这结果表明,角动量有两部分,轨道角动量 $\boldsymbol{l}$ 和自旋角动量 $\boldsymbol{s}$,它们两者之和守恒.自旋角动量 $\boldsymbol{s}$ 为

$$\boldsymbol{s}=\frac{\hbar}{2}\begin{bmatrix}\boldsymbol{\sigma} & 0\\ 0 & \boldsymbol{\sigma}\end{bmatrix},$$

对于 Ψ_1 和 Ψ_3 有 $s_z=\frac{\hbar}{2}$,对于 Ψ_2 和 Ψ_4 则有 $s_z=-\frac{\hbar}{2}$.

12.3.2 自旋磁矩

下面采用非相对论近似来证明粒子带有自旋磁矩$\frac{e}{m}\boldsymbol{s}$.

1. 波函数的大分量和小分量

在电磁场作用下的狄拉克方程可以写成

$$[c(\boldsymbol{\alpha}\cdot\boldsymbol{\pi})+\alpha_m mc^2]\Psi=[E-e\varphi]\Psi,$$

其中

$$\boldsymbol{\alpha}=\begin{bmatrix}0 & \sigma\\ \sigma & 0\end{bmatrix},\quad \alpha_m=\begin{bmatrix}1 & 0\\ 0 & -1\end{bmatrix};$$

$$\boldsymbol{\pi}=\boldsymbol{p}-e\boldsymbol{A},$$

而 $E=-\frac{\hbar}{\mathrm{i}}\frac{\partial}{\partial t}$作用在 Ψ 上.

在非相对论近似下,令

$$E=mc^2+E_{非},$$

$$\Psi=\mathrm{e}^{-\frac{\mathrm{i}}{\hbar}mc^2t}\Psi_{非},\quad \Psi_{非}=\begin{bmatrix}\Psi_{大}\\ \Psi_{小}\end{bmatrix};$$

$\Psi_{大}$ 和 $\Psi_{小}$ 是非相对论近似波函数 $\Psi_{非}$ 的大分量和小分量. 于是,代入上述狄拉克方程后得到

$$c(\boldsymbol{\sigma}\cdot\boldsymbol{\pi})\Psi_{小}=(E-mc^2-e\varphi)\Psi_{大}=(E_{非}-e\varphi)\Psi_{大},$$

$$c(\boldsymbol{\sigma}\cdot\boldsymbol{\pi})\Psi_{大}=(E+mc^2-e\varphi)\Psi_{小}=(2mc^2+E_{非}-e\varphi)\Psi_{小},$$

其中 $E_{非}=-\frac{\hbar}{\mathrm{i}}\frac{\partial}{\partial t}$作用在 $\Psi_{非}$ 上.

2. 非相对论近似

对于非相对论近似,当

$$|E_{非}-e\varphi|\ll 2mc^2$$

时,后式的最低级近似给出

$$\Psi_{小}=\frac{1}{2mc}(\boldsymbol{\sigma}\cdot\boldsymbol{\pi})\Psi_{大};$$

代入前式得

$$(E_{非}-e\varphi)\Psi_{大}=\frac{1}{2m}(\boldsymbol{\sigma}\cdot\boldsymbol{\pi})^2\Psi_{大}.$$

为了运算$(\boldsymbol{\sigma}\cdot\boldsymbol{\pi})^2$,首先证明下面的公式

$$(\boldsymbol{\sigma}\cdot\boldsymbol{a})(\boldsymbol{\sigma}\cdot\boldsymbol{b})=(\boldsymbol{a}\cdot\boldsymbol{b})+\mathrm{i}\boldsymbol{\sigma}\cdot(\boldsymbol{a}\times\boldsymbol{b}),$$

其中 $\boldsymbol{a}$ 和 $\boldsymbol{b}$ 是与 $\boldsymbol{\sigma}$ 可对易的两个任意矢量. 公式的证明如下:

$$(\boldsymbol{\sigma}\cdot\boldsymbol{a})(\boldsymbol{\sigma}\cdot\boldsymbol{b})=(\sigma_x a_x+\sigma_y a_y+\sigma_z a_z)(\sigma_x b_x+\sigma_y b_y+\sigma_z b_z)$$

$$= (a_x b_x + a_y b_y + a_z b_z) + \mathrm{i}\sigma_z(a_x b_y - a_y b_x) + +$$
$$= (\boldsymbol{a} \cdot \boldsymbol{b}) + \mathrm{i}\boldsymbol{\sigma} \cdot (\boldsymbol{a} \times \boldsymbol{b}),$$

其中第二行后面的"++"表示还应加上其前的一项经循环置换后得到的两项，证明过程中还应用了泡利矩阵的性质

$$\sigma_x^2 = 1, \cdots, \sigma_x\sigma_y = \mathrm{i}\sigma_z = -\sigma_y\sigma_x, \cdots.$$

其次注意到，对于算符 $\boldsymbol{\pi}$，后面还要作用于波函数，因此，

$$\begin{aligned}(\boldsymbol{\pi} \times \boldsymbol{\pi}) &= (\boldsymbol{p} - e\boldsymbol{A}) \times (\boldsymbol{p} - e\boldsymbol{A}) \\ &= (\boldsymbol{p} \times \boldsymbol{p}) + e^2(\boldsymbol{A} \times \boldsymbol{A}) - e(\boldsymbol{p} \times \boldsymbol{A} - \boldsymbol{A} \times \boldsymbol{p}) \\ &= -\frac{e\hbar}{\mathrm{i}}(\nabla \times \boldsymbol{A} - \boldsymbol{A} \times \nabla) \\ &= -\frac{e\hbar}{\mathrm{i}}\boldsymbol{B}.\end{aligned}$$

应用这些结果后，得到

$$(\boldsymbol{\sigma}, \boldsymbol{\pi})^2 = (\boldsymbol{\sigma}, \boldsymbol{p} - e\boldsymbol{A})^2 = (\boldsymbol{p} - e\boldsymbol{A})^2 - e\hbar(\boldsymbol{\sigma} \cdot \boldsymbol{B}).$$

3. 自旋磁矩

于是，关于波函数大分量 $\Psi_大$ 的方程变为

$$(E_{非} - e\varphi)\Psi_{大} = \frac{1}{2m}(\boldsymbol{p} - e\boldsymbol{A})^2\Psi_{大} - \frac{e\hbar}{2m}(\boldsymbol{\sigma} \cdot \boldsymbol{B})\Psi_{大}.$$

由此可见，在最低级近似下，

$$H_{非} = \frac{1}{2m}(\boldsymbol{p} - e\boldsymbol{A})^2 + e\varphi - \boldsymbol{\mu} \cdot \boldsymbol{B},$$

其中

$$\boldsymbol{\mu} \equiv -\frac{\partial H}{\partial \boldsymbol{B}} = \frac{e\hbar}{2m}\boldsymbol{\sigma} = \frac{e}{m}\boldsymbol{s}$$

为粒子的自旋磁矩；并且导出了对于自旋的旋磁比为 $\frac{e}{m}$，它比轨道运动的 $\frac{e}{2m}$ 大了一倍.

[对于轨道角动量部分的磁矩，可从

$$\frac{(\boldsymbol{p} - e\boldsymbol{A})^2}{2m} \approx \frac{p^2}{2m} - \frac{e}{m}(\boldsymbol{A} \cdot \boldsymbol{p})$$

得出；因为，当

$$B_z = B, \quad B_x = B_y = 0$$

时，代入

$$A_y = \frac{1}{2}Bx \quad 和 \quad A_x = -\frac{1}{2}By,$$

则有

$$\frac{(\boldsymbol{p}-e\boldsymbol{A})^2}{2m}\approx\frac{p^2}{2m}-\frac{e}{2m}B(xp_y-yp_x)=\frac{p^2}{2m}-\frac{e}{2m}\boldsymbol{l}\cdot\boldsymbol{B},$$

所以轨道角动量 $\boldsymbol{l}$ 给出的磁矩为$\frac{e}{2m}\boldsymbol{l}$.]

12.4 相对论性修正

下面我们通过对波函数大小分量的严格求解,并将其展开至 c^{-2} 级,来看一下相对论性的各项修正.

12.4.1 波函数大小分量方程的严格求解

首先重新写出波函数大小分量的方程

$$c(\boldsymbol{\sigma}\cdot\boldsymbol{\pi})\Psi_{小}=(E_{非}-e\varphi)\Psi_{大},$$

$$c(\boldsymbol{\sigma}\cdot\boldsymbol{\pi})\Psi_{大}=(2mc^2+E_{非}-e\varphi)\Psi_{小}.$$

下面来对上述方程进行形式上的严格求解.

从后式得

$$\Psi_{小}=\frac{1}{2mc^2+E_{非}-e\varphi}c(\boldsymbol{\sigma}\cdot\boldsymbol{\pi})\Psi_{大},$$

其中前面的分式可改写为

$$\frac{1}{2mc^2+E_{非}-e\varphi}=\frac{1}{2mc^2}\cdot\frac{2mc^2}{2mc^2+E_{非}-e\varphi}$$

$$=\frac{1}{2mc^2}\left[1-\frac{E_{非}-e\varphi}{2mc^2+E_{非}-e\varphi}\right],$$

所以,

$$\Psi_{小}=\frac{1}{2mc}(\boldsymbol{\sigma}\cdot\boldsymbol{\pi})\Psi_{大}-\frac{1}{2mc}\left(\frac{E_{非}-e\varphi}{2mc^2+E_{非}-e\varphi}\right)(\boldsymbol{\sigma}\cdot\boldsymbol{\pi})\Psi_{大};$$

这关系式是严格的,第一项即前面在最低级近似下所采取的项.

将此关系式代入方程中的前一式后给出

$$(E_{非}-e\varphi)\Psi_{大}=c(\boldsymbol{\sigma}\cdot\boldsymbol{\pi})\Psi_{小}=c(\boldsymbol{\sigma}\cdot\boldsymbol{\pi})\frac{1}{2mc^2+E_{非}-e\varphi}c(\boldsymbol{\sigma}\cdot\boldsymbol{\pi})\Psi_{大}$$

$$=(\boldsymbol{\sigma}\cdot\boldsymbol{\pi})\frac{1}{2m+(E_{非}-e\varphi)/c^2}(\boldsymbol{\sigma}\cdot\boldsymbol{\pi})\Psi_{大}$$

$$=\frac{1}{2m+(E_{非}-e\varphi)/c^2}(\boldsymbol{\sigma}\cdot\boldsymbol{\pi})^2\Psi_{大}$$

$$-\frac{e\hbar}{\mathrm{i}c^2}\frac{1}{[2m+(E_{非}-e\varphi)/c^2]^2}(\boldsymbol{\sigma}\cdot\boldsymbol{E})(\boldsymbol{\sigma}\cdot\boldsymbol{\pi})\Psi_{大};$$

这里用了

$$(\boldsymbol{\sigma}\cdot\boldsymbol{\pi})f(E_{非}-e\varphi)=f(E_{非}-e\varphi)(\boldsymbol{\sigma}\cdot\boldsymbol{\pi})+\frac{e\hbar}{\mathrm{i}}f'(E_{非}-e\varphi)(\boldsymbol{\sigma}\cdot\boldsymbol{E}),$$

这是由

$$(\boldsymbol{\sigma}\cdot\boldsymbol{\pi})(E_{非}-e\varphi)-(E_{非}-e\varphi)(\boldsymbol{\sigma}\cdot\boldsymbol{\pi})=\frac{e\hbar}{\mathrm{i}}(\boldsymbol{\sigma}\cdot\boldsymbol{E})$$

推广导出. 后者的证明如下：注意到 $E_{非}=-\frac{\hbar}{\mathrm{i}}\frac{\partial}{\partial t}$，得到 σ_x 分量为

$$\begin{aligned}&(p_x-eA_x)(E_{非}-e\varphi)-(E_{非}-e\varphi)(p_x-eA_x)\\&=\frac{\hbar}{\mathrm{i}}e\left(-\frac{\partial\varphi}{\partial x}-\frac{\partial A_x}{\partial t}\right)=\frac{e\hbar}{\mathrm{i}}E_x.\end{aligned}$$

同时注意到：对于与 $\boldsymbol{\sigma}$ 可对易的任何两个矢量 $\boldsymbol{a}$ 和 $\boldsymbol{b}$，有

$$(\boldsymbol{\sigma}\cdot\boldsymbol{a})(\boldsymbol{\sigma}\cdot\boldsymbol{b})=(\boldsymbol{a}\cdot\boldsymbol{b})+\mathrm{i}\boldsymbol{\sigma}\cdot(\boldsymbol{a}\times\boldsymbol{b})=(\boldsymbol{a}\cdot\boldsymbol{b})+\mathrm{i}\boldsymbol{a}\cdot(\boldsymbol{b}\times\boldsymbol{\sigma}),$$

以及

$$(\boldsymbol{\sigma}\cdot\boldsymbol{\pi})^2=\boldsymbol{\pi}^2-e\hbar(\boldsymbol{\sigma}\cdot\boldsymbol{B}).$$

于是，最后得到关于波函数大分量 $\Psi_{大}$ 的严格方程为

$$\begin{aligned}(E_{非}-e\varphi)\Psi_{大}=&\frac{1}{2m+(E_{非}-e\varphi)/c^2}[(\boldsymbol{p}-e\boldsymbol{A})^2-e\hbar(\boldsymbol{\sigma}\cdot\boldsymbol{B})]\Psi_{大}\\&-\frac{e\hbar}{\mathrm{i}c^2}\frac{1}{[2m+(E_{非}-e\varphi)/c^2]^2}\\&\times\boldsymbol{E}\cdot[(\boldsymbol{p}-e\boldsymbol{A})+\mathrm{i}(\boldsymbol{p}-e\boldsymbol{A})\times\boldsymbol{\sigma}]\Psi_{大},\end{aligned}$$

与斯莱特的《原子结构的量子理论》书中结果(23—39)一致①.

12.4.2 相对论性修正

下面将对上述方程作展开，准到 c^{-2} 级(对于原子光谱的精细结构已经够用)，结果为

$$\begin{aligned}(E_{非}-e\varphi)\Psi_{大}\approx&\left\{\frac{1}{2m}(\boldsymbol{p}-e\boldsymbol{A})^2-\frac{e\hbar}{2m}(\boldsymbol{\sigma}\cdot\boldsymbol{B})-\frac{\boldsymbol{p}^4}{8m^3c^2}\right.\\&\left.-\frac{e\hbar}{4m^2c^2}[\boldsymbol{\sigma}\cdot(\boldsymbol{E}\times\boldsymbol{p})]+\frac{e\hbar^2}{4m^2c^2}\boldsymbol{E}\cdot\nabla\right\}\Psi_{大};\end{aligned}$$

右侧除第一项为动能项外，其余各项均为相对论性修正. 它们分别是：第二项为自旋磁矩项(12.3 节中已讨论过)；第三项为速度修正项；第四项为自旋轨道耦合项(当 $\boldsymbol{E}\parallel\boldsymbol{r}$ 时，$\boldsymbol{r}\times\boldsymbol{p}$ 为轨道角动量 $\boldsymbol{l}$，而 $\frac{\hbar}{2}\boldsymbol{\sigma}$ 为自旋 $\boldsymbol{s}$，所以该项正比于 $\boldsymbol{s}\cdot\boldsymbol{l}$)；最后一项不依赖于自旋，是以前未曾猜想到的.

---

① J. C. Slater, *Quantum Theory of Atomic Structure* Vol. Ⅱ, McGraw-Hill, New York, 1960, § 23-5.

12.4.3　自旋轨道耦合项

现在再稍微详细讨论一下自旋轨道耦合项.

对于有心力场 $\boldsymbol{E}=E\dfrac{\boldsymbol{r}}{r}$,这项为

$$-\frac{e}{2m^2c^2}\frac{E}{r}(\boldsymbol{s}\cdot\boldsymbol{l}),$$

其中电场 $E\approx -Z_{\mathrm{f}}e/(4\pi\varepsilon_0)r^2$,$(\boldsymbol{s}\cdot\boldsymbol{l})$ 的系数为 $\dfrac{Z_{\mathrm{f}}e^2}{2(4\pi\varepsilon_0)m^2c^2r^3}$,整个的数量级为 $\dfrac{Z_{\mathrm{f}}e^2\hbar^2}{2(4\pi\varepsilon_0)m^2c^2r^3}$. 代入 $r\propto(4\pi\varepsilon_0)\hbar^2/me^2=\dfrac{\hbar}{mc}\dfrac{(4\pi\varepsilon_0)\hbar c}{e^2}$,即 $r\propto\dfrac{\hbar}{mc\alpha}$,因而数量级为 $\dfrac{Z_{\mathrm{f}}e^2}{2(4\pi\varepsilon_0)r}\alpha^2$,而主要项为 $\dfrac{Ze^2}{2(4\pi\varepsilon_0)r}$. 所以,由于自旋轨道耦合只是提供精细结构,一个能级分裂为若干重

$$(\boldsymbol{s}\cdot\boldsymbol{l})=\frac{j(j+1)-s(s+1)-l(l+1)}{2}.$$

对于 $s=\dfrac{1}{2}$,$j=l\pm\dfrac{1}{2}$,有 $(\boldsymbol{s}\cdot\boldsymbol{l})=\begin{cases}l/2\\-(l+1)/2.\end{cases}$ 由于 $r\propto 1/Z$,自旋轨道耦合 $\propto Z^4\alpha^2$. 对于原子序数 Z 大时自旋轨道耦合不小.

12.4.4　多电子系统的哈密顿量

对于多电子问题,准到 c^{-2} 级(也只能准到 c^{-2} 级),可以有多电子的哈密顿量为①

$$H=\sum_i f_i+\frac{1}{2}\sum_i\sum_j g_{ij},$$

$$f_i=e\varphi(\boldsymbol{r}_i)+\frac{1}{2m}\left(\frac{\hbar}{\mathrm{i}}\frac{\partial}{\partial\boldsymbol{r}_i}-e\boldsymbol{A}(\boldsymbol{r}_i)\right)^2-\frac{e\hbar}{2m}(\boldsymbol{\sigma}_i\cdot\boldsymbol{B}(\boldsymbol{r}_i))$$

$$-\frac{\left(\dfrac{\hbar}{\mathrm{i}}\dfrac{\partial}{\partial\boldsymbol{r}_i}\right)^4}{8m^3c^2}-\frac{e\hbar}{4m^2c^2}\boldsymbol{\sigma}_i\cdot\left[\boldsymbol{E}(\boldsymbol{r}_i)\times\frac{\hbar}{\mathrm{i}}\frac{\partial}{\partial\boldsymbol{r}_i}\right]+\frac{e\hbar^2}{4m^2c^2}\boldsymbol{E}(\boldsymbol{r}_i)\cdot\frac{\partial}{\partial\boldsymbol{r}_i},$$

$$g_{ij}=\frac{e^2}{(4\pi\varepsilon_0)r_{ij}}+\frac{e^2}{(4\pi\varepsilon_0)m^2c^2}\left\{-\frac{1}{2r_{ij}}\boldsymbol{p}_i\cdot\boldsymbol{p}_j-\frac{1}{2r_{ij}^3}(\boldsymbol{r}_i-\boldsymbol{r}_j,\boldsymbol{p}_i)\right.$$

$$\times(\boldsymbol{r}_i-\boldsymbol{r}_j,\boldsymbol{p}_j)+\frac{1}{r_{ij}^3}[\boldsymbol{s}_i\cdot(\boldsymbol{r}_i-\boldsymbol{r}_j)\times\boldsymbol{p}_j+\boldsymbol{s}_j\cdot(\boldsymbol{r}_j-\boldsymbol{r}_i)\times\boldsymbol{p}_i]$$

---

① 参考 J. C. Slater, *Quantum Theory of Atomic Structure*, Vol. Ⅱ, McGraw-Hill, New York, 1960, §24-1 和 §24-2.

$$+\frac{1}{r_{ij}^{3}}\boldsymbol{s}_i\cdot\boldsymbol{s}_j-\frac{3}{r_{ij}^{5}}[\boldsymbol{s}_i\cdot(\boldsymbol{r}_i-\boldsymbol{r}_j)][\boldsymbol{s}_j\cdot(\boldsymbol{r}_i-\boldsymbol{r}_j)]$$

$$-\frac{1}{2r_{ij}^{3}}[\boldsymbol{s}_i\cdot(\boldsymbol{r}_i-\boldsymbol{r}_j)\times\boldsymbol{p}_i+\boldsymbol{s}_j\cdot(\boldsymbol{r}_j-\boldsymbol{r}_i)\times\boldsymbol{p}_j]$$

$$+\frac{\hbar\mathrm{i}}{4r_{ij}^{3}}[(\boldsymbol{r}_i-\boldsymbol{r}_j)\cdot\boldsymbol{p}_i+(\boldsymbol{r}_j-\boldsymbol{r}_i)\cdot\boldsymbol{p}_j]\bigg\}.$$

哈密顿量中除包括前面讨论过的各单电子贡献 f_i 外,还包括双电子相互作用的贡献 g_{ij} 部分. 对于后者,除第一项为库仑排斥项外,大括号中各修正项分别代表:轨道轨道相互作用(前两项和最后一项),自旋另外轨道相互作用(第三项),自旋自旋相互作用(第四、五项),自旋轨道相互作用(倒数第二项). 关于详细讨论,请参考所引斯莱特的书.

12.5 类氢原子能级的精细结构

12.5.1 类氢原子的狄拉克方程

考虑类氢原子,有心吸引力的大小为$\frac{Ze^2}{(4\pi\varepsilon_0)r^2}$,哈密顿量为

$$H=c(\boldsymbol{\alpha},\boldsymbol{p})+\alpha_m mc^2-\frac{Ze^2}{(4\pi\varepsilon_0)r},$$

其狄拉克方程:

$$H\Psi=-\frac{\hbar}{\mathrm{i}}\frac{\partial\Psi}{\partial t}=E\Psi$$

可以严格求解. 将

$$\boldsymbol{\alpha}=\begin{bmatrix}0&\boldsymbol{\sigma}\\\boldsymbol{\sigma}&0\end{bmatrix}\quad 和\quad \alpha_m=\begin{bmatrix}1&0\\0&-1\end{bmatrix}$$

代入,得到

$$\begin{bmatrix}mc^2-\frac{Ze^2}{(4\pi\varepsilon_0)r}-E & c(\boldsymbol{\sigma},\boldsymbol{p})\\ c(\boldsymbol{\sigma},\boldsymbol{p}) & -mc^2-\frac{Ze^2}{(4\pi\varepsilon_0)r}-E\end{bmatrix}\begin{bmatrix}\Psi_{大}\\\Psi_{小}\end{bmatrix}=0,$$

其中

$$(\boldsymbol{\sigma},\boldsymbol{p})=\sigma_x p_x+\sigma_y p_y+\sigma_z p_z=\begin{bmatrix}p_z & p_x-\mathrm{i}p_y\\ p_x+\mathrm{i}p_y & -p_z\end{bmatrix}$$

$$
= \frac{\hbar}{\mathrm{i}} \begin{bmatrix} \frac{\partial}{\partial z} & \frac{\partial}{\partial x} - \mathrm{i}\frac{\partial}{\partial y} \\ \frac{\partial}{\partial x} + \mathrm{i}\frac{\partial}{\partial y} & -\frac{\partial}{\partial z} \end{bmatrix}.
$$

12.5.2 球面坐标下的 $\boldsymbol{p}$ 和 $\boldsymbol{l}$

由于问题的球面对称性，采用球面坐标进行处理比较方便，下面将动量 $\boldsymbol{p}$ 和轨道角动量 $\boldsymbol{l}$ 的球面坐标下的表示写出来.

直角坐标与球面坐标之间的关系为

$$
\begin{cases} x = r\sin\theta\cos\varphi, \\ y = r\sin\theta\sin\varphi, \\ z = r\cos\theta; \end{cases} \quad \text{或者} \quad \begin{cases} r^2 = x^2 + y^2 + z^2, \\ \mu = \cos\theta = \dfrac{z}{r}, \\ \tan\varphi = \dfrac{y}{x}. \end{cases}
$$

因为

$$
\frac{\partial}{\partial x} = \sin\theta\cos\varphi\frac{\partial}{\partial r} + \cos\theta\cos\varphi\frac{\partial}{r\partial\theta} - \sin\varphi\frac{\partial}{r\sin\theta\,\partial\varphi},
$$

$$
\frac{\partial}{\partial y} = \sin\theta\sin\varphi\frac{\partial}{\partial r} + \cos\theta\sin\varphi\frac{\partial}{r\partial\theta} + \cos\varphi\frac{\partial}{r\sin\theta\,\partial\varphi},
$$

$$
\frac{\partial}{\partial z} = \cos\theta\frac{\partial}{\partial r} - \sin\theta\frac{\partial}{r\partial\theta},
$$

于是

$$
\frac{\partial}{\partial z} = \frac{\partial r}{\partial z}\frac{\partial}{\partial r} + \frac{\partial\mu}{\partial z}\frac{\partial}{\partial\mu} = \mu\frac{\partial}{\partial r} + \frac{(1-\mu^2)}{r}\frac{\partial}{\partial\mu} = \cos\theta\frac{\partial}{\partial r} - \frac{\sin\theta}{r}\frac{\partial}{\partial\theta},
$$

$$
\frac{\partial}{\partial x} \pm \mathrm{i}\frac{\partial}{\partial y} = \mathrm{e}^{\pm\mathrm{i}\varphi}\left(\sin\theta\frac{\partial}{\partial r} - \frac{\cos\theta}{r}\frac{\partial}{\partial\theta} \pm \mathrm{i}\frac{\partial}{r\sin\theta\partial\varphi}\right).
$$

由于轨道角动量 $\boldsymbol{l}=\boldsymbol{r}\times\boldsymbol{p}$，$\boldsymbol{p}=\frac{\hbar}{\mathrm{i}}\nabla$，同样容易求得

$$
l_x = yp_z - zp_y = \frac{\hbar}{\mathrm{i}}\left(y\frac{\partial}{\partial z} - z\frac{\partial}{\partial y}\right) = -\frac{\hbar}{\mathrm{i}}\left(\sin\varphi\frac{\partial}{\partial\theta} + \cot\theta\cos\varphi\frac{\partial}{\partial\varphi}\right),
$$

$$
l_y = zp_x - xp_z = \frac{\hbar}{\mathrm{i}}\left(z\frac{\partial}{\partial x} - x\frac{\partial}{\partial z}\right) = \frac{\hbar}{\mathrm{i}}\left(\cos\varphi\frac{\partial}{\partial\theta} - \cot\theta\sin\varphi\frac{\partial}{\partial\varphi}\right),
$$

$$
l_z = xp_y - yp_x = \frac{\hbar}{\mathrm{i}}\left(x\frac{\partial}{\partial y} - y\frac{\partial}{\partial x}\right) = \frac{\hbar}{\mathrm{i}}\frac{\partial}{\partial\varphi}.
$$

12.5.3 狄拉克的算符 J[①]

狄拉克引入算符

$$J = \alpha_m[(\boldsymbol{\sigma} \cdot \boldsymbol{l}) + \hbar],$$

即

$$J = \begin{bmatrix} (\boldsymbol{\sigma} \cdot \boldsymbol{l}) + \hbar & 0 \\ 0 & -(\boldsymbol{\sigma} \cdot \boldsymbol{l}) - \hbar \end{bmatrix},$$

其中 $\boldsymbol{l}$ 是轨道角动量.

算符 J 具有下列性质：(1) J 是运动常量，即

$$JH - HJ = 0;$$

(2) J 的平方与总角动量 $\boldsymbol{j}=\boldsymbol{l}+\boldsymbol{s}$ 的关系为

$$J^2 = (\boldsymbol{l}+\boldsymbol{s})^2 + \frac{1}{4}\hbar^2;$$

下面分别予以证明.

1. $JH-HJ=0$ 的证明

哈顿量 H 为

$$H = \begin{bmatrix} mc^2 - \dfrac{Ze^2}{(4\pi\varepsilon_0)r} & c(\boldsymbol{\sigma} \cdot \boldsymbol{p}) \\ c(\boldsymbol{\sigma} \cdot \boldsymbol{p}) & -mc^2 - \dfrac{Ze^2}{(4\pi\varepsilon_0)r} \end{bmatrix}.$$

由 12.5.2 节看出，球面坐标下的 $\boldsymbol{l}$ 与 r 无关，因此，$\boldsymbol{l}$ 与 $f(r)$ 可对易；所以 J 与 H 的对角部分$\begin{bmatrix} \times & \\ & \times \end{bmatrix}$两项可对易. 又 J 与 H 的非对角的$\begin{matrix} & \times \\ \times & \end{matrix}$两项的对易式为

$$\begin{aligned} &[(\boldsymbol{\sigma} \cdot \boldsymbol{l}) + \hbar]c(\boldsymbol{\sigma}, \boldsymbol{p}) - c(\boldsymbol{\sigma}, \boldsymbol{p})[-(\boldsymbol{\sigma} \cdot \boldsymbol{l}) - \hbar] \\ &= c\left\{\boldsymbol{l} \cdot \boldsymbol{p} + \boldsymbol{p} \cdot \boldsymbol{l} + \mathrm{i}\boldsymbol{\sigma} \cdot \left(\boldsymbol{l} \times \boldsymbol{p} + \boldsymbol{p} \times \boldsymbol{l} + \frac{2\hbar}{\mathrm{i}}\boldsymbol{p}\right)\right\} = 0. \end{aligned}$$

这里利用了

$$(\boldsymbol{\sigma} \cdot \boldsymbol{a})(\boldsymbol{\sigma} \cdot \boldsymbol{b}) = (\boldsymbol{a} \cdot \boldsymbol{b}) + \mathrm{i}\boldsymbol{\sigma} \cdot (\boldsymbol{a} \times \boldsymbol{b}),$$

其中 $\boldsymbol{a}$ 和 $\boldsymbol{b}$ 是与 $\boldsymbol{\sigma}$ 可对易的任何两个矢量；同时由于

$$\boldsymbol{l} \cdot \boldsymbol{p} = (\boldsymbol{r} \times \boldsymbol{p}) \cdot \boldsymbol{p} = \boldsymbol{r} \cdot (\boldsymbol{p} \times \boldsymbol{p}) = 0,$$

$$\boldsymbol{p} \cdot \boldsymbol{l} = \boldsymbol{p} \cdot (\boldsymbol{r} \times \boldsymbol{p}) = -\boldsymbol{p} \cdot (\boldsymbol{p} \times \boldsymbol{r}) = -(\boldsymbol{p} \times \boldsymbol{p}) \cdot \boldsymbol{r} = 0,$$

以及

$$\boldsymbol{l} \times \boldsymbol{p} + \boldsymbol{p} \times \boldsymbol{l} + 2\frac{\hbar}{\mathrm{i}}\boldsymbol{p} = 0;$$

---

① P. A. M. Dirac，前引书，§71.

此式可验证其 x 分量如下：

$$l_y p_z - l_z p_y + p_y l_z - p_z l_y + 2\frac{\hbar}{\mathrm{i}} p_x = (zp_x - xp_z)p_z - (xp_y - yp_x)p_y$$

$$+ p_y(xp_y - yp_x) - p_z(zp_x - xp_z) + 2\frac{\hbar}{\mathrm{i}} p_x$$

$$= -\frac{\hbar}{\mathrm{i}} p_x - \frac{\hbar}{\mathrm{i}} p_x + 2\frac{\hbar}{\mathrm{i}} p_x = 0.$$

2. $J^2 = (\boldsymbol{l}+\boldsymbol{s})^2 + \frac{1}{4}\hbar^2$ 的证明

此式可以证明如下：

$$\begin{aligned} J^2 &= [(\boldsymbol{\sigma}\cdot\boldsymbol{l}) + \hbar]^2 = (\boldsymbol{\sigma}\cdot\boldsymbol{l})^2 + 2\hbar(\boldsymbol{\sigma}\cdot\boldsymbol{l}) + \hbar^2 \\ &= \boldsymbol{l}^2 + \mathrm{i}\boldsymbol{\sigma}\cdot(\boldsymbol{l}\times\boldsymbol{l}) + 2\hbar(\boldsymbol{\sigma}\cdot\boldsymbol{l}) + \hbar^2 \\ &= \boldsymbol{l}^2 + \hbar(\boldsymbol{\sigma}\cdot\boldsymbol{l}) + \hbar^2 = \left(\boldsymbol{l} + \frac{\hbar}{2}\boldsymbol{\sigma}\right)^2 + \frac{1}{4}\hbar^2 \\ &= (\boldsymbol{l}+\boldsymbol{s})^2 + \frac{1}{4}\hbar^2 = \boldsymbol{j}^2 + \frac{1}{4}\hbar^2; \end{aligned}$$

这里利用了

$$\boldsymbol{l}\times\boldsymbol{l} = \mathrm{i}\hbar\boldsymbol{l},$$

它是由 $\boldsymbol{l}$ 的对易关系

$$[l_x, l_y] = \frac{1}{\mathrm{i}\hbar}(l_x l_y - l_y l_x) = l_z,\quad [l_y, l_z] = l_x,\quad [l_z, l_x] = l_y$$

得到的；还应用了

$$\boldsymbol{s} = \frac{\hbar}{2}\boldsymbol{\sigma} \quad 和 \quad \boldsymbol{j} = \boldsymbol{l} + \boldsymbol{s}.$$

于是 J^2 的本征值为

$$J^2 = j(j+1)\hbar^2 + \frac{1}{4}\hbar^2 = \left(j + \frac{1}{2}\right)^2\hbar^2,$$

或者

$$\frac{J}{\hbar} = \begin{cases} j + \frac{1}{2} = l, & j = l - \frac{1}{2}; \\ -\left(j + \frac{1}{2}\right) = -(l+1), & j = l + \frac{1}{2}. \end{cases}$$

3. 球面坐标下的 J

根据算符 J 的定义有

$$J = \hbar\begin{bmatrix} 1 + \frac{\boldsymbol{\sigma}\cdot\boldsymbol{l}}{\hbar} & 0 \\ 0 & -1 - \frac{\boldsymbol{\sigma}\cdot\boldsymbol{l}}{\hbar} \end{bmatrix},$$

由 $\boldsymbol{\sigma}$ 和 $\boldsymbol{l}$ 的具体形式,可得其对角元为

$$\left(1+\frac{\boldsymbol{\sigma}\cdot\boldsymbol{l}}{\hbar}\right)=\begin{bmatrix} 1+\dfrac{\partial}{\mathrm{i}\partial\varphi} & \mathrm{e}^{-\mathrm{i}\varphi}\left(-\dfrac{\partial}{\partial\theta}-\cot\theta\dfrac{\partial}{\mathrm{i}\partial\varphi}\right) \\ \mathrm{e}^{\mathrm{i}\varphi}\left(\dfrac{\partial}{\partial\theta}-\cot\theta\dfrac{\partial}{\mathrm{i}\partial\varphi}\right) & 1-\dfrac{\partial}{\mathrm{i}\partial\varphi} \end{bmatrix}.$$

12.5.4 类氢原子的波函数

因为 J 和 H 可对易,它们有共同的本征波函数;又因为 J 仅依赖于角坐标和自旋,波函数的角部分和自旋部分可通过分离变量由

$$\hat{J}\Psi = J\Psi$$

而确定,并同时定出本征值 J.(上式中用 $\hat{J}$ 表示算符以便与本征值 J 相区别,在不引起误会的情况下则不加区别.)

下面我们直接写出 $J/\hbar=\mp\left(j+\dfrac{1}{2}\right)$ 的波函数.

对于

$$\Psi=\begin{bmatrix}\Psi_1\\ \Psi_2\\ \Psi_3\\ \Psi_4\end{bmatrix}=\begin{bmatrix}\mathrm{P}_{l+1}^{m}(\cos\theta)\mathrm{e}^{\mathrm{i}m\varphi}R_1\\ \mathrm{P}_{l+1}^{m+1}(\cos\theta)\mathrm{e}^{\mathrm{i}(m+1)\varphi}R_2\\ \mathrm{P}_{l}^{m}(\cos\theta)\mathrm{e}^{\mathrm{i}m\varphi}R_3\\ \mathrm{P}_{l}^{m+1}(\cos\theta)\mathrm{e}^{\mathrm{i}(m+1)\varphi}R_4\end{bmatrix},$$

由于 $\hat{J}\Psi=J\Psi$ 得

$$\begin{bmatrix}1+m-\dfrac{J}{\hbar} & -(l+1-m)(l+m+2)\\ -1 & -m-\dfrac{J}{\hbar}\end{bmatrix}\begin{bmatrix}R_1\\ R_2\end{bmatrix}=0,$$

和

$$\begin{bmatrix}-1-m-\dfrac{J}{\hbar} & (l-m)(l+m+1)\\ +1 & m-\dfrac{J}{\hbar}\end{bmatrix}\begin{bmatrix}R_3\\ R_4\end{bmatrix}=0;$$

由此得到

$$\frac{J}{\hbar}=-(l+1)=-\left(j+\frac{1}{2}\right),$$

其中 $j=l+\dfrac{1}{2}$,以及

$$R_1=(l+1-m)R_2,\quad R_3=-(l+1+m)R_4;$$

Ψ 的四个分量中只有两个独立的径向波函数.

对于

$$\Psi=\begin{bmatrix}\Psi_1\\ \Psi_2\\ \Psi_3\\ \Psi_4\end{bmatrix}=\begin{bmatrix}\mathrm{P}_{l-1}^{m}\mathrm{e}^{\mathrm{i}m\varphi}S_1\\ \mathrm{P}_{l-1}^{m+1}\mathrm{e}^{\mathrm{i}(m+1)\varphi}S_2\\ \mathrm{P}_{l}^{m}\mathrm{e}^{\mathrm{i}m\varphi}S_3\\ \mathrm{P}_{l}^{m+1}\mathrm{e}^{\mathrm{i}(m+1)\varphi}S_4\end{bmatrix},$$

类似地有

$$\begin{bmatrix}1+m-\dfrac{J}{\hbar} & -(l+m)(l-m-1)\\ -1 & -m-\dfrac{J}{\hbar}\end{bmatrix}\begin{bmatrix}S_1\\ S_2\end{bmatrix}=0,$$

和

$$\begin{bmatrix}-m-1-\dfrac{J}{\hbar} & (l+1+m)(l-m)\\ 1 & m-\dfrac{J}{\hbar}\end{bmatrix}\begin{bmatrix}S_3\\ S_4\end{bmatrix}=0;$$

由此得到

$$\frac{J}{\hbar}=l=j+\frac{1}{2},$$

其中 $j=l-\dfrac{1}{2}$,以及

$$S_1=-(l+m)S_2,\ S_3=(l-m)S_4;$$

Ψ 的四个分量中也只有两个独立的径向波函数.

12.5.5 精细结构公式

对于上述两种情形的波函数,代入狄拉克方程

$$H\Psi=\left[c(\boldsymbol{\alpha}\cdot\boldsymbol{p})+\alpha_m mc^2-\frac{Ze^2}{(4\pi\varepsilon_0)r}\right]\Psi=E\Psi$$

后,经过化简,可以得到确定径向波函数的方程.

于是可以根据在 $r=0$ 和 $r=\infty$ 处对波函数的要求(波函数在 $r\to\infty$ 时趋于零,波函数平方乘以 $r^2\mathrm{d}r$ 在零点可积分)定出能级①

$$E=mc^2\left[1+\frac{\alpha^2Z^2}{(n'+k')^2}\right]^{-\frac{1}{2}},$$

其中 n' 为整数,而

① A. 索末菲(1916)曾根据旧量子论发展了氢原子的椭圆轨道理论,推导出了考虑相对论效应的能级公式,与此具有相同形式,但对量子数的解释不同. 见文献:A. Sommerfeld, *Ann. Physik*, **51**(1916), 1.

$$k' = \sqrt{(J/\hbar)^2 - \alpha^2 Z^2} = \sqrt{\left(j+\frac{1}{2}\right)^2 - \alpha^2 Z^2},$$

即

$$k' = \begin{cases} \sqrt{(l+1)^2 - \alpha^2 Z^2}, & \text{当 } j = l+\frac{1}{2}, \frac{J}{\hbar} = -\left(j+\frac{1}{2}\right) = -(l+1), \\ \sqrt{l^2 - \alpha^2 Z^2}, & \text{当 } j = l-\frac{1}{2}, \frac{J}{\hbar} = \left(j+\frac{1}{2}\right) = l. \end{cases}$$

非相对论近似时，

$$E_{\text{非}} = E - mc^2 = mc^2\left[\frac{1}{\sqrt{1+\frac{\alpha^2 Z^2}{n^2}}} - 1\right] \approx -\frac{Z^2}{2n^2}\alpha^2 mc^2$$

$$= -\frac{Z^2}{2n^2}\frac{me^4}{(4\pi\varepsilon_0)^2\hbar^2},$$

还原为以前得到的结果；此处

$$n = n' + k' = \begin{cases} n' + l + 1 & \left(j = l + \frac{1}{2}\right), \\ n' + l & \left(j = l - \frac{1}{2}\right); \end{cases} \quad \text{或 } n = n' + j + \frac{1}{2},$$

取 $n'=0, l=0$，前者给 $1^2S_{1/2}$，这时后者不合用，单独考虑. 取 $n'=1, l=0$，前者给 $2^2S_{1/2}$，若后者取 $n'=1, l=1$ 给 $2^2P_{1/2}$；取 $n'=0, l=1$，前者给 $2^2P_{3/2}$.

如果将 $E_{\text{非}}$ 按 $\alpha^2 Z^2$ 展开，

$$E_{\text{非}} = mc^2\left[\frac{1}{\sqrt{1+\frac{\alpha^2 Z^2}{\left(n'+\sqrt{\left(j+\frac{1}{2}\right)^2 - \alpha^2 Z^2}\right)^2}}} - 1\right]$$

$$= mc^2\left[-\frac{\alpha^2 Z^2}{2n^2} + \frac{3}{8}\frac{\alpha^4 Z^4}{n^4} - \frac{\alpha^4 Z^4}{2n^3\left(j+\frac{1}{2}\right)} + \cdots\right],$$

或者

$$\frac{E_{\text{非}}}{\frac{me^4}{2(4\pi\varepsilon_0)^2\hbar^2}} = -\frac{Z^2}{n^2} + \left(\frac{3}{4n} - \frac{1}{j+\frac{1}{2}}\right)\frac{\alpha^2 Z^4}{n^3} + \cdots,$$

这里 $n = n' + j + \frac{1}{2}$. 可以清楚地看出它仅依赖于量子数 n 和 j. 因此，对于同一 n 不同 j(例如 $n=2, j=\frac{1}{2}, \frac{3}{2}$)产生能级的精细结构分裂(所以 α 称为精细结构常数)，

但对于相同的 n 和 j 而 $l=j\pm\frac{1}{2}$ 的两个态，能级仍是简并的. 也就是说，对于相同的 $n,j=l-\frac{1}{2}$ 中 l 要比 $j=l+\frac{1}{2}$ 中的 l 大 1 才能使两者 j 重合(例如 $2^2S_{1/2}$ 和 $2^2P_{1/2}$ 或 $3^2P_{3/2}$ 和 $3^2D_{3/2}$)，这个重合使氢原子光谱的双重态结构被掩盖了. 兰姆和雷瑟福测得 $2^2S_{1/2}$ 和 $2^2P_{1/2}$ 之间存在能量差，称为兰姆移位①(辐射修正效应所引起)，说明这些能级并非严格简并. 图 12.1 给出氢原子能级($n=2,3$)的精细结构和兰姆移位以及巴耳末系第一条谱线的能级跃迁的示意图.

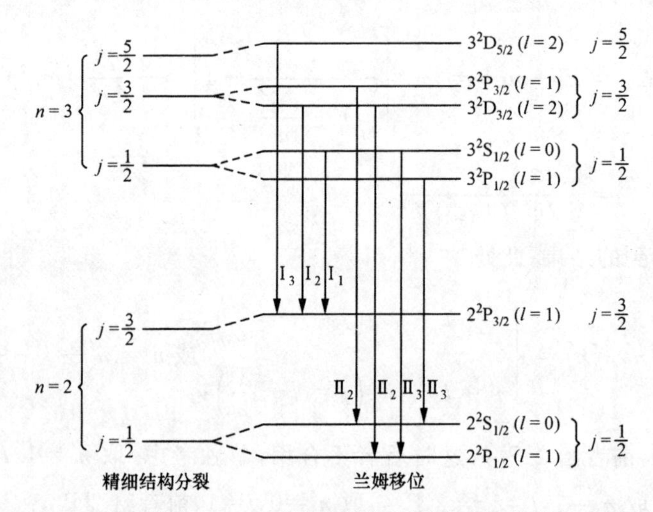

图 12.1 氢原子能级($n=2,3$)的精细结构分裂和兰姆移位以及巴耳末系第一条谱线的能级跃迁示意图

---

① W. E. Lamb, R. C. Retherford, *Phys. Rev.*, **72**(1947), 241; **79**(50), 549; **81**(1951), 222; **85**(1952), 259; **86**(1952), 1014.

第 13 章 量子统计力学

13.1 基 本 原 理

由量子力学发展简史可知，正是由于以经典力学为基础的经典统计力学应用到黑体辐射时，理论结果与实验不符合，普朗克(1900)提出量子概念解决了这个矛盾，量子论即发源于此. 后来爱因斯坦(1907)和德拜(1912)也用量子论解释了固体低温热容问题. 以后与原子结构的研究相结合导致量子力学的建立(以上见 9.1 及 7.3 节).

在此期间，1924 年 6 月，印度达卡大学的讲师玻色(S. N. Bose，1894～1974)送给爱因斯坦一篇纯粹应用组合法推导普朗克辐射公式的短文，请求他安排在德国学术杂志上发表(此前曾遭英国《哲学杂志(Philosophical Magazine)》所拒绝). 爱因斯坦亲自将它译成德文并加短注表明他认为这个新推导是个重要贡献，几周后这篇文章发表了①. 接着，爱因斯坦又将玻色的方法推广应用到单原子理想气体，得出会出现气体的量子凝聚现象(玻色-爱因斯坦凝聚)②. 以上就是现在通称的玻色-爱因斯坦统计法的一段历史③.

另外，在泡利(1925)④提出"不相容原理"后，意大利物理学家费米(E. Fermi，1901～1954)于 1926 年 2 月向罗马科学院提出他的理想气体量子理论，并于 3 月 26 日将此理论的一篇综合论文送交德国《物理学杂志》⑤. 同年 8 月 26 日，狄拉克的文章向伦敦皇家学会提出，也独立推出现通称费米-狄拉克统计法的分布律，并且论证了统计法与波函数对称性之间的关系⑥⑦.

以量子力学为基础的统计力学称为量子统计力学. 但是，我们在统计热力学这一章的 7.1 节末尾曾经指出：当必需用量子力学处理力学系统时，只消适当地将

---

① S. N. Bose，*Z. Physik*，**26**(1924)，178.

② A. Einstein，*Sitz. Preuss. Akad. Wiss. Phys-Math*. (1924)261；(1925)3，18.

③ 参考 S. G. Brush，*Statistical Physics and the Atomic Theory of Matter From Boyle and Newton to Landau and Onsager*，Princeton Univ. Press，New Jersey，1983.

④ W. Pauli，*Z. Physik*，**31**(1925)，776.

⑤ E. Fermi，*Z. Physik*，**36**(1926)，902.

⑥ P. A. M. Dirac，*Proc. Roy. Soc.*，(*London*)，A**112**(1926)，661.

⑦ 以上一段参考前引 S. G. Brush 的书.

$\int w_\Gamma \mathrm{d}\Gamma$ 理解为 $\sum\limits_n w_n$，熵最大理解为 $-k\sum\limits_n w_n \ln w_n$ 最大，其中 n 替换系统的相空间而代表系统的量子态. 所有公式仍适用. 例如用正则系综，则可从 $Z = \sum\limits_n \mathrm{e}^{-E_n/kT}$（配分函数或态和）出发得到统计热力学所有关系. 经典力学对应量子力学，除 $\mathrm{d}\Gamma$ 中每个 $\mathrm{d}q\mathrm{d}p$ 须除以 $2\pi\hbar$ 外，还需要注意粒子的全同性，以及其他对称性和其他的自由度（如自旋之类）. 总之，需要正确地计数量子态.

后来又曾在多处处理过量子统计问题，例如：低温固体热容（7.3 节），黑体辐射（9.1.2 节），以及氢气的低温转动热容量（11.3.6 节）等.

这一章将对量子统计力学作一些必要的补充. 在使内容相对完整和相互贯通的条件下，对于基本原理和气体理论（前三节）以及多粒子系统量子和统计理论的某些发展（后三节）作一扼要介绍.

13.1.1　统计算符[①]

量子力学和经典力学一样，假定每一时刻力学系统都处于确定的态，由其相应运动方程完全确定；而统计力学则假定系统只是按一定的概率规则处于许多可能态中的某个态. 所以，量子统计力学与经典统计力学的区别在于对微观运动状态的描述不同，而其统计方法（即概率规则）则是相同的；两者之间同样存在对应关系.

经典统计力学采用相空间中的系综概率密度 $\rho(q,p,t)$ 来求统计平均，任意力学量 $A(q,p)$ 的系综平均值 $\overline{A}$ 为

$$\overline{A} = \int \rho(q,p,t) A(q,p) \mathrm{d}\Gamma,$$

同时有归一化条件

$$\int \rho(q,p,t) \mathrm{d}\Gamma = 1;$$

其中 $\mathrm{d}\Gamma$ 是相空间体积元. 根据正则运动方程和刘维尔定理 $\left(\dfrac{\mathrm{d}\rho}{\mathrm{d}t} = 0\right)$ 有

$$\begin{aligned}\frac{\partial \rho}{\partial t} &= -\sum_r \left\{\frac{\partial \rho}{\partial q_r}\dot{q}_r + \frac{\partial \rho}{\partial p_r}\dot{p}_r\right\} \\ &= -\sum_r \left\{\frac{\partial \rho}{\partial q_r}\frac{\partial H}{\partial p_r} - \frac{\partial H}{\partial q_r}\frac{\partial \rho}{\partial p_r}\right\} \\ &= -\{\rho, H\},\end{aligned}$$

其中 $\{\rho,H\}$ 为 ρ 与 H 的泊松括号（见 11 页. 这里对泊松括号改用大括号表示，而将方括号留作对易式之用）.

---

① 参考 P. A. M. Dirac, *The Principles of Quantum Mechanics*, Oxford, 1958, § 33.

现在假定力学系统处于归一化右矢为$|n\rangle$的态n的概率为w_n，量子统计力学中定义统计算符(或密度矩阵)[1][2]为

$$\rho = \sum_n |n\rangle w_n \langle n|,$$

则有

$$\frac{\mathrm{d}\rho}{\mathrm{d}t} = \sum_n \left\{ \frac{\mathrm{d}|n\rangle}{\mathrm{d}t} w_n \langle n| + |n\rangle w_n \frac{\mathrm{d}\langle n|}{\mathrm{d}t} \right\}$$

$$= \frac{1}{\mathrm{i}\hbar} \sum_n \{ H|n\rangle w_n \langle n| - |n\rangle w_n \langle n| H \}$$

$$= \frac{1}{\mathrm{i}\hbar}(H\rho - \rho H) = -\{\rho, H\},$$

其中应用了$\mathrm{i}\hbar \dfrac{\partial}{\partial t}|n\rangle = H|n\rangle$及其共轭方程；这里$\{\rho, H\} \equiv \dfrac{1}{\mathrm{i}\hbar}(\rho H - H\rho)$是算符$\rho$与$H$的量子泊松括号(见231页).这就是量子刘维尔方程，与经典情况形式上完全一样.

对于任意可观察量A，其系综平均值应为

$$\langle A\rangle = \sum_n w_n \langle n | A | n\rangle = \sum_{n,\lambda'} w_n \langle n | A | \lambda'\rangle \langle \lambda' | n\rangle$$

$$= \sum_{\lambda', n} \langle \lambda' | n\rangle w_n \langle n | A | \lambda'\rangle = \sum_{\lambda'} \langle \lambda' | \rho A | \lambda'\rangle$$

$$= \mathrm{tr}\rho A = \mathrm{tr}A\rho,$$

这里引进了具有分立集的基右矢$|\lambda'\rangle$的表象(注意到$\sum_{\lambda'} |\lambda'\rangle\langle\lambda'| = 1$)，最后用记号tr表示求迹(分立集为求对角元之和，连续集则为沿对角线积分).同时令$A=1$有归一化条件

$$\mathrm{tr}\rho = \sum_n w_n = 1.$$

应注意到，算符的迹不依赖于表象，因此，对于具体问题，可选择某种方便的表象进行演算.

另外，若$|\rho'\rangle$是ρ的本征值为ρ'的本征右矢，则显然有

$$\langle \rho' | \rho | \rho'\rangle = \sum_n \langle \rho' | n\rangle w_n \langle n | \rho'\rangle = \sum_n w_n |\langle n | \rho'\rangle|^2 = \rho' \langle \rho' | \rho'\rangle,$$

由于概率w_n不会是负数，所以ρ是正定的；即其本征值ρ'不能为负数.

由此可见，量子统计力学与经典统计力学之间的对应关系是很显然的，将力学量变为算符或矩阵，同时将$\int \mathrm{d}\Gamma(\cdots)$变为$\mathrm{tr}(\cdots)$即可.

---

① L. Landau, *Z. Physik*, **45**(1927), 430.

② J. Von Neumann, *Gött. Nach.*, (1927), 273.

13.1.2　吉布斯分布

我们仍采用最大熵原理来确定平衡态的吉布斯分布.

现在,熵的定义为

$$S=-k\mathrm{tr}\rho\ln\rho.$$

我们要在给定宏观条件(例如宏观量内能或者还有分子数等)和归一化条件

$$\mathrm{tr}(\rho\Gamma_i)=\langle\Gamma_i\rangle=\bar{\Gamma}_i\quad(i=0,1,\cdots r)\text{ 和 }\mathrm{tr}\rho=1$$

下求 S 为最大;引进拉格朗日乘子 $k\gamma_i$ 和 $k(\zeta-1)$,相当于要求

$$\begin{aligned}&-k\mathrm{tr}(\rho\ln\rho)-k(\zeta-1)\mathrm{tr}\rho-k\sum\gamma_i\mathrm{tr}(\rho\Gamma_i)\\&=-k\mathrm{tr}\{\rho[\ln\rho+(\zeta-1)+\sum\gamma_i\Gamma_i]\}\end{aligned}$$

为最大.因为 $\rho=\sum|n\rangle w_n\langle n|$,可通过变化 $|n\rangle$ 和 w_n 来进行变分运算;或者更简练地直接变化 ρ 来进行.按后一作法有[①]

$$-k\mathrm{tr}\{\delta\rho[\ln\rho+\zeta+\sum\gamma_i\Gamma_i]\}=0;$$

于是广义吉布斯分布为

$$\rho=\exp(-\zeta-\sum\gamma_i\Gamma_i).$$

下面来证明此平衡分布给出的熵为最大.

我们知道 $\ln x\geqslant 1-\dfrac{1}{x}$,当且仅当 $x=1$ 取"="号.现在令 $x=\dfrac{\rho'}{\rho}$,ρ' 为不同于 ρ 但能给出 $\mathrm{tr}(\rho'\Gamma_i)=\mathrm{tr}(\rho\Gamma_i)=\bar{\Gamma}_i$ 并满足归一化的任意统计算符,则有

$$\ln\frac{\rho'}{\rho}>1-\frac{\rho}{\rho'}\text{ 或 }\rho'\ln(\rho'/\rho)>(\rho'-\rho),$$

因为 ρ 为正定的.因而

---

① 实际上,算符函数由其级数定义,例如 $\ln\rho=\sum\limits_{1}^{\infty}\dfrac{(-)^{n-1}}{n}(\rho-I)^n$,其中 I 是单位算符.同时变分运算要考虑到 ρ 和 $\delta\rho$ 的不可对易性.现在展至 $\delta\rho$ 的一阶有

$$\begin{aligned}(\rho+\delta\rho)\ln(\rho+\delta\rho)&=(\rho+\delta\rho)\sum_{1}^{\infty}\frac{(-)^{n-1}}{n}[(\rho+\delta\rho)-I]^n\\&\approx\rho\ln\rho+\delta\rho\ln\rho+\rho\sum_{1}^{\infty}\frac{(-)^{n-1}}{n}\sum_{n_1}(\rho-I)^{n_1}\,\delta\rho(\rho-I)^{n-n_1-1};\end{aligned}$$

由于变分是在 tr 号下进行的,利用可循环置换性,后一项 $\sum\limits_{n_1}$ 变为相同的 n 项,即

$$\delta\rho\cdot\rho\cdot\sum_{1}^{\infty}(-)^{n-1}(\rho-I)^{n-1}=\delta\rho\cdot\rho\cdot[I+(\rho-I)]^{-1}=\delta\rho.$$

因此 $\delta S=-k\mathrm{tr}[\delta\rho(\ln\rho+1)]$.

$$-k\mathrm{tr}\left[\rho'\ln\frac{\rho'}{\rho}\right] < -k\mathrm{tr}(\rho'-\rho) = 0.$$

于是，可以证明 $S'<S$ 如下：

$$\begin{aligned} S' &= -k\mathrm{tr}(\rho'\ln\rho') < -k\mathrm{tr}(\rho'\ln\rho) \\ &= k\ \mathrm{tr}\rho'\left(\zeta+\sum\gamma_i\Gamma_i\right) = k\ \mathrm{tr}\rho\left(\zeta+\sum\gamma_i\Gamma_i\right) \\ &= -k\mathrm{tr}(\rho\ln\rho) = S. \end{aligned}$$

现在可以直接写出正则分布和巨正则分布如下：

正则系综的宏观条件是内能为给定值（令 $\Gamma_0=H,\gamma_0=\beta$）

$$\langle H\rangle = \mathrm{tr}(\rho H) = E,$$

正则分布是

$$\rho = \frac{1}{Z}\mathrm{e}^{-\beta H},\quad Z = \mathrm{tre}^{-\beta H};$$

这里 $Z(=\mathrm{e}^{\zeta_c})$ 是配分函数，$\beta=\frac{1}{kT}$ 是拉格朗日乘子.

巨正则系综的宏观条件是内能和平均粒子数为给定值（令 $\Gamma_0 = H,\Gamma_i = N_i$，$\gamma_0 = \beta,\gamma_i = \alpha_i$）

$$\langle H\rangle = \mathrm{tr}(\rho H) = E,\quad \langle N_i\rangle = \mathrm{tr}(\rho N_i) = \overline{N}_i,$$

巨正则分布是

$$\rho = \frac{1}{\mathscr{Z}}\mathrm{e}^{-\beta H-\sum\alpha_i N_i},\quad \mathscr{Z} = \mathrm{tr}\ \mathrm{e}^{-\beta H-\sum\alpha_i N_i};$$

这里 $\mathscr{Z}(=\mathrm{e}^{\zeta_G})$ 是巨配分函数，并且可以证明 $\beta = \frac{1}{kT},\alpha_i = -\frac{\mu_i}{kT}$，$\mu_i$ 是化学势.

13.1.3 热力学公式

下面简单推导一下巨正则分布的热力学公式.

由求平均值的公式 $\langle A\rangle=\mathrm{tr}(\rho A)$ 容易求得

$$E = -\frac{\partial}{\partial\beta}\ln\mathscr{Z},$$

$$N_i = -\frac{\partial}{\partial\alpha_i}\ln\mathscr{Z};$$

外界对系统所作功是使系统的微观运动能增加，所以宏观外参量 y_λ 改变所作功为

$$Y_\lambda\mathrm{d}y_\lambda = \left\langle\frac{\partial H}{\partial y_\lambda}\mathrm{d}y_\lambda\right\rangle.$$

于是广义力 Y_λ 对应的微观量是 $\frac{\partial H}{\partial y_\lambda}$，因此可以求得

$$Y_\lambda = \mathrm{tr}\left(\rho\frac{\partial H}{\partial y_\lambda}\right) = -\frac{1}{\beta}\frac{\partial}{\partial y_\lambda}\ln\mathscr{Z}.$$

特别是当外参量是系统的体积 V 而广义力为压强 p 时有

$$p=\frac{1}{\beta}\frac{\partial}{\partial V}\ln\mathscr{Z}.$$

另外,我们从熵的定义容易求得

$$\begin{aligned}S&=-k\mathrm{tr}\rho\ln\rho=k\mathrm{tr}\rho\left[\beta H+\sum\alpha_i N_i\right]+k\ln\mathscr{Z}\\&=k\left[\ln\mathscr{Z}+\beta E+\sum\alpha_i N_i\right],\end{aligned}$$

注意,tr 后面的 N_i 是算符,最后一行的 N_i 是平均值. 于是

$$\begin{aligned}\mathrm{d}S=&\,k\left\{\left(\frac{\partial}{\partial\beta}\ln\mathscr{Z}+E\right)\mathrm{d}\beta+\sum\left(\frac{\partial}{\partial\alpha_i}\ln\mathscr{Z}+N_i\right)\mathrm{d}\alpha_i\right\}\\&+k\beta\left\{\mathrm{d}E+\left(\frac{1}{\beta}\frac{\partial}{\partial V}\ln\mathscr{Z}\right)\mathrm{d}V+\sum\frac{\alpha_i}{\beta}\mathrm{d}N_i\right\},\end{aligned}$$

与热力学基本方程 $T\mathrm{d}S=\mathrm{d}E+p\mathrm{d}V-\sum\mu_i\mathrm{d}N_i$ 比较,也可立即得到以上诸公式,以及 $\beta=\frac{1}{kT}$ 和 $\alpha_i=-\frac{\mu_i}{kT}$.

13.1.4　巨配分函数的微扰计算[①②]

量子统计力学中对相互作用系统的配分函数的计算要比经典统计力学中困难得多;这是因为系统的本征值谱一般不知道;另外还必须考虑量子力学对称条件. 所以,通常要采用微扰计算.

假定系统的哈密顿量可写成 $H=H_0+H_1$,其中 H_0 代表自由粒子系统的或某个可解参考系统的哈密顿量,而 H_1 代表相互作用哈密顿量或其剩余部分. 讨论巨正则系综,可定义巨正则算符 $\mathscr{H}$ 为

$$\mathscr{H}\equiv H-\mu N=\mathscr{H}_0+H_1,$$

并定义 $R(\beta)$ 为

$$R(\beta)=\mathrm{e}^{\beta\mathscr{H}_0}\mathrm{e}^{-\beta\mathscr{H}},$$

则有

$$\frac{\mathscr{Z}}{\mathscr{Z}_0}=\frac{\mathrm{tr}\mathrm{e}^{-\beta\mathscr{H}}}{\mathrm{tr}\mathrm{e}^{-\beta\mathscr{H}_0}}=\frac{\mathrm{tr}(\mathrm{e}^{-\beta\mathscr{H}_0}R(\beta))}{\mathrm{tr}\mathrm{e}^{-\beta\mathscr{H}_0}}=\langle R(\beta)\rangle_0.$$

对于 $R(\beta)$ 有

$$\begin{aligned}\frac{\partial R(\beta)}{\partial\beta}&=-\mathrm{e}^{\beta\mathscr{H}_0}(\mathscr{H}-\mathscr{H}_0)\mathrm{e}^{-\beta\mathscr{H}}=-\mathrm{e}^{\beta\mathscr{H}_0}H_1\mathrm{e}^{-\beta\mathscr{H}}\\&=-\mathrm{e}^{\beta\mathscr{H}_0}H_1\mathrm{e}^{-\beta\mathscr{H}_0}\mathrm{e}^{\beta\mathscr{H}_0}\mathrm{e}^{-\beta\mathscr{H}}=-H_1(\beta)R(\beta),\end{aligned}$$

---

① 参考 R. P. Feynman, *Statistical Mechanics*, Benjamin, Reading, Massachusetts, 1972, §2.10, §2.11.

② 前一部分参考 A. Isihara, *Statistical Physics*, Academic, New York, 1971, §15.4.

这是相互作用绘景中的布洛赫方程[1]，而 $H_1(\beta)$则是此绘景中的算符. 注意到 $R(0)=1$，布洛赫方程的等价积分方程是

$$R(\beta)=1-\int_0^\beta H_1(\beta)R(\beta)\mathrm{d}\beta.$$

这个方程的迭代解为

$$R(\beta)=1+\sum_{n=1}^{\infty}(-1)^n\int_0^\beta \mathrm{d}\beta_1\int_0^{\beta_1}\mathrm{d}\beta_2\cdots\int_0^{\beta_{n-1}}\mathrm{d}\beta_n H_1(\beta_1)\cdots H_1(\beta_n).$$

于是，巨配分函数可表达为

$$\begin{aligned}\frac{\mathscr{Z}}{\mathscr{Z}_0}&=\langle R(\beta)\rangle_0=1+\sum_{n=1}^{\infty}(-)^n\int_0^\beta \mathrm{d}\beta_1\int_0^{\beta_1}\mathrm{d}\beta_2\cdots\\&\quad\times\int_0^{\beta_{n-1}}\mathrm{d}\beta_n\langle H_1(\beta_1)H_1(\beta_2)\cdots H_1(\beta_n)\rangle_0\\&=1+\sum_{n=1}^{\infty}\frac{(-)^n}{n\,!}\int_0^\beta\cdots\int_0^\beta \mathrm{d}\beta_1\cdots \mathrm{d}\beta_n\\&\quad\times\langle \mathrm{T}[H_1(\beta_1)H_1(\beta_2)\cdots H_1(\beta_n)]\rangle_0,\end{aligned}$$

这里 T 表示后面的乘积为温序积，即 β 变量从右至左按增序排列，而分母中的 $n!$ 是 n 个 $H_1(\beta)$因子的可能排列数.

若令

$$\alpha^n\mu_n=(-)^n\int_0^\beta\cdots\int_0^\beta \mathrm{d}\beta_1\cdots \mathrm{d}\beta_n\langle \mathrm{T}[H_1(\beta_1)\cdots H_1(\beta_n)]\rangle_0,$$

显然有 $\mu_0=1$，重新写出 $\mathscr{Z}/\mathscr{Z}_0$，并取其对数，我们有

$$\frac{\mathscr{Z}}{\mathscr{Z}_0}=\sum_{n=0}^{\infty}\frac{\alpha^n}{n\,!}\mu_n,\quad \ln\frac{\mathscr{Z}}{\mathscr{Z}_0}=\sum_{n=1}^{\infty}\frac{\alpha^l}{l\,!}\lambda_l;$$

这正是数学中的累积量展开形式，μ_n 称为 n 阶矩，λ_l 称为 l 阶累积，λ_l 与 μ_n 之间有普遍公式联系[2]，这里只写出前面三个关系

$$\lambda_1=\mu_1,\quad \lambda_2=\mu_2-\mu_1^2,\quad \lambda_3=\mu_3-3\mu_2\mu_1+2\mu_1^3;$$

它们也可以从

$$\ln(1+x)=\sum_{m=1}^{\infty}\frac{(-)^{m-1}}{m}x^m,$$

---

[1] F. Bloch, *Z. Physik*, **74**(1932), 295.

[2] 普遍公式是

$$\frac{\lambda_l}{l\,!}=\sum_{\{m_\nu\}}{}'(-)^{\sum m_\nu-1}\left[\left(\sum m_\nu-1\right)!\prod_\nu\left\{\frac{(\mu_\nu/\nu!)^{m_\nu}}{m_\nu!}\right\}\right]\Bigg|\text{限制}\sum \nu m_\nu=l,$$

$$\frac{\mu_N}{N\,!}=\sum_{\{m_l\}}{}'\prod_l\frac{(\lambda_l/l\,!)^{m_l}}{m_l\,!}\Bigg|\text{限制}\sum l m_l=N.$$

$$\Big(\sum_i x_i\Big)^m = \sum_{\{k_i\}}{}' \frac{m!}{\prod k_i!}\prod_i x_i^{k_i},\quad \sum_i k_i = m$$

直接推出.

注意到 $\ln\mathscr{Z} = -\beta\Omega$，其中 Ω 是巨势，我们得到

$$\begin{aligned}\Omega = \Omega_0 &+ \frac{1}{\beta}\int_0^\beta \mathrm{d}\beta_1 \langle H_1(\beta_1)\rangle_0 \\ &- \frac{1}{2\beta}\Big\{\int_0^\beta\int_0^\beta \mathrm{d}\beta_1\,\mathrm{d}\beta_2 \langle \mathrm{T}[H_1(\beta_1)H_1(\beta_2)]\rangle_0 \\ &- \Big[\int_0^\beta \mathrm{d}\beta_1\langle H_1(\beta_1)\rangle_0\Big]^2\Big\} + \cdots.\end{aligned}$$

现在将 $H_1(\beta)$变回到薛定谔绘景. 首先，

$$\begin{aligned}\langle H_1(\beta_1)\rangle_0 &= \mathrm{e}^{\beta\Omega_0}\,\mathrm{tr}(\mathrm{e}^{-\beta\mathscr{H}_0}\cdot \mathrm{e}^{\beta_1\mathscr{H}_0}H_1\mathrm{e}^{-\beta_1\mathscr{H}_0}) \\ &= \mathrm{e}^{\beta\Omega_0}\,\mathrm{tr}(\mathrm{e}^{-\beta\mathscr{H}_0}H_1) = \langle H_1\rangle_0,\end{aligned}$$

它不依赖于 β_1；所以，一阶微扰项给出为$\langle H_1\rangle_0$. 其次，

$$\begin{aligned}\langle \mathrm{T}[H_1(\beta_1)H_1(\beta_2)]\rangle_0 &= \mathrm{e}^{\beta\Omega_0}\,\mathrm{tr}(\mathrm{e}^{-\beta\mathscr{H}_0}\,\mathrm{T}\mathrm{e}^{\beta_1\mathscr{H}_0}H_1\mathrm{e}^{-\beta_1\mathscr{H}_0}\cdot\mathrm{e}^{\beta_2\mathscr{H}_0}H_1\mathrm{e}^{-\beta_2\mathscr{H}_0}) \\ &= \mathrm{e}^{\beta\Omega_0}\,\mathrm{tr}(\mathrm{e}^{-\beta\mathscr{H}_0}\mathrm{e}^{\tau\mathscr{H}_0}H_1\mathrm{e}^{-\tau\mathscr{H}_0}H_1) \\ &= \langle \mathrm{e}^{\tau\mathscr{H}_0}H_1\mathrm{e}^{-\tau\mathscr{H}_0}H_1\rangle_0,\end{aligned}$$

这里 $\tau=\beta_1-\beta_2>0$，将 $\mathrm{d}\beta_1\mathrm{d}\beta_2\to\mathrm{d}\beta_1\mathrm{d}\tau$，并对 $\mathrm{d}\beta_1$ 积分，二阶微扰项给出为 $\frac{\beta}{2}\langle H_1\rangle_0^2 - \frac{1}{2}\int_0^\beta \mathrm{d}\tau\langle \mathrm{e}^{\tau\mathscr{H}_0}H_1\mathrm{e}^{-\tau\mathscr{H}_0}H_1\rangle_0$. 结果得到巨势为

$$\Omega \approx \Omega_0 + \langle H_1\rangle_0 - \Big\{\frac{1}{2}\Big\langle\int_0^\beta \mathrm{e}^{\tau\mathscr{H}_0}H_1\mathrm{e}^{-\tau\mathscr{H}_0}H_1\,\mathrm{d}\tau\Big\rangle_0 - \frac{\beta}{2}[\langle H_1\rangle_0]^2\Big\}.$$

若令$|m\rangle$和$|n\rangle$为 $\mathscr{H}_0$ 的本征矢而 $\mathscr{E}_m$ 和 $\mathscr{E}_n$ 为其相应本征值，则

$$\mathrm{tr}[\mathrm{e}^{-\beta\mathscr{H}_0}H_1] = \sum_n \langle n|\mathrm{e}^{-\beta\mathscr{H}_0}H_1|n\rangle = \sum_n \mathrm{e}^{-\beta\mathscr{E}_n}(H_1)_{nn},$$

$$\begin{aligned}\mathrm{tr}[\mathrm{e}^{-\beta\mathscr{H}_0}\mathrm{e}^{\tau\mathscr{H}_0}H_1\mathrm{e}^{-\tau\mathscr{H}_0}H_1] &= \sum_n\langle n|\mathrm{e}^{-\beta\mathscr{H}_0}\mathrm{e}^{\tau\mathscr{H}_0}H_1\sum_m|m\rangle\times\langle m|\mathrm{e}^{-\tau\mathscr{H}_0}H_1|n\rangle \\ &= \sum_{nm}\mathrm{e}^{-\beta\mathscr{E}_n}\mathrm{e}^{\tau(\mathscr{E}_n-\mathscr{E}_m)}(H_1)_{nm}(H_1)_{mn},\end{aligned}$$

其中利用了 $\sum_m|m\rangle\langle m|=1$. 巨势的$\{\cdots\}$中变为

$$\begin{aligned}\{\cdots\} &= \frac{1}{2}\mathrm{e}^{\beta\Omega_0}\sum_{mn}\mathrm{e}^{-\beta\mathscr{E}_n}\frac{\mathrm{e}^{\beta(\mathscr{E}_n-\mathscr{E}_m)}-1}{\mathscr{E}_n-\mathscr{E}_m}|(H_1)_{mn}|^2 \\ &\quad - \frac{\beta}{2}\Big(\mathrm{e}^{\beta\Omega_0}\sum_n\mathrm{e}^{-\beta\mathscr{E}_n}(H_1)_{nn}\Big)^2 \\ &= \frac{1}{2}\mathrm{e}^{\beta\Omega_0}\sum_{\substack{mn\\ m\neq n}}\frac{\mathrm{e}^{-\beta\mathscr{E}_m}-\mathrm{e}^{-\beta\mathscr{E}_n}}{\mathscr{E}_n-\mathscr{E}_m}|(H_1)_{mn}|^2\end{aligned}$$

$$+\left[\frac{\beta}{2}\mathrm{e}^{\beta\Omega_0}\sum_n \mathrm{e}^{-\beta\mathscr{E}_n}\,|(H_1)_{nn}|^2 - \frac{\beta}{2}\left(\mathrm{e}^{\beta\Omega_0}\sum_n \mathrm{e}^{-\beta\mathscr{E}_n}(H_1)_{nn}\right)^2\right],$$

其中 $m=n$ 的项已利用洛必达(G.-F. A. de L'Hospital)法则求出于后. 若令 $a_n=(\mathrm{e}^{-\beta\mathscr{E}_n})^{1/2}$, $b_n=(\mathrm{e}^{-\beta\mathscr{E}_n})^{1/2}(H_1)_{nn}$, 并注意到 $\mathrm{e}^{-\beta\Omega_0}=\sum_n \mathrm{e}^{-\beta\mathscr{E}_n}$, 则上式中[…]变为

$$[\cdots]=\frac{\beta}{2}(\mathrm{e}^{\beta\Omega_0})^2\left(\left(\sum_n |a_n|^2\right)\left(\sum_n |b_n|^2\right)-\left|\sum_n a_n b_n\right|^2\right)\geqslant 0,$$

它总是≥0 是由于柯西(A.-L. Cauchy)-施瓦茨(H. A. Schwarz) 不等式. 另外, {…}中第一项, 也总是≥0, 所以{…}≥0. 最后得到

$$\Omega\leqslant\Omega_0+\langle H_1\rangle_0;$$

同时应该指出, 对于正则系综, 结果是自由能 F 有

$$F\leqslant F_0+\langle H_1\rangle_0.$$

以上结果是变分微扰法的基础.

13.1.5 准经典近似

1. 多体系统的量子力学①

考虑 N 个全同粒子的量子力学系统. 我们以 $X\equiv(x_1,\cdots,x_N)$ 标志其坐标, 而 $x_a=(\boldsymbol{r}_a,s_a)$ 为 a 粒子的坐标(空间坐标 $\boldsymbol{r}_a$ 和自旋坐标 s_a), 则其薛定谔方程为

$$\mathrm{i}\hbar\frac{\partial}{\partial t}\Psi(X)=\hat{H}(X)\Psi(X),$$

其中 $\hat{H}(X)$ 是哈密顿算符(这一小节中的算符用上面加"ˆ"符号表示), $\Psi(X)$ 是波函数. 由于粒子的全同性, 将任意两粒子的所有坐标互换后哈密顿量 $\hat{H}(X)$ 不变, 导致粒子交换算符 $\hat{\mathscr{P}}_{12}$ 的本征值为±1, 即波函数 $\Psi(X)$ 对任意两粒子的所有坐标的同时交换必定是或者对称的($\theta=+1$)或者反对称的($\theta=-1$). 实验发现: 自旋为半整数的粒子遵守泡利原理, 由反对称波函数描述, 称为费米子(例如电子、质子、中子以及三者加起来总数为奇数所组成的粒子); 自旋为零或整数的粒子由对称波函数描述, 称为玻色子(例如光子、介子以及由偶数个费米子所组成的粒子).

现在令完备的正交归一化单粒子波函数为 $\varphi_\lambda(x)$, λ 标志其量子态, 则满足对称化要求的一个 N 粒子波函数是

$$\Psi_\Lambda(X)=\langle X|\Lambda\rangle\equiv\langle x_1,x_2,\cdots,x_N|\lambda_1,\lambda_2,\cdots,\lambda_N\rangle$$

---

① 参考 W. J. Grandy, Jr, *Foundations of Statistical Mechanics*, Vol. Ⅰ, 1987, Reidel, Dordrecht, pp. 101—103.

$$= \left[(N!)\prod_i (n_i!)\right]^{-\frac{1}{2}} \sum_{\mathscr{P}} \theta^{\mathscr{P}} \hat{\mathscr{P}}[\varphi_{\lambda_1}(x_1)\varphi_{\lambda_2}(x_2)\cdots\varphi_{\lambda_N}(x_N)],$$

其中 n_i 是态 i 上的占有数(即有 n_i 个 $\lambda=i$)，$\left[(N!)\prod_i (n_i!)\right]^{-\frac{1}{2}}$ 是归一化因子，后面对粒子坐标各种排列求和 $\left(\sum_{\mathscr{P}}\right)$ 部分对费米子系统($\theta=-1$)是行列式而对玻色子系统($\theta=1$)是积和式.

下面证明 $\left[(N!)\prod_i (n_i!)\right]^{-\frac{1}{2}}$ 是归一化因子. 因为，先将 $\Phi_\Lambda^*(X)$ 展开而不展开 $\Phi_\Lambda(X)$，得

$$\int \Phi_\Lambda^*(X)\Phi_\Lambda(X)\mathrm{d}X = \left[(N!)\prod_i (n_i!)\right]^{-\frac{1}{2}}$$

$$\times \sum_{\mathscr{P}} \theta^{\mathscr{P}} \int \hat{\mathscr{P}}[\varphi_{\lambda_1}^*(x_1)\cdots\varphi_{\lambda_N}^*(x_N)]\Phi_\Lambda(X)\mathrm{d}X.$$

对每项积分将积分变量重新命名，积分化为

$$\int [\varphi_{\lambda_1}^*(x_1)\cdots\varphi_{\lambda_N}^*(x_N)]\hat{\mathscr{P}}^{-1}\Phi_\Lambda(X)\mathrm{d}X,$$

但由于

$$\hat{\mathscr{P}}^{-1}\Phi_\Lambda(X) = \theta^{\mathscr{P}^{-1}}\Phi_\Lambda(X),$$

所以 $\sum_{\mathscr{P}}$ 各项贡献相等(共 $N!$ 项)，

$$\int \Phi_\Lambda^*(X)\Phi_\Lambda(X)\mathrm{d}X = \left(\frac{N!}{\prod_i (n_i!)}\right)^{\frac{1}{2}} \int [\varphi_{\lambda_1}^*(x_1)\cdots\varphi_{\lambda_N}^*(x_N)]\Phi_\Lambda(X)\mathrm{d}X$$

$$= \prod_i (n_i!)^{-1} \int [\varphi_{\lambda_1}^*(x_1)\cdots\varphi_{\lambda_N}^*(x_N)]$$

$$\times \sum_{\mathscr{P}} \theta^{\mathscr{P}} \hat{\mathscr{P}}[\varphi_{\lambda_1}(x_1)\cdots\varphi_{\lambda_N}(x_N)]\mathrm{d}X,$$

后式是将 $\Phi_\Lambda(X)$ 展开得到. 注意到 $\int \varphi_i^*(x)\varphi_j(x)\mathrm{d}x = \delta_{ij}$，因此，对于费米子系统只有 $\hat{\mathscr{P}}=I$ 一项有贡献为 1($n_i=0,1, n_i!=1$)；对于玻色子系统($\theta=1$)只是具有相同 $\lambda=i$ 的 n_i 个态之间的(共 $n_i!$ 个)坐标排列不为零，右边积分正好给出 ($\prod_i n_i!$)，得左边积分为 1.

对于任意厄米算符 $\hat{A}$ 的求迹 $\mathrm{tr}\hat{A}$ 可按以下方式进行计算：

$$\mathrm{tr}\hat{A} = \sum_\Lambda \int \langle \Lambda | X' \rangle \langle X' | \hat{A} | X \rangle \langle X | \Lambda \rangle \mathrm{d}X\mathrm{d}X'$$

$$= \frac{1}{N!}\int \mathrm{d}X\mathrm{d}X' \sum_{\lambda_1 \leqslant \cdots \leqslant \lambda_N} \prod_i (n_i!)^{-1} \sum_{\mathscr{P}\mathscr{P}'} \theta^{\mathscr{P}}\theta^{\mathscr{P}'} [\hat{\mathscr{P}}'\varphi_{\lambda_1}(x_1')$$

$$\cdots\varphi_{\lambda_N}(x_N')]^*\langle X'|\hat{A}|X\rangle[\hat{\mathscr{P}}\varphi_{\lambda_1}(x_1)\cdots\varphi_{\lambda_N}(x_N)]$$

$$=\frac{1}{N!}\int \mathrm{d}X\mathrm{d}X'\sum_{\Lambda}\sum_{\mathscr{P}'}\theta^{\mathscr{P}'}[\hat{\mathscr{P}}'\varphi_{\lambda_1}(x_1')\cdots\varphi_{\lambda_N}(x_N')]^*$$

$$\langle X'|\hat{A}|X\rangle[\varphi_{\lambda_1}(x_1)\cdots\varphi_{\lambda_N}(x_N)];$$

其中第二行的限制性(按 λ_i 的增序排列)求和是作为后面进行坐标排列运算的依据;第三行的结果取消此限制而除以 $\frac{N!}{\prod\limits_i n_i!}$,因为这是 $\lambda_1\cdots\lambda_N$(包括 n_i 个 λ_i)的不同排列数,每一固定排列给出相同结果,另外还考虑到两个排列运算中取消其一相当于乘以因子 $N!$. 最后,完成对 X' 的积分,应用单粒子波函数的正交性,得到下列表达式

$$\mathrm{tr}\hat{A}=\frac{1}{N!}\sum_{\lambda_1\cdots\lambda_N}\Big[\sum_{\mathscr{P}}\theta^{\mathscr{P}}\hat{\mathscr{P}}'\langle\lambda_1'\cdots\lambda_N'|\hat{A}|\lambda_1\cdots\lambda_N\rangle\Big]_{\lambda_a'=\lambda_a}.$$

注意到上式的经典极限意味着粒子可分辨,相当于仅取 $\hat{\mathscr{P}}=I$ 一项,得到玻尔兹曼统计的结果

$$(\mathrm{tr}\hat{A})_{\mathrm{B}}=\frac{1}{N!}\sum_{\lambda_1\cdots\lambda_N}\langle\lambda_1\cdots\lambda_N|\hat{A}|\lambda_1\cdots\lambda_N\rangle.$$

2. 密度矩阵和配分函数(坐标表象和混合表象)①

一般情况下,N 粒子系统的哈密顿量不依赖于自旋可写成 $\hat{H}=\frac{1}{2m}\hat{P}^2+U(X)$,这里

$$X\equiv(\boldsymbol{x}_1\cdots\boldsymbol{x}_N),\quad \hat{P}=(\hat{\boldsymbol{p}}_1\cdots,\hat{\boldsymbol{p}}_N),\quad \hat{\boldsymbol{p}}=-\mathrm{i}\hbar\nabla,$$

暂不考虑自旋. 选择在体积 V 内归一的单粒子平面波函数

$$\varphi_{\boldsymbol{p}}(\boldsymbol{x})=V^{-1/2}\mathrm{e}^{\mathrm{i}\boldsymbol{p}\cdot\boldsymbol{x}/\hbar}=V^{-1/2}\mathrm{e}^{\mathrm{i}(px)/\hbar},$$

这里 $(px)\equiv(\boldsymbol{p}\cdot\boldsymbol{x})$. 于是

$$\Phi_P(X)=\frac{1}{\sqrt{V^N N!\prod\limits_i n_i!}}\sum_{\mathscr{P}}\theta^{\mathscr{P}}\exp(\mathrm{i}\hat{\mathscr{P}}(PX)/\hbar),$$

$$(PX)\equiv\sum_{a=1}^{N}(\boldsymbol{p}_a\cdot\boldsymbol{x}_a);$$

这里 $\hat{\mathscr{P}}(PX)=(\hat{\mathscr{P}}P)X=P(\hat{\mathscr{P}}X)$. 采取周期边界条件和连续谱近似有

$$\sum_{\boldsymbol{p}}\rightarrow\int\frac{V\mathrm{d}\boldsymbol{p}}{(2\pi\hbar)^3},\quad \sum_{P}\rightarrow\frac{V^N}{(2\pi\hbar)^{3N}}\int\mathrm{d}P,$$

---

① 可参考 D. N. Zubarev, *Nonequlibrium Statistical Thermodynamics*, Consultants Bureau, New York, 1974(译自俄文), § 14.

于是得到正则系综的密度矩阵 $\rho(X,X')$ 和配分函数 Z 为

$$\rho(X,X')=\frac{1}{ZN!(2\pi\hbar)^{3N}}\int \mathrm{d}P\sum_{\mathscr{P}}\theta^{\mathscr{P}'}\exp(-\mathrm{i}\hat{\mathscr{P}}'(PX')/\hbar)\mathrm{e}^{-\beta\hat{H}}\exp(\mathrm{i}(PX)/\hbar),$$

$$\begin{aligned}Z&=\int \mathrm{d}X\rho(X,X)\\&=\int \mathrm{d}\Gamma\sum_{\mathscr{P}}\theta^{\mathscr{P}}\exp(-\mathrm{i}\hat{\mathscr{P}}(PX)/\hbar)\mathrm{e}^{-\beta\hat{H}}\exp(\mathrm{i}(PX)/\hbar),\end{aligned}$$

其中 $\mathrm{d}\Gamma=\dfrac{\mathrm{d}X\mathrm{d}P}{N!\ (2\pi\hbar)^{3N}}$. 与经典配分函数 $Z_{\mathrm{cl}}=\int \mathrm{d}\Gamma \mathrm{e}^{-\beta H}$ 比较,相当于

$$\mathrm{d}\Gamma=\mathrm{d}X\mathrm{d}P\Longrightarrow \mathrm{d}\Gamma=\frac{\mathrm{d}X\mathrm{d}P}{N!(2\pi\hbar)^{3N}},$$

$$\mathrm{e}^{-\beta H}\Longrightarrow\sum_{\mathscr{P}}\theta^{\mathscr{P}}\exp(-\mathrm{i}\hat{\mathscr{P}}(PX)/\hbar)\mathrm{e}^{-\beta\hat{H}}\exp(\mathrm{i}(PX)/\hbar).$$

另外,对于可观察量 A 在坐标表象中有

$$\langle\hat{A}\rangle=\mathrm{tr}\hat{\rho}\hat{A}=\int \mathrm{d}X\mathrm{d}X'\rho(X,X')A(X',X),$$

而经典结果为

$$\langle A\rangle_{\mathrm{cl}}=\int \mathrm{d}X\mathrm{d}P\rho_{\mathrm{cl}}(X,P)A_{\mathrm{cl}}(X,P);$$

与 $\langle A\rangle_{\mathrm{cl}}$ 是 $6N$ 个变量 (X,P) 的积分类似,现在 $\langle A\rangle$ 则是 $6N$ 个变量 (X,X') 的积分.

为了使两者在形式上更相似,可定义混合表象中的统计密度矩阵为

$$\begin{aligned}\rho(X,P)\mathrm{d}X\mathrm{d}P&\equiv\frac{\mathrm{d}X\mathrm{d}P}{(2\pi\hbar)^{3N}}\int\rho(X,X')\exp(\mathrm{i}(PX')/\hbar)\mathrm{d}X'\\&=\frac{\mathrm{d}\Gamma}{Z}\int \mathrm{d}P'\sum_{\mathscr{P}}\theta^{\mathscr{P}'}\left\{\frac{1}{(2\pi\hbar)^{3N}}\int \mathrm{d}X'\right.\\&\quad\left.\times\exp\left[\frac{\mathrm{i}}{\hbar}(P-\hat{\mathscr{P}}'P')X'\right]\right\}\mathrm{e}^{-\beta\hat{H}}\exp(\mathrm{i}(P'X)/\hbar)\\&=\frac{\mathrm{d}\Gamma}{Z}\sum_{\mathscr{P}}\theta^{\mathscr{P}}\mathrm{e}^{-\beta\hat{H}}\exp\left[\frac{\mathrm{i}}{\hbar}\hat{\mathscr{P}}(PX)\right],\end{aligned}$$

因为第二行中 $\{\cdots\}=\delta(P-\hat{\mathscr{P}}'P')$,其经典极限与经典结果仅相差一个无关紧要的相位因子.

维格纳(E. Wigner,1932)[①]定义下列混合表象(令 $Y=(\boldsymbol{y}_1,\cdots,\boldsymbol{y}_N)$)

$$f_{\mathrm{W}}(X,P)\equiv\frac{1}{(2\pi\hbar)^{3N}}\int\rho\left(X+\frac{Y}{2},X-\frac{Y}{2}\right)\exp\left[\frac{\mathrm{i}}{\hbar}(PY)\right]\mathrm{d}Y,$$

它很显然满足 $\int f_{\mathrm{W}}(X,P)\mathrm{d}P=\rho(X,X)=\rho(X)$; 而且可以证明它也满足 $\int f_{\mathrm{W}}(X,$

① E. Wigner, *Phys. Rev.*, **40**(1932), 749.

$P)\mathrm{d}X = \rho(P,P) = \rho(P)$.

但是应该注意,不能将 $\rho(X,P)$ 或 $f_{\mathrm{W}}(X,P)$ 看做相空间的分布函数,它们甚至还可取负值;当然,积分后的 $\rho(X)$ 和 $\rho(P)$ 是具有坐标空间和动量空间的分布函数的意义.

3. 配分函数的准经典近似①

当温度高而密度低时,量子效应不显著,可对配分函数或统计算符按 $\hbar$ 的幂进行展开,得到对经典结果的修正,称为准经典近似.

为此,需先计算 $\mathrm{e}^{-\beta\hat{H}}$ 作用于 $\exp(\mathrm{i}\hat{\mathscr{P}}(PX)/\hbar)$ 的结果. 令

$$\begin{aligned}\mathscr{U}(\hat{\mathscr{P}}) &= \mathrm{e}^{-\beta\hat{H}}\exp(\mathrm{i}\hat{\mathscr{P}}(PX)/\hbar) \\ &= \exp(\mathrm{i}\hat{\mathscr{P}}(PX)/\hbar)\mathrm{e}^{-\beta H}w(P,X;\beta),\end{aligned}$$

或者

$$w(P,X;\beta) = \mathrm{e}^{\beta H}\exp(-\mathrm{i}\hat{\mathscr{P}}(PX)/\hbar)\mathscr{U}(\hat{\mathscr{P}}), \quad w(P,X;0) = 1;$$

于是

$$\frac{\partial w}{\partial \beta} = \mathrm{e}^{\beta H}\exp(-\mathrm{i}\hat{\mathscr{P}}(PX)/\hbar)[H - \hat{H}]\mathscr{U}(\hat{\mathscr{P}}),$$

注意到

$$\hat{H} = \frac{1}{2m}\hat{P}^2 + U(X), H = \frac{1}{2m}P^2 + U(X),$$

$$H - \hat{H} = \frac{1}{2m}(P^2 - \hat{P}^2);$$

$$\hat{P}^2\exp(\mathrm{i}\hat{\mathscr{P}}(PX)/\hbar) = \exp(\mathrm{i}\hat{\mathscr{P}}(PX)/\hbar[(\hat{\mathscr{P}}P)^2 + 2(\hat{\mathscr{P}}P)\cdot\hat{P} + \hat{P}^2],$$

以及 $(\hat{\mathscr{P}}P)^2 = P^2, \hat{P} = -\mathrm{i}\hbar\nabla$, 结果得到

$$\begin{aligned}\frac{\partial w}{\partial \beta} &= \mathrm{e}^{\beta H}\cdot\frac{1}{2m}[-2(\hat{\mathscr{P}}P)\cdot\hat{P} - \hat{P}^2]\mathrm{e}^{-\beta H}w \\ &= \mathrm{e}^{\beta H}\left[\frac{\mathrm{i}\hbar}{m}(\hat{\mathscr{P}}P)\cdot\nabla + \frac{\hbar^2}{2m}\nabla^2\right]\mathrm{e}^{-\beta H}w \\ &= \mathrm{e}^{\beta U}\left[\frac{\mathrm{i}\hbar}{m}(\hat{\mathscr{P}}P)\cdot\nabla + \frac{\hbar^2}{2m}\nabla^2\right]\mathrm{e}^{-\beta U}w.\end{aligned}$$

注意到 $w|_{\beta=0}=1$,积分得到

$$\begin{aligned}w = 1 &+ \frac{\mathrm{i}\hbar}{m}\int_0^\beta \mathrm{e}^{\tau U}[\hat{\mathscr{P}}(P\cdot\nabla)(\mathrm{e}^{-\tau U}w)]\mathrm{d}\tau \\ &+ \frac{\hbar^2}{2m}\int_0^\beta \mathrm{e}^{\tau U}[\nabla^2(\mathrm{e}^{-\tau U}w)]\mathrm{d}\tau.\end{aligned}$$

① 参考前引 Zubarev 的书. §14.

现在求 w 的 $\hbar$ 幂级数展开解,设

$$w=\sum_{n\geqslant 0}\hbar^n w_n,$$

$n>0$ 代表与相互作用有关的量子修正;得到

$$w_n=\frac{\mathrm{i}}{m}\int_0^\beta \mathrm{e}^{\tau U}[\hat{\mathscr{P}}(P\cdot\nabla)(\mathrm{e}^{-\tau U}w_{n-1})]\mathrm{d}\tau + \frac{1}{2m}\int_0^\beta \mathrm{e}^{\tau U}[\nabla^2(\mathrm{e}^{-\tau U}w_{n-2}]\mathrm{d}\tau;$$

$$w_0=1,\quad w_1=-\frac{\mathrm{i}\beta^2}{2m}\hat{\mathscr{P}}(P\cdot\nabla)U(X),$$

$$w_2=-\frac{1}{2m}\left[\frac{\beta^2}{2}\nabla^2 U-\frac{\beta^3}{3}(\nabla U)^2-\frac{\beta^3}{3m}(\hat{\mathscr{P}}(P\cdot\nabla))^2 U + \frac{\beta^4}{4m}(\hat{\mathscr{P}}(P\cdot\nabla)U)^2\right],\cdots.$$

最后求得配分函数的展开式为

$$Z=\int \mathrm{d}\Gamma \mathrm{e}^{-\beta H}\left\{1+\sum_{\mathscr{P}\neq I}\theta^{\mathscr{P}}\exp\left[\frac{\mathrm{i}}{\hbar}P(X-\hat{\mathscr{P}}X)\right]\right\} \times\left(1+\sum_{n>0}\hbar^n w_n\right),$$

$\{\cdots\}$ 中 $\hat{\mathscr{P}}\neq I$ 的部分属于交换效应,$(\cdots)$ 中 $n>0$ 的部分属于互作用的量子效应(注意,这里 $w_n=w_n(\hat{\mathscr{P}}=I)$);而 $\hat{\mathscr{P}}=I$ 和 $n=0$ 则得 $Z_{\mathrm{cl}}=\int \mathrm{d}\Gamma \mathrm{e}^{-\beta H}$ 为经典部分,但需注意到 $\mathrm{d}\Gamma=\dfrac{\mathrm{d}X\mathrm{d}P}{N!(2\pi\hbar)^{3N}}$,分母中 $(2\pi\hbar)^{3N}$ 因子是考虑了不确定性原理的限制,而 $N!$ 因子则是考虑了全同粒子的不可分辨性. 对于 $\rho(X,X')$ 和 $\rho(X,P)$ 可以写出类似结果.

4. 理想气体的结果

对于量子理想气体,$U(X)=0$ 导致 $w=1$,而 $H=\dfrac{1}{2m}P^2$,有

$$\rho(X,X')=\frac{1}{Z_N N!(2\pi\hbar)^{3N}}\int \mathrm{d}P\sum_{\mathscr{P}}\theta^{\mathscr{P}}\mathrm{e}^{-\beta P^2/2m}\exp[\mathrm{i}P(X-\hat{\mathscr{P}}X')/\hbar]$$

$$=\frac{1}{Z_N N!\lambda_T^{3N}}\sum_{\mathscr{P}}\theta^{\mathscr{P}}\exp\left[-\pi\frac{(X-\hat{\mathscr{P}}X)^2}{\lambda_T^2}\right],$$

$$Z_N=\frac{1}{N!\lambda_T^{3N}}\sum_{\mathscr{P}}\theta^{\mathscr{P}}\int \mathrm{d}X\exp\left[-\pi\frac{(X-\hat{\mathscr{P}}X)^2}{\lambda_T^2}\right],$$

这里应用了

$$\int_{-\infty}^{+\infty}\mathrm{e}^{-\alpha y^2+\mathrm{i}\gamma y}\mathrm{d}y=\sqrt{\frac{\pi}{\alpha}}\mathrm{e}^{-\gamma^2/4\alpha}$$

和

$$\lambda_T = \left(\frac{2\pi\hbar^2\beta}{m}\right)^{1/2}$$

是热波长.

特别对于双粒子系统有

$$\begin{aligned} Z_2 &= \frac{1}{2\lambda_T^6}\iint \mathrm{d}\boldsymbol{r}_1\,\mathrm{d}\boldsymbol{r}_2\left[1+\theta\exp\left(-\frac{2\pi r_{12}^2}{\lambda_T^2}\right)\right] \\ &= \frac{1}{2}\left(\frac{V}{\lambda_T^3}\right)^2\left[1+\theta\frac{1}{V}\int_0^\infty \exp\left(-\frac{2\pi r^2}{\lambda_T^2}\right)\cdot 4\pi r^2\,\mathrm{d}r\right] \\ &= \frac{1}{2}\left(\frac{V}{\lambda_T^3}\right)^2\left[1+\theta\frac{1}{2^{3/2}}\left(\frac{\lambda_T^3}{V}\right)\right]\approx\frac{1}{2}\left(\frac{V}{\lambda_T^3}\right)^2, \end{aligned}$$

$$\begin{aligned} \rho(\boldsymbol{r}_1,\boldsymbol{r}_2;\boldsymbol{r}_1,\boldsymbol{r}_2) &= \frac{1}{Z_2\cdot 2\lambda_T^6}\left[1+\theta\exp\left(-\frac{2\pi r_{12}^2}{\lambda_T^2}\right)\right] \\ &\approx \frac{1}{V^2}\left[1+\theta\exp\left(-\frac{2\pi r_{12}^2}{\lambda_T^2}\right)\right]=\frac{1}{V^2}\mathrm{e}^{-\beta u_{\mathrm{s}}(r_{12})}, \end{aligned}$$

其中

$$u_{\mathrm{s}}(r) = -kT\ln\left[1+\theta\exp\left(-\frac{2\pi r^2}{\lambda_T^2}\right)\right]$$

称为统计交换势(对玻色气体($\theta=+1$)是吸引势,对费米气体($\theta=-1$)是排斥势).交换效应$\propto\exp\left(-\frac{2\pi r^2}{\lambda_T^2}\right)$,$r\gg\lambda_T$ 时很小,但在低温高密度情况可以很大,Z_{q} 与 Z_{cl} 有显著差异,并出现量子气体的简并现象.

13.2 量子理想气体

13.2.1 量子统计分布

我们考虑由 N 个相同的微观粒子所组成的系统,忽略粒子之间的微弱相互作用而把它们当作由近独立子系所组成.这样的系统以后将简称为理想气体.下面用巨配分函数来讨论近独立子系的分布.

对于理想气体,设具有能级为 ε_l 的粒子数为 N_l,则有

$$N=\sum_l N_l,\quad E=\sum_l N_l\varepsilon_l;$$

于是巨配分函数为

$$\mathscr{Z}=\sum_{N=0}^{\infty}\sum_E \exp[-\beta E-\alpha N]$$

$$= \sum_{N=0}^{\infty} \sum_{\{N_l\}}{}' \exp\left[-\sum_l (\beta\varepsilon_l + \alpha) N_l\right]$$

$$= \sum_{\{N_l\}} \exp\left[-\sum_l (\beta\varepsilon_l + \alpha) N_l\right]$$

$$= \prod_l \sum_{N_l} \exp[-(\beta\varepsilon_l + \alpha) N_l],$$

其中第二行中 $\sum_{\{N_l\}}{}'$ 表示受 $N = \sum_l N_l$ 的限制，但由于 N 可取 0 至∞间的任意值，所以合并得到第三行中不受限制的求和.

我们知道，由于微观粒子的全同性，同类粒子的交换不引起新的量子态. 自旋为半整数的粒子由反对称波函数描述，称为费米子(例如电子)；自旋为整数的粒子由对称波函数描述，称为玻色子(例如光子). 并且，对于费米子，每个量子态上的占有数还受泡利不相容原理的限制，只能为 0 或 1；而对于玻色子则不受这种限制，可取 0,1,2…直至∞. 这就产生两种统计法，前者为费米统计法(或费米-狄拉克统计法，简写为 FD)，后者为玻色统计法(或玻色-爱因斯坦统计法，简称为 BE). 当粒子数远比(能级小于 kT 的)量子态数少时，两者趋于同一结果，玻尔兹曼统计法(或麦克斯韦-玻尔兹曼统计法，简写为 MB).

现在来完成巨配分函数中对 N_l 的求和，结果得到

$$\mathscr{Z} = \prod_l [1 \mp \exp(-\beta\varepsilon_l - \alpha)]^{\mp 1},$$

$$\ln\mathscr{Z} = \mp \sum_l \ln[1 \mp \exp(-\beta\varepsilon_l - \alpha)],$$

其中上面和下面的正负号对应于玻色统计法和费米统计法. 由此求得(注意下面的 N 和 N_l 等现在是平均值)

$$N = -\frac{\partial}{\partial\alpha}\ln\mathscr{Z} = \sum_l \frac{1}{\exp(\beta\varepsilon_l + \alpha) - \theta},$$

即量子态 ε_l 上的平均占有数为

$$N_l = \frac{1}{\exp(\beta\varepsilon_l + \alpha) - \theta},$$

这就是玻色[-爱因斯坦]分布($\theta = +1$)和费米[-狄拉克]分布($\theta = -1$)；而当 $e^{\alpha} \gg 1$ 时，则得[麦克斯韦-]玻尔兹曼分布(形式上相当于 $\theta = 0$). 对于能级简并度为 g_l 的能级，l 能级上的占有数相应地需乘以因子 g_l.

13.2.2　连续谱近似

若不考虑粒子内部结构，认为它只做平动($\varepsilon = p^2/2m$)，粒子的其他运动只提供一个简并性因子 g_0. 因为平动总可以按照连续谱近似加以处理，应用对应关系

$$\sum_l \to \frac{g_0}{(2\pi\hbar)^3}\int \mathrm{d}\boldsymbol{q}\mathrm{d}\boldsymbol{p} = \frac{g_0 V}{2\pi^2\hbar^3}\int_0^\infty p^2\mathrm{d}p = \frac{2g_0 V}{\sqrt{\pi}\lambda_T^3}\int_0^\infty (\beta\varepsilon)^{1/2}\mathrm{d}(\beta\varepsilon),$$

其中 λ_T 是粒子的热波长

$$\lambda_T \equiv \left(\frac{2\pi\hbar^2\beta}{m}\right)^{1/2} = \left(\frac{2\pi\hbar^2}{mkT}\right)^{1/2},$$

于是可以求出

$$\begin{aligned}\ln\mathscr{Z} &= -\theta^{-1}\frac{2g_0}{\sqrt{\pi}}\frac{V}{\lambda_T^3}\int_0^\infty [\ln(1-\theta\mathrm{e}^{-y-\alpha})]y^{1/2}\mathrm{d}y \\ &= \frac{4g_0}{3\sqrt{\pi}}\frac{V}{\lambda_T^3}\int_0^\infty \frac{y^{3/2}}{\exp(y+\alpha)-\theta}\mathrm{d}y,\end{aligned}$$

这里进行了分部积分而积出部分在上下限为零.

如果引进积分(下面令 $\xi=-\alpha$)

$$I_\nu(\xi;\theta) \equiv \int_0^\infty \frac{y^\nu}{\exp(y-\xi)-\theta}\mathrm{d}y,$$

显然有

$$\begin{aligned}\frac{\partial}{\partial\xi}I_\nu(\xi;\theta) &= -\int_0^\infty y^\nu\frac{\partial}{\partial y}[\mathrm{e}^{y-\xi}-\theta]^{-1}\mathrm{d}y \\ &= \nu\int_0^\infty \frac{y^{\nu-1}}{\exp(y-\xi)-\theta}\mathrm{d}y \\ &= \nu I_{\nu-1}(\xi;\theta).\end{aligned}$$

于是可将量子理想气体的主要热力学函数写出如下：

$$\ln\mathscr{Z} = \frac{4g_0}{3\sqrt{\pi}}\frac{V}{\lambda_T^3}I_{3/2}(\xi;\theta),$$

$$n = \frac{N}{V} = \frac{1}{V}\frac{\partial}{\partial\xi}\ln\mathscr{Z} = \frac{2g_0}{\sqrt{\pi}}\frac{1}{\lambda_T^3}I_{1/2}(\xi;\theta),$$

$$\frac{E}{V} = -\frac{1}{V}\frac{\partial}{\partial\beta}\ln\mathscr{Z} = \frac{2g_0}{\sqrt{\pi}}\frac{1}{\lambda_T^3}kTI_{3/2}(\xi;\theta) = nkT\frac{I_{3/2}(\xi;\theta)}{I_{1/2}(\xi;\theta)},$$

$$p = \frac{1}{V}kT\ln\mathscr{Z} = \frac{2}{3}\frac{E}{V}.$$

同时,由 n 的公式,注意到 ξ 是 n 和 T 的函数,可求得

$$T\left(\frac{\partial\xi}{\partial T}\right)_n = -3\frac{I_{1/2}}{I_{-1/2}};$$

结果得出热容量 $C_V=\left(\frac{\partial E}{\partial T}\right)_{V,N}$ 如下：

$$\frac{C_V}{Nk} = \left[\frac{\partial}{\partial T}\left(\frac{E}{Nk}\right)\right]_{V,N} = \left[\frac{\partial}{\partial T}\left(T\frac{I_{3/2}}{I_{1/2}}\right)\right]_n$$

$$= \frac{I_{3/2}}{I_{1/2}} + \left[\frac{3}{2} - \frac{I_{3/2}I_{-1/2}}{2I_{1/2}^2}\right] T\left(\frac{\partial \xi}{\partial T}\right)_n$$

$$= \frac{5}{2}\frac{I_{3/2}}{I_{1/2}} - \frac{9}{2}\frac{I_{1/2}}{I_{-1/2}};$$

以上为了方便,将 $I_\nu(\xi;\theta)$ 省略为 I_ν.

13.2.3　弱简并性气体

当 $e^\xi<1$ 时,可将 $I_\nu(\xi;\theta)$ 展开为 e^ξ 的幂级数如下:

$$I_\nu(\xi;\theta) = \int_0^\infty (e^{y-\xi}-\theta)^{-1} y^\nu dy = \int_0^\infty e^{\xi-y}(1-\theta e^{\xi-y})^{-1} y^\nu dy$$

$$= \sum_{l=1}^\infty \theta^{(l-1)} e^{l\xi}\int_0^\infty e^{-ly} y^\nu dy = \sum_{l=1}^\infty \theta^{(l-1)} \frac{e^{l\xi}}{l^{\nu+1}}\int_0^\infty e^{-y} y^\nu dy$$

$$= \Gamma(\nu+1)\sum_{l=1}^\infty \theta^{(l-1)}\frac{e^{l\xi}}{l^{\nu+1}},$$

注意到 Γ 函数有 $\Gamma(\nu+1)=\nu\Gamma(\nu)$ 以及 $\Gamma(1)=1$ 和 $\Gamma\left(\frac{1}{2}\right)=\sqrt{\pi}$,并且令(为了方便,省略 $\zeta_\nu(z,\theta)$ 中 θ 记号)

$$\zeta_\nu(z) \equiv \sum_{l=1}^\infty \theta^{l-1}\frac{z^l}{l^\nu},\quad z\equiv e^\xi;$$

于是量子理想气体的热力学函数变为

$$n = \frac{g_0}{\lambda_T^3}\zeta_{3/2}(z),$$

$$\frac{E}{V} = \frac{3}{2}nkT\frac{\zeta_{5/2}(z)}{\zeta_{3/2}(z)},$$

$$p = nkT\frac{\zeta_{5/2}(z)}{\zeta_{3/2}(z)},$$

$$\frac{C_V}{Nk} = \frac{15}{4}\frac{\zeta_{5/2}(z)}{\zeta_{3/2}(z)} - \frac{9}{4}\frac{\zeta_{3/2}(z)}{\zeta_{1/2}(z)}.$$

如果由上面第一个方程反解出 z 为 n 的函数,再代入下面的方程,例如 p,可得到物态方程的位力展开形式

$$\frac{p}{nkT} = 1 - \frac{\theta}{2^{5/2}}\left(\frac{\lambda_T^3}{g_0}\right)n - \theta^2\left(\frac{2}{3^{5/2}}-\frac{1}{8}\right)\left(\frac{\lambda_T^3}{g_0}\right)^2 n^2 + \cdots$$

$$= 1 - \theta(0.17678)\left(\frac{\lambda_T^3}{g_0}\right)n - \theta^2(0.00330)\left(\frac{\lambda_T^3}{g_0}\right)^2 n^2 + \cdots,$$

带 θ 因子的各项为对经典理想气体的偏离,它们是由量子交换效应所引起,导致粒子间的有效吸引(玻色气体)或排斥(费米气体). 玻色气体和费米气体统称简并性

气体.显然,非简并性条件(即玻尔兹曼统计法的适用性条件)是

$$\frac{n\lambda_T^3}{g_0} = \frac{n}{g_0}\left(\frac{2\pi\hbar^2}{mkT}\right)^{3/2} \ll 1.$$

由于一般气体在常态下其值很小(例如氢气约为 1.12×10^{-5}),而在量子效应显著的温度(几 K)下早已变成固体(氦在这样的温度下为液体);所以,一般气体总可当作经典系统处理.当然,电子气体(由于 m 很小)和光子气体(由于 $m=0$)一般都是强简并性气体.

13.2.4 玻色-爱因斯坦凝聚①

我们采用连续谱近似时,无意中对基态能级 $\varepsilon_0=0$ 给予权重为零(能态密度中含 $\varepsilon^{1/2}$ 因子),因而该能级的占有数为零,对于玻色气体在很低温度下这是不正确的;因为

$$N_0 = \frac{1}{e^{-\beta\xi}-1} = \frac{e^{\beta\xi}}{1-e^{\beta\xi}} = \frac{z}{1-z},$$

$\xi\to0^-$ 或 $z\to1^-$ 为奇点,意味着在低温下可有大量粒子趋向于占有基态.这种情况称为玻色-爱因斯坦凝聚(动量空间或能态上的凝聚,而非普通坐标空间的凝聚).

令 $n_0 = N_0/V = \frac{1}{V}\frac{z}{1-z}$,而对其余激发态仍采用连续谱近似,则有($n_e$ 为激发态粒子数密度)

$$n_e = n - n_0 = \frac{g_0}{\lambda_T^3}\zeta_{3/2}(z).$$

因为 $\zeta_{3/2}(z) = \sum_l \frac{z^l}{l^{3/2}} \leqslant \zeta_{3/2}(1) = \sum_l \frac{1}{l^{3/2}} = 2.6124$,在给定密度下,定义使 $z=1(\xi=0)$,也就是 $n = \frac{g_0}{\lambda_T^3}\zeta_{3/2}(1)$ 的温度为 T_0,即

$$T_0 = \frac{3.3125}{g_0^{2/3}}\frac{\hbar^2}{mk}n^{2/3},$$

其中 $3.3125 = \frac{2\pi}{(2.6124)^{2/3}}$.当 $T<T_0$ 时,总有 $z=1(\xi=0)$,于是

$$n_0 = n\left[1-\left(\frac{T}{T_0}\right)^{3/2}\right],$$

$$\frac{E}{V} = 0.7703nkT\left(\frac{T}{T_0}\right)^{3/2} = 0.7703n_e kT,$$

---

① 参考 E. M. Lifshitz, L. P. Pitaevskii, *Statistical Physics*, 3rd ed., Part 1(L. D. Landau, E. M. Lifshitz, *Course of Theoretical Physics*, Vol. 5), Pergamon, Oxford, 1980(译自俄文)[或中译本:Л. Д. 朗道, E. M. 栗弗席兹著,束仁贵、束莼译:《理论物理学教程》第五卷,《统计物理学 I》,高等教育出版社,2011], §62.

$$p = \frac{2}{3}\frac{E}{V} = 0.5135nkT\left(\frac{T}{T_0}\right)^{3/2} = 0.5135n_e kT,$$

$$\frac{C_V}{Nk} = 1.9257\left(\frac{T}{T_0}\right)^{3/2};$$

这里用了 $\zeta_{5/2}(1) = \sum_l \frac{1}{l^{5/2}} = 1.3415$.

我们注意到,这一小节的公式($T<T_0$ 时适用)与上一小节弱简并性气体的一般公式($T>T_0$ 时适用),在 $T=0$ 点的各热力学量是连续的,但热容量对温度的导数不连续.

现在来确定这个跃变量.注意到 $T>T_0$ 时$\frac{E}{V}$和 n 都是 T 和 ξ 的函数,而在 T_0 附近 $\xi=\mu/kT<0$ 是个小量,容易从 n 反解出 ξ 为 n 和 T 的函数后代入 E/V 中再求解.由于

$$\begin{aligned}
[n(\xi) - n(\xi=0)]\frac{\sqrt{\pi}}{2}\frac{\lambda_T^3}{g_0} &= I_{1/2}(\xi) - I_{1/2}(0) \\
&= \int_0^\infty \left[\frac{1}{e^{y-\xi}-1} - \frac{1}{e^y-1}\right] y^{1/2}\,dy \approx \int_0^\infty \left[\frac{1}{y-\xi} - \frac{1}{y}\right] y^{1/2}\,dy \\
&= \xi\int_0^\infty \frac{dy}{y^{1/2}(y-\xi)} = -\pi\sqrt{-\xi},
\end{aligned}$$

这里应用了积分的重要贡献来自 y 小的区域这一事实.所以,

$$-\xi = \frac{\lambda_T^6}{4\pi g_0^2}[n(0) - n]^2,$$

其中 $n(0) = n(\xi=0) = n_0, n = n(\xi)$.另一方面,由于

$$\frac{\partial}{\partial\xi}\left(\frac{E}{V}\right) = \frac{2g_0}{\sqrt{\pi}}\frac{1}{\lambda_T^3}kT\frac{\partial}{\partial\xi}I_{3/2}(\xi) = \frac{3}{2}kTn,$$

所以,同样作展开可得

$$\left[\frac{E}{V} - \frac{E(0)}{V}\right] = \frac{3}{2}n(0)kT\xi = -\frac{3kT\lambda_T^6}{8\pi g_0^2}n(0)[n(0)-n]^2,$$

于是容易求得[注意到 $\frac{\partial}{\partial T}n(0) = \frac{3}{2}\frac{n_0}{T} = \frac{3}{2T}\cdot\frac{g_0}{\lambda_T^3}\cdot\zeta_{3/2}(1)$]

$$\Delta\left(\frac{\partial}{\partial T}\frac{C_V}{Nk}\right) = -\frac{3kT\lambda_T^6}{4\pi g_0^2}\left\{\frac{n(0)}{n}\left[\frac{\partial n(0)}{\partial T}\right]^2\right\}_{T=T_0} = -\frac{27\zeta_{3/2}^2(1)}{16T} = -3.666/T.$$

13.2.5　巨配分函数的梅林变换表示[①]

量子统计分布的巨配分函数

① 参考 W. T. Grandy, Jr., *Foundations of Statistical Mechanics*, Vol. I, 1987, Reidel, Dordrecht, p. 131.

$$\ln\mathscr{Z} = \begin{cases} -\sum_l \ln(1-\mathrm{e}^{\xi-\beta\varepsilon_l}) & (\mathrm{BE}), \\ \sum_l \ln(1+\mathrm{e}^{\xi-\beta\varepsilon_l}) & (\mathrm{FD}), \end{cases}$$

还可通过梅林逆变换公式

$$f(x) = \frac{1}{2\pi\mathrm{i}}\int_{c-\mathrm{i}\infty}^{c+\mathrm{i}\infty} F_{\mathrm{M}}(t)x^{-t}\mathrm{d}t$$

予以表达. 注意到

$$\begin{aligned} &f(x) && F_{\mathrm{M}}(t) \\ &\ln|1+x| \leftrightarrow && \pi t^{-1}\csc(\pi t), \quad -1<\mathrm{Re}\,t<0, \\ &\ln|1-x| \leftrightarrow && \pi t^{-1}\cot(\pi t), \quad -1<\mathrm{Re}\,t<0, \end{aligned}$$

可以将巨配分函数表达为

$$\ln\mathscr{Z} = -\frac{\theta}{2\mathrm{i}}\sum_l \int_{c-\mathrm{i}\infty}^{c+\mathrm{i}\infty} \frac{\cos^{\theta'}(\pi t)}{\sin(\pi t)}\mathrm{e}^{\xi t}\mathrm{e}^{-\beta t\varepsilon_l}\frac{\mathrm{d}t}{t}, \quad 0<c<1,$$

这里仍以 $\theta=+1$(BE)和 $\theta=-1$(FD)表示,并且 $\theta'\equiv\frac{1}{2}(1+\theta)$. 交换求和与积分次序,并注意到 $\sum \mathrm{e}^{-\beta t\varepsilon_l} = Z_1(\beta t)$ 正是玻尔兹曼统计的单粒子正则配分函数,于是

$$\ln\mathscr{Z} = -\frac{\theta}{2\mathrm{i}}\int_{c-\mathrm{i}\infty}^{c+\mathrm{i}\infty} \frac{\cos^{\theta'}(\pi t)}{t\sin(\pi t)}\mathrm{e}^{\xi t}Z_1(\beta t)\mathrm{d}t, \quad 0<c<1.$$

这样一来,就将巨配分函数的运算变为先求单粒子配分函数,再应用复变函数论的留数理论进行定积分的计算. 因此,这是计算 $\ln\mathscr{Z}$ 的一种很有效手段.

下面研究理想费米气体的磁性质时将利用这种方法.

13.2.6 电子气体的磁性[①]

弱磁场中电子气的磁化由两个独立部分构成:归因于电子内禀(自旋)磁矩的顺磁性部分,称为泡利顺磁性[②];和归因于磁场中电子轨道运动量子化的抗磁性部分,称为朗道抗磁性[③]. 强磁场中电子气的磁化还会呈现振荡,这个现象称为德哈斯-范阿尔芬效应[④].

---

① 参考 Л. Д. 朗道,E. M. 栗弗席兹著,束仁贵、束莼译:《理论物理学》第五卷,《统计物理学 I》,高等教育出版社,2011(译自俄文);§§59,60.

W. T. Grandy, Jr., *Foundations of Statistical Mechanics*, Vol. I, Reidel, 1987; ch. 6, B, C.

② W. Pauli, *Z. Phys.*, **41**(1927), 81.

③ L. D. Landau, *Z. Phys.*, **64**(1930), 629.

④ W. J. de Haas, P. M. von Alphen, *Proc. Acad. Amsterdam*, **33**(1930), 680, 1106; **35**(1932), 454.

1. 均匀磁场中电子的运动[①]

在均匀磁场中,电子的哈密顿量(非相对论近似)是

$$H=\frac{1}{2m}(\boldsymbol{p}-e\boldsymbol{A})^2+\mu_{\mathrm{B}}\boldsymbol{\sigma}\cdot\boldsymbol{B},$$

其中 $\mu_{\mathrm{B}}\equiv\frac{|e|\hbar}{2m}$ 是玻尔磁子,$\boldsymbol{\sigma}$ 是自旋算符.设将磁场方向取作 z 轴,采用朗道规范 $\boldsymbol{A}=(-yB,0,0)$ 则薛定谔方程为

$$\left\{\frac{1}{2m}\left[\left(\frac{\hbar}{\mathrm{i}}\frac{\partial}{\partial x}+eBy\right)^2+\left(\frac{\hbar}{\mathrm{i}}\frac{\partial}{\partial y}\right)^2+\left(\frac{\hbar}{\mathrm{i}}\frac{\partial}{\partial z}\right)^2\right]+\mu_{\mathrm{B}}\sigma B\right\}\psi=E\psi,$$

其中 $\sigma=\pm1$ 为 σ_z 的本征值,而 ψ 为普通坐标函数.取

$$\psi=\varphi(y)\exp\left[\frac{\mathrm{i}}{\hbar}(p_x x+p_z z)\right],$$

薛定谔方程化为

$$\left[-\frac{\hbar^2}{2m}\frac{\partial^2}{\partial y^2}+\frac{1}{2}m\omega_{\mathrm{c}}^2(y-y_0)^2\right]\varphi(y)$$
$$=(E-\mu_{\mathrm{B}}\sigma B-\frac{1}{2m}p_z^2)\varphi(y),$$

其中 $\omega_{\mathrm{c}}\equiv|e|B/m$ 为回旋频率,而 $y_0=p_x/m\omega_{\mathrm{c}}=p_x/|e|B$.这形式上等于谐振子的波动方程(见240页),所以

$$E=\left(\nu+\frac{1}{2}\right)\hbar\omega_{\mathrm{c}}+\frac{1}{2m}p_z^2+\sigma\mu_{\mathrm{B}}B,\quad \nu=0,1,2,\cdots.$$

由此可见,电子沿磁场方向的运动是自由运动,而在垂直于磁场的 xy 平面内则作量子化的回旋运动;这些离散能级称为朗道能级.设电子局限于 $V=L_xL_yL_z$ 内运动,p_z,p_x 可取准连续值,则能级简并度为

$$g_n=\frac{L_x\Delta p_x}{2\pi\hbar}=\frac{L_x}{2\pi\hbar}|e|B\Delta y_0=\frac{L_xL_y}{2\pi\hbar}|e|B=\frac{L_xL_y}{2\pi\hbar^2}\cdot m\hbar\omega_{\mathrm{c}}.$$

2. 巨配分函数的计算

我们可以求得玻尔兹曼统计单电子配分函数为

$$Z_{\mathrm{M}}(\beta)=\frac{L_xL_yL_z}{(2\pi\hbar)^2\hbar}m\hbar\omega_{\mathrm{c}}\int_{-\infty}^{\infty}\mathrm{d}p_z\sum_{\nu=0}^{\infty}\sum_{\sigma=\pm1}$$
$$\cdot\exp\left[-\beta\left(\nu+\frac{1}{2}\right)\hbar\omega_{\mathrm{c}}-\frac{\beta p_z^2}{2m}-\sigma\beta\mu_{\mathrm{B}}B\right]$$
$$=\frac{V}{(2\pi)^2\hbar^3}\frac{m}{\beta}\int_{-\infty}^{\infty}\mathrm{e}^{-\beta p_z^2/2m}\mathrm{d}p_z\cdot2a_{\mathrm{o}}\sum_{\nu=0}^{\infty}\mathrm{e}^{-\left(\nu+\frac{1}{2}\right)2a_{\mathrm{o}}}\cdot\sum_{\sigma=\pm1}\mathrm{e}^{-\sigma a_{\mathrm{s}}}$$

① 参考 L. D. Landau, E. M. Lifshitz, *Quantum Mechanics, Non-relativistic Theory*, Pergamon, 3rd ed., 1977.(译自俄文)[或中译本:Л. Д. 朗道,E. M. 栗弗席兹著,严肃译:《量子力学》,高等教育出版社,2000] §112.

$$= \frac{V}{(2\pi)^2\hbar^3}\frac{m}{\beta}\left(\frac{2\pi m}{\beta}\right)^{1/2} \cdot 2a_{\circ}\frac{e^{-a_{\circ}}}{1-e^{-2a_{\circ}}} \cdot (e^{a_s}+e^{-a_s})$$

$$= \frac{V}{\lambda_T^3}\frac{a_{\circ}}{\mathrm{sh}a_{\circ}} \cdot 2\mathrm{ch}a_s$$

$$= \frac{2V}{\lambda_T^3}\frac{a_{\circ}\mathrm{ch}a_s}{\mathrm{sh}a_{\circ}} \xrightarrow[B\to 0]{} \frac{(2s+1)V}{\lambda_T^3} \overset{}{\underset{s=1/2}{=\!=\!=}} \frac{2V}{\lambda_T^3};$$

这里已经令

$$a_{\circ} \equiv \frac{1}{2}\beta\hbar\omega_c = \beta\mu_B B, \quad a_s \equiv \beta\mu_B B, \quad \lambda_T \equiv \left(\frac{2\pi\hbar^2\beta}{m}\right)^{1/2},$$

分别表示有关轨道运动和自旋的变量以及热波长.

于是,巨配分函数为(注意到要用 $Z_M(\beta t)$ 代入)

$$\ln\mathscr{Z} = \frac{Va_{\circ}}{\mathrm{i}\lambda_T^3}\int_{c-\mathrm{i}\infty}^{c+\mathrm{i}\infty}\frac{e^{\xi t}\mathrm{ch}(a_s t)}{t^{3/2}\sin(\pi t)\mathrm{sh}(a_{\circ}t)}\mathrm{d}t, \quad 0<c<1;$$

被积函数在实轴和虚轴上有简单极点 $t=\pm l$(来自 $\sin(\pi t)$)和 $t=\pm\mathrm{i}\pi p/a_{\circ}$(来自 $\mathrm{sh}(a_{\circ}t)$),而在原点有一支点(来自 $t^{3/2}$).

对于弱简并情况($\xi<0$),采用向右闭合的周线,容易得到

$$\ln\mathscr{Z} = \frac{2Va_{\circ}}{\lambda_T^3}\sum_{l=1}^{\infty}(-)^{l+1}\frac{e^{l\xi}\mathrm{ch}(la_s)}{l^{3/2}\mathrm{sh}(la_{\circ})} \xrightarrow[B\to 0]{} \frac{2V}{\lambda_T^3}\sum_{l=1}^{\infty}(-)^{l-1}\frac{e^{l\xi}}{l^{5/2}}.$$

关于无磁场($B=0$)的弱简并情况已在前面讨论过,对于有磁场的弱简并情况则不作详细讨论.

对于强简并情况($\xi\geqslant 0$),采用向左闭合的周线,并沿负实轴绕过原点及 $-l$ 诸点,如图 13.1. 周线内有被积函数在虚轴上的简单极点 $t_{\pm p}=\pm\mathrm{i}\pi p/a_{\circ}$, $p=0,1,2,\cdots$,其留数求得为

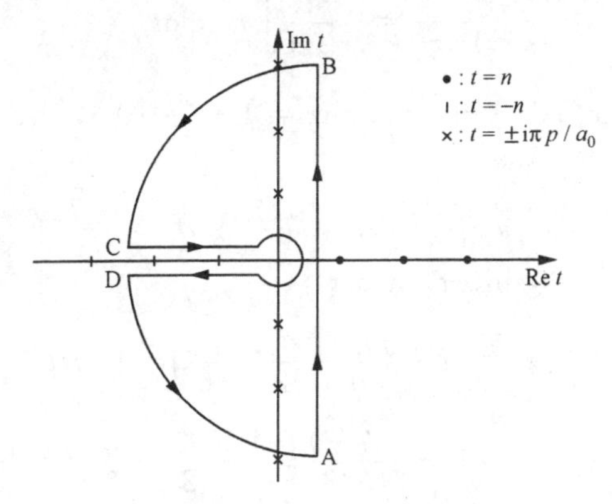

图 13.1 积分周线

$$r_{\pm p} = \lim_{t=t_{\pm p}}(t-t_{\pm p})\frac{e^{\xi t}\mathrm{ch}(a_s t)}{t^{3/2}\sin(\pi t)\mathrm{sh}(a_{\circ}t)}$$

$$= \frac{\exp(\xi t_{\pm p})\operatorname{ch}(a_s t_{\pm p})}{a_o t_{\pm p}^{3/2}\sin(\pi t_{\pm p})\operatorname{ch}(a_o t_{\pm p})}$$

$$= \sqrt{a_o}\,\frac{\cos(\pi p a_s/a_o)e^{\pm i\pi\xi p/a_o}}{(\pm i)^{3/2}(\pi p)^{3/2}(\pm i)\operatorname{sh}(\pi^2 p/a_o)\cos(\pi p)}$$

$$= -\sqrt{a_o}\,\frac{(-)^p\cos(\pi p a_s/a_o)e^{\pm i\pi(\xi p/a_o-1/4)}}{(\pi p)^{3/2}\operatorname{sh}(\pi^2 p/a_o)},$$

这里用了 $\operatorname{sh}(\pm iz)=\pm i\sin z$, $\operatorname{ch}(\pm iz)=\cos z$, $\sin(\pm iz)=\pm i\operatorname{sh}z$, $\cos(p\pi)=(-1)^p$, 以及 $(\pm i)^{5/2}=(\pm i)^2(e^{\pm i\pi/2})^{1/2}=-e^{\pm i\pi/4}$ 诸公式. 于是,周线积分可符号式地写成

$$\oint = \int_A^B + \int_{BC} + \int_{DA} + \int_\gamma = 2\pi i\sum_{p=1}^{\infty}(r_p + r_{-p}),$$

其中 γ 表示周线中从 C 到 D 绕分支割线的部分. 由于 $\xi>0$, 当 $R\to\infty$ 时 $\int_{BC}$ 和 $\int_{DA}$ 变为零,巨配分函数化为

$$\ln\mathscr{Z} = -\frac{a_o V}{i\lambda_T^3}\int_\gamma \frac{e^{\xi t}\operatorname{ch}(a_s t)dt}{t^{3/2}\sin(\pi t)\operatorname{sh}(a_o t)}$$

$$-\frac{4a_o^{3/2}V}{\sqrt{\pi}\lambda_T^3}\sum_{p=1}^{\infty}\frac{(-)^p\cos(\pi p a_s/a_o)}{p^{3/2}\operatorname{sh}(\pi^2 p/a_o)}\cos\left(\frac{\pi\xi p}{a_0}-\frac{\pi}{4}\right).$$

下面来计算积分

$$I_\gamma = -\frac{a_o}{2i}\int_\gamma.$$

由于 $\xi>0$, 积分的主要贡献来自原点小邻域中的 $|t|$(负实轴上极点的贡献可忽略),可通过将三角函数和双曲函数展开并利用 Γ 函数的汉克尔周线积分表示

$$\frac{1}{\Gamma(z)} = -\frac{1}{2\pi i}\int_\gamma t^{-z}e^t dt$$

来求. 注意到 $\sin x = x\left(1-\frac{x^2}{6}+\cdots\right)$, $\operatorname{ch}x = 1+\frac{x^2}{2}+\cdots$, $\operatorname{sh}x = x\left(1+\frac{x^2}{6}+\cdots\right)$, 于是

$$I_\gamma = -\frac{a_o}{2i}\int_\gamma \frac{e^{\xi t}\operatorname{ch}(a_s t)dt}{t^{3/2}\sin(\pi t)\operatorname{sh}(a_o t)},$$

$$= -\frac{1}{2\pi i}\int_\gamma e^{\xi t}t^{-7/2}\left\{1+\left(\frac{\pi^2}{6}+\frac{a_s^2}{2}-\frac{a_o^2}{6}\right)t^2+O(t^4)\right\}dt$$

$$= \xi^{5/2}\cdot\frac{1}{\Gamma(7/2)}\left\{1+\frac{\Gamma(7/2)}{\Gamma(3/2)}\left(\frac{\pi^2}{6}+\frac{a_s^2}{2}-\frac{a_o^2}{6}\right)\xi^{-2}+O\xi^{-4}\right\}.$$

巨配分函数的最后结果为

$$\ln\mathscr{Z} = \frac{2V}{\lambda_T^3}\left\{\frac{8}{15\sqrt{\pi}}\xi^{5/2}\left[1+\frac{5\pi^2}{8}\xi^{-2}+\frac{15}{8}\left(a_s^2-\frac{1}{3}a_o^2\right)\xi^{-2}\right]\right.$$

$$
-\frac{2a_{\circ}^{3/2}}{\sqrt{\pi}}\sum_{p=1}^{\infty}\frac{\cos\left(\frac{\pi\xi p}{a_{\circ}}-\frac{\pi}{4}\right)}{p^{3/2}\operatorname{sh}(\pi^2 p/a_{\circ})}\Bigg\};
$$

其中最后一项为振荡项[用 $a_s=a_\circ$ 及 $(-)^p\cos(p\pi)=1$ 作了化简]，强场时起作用；小括号中两项为弱场时的主要贡献，而最前面两项则是无磁场时强简并性电子气的结果.

3. 主要结果

(1) 泡利顺磁性和朗道抗磁性

首先讨论强简并性($\xi\gg1$)和弱场($1\gg a_\circ, a_s$)情况，这时振荡项可忽略. 我们有

$$
n=\frac{8}{3\sqrt{\pi}\lambda_T^3}\xi^{3/2}\left(1+\frac{\pi^2}{8}\xi^{-2}+\cdots\right)\equiv\frac{8}{3\sqrt{\pi}}\left(\frac{\xi_F}{\lambda_T^2}\right)^{3/2}
=\frac{8}{3\sqrt{\pi}}\left(\frac{m\varepsilon_F}{2\pi\hbar^2}\right)^{3/2},
$$

其中 $\xi_F=\beta\varepsilon_F, \varepsilon_F=\dfrac{(3\pi^2 n\hbar^3)^{2/3}}{2m}$ 是零温下电子具有的最大能量，称为费米能. 反解求得

$$
\xi=\xi_F\left(1-\frac{\pi^2}{12}\xi_F^{-2}+\cdots\right)\quad 或者\quad \mu=\varepsilon_F\left[1-\frac{\pi^2}{12}\left(\frac{kT}{\varepsilon_F}\right)^2+\cdots\right].
$$

磁化强度和磁化率的公式是(μ_0 是真空磁导率)

$$
M=\frac{1}{V}\beta^{-1}\frac{\partial}{\partial B}\ln\mathscr{Z},\quad \chi=\mu_0\frac{M}{B}=\frac{\mu_0}{\beta V}\cdot\frac{\partial}{B\partial B}\ln\mathscr{Z};
$$

由于 $\ln\mathscr{Z}$ 中 $a_s^2, a_\circ^2$ 正好正比于 B^2，所以

$$
\chi=\frac{2\mu_0\beta}{V}\frac{\partial}{\partial(\beta B)^2}\ln\mathscr{Z}=\frac{4\mu_0}{\sqrt{\pi}}\frac{\beta\xi^{1/2}}{\lambda_T^3}\left(\frac{1}{\beta B}\right)^2\left(a_s^2-\frac{1}{3}a_\circ^2\right)=\chi_P+\chi_L,
$$

用 n 代入求得泡利顺磁磁化率 χ_P 和朗道抗磁磁化率 χ_L 以及总磁化率 χ 分别为(注意 $a_s=\beta B\mu_B=a_\circ$)

$$
\chi_P\approx\frac{3}{2}\mu_0\frac{n\mu_B^2}{\varepsilon_F},\quad \chi_L\approx-\frac{1}{2}\mu_0\frac{n\mu_B^2}{\varepsilon_F},\quad \chi\approx\mu_0\frac{n\mu_B^2}{\varepsilon_F};
$$

完全简并性电子气总体呈现弱顺磁性. 若采用 ξ 的较好近似，上述磁化率都要乘以 $\left[1-\dfrac{\pi^2}{24}\left(\dfrac{kT}{\varepsilon_F}\right)^2\right]$ 的因子.

(2) "经典"磁性

另一方面，对于"经典"磁性，在弱简并情况中只取 $l=1$ 的一项，得[①]

① P. Langevin, *Ann. Chim, Phys.*, **5**(1905), 70.

$$\ln\mathscr{Z}_{\mathrm{MB}}=\frac{2V}{\lambda_T^3}\mathrm{e}^{\xi}\frac{a_{\circ}\mathrm{ch}a_{\mathrm{s}}}{\mathrm{sh}a_{\circ}}=\mathrm{e}^{\xi}Z_{\mathrm{M}}(\beta)$$
$$\approx\frac{2V}{\lambda_T^3}\mathrm{e}^{\xi}\left[1+\frac{1}{2}\left(a_{\mathrm{s}}^2-\frac{1}{3}a_{\circ}^2\right)\right],$$

容易求得

$$\chi_{\mathrm{p}}\approx\mu_0\frac{n\mu_{\mathrm{B}}^2}{kT},\quad\chi_{\mathrm{d}}\approx-\frac{1}{3}\mu_0\frac{n\mu_{\mathrm{B}}^2}{kT},\quad\chi\approx\frac{2}{3}\mu_0\frac{n\mu_{\mathrm{B}}^2}{kT}.$$

注意到其与温度的反比关系(居里定律)①,这是与量子磁性(不依赖于温度)的显著不同之处.

(3) 金属电子热容

附带提一下电子热容问题.我们有(令磁场 $B=0$)

$$\frac{E}{N}=-\frac{1}{N}\frac{\partial}{\partial\beta}\ln\mathscr{Z}=\frac{3}{5\beta}\frac{\xi^{5/2}}{\xi_{\mathrm{F}}^{3/2}}\left(1+\frac{5\pi^2}{8}\xi^{-2}+\cdots\right)$$
$$=\frac{3}{5}\varepsilon_{\mathrm{F}}\left[1+\frac{5\pi^2}{12}\left(\frac{kT}{\varepsilon_{\mathrm{F}}}\right)^2+\cdots\right],$$
$$\frac{C_V}{Nk}=\frac{\partial}{\partial T}\frac{E}{Nk}\approx\frac{\pi^2}{2}\frac{k}{\varepsilon_{\mathrm{F}}}T.$$

一般情况下,$\varepsilon_{\mathrm{F}}\gg kT$(例如,铜的 $\varepsilon_{\mathrm{F}}/k$ 是 $8.2\times10^4\,\mathrm{K}$),电子对热容无贡献;但在低温下,金属的热容是

$$\frac{C_V}{Nk}=\frac{\pi^2}{2}\frac{k}{\varepsilon_{\mathrm{F}}}T+\frac{12\pi^4}{5}\left(\frac{T}{\Theta_{\mathrm{D}}}\right)^3,$$

后一项是晶格热容(见 177 页),电子的贡献可以很显著.

(4) 德哈斯-范阿尔芬效应

现在讨论强简并性和强场情况($\xi\gg a_{\circ}=a_{\mathrm{s}}\geqslant1$),这时振荡项变得重要,而且轨道运动量子化效应与自旋效应不能分开(从 $\ln\mathscr{Z}$ 的先前表达式中的 $\cos(\pi p a_{\mathrm{s}}/a_{\circ})$ 因子可以看出).巨配分函数的振荡部分为

$$(\ln\mathscr{Z})_{\mathrm{osc}}=-\frac{4V}{\sqrt{\pi}\lambda_T^3}a_{\circ}^{3/2}\sum_{p=1}^{\infty}\frac{\cos\left(\frac{\pi\xi p}{a_{\circ}}-\frac{\pi}{4}\right)}{p^{3/2}\mathrm{sh}(\pi^2p/a_{\circ})},$$

在求磁化强度或磁化率时,只需对最迅速变化的因子,分子上的余弦项求导,得到

$$\chi_{\mathrm{osc}}\approx-\frac{4V}{\sqrt{\pi}}\left(\frac{a_{\circ}}{\lambda_T^2}\right)^{3/2}\frac{\mu_0}{\beta V}\left(\frac{\pi\xi}{a_{\circ}}\right)\frac{1}{B^2}\sum_{p=1}^{\infty}\frac{\sin\left(\frac{\pi\xi p}{a_{\circ}}-\frac{\pi}{4}\right)}{p^{1/2}\mathrm{sh}(\pi^2p/a_{\circ})}$$

---

① P. Curie, *Ann. de Chimie*, *ser.* 7, **5**(1895), 289.

$$\approx -\mu_0 \frac{\sqrt{2\mu_B}m^{3/2}\varepsilon_F kT}{\pi\hbar^3 B^{3/2}}\sum_{p=1}^{\infty}\frac{\sin\left(\frac{\pi\varepsilon_F p}{\mu_B B}-\frac{\pi}{4}\right)}{p^{1/2}\mathrm{sh}(\pi^2 pkT/\mu_B B)}.$$

这个函数以高频振荡,变量 $1/B$ 的振荡"周期"$\Delta(1/B)=2\mu_B/\varepsilon_F$ 为不依赖于温度的常量.这里 $\Delta B/B\sim\mu_B B/\varepsilon_F=a_o/\xi_F\ll 1$.这个现象称为德哈斯-范阿尔芬效应.实验确定这些振荡周期后就能确定给定系统的费米能.

当 $\mu_B B\sim kT$ 时,磁矩的振荡振幅是 $M_{osc}\sim\varepsilon_F B^{1/2}(m\mu_B)^{3/2}\hbar^{-3}$,而磁化强度的"单调"部分是 $M\sim\varepsilon_F^{1/2}Bm^{3/2}\mu_B^2\hbar^{-3}$.因此 $M_{osc}/M\sim(\varepsilon_F/\mu_B B)^{1/2}=(\xi_F/a_o)^{1/2}\gg 1$,即振荡部分的振幅远大于单调部分.然而,若 $\mu_B B\ll kT$,此振幅如 $\exp(-\pi^2 kT/\mu_B B)$ 那样变得不重要.

13.3 非理想气体

现在来讨论非理想气体的性质,主要考虑其物态方程.对于粒子间有相互作用的真实气体,卡末林·昂内斯提出了下列级数形式的物态方程①

$$\frac{p}{nkT}=\sum_{\nu=1}B_\nu n^{\nu-1},$$

其中 B_ν 叫做第 ν 位力系数($B_1\equiv 1$).这里 $n=\overline{N}/V=\upsilon^{-1}$ 是粒子数密度.

物态方程的普遍理论需要计算配分函数或巨配分函数.对于经典气体,乌泽尔②提出了一种算法,后来迈耶等人③使之发展成为系统的理论.卡恩和乌伦贝克④首先将此方法推广应用于量子气体,后来李政道和杨振宁⑤进一步发展成可与迈耶理论相当的完美理论.

13.3.1 集团展开的一般评述⑥

1. 集团积分和乌泽尔方法

考虑化学纯气体,其巨配分函数可写为(见 365 和 371 页)

① H. Kammerlingn-Onnes, *Proc. Kon. Ned. Akad. Wet*. (Amsterdam), **4**(1902), 125.

② H. D. Ursell, *Proc. Camb. Phil. Soc.*, **23**(1927), 685.

③ J. E. Mayer, *J. Chem. Physics*, **5**(1937), 67; J. E. Mayer et al., ibid., **5**(1937), 74; **6**(1938), 87, 101; 可参考 J. E. Mayer, M. G. Mayer, *Statistical Mechanics*, Wiley, New York, 1940; 以及 M. Born, K. Fuchs, *Proc. Roy. Soc.* (*London*), **A116**(1938), 391.

④ G. E. Uhlenbeck, E. Beth, *Physica*, **3**(1936), 729; **4**(1937), 915; B. Kahn, G. E. Uhlenbeck, *Physica*, **5**(1938), 399.

⑤ T. D. Lee, C. N. Yang, *Phys. Rev.*, **113**(1959), 1165; **116**(1959), 25; **117**(1960), 12, 22, 897.

⑥ 参考 W. T. Grandy, Jr., *Foundations of Statistical Mechanics*, Vol. 1, 1987, Reidel, Dordrecht; ch. 7, A. B.

$$\mathscr{Z} = \mathrm{tr}\ \mathrm{e}^{-\beta H - \alpha N} = \sum_{N=0}^{\infty} z^N \mathrm{tr}\ \mathrm{e}^{-\beta H_N} = \sum_{N=0}^{\infty} z^N Z_N,$$

$$z = \mathrm{e}^{-\alpha} = \mathrm{e}^{\mu/kT},$$

$$Z_N = \mathrm{tr}\ \mathrm{e}^{-\beta H_N} = \frac{1}{N!}\sum_{\lambda_1\cdots\lambda_N}\Big[\sum_{\mathscr{P}}\theta^{\mathscr{P}}\mathscr{P}\langle\lambda_1'\cdots\lambda_N' \mid \mathrm{e}^{-\beta H_N} \mid \lambda_1\cdots\lambda_N\rangle\Big]_{\lambda_a'=\lambda_a}$$

$$= \frac{1}{N!}\sum_{\lambda_1\cdots\lambda_N} W_N\begin{bmatrix}\lambda_1\cdots\lambda_N\\ \lambda_1\cdots\lambda_N\end{bmatrix};$$

这里定义量子统计的 W 函数为

$$W_N\begin{bmatrix}\lambda_1'\cdots\lambda_N'\\ \lambda_1\cdots\lambda_N\end{bmatrix} \equiv \sum_{\mathscr{P}}\theta^{\mathscr{P}}\mathscr{P}\langle\lambda_1'\cdots\lambda_N' \mid \mathrm{e}^{-\beta H_N} \mid \lambda_1\cdots\lambda_N\rangle$$

$$\equiv \sum_{\mathscr{P}}\theta^{\mathscr{P}}\mathscr{P} W_N^{\mathrm{B}}\begin{bmatrix}\lambda_1'\cdots\lambda_N'\\ \lambda_1\cdots\lambda_N\end{bmatrix},$$

而 W_N^{B} 是其玻尔兹曼形式,粒子互作用效应全在其中.还需注意到两者对于列置换都是不变式.

下面来阐明集团化的概念,为明确起见,采用位置表象.考虑短程互作用,令 r_0 为粒子作用半径.另一方面,交换效应的作用范围为热波长 λ_T.现在假定 N 个粒子分成 N_1 个粒子的一群和 N_2 个粒子的另一群,分别以 i 和 j 标志,若所有 $|\boldsymbol{r}_i - \boldsymbol{r}_j| > r_0$,则有经典集团化 $W_N^{\mathrm{B}} = W_{N_1}^{\mathrm{B}} \cdot W_{N_2}^{\mathrm{B}}$;若同时还使所有 $|\boldsymbol{r}_i - \boldsymbol{r}_j| > \lambda_T$,则有经典和量子集团化 $W_N = W_{N_1} W_{N_2}$.

根据以上的考虑,可通过乌泽尔方程引进量子集团函数 $U_l\begin{bmatrix}1'\cdots l'\\ 1\cdots l\end{bmatrix}$ 如下:

$$W_1\begin{bmatrix}1'\\1\end{bmatrix} = U_1\begin{bmatrix}1'\\1\end{bmatrix},$$

$$W_2\begin{bmatrix}1' & 2'\\ 1 & 2\end{bmatrix} = U_1\begin{bmatrix}1'\\1\end{bmatrix}U_1\begin{bmatrix}2'\\2\end{bmatrix} + U_2\begin{bmatrix}1' & 2'\\ 1 & 2\end{bmatrix},$$

$$W_3\begin{bmatrix}1' & 2' & 3'\\ 1 & 2 & 3\end{bmatrix} = U_1U_1U_1 + 3U_1U_2,$$

$$W_4\begin{bmatrix}1' & 2' & 3' & 4'\\ 1 & 2 & 3 & 4\end{bmatrix} = U_1U_1U_1U_1 + 6U_1U_1U_2 + 4U_1U_3 + 3U_2U_2 + U_4,\cdots,$$

$$W_N\begin{bmatrix}1' & 2' & \cdots & N'\\ 1 & 2 & \cdots & N\end{bmatrix} \equiv \sum_{\{N_i\}} U_{N_1}U_{N_2}\cdots U_{N_k},\quad \sum_{i=1}^{k} N_i = N;$$

为了方便,从第三行起省略了变量,其每项前的系数表示不同排列数(例如 $3U_1U_2$ 代表(1)(23),(2)(31),(3)(12)三项);而最后一行中的求和则包括所有可能的集团划分及不同排列.

同时注意到,对于经典集团化,同样可以通过乌泽尔方程引进经典集团函数,在 W 和 U 上附以上标 B 即得.

由于配分函数中对 W_N 要求迹,其变量是傀变量;因此对于某一划分,例如,m_1 个 $U_1,\cdots m_l$ 个 $U_l,\cdots$,其

$$C_N\{m_l\}=\prod_l \frac{N!}{m_l!(l!)^{m_l}}\Bigg|(\text{限制}\sum_l l m_l=N)$$

种不同排列给出相同贡献,即可以将 W_N 写成

$$W_N\begin{bmatrix}1\cdots N\\1\cdots N\end{bmatrix}=\sum_{\{m_l\}}C_N\{m_l\}\prod_l\left(U_l\begin{bmatrix}1\cdots l\\1\cdots l\end{bmatrix}\right)^{m_l}.$$

若进一步定义集团积分 b_l

$$b_l(\beta)\equiv\frac{1}{Z_1 l!}\int\mathrm{d}(1)\cdots\mathrm{d}(l)U_l\begin{bmatrix}1\cdots l\\1\cdots l\end{bmatrix},$$

注意到积分是对一特定集团区域进行,只有最后的积分给出因子 V;它与 Z_1 中的因子 V 相抵消,所以 b_l 是强度量. 于是巨配分函数可以写成

$$\begin{aligned}\mathscr{Z}&=\sum_{N=0}^{\infty}\frac{z^N}{N!}\sum_{\{m_l\}}\prod_l\left[\frac{N!}{m_l!(l!)^{m_l}}(Z_1 l!b_l)^{m_l}\right]\Bigg|(\text{限制}\sum_l l m_l=N)\\&=\sum_{N=0}^{\infty}\sum_{\{m_l\}}\prod_l\left[\frac{(Z_1 b_l z^l)^{m_l}}{m_l!}\right]\Bigg|(\text{限制}\sum_l l m_l=N)\\&=\prod_{l=1}^{\infty}\sum_{m_l=1}^{\infty}\frac{(Z_1 b_l z^l)^{m_l}}{m_l!}=\prod_{l=1}^{\infty}\mathrm{e}^{Z_1 b_l z^l};\end{aligned}$$

$$\frac{1}{V}\ln\mathscr{Z}=\frac{Z_1}{V}\sum_{l=1}^{\infty}b_l z^l=\frac{2s+1}{\lambda_T^3}\sum_{l=1}^{\infty}b_l z^l,$$

因为对于 Z_1 显然有 $Z_1=\dfrac{(2s+1)V}{\lambda_T^3}$,其中 s 是粒子自旋(见 383 页). 这样就有 $b_1=1$.

由乌泽尔方程可以反解出 U_l,例如

$$U_1\begin{bmatrix}1'\\1\end{bmatrix}=W_1\begin{bmatrix}1'\\1\end{bmatrix},$$

$$U_2\begin{bmatrix}1' & 2'\\1 & 2\end{bmatrix}=W_2\begin{bmatrix}1' & 2'\\1 & 2\end{bmatrix}-W_1\begin{bmatrix}1'\\1\end{bmatrix}W_1\begin{bmatrix}2'\\2\end{bmatrix},$$

$$\begin{aligned}U_3\begin{bmatrix}1' & 2' & 3'\\1 & 2 & 3\end{bmatrix}=&W_3\begin{bmatrix}1' & 2' & 3'\\1 & 2 & 3\end{bmatrix}-\left[W_1\begin{bmatrix}1'\\1\end{bmatrix}W_2\begin{bmatrix}2' & 3'\\2 & 3\end{bmatrix}++\right]\\&+2W_1\begin{bmatrix}1'\\1\end{bmatrix}W_1\begin{bmatrix}2'\\2\end{bmatrix}W_1\begin{bmatrix}3'\\3\end{bmatrix},\end{aligned}$$

最后一式[]中的++表示不同排列的另外两项;于是可以求得集团积分 b_l 与配分

函数 $Z_m(m\leqslant l)$ 的下列关系；

$$b_1=1,\quad b_2=Z_1^{-1}\left(Z_2-\frac{1}{2}Z_1^2\right),\quad b_3=Z_1^{-1}\left(Z_3-Z_2Z_1+\frac{1}{3}Z_1^3\right),\cdots.$$

其实，由 $\mathscr{Z}=\sum_{N=0}^{\infty}z^NZ_N$ 和 $\ln\mathscr{Z}=\sum_{l=0}^{\infty}z^l(Z_1b_l)$，利用数学中的累积量展开公式可以得到(见 367 页)①

$$b_l=Z_1^{-1}\sum_{\{m_\nu\}}{}'(-)^{\sum m_\nu-1}\left[\left(\sum m_\nu-1\right)!\prod_\nu\frac{Z_\nu^{m_\nu}}{m_\nu!}\right],$$

其中限制条件是 $\sum\nu m_\nu=l$.

2. 物态方程的位力展开式

由 $\ln\mathscr{Z}=\sum_l z^l(Z_1b_l)$ 容易求得压强 p 和数密度 n 为(注意 $Z_1=\frac{(2s+1)V}{\lambda_T^3}$ 和 $z=\mathrm{e}^{\mu/kT}=\mathrm{e}^{-\alpha}$)

$$p=\frac{1}{\beta}\frac{\partial}{\partial V}\ln\mathscr{Z}=\frac{2s+1}{\lambda_T^3}kT\sum b_lz^l=kT\sum B_\nu n^\nu,$$

$$n=-\frac{\partial}{\partial\alpha}\frac{1}{V}\ln\mathscr{Z}=z\frac{\partial}{\partial z}\left(\frac{p}{kT}\right)=\frac{2s+1}{\lambda_T^3}\sum_{l=1}^{\infty}lb_lz^l\equiv z\sum_{j=1}^{\infty}A_jz^j.$$

根据物态方程的位力形式 $\frac{p}{kT}=\sum B_\nu n^\nu$，可得

$$B_\nu=\frac{1}{2\pi\mathrm{i}}\oint\frac{p}{kT}\cdot n^{-\nu-1}\mathrm{d}n.$$

注意到

$$\mathrm{d}\left(\frac{p}{kT}n^{-\nu}\right)=-\nu\frac{p}{kT}n^{-\nu-1}+n^{-\nu}\mathrm{d}\left(\frac{p}{kT}\right),$$

$$\mathrm{d}\left(\frac{p}{kT}\right)=nz^{-1}\mathrm{d}z,$$

以及由于全微分沿闭周线的积分为零，于是

$$B_\nu=\frac{1}{2\pi\mathrm{i}}\frac{1}{\nu}\oint n^{-\nu}\mathrm{d}\left(\frac{p}{kT}\right)$$

---

① b_l 的一般公式还可通过下列 l 阶行列式的积分

$$Z_1b_l=(-)^l\int^1\mathrm{d}Z_0Z_0^{-(l+1)}\begin{vmatrix}Z_1&Z_0&0&0&\cdots\\Z_2&Z_1&Z_0&0&\cdots\\Z_3&Z_2&Z_1&Z_0&\cdots\\Z_4&Z_3&Z_2&Z_1&\cdots\\\vdots&\vdots&\vdots&\vdots&\ddots\end{vmatrix}_l$$

得到；例如：

$$b_2=Z_1^{-1}\int^1\mathrm{d}Z_0Z_0^{-3}(Z_1^2-Z_0Z_2)=Z_1^{-1}\left(Z_2-\frac{1}{2}Z_1^2\right).$$

$$= \frac{1}{2\pi i}\frac{1}{\nu}\oint n^{-\nu+1}z^{-1}dz$$

$$= \frac{1}{2\pi i}\frac{1}{\nu}\oint z^{-\nu}(A_0 + A_1 z + \cdots)^{1-\nu}dz,$$

特别是有 $B_1=1$.

在多项式展开 $\left(\sum_{j=0}A_j z^j\right)^m = \sum_{r=0}a_r z^r$ 中，m 为任意实数，则借助于行列式理论，系数 a_r 通过 r 阶行列式与 A_j 相联系.

$$a_r = \frac{A_0^{m-r}}{r!}\begin{vmatrix} mA_1 & -A_0 & 0 & 0 & \cdots \\ 2mA_2 & (m-1)A_1 & -2A_0 & 0 & \cdots \\ 3mA_3 & (2m-1)A_2 & (m-2)A_1 & -3A_0 & \cdots \\ 4mA_4 & (3m-1)A_3 & (2m-2)A_2 & (m-3)A_1 & \cdots \\ \vdots & \vdots & \vdots & \vdots & \ddots \end{vmatrix}_r .$$

对于现在的情况，有 $A_j = \frac{2s+1}{\lambda_T^3}(j+1)b_{j+1}$，令 $\nu\to\nu+1$，则 $m=-\nu$，于是

$$B_{\nu+1} = \frac{(-)^\nu\left(\frac{\lambda_T^3}{2s+1}\right)^\nu b_1^{-2\nu}}{(\nu+1)!}\begin{vmatrix} \nu(2b_2) & (b_1) & 0 & \cdots \\ 2\nu(3b_3) & (\nu+1)(2b_2) & 2(b_1) & \cdots \\ 3\nu(4b_4) & (2\nu+1)(3b_3) & (\nu+2)(2b_2) & \cdots \\ \vdots & \vdots & \vdots & \ddots \end{vmatrix}_\nu ;$$

结果求得

$$B_1 = 1,\quad B_2 = -\frac{b_2}{b_1^2}\left(\frac{\lambda_T^3}{2s+1}\right),$$

$$B_3 = \left(\frac{4b_2^2}{b_1^4} - \frac{2b_3}{b_1^3}\right)\left(\frac{\lambda_T^3}{2s+1}\right)^2,\ \cdots.$$

13.3.2 量子第二位力系数①

1. 一般公式

用 $b_1=1, b_2=\frac{\lambda_T^3}{(2s+1)V}\left[Z_2-\frac{1}{2}Z_1^2\right]$ 代入，并以理想气体为参考，得到量子第二位力系数 B（以下省略下标）为

$$B - B^{(0)} = -\frac{\lambda_T^6}{V(2s+1)^2}\mathrm{tr}\left[e^{-\beta H_2} - e^{-\beta H_2^{(0)}}\right]$$

$$= -\frac{\lambda_T^6}{2V(2s+1)^2}\sum_{\sigma_1,\sigma_2}\int d\boldsymbol{r}_1 d\boldsymbol{r}_2$$

---

① 参考前引 Grandy 的书，Ch. 7. E.

$$\times[\langle \boldsymbol{r}_1\boldsymbol{r}_2|\mathrm{e}^{-\beta H_2}-\mathrm{e}^{-\beta H_2^{(0)}}|\boldsymbol{r}_1\boldsymbol{r}_2\rangle+\theta\langle \boldsymbol{r}_1\boldsymbol{r}_2|\mathrm{e}^{-\beta H_2}-\mathrm{e}^{-\beta H_2^{(0)}}|\boldsymbol{r}_2\boldsymbol{r}_1\rangle].$$

采用质心位置 $\boldsymbol{R}=\frac{1}{2}(\boldsymbol{r}_1+\boldsymbol{r}_2)$ 和相对位置 $\boldsymbol{r}=\boldsymbol{r}_2-\boldsymbol{r}_1$，则有 $\mathrm{d}\boldsymbol{r}_1\mathrm{d}\boldsymbol{r}_2\to\mathrm{d}\boldsymbol{R}\mathrm{d}\boldsymbol{r}$，而二体哈密顿量为

$$\begin{aligned}H_2&=-\frac{\hbar^2}{2m}(\nabla_1^2+\nabla_2^2)+u(|\boldsymbol{r}_1-\boldsymbol{r}_2)|)\\&=-\frac{\hbar^2}{4m}\nabla_{\boldsymbol{R}}^2-\frac{\hbar^2}{m}\nabla_{\boldsymbol{r}}^2+u(r)=H_{2,\text{质心}}+H_{2,\text{相对}}.\end{aligned}$$

质心运动相当于经典自由粒子，给出因子 $2^{3/2}V/\lambda_T^3$（出现 $2^{3/2}$ 是由于其质量为 $2m$）．另一方面，对自旋求和时，直接部分给出因子 $(2s+1)^2$，而交换部分给出因子 $(2s+1)$，因为自旋平行的粒子才有交换作用．同时注意到 $B^{(0)}=-\frac{\theta}{2^{5/2}}\frac{\lambda_T^3}{2s+1}$，于是

$$\begin{aligned}B=&-\frac{\theta}{2^{5/2}}\frac{\lambda_T^3}{2s+1}-\frac{\sqrt{2}\lambda_T^3}{2s+1}\int\mathrm{d}\boldsymbol{r}\\&\times[(2s+1)\langle\boldsymbol{r}|(\mathrm{e}^{-\beta H_2}-\mathrm{e}^{-\beta H_2^{(0)}})_{\text{相对}}|\boldsymbol{r}\rangle\\&+\theta\langle\boldsymbol{r}|(\mathrm{e}^{-\beta H_2}-\mathrm{e}^{-\beta H_2^{(0)}})_{\text{相对}}|-\boldsymbol{r}\rangle]\\=&-\frac{\theta}{2^{5/2}}\frac{\lambda_T^3}{2s+1}-\frac{\sqrt{2}\lambda_T^3}{2s+1}\cdot\frac{V}{(2\pi\hbar)^3}\int\mathrm{d}\boldsymbol{p}\\&\times[(2s+1)\langle\boldsymbol{p}|(\mathrm{e}^{-\beta H_2}-\mathrm{e}^{-\beta H_2^{(0)}})_{\text{相对}}|\boldsymbol{p}\rangle\\&+\theta\langle\boldsymbol{p}|(\mathrm{e}^{-\beta H_2}-\mathrm{e}^{-\beta H_2^{(0)}})_{\text{相对}}|-\boldsymbol{p}\rangle];\end{aligned}$$

后一表达式是通过幺正变换从位置表象变换到动量表象的．动量表象适用于推导低温区域的表达式，而位置表象则对较高温度区域的分析较有用．

2．低温情况

现在考虑低温情况，将 B 重新写成

$$\begin{aligned}B(T)-B^{(0)}(T)&=-\frac{\lambda_T^6}{V(2s+1)^2}\mathrm{tr}[\mathrm{e}^{-\beta H_2}-\mathrm{e}^{-\beta H_2^{(0)}}]\\&=-\frac{2\sqrt{2}\lambda_T^3}{(2s+1)^2}\sum_{(\boldsymbol{k})\sigma}[\mathrm{e}^{-\beta\omega(\boldsymbol{k})}-\mathrm{e}^{-\beta\omega_0(\boldsymbol{k})})]_{\text{相对}},\end{aligned}$$

其中 $\omega(\boldsymbol{k})$ 和 $\omega_0(\boldsymbol{k})$ 分别是相对运动的互作用粒子和自由粒子哈密顿量的本征值．对于自旋无关球对称二体势，可采用分波法展开．对于相对运动磁量子数的求和给出 $(2l+1)$，l 是角量子数（即轨道角动量量子数）．对于自旋量子数 σ_1,σ_2 的求和：玻色子系统要求全对称波函数，l 为奇时导致 $s(2s+1)$ 反对称自旋态；而费米子系统要求全反对称，l 为奇时导致 $(s+1)(2s+1)$ 对称自旋态．所以，对自旋和磁量子数的求和给出因子

$$\frac{2s+1}{2}[(2s+1)+\theta(-1)^l](2l+1),$$

于是

$$B(T)-B^{(0)}(T)=-\frac{\sqrt{2}\lambda_T^3}{2s+1}\sum_{l=0}^{\infty}(2l+1)[(2s+1)+\theta(-1)^l]B_l(\beta),$$

$$B_l(\beta)\equiv\sum_{n(\text{束缚})}\mathrm{e}^{-\beta\varepsilon_{nl}}+\int_0^{\infty}\mathrm{e}^{-\beta\hbar^2k^2/m}[g_l(k)-g_l^{(0)}(k)]\mathrm{d}k,$$

其中 $g_l(k)$ 和 $g_l^{(0)}(k)$ 是态密度.

外边界条件 $R_{kl}(R_0)=0$ 要求其渐近展开式

$$R_{kl}(r)\propto\frac{1}{r}\sin\left(kr-\frac{1}{2}l\pi+\delta_l(k)\right)$$

满足 $kR_0-\frac{1}{2}l\pi+\delta_l(k)=n\pi$，或者 $\left[R_0+\frac{\mathrm{d}\delta_l(k)}{\mathrm{d}k}\right]\Delta k=\pi(\Delta n)$，其中 $\delta_l(k)$ 是波数 k 的 l 分波由于二体势 $u(r)$ 所引起的散射相移；于是

$$g_l(k)-g_l^{(0)}(k)=\frac{1}{\pi}\left[R_0+\frac{\mathrm{d}\delta_l(k)}{\mathrm{d}k}\right]-\frac{1}{\pi}R_0=\frac{1}{\pi}\frac{\mathrm{d}\delta_l(k)}{\mathrm{d}k},$$

结果得到

$$B(T)=-\frac{\theta}{2^{5/2}}\frac{\lambda_T^3}{2s+1}-\frac{\sqrt{2}\lambda_T^3}{2s+1}\sum_{l=0}^{\infty}(2l+1)[(2s+1)+\theta(-)^l]B_l(T),$$

$$B_l(T)=\sum_{n(\text{束缚})}\mathrm{e}^{-\varepsilon_{nl}/k_\mathrm{B}T}+\frac{1}{\pi}\int_0^{\infty}\mathrm{e}^{-\hbar^2k^2/mk_\mathrm{B}T}\frac{\mathrm{d}\delta_l(k)}{\mathrm{d}k}\mathrm{d}k.$$

3. 硬球气体

对于硬球势，没有束缚态，并可求得

$$R_{kl}(r)\propto\frac{1}{r}[\mathrm{j}_l(kr)\cos\delta_l(k)-\mathrm{n}_l(kr)\sin\delta_l(k)]\quad(r>\sigma)$$

及

$$R_{kl}(r)=0\quad(r<\sigma),$$

其中 $\mathrm{j}_l(z)$ 和 $\mathrm{n}_l(z)$ 是球贝塞尔函数. 因而 $R_{kl}(\sigma)=0$ 给出

$$\tan\delta_l(k)=\frac{\mathrm{j}_l(k\sigma)}{\mathrm{n}_l(k\sigma)},$$

可以求得

$$\begin{aligned}
\delta_0&=-k\sigma,\\
\delta_1&=-[(k\sigma)-\tan^{-1}(k\sigma)]\\
&=-\frac{1}{3}(k\sigma)^3+\frac{1}{5}(k\sigma)^5-\frac{1}{7}(k\sigma)^7+\cdots,\\
\delta_2&=-\left[(k\sigma)-\tan^{-1}\frac{3(k\sigma)}{3-(k\sigma)^2}\right]
\end{aligned}$$

$$=-\frac{1}{45}(k\sigma)^5+\frac{1}{189}(k\sigma)^7-\cdots,$$

$$\delta_3=-\left[(k\sigma)-\tan^{-1}\frac{(k\sigma)(15-(k\sigma)^2)}{15-6(k\sigma)^2}\right]$$

$$=-\frac{1}{1575}(k\sigma)^7+\cdots,$$

$$\delta_4=-\left[(k\sigma)-\tan^{-1}\frac{(k\sigma)(1-\frac{2}{21}(k\sigma)^2)}{1-\frac{3}{7}(k\sigma)^2+\frac{1}{105}(k\sigma)^4}\right]$$

$$=\mathrm{O}(k\sigma)^9.$$

于是,硬球气体第二位力系数的最后结果为

$$B(T)=B_{直接}(T)+B_{交换}(T),$$

$$B_{直接}(T)=\sigma\lambda_T^2\left[1+3\pi\left(\frac{\sigma}{\lambda_T}\right)^2-\frac{22\pi^2}{3}\left(\frac{\sigma}{\lambda_T}\right)^4+\frac{1921\pi^3}{45}\left(\frac{\sigma}{\lambda_T}\right)^6+\cdots\right],$$

$$B_{交换}(T)=-\theta\frac{\lambda_T^3}{2s+1}\left[2^{-5/2}-\frac{\sigma}{\lambda_T}+3\pi\left(\frac{\sigma}{\lambda_T}\right)^3+\frac{32\pi}{3}\left(\frac{\sigma}{\lambda_T}\right)^5+\cdots\right].$$

13.3.3 经典第二位力系数的量子修正

1. 格林函数方法[①]

现在考虑高温情况,重新写出 B 的位置表象形式

$$B(T)=-\frac{\theta}{2^{5/2}}\frac{\lambda_T^3}{2s+1}-\frac{\sqrt{2}\lambda_T^3}{2s+1}\int\mathrm{d}\boldsymbol{r}$$

$$\times\left[(2s+1)\langle\boldsymbol{r}|(\mathrm{e}^{-\beta H_2}-\mathrm{e}^{-\beta H_2^{(0)}})_{相对}|\boldsymbol{r}\rangle\right.$$

$$\left.+\theta\langle\boldsymbol{r}|(\mathrm{e}^{-\beta H_2}-\mathrm{e}^{-\beta H_2^{(0)}})_{相对}|-\boldsymbol{r}\rangle\right];$$

如果定义单粒子格林函数

$$G(\boldsymbol{r},\boldsymbol{r}';\beta)\equiv\langle\boldsymbol{r}|\mathrm{e}^{-\beta H_{相对}}|\boldsymbol{r}'\rangle,$$

量子第二位力系数还可以写成

$$B(T)=B_{直接}(T)+B_{交换}(T),$$

$$B_{直接}(T)=\frac{1}{2}\int\mathrm{d}\boldsymbol{r}[1-2^{3/2}\lambda_T^3G(\boldsymbol{r},\boldsymbol{r};\beta)],$$

$$B_{交换}(T)=-\frac{\theta\sqrt{2}\lambda_T^3}{2s+1}\int\mathrm{d}\boldsymbol{r}G(\boldsymbol{r},-\boldsymbol{r};\beta);$$

这里利用了 $G^{(0)}(\boldsymbol{r},\boldsymbol{r}';\beta)=2^{-3/2}\lambda_T^{-3}\exp[-\pi(\boldsymbol{r}-\boldsymbol{r}')^2/2\lambda_T^2]$(注意由于约化质量为

① 参考前引 Grandy 的书 Ch. 7, D.

$m/2$，使 $\lambda_T \to \sqrt{2}\lambda_T$).

对于经典情况，由于

$$G_{经典}(\boldsymbol{r},\boldsymbol{r};\beta) = \mathrm{e}^{-\beta u(r)} G^{(0)}_{经典}(\boldsymbol{r},\boldsymbol{r};\beta) = 2^{-3/2}\lambda_T^{-3}\mathrm{e}^{-\beta u(r)},$$

所以

$$B_{经典}(T) = \frac{1}{2}\int \mathrm{d}\boldsymbol{r}(1-\mathrm{e}^{-u(r)/kT}).$$

格林函数满足布洛赫方程

$$\frac{\partial}{\partial\beta}G(\boldsymbol{r},\boldsymbol{r}';\beta) = -\hat{H}_{相对}G(\boldsymbol{r},\boldsymbol{r}';\beta),\quad G(\boldsymbol{r},\boldsymbol{r}';\beta=0) = \delta(\boldsymbol{r}-\boldsymbol{r}');$$

对它进行拉普拉斯变换

$$G(\boldsymbol{r},\boldsymbol{r}';E) \equiv \int_0^\infty \mathrm{e}^{-\beta E}G(\boldsymbol{r},\boldsymbol{r}';\beta)\mathrm{d}\beta,$$

得到

$$\left[-\frac{\hbar^2}{m}\nabla^2 + u(r) + E\right]G(\boldsymbol{r},\boldsymbol{r}';E) = \delta(\boldsymbol{r}-\boldsymbol{r}').$$

对于球对称势和边条件，可寻求分波解. 特别对于硬球气体，可求得

$$G(\boldsymbol{r},\boldsymbol{r}';E) = \frac{m}{4\pi\hbar^2}(rr')^{-1/2}\sum_{l=0}^{\infty}(2l+1)\mathrm{P}_l(\cos\theta)\mathrm{K}_{l+1/2}(\gamma r')$$
$$\times\left[\mathrm{I}_{l+1/2}(\gamma r) - \frac{\mathrm{I}_{l+1/2}(\gamma\sigma)}{\mathrm{K}_{l+1/2}(\gamma\sigma)}\mathrm{K}_{l+1/2}(\gamma r)\right],\quad r>\sigma;$$

而对 $r\leqslant\sigma$ 则有 $G(\boldsymbol{r},\boldsymbol{r}';E)=0$；其中 $\gamma\equiv\hbar^{-1}(mE)^{1/2}$，而 $\mathrm{I}_\nu(z)$ 和 $\mathrm{K}_\nu(z)$ 则是变形第一类和第二类贝塞尔函数.

经过体积积分和拉普拉斯逆变换等演算，最后得到第二位力系数直接部分的渐近展开为

$$B_{直接}(T) = \frac{2}{3}\pi\sigma^3\left[1+\frac{3}{2\sqrt{2}}\left(\frac{\lambda_T}{\sigma}\right)+\frac{1}{\pi}\left(\frac{\lambda_T}{\sigma}\right)^2+\frac{1}{16\pi\sqrt{2}}\left(\frac{\lambda_T}{\sigma}\right)^3\right.$$
$$-\frac{1}{105\pi^2}\left(\frac{\lambda_T}{\sigma}\right)^4+\frac{1}{640\pi^2\sqrt{2}}\left(\frac{\lambda_T}{\sigma}\right)^5-\frac{2}{3003\pi^3}\left(\frac{\lambda_T}{\sigma}\right)^6$$
$$\left.+\frac{47}{215040\pi^3\sqrt{2}}\left(\frac{\lambda_T}{\sigma}\right)^7+\mathrm{O}(\lambda_T^8/\sigma^8)\right];$$

而交换部分的渐近展开可表示为

$$B_{交换}(T) \simeq -\frac{\theta}{2s+1}4\pi^3\sigma^3 h(T)\mathrm{e}^{f(T)},$$

其中 $h(T)$ 和 $f(t)$ 的主项分别为 $\frac{14}{9}\alpha_n\left(\frac{\lambda_T}{\pi\sigma}\right)^{4/3}$ 和 $-\frac{\pi^3}{2}\left(\frac{\sigma}{\lambda_T}\right)^2$，因此，高温($\lambda_T\ll\sigma$)时，交换项可忽略.

顺便提一下，现在已知硬球系统所有位力系数的一级量子修正，即

$$(B_\nu)_{直接} = (B_\nu)_{经典}\left[1+(\nu-1)\frac{3\sqrt{2}}{4}\frac{\lambda_T}{\sigma}+\mathrm{O}(\lambda_T^2/\sigma^2)\right].$$

2. 准经典近似展开[1]

位力系数的量子修正还可通过配分函数的准经典近似来求，对于第二位力系数有

$$B(T) = -\frac{\lambda_T^6}{V(2s+1)^2}\left[Z_2-\frac{1}{2}Z_1^2\right],$$

$$Z_2 = \sum_{\sigma_1\sigma_2}\int \mathrm{d}\Gamma_2\,\mathrm{e}^{-\beta H_2}\left\{1+\delta_{\sigma_1\sigma_2}\theta\exp\left[\frac{\mathrm{i}}{\hbar}\boldsymbol{p}_1\cdot(\boldsymbol{r}_1-\boldsymbol{r}_2)\right.\right.$$

$$\left.\left.+\frac{\mathrm{i}}{\hbar}\boldsymbol{p}_2\cdot(\boldsymbol{r}_2-\boldsymbol{r}_1)\right]\right\}\times\left\{1+\sum_{n=1}^{\infty}\hbar^n w_n\right\},$$

而 $Z_1=\dfrac{(2s+1)V}{\lambda_T^3}$；$w_n$ 的一般表达式见 374 页，现在要换成双粒子的形式，而且取 $\mathscr{P}=I$ 的；对自旋求和时，直接项为 $\sum\limits_{\sigma_1\sigma_2}\rightarrow(2s+1)^2$，而交换项为 $\sum\limits_{\sigma_1\sigma_2}\delta_{\sigma_1\sigma_2}\rightarrow(2s+1)$，因为同自旋粒子间才有交换效应. 变换到质心位置动量 $(\boldsymbol{R},\boldsymbol{P})$ 和相对位置动量 $(\boldsymbol{r},\boldsymbol{p})$ 后有

$$\boldsymbol{R}=\frac{1}{2}(\boldsymbol{r}_1+\boldsymbol{r}_2),\quad \boldsymbol{r}=\boldsymbol{r}_2-\boldsymbol{r}_1,\quad \mathrm{d}\boldsymbol{r}_1\mathrm{d}\boldsymbol{r}_2=\mathrm{d}\boldsymbol{R}\mathrm{d}\boldsymbol{r};$$

$$\boldsymbol{P}=\boldsymbol{p}_1+\boldsymbol{p}_2,\quad \boldsymbol{p}=\frac{1}{2}(\boldsymbol{p}_2-\boldsymbol{p}_1),\quad \mathrm{d}\boldsymbol{p}_1\mathrm{d}\boldsymbol{p}_2=\mathrm{d}\boldsymbol{P}\mathrm{d}\boldsymbol{p};$$

$$H_2=\frac{1}{2m}(p_1^2+p_2^2)+u(|\boldsymbol{r}_2-\boldsymbol{r}_1|)$$

$$=\frac{1}{2(2m)}P^2+\frac{1}{2((1/2)m)}p^2+u(r);$$

$$\frac{\partial}{\partial\boldsymbol{r}_1}=\frac{1}{2}\frac{\partial}{\partial\boldsymbol{R}}-\frac{\partial}{\partial\boldsymbol{r}},\quad \frac{\partial}{\partial\boldsymbol{r}_2}=\frac{1}{2}\frac{\partial}{\partial\boldsymbol{R}}+\frac{\partial}{\partial\boldsymbol{r}},$$

$$\boldsymbol{p}_1\cdot\frac{\partial}{\partial\boldsymbol{r}_1}+\boldsymbol{p}_2\cdot\frac{\partial}{\partial\boldsymbol{r}_2}=\frac{1}{2}\boldsymbol{P}\cdot\frac{\partial}{\partial\boldsymbol{R}}+2\boldsymbol{p}\cdot\frac{\partial}{\partial\boldsymbol{r}}.$$

对动量 $\boldsymbol{P},\boldsymbol{p}$ 及位置 $\boldsymbol{R}$ 积分后可以求得

$$B(T)=-\frac{1}{2}\int\mathrm{d}\boldsymbol{r}\left\{\mathrm{e}^{-u(r)/kT}\left[\left(1+\sum_{l=1}^{\infty}\lambda_T^{2l}w_{2l}(\boldsymbol{r})\right)\right.\right.$$

$$\left.\left.+\frac{\theta}{2s+1}\mathrm{e}^{-2\pi r^2/\lambda_T^2}\left(1+\sum_{j=1}^{\infty}s_j(\boldsymbol{r})\right)\right]-1\right\},$$

---

[1] 参考 J. O. Hirschfelder, C. F. Curtiss, R. B. Bird, *Molecular Theory of Gases and Liguids*, Wiley, New York, 1954; Ch. 6, § 1, § 5.

其中 $\lambda_T^2 = 2\pi\hbar^2/mkT$ 是热波长，而

$$w_2(\boldsymbol{r}) = -\frac{1}{12\pi kT}\left[\nabla^2 u(r) - \frac{1}{2kT}(\nabla u(r))^2\right],$$

$$s_1(\boldsymbol{r}) = \frac{1}{kT}\boldsymbol{r}\cdot\nabla u(r).$$

高温（$\lambda_T \ll n^{-1/3}$，$n^{-1/3}$ 为粒子平均间距）下，交换效应一般可忽略. 有心势 $u(r) = \varepsilon\varphi(r/\sigma)$ 下第二位力系数的一般表达式为

$$B(T) = \frac{2\pi}{3}\sigma^3\sum_{l=0}^{\infty}\left(\frac{2\pi\hbar^2}{\sigma^2 m\varepsilon}\right)^l b_l\left(\frac{\varepsilon}{kT}\right),$$

其中 σ 和 ε 为具长度和能量量纲的两个势参量. 如果令 $x = r/\sigma, \tau = kT/\varepsilon, \Lambda^2 = 2\pi\hbar^2/\sigma^2 m\varepsilon = (\lambda_T/\sigma)^2(kT/\varepsilon)$，以及 $\mathscr{B}(\tau,\Lambda) = B(T)\Big/\left(\frac{2}{3}\pi\sigma^3\right)$，则

$$\mathscr{B}(\tau,\Lambda) = \sum_{l=0}^{\infty}\Lambda^{2l}b_l(\tau),$$

$$b_0(\tau) = -3\int_0^{\infty}(\mathrm{e}^{-\varphi(x)/\tau} - 1)x^2\,\mathrm{d}x$$

$$= -\frac{1}{\tau}\int_0^{\infty}\mathrm{e}^{-\varphi(x)/\tau}\varphi'(x)x^3\,\mathrm{d}x,$$

$$b_1(\tau) = \frac{1}{8\pi\tau^3}\int_0^{\infty}\mathrm{e}^{-\varphi(x)/\tau}\varphi''(x)x^2\,\mathrm{d}x,$$

$$b_2(\tau) = \frac{1}{160\pi^2\tau^4}\int_0^{\infty}\mathrm{e}^{-\varphi(x)/\tau}\left[\varphi''^2 + \frac{2}{x^2}\varphi'^2 + \frac{10}{9\tau x}\varphi'^3 - \frac{5}{36\tau^2}\varphi'^4\right]x^2\,\mathrm{d}x.$$

注意到 $l=0$ 的项给出经典结果，而 $l\geqslant 1$ 的项给出量子修正，由量子力学参量 Λ 表征. 还应注意到，以上结果反映了量子统计力学中的对应态律：对于具有相同相互作用势形式的一大类物质，若采用约化量表示，物理量公式具有普适性.

对于伦纳德·琼斯势[①]

$$u(r) = 4\varepsilon\left[\left(\frac{\sigma}{r}\right)^{12} - \left(\frac{\sigma}{r}\right)^6\right],$$

可以求得 $b_l(\tau)$ 的级数展开式如下：

$$b_0(\tau) = -\sum_{j=0}^{\infty}\left(\frac{2^{j+\frac{1}{2}}}{4j!}\right)\Gamma\left(\frac{2j-1}{4}\right)\tau^{-(1+2j)/4},$$

$$b_1(\tau) = -\sum_{j=0}^{\infty}(2\pi)\left(\frac{11-36j}{768\pi^2}\right)\left(\frac{2^{j+\frac{13}{6}}}{j!}\right)\Gamma\left(\frac{6j-1}{12}\right)\tau^{-(13+6j)/12},$$

$$b_2(\tau) = -\sum_{j=0}^{\infty}(2\pi)^2\left(\frac{767+4728j+3024j^2}{491520\pi^4}\right)\left(\frac{2^{j+\frac{23}{6}}}{j!}\right)\Gamma\left(\frac{6j+1}{12}\right)\tau^{-(23+6j)/12}.$$

---

① J. E. Lenard-Jones, *Proc. Roy. Soc. (London)*, A**106**(1924), 463; **A43**(1931), 461.

关于其他势模型和高阶位力系数的情况，请参考所引文献.

13.4　温度格林函数

13.4.1　二次量子化[①]

考虑 N 个全同粒子的系统. 令完备的正交归一化单粒子波函数为 $\varphi_\lambda(a)=\langle a|\lambda\rangle$，其中以 (a) 标志第 a 个粒子的坐标 $x_a=(\boldsymbol{r}_a,\sigma_a)$，而以下标 λ 标志其量子态，则满足对称化要求的一个 N 粒子波函数是(见369页)

$$\langle 1\cdots N\mid\lambda_1\cdots\lambda_N\rangle=\Big[(N!)\prod_i(n_i!)\Big]^{-1/2}\times\sum_{\mathscr{P}}\theta^{\mathscr{P}}\mathscr{P}[\varphi_{\lambda_1}(1)\varphi_{\lambda_2}(2)\cdots\varphi_{\lambda_N}(N)],$$

其中 n_i 是态 i 上的占有数(即有 n_i 个 $\lambda=i$)，$\big[(N!)\prod_i(n_i!)\big]^{-1/2}$ 是归一化因子. 后面对粒子坐标各种排列求和 $\Big(\sum_{\mathscr{P}}\Big)$ 部分对费米子系统($\theta=-1$)是行列式而对玻色子系统($\theta=+1$)是积和式. 于是，以此为基函数给出配分函数为(见371页)

$$Z=\operatorname{tr}\,\mathrm{e}^{-\beta H}=\frac{1}{N!}\sum_{\lambda_1\cdots\lambda_N}\Big[\sum_{\mathscr{P}}\theta^{\mathscr{P}}\mathscr{P}\langle\lambda_1\cdots\lambda_N\mid\mathrm{e}^{-\beta H}\mid\lambda_1'\cdots\lambda_N'\rangle\Big]_{\lambda_a'=\lambda_a},$$

这样就可以讨论 N 粒子系统的热力学性质问题.

1. *产生和湮没算符*

但是，为了研究粒子数可变系统的问题，比如准粒子激发，更方便的是采用占有数表象，即通过枚举 i 上的占有数 n_i 来描述；系统的态矢可表示成

$$|n_1\cdots n_i\cdots\rangle=|n_1\rangle\cdots|n_i\rangle\cdots,$$

这里假定态 i 按其本征值的增序排列. 一个 N 粒子波函数类似上式，只要将左边写成 $\langle 1\cdots N|n_1\cdots n_i\cdots\rangle$.

现在先引进湮没算符 a_i：

$$a_i\,|n_i\rangle=\sqrt{n_i}\,|n_i-1\rangle,$$

它使态 i 上的粒子数减少一个. 由于当 $n_i=0$ 时态 i 上的粒子数不能再减少，即有 $a_i|0\rangle=0$.

再来引进产生算符 a_i^+：

$$a_i^+\,|n_i\rangle=\sqrt{n_i+1}\,|n_i+1\rangle,$$

它使态 i 上的粒子数增加一个. 由于

---

① 参考 W. T. Grandy, Jr., *Foundations of Statistical Mechanics*, Vol. 1, 1987, Reidel, Dordrecht; Ch. 8, A.

$$a_i^+|0\rangle=|1\rangle,(a_i^+)^2|0\rangle=a_i^+|1\rangle=\sqrt{2}|2\rangle,\cdots,$$

$$(a_i^+)^{n_i}|0\rangle=\sqrt{n_i!}|n_i\rangle,\cdots,$$

n_i 可取零和正整数的任意值,只适用于玻色子.对于费米子,泡利不相容原理要求 $n_i=0$ 或 1,产生算符 a_i^+ 应定义为

$$a_i^+|n_i\rangle=\sqrt{1-n_i}|n_i+1\rangle,$$

这时有 $a_i^+|0\rangle=|1\rangle,(a_i^+)^2|0\rangle=a_i^+|1\rangle=0$,但仍有 $(a_i^+)^{n_i}|0\rangle=\sqrt{n_i!}|n_i\rangle$.两种情况合并可以写成

$$a_i^+|n_i\rangle=\sqrt{1+\theta n_i}|n_i+1\rangle,\quad (a_i^+)^{n_i}|0\rangle=\sqrt{n_i!}|n_i\rangle.$$

同时可将系统的态矢写成

$$|n_1\cdots n_i\cdots\rangle=\prod_i(n_i!)^{-1/2}(a_i^+)^{n_i}|0\rangle.$$

现在可将湮没算符 a_i 和产生算符 a_i^+ 重新定义为

$$a_i|n_1\cdots n_i\cdots\rangle=\theta^{S_i}n_i^{1/2}|n_1\cdots(n_i-1)\cdots\rangle,$$

$$a_i^+|n_1\cdots n_i\cdots\rangle=\theta^{S_i}(1+\theta n_i)^{1/2}|n_1\cdots(n_i+1)\cdots\rangle,$$

其中 $S_i=\sum_{j=1}^{i-1}n_j$(下面可以看出,这是费米子系统的反对易关系所要求).

容易求得

$$(a_ia_i^+-\theta a_i^+a_i)|n_1\cdots n_i\cdots\rangle=\{(1+n_i)^{1/2}(1+\theta n_i)^{1/2}$$
$$-\theta n_i^{1/2}[1+\theta(n_i-1)]^{1/2}\}|n_1\cdots n_i\cdots\rangle,$$

可以看出,$\{\cdots\}$ 总等于 1,所以

$$a_ia_i^+-\theta a_i^+a_i=1.$$

同时,对于 $i\neq j$,容易求得

$$a_ia_j-\theta a_ja_i=0,\quad a_i^+a_j^+-\theta a_j^+a_i^+=0,\quad a_ia_j^+-\theta a_j^+a_i=0.$$

或者引进对易式,定义为 $[A,B]\equiv AB-\theta BA$,上述结果可写为

$$[a_i,a_j]=[a_i^+,a_j^+]=0,$$

$$[a_i,a_j^+]=\delta_{ij}.$$

另一方面,由于

$$a_i^+a_i|n_1\cdots n_i\cdots\rangle=\sqrt{n_i}[1+\theta(n_i-1)]^{1/2}|n_1\cdots n_i\cdots\rangle$$
$$=n_i|n_1\cdots n_i\cdots\rangle,$$

所以 $a_i^+a_i$ 为态 i 的粒子数算符,而 $\sum_i^{\infty}a_i^+a_i$ 则为总粒子数算符.

2. 场算符

有时引入下列场算符

$$\psi(x) \equiv \sum_i \varphi_i(x) a_i, \quad \psi^+(x) \equiv \sum_i \varphi_i^*(x) a_i^+,$$

它们分别表示在 x 处湮没或产生一个粒子. 由于它们与任意波函数用完备函数组展开的相似性,现在又将波函数量子化为场算符,故称为二次量子化.

按照 a_i 和 a_i^+ 的对易规则,立即得到场算符的下列对易关系:

$$[\psi(x), \psi(x')] = [\psi^+(x), \psi^+(x')] = 0,$$

$$[\psi(x), \psi^+(x')] = \sum_i \varphi_i(x) \varphi_i^*(x') = \delta(x - x') = \delta(\boldsymbol{r} - \boldsymbol{r}') \delta_{\sigma\sigma'}.$$

同时,应用 $\varphi_i(x)$ 的正交归一条件,容易求得

$$\int \psi^+(x) \psi(x) \mathrm{d}x = \sum_i a_i^+ a_i = N$$

和

$$n(x) = \psi^+(x) \psi(x), \quad \text{及} \quad n(\boldsymbol{r}) = \sum_\sigma \psi^+(x) \psi(x)$$

为总粒子数算符和粒子数密度算符.

3. 哈密顿算符的二次量子化形式

系统的哈密顿算符可写成

$$H = \sum_{a=1}^N f_a + \frac{1}{2} \sum_{a \neq b}^N g_{ab},$$

其中 $f_a = K_a + V_a$ 为单粒子算符(包括动能和外场作用)而 g_{ab} 为双粒子相互作用算符.

现在来看哈密顿算符 H 作用于波函数 $\langle 1 \cdots N | n_1 \cdots n_i \cdots \rangle$ 的结果.

先看 $\sum_a f_a$ 的作用. 由于

$$f_a \varphi_k(a) = \sum_i \langle i | f_a | k \rangle \varphi_i(a),$$

$$\langle i | f_a | k \rangle = \int \varphi_i^*(a) f_a \varphi_k(a) \mathrm{d}(a),$$

即将粒子 a 从 k 态变为某个 i 态,使

$$| \cdots n_i \cdots n_k \cdots \rangle \rightarrow | \cdots (n_i + 1) \cdots (n_k - 1) \cdots \rangle;$$

这相当于

$$\cdots (a_i^+)^{n_i} \cdots (a_k^+)^{n_k} \cdots | 0 \rangle \rightarrow \cdots (a_i^+)^{n_i+1} \cdots (a_k^+)^{n_k-1} \cdots | 0 \rangle,$$

要交换 $S_k - S_i$ 次,得一因子 $\theta^{S_k - S_i} = \theta^{S_i + S_k}$; 归一化因子相差 $\sqrt{(n_i + 1)/n_k}$, 又由于 $\sum_a = \sum_k n_k$ 出现因子 n_k,再考虑到费米子的性质要将 $n_i + 1 \rightarrow 1 + \theta n_i$,合并得到 $\sqrt{n_k(1 + \theta n_i)}$; 结果使得

$$| \cdots n_i \cdots n_k \cdots \rangle \rightarrow \theta^{S_i + S_k} \sqrt{n_k(1 + \theta n_i)}$$

$$\times|\cdots(n_i+1)\cdots(n_k-1)\cdots\rangle = a_i^+ a_k|n_1\cdots n_i\cdots n_k\cdots\rangle,$$

最后得到

$$\sum_a f_a = \sum_{ik}\langle i|f|k\rangle a_i^+ a_k.$$

类似地可以得到相互作用项的表达形式为

$$\frac{1}{2}\sum_{a\neq b} g_{ab} = \frac{1}{2}\sum_{ijkl}\langle ij|g|kl\rangle a_i^+ a_j^+ a_l a_k,$$

$$\langle ij|g|kl\rangle = \int \varphi_i^*(a)\varphi_j^*(b)g(a,b)\varphi_k(a)\varphi_l(b)\mathrm{d}(a)\mathrm{d}(b)$$
$$= \langle ji|g|lk\rangle.$$

合并写出系统哈密顿算符的二次量子化形式为

$$H = \sum_{ik}\langle i|f|k\rangle a_i^+ a_k + \frac{1}{2}\sum_{ijkl}\langle ij|g|kl\rangle a_i^+ a_j^+ a_l a_k.$$

利用场算符的定义,还可将 H 表达为

$$H = \int \psi^+(a) f_a \psi(a)\mathrm{d}(a)$$
$$+ \frac{1}{2}\iint \psi^+(a)\psi^+(b)g(a,b)\psi(b)\psi(a)\mathrm{d}(a)\mathrm{d}(b),$$

它看上去与求 H 的期望值的形式相同,而且可以作类似解释,但现在 ψ 和 ψ^+ 不是波函数而是场算符.

下面考虑具体情况,例如电子系统. 令

$$f(\boldsymbol{r}) = -\frac{\hbar^2}{2m}\nabla^2,$$

$$g(\boldsymbol{r}_1,\boldsymbol{r}_2) = g(|\boldsymbol{r}_2-\boldsymbol{r}_1|) = g(r_{12});$$

它们不依赖于自旋;并取单粒子波函数为平面波

$$\varphi_{\boldsymbol{p}\alpha}(\boldsymbol{r},\sigma) = \frac{1}{\sqrt{V}}\mathrm{e}^{\frac{\mathrm{i}}{\hbar}\boldsymbol{p}\cdot\boldsymbol{r}}\chi_\alpha(\sigma).$$

容易求得(相互作用过程中粒子自旋不变)

$$\langle \boldsymbol{p}'\alpha|f(\boldsymbol{r})|\boldsymbol{p}\alpha\rangle = \frac{1}{V}\int \mathrm{e}^{-\mathrm{i}\boldsymbol{p}'\cdot\boldsymbol{r}/\hbar}\left(-\frac{\hbar^2}{2m}\nabla^2\right)\mathrm{e}^{\mathrm{i}\boldsymbol{p}\cdot\boldsymbol{r}/\hbar}\mathrm{d}\boldsymbol{r}$$
$$= \frac{p^2}{2m}\cdot\frac{1}{V}\int \mathrm{e}^{-\mathrm{i}(\boldsymbol{p}'-\boldsymbol{p})\cdot\boldsymbol{r}/\hbar}\mathrm{d}\boldsymbol{r}$$
$$= \frac{p^2}{2m}\delta_{\boldsymbol{p}'\boldsymbol{p}},$$

$$\langle \boldsymbol{p}_1'\alpha_1,\boldsymbol{p}_2'\alpha_2|g(\boldsymbol{r}_1,\boldsymbol{r}_2)|\boldsymbol{p}_1\alpha_1,\boldsymbol{p}_2\alpha_2\rangle = \frac{1}{V^2}\int g(|\boldsymbol{r}_2-\boldsymbol{r}_1|)$$
$$\times\exp\left\{\frac{\mathrm{i}}{\hbar}[(\boldsymbol{p}_1-\boldsymbol{p}_1')\cdot r_1+(\boldsymbol{p}_2-\boldsymbol{p}_2')\cdot\boldsymbol{r}_2]\right\}\mathrm{d}\boldsymbol{r}_1\mathrm{d}\boldsymbol{r}_2$$
$$= \frac{1}{V}\int g(r)\mathrm{e}^{-\mathrm{i}\boldsymbol{p}\cdot\boldsymbol{r}/\hbar}\mathrm{d}\boldsymbol{r} \equiv \frac{g(\boldsymbol{p})}{V},$$

其中 $\boldsymbol{p}=\boldsymbol{p}_2'-\boldsymbol{p}_2=-(\boldsymbol{p}_1'-\boldsymbol{p}_1)$为相互作用过程中交换的动量.

于是,哈密顿算符的二次量子化形式具体化为

$$H=\sum_{p\alpha}\frac{p^2}{2m}a_{p\alpha}^+a_{p\alpha}+\frac{1}{2V}\sum_{p_1\alpha_1,p_2\alpha_2,p}g(\boldsymbol{p})a_{p_1-p,\alpha_1}^+a_{p_2+p,\alpha_2}^+a_{p_2,\alpha_2}a_{p_1,\alpha_1}.$$

13.4.2 温度格林函数[①②③④]

1. 定义

对于巨正则系综,方便的是采用

$$\mathscr{H}=H-\mu N.$$

在海森伯绘景中,湮没算符和产生算符可写成

$$a_k(\tau)=\mathrm{e}^{\tau\mathscr{H}}a_k\mathrm{e}^{-\tau\mathscr{H}},\quad a_k^+(\tau)=\mathrm{e}^{\tau\mathscr{H}}a_k^+\mathrm{e}^{-\tau\mathscr{H}},$$

其中 τ 在 $0,\beta$ 之间变化.

松原武生(1955)[①]引进下列温度格林函数(又称松原函数)

$$G_k(\tau',\tau'')=-\langle\mathrm{T}a_k(\tau')a_k^+(\tau'')\rangle,$$

这里 T 表示后面的乘积为温序积,即 τ 变量从右至左按增序排列,因此

$$G_k(\tau',\tau'')=\begin{cases}-\langle a_k(\tau')a_k^+(\tau'')\rangle, & \tau'>\tau'',\\ -\theta\langle a_k^+(\tau'')a_k(\tau')\rangle, & \tau'<\tau'';\end{cases}$$

而$\langle\cdots\rangle$则表示巨正则系综平均

$$\langle\cdots\rangle=\mathrm{tr}(\mathrm{e}^{\beta(\Omega-\mathscr{H})}\cdots).$$

2. 性质

由于算符的循环置换其迹不变

$$\mathrm{tr}[ABC]=\mathrm{tr}[BCA]=\mathrm{tr}[CAB],$$

容易得到温度格林函数的下列性质.

(1) $G_k(\tau',\tau'')=G_k(\tau'-\tau'',0)=G_k(\tau)$.

设 $\tau'>\tau''$,注意到 $\mathrm{e}^{\beta(\Omega-\mathscr{H})}$与 $\mathrm{e}^{-\tau\mathscr{H}}$的可对易,

$$\begin{aligned}G_k(\tau',\tau'')&=-\mathrm{tr}[\mathrm{e}^{\beta(\Omega-\mathscr{H})}\mathrm{e}^{\tau'\mathscr{H}}a_k\mathrm{e}^{-\tau'\mathscr{H}}\mathrm{e}^{\tau''\mathscr{H}}a_k^+\mathrm{e}^{-\tau''\mathscr{H}}]\\&=-\mathrm{tr}[\mathrm{e}^{\beta(\Omega-\mathscr{H})}\mathrm{e}^{(\tau'-\tau'')\mathscr{H}}a_k\mathrm{e}^{-(\tau'-\tau'')\mathscr{H}}a_k^+],\quad \tau=\tau'-\tau''>0;\end{aligned}$$

$$G_k(\tau)=-\mathrm{tr}[\mathrm{e}^{\beta(\Omega-\mathscr{H})}\mathrm{e}^{\tau\mathscr{H}}a_k\mathrm{e}^{-\tau\mathscr{H}}a_k^+],\quad 0<\tau<\beta.$$

同理对于 $\tau'<\tau''$,则有

---

① T. Matsubara, *Prog. Theor. Phys.*, **14**(1955), 351.

② 参考 R. Abe(阿部龙藏), *Statistical Mechanics*, Univ. of Tokyo Press, 1975; Ch. 8, §§8.1, 8.2.

③ 参考 E. M. Lifshitz, L. P. Pitaevskii, *Statistical Physics*, Part 2(vol. 9 of *Course of Theoretical Physics* by L. D. Landau and E. M. Lifshitz), Pergamon, Oxford, 1980(译自俄文)[或中译本:E. M. 栗弗席兹、Л. П. 皮塔也夫斯基著,王锡绂译:《统计物理学 II》(《理论物理学教程》第九卷),高等教育出版社,2008], §§36, 37.

④ 参考 A. L. Fetter, J. D. Walecka, *Quantum Theory of Many-particle System*, McGraw-Hill, 1971; §23.

$$G_k(\tau',\tau'') = -\theta \mathrm{tr}[\mathrm{e}^{\beta(\Omega-\mathscr{H})}\mathrm{e}^{\tau''\mathscr{H}}a_k^+\mathrm{e}^{-\tau''\mathscr{H}}\mathrm{e}^{\tau'\mathscr{H}}a_k\mathrm{e}^{-\tau'\mathscr{H}}]$$

$$= -\theta \mathrm{tr}[\mathrm{e}^{\beta(\Omega-\mathscr{H})}\mathrm{e}^{-(\tau'-\tau'')\mathscr{H}}a_k^+\mathrm{e}^{(\tau'-\tau'')\mathscr{H}}a_k],\quad \tau=\tau'-\tau''<0;$$

$$G_k(\tau) = -\theta \mathrm{tr}[\mathrm{e}^{\beta(\Omega-\mathscr{H})}\mathrm{e}^{-\tau\mathscr{H}}a_k^+\mathrm{e}^{\tau\mathscr{H}}a_k],\quad -\beta<\tau<0.$$

所以,$G_k(\tau',\tau'')$仅是$\tau=(\tau'-\tau'')$的函数,可写成$G_k(\tau)$,而$-\beta\leqslant\tau\leqslant\beta$.

(2) $G_k(\tau+\beta)=\theta G_k(\tau)$.

设$-\beta<\tau<0$,则$0<\tau+\beta<\beta$,于是

$$G_k(\tau+\beta) = -\mathrm{tr}[\mathrm{e}^{\beta\Omega}\mathrm{e}^{\tau\mathscr{H}}a_k\mathrm{e}^{-(\tau+\beta)\mathscr{H}}a_k^+]$$

$$= -\mathrm{tr}[\mathrm{e}^{\beta\Omega-\beta\mathscr{H}}\mathrm{e}^{-\tau\mathscr{H}}a_k^+\mathrm{e}^{\tau\mathscr{H}}a_k] = \theta G_k(\tau).$$

于是$G_k(\tau+2\beta)=\theta G_k(\tau+\beta)=G_k(\tau)$,$G_k(\tau)$是$\tau$的周期函数,以$2\beta$为周期.

将$G(\tau)$在$-\beta\leqslant\tau\leqslant\beta$区间展开为傅里叶级数

$$G_k(\tau) = \frac{1}{\beta}\sum_{l=-\infty}^{\infty}G_k(\zeta_l)\mathrm{e}^{-\mathrm{i}\zeta_l\tau},\quad \zeta_l=\frac{2\pi l}{2\beta},\quad l=0,\pm1,\pm2\cdots;$$

$$G_k(\zeta_l) = \frac{1}{2}\int_{-\beta}^{\beta}\mathrm{e}^{\mathrm{i}\zeta_l\tau}G_k(\tau)\mathrm{d}\tau$$

$$= \frac{1}{2}\int_0^{\beta}\mathrm{e}^{\mathrm{i}\zeta_l\tau}G_k(\tau)\mathrm{d}\tau + \frac{1}{2}\int_{-\beta}^{0}\mathrm{e}^{\mathrm{i}\zeta_l\tau}G_k(\tau)\mathrm{d}\tau$$

$$= \frac{1}{2}\int_0^{\beta}\mathrm{e}^{\mathrm{i}\zeta_l\tau}G_k(\tau)\mathrm{d}\tau + \frac{1}{2}\theta\int_{-\beta}^{0}\mathrm{e}^{\mathrm{i}\zeta_l\tau}G_k(\tau+\beta)\mathrm{d}\tau$$

$$= \frac{1}{2}\,(1+\theta\mathrm{e}^{-\mathrm{i}\zeta_l\beta})\int_0^{\beta}\mathrm{e}^{\mathrm{i}\zeta_l\tau}G_k(\tau)\mathrm{d}\tau,$$

这里用了$G_k(\tau<0)=\theta G(\tau+\beta)$,以及变量代换$\tau+\beta\to\tau$.因为总有

$$G_k(\zeta_l) = \int_0^{\beta}\mathrm{e}^{\mathrm{i}\zeta_l\tau}G_k(\tau)\mathrm{d}\tau,$$

所以$\theta\mathrm{e}^{-\mathrm{i}\zeta_l\beta}=1$给出

$$\zeta_l = \begin{cases}2l\pi/\beta, & \theta=+1,\text{玻色子},\\ (2l+1)\pi/\beta, & \theta=-1,\text{费米子}.\end{cases}$$

3. *运动方程*

从海森伯运动方程

$$\frac{\partial}{\partial\tau}a_p(\tau) = \frac{\partial}{\partial\tau}[\mathrm{e}^{\tau\mathscr{H}}a_p\mathrm{e}^{-\tau\mathscr{H}}] = \mathrm{e}^{\tau\mathscr{H}}(\mathscr{H}a_p - a_p\mathscr{H})\mathrm{e}^{-\tau\mathscr{H}}$$

开始,注意到

$$\mathscr{H} = H-\mu N = \sum_p\eta_p a_p^+a_p + \frac{1}{4}\sum_{ijkl}^{\cdot}g_{ij,kl}a_i^+a_j^+a_la_k,$$

其中$\eta_p=f_p-\mu$,$g_{ij,kl}=\langle ij|g|kl\rangle-\langle ij|g|lk\rangle=g_{ji,lk}$;并利用对易关系

$$a_ia_j=\theta a_ja_i,\quad a_i^+a_j^+=\theta a_j^+a_i^+,\quad a_ia_j^+=\delta_{ij}+\theta a_j^+a_i,$$

容易得到

$$\mathcal{H}a_p - a_p\mathcal{H} = -\eta_p a_p - \frac{1}{2}\sum_{jkl} g_{pj,kl} a_j^+ a_l a_k,$$

其中利用了 $g_{pj,kl}=\theta g_{jp,kl}$. 于是

$$\frac{\partial}{\partial\tau}a_p(\tau) = -\eta_p a_p(\tau) - \frac{1}{2}\sum_{jkl} g_{pj,kl} a_j^+(\tau)a_l(\tau)a_k(\tau).$$

以 $-\langle \mathrm{T}\cdots a_{p^+}(\tau')\rangle$ 作用于上式,结果得到温度格林函数 $G_p(\tau,\tau')$ 的运动方程为

$$\frac{\partial}{\partial\tau}G_p(\tau,\tau') = -\delta(\tau-\tau') - \eta_p G_p(\tau,\tau')$$
$$+\frac{1}{2}\sum_{jkl} g_{pj,kl}\langle \mathrm{T}a_j^+(\tau)a_l(\tau)a_k(\tau)a_p^+(\tau')\rangle,$$

其中有一项 δ 函数是考虑到 $G_p(\tau,\tau')$ 在 $\tau=\tau'$ 处的不连续性而引进的,因为

$$G_p(\tau'+0,\tau') - G_p(\tau'-0,\tau')$$
$$= -\langle a_p(\tau')a_p^+(\tau') - \theta a_p^+(\tau')a_p(\tau')\rangle = -1.$$

上面定义的 $G_p(\tau,\tau')$ 是单粒子格林函数,其运动方程最后一项含双粒子格林函数;若建立后者的方程,又将包括三粒子函数;这样将得到格林函数的级列方程.不采用截止近似无法求解.近代人们将量子场论的微扰理论及其费恩曼图技术移植借用到统计物理学中,已建立起富有成果的格林函数理论;这方面的较详细内容可参考专著①②③.这里只对上述方程作一点形式上的讨论,以后在下一小节将它应用到超导电性的一个简单模型;其余不准备作进一步讨论.

4. 形式解

形式上用

$$\frac{1}{2}\sum_{jkl} g_{pj,kl}\langle \mathrm{T}a_j^+(\tau)a_l(\tau)a_k(\tau)a_p^+(\tau')\rangle$$
$$= \frac{\theta}{2}\sum_{jkl} g_{pj,kl}\langle \mathrm{T}a_p^+(\tau')a_j^+(\tau)a_l(\tau)a_k(\tau)\rangle$$
$$= -\int_0^\beta \Sigma_p(\tau,\tau'')G_p(\tau'',\tau')\mathrm{d}\tau''$$

来定义一个称为自能的函数 $\Sigma_p(\tau,\tau'')$,可以证明,它也只是 $\tau-\tau''$ 的函数,于是形式上有

$$\frac{\partial}{\partial\tau}G_p(\tau-\tau') = -\delta(\tau-\tau') - \eta_p G_p(\tau-\tau')$$
$$-\int_0^\beta \Sigma_p(\tau-\tau'')G_p(\tau''-\tau')\mathrm{d}\tau''.$$

---

① A. A. 阿布里科索夫,Л. П. 戈尔可夫,И. Е. 加洛辛斯基:《统计物理学中的量子场论方法》,郝柏林译,科学出版社,1963.

② A. L. Fetter, I. P. Walecka, *Quantum Theory of Many-Particle Systems*, McGraw-Hill, 1971.

③ 蔡建华等著:《量子统计的格林函数理论》,科学出版社,1982.

为解此方程,可用傅里叶变换

$$f(\tau)=\frac{1}{\beta}\sum_{l}f(\zeta_l)\mathrm{e}^{-\mathrm{i}\zeta_l\tau},\quad f(\zeta_l)=\int_0^\beta f(\tau)\mathrm{e}^{\mathrm{i}\zeta_l\tau}\mathrm{d}\tau.$$

这样,$G_p(\tau)\to G_p(\zeta_l)$,$\Sigma_p(\tau)\to\Sigma_p(\zeta_l)$,$\delta(\tau)\to 1$,$\frac{\partial}{\partial\tau}$得因子$-\mathrm{i}\zeta_l$,而由于最后一项的卷积性质,它变成$-\Sigma_p(\zeta_l)G_p(\zeta_l)$,结果求得

$$[\mathrm{i}\zeta_l-\eta_p-\Sigma_p(\zeta_l)]G_p(\zeta_l)=1,$$

即

$$G_p(\zeta_l)=\frac{1}{\mathrm{i}\zeta_l-\eta_p-\Sigma_p(\zeta_l)}.$$

如果将 $\mathrm{i}\zeta_l$ 向一般复数 z 作解析延拓,因而 $G_p(\mathrm{i}\zeta_l\to z)$的极点确定准粒子的能谱 E_p,即由 $z-\eta_p-\Sigma_p(\mathrm{i}\zeta_l\to z)=0$ 解出 z 后给出

$$z=E_p-\mu.$$

在 $\mathscr{H}$是对角化的表象中来进行演算可以证明这个结果.

5. 巨势

我们还可将巨势 Ω 通过 $G_p(\tau)$来表达.

设系统的 $\mathscr{H}$ 可以写成

$$\mathscr{H}(\lambda)=\mathscr{H}(0)+H_1(\lambda),$$

其中 λ 是表征系统性质的某个参量(例如 $H_1(\lambda)$代表相互作用哈密顿量或其某部分,而 $\mathscr{H}(0)$代表自由粒子系统的或某个可解系统的 $\mathscr{H}$). 于是由 $\mathrm{e}^{-\beta\Omega}=\mathrm{tr}(\mathrm{e}^{-\beta\mathscr{H}})$ 可给出

$$\frac{\partial\Omega}{\partial\lambda}=-\beta^{-1}\mathrm{tr}\left(\mathrm{e}^{\beta\Omega}\frac{\partial}{\partial\lambda}\mathrm{e}^{-\beta\mathscr{H}}\right)=\mathrm{tr}\left[\mathrm{e}^{\beta(\Omega-\mathscr{H})}\frac{\partial\mathscr{H}}{\partial\lambda}\right]$$
$$=\left\langle\frac{\partial\mathscr{H}}{\partial\lambda}\right\rangle=\left\langle\frac{\partial H_1}{\partial\lambda}\right\rangle.$$

由于迹内算符的可循环置换性质,这样求导是可以的. 对 λ 积分后得到热力学势 Ω 为

$$\Omega-\Omega_0=\int_0^\lambda\left\langle\frac{\partial H_1}{\partial\lambda}\right\rangle\mathrm{d}\lambda,$$

其中 Ω_0 是所选参考系统的热力学势.

若选相互作用势为 H_1,则有

$$\langle H_1\rangle=\frac{1}{4}\sum_{pj,kl}g_{pj,kl}\langle a_p^+a_j^+a_la_k\rangle$$
$$=\frac{1}{4}\sum_{pj,kl}g_{pj,kl}\langle a_p^+(\tau)a_j^+(\tau)a_l(\tau)a_k(\tau)\rangle$$
$$=\lim_{\tau'=\tau^+}\frac{\theta}{2}\sum_{p}\cdot\frac{\theta}{2}\sum_{jkl}g_{pj,kl}\langle\mathrm{T}a_p^+(\tau')a_j^+(\tau)a_l(\tau)a_k(\tau)\rangle$$

$$=-\frac{\theta}{2}\sum_{p}\lim_{\tau'=\tau^{+}}\int_{0}^{\beta}\Sigma_{p}(\tau,\tau'')G_{p}(\tau'',\tau')\mathrm{d}\tau'',$$

其中第二步用了迹内算符可循环置换而在 a 前后分别插入 $e^{\tau\mathscr{H}}$ 和 $e^{-\tau\mathscr{H}}$ 得到，第三步用了 T 符号的 τ 编序性，最后一步则用了 Σ_p 的定义. 于是，热力学势可以写成

$$\Omega-\Omega_0=-\frac{\theta}{2}\int_0^{\lambda}\mathrm{d}\lambda\frac{\partial}{\partial\lambda}\sum_{p}\lim_{\tau'=\tau^{+}}\int_{0}^{\beta}\Sigma_{p}(\tau,\tau'')G_{p}(\tau'',\tau')\mathrm{d}\tau''.$$

如果应用 $G_p(\tau,\tau')$ 的运动方程，热力学势还可表达为

$$\Omega-\Omega_0=\frac{\theta}{2}\int_0^{\lambda}\mathrm{d}\lambda\frac{\partial}{\partial\lambda}\sum_{p}\lim_{\tau'=\tau^{+}}\left[\frac{\partial}{\partial\tau}+\eta_p\right]G_p(\tau-\tau').$$

这里要注意的是选择一个表征相互作用的参量 λ.

6. 坐标空间的格林函数

以上讨论的格林函数是在动量空间定义的. 我们同样可以利用场算符在坐标空间来定义格林函数

$$G(\tau',\boldsymbol{r}';\tau'',\boldsymbol{r}'')=-\langle\mathrm{T}\psi(\tau',\boldsymbol{r}')\psi^{\dagger}(\tau'',\boldsymbol{r}'')\rangle;$$

可以证明，它也只是 $\tau'-\tau''$ 的函数，同时对于空间均匀的系统，它只是 $\boldsymbol{r}'-\boldsymbol{r}''=\boldsymbol{r}$ 的函数. $G(\tau,\boldsymbol{r})$ 与 $G_p(\tau)$ 可通过傅里叶积分相联系，或直接通过 ψ 和 $\psi^{\dagger}$ 与 a 和 $a^{\dagger}$ 之间的关系相联系. 对于空间不均匀的系统，需要用到 $G(\tau;\boldsymbol{r}',\boldsymbol{r}'')$ 或者将 $G_p(\tau)$ 推广为 $G(\tau;\boldsymbol{p}',\boldsymbol{p}'')$ 来处理. 我们不准备详细讨论.

13.4.3　超导电性的 BCS 理论[①②]

超导电性是由卡末林·昂内斯[③]于 1911 年发现的，他观察到汞的电阻在 4.15 K 时突然降至零. 后来陆续发现许多金属、合金和化合物在低温下具有超导电性. 迄至 1973 年，转变温度 T_c 最高的超导体是 Nb_3Ge(T_c=23.2K)[④].

超导体除呈现零电阻现象以外，还具有临界磁场[⑤]，完全抗磁性(迈斯纳效应)[⑥]，热容跃变(存在能隙)[⑦]，同位素效应($T_c\propto M^{-1/2}$)[⑧]等性质.

尽管 1911 年就发现了超导电现象，但正确的低温超导微观理论直到近半个世纪后的 1957 年才由巴丁、库珀、施里弗建立起来，现在通称 BCS 理论[⑨].

---

① 参考前引 L. D. 朗道，E. M. 栗弗席兹(《理论物理教程》第九卷)，第五章，§ § 39—42.

② 参考前引 Fetter 和 Walecka 的书 § 51.

③ H. Kamerlingh-Onnes, *Commun. Phys. Lab. Univ. Leiden*, No. **120b**, **122b**(1911).

④ I. R. Gavaler, *J. Appl. Phys. Lett.*, **23**(1973), 480.

⑤ H. Kamerlingh-Onnes, *Commun. Phys. Lab. Univ. Leiden*, No. **34b**(1913), No. **139f**(1914).

⑥ W. Meissner, R. Ochsenfeld, *Naturwiss.*, **21**(1933), 787.

⑦ W. J. Keesom, J. A. Kok, *Commun. Phys. Lab. Univ. Leiden*, No. **221e**(1932).

⑧ E. Maxwell. *Phys. Rev.*, **78**(1950), 477. C. A. Reynolds, B. Serin, W. H. Wright, L. B. Nesbitt, *Phys. Rev.*, **78**(1950), 487.

⑨ J. Bardeen, L. N. Cooper, J. R. Schrieffer, *Phys. Rev.*, **108**(1957), 1175.

顺便提一下，自从贝德诺尔兹和米勒[①]1986年宣布发现可能达到$T_c=35\ \mathrm{K}$的镧钡铜氧化物超导体以来，高T_c超导体的实验和理论研究开始蓬勃发展. 据报道目前已发现T_c高达135 K(加压可达164 K)的超导体[②]，但高温超导理论则仍在探索之中.

1. BCS理论的模型哈密顿量

弗罗利希(1950)[③]首先提出，金属中电子之间通过交换声子会产生吸引作用，超导电性可归因于这种作用. 同年发现的同位素效应给予此一观点重要支持，因为声子与晶格振动有关，其特征频率$\omega_D \propto M^{-1/2}$[④]. 后来库珀(1956)[⑤]证明了费米面附近的两个电子，只要存在净吸引作用，不管多么微弱，总能形成电子对束缚态；通称为库珀对.

巴丁、库珀和施里弗(1957)正是根据上述电子声子相互作用机理和库珀对概念，经过深入分析和研究，建立起正确的微观(BCS)理论. 其简单模型可表述为：费米面附近$\Delta\varepsilon \approx \hbar\omega_D$壳层内动量相反、自旋也相反的电子($\boldsymbol{p}\uparrow, -\boldsymbol{p}\downarrow$)可能通过声子的虚发射和再吸收变为($\boldsymbol{p}'\uparrow, -\boldsymbol{p}'\downarrow$)而使能量降低，产生吸引作用，形成束缚对；这导致费米面附近正常态分布的不稳定性(库珀不稳定性)，出现系统状态的重新改组，使这些电子两两束缚成库珀对，发生凝聚而形成超导态.

模型哈密顿量可写成(参考402页)

$$\mathscr{H} = \sum_{p\alpha} \eta_p a_{p\alpha}^+ a_{p\alpha} - \frac{g}{V}\sum_{\boldsymbol{p},\boldsymbol{p}'} a_{\boldsymbol{p}'\uparrow}^+ a_{-\boldsymbol{p}'\downarrow}^+ a_{-\boldsymbol{p}\downarrow} a_{\boldsymbol{p}\uparrow},$$

其中(注意$\mu \approx p_F^2/2m$，后一项对自旋求和给出因子2)

$$\eta_p = \frac{p^2}{2m} - \mu,$$

$$g(\boldsymbol{p}-\boldsymbol{p}') = \begin{cases} -g < 0, & |\eta_p| \leqslant \hbar\omega_D,\ |\eta_{p'}| \leqslant \hbar\omega_D; \\ 0, & \text{其他情况}. \end{cases}$$

(因为$\boldsymbol{p}$和$\boldsymbol{p}'$都在费米面附近，$\boldsymbol{p}-\boldsymbol{p}'$很小，故将吸引势$g(\boldsymbol{p}-\boldsymbol{p}')$取为常量，令其绝对值为$g$.)

对于相互作用项，若将配对算符写成

$$a_{\boldsymbol{p}'\uparrow}^+ a_{-\boldsymbol{p}'\downarrow}^+ = \langle a_{\boldsymbol{p}'\uparrow}^+ a_{-\boldsymbol{p}'\downarrow}^+ \rangle + (a_{\boldsymbol{p}'\uparrow}^+ a_{-\boldsymbol{p}'\downarrow}^+ - \langle a_{\boldsymbol{p}'\uparrow}^+ a_{-\boldsymbol{p}'\downarrow}^+ \rangle),$$

$$a_{\boldsymbol{p}\uparrow} a_{-\boldsymbol{p}\downarrow} = \langle a_{\boldsymbol{p}\uparrow} a_{-\boldsymbol{p}\downarrow} \rangle + (a_{\boldsymbol{p}\uparrow} a_{-\boldsymbol{p}\downarrow} - \langle a_{\boldsymbol{p}\uparrow} a_{-\boldsymbol{p}\downarrow} \rangle),$$

---

① J. G. Bednorz, K. A. Müller, *Z. Physik*, B, **64**(1986), 189.

② L. Gao, Y. Y. Xue, F. Chen, Q. Xiong, R. L. Meng, D. Ramirez, C. W. Chu, *Phys. Rev.*, **B50**(1994), 4260.

③ H. Fröhlich, *Phys. Rev.*, **79**(1950), 845.

④ 因为$\hbar\omega_D = k\Theta_D \propto \left(\frac{1}{v_l^3} + \frac{2}{v_t^3}\right)^{-1/3}$，而$v_l, v_t \propto \rho^{-\frac{1}{2}} \propto M^{-1/2}$(见本书177页和178页).

⑤ L. N. Cooper, *Phys. Rev.*, **104**(1956), 1189.

忽略常量项以及涨落的二次项，则得模型哈密顿量的平均场近似为

$$\mathscr{H}=\sum_{p\alpha}\eta_p a_{p\alpha}^{+}a_{p\alpha}-\sum_{p}(\Delta a_{p\uparrow}^{+}a_{-p\downarrow}^{+}+\Delta^{*}a_{-p\downarrow}a_{p\uparrow}),$$

其中 Δ,Δ^{*}（互为厄米共轭）是能隙函数，定义为

$$\Delta\equiv\frac{g}{V}\sum_{p}\langle a_{-p\downarrow}a_{p\uparrow}\rangle,\quad \Delta^{*}\equiv\frac{g}{V}\sum_{p}\langle a_{p\uparrow}^{+}a_{-p\downarrow}^{+}\rangle.$$

2. 格林函数和反常格林函数

电子湮没算符和产生算符的运动方程现在是

$$\frac{\mathrm{d}}{\mathrm{d}\tau}a_{p\uparrow}(\tau)=-\eta_p a_{p\uparrow}(\tau)+\Delta a_{-p\downarrow}^{+}(\tau),$$

$$\frac{\mathrm{d}}{\mathrm{d}\tau}a_{-p\downarrow}(\tau)=-\eta_p a_{-p\downarrow}(\tau)-\Delta a_{p\uparrow}^{+}(\tau),$$

$$\frac{\mathrm{d}}{\mathrm{d}\tau}a_{p\uparrow}^{+}(\tau)=\eta_p a_{p\uparrow}^{+}(\tau)-\Delta^{*}a_{-p\downarrow}(\tau),$$

$$\frac{\mathrm{d}}{\mathrm{d}\tau}a_{-p\downarrow}^{+}(\tau)=\eta_p a_{-p\downarrow}^{+}(\tau)+\Delta^{*}a_{p\uparrow}(\tau).$$

现在定义格林函数 $G_{p\uparrow}(\tau)$和反常格林函数 $F_p(\tau)$

$$G_{p\uparrow}(\tau)=-\langle \mathrm{T}a_{p\uparrow}(\tau)a_{p\uparrow}^{+}(0)\rangle,$$

$$F_p(\tau)=-\langle \mathrm{T}a_{p\uparrow}(\tau)a_{-p\downarrow}(0)\rangle,$$

$$F_p^{+}(\tau)=-\langle \mathrm{T}a_{-p\downarrow}^{+}(\tau)a_{p\uparrow}^{+}(0)\rangle.$$

于是容易求得

$$\frac{\mathrm{d}}{\mathrm{d}\tau}G_{p\uparrow}(\tau)=-\delta(\tau)-\eta_p G_{p\uparrow}(\tau)+\Delta F_p^{+}(\tau),$$

$$\frac{\mathrm{d}}{\mathrm{d}\tau}F_p^{+}(\tau)=\eta_p F_p^{+}(\tau)+\Delta^{*}G_{p\uparrow}(\tau).$$

3. 准粒子能谱

为解此组方程，进行傅里叶变换

$$f(\tau)=\frac{1}{\beta}\sum_{l}f(\zeta_l)\mathrm{e}^{-\mathrm{i}\zeta_l\tau},\quad f(\zeta_l)=\int_0^{\beta}f(\tau)\mathrm{e}^{\mathrm{i}\zeta_l\tau}\mathrm{d}\tau.$$

这样一来，$G_{p\uparrow}(\tau)\to G_{p\uparrow}(\zeta_l)$，$F_p^{+}(\tau)\to F_p^{+}(\zeta_l)$，$\delta(\tau)\to 1$，$\dfrac{\partial}{\partial\tau}$得因子$-\mathrm{i}\zeta_l$；结果得到下列代数方程组

$$(\mathrm{i}\zeta_l-\eta_p)G_{p\uparrow}(\zeta_l)+\Delta F_p^{+}(\zeta_l)=1,$$

$$-(\mathrm{i}\zeta_l+\eta_p)F_p^{+}(\zeta_l)-\Delta^{*}G_{p\uparrow}(\zeta_l)=0;$$

最后解得

$$G_{p\uparrow}(\zeta_l)=\frac{(\mathrm{i}\zeta_l)+\eta_p}{(\mathrm{i}\zeta_l)^2-(\eta_p^2+|\Delta|^2)},$$

$$F_p^+(\zeta_l) = \frac{-\Delta^*}{(\mathrm{i}\zeta_l)^2 - (\eta_p^2 + |\Delta|^2)};$$

极点给出准粒子能谱

$$\varepsilon(p) = \sqrt{(\Delta^2 + \eta_p^2)},$$

它表明,激发态与基态之间存在能隙.

4. 能隙方程

下面从自洽条件

$$\Delta^* = \frac{g}{V}\sum_{p}\langle a_{p\uparrow}^+ a_{-p\downarrow}^+ \rangle = \frac{g}{V}\sum_{p} F_p^+(\tau = 0^+)$$

$$= \frac{g}{V}\sum_{p}\frac{1}{\beta}\sum_{l} F_p^+(\zeta_l)\mathrm{e}^{-\mathrm{i}\zeta_l 0^+}$$

$$= \frac{g\Delta^*}{\beta(2\pi\hbar)^3}\sum_{l=-\infty}^{\infty}\int\frac{\mathrm{d}\boldsymbol{p}}{\zeta_l^2 + \varepsilon^2(p)}$$

来确定能隙函数 Δ,即由

$$1 = \frac{g}{\beta}\int\left[\sum_{l=-\infty}^{\infty}\frac{1}{\zeta_l^2 + \varepsilon^2(p)}\right]\frac{\mathrm{d}\boldsymbol{p}}{(2\pi\hbar)^3}$$

确定.注意到对于电子有 $\zeta_l = (2l+1)\pi/\beta$(见 403 页)而

$$[(2l+1)^2\pi^2 + a^2]^{-1} = \frac{1}{2a}\left[\frac{1}{a + \mathrm{i}\pi(2l+1)} + \frac{1}{a - \mathrm{i}\pi(2l+1)}\right]$$

$$= \frac{1}{2a}\int_0^{\infty}\mathrm{e}^{-ax}\left[\mathrm{e}^{-\mathrm{i}\pi(2l+1)x} + \mathrm{e}^{\mathrm{i}\pi(2l+1)x}\right]\mathrm{d}x,$$

通过先对等比数列求和然后再积分可得

$$\sum_{l=-\infty}^{\infty}[(2l+1)^2\pi^2 + a^2]^{-1} = \frac{1}{2a}\operatorname{th}\frac{a}{2},$$

导致确定能隙函数的自洽方程为

$$1 = \frac{g}{2}\int\frac{1}{\varepsilon}\operatorname{th}\left(\frac{1}{2}\beta\varepsilon\right)\frac{\mathrm{d}\boldsymbol{p}}{(2\pi\hbar)^3}.$$

5. 热力学性质

现在通过能隙方程来研究超导体的热力学性质.

首先将方程化为无量纲形式.令

$$u = \beta\Delta,\quad x = \beta\eta_p = \frac{\beta p^2}{2m} - \beta\mu,$$

$$y = \beta\varepsilon = \beta(\eta_p^2 + \Delta^2)^{1/2} = (x^2 + u^2)^{1/2};$$

$$\frac{\beta\mathrm{d}\boldsymbol{p}}{(2\pi\hbar)^3} = \frac{\beta p^2\mathrm{d}p}{2\pi^2\hbar^3} \approx \frac{mp_{\mathrm{F}}}{2\pi^2\hbar^3}\mathrm{d}x = \frac{1}{2}\nu_{\mathrm{F}}\mathrm{d}x,$$

这里 $\nu_{\mathrm{F}} = \dfrac{mp_{\mathrm{F}}}{\pi^2\hbar^3}$是费米面上粒子的能态密度(费米面附近 $p\approx p_{\mathrm{F}}$).于是有(令 $x_{\mathrm{D}} =$

$\beta\hbar\omega_{\rm D}$)

$$1 = \frac{1}{4} g\nu_{\rm F} \int_{-x_{\rm D}}^{x_{\rm D}} \frac{1}{y} \operatorname{th} \frac{y}{2} \mathrm{d}x = \frac{1}{2} g\nu_{\rm F} \int_0^{x_{\rm D}} \frac{1}{y} \operatorname{th} \frac{y}{2} \mathrm{d}x$$

$$= \frac{1}{2} g\nu_{\rm F} \left(\int_0^{x_{\rm D}} \frac{1}{y} \mathrm{d}x - \int_0^{\infty} \frac{1}{y} \left[1 - \operatorname{th} \frac{y}{2} \right] \mathrm{d}x \right),$$

这里利用了$\frac{1}{y}\operatorname{th}\frac{y}{2}$是偶函数的性质，以及最后一个积分的迅速收敛性而将其上限扩展至∞.

(1) 能隙(零温及其附近)

第一个积分容易积出，

$$\int_0^{x_{\rm D}} \frac{1}{y} \mathrm{d}x = \int_0^{x_{\rm D}} \frac{\mathrm{d}x}{\sqrt{(x^2+u^2)}} = \ln\left(x + \sqrt{x^2+u^2}\right) \Big|_0^{x_{\rm D}}$$

$$\approx \ln \frac{2x_{\rm D}}{u} = \ln \frac{2\hbar\omega_{\rm D}}{\Delta},$$

因为一般有 $u \ll x_{\rm D}$. 我们注意到 $T=0$ K 时第二个积分严格为零. 于是

$$\ln \frac{\Delta_0}{2\hbar\omega_{\rm D}} = -\frac{2}{g\nu_{\rm F}},$$

即

$$\Delta_0 = 2\hbar\omega_{\rm D} \exp(-2/g\nu_{\rm F}),$$

这里 $\Delta_0 = \Delta(T=0\ {\rm K})$是零温能隙.

现在可将能隙方程改写为

$$\ln \frac{2\hbar\omega_{\rm D}}{\Delta_0} = \int_0^{x_{\rm D}} \frac{1}{y} \operatorname{th} \frac{y}{2} \mathrm{d}x;$$

或者

$$\ln \frac{\Delta_0}{\Delta} = \int_0^{\infty} \frac{1}{y} \left[1 - \operatorname{th} \frac{y}{2} \right] \mathrm{d}x.$$

低温时($u_0 = \beta\Delta_0 = \Delta_0/kT \gg 1$)，有 $y = (x^2+u^2)^{1/2} \approx u + \frac{x^2}{2u}$，因而

$$\ln \frac{\Delta_0}{\Delta} = 2\int_0^{\infty} \frac{\mathrm{d}x}{y(\mathrm{e}^y+1)} \approx 2\int_0^{\infty} \frac{\mathrm{d}x}{u} \exp\left[-u - \frac{x^2}{2u} \right] = \left(\frac{2\pi}{u} \right)^{1/2} \mathrm{e}^{-u},$$

$$\Delta = \Delta_0 \left[1 - \sqrt{\frac{2\pi kT}{\Delta_0}} \mathrm{e}^{-\Delta_0/kT} \right].$$

(2) 转变温度

当温度升高时，Δ 降低，在转变温度 $T_{\rm c}$ 时 Δ 为零，确定 $T_{\rm c}$ 的方程是(令 $x_{\rm c} = \hbar\omega_{\rm D}/kT_{\rm c}$)

$$\ln \frac{2\hbar\omega_{\rm D}}{\Delta_0} = \int_0^{x_{\rm c}} \frac{1}{x} \operatorname{th} \frac{x}{2} \mathrm{d}x = \left[(\ln x) \left(\operatorname{th} \frac{x}{2} \right) \right]_0^{x_{\rm c}} - \frac{1}{2} \int_0^{\infty} \frac{\ln x}{\operatorname{ch}^2 \frac{x}{2}} \mathrm{d}x$$

$$= \ln x_c - \ln\left(\frac{\pi}{2\gamma}\right),$$

后一积分收敛很快,故令上限扩展至∞. 结果中 $\ln\gamma = C = 0.5772\cdots$ 是欧拉常数. 于是转变温度为

$$kT_c = \gamma\Delta_0/\pi = 0.5669\Delta_0,$$

它远小于简并温度 $kT_0 \approx \varepsilon_F$. 由于 $\Delta_0 \propto \hbar\omega_D$,所以 $kT_c \propto \hbar\omega_D \propto M^{-1/2}$,与同位素效应的实验一致.

(3) 能隙(T_c 附近)

邻近转变点,Δ 很小,可将积分写成

$$\int_0^\infty \frac{1}{y}\left[1 - \mathrm{th}\,\frac{y}{2}\right]\mathrm{d}x = \int_0^\infty \left[\frac{1}{\sqrt{x^2+u^2}} - \frac{1}{x}\mathrm{th}\,\frac{x}{2}\right]\mathrm{d}x$$
$$+ \int_0^\infty \left[\frac{1}{x}\mathrm{th}\,\frac{x}{2} - \frac{1}{\sqrt{x^2+u^2}}\mathrm{th}\,\frac{1}{2}\sqrt{x^2+u^2}\right]\mathrm{d}x.$$

第一个积分可仿照上面确定 T_c 方程中的类似作法,求得积分值为 $\ln(\pi/\gamma u)$. 第二个积分在 u^2 展开式的一次项中利用

$$\mathrm{th}\,\frac{x}{2} = 4x\sum_{l=0}^{\infty}[\pi^2(2l+1)^2 + x^2]^{-1}$$

(前面求能隙方程时推导过),可求得积分值为 $\frac{7\zeta(3)}{8\pi^2}u^2$,其中 $\zeta(3) = 1.202\,06$ 是黎曼 ζ 函数. 所以,消去对数中的 Δ 并用 T_c 表示 Δ_0 后得到

$$\ln\frac{T}{T_c} = \ln\frac{\pi kT}{\gamma\Delta_0} = -\frac{7\zeta(3)}{8\pi^2}\left(\frac{\Delta}{kT}\right)^2 + \cdots,$$

或者,在 T_c 附近($T_c - T \ll T_c$)展开得

$$\frac{\Delta}{kT_c} \approx \pi\sqrt{\frac{8}{7\zeta(3)}}\left(1 - \frac{T}{T_c}\right)^{1/2} \approx 3.063\left(1 - \frac{T}{T_c}\right)^{1/2}.$$

(4) 热容量跃变

对于低温区($kT \ll \Delta$),准粒子分布函数 $n = (\mathrm{e}^{\varepsilon/kT}+1)^{-1} \approx \mathrm{e}^{-\varepsilon/kT}$,而其能量 $\varepsilon = (\eta^2 + \Delta^2)^{1/2} \approx \Delta_0 + \eta^2/2\Delta_0$,所以

$$C_V = \frac{\partial E}{\partial T} = V\frac{\partial}{\partial T}2\sum_p \varepsilon n_p = V\nu_F\int_{-\infty}^{\infty}\varepsilon\frac{\partial n}{\partial T}\mathrm{d}\eta$$
$$= V\nu_F k\left(\frac{\Delta_0}{kT}\right)^2 \mathrm{e}^{-\Delta_0/kT}\int_{-\infty}^{\infty}\mathrm{e}^{-\eta^2/2\Delta_0 kT}\mathrm{d}\eta$$
$$= Vk\,\frac{\sqrt{2}\,mp_F\Delta_0^{5/2}}{\pi^{3/2}\hbar^3(kT)^{3/2}}\mathrm{e}^{-\Delta_0/kT};$$

其中求和号之前的因子 2 来自对自旋求和,而 $\nu_F = \frac{mp_F}{\pi^2\hbar^3}$. 热容量指数式减小,这是

能谱中存在能隙的直接结果.

对于邻近转变点($T\to T_c$)的情况,我们从

$$\Omega_s - \Omega_n = \int_0^g \left\langle \frac{\partial H_1}{\partial g} \right\rangle dg = -V \int_0^g \frac{\Delta^2}{g^2} dg$$

出发,选正常态($\Delta=0$)为参考,选 g 为特征参量;因为

$$\begin{aligned}\left\langle \frac{\partial H_1}{\partial g} \right\rangle &= -\frac{1}{2} \sum_p \left\langle \frac{\partial}{\partial g} [\Delta a_{p\uparrow}^+ a_{-p\downarrow}^+ + \Delta^* a_{-p\downarrow} a_{p\uparrow}] \right\rangle \\ &= -\frac{V}{g^2}\Delta^2,\end{aligned}$$

与 408 页 $\mathscr{H}$ 中相互作用项的平均值比较,这里引进了因子$\frac{1}{2}$. 同时由这种情况下的能隙公式得

$$\frac{7\zeta(3)}{4\pi^2 k^2 T^2}\Delta d\Delta = \frac{d\Delta_0}{\Delta_0} = \frac{2}{\nu_F}\frac{dg}{g^2},$$

以此代入上式进行积分并以 Δ 在 T_c 附近的展开式代入得(可当作自由能之差):

$$\begin{aligned}F_s - F_n &= -V\frac{\nu_F}{2}\frac{7\zeta(3)}{4\pi^2 k^2 T^2}\int_0^\Delta \Delta^3 d\Delta \\ &= -V\frac{2mp_F k^2 T_c^2}{7\zeta(3)\hbar^3}\left(1-\frac{T}{T_c}\right)^2;\end{aligned}$$

而在 $T=0$ 时有基态能量之差为

$$E_s - E_n = -V\frac{\nu_F}{2}\int_0^{\Delta_0}\Delta_0 d\Delta_0 = -V\frac{\nu_F}{4}\Delta_0^2 = -V\frac{mp_F}{4\pi^2\hbar^3}\Delta_0^2.$$

因为 $C_V = T\left(\frac{\partial S}{\partial T}\right) = -T\frac{\partial^2 F}{\partial T^2}$,所以求得热容跃变为

$$C_s - C_n = V\frac{4mp_F k^2 T_c}{7\zeta(3)\hbar^3}.$$

因为正常态热容(见 386 页)为(注意到 $\varepsilon_F = \frac{p_F^2}{2m}$ 和 $n = \frac{p_F^2}{3\pi^2\hbar^3}$)

$$C_n = V\frac{\pi^2}{2}\frac{nk^2 T}{\varepsilon_F} = Vmp_F k^2 T/3\hbar^3,$$

所以在转变点的热容之比为

$$\frac{C_s(T_c)}{C_n(T_c)} = \frac{12}{7\zeta(3)} + 1 = 2.426,$$

这与实验相当符合.

(5) 临界磁场

可以证明,超导体在磁场 H 中的自由能为 $F_s(T,H) = F_s(T,0) + V\frac{1}{2}\mu_0 H^2(T)$.

在一定温度下增加磁场，就发生从超导态到正常态的转变．临界磁场的值等于

$$F_s(T,0)-F_n(T,0)=-V\frac{1}{2}\mu_0 H_c^2(T).$$

于是由$\frac{1}{2}\mu_0 H_c^2(0)=\frac{1}{4}\nu_F\Delta_0^2$决定零温临界磁场为

$$H_c(0)=\sqrt{\frac{\nu_F}{2\mu_0}}\Delta_0=\sqrt{\frac{mp_F}{2\mu_0\gamma^2\hbar^3}}kT_c;$$

由$\frac{1}{2}\mu_0 H_c^2(T)=\frac{2\pi^2k^2}{7\zeta(3)}\nu_F T_c^2\left(1-\frac{T}{T_c}\right)^2$决定温度$T$下的临界磁场为

$$\begin{aligned}H_c(T)&=\frac{2\pi}{\sqrt{7\zeta(3)}}\sqrt{\frac{\nu_F}{\mu_0}}kT_c\left(1-\frac{T}{T_c}\right)\\&=1.737\,H_c(0)\left(1-\frac{T}{T_c}\right).\end{aligned}$$

13.5 密度泛函理论

13.5.1 引言

第11章中对于一般多电子系统，主要介绍了以单电子轨函为基础的自洽场哈特里-福克方法；还介绍了斯莱特的$X\alpha$方法，将HF的交换势项经统计平均变为普通势形状，并引入因子α进行调节，使具体计算大为简化(见11.4节)．

还有另一条途径是托马斯[①]和费米[②]提出的统计模型，将局域电子密度分布与电子感受到的有效势场联系起来，并由经典的泊松方程自洽确定．由于它的原理简单、直观，计算量小，有实用价值，得到很快的发展，并提出各种修正、改进和推广．

1964年，霍恩伯格和科恩[③]证明了多体系统的基态能量是局域密度的唯一泛函，而真基态密度的能量为最小；接着，科恩和沈吕九[④]推导出一组自洽单粒子方程；这三篇重要文章奠定了密度泛函理论(DFT)的基础．同时，梅明[⑤]将之推广到非零温情况；后来，拉贾戈帕尔[⑥]则将之推广到相对论情况；以及其他一些推广和发展．以后还发展出多种实用方案，并将之应用于处理原子和分子物理，固体大块

---

① L. H. Thomas, *Proc. Camb. Phil. Soc.*, **23**(1927), 542.

② E. Fermi. *Rend. Acad. Lincei*, **6**(1927), 602; **7**(1928), 342; *Z. Phys.*, **48**(1928), 73.

③ P. Hohenberg, W. Kohn, *Phys. Rev.*, **136**(1964), B864.

④ W. Kohn, L. J. Sham, *Phys. Rev.*, **140**(1965), A1133; L. J. Sham, W. Kohn, *Phys. Rev.*, **145**(1966), 561.

⑤ N. D. Mermin, *Phys. Rev.*, **137**(1965), A1441.

⑥ A. K. Rajagopal, in *Advances in Chemical Physics* (eds. I. Prigogine and S. A. Rice), **41**(1980), 59 (Wiley, New York).

性质和表面性质，液体性质以及核物质等各种各样问题. 应注意到，TF 模型可认为是此理论的一种近似，Xα 方法也属于此理论的范畴.

13.5.2　非零温密度泛函理论的基本定理[①②③]

1. 吉布斯变分原理

对于在温度为 T，化学势为 μ 下处于平衡的多粒子系统，巨势

$$\Omega[\rho] = \mathrm{tr}\{\rho[H - \mu N + kT\ln\rho]\}$$

作为统计算符 ρ 的泛函为最小，即对迹为 1 的所有正定 ρ，

$$\Omega[\rho] > \Omega[\rho_0], \quad \rho \neq \rho_0,$$

其中 ρ_0 是巨正则统计算符

$$\rho_0 = \frac{1}{\mathscr{Z}}\mathrm{e}^{-(H-\mu N)/kT}, \quad \mathscr{Z} = \mathrm{tr}\ \mathrm{e}^{-(H-\mu N)/kT};$$

这里 $\mathscr{Z}$ 是巨配分函数，而相应巨势为

$$\Omega[\rho_0] = -kT\ln\mathscr{Z}.$$

吉布斯变分原理与熵最大原理等价，因为 $\Omega[\rho]$ 右边的表达式可改写为 $\left(\beta = \frac{1}{kT}, \alpha = -\frac{\mu}{kT}\right)$

$$\Omega[\rho] = -T\cdot[-k\mathrm{tr}\{\rho(\ln\rho - \beta H - \alpha N)\}],$$

它与约束条件下求熵最大的表达式除常量外多了因子 $-T$，即 $\Omega[\rho]$ 应为最小；这里不再另行证明.

2. 霍恩贝格-科恩-梅明(HKM)定理

在给定温度 T 的巨正则系综中，外势 $v(\boldsymbol{r})$ 与化学势 μ 之差 $v(\boldsymbol{r}) - \mu$ 由密度 $n(\boldsymbol{r}, T)$ 唯一决定. 对于给定的 $v(\boldsymbol{r})$ 和 μ，存在一个 $n'(r, T)$ 的泛函

$$\Omega_{v-\mu}[n'(\boldsymbol{r}, T)] = \int(v(\boldsymbol{r}) - \mu)n'(\boldsymbol{r}, T)\mathrm{d}\boldsymbol{r} + F[n'(\boldsymbol{r}, T)],$$

使得对于与 $v(\boldsymbol{r})$ 和 μ 相联系的正确密度 $n(\boldsymbol{r}, T)$，上述泛函为最小，其最小值等于巨势；其中 F 是密度的泛函，对所有 $v(\boldsymbol{r}) - \mu$ 具有普适形式.

对于外势 $v(\boldsymbol{r})$ 中粒子系统的巨正则系综，$H - \mu N$ 的二次量子化形式为(令 $x = (\boldsymbol{r}, \sigma)$，$\int\mathrm{d}x = \sum_\sigma\int\mathrm{d}\boldsymbol{r}$，用以包括可能的自旋)

$$\mathscr{H} = H - \mu N = K + V + U - \mu N$$

---

① 参考 U. Gupta, A. K. Rajagopal, *Phys. Rep.*, **87**(1982), 259.

② 参考 R. G. Parr, W. T. Yang, *Density-Functional Theory of Atoms and Molecules*, Oxford Univ. Press, New York, 1989.

③ 参考 N. D. Mermin, *Phys. Rev.*, **137**(1965), A1441.

$$= \int \psi^{+}(x)\left(-\frac{\hbar^2}{2m}\nabla^2\right)\psi(x)\mathrm{d}x + \int (v(\boldsymbol{r})-\mu)\psi^{+}(x)\psi(x)\mathrm{d}x$$
$$+ \int \frac{1}{2}u(\boldsymbol{r},\boldsymbol{r}')\psi^{+}(x)\psi^{+}(x')\psi(x')\psi(x)\mathrm{d}x\mathrm{d}x'.$$

平衡粒子密度

$$n(\boldsymbol{r}) = \mathrm{tr}\rho_0\psi^{+}(x)\psi(x)$$

显然是 $v(\boldsymbol{r})-\mu$ 的泛函,还需证明 $v(\boldsymbol{r})-\mu$ 由 $n(\boldsymbol{r})$唯一决定.为此,采用归谬法.假设有另外的 $v'(\boldsymbol{r})-\mu'$导致同一 $n(\boldsymbol{r})$.与 $v'(\boldsymbol{r})-\mu'$相联系的巨哈密顿量、巨统计算符和巨势用 $\mathscr{H}'$,ρ_0' 和 Ω'表示.因为 $v'(\boldsymbol{r})-\mu'\neq v(\boldsymbol{r})-\mu$,$\rho_0'\neq\rho_0$,根据吉布斯变分原理有

$$\Omega' = \mathrm{tr}\rho_0'(\mathscr{H}' + kT\ln\rho_0') < \mathrm{tr}\rho_0(\mathscr{H}' + kT\ln\rho_0)$$
$$= \Omega + \mathrm{tr}\rho_0\{(V'-\mu'N)-(V-\mu N)\},$$

所以

$$\Omega' < \Omega + \int \mathrm{d}\boldsymbol{r}\{(v'(\boldsymbol{r})-\mu')-(v(\boldsymbol{r})-\mu)\}n(\boldsymbol{r}).$$

根据同样理由,交换带撇和不带撇的量后前式仍然成立,给出

$$\Omega < \Omega' + \int \mathrm{d}\boldsymbol{r}\{(v(\boldsymbol{r})-\mu)-(v'(\boldsymbol{r})-\mu')\}n(\boldsymbol{r}),$$

两式相加导致矛盾 $\Omega+\Omega'<\Omega+\Omega'$.因此,只有唯一的 $v(\boldsymbol{r})-\mu$ 能导致给定的 $n(\boldsymbol{r})$.

因为 $n(\boldsymbol{r})$唯一决定 $v(\boldsymbol{r})-\mu$,而它又决定 ρ_0,所以,整个平衡统计算符是 $n(\boldsymbol{r})$ 的泛函.尤其是,可以认为

$$F[n(\boldsymbol{r})] = \mathrm{tr}\rho_0(K+U+kT\ln\rho_0)$$
$$= K[n(\boldsymbol{r})] + U[n(\boldsymbol{r})] - TS[n(\boldsymbol{r})]$$

仅是密度的泛函,对所有 $v(\boldsymbol{r})$有普适形式.对于给定 $v(\boldsymbol{r})-\mu$,定义

$$\Omega_{v-\mu}[n(\boldsymbol{r})] = \int (v(\boldsymbol{r})-\mu)n(\boldsymbol{r})\mathrm{d}\boldsymbol{r} + F[n(\boldsymbol{r})].$$

当 $n(\boldsymbol{r})$是对应于 $v(\boldsymbol{r})-\mu$ 的正确平衡密度时,则 $\Omega_{v-\mu}[n]$等于巨势 Ω.若 $n'(\boldsymbol{r})$是与任何其他 $v'(\boldsymbol{r})-\mu'$相联系的平衡密度,则根据吉布斯变分原理,

$$\Omega_{v-\mu}[n'(\boldsymbol{r})] > \Omega_{v-\mu}[n(\boldsymbol{r})],$$

因为右边是巨势 $\Omega[\rho_0]$,而左边是 $\Omega[\rho_0']$.所以,在能与某一 $v(r)-\mu$ 相联系的所有密度函数中,正确的密度使上面所定义的$\Omega[n(\boldsymbol{r})]$为最小.

3. 科恩-沈(KS)方程组

下列自洽单粒子方程组提供变分原理的解:

$$\left[-\frac{\hbar^2}{2m}\nabla^2 + v_{\mathrm{eff}}(\boldsymbol{r})\right]\varphi_i(\boldsymbol{r}) = \varepsilon_i\varphi_i(\boldsymbol{r}),$$

$$v_{\mathrm{eff}}(\boldsymbol{r}) = v(\boldsymbol{r}) + \int u(\boldsymbol{r},\boldsymbol{r}')n(\boldsymbol{r}')\mathrm{d}\boldsymbol{r}' + \frac{\delta F_{\mathrm{xc}}[n(\boldsymbol{r})]}{\delta n(\boldsymbol{r})},$$

$$n(\boldsymbol{r}) = \sum_i f_i \mid \varphi_i(\boldsymbol{r}) \mid^2,$$

$$f_i = f(\varepsilon_i - \mu) = [\mathrm{e}^{(\varepsilon_i - \mu)/kT} - \theta]^{-1},$$

其中 $\theta=1$(玻色子系统)或 $\theta=-1$(费米子系统).

下面来推导这组方程.

首先,将自由能泛函改写为

$$\begin{aligned} F[n(\boldsymbol{r})] &= K[n(\boldsymbol{r})] + U[n(\boldsymbol{r})] - TS[n(\boldsymbol{r})] \\ &= F_{\mathrm{s}}[n(\boldsymbol{r})] + U_{\mathrm{d}}[n(\boldsymbol{r})] + F_{\mathrm{xc}}[n(\boldsymbol{r})], \end{aligned}$$

其中 $F_{\mathrm{s}}[n(\boldsymbol{r})]$是无互作用参考系统的自由能,$U_{\mathrm{d}}[n(\boldsymbol{r})]$为直接相互作用(如库仑项),而 $F_{\mathrm{xc}}[n(\boldsymbol{r})]$为对自由能的交换关联贡献,即

$$F_{\mathrm{s}}[n(\boldsymbol{r})] = K_{\mathrm{s}}[n(\boldsymbol{r})] - TS_{\mathrm{s}}[n(\boldsymbol{r})],$$

$$U_{\mathrm{d}}[n(\boldsymbol{r})] = \frac{1}{2}\int u(\boldsymbol{r},\boldsymbol{r}')n(\boldsymbol{r})n(\boldsymbol{r}')\mathrm{d}\boldsymbol{r}\mathrm{d}\boldsymbol{r}',$$

$$\begin{aligned} F_{\mathrm{xc}}[n(\boldsymbol{r})] = &(K[n(\boldsymbol{r})] - TS[n(\boldsymbol{r})]) - (K_{\mathrm{s}}[n(\boldsymbol{r})] \\ &- TS_{\mathrm{s}}[n(\boldsymbol{r})]) + U[n(\boldsymbol{r})] - U_{\mathrm{d}}[n(\boldsymbol{r})]; \end{aligned}$$

这里 $K_{\mathrm{s}}[n(\boldsymbol{r})]$和 $S_{\mathrm{s}}[n(\boldsymbol{r})]$则分别是参考系统的动能和熵泛函.于是,巨势变为

$$\begin{aligned} \Omega[n(\boldsymbol{r})] = &F_{\mathrm{s}}[n(\boldsymbol{r})] + \int(v(\boldsymbol{r}) - \mu)n(\boldsymbol{r})\mathrm{d}\boldsymbol{r} \\ &+ U_{\mathrm{d}}[n(\boldsymbol{r})] + F_{\mathrm{xc}}[n(\boldsymbol{r})]; \end{aligned}$$

巨势 $\Omega[n(\boldsymbol{r})]$对密度 $n(\boldsymbol{r})$的变分给出

$$\frac{\delta F_{\mathrm{s}}[n(\boldsymbol{r})]}{\delta n(\boldsymbol{r})} + v(\boldsymbol{r}) - \mu + \int u(\boldsymbol{r},\boldsymbol{r}')n(\boldsymbol{r}')\mathrm{d}\boldsymbol{r}' + \frac{\delta F_{\mathrm{xc}}[n(\boldsymbol{r})]}{\delta n(\boldsymbol{r})} = 0.$$

如果定义局域有效势 $v_{\mathrm{eff}}(\boldsymbol{r})$为

$$v_{\mathrm{eff}}(\boldsymbol{r}) = v(\boldsymbol{r}) + \int u(\boldsymbol{r},\boldsymbol{r}')n(\boldsymbol{r}')\mathrm{d}\boldsymbol{r}' + \mu_{\mathrm{xc}}(\boldsymbol{r},[n(\boldsymbol{r})]),$$

$$\mu_{\mathrm{xc}}(\boldsymbol{r},[n(\boldsymbol{r})]) = \frac{\delta F_{\mathrm{xc}}[n(\boldsymbol{r})]}{\delta n(\boldsymbol{r})},$$

则上述方程与在此势下运动的无互作用粒子系统的方程形式相同.因为无互作用问题的解可以利用单粒子哈密顿量的本征函数构造,所以上述方程的解可由前述科恩-沈自洽单粒子方程组提供.

这里对无互作用粒子系统的结果作点补充.

将场算符用湮没和产生算符表示

$$\psi(x) = \sum_i \varphi_i(x)a_i, \quad \psi^+(x) = \sum_i \varphi_i^*(x)a_i^+;$$

巨哈密顿量 $\mathscr{H}_{\mathrm{s}}$ 可以写成

$$\mathscr{H}_{\mathrm{s}} = \int \mathrm{d}x\psi^+(x)\left(-\frac{\hbar^2}{2m}\nabla^2\right)\psi(x) + \int \mathrm{d}x\psi^+(x)\psi(x)(v(\boldsymbol{r}) - \mu)$$

$$= \sum_{ji} a_j^+ a_i \int \mathrm{d}x \varphi_j^*(x) \left\{ -\frac{\hbar^2}{2m}\nabla^2 + (v(\boldsymbol{r}) - \mu) \right\} \varphi_i(x)$$

$$= \sum_i (\varepsilon_i - \mu) a_i^+ a_i = \sum_i \eta_i a_i^+ a_i,$$

这里用了单粒子薛定谔方程

$$\left\{ -\frac{\hbar^2}{2m}\nabla^2 + v(\boldsymbol{r}) \right\} \varphi_i(\boldsymbol{r}) = \varepsilon_i \varphi_i(\boldsymbol{r}),$$

以及 $\varphi_i(x)$的正交归一性质.(注意,考虑到 $v(\boldsymbol{r})$不依赖于自旋,可认为对自旋求和包括在对 i 求和中.)

巨正则统计算符 $\rho_s = \mathrm{e}^{\beta\Omega_s - \beta\mathscr{H}_s}$,于是

$$n(\boldsymbol{r}) = \sum_\sigma \langle \psi^+(x)\psi(x) \rangle = \sum_\sigma \sum_{ji} \varphi_j^*(x)\varphi_i(x)\langle a_j^+ a_i \rangle$$

$$= \sum_i f_i \,|\varphi_i(\boldsymbol{r})|^2;$$

最后一步用了$\langle a_j^+ a_i \rangle = f_i \delta_{ij}$,证明如下:对于$a_i(\beta) = \mathrm{e}^{\beta\mathscr{H}_s} a_i \mathrm{e}^{-\beta\mathscr{H}_s}$,有$\dfrac{\partial}{\partial\beta} a_i(\beta) = -\eta_i a_i(\beta)$(见 404 页),容易解得

$$a_i(\beta) = \mathrm{e}^{-\beta\eta_i} a_i \quad \text{即} \quad a_i \mathrm{e}^{-\beta\mathscr{H}_s} = \mathrm{e}^{-\beta\eta_i} \mathrm{e}^{-\beta\mathscr{H}_s} a_i,$$

因而有

$$\begin{aligned} \langle a_j^+ a_i \rangle &= \mathrm{tr}(\mathrm{e}^{\beta\Omega_s - \beta\mathscr{H}_s} a_j^+ a_i) \\ &= \mathrm{e}^{\beta\Omega_s} \mathrm{tr}(a_i \mathrm{e}^{-\beta\mathscr{H}_s} a_j^+) \\ &= \mathrm{e}^{\beta\Omega_s} \mathrm{e}^{-\beta\eta_i} \mathrm{tr}(\mathrm{e}^{-\beta\mathscr{H}_s} a_i a_j^+) \\ &= \mathrm{e}^{-\beta\eta_i} \mathrm{e}^{\beta\Omega_s} \mathrm{tr}\{\mathrm{e}^{-\beta\mathscr{H}_s}(\theta a_j^+ a_i + \delta_{ij})\}, \end{aligned}$$

这里利用了迹内算符的循环置换和算符 a_i 和 a_j^+ 的对易关系,由此得出$(1-\theta \mathrm{e}^{-\beta\eta_i})\langle a_j^+ a_i \rangle = \delta_{ij} \mathrm{e}^{-\beta\eta_i}$,即

$$\langle a_j^+ a_i \rangle = \frac{\delta_{ij}}{\mathrm{e}^{\beta\eta_i} - \theta} = f_i \delta_{ij},$$

$$f_i = f(\varepsilon_i - \mu) = [\mathrm{e}^{(\varepsilon_i - \mu)/kT} - \theta]^{-1};$$

这样又推导出了量子统计分布.

对于熵 S_s 可由

$$TS_s = -kT\langle \ln\rho_s \rangle = -\Omega_s + \langle \mathscr{H}_s \rangle = -\Omega_s + \sum_i \eta_i f_i$$

来求,因为 $\Omega_s = -kT\ln\mathscr{Z} = \theta kT \sum_i \ln(1 - \theta \mathrm{e}^{-\beta\eta_i})$(见 376 页),若将 $\beta\eta_i$ 用 f_i 表示,容易得到

$$S_s = \theta k \sum_i ((1 + \theta f_i)\ln(1 + \theta f_i) - \theta f_i \ln f_i).$$

对于动能 K_s，直接由薛定谔方程求得为

$$K_s = \sum_i \varepsilon_i f(\varepsilon_i - \mu) - \int v(\boldsymbol{r}) n(\boldsymbol{r}) d\boldsymbol{r}.$$

现在回到有互作用的一般情况，只要将 $v(\boldsymbol{r})$ 换为 $v_{\text{eff}}(\boldsymbol{r})$，其他完全相同. 困难问题是 $F_{\text{xc}}[n(\boldsymbol{r})]$ 是未知泛函，为了方便，人们常采用局域密度近似(LDA)，

$$F_{\text{xc}}[n(\boldsymbol{r})] = \int d\boldsymbol{r} n(\boldsymbol{r}) f_{\text{xc}}(n(\boldsymbol{r})),$$

其中 f_{xc} 则通常取密度 n 和温度 T 的均匀气体每粒子对自由能的交换关联贡献. 顺便说一句，若取 $f_{\text{xc}} = -\frac{9}{8}\alpha \frac{e^2}{(4\pi\varepsilon_0)}\left(\frac{3}{\pi}\right)^{1/3} n^{1/3}$，则得到斯莱特 Xα 方法的结果.

4. 赫尔曼-费恩曼定理①②

关于零温情况下的赫尔曼-费恩曼定理已在第 11 章中介绍(见 303 页)，现在来介绍非零温密度泛函理论中的相应定理.

为了具体起见，考虑凝聚体中的电子系统，玻恩-奥本海默近似下，密度泛函理论的巨势为

$$\begin{aligned}\Omega[n(\boldsymbol{r})] = &- \sum_a Z_a \frac{e^2}{(4\pi\varepsilon_0)} \int d\boldsymbol{r} \frac{n(\boldsymbol{r})}{|\boldsymbol{r} - \boldsymbol{R}_a|} \\ &+ \frac{1}{2} \frac{e^2}{(4\pi\varepsilon_0)} \iint d\boldsymbol{r} d\boldsymbol{r}' \frac{n(\boldsymbol{r}) n(\boldsymbol{r}')}{|\boldsymbol{r} - \boldsymbol{r}'|} \\ &+ \frac{1}{2} \sum_{ab}{}' \frac{e^2}{(4\pi\varepsilon_0)} \frac{Z_a Z_b}{|\boldsymbol{R}_a - \boldsymbol{R}_b|} \\ &+ F_s[n(\boldsymbol{r})] + F_{\text{xc}}[n(\boldsymbol{r})] - \int d\boldsymbol{r} n(\boldsymbol{r}) \mu.\end{aligned}$$

上式右边前三项之和是库仑势能 Φ，它们分别是电子与核间(作为外势)、电子相互间(哈特里项)与核相互间(常量项)的库仑互作用贡献. 其余项意义和形式，以及 KS 自洽方程组均见前一小节(现在用 $\theta = -1$).

如果可以忽略 $n(\boldsymbol{r})$ 对 $\boldsymbol{R}_a$ 的隐含关系，则上式对 $\boldsymbol{R}_a$ 求导导致

$$-\nabla_{\boldsymbol{R}_a} \Omega = \int d\boldsymbol{r} n(\boldsymbol{r}) \nabla_{\boldsymbol{R}_a} \frac{(Z_a e^2 / 4\pi\varepsilon_0)}{|\boldsymbol{r} - \boldsymbol{R}_a|} - \sum_b{}' \nabla_{\boldsymbol{R}_a} \frac{(Z_a Z_b e^2 / 4\pi\varepsilon_0)}{|\boldsymbol{R}_a - \boldsymbol{R}_b|}.$$

右边的项代表按经典静电学所计算的由电子总电荷分布和由除 a 核外所有核施加于 a 核的力. 因而左边项应为整个系统施加于 a 核的总力. 赫尔曼-费恩曼定理肯定上面的陈述是正确的，而将 $n(\boldsymbol{r})$ 对 $\boldsymbol{R}_a$ 的隐含关系的忽略置之不顾.

然而实际上 f_i(通过 ε_i)，φ_i 和 φ_i^* 全隐含依赖于 $\boldsymbol{R}_a$，为了使这个情况下定理能

---

① XU Xi-shen(徐锡申)，Zhang Wan-xiang(张万箱)，*J. de Physique*，**45**(1984)，C8—23.

② J. C. Slater，*Quantum Theory of Molecules and Solids*，Vol. 4，McGraw-Hill，New York，1974，App. 2.

成立，应该证明由这种依存性引起的附加项严格抵消．的确，根据基本方程组容易证明由 φ_i 和 φ_i^* 引起的项可化为

$$-\sum_i f_i \int \mathrm{d}\boldsymbol{r}[(\nabla_{\boldsymbol{R}_a}\varphi_i^*)\varepsilon_i\varphi_i+\varphi_i^*\varepsilon_i(\nabla_{\boldsymbol{R}_a}\varphi_i)]$$

$$=-\sum_i f_i\varepsilon_i\nabla_{\boldsymbol{R}_a}\int \mathrm{d}\boldsymbol{r}\varphi_i^*\varphi_i=0;$$

由于 φ_i 的归一化而变为零．另一方面，可以证明由 $\nabla_{\boldsymbol{R}_a}f_i$ 引起的附加项是

$$-\sum_i(\nabla_{\boldsymbol{R}_a}f_i)\left[(\varepsilon_i-\mu)+kT\ln\left(\frac{f_i}{1-f_i}\right)\right]=0;$$

由于费米-狄拉克分布而变为零．这并不奇怪，因为这些结果正是变分原理所要求的．

5．位力定理[①②]

重新写出 KS 单粒子方程

$$\left\{-\frac{\hbar^2}{2m}\nabla^2+v_{\text{eff}}\right\}\varphi_i=\varepsilon_i\varphi_i.$$

仿效斯莱特，以 $f_i\varphi_i^*(\boldsymbol{r}\cdot\nabla)$ 作用于上述方程并对空间坐标积分及对量子态求和；用共轭方程将 $\varphi_i^*(v_{\text{eff}}-\varepsilon_i)(\boldsymbol{r}\cdot\nabla\varphi_i)$ 重新表达，求得

$$\frac{\hbar^2}{2m}\sum_i f_i\int \mathrm{d}\boldsymbol{r}[\varphi_i^*(\boldsymbol{r}\cdot\nabla)\nabla^2\varphi_i-(\nabla^2\varphi_i^*)(\boldsymbol{r}\cdot\nabla\varphi_i)]$$

$$=\sum_i f_i\int \mathrm{d}\boldsymbol{r}\varphi_i^*\varphi_i(\boldsymbol{r}\cdot\nabla v_{\text{eff}}).$$

现在将下列恒等式

$$\varphi^*(\boldsymbol{r}\cdot\nabla)\nabla^2\varphi-(\nabla^2\varphi^*)(\boldsymbol{r}\cdot\nabla\varphi)$$

$$=-2\varphi^*\nabla^2\varphi+\nabla\cdot\left[(\varphi^*)^2\nabla\left(\frac{\boldsymbol{r}\cdot\nabla\varphi}{\varphi^*}\right)\right]$$

代入上式并注意到散度项积分为零，得到

$$2K=\int \mathrm{d}\boldsymbol{r}n(\boldsymbol{r})(\boldsymbol{r}\cdot\nabla v_{\text{eff}}).$$

将前一小节 v_{eff} 的表达式代入上式，经过一些演算并应用上一小节的赫尔曼-费恩曼定理，得到

$$-\sum_a(\boldsymbol{R}_a\cdot\nabla_{\boldsymbol{R}_a})\Omega[n(\boldsymbol{r})]=2K+\Phi-\int \mathrm{d}\boldsymbol{r}n(\boldsymbol{r})(\boldsymbol{r}\cdot\nabla\mu_{\text{xc}}).$$

对于处于流体静压下占有体积 V 的凝聚体，还必须考虑外力来抵消作用于核的内

---

① XU Xi-shen, Zhang Wan-xiang, *J. de Physique*, **45**(1984), C8—23.

② J. C. Slater, *Quantum Theory of Molecules and Solids*, Vol. 4, McGraw-Hill, New York, 1974; App. 2.

力以保持平衡.这些外力产生贡献$-3pV$,它会使$-\sum_a(\boldsymbol{R}_a\cdot\nabla_{\boldsymbol{R}_a})\Omega$与之一起变为零.因此

$$3pV=2K+\Phi-\int \mathrm{d}\boldsymbol{r}n(\boldsymbol{r})(\boldsymbol{r}\cdot\nabla\mu_{\mathrm{xc}}),$$

这就是非零温密度泛函理论的位力定理.

在局域密度泛函近似下,

$$F_{\mathrm{xc}}[n(\boldsymbol{r})]=\int \mathrm{d}\boldsymbol{r}n(\boldsymbol{r})f_{\mathrm{xc}}(n(\boldsymbol{r})),$$

位力定理可变换成

$$3pV=2K+\Phi-3\int \mathrm{d}\boldsymbol{r}n(\boldsymbol{r})[f_{\mathrm{xc}}(n(\boldsymbol{r}))-\mu_{\mathrm{xc}}(n(\boldsymbol{r}))].$$

注意到,无论是哈特里-福克非局域形式,或者是斯莱特 $\mathrm{X}\alpha$ 法的局域形式,交换势对位力的贡献都正好是总交换能 Φ_{x}.

还注意到,当只忽略关联效应或完全忽略交换关联效应时,则分别获得哈特里-福克近似下或哈特里近似下库仑互作用系统的位力定理,即

$$pV=\frac{2}{3}K+\frac{1}{3}\Phi+\frac{1}{3}\Phi_{\mathrm{x}}\quad\text{或}\quad pV=\frac{2}{3}K+\frac{1}{3}\Phi.$$

最后提一下,后两小节的结果与 $T=0$ 情况的极相似,唯一差别在于这里的电子密度应理解为 $n(\boldsymbol{r},T)$,即

$$n(\boldsymbol{r})=n(\boldsymbol{r},T)=\sum_i f_i\varphi_i^*(\boldsymbol{r})\varphi_i(\boldsymbol{r}),$$

而单电子波函数 φ_i 和 φ_i^* 以及费米分布函数 f_i 则要由求解非零温自洽单粒子方程组提供.

13.5.3　托马斯-费米统计模型的基本理论①②③

1. 基本模型和方程

托马斯-费米统计模型(简称 TF 模型)应用统计方法来研究原子中的电子行为.简单的 TF 理论不考虑原子中电子的壳层结构以及电子间的交换关联效应,认为电子像云一样连续分布在核周围,并且遵守费米统计法.一个电子是在核及所有其他电子所产生的平均场中运动,处于动态平衡之中.这种势场,除核中心附近外,势的变化缓慢,可认为在原子中体积元 $\mathrm{d}\boldsymbol{r}$ 内的势是常量.原子的总能量就是体积元内电子气能量的积分.电子密度分布 $n(\boldsymbol{r})$ 与原子内势场 $U(\boldsymbol{r})$ 的关系,由经典的

---

① 参考 R. P. Feynman, N. Metropolis, E. Teller, *Phys. Rev.*, **75**(1949), 1561.

② 参考 R. Latter, *Phys. Rev.*, **99**(1955), 1854, *J. Chem. Phys.*, **24**(1956), 280.

③ 参考徐锡申,张万箱等:《实用物态方程理论导引》,科学出版社,1986,第三章.

静电泊松方程来描述.由于系统中高密度电子的屏蔽作用,完全可以忽略原子间的相互作用.这样一来,自然也就忽略了材料的晶体结构,把整个材料看成是这种原子的简单集合.一个原子的状态就代表了材料的状态(当然是指就某些性质而言,例如物态方程).这样,就只需研究一个原子的情况.

假设原子核静止,中心是带有正电荷 Ze 的核,周围 Z 个电子各带电荷为 $-e$,作一个半径为 R 的等效原子球胞,则原子体积 v 为

$$v=\frac{4\pi}{3}R^3=\frac{V}{N_A},$$

其中 N_A 是阿伏伽德罗常量,V 是摩尔体积.

在离中心 r 处一个电子的能量为

$$\varepsilon=\frac{p^2}{2m}+U(r),$$

式中 $U(r)$是 r 处的势能

$$\begin{aligned}U(r)&=U_n(r)+U_e(r)\\&=-\frac{Z(e^2/4\pi\varepsilon_0)}{r}+\frac{e^2}{4\pi\varepsilon_0}\int\frac{n(r')}{|\boldsymbol{r}-\boldsymbol{r}'|}\mathrm{d}\boldsymbol{r}',\end{aligned}$$

其中前一部分是核对电子产生的库仑势能,为外势,而后一部分是电子间互作用势能;积分遍及整个原子体积.

电子遵守费米分布,于是

$$n(r)=2\int\frac{\mathrm{d}\boldsymbol{p}}{(2\pi\hbar^3)}\left\{1+\exp\left[\left(\frac{p^2}{2m}+U(r)-\mu\right)\Big/kT\right]\right\}^{-1},$$

积分号前的因子 2 来自自旋简并性;原子内势场 $U(r)$与电子密度 $n(r)$的关系满足泊松方程

$$\nabla^2U(r)=-\frac{e^2}{\varepsilon_0}n(r);$$

以上两式合在一起就是 TF 方程.

TF 方程的解应满足两个边界条件:

$$rU(r)\mid_{r=0}=-Z(e^2/4\pi\varepsilon_0)\quad 和\quad \left.\frac{\mathrm{d}U(r)}{\mathrm{d}r}\right|_{r=R}=0,$$

其物理意义很明显.因为当 $r\to0$ 时,原子中心附近的势场将完全为由核电荷所提供,此处 $U_e(r)|_{r\to0}=0$.在原子边界处,势能 $U(R)$和场强$\left.\frac{\mathrm{d}U(r)}{\mathrm{d}r}\right|_{r\to R}$应当在原子球胞间连续变化,这是因为所有的原子都是等价的,边界处的势和电场自然也应一样,可选择 $U(R)=0$.

另外,由假设可知,原子内的电子不分自由电子和束缚电子,所有电子不能出现在 $r>R$ 的区域.所以,化学势 μ 由电子数守恒条件决定,

$$Z=\int_v n(r)\mathrm{d}\boldsymbol{r}.$$

2. TF模型是密度泛函理论的一种近似

在进一步讨论之前先来证明TF模型是密度泛函理论的一种近似①. 忽略交换关联效应并采取局域自由电子表达式来近似$F_s[n(\boldsymbol{r})]$,则

$$\Omega[n(\boldsymbol{r})]=\int\mathrm{d}\boldsymbol{r}(U_n(r)-\mu)n(\boldsymbol{r})+\frac{e^2}{2(4\pi\varepsilon_0)}\int\mathrm{d}\boldsymbol{r}\mathrm{d}\boldsymbol{r}'\frac{n(\boldsymbol{r})n(\boldsymbol{r}')}{|\boldsymbol{r}-\boldsymbol{r}'|}$$

$$+2\int\frac{\mathrm{d}\boldsymbol{r}\mathrm{d}\boldsymbol{p}}{(2\pi\hbar)^3}\left[-kT\ln(1+\mathrm{e}^{-(p^2/2m-\mu(\boldsymbol{r}))/kT})+\frac{\mu(\boldsymbol{r})}{\mathrm{e}^{(p^2/2m-\mu(\boldsymbol{r}))/kT}+1}\right],$$

注意到$U_n(r)$是外势,第二项为电子间直接库仑作用,最后一个积分部分为$F_s[n(\boldsymbol{r})]$. 对于这一部分,由于$F=G-pV=N\mu+\Omega$,自由电子的表达式相应为(见376页)

$$F_s[n(\boldsymbol{r})]=-kT\sum_i\ln(1+\mathrm{e}^{-\eta/kT})+\sum_i f_i\mu_i,$$

再将$\sum_i\to2\int\frac{\mathrm{d}\boldsymbol{r}\mathrm{d}\boldsymbol{p}}{(2\pi\hbar)^3}$, $f_i=(\mathrm{e}^{\eta_i/kT}+1)^{-1}$, $\mu_i\to\mu(\boldsymbol{r})$, $\eta_i\to p^2/2m-\mu(\boldsymbol{r})$即得. 这里$\mu(\boldsymbol{r})$是密度的泛函,由

$$n(\boldsymbol{r})=2\int\frac{\mathrm{d}\boldsymbol{p}}{(2\pi\hbar)^3}[\mathrm{e}^{(p^2/2m-\mu(\boldsymbol{r}))/kT}+1]^{-1}$$

隐式定义. 在这些假设下,对$\Omega[n(\boldsymbol{r})]$的变分原理要求

$$\delta\Omega[n(\boldsymbol{r})]=\int\mathrm{d}\boldsymbol{r}\delta n(\boldsymbol{r})\left[U_n(r)-\mu+\frac{e^2}{(4\pi\varepsilon_0)}\int\mathrm{d}\boldsymbol{r}'\frac{n(\boldsymbol{r}')}{|\boldsymbol{r}-\boldsymbol{r}'|}+\mu(\boldsymbol{r})\right]$$
$$=0,$$

即

$$\mu(\boldsymbol{r})=\mu-U_n(r)-U_e(r)=\mu-U(r);$$

代入$n(\boldsymbol{r})$的公式后正好得到TF模型中凭直观写下的结果. 由此可见,TF模型是在密度泛函理论中忽略交换关联效应并用经典静电学泊松方程代替量子力学KS自洽方程组进行求解的一种近似.

3. TF方程

引进下列无量纲变量

$$x=\frac{r}{R},\quad \xi(x)=\frac{\phi(x)}{x}=\frac{\mu-U(r)}{kT},$$

由边界条件$U(R)=0$容易看出,电子化学势μ和势能$U(x)$可分别表示为

$$\mu=kT\xi(1)=kT\phi(1),$$

① N. D. Mermin, *Phys. Rev.*, **137**(1965), A1441.

$$U(x)=kT[\xi(1)-\xi(x)]=kT\left[\phi(1)-\frac{\phi(x)}{x}\right].$$

于是电子密度 n 变为(参考 377 页)

$$n(x)=\frac{4}{\sqrt{\pi}\lambda_T^3}I_{1/2}(\xi),$$

其中 $\lambda_T=(2\pi\hbar^2/mkT)^{1/2}$ 是电子热波长,而 $I_\nu(\xi)$ 是费米函数

$$I_\nu(\xi)=\int_0^\infty\frac{y^\nu\mathrm{d}y}{1+\exp(y-\xi)}.$$

考虑到 $U(r)$ 是球对称的,故有

$$\nabla_r^2=\frac{1}{r}\frac{\mathrm{d}^2}{\mathrm{d}r^2}r\rightarrow\frac{1}{R^2x}\frac{\mathrm{d}^2}{\mathrm{d}x^2}x,$$

于是 TF 方程变为

$$\phi''(x)=axI_{1/2}\left(\frac{\phi(x)}{x}\right),$$

$$a=\frac{2^{5/2}}{\pi}\left(\frac{e^2}{4\pi\varepsilon_0}\right)\frac{m^{3/2}k^{1/2}}{\hbar^3}R^2T^{1/2}=\frac{2^{5/2}}{\pi}\left(\frac{R}{a_0}\right)^2\left(\frac{kT}{2R_\infty hc}\right)^{1/2},$$

相应边界条件变为

$$\phi(0)=\frac{e^2}{4\pi\varepsilon_0}\frac{Z}{RkT},\quad\phi'(1)=\phi(1),$$

其中 $\phi'(1)$ 表示 $\left.\frac{\mathrm{d}\phi(x)}{\mathrm{d}x}\right|_{x=1}$. 这是 TF 方程的无量纲化形式,它是非线性微分积分方程.

4. TF 模型的热力学量

对于自由电子气体(这里用下标“0”表示),有(见 377 页)

$$n_0=\frac{\sqrt{2}}{\pi^2}\left(\frac{m}{\hbar^2}\right)^{3/2}(kT)^{3/2}I_{1/2}(\xi_0),\quad g_0=n_0\mu_0=n_0kT\xi_0,$$

$$e_0=\frac{\sqrt{2}}{\pi^2}\left(\frac{m}{\hbar^2}\right)^{3/2}(kT)^{5/2}I_{3/2}(\xi_0),\quad p_0=\frac{2}{3}e_0,$$

$$f_0=\frac{\sqrt{2}}{\pi^2}\left(\frac{m}{\hbar^2}\right)^{3/2}(kT)^{5/2}\left[\xi_0I_{1/2}(\xi_0)-\frac{2}{3}I_{3/2}(\xi_0)\right]=g_0-p_0,$$

$$Ts_0=\frac{\sqrt{2}}{\pi^2}\left(\frac{m}{\hbar^2}\right)^{3/2}(kT)^{5/2}\left[\frac{5}{3}I_{3/2}(\xi_0)-\xi_0I_{1/2}(\xi_0)\right]=e_0-f_0.$$

现在取消下标“0”,作下列变换

$$\xi_0=\frac{\mu_0}{kT}\rightarrow\xi(x)=\frac{\mu-U(x)}{kT},$$

$$Q_0=q_0V\rightarrow Q=\int q(\boldsymbol{r})\mathrm{d}\boldsymbol{r}=4\pi\int_0^R q(r)r^2\mathrm{d}r=3v\int_0^1 q(x)x^2\mathrm{d}x,$$

就可得到相应物理量 Q 的表达式($q(r)$是相应密度)

$$n=\frac{\sqrt{2}}{\pi^2}\left(\frac{m}{\hbar^2}\right)^{3/2}(kT)^{3/2}I_{1/2}(\xi),$$

$$E=\frac{3\sqrt{2}}{\pi^2}\left(\frac{m}{\hbar^2}\right)^{3/2}v(kT)^{5/2}\int_0^1\mathrm{d}x[x^2I_{3/2}(\xi)]+E_p,$$

$$F=\frac{3\sqrt{2}}{\pi^2}\left(\frac{m}{\hbar^2}\right)^{3/2}v(kT)^{5/2}\int_0^1\mathrm{d}x\cdot x^2\left[\xi I_{1/2}(\xi)-\frac{2}{3}I_{3/2}(\xi)\right]+E_p,$$

$$TS=\frac{3\sqrt{2}}{\pi^2}\left(\frac{m}{\hbar^2}\right)^{3/2}v(kT)^{5/2}\int_0^1\mathrm{d}x\cdot x^2\left[\frac{5}{3}I_{3/2}(\xi)-\xi I_{1/2}(\xi)\right],$$

$$p=\frac{2\sqrt{2}}{3\pi^2}\left(\frac{m}{\hbar^2}\right)^{3/2}(kT)^{5/2}I_{3/2}(\xi(1));$$

这里要说明的是：压强是强度量，在原子边界处显现，故取如上；另外，能量 E 和自由能 F 均应包含势能项 E_{p}. E_{p} 可求出如下：

$$\begin{aligned}E_{\mathrm{p}}&=\frac{1}{2}3v\int_0^1\mathrm{d}x\cdot x^2[U(x)+U_{\mathrm{n}}(x)]n(x)\\&=\frac{3}{2}v\int_0^1\mathrm{d}x\cdot x^2\left\{kT[\xi(1)-\xi(x)]-kT\frac{\phi(0)}{x}\right\}\{n(x)\}\\&=-\frac{3\sqrt{2}}{2\pi^2}\left(\frac{m}{\hbar^2}\right)^{3/2}v(kT)^{5/2}\\&\quad\times\int_0^1\mathrm{d}x\cdot x[\phi(x)-\phi(1)+\phi(0)]I_{1/2}\left(\frac{\phi(x)}{x}\right).\end{aligned}$$

这样，只要解出 TF 方程，就可求得热力学量.

5. TF 积分方程

上述方程无法解析求解，可化为积分方程在电子计算机上作数值求解. 将方程积分一次有

$$\phi'(x')-\phi'(1)=-a\int_{x'}^1 tI_{1/2}\left(\frac{\phi(t)}{t}\right)\mathrm{d}t,$$

再积分一次，利用边界条件 $\phi'(1)=\phi(1)$并进行分部积分，可得到

$$\phi(x)=\phi(1)x+a\int_x^1(t-x)tI_{1/2}\left(\frac{\phi(t)}{t}\right)\mathrm{d}t.$$

这是一种从原子边界向中心求解的积分方程，外边界条件已自动满足. 经过对 TF 方程解析性质的分析，确定 a 和 $\phi(1)$的合理范围. 选定一组 a 和 $\phi(1)$，数值积分至中心，得出一个 $\phi(0)$；由 a 和$\phi(0)$可决定这数值解所对应的一组 v 和 T

$$Zv=\frac{\pi^3}{24}\left(\frac{4\pi\varepsilon_0\hbar^2}{me^2}\right)^3a^2\phi(0),$$

$$Z^{-4/3}T=\frac{2^{5/3}}{\pi^{2/3}}\left(\frac{me^4}{(4\pi\varepsilon_0)^2\hbar^2k}\right)a^{-2/3}(\phi(0))^{-4/3};$$

并可求得相应的热力学量. 换一组 a 和 $\phi(1)$，又可求得对应不同 v 和 T 下的热力学量.

6. 普适性

对于简单的 TF 模型，在任何物理量的关系式中，原子序数 Z 仅以下列组合形式出现：

$$TZ^{-4/3}, \ vZ, pZ^{-10/3}, \ EZ^{-7/3}, \ FZ^{-7/3}, \ SZ^{-1}.$$

实际上在求解 TF 方程时，最方便的是求出以上形式的普适变量数据. 拉特(1955)[1]将他对于约 1000 组 a 和 $\phi(1)$的计算数据以图示的形式发表，后来麦卡锡(1965)[2]又将计算数据(包括量子交换修正数据)列成详表发表.

13.5.4 量子统计模型[3][4]

简单的 TF 方程只考虑了直接库仑势，相应于哈特里方程的准经典极限. TFD 方程在 TF 模型中引进了交换势[5][6]，相应于 HF 方程的准经典极限. 两者均未计及量子效应. 基尔日尼兹[7][8]提出将电子分布函数作展开，在 TF 模型中同时相称地引进量子修正和交换修正(至 $\hbar^2$ 量级)，简称 TFK 方法. 后来，卡利特金和库齐米纳[9]提出量子统计模型(QSM)理论，显著特点是在邻近核处给出有限的电子密度；它是 TF 类型理论中最准确的和自洽的一种.

1. QSM 的巨势表达式

量子统计模型是密度泛函理论框架内的一种理论. 采用与 TF 模型同样的球胞模型，其巨势可写为

$$\Omega[n(\boldsymbol{r})] = \int \mathrm{d}\boldsymbol{r}(U_{\mathrm{n}}(r) - \mu)n(\boldsymbol{r}) + F[n(\boldsymbol{r})],$$

$$F[n(\boldsymbol{r})] = \frac{1}{2}\int \mathrm{d}\boldsymbol{r}U_{\mathrm{e}}(r)n(\boldsymbol{r}) + K_{\text{局域}} + K_{\text{梯度}} + F_{\mathrm{x}};$$

其中 $U_{\mathrm{n}}(r)$和 $U_{\mathrm{e}}(r)$与以前一样分别是核对电子和电子间的直接库仑势能，F_{x} 是交换作用对自由能的贡献，而 $K_{\text{局域}}$ 和 $K_{\text{梯度}}$则是与电子动能(及电子熵)有关的局域和梯度贡献.

在局域密度近似下，$F_{\mathrm{x}}[n(\boldsymbol{r})]$可写成

---

① R. Latter, *Phys. Rev.*, **99**(1955), 1854.

② S. L. McCarthy, *Lawrence Livermore Laboratory Report*, UCRL-14364(1965).

③ 参考 R. M. More, *Phys. Rev.*, **19**(1979), 1234.

④ Н. Н. Калиткин, Л. В. Кузьмина, ФТТ, **13**(1971), 2314; Физика Плазмы, **2**(1976), 858.

⑤ P. A. M. Dirac, *Proc. Camb. Phil. Soc.*, **26**(1930), 376(零温).

⑥ R. D. Cowan, J. Ashkin, *Phys. Rev.*, **105**(1957), 144(非零温).

⑦ Д. А. Киржниц, ЖЭТФ, **32**(1957), 115; **35**(1958), 1545.

⑧ Н. Н. Калиткин. ЖЭТФ, **38**(1960), 1534.

⑨ 见同页所引文献④.

$$F_{\mathrm{x}}[n(\boldsymbol{r})]=\int n(\boldsymbol{r})f_{\mathrm{x}}[n(\boldsymbol{r}),T]\mathrm{d}\boldsymbol{r};$$

其中 $f_{\mathrm{x}}[n(\boldsymbol{r}),T]$是具有密度 $n(r)$和温度 T 的均匀电子气的交换能，柯万和阿什金①的计算给出

$$f_{\mathrm{x}}=-(3/4\pi)(e^2/4\pi\varepsilon_0)[3\pi^2n(r)]^{1/3}\quad(\text{零温});$$

$$f_{\mathrm{x}}=-\frac{1}{12}\frac{e^2}{(4\pi\varepsilon_0)\lambda_T}n(r)\lambda_T^3\quad(\text{高温}),$$

零温结果与 334 页的结果一致（注意到令 $n_{\uparrow}=n_{\downarrow}=\frac{1}{2}n$），而高温结果在 $n\lambda_T^3\ll1$ 下适用.

关于局域部分，取局域均匀自由电子气的结果. 零温时为

$$K_{\text{局域}}=\int\left(\frac{3}{5}\frac{\hbar^2}{2m}[3\pi^2n(r)]^{2/3}\right)n(r)\mathrm{d}\boldsymbol{r},$$

注意到 $\mu=\delta F/\delta n(r)$，此式给出 $\mu_{\mathrm{F}}=\frac{\hbar^2}{2m}[3\pi^2n]^{2/3}$（$=\varepsilon_{\mathrm{F}}$，见 385 页）；而在有限温度下则有（见 423 页）

$$K_{\text{局域}}=k_{\mathrm{B}}T\int\left(\xi-\frac{2}{3}\frac{I_{3/2}(\xi)}{I_{1/2}(\xi)}\right)n(r)\mathrm{d}\boldsymbol{r}.$$

对自由能的梯度贡献部分 $K_{\text{梯度}}$是量子修正项，它近似计及费米波长尺度上密度 $n(r)$的梯度引起的能量增加. 它具有阻止电子密度出现大梯度的效果，因而防止了邻近核处的电子密度发散. 梯度项可以写成

$$K_{\text{梯度}}=\int\left[\frac{\sigma}{4}\frac{\hbar^2}{2m}\left(\frac{\nabla n}{n}\right)^2\right]n(r)\mathrm{d}\boldsymbol{r}.$$

莫尔②给出对短波$[k\gg k_{\mathrm{F}}=(3\pi^2n)^{1/3}]$扰动的响应取（魏茨泽克限）梯度参量 $\sigma=1$，不依赖于温度；而对长波（$k\ll k_{\mathrm{F}}$）取

$$\sigma=\frac{n}{3}\left(\frac{\partial\mu}{\partial n}\right)^2\frac{\partial^2n}{\partial\mu^2},$$

其中 $n=(1/2\pi^2)(2m/\hbar^2)^{3/2}(kT)^{3/2}I_{1/2}(\xi)$. 对于 $\mu\gg k_{\mathrm{B}}T$（简并性电子气）后者化至 $\sigma=1/9$；而对 $\mu\ll-k_{\mathrm{B}}T$（非简并性电子气）变为 $\sigma=1/3$.

零温动能密度泛函 $K=\int e_k(\boldsymbol{r})\mathrm{d}\boldsymbol{r}$ 可简单推导如下：将密度矩阵 $\rho(\boldsymbol{r}_1,\boldsymbol{r}_2)$写成

$$\rho(\boldsymbol{r}_1,\boldsymbol{r}_2)=[n(\boldsymbol{r}_1)]^{1/2}[n(\boldsymbol{r}_2)]^{1/2}g(\boldsymbol{r}_1,\boldsymbol{r}_2),$$

$$n(\boldsymbol{r})=\rho(\boldsymbol{r},\boldsymbol{r}),\quad g(\boldsymbol{r},\boldsymbol{r})=1;$$

---

① R. D. Cowan, J. Ashkin, *Phys. Rev.*, **105**(1957), 144; R. D. Cowan, University of California Report, LA-2053(未发表).

② R. M. More, *Phys. Rev.*, **19**(1979), 1234.

在统计处理下,对关联函数 $g(\boldsymbol{r}_1,\boldsymbol{r}_2)$ 可表达为(见 334 页)

$$g(|\boldsymbol{r}_1-\boldsymbol{r}_2|)=3\,\frac{\sin x-x\cos x}{x^3},\quad x\equiv k_{\mathrm{F}}r,$$

其中 $k_{\mathrm{F}}\equiv(3\pi^2 n(\boldsymbol{r}))^{1/3}$ 是费米波矢,$r=|\boldsymbol{r}_2-\boldsymbol{r}_1|$ 是相对距离. 采用质心位置 $\boldsymbol{R}=\frac{1}{2}(\boldsymbol{r}_1+\boldsymbol{r}_2)$ 和相对位置 $\boldsymbol{r}=\boldsymbol{r}_2-\boldsymbol{r}_1$,有 $\nabla_1\cdot\nabla_2=\frac{1}{4}\nabla_R^2-\nabla_r^2$,于是

$$\begin{aligned}e_{\mathrm{k}}(\boldsymbol{r}_1)&=\frac{\hbar^2}{2m}\nabla_1\cdot\nabla_2\rho(\boldsymbol{r}_1,\boldsymbol{r}_2)\,|_{\boldsymbol{r}_2=\boldsymbol{r}_1}\\&=\frac{\hbar^2}{2m}\{\nabla_1[n(\boldsymbol{r}_1)]^{1/2}\}^2-\frac{\hbar^2}{2m}n(\boldsymbol{r}_1)[\nabla_r^2 g(r)]\,|_{r=0}\\&=\frac{\hbar^2}{8m}\frac{[\nabla_1 n(\boldsymbol{r}_1)]^2}{n(\boldsymbol{r}_1)}+\frac{3\hbar^2}{10m}(3\pi^2)^{2/3}[n(\boldsymbol{r}_1)]^{5/3};\end{aligned}$$

正好是魏茨泽克梯度项和自由电子气动能项. [运算中应用了 $\nabla_1 g(r)|_{r=0}=\nabla_2 g(r)|_{r=0}=0$, $g(r)|_{r=0}=1$ 以及 $\nabla_r^2 g(r)=-\frac{1}{5}k_{\mathrm{F}}^2$.]

2. 零温 QSM 方程

变分原理 $\delta\Omega[n(r)]/\delta n(r)=0$ 给出零温情况下的 QSM 方程为(这里 r 是与核之间的距离)

$$\begin{aligned}\mu-U(r)=&\frac{\hbar^2}{2m}(3\pi^2 n)^{2/3}-\frac{e^2}{\pi(4\pi\varepsilon_0)}(3\pi^2 n)^{1/3}\\&+\frac{\sigma}{4}\frac{\hbar^2}{2m}\left[\left(\frac{\nabla n}{n}\right)^2-\frac{2}{n}\nabla^2 n\right],\end{aligned}$$

$$U(r)=-\frac{Z(e^2/(4\pi\varepsilon_0))}{r}+\frac{e^2}{4\pi\varepsilon_0}\int\frac{n(\boldsymbol{r}')}{|\boldsymbol{r}-\boldsymbol{r}'|}\mathrm{d}\boldsymbol{r}';$$

其中 $U=U_{\mathrm{n}}+U_{\mathrm{e}}$ 与前面简单 TF 理论相同. TF 理论仅取方程右边第一项,忽略最后一项则得 TFD 理论;若在后两项中用 TF 密度 n_{TF} 求得近似交换和量子修正则得 TFK 理论.

QSM 方程在球胞模型下相当于 $n(r)$ 的四阶常微分方程,需要四个边界条件进行数值求解. 除 TF 方程的两个边界条件

$$rU(r)\,|_{r=0}=-\frac{Ze^2}{(4\pi\varepsilon_0)}\quad 和 \quad \left.\frac{\mathrm{d}U(r)}{\mathrm{d}r}\right|_{r=R}=0$$

外(这里 R 是球胞半径),根据对称性考虑,另一外边界条件可取为

$$\left.\frac{\mathrm{d}n(r)}{\mathrm{d}r}\right|_{r=R}=0.$$

同时,假定 QSM 的电子密度邻近核处为有限,可展开为

$$n(r)=n(0)+rn'(0)+\frac{1}{2}r^2 n''(0)+\cdots,$$

代入微分方程得到第四个边界条件

$$n'(0) = -(2Z/\sigma a_0)n(0),$$

其中 $a_0 = (4\pi\varepsilon_0)\hbar^2/me^2$ 是玻尔半径，σ 为梯度参量.

另外，化学势 μ 则仍由电中性条件

$$\int n(r)\mathrm{d}\boldsymbol{r} = Z$$

确定.

3. 压强表达式

压强可通过 $p = -(\partial\Omega/\partial V)_{T,\mu}$ 求得为

$$p = \frac{2}{5}\frac{\hbar^2}{2m}(3\pi^2 n)^{2/3}n - \frac{e^2}{4\pi(4\pi\varepsilon_0)}(3\pi^2 n)^{1/3}n - \frac{\sigma}{2}\frac{\hbar^2}{2m}\nabla^2 n,$$

右边三项分别代表 TF 动压与交换修正和量子修正(均取 $r=R$ 处的值).

在极高密度下通过线性化 QSM 方程并求解可得压强的展开式

$$p = 2.337 n_0^{5/3} - (0.568 + 1.116 Z^{2/3}) n_0^{4/3} + \cdots,$$

其中 n_0 是平均电子密度(电子数/Å^3，$1\text{Å} = 10^{-10}\,\text{m}$)，压强以 TPa 为单位. 右边三项分别为均匀简并性费米气体的动压，马德隆(库仑)修正和交换修正；它们与高密度适用的电子气微扰理论一致. 这与 TFK 理论不同，后者给出依赖于 σ 的附加量子修正，它等于交换修正的 2/9($\sigma=1/9$)；说明 TFK 理论在这点上是不正确的.

尽管如此，卡利特金的计算表明[①]，QSM 与 TFK 之间仅在压强低至两者都显然不正确的情况下才会出现显著差别. 例如，零温下仅在压强 $p<0.1$TPa 时，两者给出的压缩率差异才显著，而两个模型要在 >30TPa 时才适用. 另外，TFK 模型还有一个突出优点是其对材料的普适性. 这是 QSM 以及 TFD 等其他模型所不具备的. 所以在实际应用中常采用考虑量子和交换修正至 $\hbar^2$ 项的 TFK 模型，现在已有表列普适数据可供使用[②③④]. 另外，徐锡申等编著的《实用物态方程理论导引》[⑤]，将文献②③的有关数据表转引于附录中；并在第 3 章专门介绍托马斯-费米物态方程理论，包括简单 TF 方法及低温微扰，TFD 方程，TFK 方法，以及壳层效应修正等，较详细和实用，可参考.

---

① 见 Н. Н. Калиткин，Л. В. Кузьмина，Физика Плазмы，**2**(1976)，858.

② S. L. McCarthy，Lawrence Livermore Laboratory Report，UCRL－14364(1965).

③ Н. Н. Калиткин，ЖЭТФ，**38**(60)，1534(零温).

④ Н. Н. Калиткин，Л. В. Кузьмина，Таблицы термодинамических функций вещества при высокой концентрации энергии，М.，ИПМ，1975.

⑤ 徐锡申，张万箱等：《实用物态方程理论导引》，科学出版社，1986.

13.6 超过 HF 近似的自洽场理论

下面提出的方案[①]可以认为是自洽场哈特里-福克近似的一种推广，原则上可推进到任何级近似.

电子系统哈密顿量的二次量子化形式可写成（见 13.4.1 节，符号略有不同）

$$H = \sum_{ik} \langle i | K | k \rangle a_i^+ a_k + \frac{1}{2} \sum_{ijkl} \langle ij | G | kl \rangle a_i^+ a_j^+ a_l a_k ,$$

其中

$$\langle i | K | k \rangle = \int \varphi_i^* (x) K(x) \varphi_k(x) \mathrm{d}x,$$

$$\langle ij | G | kl \rangle = \int \varphi_i^* (x) \varphi_j^* (x') G(x,x') \varphi_k(x) \varphi_l(x') \mathrm{d}x \mathrm{d}x' = \langle ji | G | lk \rangle$$

表示单电子算符 $K(x)$ 和双电子算符 $G(x,x')=G(x',x)$ 在单电子波函数任意基 $\{\varphi_i(x)\}$ 中的矩阵元，变量 x 包括电子的自旋坐标和空间坐标. 相应湮没算符 $\{a_i\}$ 或产生算符 $\{a_i^+\}$ 满足反对易关系

$$a_i^+ a_j^+ + a_j^+ a_i^+ = 0, \quad a_i a_j + a_j a_i = 0,$$

$$a_i^+ a_j + a_j a_i^+ = \delta_{ij}.$$

我们将哈密顿量写成下列标准形式（见 403 页）

$$H = \sum_{ik} K_{i,k} a_i^+ a_k + \frac{1}{4} \sum_{ijkl} G_{ij,kl} a_i^+ a_j^+ a_l a_k ,$$

具有

$$K_{i,k} = \langle i | K | k \rangle,$$

$$G_{ij,kl} = \langle ij | G | kl \rangle - \langle ij | G | lk \rangle = G_{ji,lk} ,$$

后者对于 kl 以及对于 ij 为反称的.

我们注意到所有占有数算符

$$\{n_i\}, \quad n_i = a_i^+ a_i$$

相互可对易，因而可使之同时对角化. 考虑到这一点，我们将四因子项 $a_i^+ a_j^+ a_k a_l$ 分成三种类型 $n_\alpha n_\beta$，$a_\alpha^+ n_\beta a_\gamma$，$a_\alpha^+ a_\beta^+ a_\delta a_\gamma$，其中希腊字母用于表示不同下标. 哈密顿量中第二个和变为

$$G = \frac{1}{4} \sum_{ijkl} G_{ij,kl} a_i^+ a_j^+ a_l a_k$$

---

① Huan-Wu Peng（彭桓武），A General Theory of Self-Consistent Field Beyond Hartree-Fock, *Commun. Theor. Phys.*, **20**(1993), 239.

$$= \frac{1}{4}\sum_{\alpha\beta\gamma\delta} G_{\alpha\beta,\gamma\delta} a_\alpha^+ a_\beta^+ a_\delta a_\gamma + \sum_{\alpha\beta\gamma} G_{\alpha,\beta,\gamma} a_\alpha^+ n_\beta a_\gamma + \frac{1}{2}\sum_{\alpha\beta} G_{\alpha\beta} n_\alpha n_\beta,$$

具有

$$G_{\alpha,\beta,\gamma} = G_{\alpha\beta,\gamma\beta},\quad G_{\alpha\beta} = G_{\alpha\beta,\alpha\beta} = G_{\alpha,\beta,\alpha} = G_{\beta,\alpha,\beta}.$$

更方便的是将类型 $a_\alpha^+ n_\beta a_r$ 用类型 $a_i^+ n_\beta a_k$ 来代替,后者对 $i=\beta$ 或 $k=\beta$ 恒为零但包括 $i=k$ 的项.因为 $i=k$ 的项属于类型 $n_\alpha n_\beta$,其系数必须作相应改变.

例如,我们有

$$\sum_{\alpha\beta\gamma} G_{\alpha,\beta,\gamma} a_\alpha^+ n_\beta a_\gamma + \frac{1}{2}\sum_{\alpha\beta} G_{\alpha\beta} n_\alpha n_\beta = \sum_{i,\beta,k} G_{i,\beta,k} a_i^+ n_\beta a_k - \frac{1}{2}\sum_{\alpha\beta} F_{\alpha\beta} n_\alpha n_\beta,$$

具有

$$F_{\alpha\beta} = G_{\alpha,\beta,\alpha} + G_{\beta,\alpha,\beta} - G_{\alpha\beta} = G_{\alpha\beta}.$$

哈密顿量变成

$$H = F + \widetilde{G},$$

具有

$$\widetilde{G} = \frac{1}{4}\sum_{\alpha\beta\gamma\delta} G_{\alpha\beta,\gamma\delta} a_\alpha^+ \alpha_\beta^+ a_\delta a_\gamma,$$

$$F = \sum_{ik} a_i^+ \left(K_{i,k} + \sum_\beta G_{i,\beta,k} n_\beta\right) a_k - \frac{1}{2}\sum_{\alpha\beta} G_{\alpha\beta} n_\alpha n_\beta.$$

如果忽略 $\widetilde{G}$,若选择基函数 $\{\varphi_i(x)\}$ 使

$$K_{i,k} + \sum_\beta G_{i,\beta,k} n_\beta' = \varepsilon_k \delta_{ik},$$

则在占有数表象中 F 将是对角的.这里 n_β' 表示对占有数表象中的本征态,算符 n_β 的本征值,即 $n_\beta|\{n'\}\rangle = n_\beta'|\{n'\}\rangle$,和

$$F|\{n'\}\rangle = F'|\{n'\}\rangle,$$

具有本征值

$$F' = \sum_n \varepsilon_k n_k' - \frac{1}{2}\sum_{\alpha\beta} G_{\alpha\beta} n_\alpha' n_\beta'.$$

容易看出,使前述方程成立的基函数 $\{\varphi_i(x)\}$ 正是由 HF 近似所决定的,即

$$K(x)\varphi_k(x) + \sum_\beta \int G(x,x')\varphi_\beta^*(x')[\varphi_\beta(x')\varphi_k(x) - \varphi_k(x')\varphi_\beta(x)]\mathrm{d}x' = \varepsilon_k\varphi_k(x),$$

求和覆盖 $n_\beta'=1$ 的占有态.

上述讨论表明,$\widetilde{G}$ 的存在使 H 的对角化变得困难.我们引进幺正变换

$$U^+ HU = W,$$

并要求经变换算符 W 具有下列特殊形式:

$$W = F + C,$$

$$C = \sum_{ik} a_i^+ \left(\sum_\beta C_{i,\beta,k} n_\beta + \frac{1}{2!}\sum_{\beta\gamma} C_{i,\beta\gamma,k} n_\beta n_\gamma + \cdots\right) a_k$$

$$-\Big(\frac{1}{2!}\sum_{\alpha\beta}C_{\alpha\beta}n_\alpha n_\beta+\frac{1}{3!}\sum_{\alpha\beta\gamma}C_{\alpha\beta\gamma}n_\alpha n_\beta n_\gamma+\cdots\Big).$$

若适当选择基函数$\{\varphi_i(x)\}$使得

$$K_{ik}+\sum_\beta G_{i,\beta,k}n'_\beta+\sum_\beta C_{i,\beta,k}n'_\beta+\frac{1}{2!}\sum_{\beta\gamma}C_{i,\beta\gamma,k}n'_\beta n'_\gamma+\cdots$$
$$=\text{对角化}=\lambda_k\delta_{ik},$$

则在占有数表象中 W 是对角化的. 不失一般性,取

$$U=\frac{1+A}{1-A},$$

具有

$$A^+=-A,$$

因而

$$U^+=U^{-1},$$

并注意到当忽略 $\widetilde{G}$ 时有 $A=0$,

$$A=\frac{1}{4}\sum_{\alpha\beta\gamma\delta}A_{\alpha\beta,\gamma\delta}a_\alpha^+a_\beta^+\,a_\delta a_\gamma+\frac{1}{4}\sum_{\alpha\beta\gamma\delta\varepsilon}A_{\alpha\beta,\gamma,\delta\varepsilon}a_\alpha^+a_\beta^+n_\gamma a_\varepsilon a_\delta$$
$$+\frac{1}{36}\sum_{\alpha\beta\gamma\delta\varepsilon\zeta}A_{\alpha\beta\gamma,\delta\varepsilon\zeta}a_\alpha^+a_\beta^+\,a_\gamma^+a_\zeta a_\varepsilon a_\delta+\cdots.$$

这里,与 l 个因子 a^+ ,ν 个因子 n 和 l 个因子 a 有关的项,我们总用一分母$(l!)^2\nu!$. 这种项的阶将是 $2l+2\nu$. 由 $U^+HU=W$ 和 $U=\dfrac{1+A}{1-A}$消去分母得到

$$W-H+A(W+H)-(W+H)A-A(W-H)A=0,$$

或者,由于 $H=F+\widetilde{G}$ 和 $W=F+C$,化为

$$C-\widetilde{G}+A(2F+C+\widetilde{G})-(2F+C+\widetilde{G})A-A(C-\widetilde{G})A=0.$$

利用反对易关系,$2p$ 阶和 $2q$ 阶两项之积可表达为 $p+q+|p-q|$ 阶至 $2(p+q)$ 阶相应各项之和. $2m$ 阶的项可分类具有 ν 对相同指标($\nu=m,m-1,\cdots,1,0$)的 $m+1$ 种类型. 上述算符方程分解为不同阶和各种类型的系数方程. 例如,对于六阶项的四种类型(即 $n_\alpha n_\beta n_\gamma$,$a_i^+n_\beta n_\gamma a_k$,$a_\alpha^+a_\beta^+n_\gamma a_\varepsilon a_\delta$,$a_\alpha^+a_\beta^+\,a_\gamma^+a_\zeta a_\varepsilon a_\delta$),四个系数方程足以确定四个系数 $C_{\alpha\beta\gamma}$,$C_{i,\beta\gamma,k}$,$A_{\alpha\beta,\gamma,\varepsilon\delta}$,$A_{\alpha\beta\gamma,\zeta\varepsilon\delta}$. 最低级近似是忽略上述方程六阶及以上各阶,四阶项的三种类型足以确定三个系数 $A_{\alpha\beta,\gamma\delta}$,$C_{i,\beta,k}$和 $C_{\alpha\beta}$. 上述方程对 A 是二次的,但对 C 是线性的,而 $A_{\alpha\beta,\gamma\delta}$ 的引进是为了补偿用 $C_{i,\beta,k}$和 $C_{\alpha\beta}$ 修改 $G_{i,\beta,k}$和 $G_{\alpha\beta}$引起的那部分 $G_{\alpha\beta,\gamma\delta}$. HF 近似中,四阶类型予以不同对待,忽略 $G_{\alpha\beta,\gamma\delta}a_\alpha^+a_\beta^+\,a_\delta a_\gamma$,但保留 $G_{i,\beta,k}a_i^+n_\beta a_k$ 和 $G_{\alpha\beta}n_\alpha n_\beta$. 如果愿意,也可在高一级 HF 近似中同样处理,忽略六阶项中类型 $a_\alpha^+a_\beta^+n_\gamma a_\varepsilon a_\delta$ 和 $a_\alpha^+a_\beta^+\,a_\gamma^+a_\zeta a_\varepsilon a_\delta$,但保留类型 $a_i^+n_\beta n_\gamma a_k$ 和 $n_\alpha n_\beta n_\gamma$,因而须包括确定另外两个系数 $C_{i,\beta\gamma,k}$,$C_{\alpha\beta\gamma}$ 的另外两个方程. 这个可能是对最低近似的一种改进. 前述方程的四阶部分可以写成

$$\sum_{i\beta k} C_{i,\beta,k} a_i^+ n_\beta a_k - \frac{1}{2} \sum_{\alpha\beta} C_{\alpha\beta} n_\alpha n_\beta - \frac{1}{4} \sum_{\alpha\beta\gamma\delta} G_{\alpha\beta,\gamma\delta} a_\alpha^+ a_\beta^+ a_\delta a_\gamma$$

$$+ \frac{1}{4} \sum_{ijkl} P_{ij,kl} a_i^+ a_j^+ a_l a_k = 0,$$

最后的和代表来自方程所有乘积项的贡献. $P_{ij,kl}$ 的具体形式比较冗长,不予写出,可参考所引文献. 它对于 kl 以及对于 ij 为反称的. 将它同样分成三种类型,得到上述方程的三个系数方程:

$$P_{\alpha\beta,\gamma\delta} - G_{\alpha\beta,\gamma\delta} = 0,$$

$$C_{i,\beta,k} + P_{i,\beta,k} = 0,$$

$$C_{\alpha\beta} + P_{\alpha\beta} = 0.$$

这些方程要与恰当选择基函数$\{\varphi_i(x)\}$的方程

$$K_{ik} + \sum_\beta G_{i,\beta,k} n'_\beta + \sum_\beta C_{i,\beta,k} n'_\beta + \frac{1}{2!} \sum_{\beta\gamma} C_{i,\beta\gamma,k} n'_\beta n'_\gamma + \cdots = \lambda_k \delta_{ik}$$

一起迭代求解. 基函数的变化将影响矩阵元 $K_{i,k}$ 和 $G_{ij,kl}$ 的值,要再次求解代数方程直至达到自洽为止.

高级近似的可行性如何及迭代收敛有多快全依赖于具体电子系统和所考虑的能级. 这个方案不限于研究基态,但实际上良好开始很重要,例如,以 HF 近似或其某一变型开始.

最后,提出两点备注.

(1) 当有运动常量 I 时,$HI-IH=0$,我们取 $AI-IA=0$,所以 $WI-IW=0$. 对于 N 电子系统,电子总数 $N=\sum_i n_i$ 是运动常量 I 的例子,a 和 a^+ 相同数目的项与 N 可对易. H,W,A 具有这个形式. 对于原子库仑势,总自旋和角动量的平方及其 z 分量是 I 的另外一些例子(例如,S^2,S_z,L^2,L_z).

(2) 对于有限电子系统,$N=$有限,W 级数将自动终止在 $2N$ 阶,因为更高阶项作用于波函数$|\{n'\}\rangle$时结果为零. 因而,对于氦原子或其他二电子系统,超过 HF 的最低级近似应当给出严格能量值.

第 14 章　广义相对论引力理论

14.1　历 史 简 引

在研究运动物体的电磁现象中首先发现麦克斯韦方程组具有洛伦兹协变性，进而认识到狭义相对论时空与惯性参考系间的运动学关系. 不同惯性系的物理量由洛伦兹变换相联系，而物理规律则为相同形式，这即是狭义相对性原理(见第 4 章). 这要求其他物理方程都必须具有洛伦兹协变性. 不久，牛顿力学运动方程组成功地推广改造为狭义相对论性力学方程组，并与电磁场的麦克斯韦方程组结合为狭义相对论的电动力学. 它能很好地描述带电粒子的高速运动，在高能加速器的设计和建造中屡被证实，而狭义相对论所给的质量与能量的关系亦在核物理和原子能中屡被应用和证实. 狭义相对论和量子理论同为 20 世纪物理学的伟大理论集成，和谐相处，互通语言，并在狭义相对论性量子场论中相结合发展.

但是，推广改造牛顿引力场方程使其具有洛伦兹协变性的早期企图均遭失败. 直到 1916 年，爱因斯坦提出广义相对论①，引力势和引力源都从一个量推广到十个量，更确切的说是四维时空的一个二阶对称张量的十个分量. 爱因斯坦引入他称之为广义协变原理而得到十个方程的引力场方程组，作为牛顿的一个引力场方程的推广改造. 但从数学上讲，这十个方程并不是独立的，它们之间有四个恒等式相联系，因而是不定方程组，其解包含着不定性. 这点恰是广义协变原理的必然后果. 爱因斯坦乃引入物理几何化的解释，将引力势张量作为黎曼几何的度规张量，物理的时空几何为黎曼几何. 引力势的不定性是由于黎曼几何中坐标的不定性，即坐标可以作广义变换(比狭义相对论中的线性变换即洛伦兹变换更广泛)，引力现象归结为时空的弯曲，与坐标的如何选取无关. 这样，广义相对论常称为时间空间和引力的理论. 但在处理具体引力问题时，比如分析引力波或研究两物体受引力作用而运动时，爱因斯坦等为避免不定性则又引入附加的四个方程，称为谐和条件，这样就选定坐标(谐和坐标)，而使引力势或度规张量在适当的边界和初始条件下定解. 这点在近似求解时更是非常重要. 但广义相对论的几何语言，因为其坐标无明确物理

---

① A. Einstein, *Ann. Physik*, **49**(1916), 769.

意义，与实际联系时欠直观. 苏联福克[1]（B. A. Фок，1898—1974）院士承认黎曼时空，但他赋于谐和坐标特殊地位，认为，如选用其他坐标时都必须通过谐和坐标来明确其物理意义，形成了坐标有关论的少数派.

我国周培源（1902—1993）[2]先生则说谐和条件为物理条件，而运动学的背景时空仍是狭义相对论的时空即闵可夫斯基时空. 谐和条件补充爱因斯坦引力场方程而使引力势在适当定解条件下定解. 注意到谐和条件只满足洛伦兹协变性而不满足广义协变性，所以周培源对爱因斯坦引力场方程的这样补充和解释，恰好实现了早年的推广改造牛顿引力理论使其具有洛伦兹协变性的企图. 除谐和条件外，爱因斯坦引力场方程和考虑了引力作用的其他场的运动方程都仍满足广义协变性，即仍是广义相对论中的方程. 正是这样，爱因斯坦引力场方程才有解而不定，才能容纳附加的谐和条件. 这个闵可夫斯基时空中的引力理论，其坐标即指物理时空的位置与时间，与实际联系比较直观，与理论物理其他部分有共同语言. 在本章中，我们将采用这个观点来处理一些引力问题. 用物理几何化的观点处理同样问题，则请看参考书[3]. 应该指出，尽管方程大体相同，但物理解释不同，仍应作为不同理论来对待，只能在其与物理实际联系中考察得失，以定取舍或等效. 初步看来，如有差别也是小量，两种理论可以并存讨论，作决定则尚有待于来日.

14.2　广义相对论综合作用量原理——引力场作用量

在这节和下节中，我们参考狄拉克的《广义相对论》[4]一书，以满足爱因斯坦提出的广义协变性要求的综合作用量原理为出发点，同时导出爱因斯坦引力场方程和其他场的计及引力作用的运动方程. 综合作用量为引力场作用量和其他场作用量之和. 前者只是引力势的泛函，将在本节给出. 后者主要为其他场变量的泛函，但因考虑到引力作用，所以也包含引力势但不含引力势的偏导数，将在下节和第

---

① B. A. 福克，周培源等译：《空间时间和引力的理论》，科学出版社，1965. V. Fock, *The Theory of Space, Time, and Gravitation*, 2nd Revised Edition, Translated by N. Kemmer, Pergamon, 1964.

② (a) Zhou(Chou) Peiyuan, *Scientia Sinica* (Series A), **25** (1982), 628；或周培源，《中国科学》A 辑，**4** (1982), 334.

(b) Zhou(Chou) Peiyuan, *Proceedings of the Third Marcel Grassmann Meetings on General Relativity*, Science Press, Beijing and North-Holland Publishing Company, (1983) 1—20. 以上两文收入于《周培源科学论文集》（黄永念等编，中国科学技术出版社，1992）85—100 页，125—137 页，后文中译见 107—117 页.

③ S. Weinberg, *GRAVITATION and COSMOLOGY*, *Principles and Applications of the General Theory of Relativity*, Wiley, 1972.（中译本：S. 温伯格著，邹振隆等译：《引力论和宇宙论（广义相对论的原理和应用）》，科学出版社，1980.）

④ P. A. M. Dirac, *General Theory of Relativity*, Wiley, 1975.（中译本：P. A. M. 狄拉克著，朱培豫译：《广义相对论》，科学出版社，1979.）

14.7 节举例说明.本章将主要采用光速 $c=1$ 的自然单位制.

从作用量出发,很容易满足广义协变性的要求,即作用量必须是标量对标量积分元的积分.关于张量的定义和性质,标量和标量积分元,请参看习题 14.1 和 14.2.我们用二阶对称张量表示引力势,其用下指标的协变分量 $g_{\mu\nu}$ 和用上指标的反变分量互为其矩阵的逆

$$g_{\mu\nu}\, g^{\nu\sigma} = \delta_{\mu}^{\ \sigma}.$$

用逗号后带指标表示普通偏导数,引入克里斯托费尔(E. B. Christoffel)符号

$$\Gamma^{\mu}_{\rho\sigma} = \frac{1}{2} g^{\mu\nu}(g_{\nu\rho,\sigma} + g_{\nu\sigma,\rho} - g_{\rho\sigma,\nu}),$$

和二阶协变对称张量(里奇(G. Ricci-Curbastro)张量,参看习题 14.7)和标量

$$R_{\rho\sigma} = \Gamma^{\nu}_{\rho\nu,\sigma} - \Gamma^{\nu}_{\rho\sigma,\nu} + \Gamma^{\lambda}_{\rho\nu}\Gamma^{\nu}_{\lambda\sigma} - \Gamma^{\lambda}_{\rho\sigma}\Gamma^{\nu}_{\lambda\nu},$$

$$R = R_{\rho\sigma} g^{\rho\sigma},$$

则爱因斯坦的引力场作用量为

$$I_{g} = \frac{1}{16\pi G}\int R\sqrt{-g}\,d^4 x = \frac{1}{16\pi G}\int R_{\rho\sigma} g^{\rho\sigma}\sqrt{-g}\,d^4 x,$$

上式分母中 G 为牛顿引力常量,数值系数则由与牛顿引力理论比较得定,见后文自明.

在求变分时,我们分两项求

$$\delta\int R\sqrt{-g}\,d^4 x = \int R_{\rho\sigma}\delta(g^{\rho\sigma}\sqrt{-g})\,d^4 x + \int g^{\rho\sigma}\sqrt{-g}(\delta R_{\rho\sigma})\,d^4 x;$$

注意到克里斯托费尔符号的变分是张量,里奇张量的变分可以简单地用协变导数表达,上式第二项可化为面积分因而对变分方程无贡献.具体步骤如下(参考习题 14.3 至 14.5):

$$\begin{aligned}\sqrt{-g}g^{\rho\sigma}\delta R_{\rho\sigma} &= \sqrt{-g}g^{\rho\sigma}\{(\delta\Gamma^{\nu}_{\rho\nu})_{;\sigma} - (\delta\Gamma^{\nu}_{\rho\sigma})_{;\nu}\} \\ &= \sqrt{-g}\{g^{\rho\sigma}\delta\Gamma^{\nu}_{\rho\nu} - g^{\rho\nu}\delta\Gamma^{\sigma}_{\rho\nu}\}_{;\sigma} \\ &= \{\sqrt{-g}(g^{\rho\sigma}\delta\Gamma^{\nu}_{\rho\nu} - g^{\rho\nu}\delta\Gamma^{\sigma}_{\rho\nu})\}_{,\sigma}.\end{aligned}$$

在上式第一项中,利用(仿习题 14.6 与 14.7 求导数的作法)

$$\delta g^{\rho\sigma} = - g^{\rho\mu} g^{\sigma\nu}\delta g_{\mu\nu}, \quad \delta\sqrt{-g} = \sqrt{-g}\,\frac{1}{2} g^{\mu\nu}\delta g_{\mu\nu},$$

得

$$\begin{aligned}R_{\rho\sigma}\delta(g^{\rho\sigma}\sqrt{-g}) &= R_{\rho\sigma}\sqrt{-g}\left(- g^{\rho\mu}g^{\sigma\nu} + \frac{1}{2}g^{\rho\sigma}g^{\mu\nu}\right)\delta g_{\mu\nu} \\ &= -\left(R^{\mu\nu} - \frac{1}{2}Rg^{\mu\nu}\right)\sqrt{-g}\delta g_{\mu\nu},\end{aligned}$$

所以有引力场作用量的变分公式

$$\delta I_{g}=-\frac{1}{16\pi G}\int\left(R^{\mu\nu}-\frac{1}{2}Rg^{\mu\nu}\right)\sqrt{-g}\delta g_{\mu\nu}\mathrm{d}^{4}x.$$

其他场作用量也满足广义协变性,也是标量对标量积分元的积分,一般在其满足洛伦兹协变性的作用量中引入引力势适当改造便得,例见下节和后面第 14.7 节.其对引力势的变分部分我们规范化写为(这样定义其他场的广义能量动量密度张量 $T^{\mu\nu}_{其他}$)

$$\delta I_{其他}=-\frac{1}{2}\int T^{\mu\nu}_{其他}\sqrt{-g}\delta g_{\mu\nu}\mathrm{d}^{4}x+\text{对其他场变量变分的部分}.$$

将引力场作用量和其他场作用量相加而变分,可见综合作用量原理同时给出其他场计及引力作用的运动方程(从对其他场变量变分得来,具体例见下节和后面第 14.7 节)和爱因斯坦引力场方程(其他场以其各自的 $T^{\mu\nu}$ 表现为引力场的可叠加的源).

$$R^{\mu\nu}-\frac{1}{2}Rg^{\mu\nu}=-8\pi GT^{\mu\nu}.$$

这样得到的引力场方程组是不独立的,引力势有解但不定,证明如下(见狄拉克书).设满足广义协变性的作用量和其变分为

$$I=\int L\sqrt{-g}\mathrm{d}^{4}x,\quad \delta I=\int N^{\mu\nu}\sqrt{-g}\delta g_{\mu\nu}\mathrm{d}^{4}x,$$

其中 L 为标量而 $N^{\mu\nu}$ 为由上面变分公式定义的二阶反变对称张量.考虑下列不改变积分边界的坐标变换如

$$x^{\mu}\rightarrow x'^{\mu}=x^{\mu}+b^{\mu},\quad b^{\mu}=0\text{ 在边界处},$$

这样,作用量的积分区域不变,而从广义协变性得

$$L=L'\text{ 和 }\sqrt{-g}\mathrm{d}^{4}x=\sqrt{-g'}\mathrm{d}^{4}x',\text{所以 }I=I'.$$

现在取 b^{μ} 为一级无穷小,从二阶协变对称张量的坐标变换得

$$g'_{\mu\nu}(x')=g_{\alpha\beta}\frac{\partial x^{\alpha}}{\partial x'^{\mu}}\frac{\partial x^{\beta}}{\partial x'^{\nu}}=g_{\mu\nu}-g_{\mu\beta}b^{\beta}_{,\nu}-g_{\alpha\nu}b^{\alpha}_{,\mu};$$

这相当于在原坐标系中作如下变分(注意变分时坐标不变)

$$\delta g_{\mu\nu}=g'_{\mu\nu}(x)-g_{\mu\nu}=-g_{\mu\nu,\rho}b^{\rho}-g_{\mu\beta}b^{\beta}_{,\nu}-g_{\alpha\nu}b^{\alpha}_{,\mu}.$$

我们可以利用上面的变分公式来计算这已知恒等于零的量到一级无穷小.经过分部积分并注意无穷小的坐标变换的任意性,我们得,参考习题 14.6,

$$0=\delta I=\int b^{\rho}2\left[(N_{\rho}{}^{\nu}\sqrt{-g})_{,\nu}-\frac{1}{2}N^{\mu\nu}\sqrt{-g}g_{\mu\nu,\rho}\right]\mathrm{d}^{4}x,$$

$$\text{故 }N_{\rho}{}^{\nu}\sqrt{-g}_{,\nu}-\frac{1}{2}N^{\mu\nu}\sqrt{-g}g_{\mu\nu,\rho}=\sqrt{-g}N_{\rho;\nu}^{\ \nu}=0\text{ 或 }N^{\mu\nu}_{\ \ ;\nu}=0,$$

即有普遍定理"由广义协变作用量对引力势变分导出的二阶反变对称张量的协变散度恒等于零".如将上述定理用到引力场作用量上,则得出爱因斯坦引力场方程

组左侧满足熟知的比安基(L. Bianchi-Lucat)微分恒等式,表明爱因斯坦引力场方程组不独立,其有解条件为方程组右侧须同样不独立.这条件恰好因为其他场的作用量也满足广义协变性,所以上述定理同样适用而满足.这保证爱因斯坦引力场方程组不矛盾,有解但不定.这都是广义协变性的必然后果,解的不定的根源,归根到底,来自坐标可以作广义变换.

14.3　电磁场作用量与物质场作用量举例

在这节中我们将给出引力场而外的其他一些场的作用量,考虑了引力作用,它们都满足广义协变性的要求.与狭义相对论中的相应的作用量比较,除积分元增加引力势行列式的平方根外,有关的洛伦兹标量也要改造为广义协变的标量,这常由用引力势张量替换闵可夫斯基度规张量而完成.本章关于电磁量将采用高斯单位制.

14.3.1　电磁场作用量

电磁场的独立场变量为电磁势协变矢量,其四维协变旋度(关于协变导数请参考习题 14.4)与四维普通旋度相等,为二阶协变反对称电磁场张量(见第 4 章)

$$F_{\mu\nu}=A_{\mu;\nu}-A_{\nu;\mu}=A_{\mu,\nu}-A_{\nu,\mu}.$$

电磁场张量的协变循环散度等于其普通循环散度,而恒等于零

$$F_{\mu\nu;\lambda}+F_{\nu\lambda;\mu}+F_{\lambda\mu;\nu}=F_{\mu\nu,\lambda}+F_{\nu\lambda,\mu}+F_{\lambda\mu,\nu}=0.$$

引入 $\sqrt{-g}$ 因子并改用引力势张量代替闵可夫斯基度规张量提升指标,则得推广改造为广义协变性的电磁场作用量如下:

$$\begin{aligned}I_{\mathrm{em}}&=-\frac{1}{16\pi}\int F_{\mu\nu}F^{\mu\nu}\sqrt{-g}\,\mathrm{d}^4x\\&=-\frac{1}{16\pi}\int F_{\mu\nu}F_{\rho\sigma}g^{\mu\rho}g^{\nu\sigma}\sqrt{-g}\,\mathrm{d}^4x;\end{aligned}$$

其变分为

$$\delta I_{\mathrm{em}}=-\frac{1}{2}\int T_{\mathrm{em}}^{\rho\sigma}\sqrt{-g}\,\delta g_{\rho\sigma}\,\mathrm{d}^4x+\frac{1}{4\pi}\int F^{\mu\nu}_{;\nu}\sqrt{-g}\,\delta A_\mu\,\mathrm{d}^4x,$$

其中

$$T_{\mathrm{em}}^{\rho\sigma}=-\frac{1}{4\pi}F^{\rho}{}_{\nu}F^{\sigma\nu}+\frac{1}{16\pi}F_{\mu\nu}F^{\mu\nu}g^{\rho\sigma}$$

为电磁场对爱因斯坦引力场方程右侧中 $T^{\rho\sigma}$ 的贡献.综合作用量原理同时还给出无源的电磁场运动方程(参考习题 14.6)

$$(F^{\mu\nu}\sqrt{-g})_{,\nu}=\sqrt{-g}F^{\mu\nu}{}_{;\nu}=0.$$

从电磁场的定义和运动方程容易验证协变散度为零的恒等式

$$T_{(\mathrm{em})\rho\ ;\sigma}^{\ \ \sigma}=-\frac{1}{4\pi}F_{\rho\nu}F^{\sigma\nu}_{\ \ ;\sigma}+\frac{1}{8\pi}F^{\mu\nu}(F_{\mu\nu,\rho}+F_{\nu\rho,\mu}+F_{\rho\mu,\nu})=0;$$

又显然有缩并为零的恒等式

$$T_{(\mathrm{em})\rho}^{\ \ \rho}=0.$$

14.3.2 物质连续分布作用量

描写连续物质运动时，我们用基本变量 p^μ，其物理意义如下. $p^0\mathrm{d}x^1\mathrm{d}x^2\mathrm{d}x^3$ 为某时刻体积元 $\mathrm{d}x^1\mathrm{d}x^2\mathrm{d}x^3$ 内的物质量，而 $p^1\mathrm{d}x^0\mathrm{d}x^2\mathrm{d}x^3$ 为时间间隔 $\mathrm{d}x^0$ 内流过面元 $\mathrm{d}x^2\mathrm{d}x^3$ 的物质量. 假定物质守恒，所以有连续方程 $p^\mu_{\ ,\mu}=0$. 作变分时，设每一物质元作无穷小虚位移 b^μ（b^μ 是矢量），我们来求基本变量的相应的变分 δp^μ. 首先考虑 $b^0=0$ 的特殊情况，即在三维空间中作同时的虚位移. 在某很小的三维体积 V 内物质量的变化等于由于虚位移而通过其界面移出的物质量的负值

$$\delta\int p^0\mathrm{d}x^1\mathrm{d}x^2\mathrm{d}x^3=-\int p^0b^r\mathrm{d}S_r,$$

此处 $\mathrm{d}S_r$ 代表 V 的界面元，而 r 只对 $r=1,2,3$ 求和. 利用高斯定理将上式右侧化为三维体积分并缩小 V 到极限，得

$$\delta p^0=-(p^0b^r)_{,r}\quad(b^0=0).$$

其次考虑 b^μ 正比于 p^μ 的特殊情况，即每一物质元沿其运动的轨迹作虚位移，从而 p^μ 不变，即有 $\delta p^\mu=0$. 综合上述两种特殊情况，我们得普遍公式

$$\delta p^\mu=(p^\nu b^\mu-p^\mu b^\nu)_{,\nu}.$$

注意在变分中物质元的虚位移是独立的.（我们这儿推导依照狄拉克，而福克的推导用拉格朗日坐标和欧拉坐标间的变量变换则较繁.）在综合作用量原理中利用上面公式，经过分部积分后，再令每个 b^μ 的系数为零，则得物质的运动方程. 下面举例说明.

1. *忽略物质内部应力时的简单物质的作用量*

引入简写

$$v^\mu=\frac{p^\mu}{\sqrt{g_{\rho\sigma}p^\rho p^\sigma}},\quad g_{\mu\nu}v^\nu=v_\mu,$$

所以有恒等式

$$g_{\mu\nu}v^\mu v^\nu=v_\mu v^\mu=1.$$

又令

$$\sqrt{g_{\rho\sigma}p^\rho p^\sigma}=\rho\sqrt{-g},$$

此处 ρ 为标量，前面物质守恒的连续方程即化为协变形式

$$p^\mu_{\ ,\mu}=(\rho v^\mu\sqrt{-g})_{,\mu}=\sqrt{-g}(\rho v^\mu)_{;\mu}=0;$$

比张量多一个$\sqrt{-g}$因子的量又常称为张量密度，如 p^{μ} 和δp^{μ} 都是反变矢量密度.简单物质作用量

$$I_{\mathrm{m}}=-\int\rho\sqrt{-g}\mathrm{d}^{4}x=-\int\sqrt{g_{\mu\nu}p^{\mu}p^{\nu}}\mathrm{d}^{4}x$$

满足广义协变性要求.其变分为

$$\delta I_{\mathrm{m}}=-\frac{1}{2}\int\frac{p^{\mu}p^{\nu}\delta g_{\mu\nu}}{\sqrt{g_{\rho\sigma}p^{\rho}p^{\sigma}}}\mathrm{d}^{4}x-\int\frac{g_{\mu\nu}p^{\nu}\delta p^{\mu}}{\sqrt{g_{\rho\sigma}p^{\rho}p^{\sigma}}}\mathrm{d}^{4}x,$$

这里第一项给出对爱因斯坦引力场方程右侧中的贡献

$$T_{\mathrm{m}}^{\mu\nu}=\frac{p^{\mu}p^{\nu}}{\sqrt{g_{\rho\sigma}p^{\rho}p^{\sigma}}\sqrt{-g}}=\rho v^{\mu}v^{\nu};$$

而其第二项，在代入变分 δp^{μ} 的表达式后经过如下变化

$$\begin{aligned}-\int v_{\mu}\delta p^{\mu}\mathrm{d}^{4}x&=-\int v_{\mu}(p^{\nu}b^{\mu}-p^{\mu}b^{\nu})_{,\nu}\mathrm{d}^{4}x\\&=\int(v_{\mu,\nu}-v_{\nu,\mu})p^{\nu}b^{\mu}\mathrm{d}^{4}x\\&=\int(v_{\mu;\nu}-v_{\nu;\mu})\rho v^{\nu}\sqrt{-g}b^{\mu}\mathrm{d}^{4}x,\end{aligned}$$

而给出简单物质的运动方程(注意有 $v^{\nu}v_{\nu;\mu}=0$)

$$\rho v^{\nu}v_{\mu;\nu}=0.$$

从连续方程和运动方程容易验证协变散度为零的恒等式

$$T_{(\mathrm{m})\mu;\nu}^{\ \ \nu}=v_{\mu}(\rho v^{\nu})_{;\nu}+\rho v^{\nu}v_{\mu;\nu}=0.$$

2. *物质带电时的作用量*

如物质带电而电荷守恒，仿上面物质守恒的描述，我们引入

$$\mathscr{J}^{\mu}_{,\mu}=0,\quad\mathscr{J}^{\mu}=\sigma v^{\mu}\sqrt{-g}=J^{\mu}\sqrt{-g},$$

式中σ为决定电荷密度的一个标量.这时综合作用量中，除引力场作用量，电磁场作用量，物质作用量外尚须加上如下的带电作用项，

$$I_{\mathrm{q}}=-\int A_{\mu}J^{\mu}\sqrt{-g}\mathrm{d}^{4}x=-\int A_{\mu}\mathscr{J}^{\mu}\mathrm{d}^{4}x;$$

而在变分时须利用类似的表达式(式中虚位移 b^{ν} 同前)

$$\delta\mathscr{J}^{\mu}=(\mathscr{J}^{\nu}b^{\mu}-\mathscr{J}^{\mu}b^{\nu})_{,\nu}.$$

在综合作用量原理中

$$\delta I_{综}=\delta I_{\mathrm{g}}+\delta I_{\mathrm{em}}+\delta I_{\mathrm{m}}+\delta I_{q}=0.$$

对引力势的变分给出爱因斯坦引力场方程，右侧中源项包括电磁场的贡献与连续物质分布的贡献，二者的公式形式同前，

$$R^{\mu\nu}-\frac{1}{2}Rg^{\mu\nu}=-8\pi G(T_{(\mathrm{m})}^{\mu\nu}+T_{(\mathrm{em})}^{\mu\nu}),$$

对电磁势的变分则给出有源的电磁场运动方程(源来自带电项)

$$F^{\mu\nu}{}_{;\nu} = 4\pi J^{\mu};$$

对物质元作虚位移则给出受洛伦兹力的带电物质的运动方程

$$\rho v^{\nu} v_{\mu;\nu} + F_{\mu\nu} J^{\nu} = 0.$$

容易验证

$$T_{(\mathrm{em})\mu\ ;\nu}^{\ \ \ \ \ \ \nu} = F_{\mu\nu} J^{\nu}, \quad T_{(\mathrm{m})\mu\ ;\nu}^{\ \ \ \ \ \nu} = -F_{\mu\nu} J^{\nu},$$

所以电磁场的和物质的 $T^{\mu\nu}$ 加在一起才满足协变散度为零.

3. 理想流体的物质作用量

在理想流体的近似下,单位质量物质的熵(即比熵)不变,运动中的压缩是绝热的,压强 p 和单位质量的内能(即比内能)ε 只随物质的密度 ρ 变化.其物质作用量为

$$I_{\mathrm{fl}} = -\int (\rho + \rho\varepsilon) \sqrt{-g}\, \mathrm{d}^4 x = -\int F(\rho) \sqrt{-g}\, \mathrm{d}^4 x;$$

式中比内能与比体积的变化间有绝热关系

$$\mathrm{d}\varepsilon + p\,\mathrm{d}\left(\frac{1}{\rho}\right) = 0, \quad \text{即} \quad \mathrm{d}s = 0.$$

计算其变分时,我们得

$$\begin{aligned}
\delta I_{\mathrm{fl}} &= -\int \frac{\mathrm{d}F}{\mathrm{d}\rho} \sqrt{-g}\,\delta\rho\, \mathrm{d}^4 x - \int F(\delta \sqrt{-g})\, \mathrm{d}^4 x \\
&= -\int \frac{\mathrm{d}F}{\mathrm{d}\rho} \delta(\rho \sqrt{-g})\, \mathrm{d}^4 x + \int \left(\rho \frac{\mathrm{d}F}{\mathrm{d}\rho} - F\right) \delta \sqrt{-g}\, \mathrm{d}^4 x \\
&= -\int \frac{\mathrm{d}F}{\mathrm{d}\rho} \left\{ v_{\mu} \delta p^{\mu} + \frac{1}{2} \rho v^{\mu} v^{\nu} \sqrt{-g}\,\delta g_{\mu\nu} \right\} \mathrm{d}^4 x \\
&\quad + \int \left(\rho \frac{\mathrm{d}F}{\mathrm{d}\rho} - F\right) \sqrt{-g}\, \frac{1}{2} g^{\mu\nu} \delta g_{\mu\nu}\, \mathrm{d}^4 x.
\end{aligned}$$

对引力势变分部分给出对爱因斯坦引力场方程的右侧的贡献

$$T_{\mathrm{fl}}^{\mu\nu} = \rho \frac{\mathrm{d}F}{\mathrm{d}\rho} v^{\mu} v^{\nu} - \left(\rho \frac{\mathrm{d}F}{\mathrm{d}\rho} - F\right) g^{\mu\nu};$$

对物质元虚位移部分,经过如下变化,

$$\begin{aligned}
-\int \frac{\mathrm{d}F}{\mathrm{d}\rho} v_{\mu} \delta p^{\mu}\, \mathrm{d}^4 x &= -\int \frac{\mathrm{d}F}{\mathrm{d}\rho} v_{\mu} (p^{\nu} b^{\mu} - p^{\mu} b^{\nu})_{,\nu}\, \mathrm{d}^4 x \\
&= \int p^{\nu} \left[\left(\frac{\mathrm{d}F}{\mathrm{d}\rho} v_{\mu}\right)_{,\nu} - \left(\frac{\mathrm{d}F}{\mathrm{d}\rho} v_{\nu}\right)_{,\mu} \right] b^{\mu}\, \mathrm{d}^4 x \\
&= \int \left\{ p^{\nu} \frac{\mathrm{d}F}{\mathrm{d}\rho} (v_{\mu;\nu} - v_{\nu;\mu}) + p^{\nu} \left[\left(\frac{\mathrm{d}F}{\mathrm{d}\rho}\right)_{,\nu} v_{\mu} - \left(\frac{\mathrm{d}F}{\mathrm{d}\rho}\right)_{,\mu} v_{\nu} \right] \right\} b^{\mu}\, \mathrm{d}^4 x,
\end{aligned}$$

给出理想流体的运动方程

$$\rho \frac{\mathrm{d}F}{\mathrm{d}\rho} v^{\nu} v_{\mu;\nu} + \rho v^{\nu} \left(\frac{\mathrm{d}F}{\mathrm{d}\rho}\right)_{,\nu} v_{\mu} - \rho \left(\frac{\mathrm{d}F}{\mathrm{d}\rho}\right)_{,\mu} = 0.$$

代入

$$\frac{\mathrm{d}F}{\mathrm{d}\rho} = 1 + \varepsilon + \rho\frac{\mathrm{d}\varepsilon}{\mathrm{d}\rho} = 1 + \varepsilon + \frac{p}{\rho}, \quad \left(\frac{\mathrm{d}F}{\mathrm{d}\rho}\right)_{,\mu} = \frac{1}{\rho}p_{,\mu}$$

后,运动方程明显表明压强的梯度力

$$(\rho + \rho\varepsilon + p)v^{\nu}v_{\mu;\nu} = p_{,\mu} - v_{\mu}v^{\nu}p_{,\nu};$$

而 $T_{\mathrm{fl}}^{\mu\nu}$ 也明显表达为常用的公式

$$T_{\mathrm{fl}}^{\mu\nu} = (\rho + \rho\varepsilon + p)v^{\mu}v^{\nu} - pg^{\mu\nu}.$$

注意上式右侧含 ρ 的两项有时合并写成一项,即单位体积中的能量,不区分守恒的物质的静能和依赖于压缩的内能. 和以前一样,从连续方程和运动方程容易验证 $T^{\mu\nu}$ 协变散度为零的恒等式,这在原来的用 F 的表达时更清楚

$$T_{(\mathrm{fl})\mu\;;\nu}^{\;\;\;\;\;\nu} = (\rho v^{\nu})_{;\nu}\frac{\mathrm{d}F}{\mathrm{d}\rho}v_{\mu} + \rho v^{\nu}\left(\frac{\mathrm{d}F}{\mathrm{d}\rho}v_{\mu}\right)_{;\nu} - \left(\rho\frac{\mathrm{d}F}{\mathrm{d}\rho} - F\right)_{,\mu} = 0.$$

14.4 有限物质分布的弱引力非相对论近似

对于有限的物质分布,我们将证明牛顿引力理论是爱因斯坦引力理论的非相对论近似,并验证爱因斯坦引力场作用量中的数值系数的选定是合适的.

不像在其他节中取真空中光速为 1,在这节中我们将保留时间和空间的不同量纲,用 c 表示真空中光速. 下列近似值,更明显地显示有关量的量纲.

$$G \approx 6.7 \times 10^{-11}\ \mathrm{m}^3 \cdot \mathrm{kg}^{-1} \cdot \mathrm{s}^{-2}, \quad c \approx 3 \times 10^8\ \mathrm{m} \cdot \mathrm{s}^{-1},$$

$$G/c^2 \approx 7.4 \times 10^{-28}\ \mathrm{m} \cdot \mathrm{kg}^{-1}, \quad G/c^4 \approx 8.2 \times 10^{-45}\ \mathrm{m} \cdot \mathrm{J}^{-1}.$$

为恢复已取真空中光速为 1 的方程,只须检查每项中各因子的量纲,补充 c 的适当的幂,以求各项的量纲一致便得.

我们用 U 表示有限物质的牛顿引力势($-U$ 为单位质量的引力势能,所以其量纲为速度的平方),在大多数情况下,牛顿引力势的值远比真空中光速的平方为小,我们称之为弱引力情形. 由于牛顿引力势与牛顿引力常量成正比,所以数学上可用 G 很小表示弱引力. 取协变张量引力势(无量纲量)为

$$g_{\mu\nu} = \eta_{\mu\nu} + \mathrm{O}(G),$$

其中 $\eta_{\mu\nu}$ 为闵可夫斯基时空的度规张量. 经过分部积分,爱因斯坦的引力场作用量中的分子化为含引力势一阶偏导的二次式的积分,所以含因子 G 的二次方. 除以分母后,爱因斯坦的引力场作用量仍含因子 G 的一次方. 当令 G 趋于零时,爱因斯坦的引力场作用量也趋于零,而其他场的作用量则趋于相应场的狭义相对论的作用量. 这个极限情形可以称为零引力情形. 爱因斯坦引力场方程右侧来自其他场的源项所满足的协变散度为零的恒等式,在零引力情形下,即退化为狭义相对论的普通散度为零的能量动量守恒的恒等式,所以习惯地又常称此源为其他相应场的(广

义)能量动量密度张量. 以上讨论表明,在弱引力情形,引力势有 G 的幂级数形式的解. 同时也附带说明了,引入引力而后使之趋于零也是求其他场在狭义相对论情形下的能量动量密度张量的一个做法(例见习题 14.8).

现在考虑非相对论近似,数学上取 c 趋于无穷大. 为此,我们必须先恢复上两节作用量中由于令 $c=1$ 而丧失的因子,这可由检查量纲而补出. 注意到引力势 $g_{\mu\nu}$ 为无量纲量,所以 R 的量纲为长度的负二次方. 我们取定作用量的量纲为能量乘时间的量纲,作用量应为能量密度对三维空间和一维时间的积分. 这样,四维空间的积分元应除以 c,而爱因斯坦的引力场作用量中的 R/G 应补充 c 的四次方因子,简单物质作用量中的量纲为质量密度的 ρ 或 p^μ 应补充 c 的二次方因子. 以使被积分量达到能量密度的量纲. 恢复了这些因子后的综合作用量,以简单物质连续分布为例为

$$I_{综} = -\frac{c^4}{16\pi G}\int R\sqrt{-g}\,\frac{\mathrm{d}^4x}{c} - c^2\int\sqrt{g_{\mu\nu}p^\mu p^\nu}\,\frac{\mathrm{d}^4x}{c}.$$

对引力势变分得爱因斯坦引力场方程组

$$R^{\mu\nu} - \frac{1}{2}Rg^{\mu\nu} = -8\pi\frac{G}{c^2}\rho v^\mu v^\nu.$$

利用缩并和 v_μ 的定义,上式经过移项和降低指标可改写为

$$R_{\mu\nu} = -\frac{8\pi G}{c^2}\rho\left(v_\mu v_\nu - \frac{1}{2}g_{\mu\nu}\right).$$

注意,由于 ρ 具有质量密度的量纲,这里牛顿引力常量出现时总带有 c 的负二次方因子;这表明有限物质分布的引力,在非相对论近似下,总是弱引力情形,所以有

$$g_{\mu\nu} = \eta_{\mu\nu} + \mathrm{O}(G) = \eta_{\mu\nu} + \mathrm{O}\left(\frac{G}{c^2}\right) = \eta_{\mu\nu} + \mathrm{O}\left(\frac{1}{c^2}\right).$$

在非相对论近似下又有

$$p^n : p^0 = v^n : v^0 = \dot{x}^n : c = \mathrm{O}\left(\frac{1}{c}\right), \quad n = 1,2,3.$$

为与牛顿质点力学相比较,我们注意,当将连续质量分布抽象为质点时,须取

$$p^0 = m\delta(x^1 - x^1(t))\delta(x^2 - x^2(t))\delta(x^3 - x^3(t)),$$

其中 $x^1(t), x^2(t), x^3(t)$ 为质点在 t 时刻的位置,而 m 为守恒的质量. 这样,简单物质的作用量化为质点的作用量

$$I_{\mathrm{m}} = -mc^2\int\sqrt{g_{00} + 2g_{0n}(\dot{x}^n/c) + g_{nl}(\dot{x}^n\dot{x}^l/c^2)}\,\mathrm{d}t,$$

其中 $\dot{x}^n = \mathrm{d}x^n/\mathrm{d}t$ 为质点在 t 时刻的三维速度. 利用上述近似估计,上式根号项准到 c 的负二次方级时,我们得

$$I_{\mathrm{m}} = \int\left[-mc^2 + \frac{m}{2}(\dot{x}^1)^2 + \frac{m}{2}(\dot{x}^2)^2 + \frac{m}{2}(\dot{x}^3)^2 - mc^2\,\frac{g_{00}-1}{2}\right]\mathrm{d}t.$$

将这与牛顿力学中质点在牛顿引力势下的作用量比较，注意拉格朗日量差个常量不影响运动方程，又注意质点的势能等于其质量乘以负牛顿引力势，所以，我们只需检查下式是否成立

$$g_{00} = 1 - \frac{2U}{c^2}.$$

为此，我们考察改写后的 $\mu=\nu=0$ 的引力方程. 利用上述近似估计，只要求准到 c 的负二次方级时，这方程简化为

$$R_{00} = -\frac{1}{2}\nabla^2 g_{00} = -\frac{4\pi G\rho}{c^2}.$$

(在计算其左侧时，注意到引力势的一阶偏导为 c 的负二次方级的量，故其二次项均可不计. 而在引力势的二阶偏导诸项中，对时间偏导的项又再增加 c 的负方次，也可不计. 在所剩下对空间坐标的二阶偏导诸项中，其系数也只需代入其零级近似的值. 在计算其右侧时，由于已有 c 的负二次方因子，其余各项只需代入其零级近似量.) 将这式与牛顿引力势的泊松方程 $\nabla^2 U = -4\pi G\rho$ 比较，并注意到前面关于弱引力情形的讨论，便看出，我们要检查的方程的确成立，并且引力场作用量中的数值系数也选用得合适. 上面非相对论近似的讨论，也明确了坐标在非相对论近似下的近似的物理意义.

如只作质点的抽象而不作非相对论的近似，则质点的作用量为

$$I_{\mathrm{m}} = \int\left(-mc\sqrt{g_{\mu\nu}\,\mathrm{d}x^\mu\,\mathrm{d}x^\nu}\right).$$

这时，质点运动的轨迹可用黎曼几何中的短程线表示

$$\delta\int \mathrm{d}s = 0, \quad \mathrm{d}s^2 = g_{\mu\nu}\,\mathrm{d}x^\mu\,\mathrm{d}x^\nu.$$

这里弧长元是广义坐标变换的不变量，而引力势张量表现为黎曼几何的度规张量. 以短程线的弧长为独立变量，短程线方程取如下形式

$$\frac{\mathrm{d}^2 x^\mu}{\mathrm{d}s^2} + \Gamma^\mu_{\alpha\beta}\frac{\mathrm{d}x^\alpha}{\mathrm{d}s}\frac{\mathrm{d}x^\beta}{\mathrm{d}s} = 0.$$

如取四维速度

$$v^\mu = \frac{\mathrm{d}x^\mu}{\mathrm{d}s},$$

则有归一化恒等式

$$g_{\mu\nu}v^\mu v^\nu = 1.$$

这恒等式也是短程线微分方程的第一积分. 无疑，对质点运动的上述几何表示给爱因斯坦以引力理论的物理几何化的启迪. 又对连续分布的简单物质，几何化的表示也很简单，即一束短程线互不干扰. 对连续分布的四维速度场，有

$$\frac{\mathrm{d}^2 x^\mu}{\mathrm{d}s^2} = \frac{\mathrm{d}v^\mu}{\mathrm{d}s} = v^\mu_{,\beta}\frac{\mathrm{d}x^\beta}{\mathrm{d}s} = v^\beta v^\mu_{,\beta}.$$

所以,一束短程线的微分方程

$$v^{\beta}(v^{\mu}_{,\beta}+\Gamma^{\mu}_{\alpha\beta}v^{\alpha})=v^{\beta}v^{\mu}_{;\beta}=0,$$

即是前面从简单物质作用量经变分得到的运动方程. 在后面,我们还将证明,对电磁波的传播,如作几何光学近似时,短程线(弧长为零)的几何描述也成立. 但考虑到物质内部的压强或物质带电时,非引力的其他作用出现,物理几何化便不那么简单. 在本书中,我们将不特别强调物理几何化这个观点.

14.5 谐和条件为物理条件

在本书中,我们将采用周培源的观点,对广义相对论增加四个只满足洛伦兹协变性的谐和条件为物理条件以抵消爱因斯坦引力场方程求解的不定性,

$$-g^{\alpha\nu}\Gamma^{\mu}_{\alpha\nu}=\frac{1}{\sqrt{-g}}(g^{\mu\nu}\sqrt{-g})_{,\nu}=0;$$

而运动学的背景时空则认为仍是狭义相对论的闵可夫斯基时空. 这样,与实际的联系至少在物理思维上是直接的. 这与以前爱因斯坦等在物理几何化的观点下,在黎曼时空中为方便而引入谐和坐标在物理解释上有所不同. 我们不强调广义相对论为时间空间和引力的理论,而认为广义相对论为描述引力效应的更精确的引力理论,其运动学的背景时空仍是狭义相对论的闵可夫斯基时空,与电动力学或相对论性量子力学中的时空一致.

谐和坐标满足谐和算符作用在标量上的谐和方程

$$\begin{aligned}0=\Box\varphi&=g^{\alpha\nu}(\varphi_{,\alpha})_{;\nu}=g^{\alpha\nu}\{(\varphi_{,\alpha})_{,\nu}-\Gamma^{\beta}_{\alpha\nu}(\varphi_{,\beta})\}\\&=(g^{\alpha\nu}\varphi_{,\alpha})_{;\nu}=\frac{1}{\sqrt{-g}}(g^{\alpha\nu}\varphi_{,\alpha}\sqrt{-g})_{,\nu}.\end{aligned}$$

令标量为谐和坐标 $\varphi=x^{\mu}$, $\varphi_{,\alpha}=\delta^{\mu}_{\alpha}$ 便得到上面同样的谐和条件为坐标条件. 周培源强调谐和条件为物理条件即是强调物理解释上的不同,而这在处理物理问题时才明显(见后面几节).

谐和条件的数学作用则是把爱因斯坦引力场方程组分离,使每个方程的二阶偏导项简化为引力势的一个分量被相同的谐和算符所作用. 如用省略号代表一阶偏导的二次式,则有

$$\begin{aligned}R_{\rho\sigma}&=\Gamma^{\nu}_{\rho\nu,\sigma}-\Gamma^{\nu}_{\rho\sigma,\nu}+\cdots\\&=\frac{1}{2}g^{\mu\nu}(g_{\mu\nu,\rho\sigma}-g_{\mu\rho,\sigma\nu}-g_{\mu\sigma,\rho\nu}+g_{\rho\sigma,\mu\nu})+\cdots\\&=\frac{1}{2}g^{\mu\nu}g_{\rho\sigma,\mu\nu}+\cdots;\end{aligned}$$

此处,最后一步用了谐和条件. 因为缩乘后的谐和条件为

$$-g^{\alpha\nu}\ \frac{1}{2}(g_{\rho\alpha,\nu}+g_{\rho\nu,\alpha}-g_{\alpha\nu,\rho})=0;$$

再取其偏导,得

$$-g^{\mu\nu}g_{\rho\mu,\nu\sigma}+\frac{1}{2}g^{\mu\nu}g_{\mu\nu,\rho\sigma}=\cdots.$$

可见 $R_{\rho\sigma}$ 中前三项恰好可并入省略号. 这样,在有限物质分布的弱引力情形下,准到 G 的一次方,在远离物质处,爱因斯坦引力场方程化为常见的波动方程. 爱因斯坦如此预见了引力波的存在,虽然实验室观测至今尚难确定. 增加了谐和条件,上面的数学讨论表示弱引力情形下用 G 的幂级数展开逐步近似求解是可行的. 爱因斯坦等曾这样计算过两体问题. 非线性项使得计算复杂,可参考福克的书. 但如只要求准到 G 的一次方,增加了谐和条件使上节中改写的引力场方程左侧的近似

$$R_{\mu\nu}\approx\frac{1}{2}\eta^{\alpha\beta}g_{\mu\nu,\alpha\beta}$$

普遍成立,而右侧括号中量(准到 G 的零次方)是显然的. 所以对静止的有限物质分布,引力势有普遍而简单的解如下:

$$g_{00}=1-2U,\quad g_{ln}=(-1-2U)\delta_{ln},\quad g_{0n}=0,$$

其中 U 为相应的牛顿引力势(非静止情况见福克书).

请特别注意,谐和条件不是广义协变性的方程,只满足洛伦兹协变性. 如作为坐标条件,用标量的谐和方程形式来表达时,谐和算符倒是广义协变性的,但标量只能用直角坐标,因为它们才是谐和坐标. 我们这里用具有球对称的静止的引力场为例来加以说明. 用指标 0 和 n 区别时间和三维空间,并设引力势不依赖于时间,容易验证引力势张量和克里斯托费尔符号及里奇张量的带奇数个指标 0 的分量皆为零. 由于球对称,引力势的直角坐标分量(对三维空间总用上指标,用拉丁字母,拉丁指标重复包括对 1,2,3 求和)一定有如下形式:

$$g_{00}=Z^2,\quad g_{ln}=-Y^2\frac{x^lx^n}{r^2}-X^2\left(\delta^{ln}-\frac{x^lx^n}{r^2}\right),\quad g_{0n}=0;$$

其中无量纲量 Z,Y,X 只是 $r=(x^lx^l)^{1/2}$ 的函数. 利用矩阵用本征矢和本征值的表达的数学定理,从上式得其逆矩阵的类似表达(本征值取倒数):

$$g^{00}=Z^{-2},\quad g^{ln}=-Y^{-2}\ \frac{x^lx^n}{r^2}-X^{-2}\left(\delta^{ln}-\frac{x^lx^n}{r^2}\right),\quad g^{0l}=0;$$

而行列式为本征值(注意到简并度)的乘积,$\sqrt{-g}=ZYX^2$(这两个结果也可直接计算得到). 将它们代入谐和条件,指标为 0 的方程恒等满足,指标为 l 的方程给出一个共同的方程,其中算符 D 为 $r\ \dfrac{\mathrm{d}}{\mathrm{d}r}$的缩写

$$(g^{ln}\ \sqrt{-g})_{,n}=\frac{x^l}{r^2}[-2YZ+(2+D)(X^2Y^{-1}Z)]=0.$$

这方程除以$\sqrt{-g}$的两倍后又可写为

$$-\frac{1}{X^2}+\frac{1}{Y^2}+\frac{1}{Y^2}\left(\frac{DX}{X}-\frac{1}{2}\frac{DY}{Y}+\frac{1}{2}\frac{DZ}{Z}\right)=0.$$

计算其他广义协变性的方程时,用球坐标较直角坐标方便. 这是因为,在球坐标中,引力势只有对角的分量不为零,如

$$g_{\mu\nu}\mathrm{d}x^\mu\mathrm{d}x^\nu=Z^2\mathrm{d}t^2-Y^2\mathrm{d}r^2-X^2r^2(\mathrm{d}\theta^2+\sin^2\theta\mathrm{d}\varphi^2).$$

里奇张量也只有对角的分量不为零. 爱因斯坦引力场方程以混变张量形式写来最简单,计三个方程(两个角向的方程等同,详见习题 14.8),其间有一个微分恒等式联系. 流体的运动方程,由于球对称和维持静止,只在径向给出平衡方程

$$(\rho+\rho\varepsilon+p)\frac{\mathrm{d}Z}{Z\mathrm{d}r}=\frac{\mathrm{d}p}{\mathrm{d}r};$$

这也是理想流体的 $T^{\mu\nu}$ 的协变散度为零的径向方程,

$$0=T_{r;\nu}^{\ \nu}=(\rho+\rho\varepsilon+p)v_{r;0}v^0-p_{,r}.$$

守恒的物质量则为(注意对静止系有 $v^0\sqrt{g_{00}}=1$),

$$\int\rho v^0\sqrt{-g}\mathrm{d}x^1\mathrm{d}x^2\mathrm{d}x^3=\int\rho YX^2 4\pi r^2\mathrm{d}r.$$

从物理几何化的观点出发,可选用标准径向坐标

$$r'=Xr,$$

$$g'_{\mu\nu}\mathrm{d}x'^\mu\mathrm{d}x'^\nu=B(r')\mathrm{d}t^2-A(r')\mathrm{d}r'^2-r'^2(\mathrm{d}\theta^2+\sin^2\theta\mathrm{d}\varphi^2);$$

即有变量变换(t',θ',φ'则与 t,θ,φ 相同)

$$rX=r',\ \ Y\mathrm{d}r=\sqrt{A(r')}\mathrm{d}r',\ \ Z=\sqrt{B(r')},$$

而守恒的物质量不变(注意 $\rho=\rho'$ 为标量)

$$\int\rho v^0\sqrt{-g}\mathrm{d}x^1\mathrm{d}x^2\mathrm{d}x^3=\int\rho'\sqrt{A(r')}4\pi r'^2\mathrm{d}r'.$$

将前面谐和条件给出的共同方程乘以 r 并进行算符运算

$$r(2+D)=2r+r^2\frac{\mathrm{d}}{\mathrm{d}r}=\frac{\mathrm{d}}{\mathrm{d}r}r^2;$$

再利用上面变量变换关系,便得

$$\frac{\mathrm{d}}{\mathrm{d}r'}r'^2\sqrt{\frac{B(r')}{A(r')}}\frac{\mathrm{d}r}{\mathrm{d}r'}-2\sqrt{B(r')A(r')}r=0.$$

这方程也可从要求直角坐标 $r\cos\theta, r\sin\theta\cos\varphi, r\sin\theta\sin\varphi$ 作为标量而满足在标准坐标系中的谐和条件直接得到,即从

$$\frac{\partial}{\partial x'^\nu}\left\{g'^{\mu\nu}\sqrt{-g'}\frac{\partial\varphi}{\partial x'^\mu}\right\}=0\quad(x'^1=r')$$

直接得到. 在流体外部爱因斯坦引力场方程(详见习题 14.8)在标准坐标系中容易求解(Gm 为积分常量,通常省写 G,质量用长度的量纲)

$$B(r') = 1 - \frac{2Gm}{r'}, \quad A(r') = \frac{1}{B(r')}.$$

从上面的二阶线性常微分方程得通解

$$r = C_1(r' - Gm) + C_2\left(\frac{r' - Gm}{2Gm}\ln\frac{r'}{r' - 2Gm} - 1\right),$$

其中常数 C_1 由无穷远边界条件定为 1，而常数 C_2，则需由与流体外界面连续条件来定(详见习题 14.8). 从量纲看，C_2 应含界面半径为其一因子，在弱引力情况下，凡是要求准到 G 的二次方项时，含有 C_2 的这项便不能忽略，因为有

$$r = r' - Gm + C_2\frac{1}{3}\left(\frac{Gm}{r' - Gm}\right)^2, \quad r' = r + Gm - \frac{C_2}{3}\left(\frac{Gm}{r}\right)^2.$$

周培源先生曾建议在地面上做实验，测径向光速与切向光速之差，以检验谐和条件为物理条件的观点是否正确. 根据这个观点的物理解释，受地球引力影响，径向光速与切向光速，准到 G 的二次方项时，应有差别

$$\text{径向光速} - \text{切向光速} = \frac{Z}{Y} - \frac{Z}{X},$$

这是个 G 的二级效应，是个小量，比现在测量精度还小好几个量级. 但待到测量精度提高时，须注意计及 C_2 项，否则可能误算大几倍. 又须注意，用相同的原子尺来标定径向距离与切向距离时，则参考后面 14.7 节关于原子半径的引力效应，很可能这样标定的径向距离与切向距离有同样的差别，恰好抵消径向光速与切向光速间的差别.

关于水星近日点的进动问题，通常用标准坐标处理. 近日点的概念不因径向坐标作变量变换而有变动. 近日点在多长时间进动多少角度也不因径向坐标作变量变换(时间坐标和角坐标都不变)而有变动. 所以我们不多讨论这问题. 请看参考书.

14.6 电磁波在引力场中的传播(几何光学近似)

在这节中，我们将考虑电磁波在给定的引力场中的传播，我们特别考虑的情形是一小束光或微波在一大块物质如地球或星体产生的引力场中的传播. 在爱因斯坦引力场方程右侧，这一小束所提供的源项可忽略，引力势由那一大块物质所提供的源项决定. 因此，在研究这一小束电磁波的传播时，引力势可认为给定. 后者在时间上或空间上的变化，比前者的要缓慢得多，所以几何光学近似在这里很适用. 我们从包含引力势的电磁场作用量出发，得到在引力场中的电磁运动方程. 这些广义协变的方程都可用普通导数写出，对电磁场而言它们是线性方程，

$$F_{\mu\nu,\lambda} + F_{\nu\lambda,\mu} + F_{\lambda\mu,\nu} = 0, \quad (F^{\mu\nu}\sqrt{-g})_{,\nu} = 0.$$

对振动的电磁场我们采用实数的振幅和相位而令

$$F_{\mu\nu} = f_{\mu\nu}\cos S, \quad F^{\mu\nu}\sqrt{-g} = f^{\mu\nu}\sqrt{-g}\cos S.$$

我们注意区别空间或时间不同尺度的变化，相位的变化尺度最小，是波长量级，是快变量. 振幅的变化尺度是传播距离，而引力势的变化尺度是引力源的尺度，这两个尺度比波长要大很多量级. 振幅和引力势暂统称作慢变量. 区别相位的快变与振幅的慢变是几何光学近似的核心①. 在零级近似下在电磁运动方程中计算电磁场的偏导数时，只考虑快变量相位的变化而计其偏导数，对慢变量则认为近似不变而不计其偏导数. 我们这样得(注意提掉共同相位因子)

$$S_{,\lambda}f_{\mu\nu} + S_{,\mu}f_{\nu\lambda} + S_{,\nu}f_{\lambda\mu} = 0,$$

$$S_{,\nu}f^{\mu\nu}\sqrt{-g} = 0, \quad 即 \quad S_{,\nu}g^{\mu\alpha}g^{\nu\beta}f_{\alpha\beta}\sqrt{-g} = 0;$$

后面这式可改写为

$$s^{\beta}f_{\alpha\beta} = 0, \quad s^{\beta} = g^{\nu\beta}s_{\nu}, \quad s_{\nu} \equiv S_{,\nu}.$$

这样，电磁运动方程给出对电磁场振幅的线性齐次代数方程组，八个方程中只有六个是独立的，而电磁场振幅共计为六个变量，其具有非平凡解(即电磁场振幅不全为零)的条件为(将前面那式与 s^{λ} 缩乘再利用刚才改写的后式便容易看出)

$$s^{\lambda}s_{\lambda} = 0, \quad 即 \quad g^{\lambda\mu}s_{\lambda}s_{\mu} = 0,$$

这个条件在电磁波传播所到之处必须处处成立，因而导出光线的运动方程. 我们将证明这与爱因斯坦根据物理几何化的观点提出的光线沿黎曼时空的零短程线运动是一致的.

为此，在黎曼时空中令 δx^{ν} 代表在等相位面上的虚位移，有

$$0 = \delta S = S_{,\nu}\delta x^{\nu} = s_{\nu}\delta x^{\nu}.$$

又令 $\mathrm{d}x^{\mu}$ 代表沿光线方向的位移，这两个位移互相垂直，有

$$g_{\mu\nu}\mathrm{d}x^{\mu}\delta x^{\nu} = 0.$$

从上两式明显看出有如下的比例关系，

$$g_{\mu\nu}\mathrm{d}x^{\mu} \propto s_{\nu}, \quad 即 \quad \mathrm{d}x^{\mu} \propto g^{\mu\nu}s_{\nu} = s^{\mu},$$

因而电磁场振幅不全为零的有非平凡解的条件也可等价地用黎曼几何中的弧长为零来表达，

$$0 = g^{\lambda\mu}s_{\lambda}s_{\mu} \propto g^{\lambda\mu}g_{\lambda\alpha}\mathrm{d}x^{\alpha}g_{\mu\beta}\mathrm{d}x^{\beta} = g_{\alpha\beta}\mathrm{d}x^{\alpha}\mathrm{d}x^{\beta}.$$

再注意沿光线所到之处有非平凡解的条件需继续满足，即要求沿光线上有(我们用 d 表示沿光线上的变化)

$$0 = \mathrm{d}(g^{\lambda\mu}s_{\lambda}s_{\mu}) = g^{\lambda\mu}{}_{;\nu}\,\mathrm{d}x^{\nu}s_{\lambda}s_{\mu} + 2g^{\lambda\mu}s_{\lambda}\mathrm{d}s_{\mu}.$$

---

① 参考玻恩与沃尔夫合著:《光学原理》第三章，M. Born and E. Wolf, *Principles of Optics*, Chapter Ⅲ, Pergamon, 1959.

考虑到前面的比例关系和这要求,我们可以沿光线上选取适当参数 p 使标准形式的下两式同时成立

$$\frac{\mathrm{d}x^{\mu}}{\mathrm{d}p}=g^{\mu\nu}s_{\nu},$$

$$\frac{\mathrm{d}s_{\mu}}{\mathrm{d}p}=-\frac{1}{2}g^{\alpha\beta}{}_{,\mu}s_{\alpha}s_{\beta}.$$

这两组一阶微分方程可以称为光线的运动方程. 不难验证它们与下面这组二阶微分方程等价(这与哈密顿方程和拉格朗日方程类似),

$$\frac{\mathrm{d}^2x^{\mu}}{\mathrm{d}p^2}+\Gamma^{\mu}_{\rho\sigma}\frac{\mathrm{d}x^{\rho}}{\mathrm{d}p}\frac{\mathrm{d}x^{\sigma}}{\mathrm{d}p}=0;$$

而后者正是黎曼几何中短程线方程的标准形式. 零弧长短程线只描述了有非平凡解的条件,描述了光线的运动方程,即描述光线的四维位置和四维波矢. 关于电磁场极化的信息则保存在零级近似的代数方程中.

几何光学近似还可推进一步(我们称之为一级近似)以考虑电磁波振幅(因而例如光强)沿光线传播中的变化. 本来在电磁场运动方程中求偏导数时,原应对快变量和慢变量都求偏导数,得到的方程包含快变化和慢变化两部分,分别乘以相位的正弦和余弦,但在零级近似中快变化的方程已单独成立. 所以,到一级近似,又得慢变化的方程(相位的余弦公共因子可提掉)

$$f_{\mu\nu,\lambda}+f_{\nu\lambda,\mu}+f_{\lambda\mu,\nu}=0,\quad (f^{\mu\nu}\sqrt{-g})_{,\nu}=0.$$

这些振幅的方程,其形式与原来的电磁场的运动方程完全相似. 因此如类似地定义对称张量

$$\overline{T}^{\rho\sigma}=-\frac{1}{4\pi}\left(\frac{1}{2}\right)f^{\rho}{}_{\nu}f^{\sigma\nu}+\frac{1}{16\pi}\left(\frac{1}{2}\right)f_{\mu\nu}f^{\mu\nu}g^{\rho\sigma},$$

容易验证下面的类似的协变散度为零的恒等式

$$\overline{T}_{\rho;\sigma}^{\ \sigma}=\frac{1}{\sqrt{-g}}(\overline{T}_{\rho}^{\ \sigma}\sqrt{-g})_{,\sigma}-\frac{1}{2}\overline{T}^{\lambda\sigma}g_{\lambda\sigma,\rho}=0.$$

这恒等式也可看作是将电磁场的 $T^{\mu\nu}_{(\mathrm{em})}$ 所满足的类似的恒等式对快变化的相位作了平均而得到的.(所以我们用了带横的符号并引入因子 1/2,后者代表相位因子平方的平均值.)当然,电磁波的振幅,除满足这些一级近似的微分方程外,还须满足零级近似中的代数方程.

注意上面关于几何光学近似的做法并未用到谐和条件. 其零级近似给出的光线在引力场中的途径,可以用零短程线描述和处理,结果与坐标变换无关. 例如关于太阳引起的光线偏折,已在标准坐标系中详细讨论过,请看参考书. 我们这里从略.

现在我们引入谐和条件为物理条件,亦即赋予谐和坐标以时间和位置(合称为

四维位置)的物理意义,则相位对时空的偏导数亦有明确的物理意义,即是角频率和波矢(合称为四维波矢).这可从零引力即狭义相对论情况下明显看出,

$$S=\varphi+\omega t-\boldsymbol{k}\cdot\boldsymbol{r}=\varphi+\omega x^0-k^1x^1-k^2x^2-k^3x^3=\varphi+S_{,\mu}x^\mu.$$

这时,相位对时空的偏导数是常量.而在有引力的情况下,这些量,在几何光学近似中,则是慢变量.上面零级近似的光线运动方程即描述四维波矢和四维位置沿光线上的变化的方程组.

对于静止的引力场,所有引力势分量都不依赖于时间,所以从光线运动方程明显看出频率在传播中是不变的.(其实,不作几何光学近似,直接从电磁场运动方程,也可看出这时电磁场有频率为常量的解).引力势对空间坐标的依赖则使波矢发生变化因而导致光线的偏折.当然,对依赖时间而变化的非静止引力场,频率在传播中将发生变化,见再下节.又,即使对于静止的引力场,一原子在不同大小的引力势作用下发射光波,其频率也有变化,因为原子的能级已发生变化,这与有电磁势时的斯塔克(J. Stark)效应或塞曼(P. Zeeman)效应一样,是个需用量子力学处理的引力效应,见下节.

14.7　引力场中原子能级和原子半径的变化

14.7.1　推广的狄拉克方程和电子场作用量

首先我们需要考虑在引力场存在时狄拉克方程应如何推广.这是因为,如在本章14.2节所做过的,从满足狭义相对论要求的作用量出发,推广和改造使之满足广义协变性比较容易.并且这个问题早已为多人研究,理论比较成熟.其要点我理解为,根据数学家嘉当所著《旋量理论》[①],狄拉克所引入的四分量的旋量,即使在黎曼几何中,仍是一个局部的洛伦兹群的表示,在一点的局部附近,的确存在这样的洛伦兹群可供利用.比如可以利用一次微分式(不一定可积)将黎曼几何的基本式写为如下形式的洛伦兹群的不变式,

$$g_{\mu\nu}\mathrm{d}x^\mu\mathrm{d}x^\nu=\eta^{AB}\omega_A\omega_B,\quad \omega_A=\omega_{\mu A}\mathrm{d}x^\mu.$$

更明显地说,这可先把引力势对称矩阵用正交变换化为对角矩阵.再依对角矩阵元的正负把这对角矩阵化为矩阵元为±1的对角矩阵 η^{AB} 以实现;

$$g_{\mu\nu}=O_{\mu A}(\lambda_A\eta^{AB}\lambda_B)O_{\nu B}=\omega_{\mu A}\eta^{AB}\omega_{\nu B}.$$

这里10个 $g_{\mu\nu}$ 决定不了16个 $\omega_{\mu A}$,后者有6个自由度,如熟知的无穷小洛伦兹变换所蕴含,而这与参考系的变换有关.在特殊情况 $g_{\mu\nu}$ 为对角矩阵时,我们约定 $\omega_{\mu A}$ 也为对角矩阵,这样避免变参考系,我们将遇到这种情况.这里引入了大写拉丁字母

---

① E. Cartan, *Lesons sur la Theorie des Spinneurs*, Ⅰ et Ⅱ, Hermann, Paris, 1938.

作洛伦兹群表示的附标，对这种附标的升降，用相应的度规 η^{AB} 处理，如同在狭义相对论中一样. 对原来的小写希腊字母的广义变换附标的升降，则仍用引力势张量，如同在广义相对论中一样. 例如

$$\omega^{\mu}{}_{A} = g^{\mu\nu}\omega_{\nu A}, \quad g^{\mu\nu} = \omega^{\mu}{}_{A}\eta^{AB}\omega^{\nu}{}_{B}.$$

我们注意这两种附标分别与独立的两种变换相联系，比如，在广义坐标变换和无穷小洛伦兹变换联合作用时，得

$$\omega^{\mu}{}_{A} \to \omega'^{\mu}{}_{A} = \frac{\partial x'^{\mu}}{\partial x^{\nu}}(\omega^{\nu}{}_{A} + \varepsilon_{A}{}^{B}\omega^{\nu}{}_{B}).$$

只是在零引力即狭义相对论的情况并限于线性的坐标变换时，才可要求 $\omega^{\mu}{}_{A} = \delta^{\mu}{}_{A}$ 不变，而把上述两种变换连锁起来.

现在引入电子场，并采用熟见的矩阵方程形式来缩写方程组. 这样便出现数值矩阵 γ^{A} 满足标准的反对易关系

$$\gamma^{A}\gamma^{B} + \gamma^{B}\gamma^{A} = 2\eta^{AB}.$$

在作无穷小洛伦兹变换时，这些数值矩阵不变，而对一列四行和四列一行的旋量则有熟知的变换

$$\psi \to \psi' = \left(1 + \frac{1}{4}\varepsilon_{AB}\gamma^{A}\gamma^{B}\right)\psi,$$

$$\phi \to \phi' = \phi\left(1 - \frac{1}{4}\varepsilon_{AB}\gamma^{A}\gamma^{B}\right);$$

因而得

$$(\phi\gamma^{A}\psi) \to (\phi'\gamma^{A}\psi') = (\phi\gamma^{A}\psi) + \varepsilon^{A}{}_{B}(\phi\gamma^{B}\psi),$$

所以有

$$\omega^{\mu}{}_{A}(\phi\gamma^{A}\psi) \to \omega'^{\mu}{}_{A}(\phi'\gamma^{A}\psi') = \frac{\partial x'^{\mu}}{\partial x^{\nu}}\omega^{\nu}{}_{A}(\phi\gamma^{A}\psi).$$

上面的讨论分清了两种变换的独立使用和联合使用. 但实用时只需引入广义伽马矩阵（我们这里用大写的 G^{μ} 表示）便可；它们满足下列反对易关系①.

$$G^{\mu}G^{\nu} + G^{\nu}G^{\mu} = 2g^{\mu\nu}.$$

容易验证这广义伽马矩阵就是

$$G^{\mu} = \omega^{\mu}{}_{A}\gamma^{A},$$

而如上所证 $(\phi G^{\mu}\psi)$ 为广义协变矢量.

利用这广义伽马矩阵，推广并改造后的电子场作用量（包括带电作用量在内）为

① 这早由薛定谔提出，见 E. Schödinger, S. B. preuss. Akad. Wiss., 105, 1932.

$$I_{\mathrm{D}}=\int\sqrt{-g}\,\mathrm{d}^4x\begin{bmatrix}\frac{1}{2}\phi G^{\mu}\left\{\left(\mathrm{i}\hbar\frac{\partial}{\partial x^{\mu}}+eA_{\mu}\right)\psi\right\} & -\phi m\psi\\ +\frac{1}{2}\left\{\left(-\mathrm{i}\hbar\frac{\partial}{\partial x^{\mu}}+eA_{\mu}\right)\phi\right\}G^{\mu}\psi & \end{bmatrix}$$

$$=\int\mathscr{L}_{\mathrm{D}}\mathrm{d}^4x.$$

对 ϕ 和 ψ 变分便得到推广的狄拉克方程和其伴随方程

$$\frac{\delta I_{\mathrm{D}}}{\delta\phi}=\frac{1}{2}\sqrt{-g}\,G^{\mu}\left(\mathrm{i}\hbar\frac{\partial}{\partial x^{\mu}}+eA_{\mu}\right)\psi$$
$$+\frac{1}{2}\left(\mathrm{i}\hbar\frac{\partial}{\partial x^{\mu}}+eA_{\mu}\right)(\sqrt{-g}\,G^{\mu}\psi)-\sqrt{-g}\,m\psi=0,$$

$$\frac{\delta I_{\mathrm{D}}}{\delta\psi}=\frac{1}{2}\left(-\mathrm{i}\hbar\frac{\partial}{\partial x^{\mu}}+eA_{\mu}\right)(\sqrt{-g}\,\phi G^{\mu})$$
$$+\frac{1}{2}\left\{\left(-\mathrm{i}\hbar\frac{\partial}{\partial x^{\mu}}+eA_{\mu}\right)\phi\right\}\sqrt{-g}\,G^{\mu}-\sqrt{-g}\,\phi m=0.$$

从上两方程分别左乘以 ϕ 和右乘以 ψ 而相减，得

$$\phi\frac{\delta I_{\mathrm{D}}}{\delta\phi}-\frac{\delta I_{\mathrm{D}}}{\delta\psi}\psi=\mathrm{i}\hbar\frac{\partial}{\partial x^{\mu}}\{(\phi G^{\mu}\psi)\sqrt{-g}\}=0,$$

这表明概率守恒；概率密度归一化方程为

$$\int(\phi G^0\psi)\sqrt{-g}\,\mathrm{d}x^1\mathrm{d}x^2\mathrm{d}x^3=1.$$

因为电子场作用量中已包含了带电部分

$$\int\sqrt{-g}\,\mathrm{d}^4x\{eA_{\mu}(\phi G^{\mu}\psi)\}=-\int A_{\mu}\mathscr{J}^{\mu}\mathrm{d}^4x;$$

上式也表示电荷守恒，

$$\mathscr{J}^{\mu}=-e(\phi G^{\mu}\psi)\sqrt{-g},\quad \mathscr{J}^{\mu}_{,\mu}=0.$$

与上述概率密度的归一化一致，电子带电的电荷总量为 $-e$. 伴随方程实即为原来方程组的复数共轭方程组的线性重组. 如所熟知，当取数值矩阵满足如下关系时，

$$\gamma^{A\dagger}=\eta^{AB}\gamma^{B},$$

即

$$\gamma^{0\dagger}=\gamma^0,\quad \gamma^{n\dagger}=-\gamma^n\quad(n=1,2,3),$$

则有

$$\gamma^0\gamma^A\gamma^0=\gamma^{A\dagger},\quad \gamma^0\gamma^A=\gamma^{A\dagger}\gamma^0,\quad \gamma^0G^{\mu}=G^{\mu\dagger}\gamma^0,$$

所以可取

$$\phi=\psi^{\dagger}\gamma^0.$$

带十字架矩阵的 i 行 j 列矩阵元为原矩阵的 j 行 i 列矩阵元的复数共轭.

14.7.2 类氢原子半径和能级及发光频率的引力效应

现在考虑一个电子在静止的引力场和静电场作用下的运动. 为简单起见,取引力势如下

$$g_{00} = (\lambda_0)^2, g_{11} = -(\lambda_1)^2, \quad g_{22} = -(\lambda_2)^2,$$
$$g_{33} = -(\lambda_3)^2, \quad \text{其他 } g_{\mu\nu} = 0.$$

在狄拉克方程中我们只注意原子尺度的快变化而忽略引力势的慢变化即忽略引力势的偏导数,这样,狄拉克方程简化为

$$\left\{\gamma^0 \frac{1}{\lambda_0}\left(\mathrm{i}\hbar \frac{\partial}{\partial x^0} + eA_0\right) + \gamma^n \frac{1}{\lambda_n}\mathrm{i}\hbar \frac{\partial}{\partial x^n} - m\right\}\psi = 0;$$

此处静电势来源于设为静止的原子核,带点电荷 $+Ze$,由于原子核也处于引力场中,在计算其静电势时需用广义相对论的电磁方程(原子核位置取作原点)

$$(F^{0n}\sqrt{-g})_{,n} = 4\pi(Ze)\delta(x^1)\delta(x^2)\delta(x^3).$$

我们只需要在原子尺度内求解静电势. 这时上式左侧可简化(忽略引力势的偏导数,即近似认为引力势为常量)为

$$g^{00}g^{nn}\lambda_0\lambda_1\lambda_2\lambda_3 A_{0,nn},$$

再引入新变量 $\bar{x}' = \lambda_1 x^1, \cdots$ 并注意到 $\delta(\bar{x}^1) = \dfrac{\delta(x^1)}{\lambda_1}, \cdots$,可得

$$\left\{\left(\frac{\partial}{\partial \bar{x}^1}\right)^2 + \left(\frac{\partial}{\partial \bar{x}^2}\right)^2 + \left(\frac{\partial}{\partial \bar{x}^3}\right)^2\right\}A_0 = \overline{\nabla}^2 A_0$$
$$= -\lambda_0 4\pi(Ze)\delta(\bar{x}^1)\delta(\bar{x}^2)\delta(\bar{x}^3);$$

所以

$$A_0 = \lambda_0 \frac{Ze}{\bar{r}}, \quad \bar{r} = (\bar{x}^l \bar{x}^l)^{1/2}.$$

将上面的引力势和静电势代入推广的狄拉克方程得

$$\left\{\gamma^0\left(\frac{1}{\lambda_0}\mathrm{i}\hbar \frac{\partial}{\partial x^0} + \frac{Ze^2}{\bar{r}}\right) + \gamma^n \mathrm{i}\hbar \frac{\partial}{\partial \bar{x}^n} - m\right\}\psi = 0.$$

将这方程与零引力时的狄拉克方程比较可见(如改写为哈密顿量形式,更容易看出),类氢原子的各个能级都乘同一因子,其发光的谱线频率因此也乘同一因子(我们用括号中($G=0$)表示零引力时的量),

$$E = \lambda_0 E(G=0) = \sqrt{g_{00}}E(G=0), \quad \omega = \sqrt{g_{00}}\omega(G=0).$$

这与用物理几何化观点的本征时间得出的引力频移是一致的. 同样,从电子的波函数可知电子云的分布. 注意概率归一化公式形状不变

$$1 = \int(\phi G^0 \psi)\sqrt{-g}\,\mathrm{d}x^1\mathrm{d}x^2\mathrm{d}x^3 = \int(\phi\gamma^0\psi)\lambda_1\lambda_2\lambda_3\,\mathrm{d}x^1\mathrm{d}x^2\mathrm{d}x^3$$
$$= \int \underset{G=0}{\phi(\bar{x})}\ \gamma^0 \underset{G=0}{\psi(\bar{x})}\,\mathrm{d}\bar{x}^1\bar{x}^2\bar{x}^3;$$

形象地说,原子半径沿三个方向分别各除一个因子 $\lambda_1,\lambda_2,\lambda_3$. 当引力势非各向同性时,一定数目的原子做成的原子尺,其长度也随不同方向而不同. 在上面的推导中,引力势的时空分量为零是必要的,这规定了静止的参考系,而空间三个正交方向在原子尺度总可以选得使引力势只有对角分量. 又从上面的推导可以看出,如引力势随宏观尺度时间变化,而对微观(原子)尺度时间求偏导数时如同常量,则上述结果仍成立. 总之,对于发光的谱线频率或原子的半径所用的相应因子,其中的引力势应采用当时当地的值,只要这是慢变量便可.

14.8 一个简单宇宙模型的哈勃红移

广义相对论提供了处理很大很大(甚至于无穷大)尺度的物质的引力效应的可能,因而对宇宙尺度的引力问题可以进行一些讨论. 在本节中我们只将根据周培源的观点来处理一个简单宇宙模型的哈勃红移①问题,作为上两节关于光的发射和传播中引力效应的应用的一个例子.

为构造一个简单的宇宙模型,我们作如下的基本简化假设,即所谓的宇宙学原理. 我们从地球看天空,星的物质分布近似是各向同性的. 再假设从别的星球看天空也是这样. 那么大尺度平均的物质分布一定是均匀的. 因为,如果某处物质较多,在其附近便应看出朝该处方向比朝其他方向有所不同. 对各向同性又均匀的物质分布,我们朴素地取如下的简单的引力势

$$g_{00}=D(t),\quad g_{11}=g_{22}=g_{33}=-A(t),\quad \text{其他 } g_{\mu\nu}=0;$$

相应的爱因斯坦引力场方程为

$$R_0^0-\frac{1}{2}R=-\frac{3}{4}\frac{\dot{A}^2}{A^2D}=-8\pi GT_0^0,$$

$$\begin{aligned}R_1^1-\frac{1}{2}R&=R_2^2-\frac{1}{2}R=R_3^3-\frac{1}{2}R\\&=-\frac{\ddot{A}}{AD}+\frac{1}{4}\frac{\dot{A}^2}{A^2D}+\frac{1}{2}\frac{\dot{A}\dot{D}}{AD^2}\\&=-8\pi GT_1^1=-8\pi GT_2^2=-8\pi GT_3^3,\end{aligned}$$

$$0=R_\mu{}^\nu=-8\pi GT_\mu{}^\nu\quad(\mu\neq\nu).$$

为简单起见,作为爱因斯坦引力场方程右侧的引力源我们这里只采用简单物质连续分布的广义能量动量张量 $T_{(\mathrm{m})\mu}{}^\nu=\rho v_\mu v^\nu$(参见14.3.2小节之1段). 为满足非对角的爱因斯坦引力场方程,流体必须是静止的.(我们还可以包括各向同性的叠加

① E. P. Hubble, *Proc. Nat. Acad. Sci. US.*, **15**(1929), 169; *Red-shift in the spectra of nebulae*(Halley Lecture), Clarendon, Oxford, 1934.

的电磁波作引力源,如黑体辐射,请见习题 14.10,这里暂不考虑.)

爱因斯坦引力场方程组是不独立的,其有解条件为

$$T_{0;\nu}^{\nu} = \dot{T}_0^0 + \frac{3}{2}(T_0^0 - T_1^1)\frac{\dot{A}}{A} = 0.$$

我们忽略了内能 ε 和压强 $p = -T_1^1 = -T_2^2 = -T_3^3$,这时有 $T_1^1 = 0$,而上式即给

$$T_0^0 = p^0 A^{-3/2};$$

这常量 p^0 即是守恒的均匀的物质密度(参见第 14.3 节中定义和物质守恒的连续方程,注意对静止的物质分布有 $v^0\sqrt{g_{00}} = 1$).对于这个简单的宇宙模型,我们只有一个独立的引力场方程,但有两个变量,D 和 A,所以可容纳一个谐和条件.

为讨论哈勃红移,我们将考虑从发射处 S(坐标为 $x_S^1 x_S^2 x_S^3$)在 $x_S^0 = t_S$ 时刻发出的某特定(比如氢)原子跃迁的光,在 $x_O^0 = t_O$ 时刻到达接收处 O(坐标为 $x_O^1 x_O^2 x_O^3$),其波长与接收处在那时刻的比较光的波长长了多少.用($G=0$)标识不计引力效应的量,则计及引力效应,在 t_S 时刻发射的光的频率为(根据 14.7 节)

$$\omega_S = \sqrt{D(t_S)}\,\omega(G=0);$$

而发射时的波长为(根据 14.6 节,用那时的光速除以频率)

$$\lambda_S = \frac{\sqrt{D(t_S)/A(t_S)}}{\omega_S} = \frac{1}{\sqrt{A(t_S)}}\lambda(G=0).$$

注意我们讨论的这个简单宇宙模型的引力势是均匀的,又各向同性.根据 14.6 节,光在传播时,三维的波矢不变,波长也不变.所以,在 T_O 时刻到达 O 处由 S 处发来的光,其波长仍保持原来发射时的数值即仍为 λ_S,而这时接收处发出的比较波长则为(注意时间晚了一些,$t_O > t_S$)

$$\lambda_O = \frac{1}{\sqrt{A(t_O)}}\lambda(G=0).$$

定义红移参量为

$$z \equiv \frac{\lambda_S - \lambda_O}{\lambda_O},$$

则

$$\frac{1}{z+1} = \frac{\lambda_O}{\lambda_S} = \frac{\sqrt{A(t_S)}}{\sqrt{A(t_O)}} = \alpha_S.$$

如果光行距离或时间不大,容易见有线性关系

$$z = \frac{\sqrt{A(t_O)} - \sqrt{A(t_S)}}{\sqrt{A(t_S)}} = \frac{(\sqrt{A})^{\bullet}\,(t_O - t_S)}{\sqrt{A}} = \frac{(\sqrt{A})^{\bullet}}{\sqrt{D}}r,$$

这里 r 为光发射处与接收处位置(注意在这模型中发射处和接收处的物质都是静止的)间的几何距离.上述线性关系对于不同距离不同时间发射来的但被近似同时

接收的光波成立,天文观测的确发现这样的红移距离比例关系.根据上面的简单宇宙模型,这比例系数应是下列函数在现在时间的值

$$F=(\sqrt{A})^{\bullet}/\sqrt{D}=\dot{A}/(2\sqrt{AD}).$$

利用这函数可以将引力场方程写为

$$F^2=\dot{A}^2/(4AD)=(8\pi G/3)p^0A^{-1/2}.$$

开平方取正号(不取负号这点是根据天文观测是红移,红移参量为正值),我们得这个简单模型中的哈勃常数的理论值公式

$$F(t_O)=\sqrt{\frac{8\pi G}{3}p^0A(t_O)^{-1/2}}.$$

只要上面这简单模型能用(即物质为主且压强可忽略),并且假定牛顿引力常量不变.(对于宇宙论,这是个假设,比如狄拉克就提出过另外的大数假设,其中牛顿引力常量随时间缓变.)我们还能导出适用范围更大些的红移距离关系式,在光行距离的积分式中,我们利用引力场方程作变量变换

$$F=F(t_O)\alpha^{-1/2}\left(\alpha\equiv\frac{\sqrt{A}}{\sqrt{A(t_O)}}\right),\quad F=\sqrt{A(t_O)}\,\frac{\dot{\alpha}}{\sqrt{D}};$$

得

$$F(t_O)r=F(t_O)\int_{t_S}^{t_O}\mathrm{d}t\sqrt{\frac{D}{A}}=\int_{\alpha_S}^{\alpha_O}\frac{\mathrm{d}\alpha}{\alpha^{1/2}}$$

$$=2(1-\alpha_S^{1/2})=2\left(1-\frac{1}{\sqrt{1+z}}\right).$$

这式表明用线性关系从红移参量推算距离可以失之偏高.

通常从物理几何化的观点讨论宇宙论时,采用罗伯逊-沃克度规[①][②],而我们讨论的简单宇宙模型就是罗伯逊-沃克度规中$k=0$的那种(参考温伯格书),不过换了个时间坐标.

对$k=0$这种度规,通过视差测量的距离与那时的固有距离$d_{固有}=\sqrt{A(t_O)}r$相等,所以上式左侧又可用固有距离表示为$F(t_O)r=H(t_O)d_{固有}$,这里的系数称为哈勃常数:

$$H(t_O)=F(t_O)\Big/\sqrt{A(t_O)}=\sqrt{\frac{8\pi G}{3}p^0A(t_O)^{-3/2}}=\sqrt{\frac{8\pi G}{3}\rho_m(t_O)}.$$

上面的大尺度平均的简单模型的确给哈勃红移一种引力解释,但这与物质分布集中在远距离分立的星系的实际情况还是有差别的,这差别对红移的细致影响

① H. P. Robertson, *Phil. Mag.*, **5**(1928), 835; *Rev. Mod. Phys.*, **5**(1933), 62.

② A. G. Walker, *Quart. J. Math. Oxford*, ser. **6**(1935), 81; *Proc. London Math. Soc.*, **42**(1936), 169.

则尚有待研究.

我们提醒,虽然采用谐和条件为物理条件,运动学的背景时空为闵可夫斯基时空,但观测量仍须按广义相对论的方程来定义或计算. 比如,守恒的物质连续分布的密度,严格说来,是 p^0 而不是 ρ. 就这点讲,与物理几何化是一样的. 不同之处是,采用周培源的观点,对一些过程的物理意义可作更细致的分析,比如引力红移可分解为发射时的效应和传播中的效应. 分别可用相应的理论物理方法(如量子力学和几何光学)处理. 广义协变原理在这里起重要作用,决定了引力场与其他场,比如电磁场或电子场的耦合. 在本书中,我们强调了理论物理的统一性而采用了周培源的观点,避免了在黎曼时空中引入一些独立的假设. 反过来看也可以说,我们给这些假设补充了一些证明,但这些证明是近似的,忽略了引力势在微观尺度中的变化. 就本章中所讨论的几个问题而言,两种观点都能解释迄今的观察或实验结果. 至于这两种观点究竟有无实质性差别,则有待于更多的讨论和更精确的观察或实验. 由于引力作用非常的弱,引力效应很小,观察或实验结果不多,所以这章的可靠程度比本书其他各章要差些. 特别关于宇宙论,牵涉到物理规律和常数有否演化问题,由于科学实践所限,其可靠程度当然更差.

习　题

14.1　张量代数. 张量的定义为在同一场点处,考虑广义坐标变换,其新旧坐标系中的分量间满足齐次线性关系(见下示范例). 注意求和约定,即对两次出现的指标隐含对该指标的所有取值求和. 这样的傀标可以换字母,但要避免引致混淆. 又注意新分量是该场点新坐标的函数,而旧分量是该同一场点旧坐标的函数,这点不明显标明. 坐标变换在该场点是非奇异变换,因而可逆.

协变一阶张量(简称协变矢量)

$$A'_\alpha = A_\mu \frac{\partial x^\mu}{\partial x'^\alpha},$$

反变一阶张量(简称反变矢量)

$$v'^\beta = v^\nu \frac{\partial x'^\beta}{\partial x^\nu},$$

协变二阶张量

$$g'_{\alpha\beta} = g_{\mu\nu} \frac{\partial x^\mu}{\partial x'^\alpha} \frac{\partial x^\nu}{\partial x'^\beta},$$

反变二阶张量

$$T'^{\alpha\beta} = T^{\mu\nu} \frac{\partial x'^\alpha}{\partial x^\mu} \frac{\partial x'^\beta}{\partial x^\nu},$$

协变一阶反变一阶的混变二阶张量

$$N'^{\ \beta}_{\alpha} = N_{\mu}^{\ \nu} \frac{\partial x^{\mu}}{\partial x'^{\alpha}} \frac{\partial x'^{\beta}}{\partial x^{\nu}},$$

协变三阶反变一阶的混变四阶张量

$$R'^{\varepsilon}_{\ \alpha\beta\gamma} = R^{\rho}_{\ \lambda\mu\nu} \frac{\partial x'^{\varepsilon}}{\partial x^{\rho}} \frac{\partial x^{\lambda}}{\partial x'^{\alpha}} \frac{\partial x^{\mu}}{\partial x'^{\beta}} \frac{\partial x^{\nu}}{\partial x'^{\gamma}},$$

零阶张量(简称标量)

$$L' = L$$

等.张量指标排列有序,可以有对称性.张量可以相乘,乘积张量的协变(反变)阶数为因子张量的协变(反变)阶数之和.对混变张量有相同上下指标时可缩乘.相乘后缩并简称缩乘.缩并一次,张量的协变阶数和反变阶数各减少一阶.零阶张量又简称为标量.张量相加减则只能在相等的反变阶数并相等的协变阶数的张量中进行,得到的张量阶数不变.各阶都有所有分量为零的零张量.举例如下:

$$g_{\mu\nu} = g_{\nu\mu}, \quad F_{\mu\nu} + F_{\nu\mu} = 0,$$
$$T^{\mu\nu} = \rho v^{\mu} v^{\nu}, \quad g_{\mu\nu} v^{\mu} v^{\nu} = 1,$$
$$4\pi T_{(\mathrm{em})\mu}^{\ \ \ \ \nu} = - F_{\mu\alpha} F^{\nu\alpha} + \frac{1}{4} F_{\beta\alpha} F^{\beta\alpha} \delta_{\mu}^{\ \nu},$$
$$T_{(\mathrm{em})\mu}^{\ \ \ \ \mu} = 0, \quad T_{\nu}^{\ \nu} = \rho.$$

14.2　由如下关系定义

$$g_{\mu\nu} g^{\sigma\nu} = \delta_{\mu}^{\ \sigma} = \begin{cases} 1 & (\mu = \sigma), \\ 0 & (\mu \neq \sigma); \end{cases}$$

先证明上式右侧为张量,再证左侧两因子中,如一因子为对称张量,则另一因子也为对称张量.又令 g 为 $g_{\mu\nu}$ 的行列式,并缩写四维的普通积分元为

$$\mathrm{d}x^0 \mathrm{d}x^1 \mathrm{d}x^2 \mathrm{d}x^3 = \mathrm{d}^4 x,$$

则有

$$\sqrt{-g}\,\mathrm{d}^4 x = \sqrt{-g'}\,\mathrm{d}^4 x';$$

这在广义坐标变换时不变,我们称之为标量积分元.

14.3　从对称张量 $g_{\mu\nu}$ 可定义其克里斯托费尔符号如下:

$$\Gamma^{\sigma}_{\mu\nu} = g^{\sigma\lambda} \frac{1}{2} (g_{\lambda\mu,\nu} + g_{\lambda\nu,\mu} - g_{\mu\nu,\lambda}),$$

其中 $g^{\sigma\lambda}$ 如上面习题 14.2 所定义,而逗号后带指标表示普通偏导数.求证,当对 $g_{\mu\nu}$ 变分时,克里斯托费尔符号的变分是张量.提示:将 $g'_{\alpha\beta}$ 与 $g_{\mu\nu}$ 的线性关系式求导数并适当组合,得下式

$$\Gamma'^{\gamma}_{\alpha\beta} \frac{\partial x^{\sigma}}{\partial y'^{\gamma}} - \Gamma^{\sigma}_{\mu\nu} \frac{\partial x^{\mu}}{\partial x'^{\alpha}} \frac{\partial x^{\nu}}{\partial x'^{\beta}} = \frac{\partial^2 x^{\sigma}}{\partial x'^{\alpha} \partial x'^{\beta}}.$$

14.4 协变导数.求证,用分号后带指标表示的协变导数(定义见下示范例)为张量,其协变阶数增加一阶.并验证对乘积的逐个因子求导数的公式,在协变导数中同样适用.标量的普通导数与其协变导数相同.提示:对新旧分量间的关系式求导数并利用习题 14.3 中公式.

$$v^{\mu}{}_{;\nu} = v^{\mu}{}_{,\nu} + \Gamma^{\mu}_{\lambda\nu} v^{\lambda},$$
$$A_{\mu;\nu} = A_{\mu,\nu} - \Gamma^{\lambda}_{\mu\nu} A_{\lambda},$$
$$T^{\lambda\mu}{}_{;\nu} = T^{\lambda\mu}{}_{,\nu} + \Gamma^{\lambda}_{\sigma\nu} T^{\sigma\mu} + \Gamma^{\mu}_{\sigma\nu} T^{\lambda\sigma},$$
$$F_{\mu\nu;\lambda} = F_{\mu\nu,\lambda} - \Gamma^{\sigma}_{\mu\lambda} F_{\sigma\nu} - \Gamma^{\sigma}_{\nu\lambda} F_{\mu\sigma},$$
$$(A_{\mu} v^{\nu})_{;\lambda} = A_{\mu;\lambda} v^{\nu} + A_{\mu} v^{\nu}{}_{;\lambda},$$
$$R_{;\mu} = R_{,\mu}.$$

14.5 验证:如 $g_{\mu\nu}$ 为克里斯托费尔符号所根据的对称张量,则有

$$g_{\mu\nu;\sigma} = 0, \quad g^{\nu\lambda}{}_{;\sigma} = 0.$$

因此 $g_{\mu\nu}$ 或 $g^{\mu\nu}$ 可任意拉进或拉出表示协变导数的分号.

14.6 协变散度.验证下列常见公式

反变矢量的协变散度:

$$A^{\mu}{}_{;\mu} = \frac{1}{\sqrt{-g}} (A^{\mu} \sqrt{-g})_{,\mu}.$$

提示:克里斯托费尔符号的缩并为

$$\Gamma^{\mu}_{\lambda\mu} = \frac{1}{2} g^{\mu\nu} g_{\mu\nu,\lambda} = (\ln \sqrt{-g})_{,\lambda}.$$

反变反对称张量的协变散度:

$$F^{\mu\nu}{}_{;\nu} = \frac{1}{\sqrt{-g}} (F^{\mu\nu} \sqrt{-g})_{,\nu}.$$

混变二阶张量的协变散度:

$$N_{\mu}{}^{\nu}{}_{;\nu} = \frac{1}{\sqrt{-g}} (N_{\mu}{}^{\nu} \sqrt{-g})_{,\nu} - \Gamma^{\sigma}_{\mu\nu} N_{\sigma}{}^{\nu}.$$

最后一式常用于 $g^{\lambda\sigma} N_{\sigma}{}^{\nu} = N^{\lambda\nu}$ 为对称张量情况,这时上式化为

$$N_{\mu}{}^{\nu}{}_{;\nu} = \frac{1}{\sqrt{-g}} (N_{\mu}{}^{\nu} \sqrt{-g})_{,\nu} - \frac{1}{2} N^{\lambda\nu} g_{\lambda\nu,\mu}.$$

14.7 缩写二次导数如下,即对普通导数或对协变导数分别用撇号或用分号后带两个有序的附标,如

$$A_{\lambda;\mu\nu} = (A_{\lambda;\mu})_{;\nu}, \quad A_{\lambda,\mu\nu} = (A_{\lambda,\mu})_{,\nu}.$$

验证,对于任意协变矢量 A_{λ},普通导数的 $A_{\lambda,\mu\nu} - A_{\lambda,\nu\mu} = 0$ 与下式等价

$$A_{\lambda;\mu\nu} - A_{\lambda;\nu\mu} = A_{\rho} R^{\rho}{}_{\lambda\mu\nu};$$

其中

$$R^{\rho}{}_{\lambda\mu\nu} = \Gamma^{\rho}_{\lambda\nu,\mu} - \Gamma^{\rho}_{\lambda\mu,\nu} + \Gamma^{\alpha}_{\lambda\nu}\Gamma^{\rho}_{\alpha\mu} - \Gamma^{\alpha}_{\lambda\mu}\Gamma^{\rho}_{\alpha\nu}$$

为张量，这张量的缩并则为对称张量(注意习题14.6中提示)

$$R_{\lambda\mu} = R^{\beta}{}_{\lambda\mu\beta} = \Gamma^{\beta}_{\lambda\beta,\mu} - \Gamma^{\beta}_{\lambda\mu,\beta} + \Gamma^{\alpha}_{\lambda\beta}\Gamma^{\beta}_{\alpha\mu} - \Gamma^{\alpha}_{\lambda\mu}\Gamma^{\beta}_{\alpha\beta}.$$

再与 $g^{\lambda\mu}$ 缩乘得标量

$$R = g^{\lambda\mu}R_{\lambda\mu}.$$

在这些量中出现的各项，或含 $g_{\mu\nu}$ 的二阶导数一次，或含其一阶导数二次，还有 $g^{\mu\nu}$ 出现在系数中. 提示：从

$$g_{\mu\nu}g^{\nu\sigma} = \sigma_{\mu}{}^{\sigma}$$

求导数得

$$g^{\rho\sigma}{}_{,\lambda} = -g^{\rho\mu}g^{\sigma\nu}g_{\mu\nu,\lambda}.$$

14.8　采用谐和条件求解地球表面处径向光速与切向光速之差，假设地球的物质分布是静止的球对称的. 提示：需要算到 G 的二次方级. 引力势和谐和条件已见14.5节. 这里补写其相应的引力场方程，物质源用理想流体的. 经计算①得

$$-8\pi GT_{0}{}^{0}r^2 = -\frac{1}{X^2} + \frac{1}{Y^2} + \frac{1}{Y^2}\left[\frac{2(2+D)DX}{X} - \frac{2DY}{Y} + \frac{DX}{X}\left(\frac{DX}{X} - \frac{2DY}{Y}\right)\right],$$

$$-8\pi GT_{r}{}^{r}r^2 = -\frac{1}{X^2} + \frac{1}{Y^2} + \frac{1}{Y^2}\left[\frac{2DX}{X} + \frac{2DZ}{Z} + \frac{DX}{X}\left(\frac{DX}{X} + \frac{2DZ}{Z}\right)\right],$$

$$-8\pi GT_{\theta}{}^{\theta}r^2 = \frac{1}{Y^2}\left[\frac{D(1+D)X}{X} - \frac{DY}{Y} + \frac{D^2Z}{Z} - \frac{DY}{Y}\left(\frac{DX}{X} + \frac{DZ}{Z}\right) + \frac{DX}{X}\frac{DZ}{Z}\right].$$

在物质分布以外即 $r>r_0$，源项为零. 这时取新变量(标准坐标)

$$r' = rX,$$

不难从前两式(理解 r 为标准坐标时则令 X 等于1)相减得

$$D'(YZ) = 0,\quad 故\quad YZ = 常数 = 1,$$

常数由无穷远边界条件定解为1，代入第三式得

$$D'(1+D')Z^2 = r'^2\,\nabla'^2 Z^2 = 0,$$

其定解为(施瓦氏(K. Schwarzschild)解，m 为一积分常量)

$$Z^2 = 1 - \frac{2Gm}{r'} = Y^{-2}.$$

按14.5节，如令 r 为谐和坐标的径向坐标，虽然我们得到 r 为 r' 的函数表达式，但反解则只能得 r' 为 r 的无穷级数表达式. 在物质内部有源项，在标准坐标系中也难得明显的函数表达，何况还要反解. 所以一开始便内外都用级数展开求解更方便. 界面上要求的连续条件，从三个方程中出现的最高阶导数为 Z 的二阶，及 Y 的一阶和 X 的二阶，所以共有五个连续条件，即 Z 与 DZ 及 Y 和 X 与 DX 皆分别连续.

① 有Dingle公式可代，见托尔曼书，R. C. Tolman, *Relativity, Thermodynamics and Cosmology*, pp. 253—257, Oxford, 1934.

这五个条件是独立的，而从谐和条件方程得知 DY 也连续则为其后果. 具体步骤可先由后两式相减消去 $T_r{}^r = T_\theta{}^\theta$ 得右侧为 0 的另一式. 这样，我们共有三式来定引力势中三个变量 $X(r), Y(r), Z(r)$，其右侧只出现 $T_0{}^0$ 源乘以因子 G，然后将两侧都对 G 作级数展开，

$$X = \overset{(0)}{X} + \overset{(1)}{X} + \overset{(2)}{X} + \cdots, \cdots,$$

$$T_0{}^0 = \overset{(0)}{T}_0{}^0 + \overset{(1)}{T}_0{}^0 + \cdots, T_1{}^1 = \overset{(1)}{T}_1{}^1 + \cdots;$$

并注意零级解显然是

$$\overset{(0)}{X} = \overset{(0)}{Y} = \text{常数} = 1, \quad \overset{(0)}{Z} = \text{常数} = 1.$$

而这些常数由无穷远边界条件都定解为 1. 这是零引力情形. 一级近似时，三个方程的左侧只出现下列线性部分（三个方程可以合写为矩阵形式，见下），右侧由于有因子 G，所以出现源的零级近似量，而这在解一级近似方程时是认为已知. 一级引力势的定解条件为在原点有限，在无穷远为零，及在界面上满足前面五个独立连续条件. 结果定出的一级引力势（见第 14.5 节）的径向和切向分量相等，不引起光速有差别. 从引力方程的有解条件即物质平衡方程

$$rT_{r\,;\nu}{}^\nu = DT_r{}^r + (T_r{}^r - T_0{}^0)\frac{DZ}{Z} = 0$$

$$(T_r{}^r = T_\theta{}^\theta = T_\varphi{}^\varphi = -p, T_0{}^0 = \rho + \rho\varepsilon);$$

可积分求解物质内部的一级近似的压强，其定解条件为在物质外部边界上压强为零. 再用物态方程求出源 $T_0{}^0$ 的一级近似量（顺便我们注意到内能项是从二级量开始，到一级近似时尚不计入），

$$\overset{(1)}{p} = \int_{r_0}^{r} \overset{(0)}{\rho}\, \mathrm{d}U,$$

$$\overset{(1)}{T}_0{}^0 = \left(\frac{\partial \rho}{\partial p}\right)\overset{(1)}{p},$$

$$\overset{(1)}{Z} = -U;$$

为求二级引力势用. 二级近似时，定引力势的三个方程的左侧仍保留同样形式的线性部分，其非线性部分为一级引力势的二次式，则是已知，可移项到右侧作等效源，只有这部分引起引力势径向与切向有差别，而本来左侧的那部分源，在二级近似时引起径向和切向引力势的变化则相等. 我们给出一级和二级近似方程

$$\begin{bmatrix} 2+D, & -2-\frac{1}{2}D & \frac{1}{2}D \\ (2-D)(1+D), & -2+D, & (2-D)D \\ 2(1+D)^2, & -2(1+D), & 0 \end{bmatrix} \begin{bmatrix} \overset{(1)}{X} \\ \overset{(1)}{Y} \\ \overset{(1)}{Z} \end{bmatrix} = \begin{bmatrix} 0 \\ 0 \\ -8\pi G\overset{(0)}{T}_0{}^0 r^2 \end{bmatrix},$$

$$\begin{bmatrix}\text{矩阵}\\\text{同上}\end{bmatrix}\begin{bmatrix}\overset{(2)}{X}\\\overset{(2)}{Y}\\\overset{(2)}{Z}\end{bmatrix}=\begin{bmatrix}UDU\\2U(2-D)DU\\6U(1+D)DU+(DU)^2\end{bmatrix}+\begin{bmatrix}0\\0\\-8\pi G\overset{(1)}{T}{}_0{}^0r^2\end{bmatrix}.$$

一级近似的解为 $\overset{(1)}{X}=\overset{(1)}{Y}=-\overset{(1)}{Z}=U$ 而 U 即密度为 $\overset{(0)}{T}{}_0{}^0$ 的牛顿引力势. 下面就这儿出现的线性微分方程组的定解问题作些提示. 注意 r^n 为算符 D 的本征函数,其本征值即为 n. 容易计算矩阵的行列式为五次式和其根及齐次矩阵方程的本征矢量如下:

$$r^0\begin{bmatrix}1\\1\\0\end{bmatrix},\quad r^0\begin{bmatrix}0\\0\\1\end{bmatrix},\quad r^2\begin{bmatrix}1\\3\\5\end{bmatrix},\quad r^{-1}\begin{bmatrix}1\\1\\-1\end{bmatrix},\quad r^{-3}\begin{bmatrix}1\\-2\\0\end{bmatrix}.$$

对矩阵方程右侧的每一个幂项容易计算其相应的特解,左侧算符矩阵化为数值矩阵. 如只有一个分界面,则将上面五个齐次方程的解分别乘以不同的待定系数后,将三个本征值非负者分配给内区以满足在原点有限而将两个本征值为负者分配给外区以满足在无穷远处为零. 上述五个连续条件即定解这五个待定系数. 如有两个分界面,增加一个中间区并增加齐次方程的五个解和五个待定系数. 两个界面的十个连续条件恰好定解这十个系数.

14.9 用引力趋于零的作法求狄拉克场的能量动量密度张量. 提示:将 14.7 节中有引力时的反对易关系变分,注意非对易量的位置

$$G^\mu(\delta G^\nu)+G^\nu(\delta G^\mu)+(\delta G^\mu)G^\nu+(\delta G^\nu)G^\mu=2\delta g^{\mu\nu}.$$

将此处右侧改写为

$$2\delta g^{\mu\nu}=-\frac{1}{2}(G^\mu G^\alpha+G^\alpha G^\mu)g^{\nu\beta}\delta g_{\alpha\beta}-\frac{1}{2}g^{\mu\alpha}(G^\nu G^\beta+G^\beta G^\nu)\delta g_{\alpha\beta},$$

与左侧比较可见,由于引力势的变化产生的有引力的伽马矩阵变化为

$$\delta G^\nu=-\frac{1}{2}G^\alpha g^{\nu\beta}\delta g_{\alpha\beta}=-\frac{1}{4}(G^\alpha g^{\nu\beta}+G^\beta g^{\nu\alpha})\delta g_{\alpha\beta};$$

从而得偏导数(注意必然对引力势附标对称)

$$\frac{\partial G^\nu}{\partial g_{\alpha\beta}}=-\frac{1}{4}(G^\alpha g^{\nu\beta}+G^\beta g^{\nu\alpha}).$$

按定义作对引力势的变分,从 14.7 节的作用量得

$$T_{\rm D}^{\alpha\beta}=\begin{matrix}\frac{1}{4}\bar\phi(G^\alpha g^{\mu\beta}+G^\beta g^{\mu\alpha})\left(\mathrm{i}\hbar\frac{\partial}{\partial x^\mu}+eA_\mu\right)\psi\\+\frac{1}{4}\left(-\mathrm{i}\hbar\frac{\partial}{\partial x^\mu}+eA_\mu\right)\bar\phi\cdot(G^\alpha g^{\mu\beta}+G^\beta g^{\mu\alpha})\psi\end{matrix}-\mathscr{L}_{\rm D}g^{\alpha\beta}.$$

从有引力的狄拉克方程和其伴随方程分别左乘以 ϕ 和右乘以 ψ 而相加,容易见上

式最后项为零. 现在再令引力趋于零,即令 $g^{\mu\nu}\to\eta^{\mu\nu}$ 和 $G^{\mu}\to\gamma^{\mu}$,便得狄拉克场的能量动量密度的表达式. 这与狭义相对论中从要求满足守恒恒等式而得到的相同①.

14.10 在第 14.8 节的简单宇宙模型中,除物质源外尚计及各向同性的电磁波源时,求其对红移距离关系的影响.

提示:用≪≫表示对各向同性的电磁波的叠加或平均,则由对称知

$$\ll T_{1(\mathrm{em})}^{\ 1}\gg=\ll T_{2(\mathrm{em})}^{\ 2}\gg=\ll T_{3(\mathrm{em})}^{\ 3}\gg=-p_{\mathrm{r}},$$

$$\ll T_{0(\mathrm{em})}^{\ 0}\gg=\rho_{\mathrm{r}},\quad 其他\ll T_{\mu(\mathrm{em})}^{\ \nu}\gg=0\quad(\mu\neq\nu).$$

从 $T_{\mu(\mathrm{em})}^{\ \nu}$ 的缩并为零和协变散度为零得

$$p_{\mathrm{r}}=\frac{1}{3}\rho_{\mathrm{r}},\dot{\rho}_{\mathrm{r}}+\frac{3}{2}(\rho_{\mathrm{r}}+p_{\mathrm{r}})\frac{\dot{A}}{A}=0,故\ \rho_{\mathrm{r}}A^2=常量.$$

令现在的辐射与物质的能量比值为 $\eta(t_0)$,则有红移距离关系

$$z/r=\sqrt{\frac{8\pi G}{3}p^0A(t_0)^{-1/2}}\ \sqrt{1+\eta(t_0)}=H(t_{\mathrm{O}})\ \sqrt{1+\eta(t_{\mathrm{O}})},$$

和更大范围的红移距离公式

$$H(t_{\mathrm{O}})r=2\left\{\sqrt{1+\eta(t_{\mathrm{O}})}-\sqrt{\frac{1}{1+z}+\eta(t_{\mathrm{O}})}\right\};$$

现在的 $\eta(t_{\mathrm{O}})$ 值很小,电磁辐射影响很小可忽略. 但有

$$\eta(t)=\frac{\rho_{\mathrm{r}}(t)}{\rho_{\mathrm{m}}(t)}=\eta(t_{\mathrm{O}})\alpha^{-1},\quad \alpha=\frac{\sqrt{A(t)}}{\sqrt{A(t_{\mathrm{O}})}};$$

可见,足够早时 α 有足够的小,使得物质为主的宇宙转化为辐射为主的宇宙. 对黑体辐射,其压强正比于其温度的四次方,所以有

$$T_{\mathrm{r}}(t)\ \sqrt{A(t)}=常量;$$

这辐射可以测量到,称为背景辐射.

---

① 参考 W. Pauli, Die Allgemeinen Prinzipen der Wellen Mechanik(波动力学的普遍原理), in *Handbuch der Physik*(Geiger-Scheels), XXIV/1, 2nd. ed., (1933), § 21.

附录　常用物理量单位和物理常量

(一) 常用物理量单位[①②]

表 1　SI[a] 基本单位[b]

量的名称	单位名称		符号
	汉文	英文	
长度	米	metre	m
质量	千克,公斤	kilogram	kg
时间	秒	second	s
电流	安[培]	ampere	A
热力学温度	开[尔文]	kelvin	K
物质的量	摩[尔]	mole	mol
发光强度	坎[德拉]	candela	cd

a　SI 是国际单位制的法文(Le système International d'Unités)缩写. 国际单位制及其法文缩写于 1960 年在第 11 届国际计量大会(CGPM)通过.

b　SI 基本单位的定义如下:

1. 米等于光在真空中在时间间隔为 1/299 792 458 秒所传播的长度. (1983 年第十七届国际计量大会, 决议 1.)

2. 千克是质量单位,它等于国际千克原器的质量. (1889 年第一届国际计量大会和 1901 年第三届国际计量大会.)

3. 秒是与铯 133 原子基态两个超精细能级间跃迁相对应的辐射的 9 192 631 770 个周期的持续时间. (1967 年第十三届国际计量大会,决议 1.)

4. 安培是一恒定电流,它若保持在处于真空中相距一米的两无限长而圆截面可忽略的平行直导线内,则在该两导线之间每米长度上产生的力等于 2×10^{-7} 牛顿. (1984 年第九届国际计量大会,决议 2 和 7.)

5. 热力学温度单位开尔文是水三相点的热力学温度的 1/273.16(1967 年第十三届国际计量大会,决议 4.)

除热力学温度(符号 T)以外,还有使用下列方程式定义的摄氏温度(符号 t)

$$t = T - T_0$$

式中 $T_0=273.15$ K. 摄氏温度用摄氏度(符号℃)表示.

6. 摩尔是这样一个系统的物质的量,该系统中所包含的基元实体数,与 0.012 千克的碳 12 的原子数目相等. (1971 年第十四届国际计量大会,决议 3.)

7. 坎德拉是在一给定方向上发射频率为 540×10^{12} 赫兹的单色辐射,且在此方向上具有(1/683)瓦每球面度的辐射强度的光源的发光强度. (1979 年第十六届国际计量大会,决议 3.)

---

① 引自:全国自然科学名词审定委员会公布出版的《物理学名词》,科学出版社,1996;250—252 页.

② 基本单位定义转引自:国际纯粹物理与应用物理联合会(IUPAP)下属符号、单位、术语、原子质量和基本常量委员会(SUNAMCO)制定的《物理学中的符号、单位、术语和基本常量》,王学英译,科学出版社,1992;20—22 页.

表 2　SI 词头

因数	词头名称		符号
	英文	汉文	
10^{24}	yotta	尧[它]	Y
10^{21}	zetta	泽[它]	Z
10^{18}	exa	艾[可萨]	E
10^{15}	peta	拍[它]	P
10^{12}	tera	太[拉]	T
10^{9}	giga	吉[咖]	G
10^{6}	mega	兆	M
10^{3}	kilo	千	k
10^{2}	hecto	百	h
10^{1}	deca	十	da
10^{-1}	deci	分	d
10^{-2}	centi	厘	c
10^{-3}	milli	毫	m
10^{-6}	micro	微	μ
10^{-9}	nano	纳[诺]	n
10^{-12}	pico	皮[可]	p
10^{-15}	femto	飞[母托]	f
10^{-18}	atto	阿[托]	a
10^{-21}	zepto	仄[普托]	z
10^{-24}	yocto	幺[科托]	y

表 3　具有专门名称的 SI 导出单位

量的名称	SI 导出单位			
	单位名称		符号	由基本单位或其他 SI 单位表示的关系式
	汉文	英文		
[平面]角	弧度	radian	rad	$1\ \mathrm{rad}=1\ \mathrm{m/m}=1$
立体角	球面度	steradian	sr	$1\ \mathrm{sr}=1\ \mathrm{m^2/m^2}=1$
频率	赫[兹]	hertz	Hz	$1\ \mathrm{Hz}=1\ \mathrm{s^{-1}}$
力	牛[顿]	newton	N	$1\ \mathrm{N}=1\ \mathrm{kgm/s^2}$
压强	帕[斯卡]	pascal	Pa	$1\ \mathrm{Pa}=1\ \mathrm{N/m^2}$
能[量],功,热量	焦[耳]	joule	J	$1\ \mathrm{J}=1\ \mathrm{Nm}$
功率,辐射[能]通量	瓦[特]	watt	W	$1\ \mathrm{W}=1\ \mathrm{J/s}$
电量,电荷	库[仑]	coulomb	C	$1\ \mathrm{C}=1\ \mathrm{As}$
电势,电势差,电压,电动势	伏[特]	volt	V	$1\ \mathrm{V}=1\ \mathrm{W/A}$
电容	法[拉]	farad	F	$1\ \mathrm{F}=1\ \mathrm{C/V}$

（续表）

量的名称	SI 导出单位			
	单位名称		符号	由基本单位或其他 SI 单位表示的关系式
	汉文	英文		
电阻	欧[姆]	ohm	Ω	1 Ω=1 V/A
电导	西[门子]	siemens	S	$1\ \mathrm{S}=1\ \Omega^{-1}$
磁通[量]	韦[伯]	weber	Wb	1 Wb=1 Vs
磁通[量]密度	特[斯拉]	tesla	T	$1\ \mathrm{T}=1\ \mathrm{Wb/m^2}$
电感	亨[利]	henry	H	1 H=1 Wb/A
摄氏温度	摄氏度	degree Celsius	℃	1 ℃=1 K
光通量	流[明]	lumen	lm[a]	1 lm=1 cdsr
[光]照度	勒[克斯]	lux	lx	$1\ \mathrm{lx}=1\ \mathrm{lm/m^2}$

a 发光强度(坎德拉)和光通量(流明)有区别，光通量多球面度 sr.

表 4 非 SI 单位

量的名称	单位			
	单位名称		符号	定义
	汉文	英文		
[平面]角	度*	degree	°	$1^\circ=\frac{\pi}{180}\mathrm{rad}$
	[角]分*	minute [of angle]	′	$1'=\frac{1^\circ}{60}=\frac{\pi}{10\ 800}\mathrm{rad}$
	[角]秒*	second [of agle]	″	$1''=\frac{1'}{60}=\frac{\pi}{648\ 000}\mathrm{rad}$
时间[a]	分*	minute	min	1 min=60 s
	[小]时*	hour	h	1 h=60 min=3600 s
	日*，天*	day	d	1 d=24 h=86 400 s
体积	升*	litre	L，l	$1\ \mathrm{L}=1\ \mathrm{dm^3}=10^{-3}\ \mathrm{m^3}$
质量	吨*	tonne	t	1 t=1 Mg=1 000 kg
	原子质量单位*	(unified) atomic mass unit	u	$1\ \mathrm{u}=m_{\mathrm{u}}=\frac{1}{12}m(^{12}\mathrm{C})$
能[量]	电子伏[特]*	electronvolt	eV	$1\mathrm{eV}=(e/\mathrm{C})\mathrm{J}$
长度	埃**	angstrom	Å	$1\ \text{Å}=10^{-10}\ \mathrm{m}$
截面	靶[恩]**	barn	b	$1\ \mathrm{b}=10^{-28}\ \mathrm{m^2}$
压强	巴**	bar	bar	$1\ \mathrm{bar}=10^5\ \mathrm{Pa}$
	托***	torr	Torr	1 Torr=133. 322 4 Pa
热量	卡**	calorie	cal	

a 时间单位‘年’的一般符号为 a，法文 année.

* 可与 SI 单位并用的和属于国家法定计量单位的非 SI 单位.

** 专门领域中使用的非国家法定计量单位.

*** 不推荐使用单位.

(二) 常用物理常量①

表 5 常用物理常量 2006 年推荐值

括号中的数字是在给定值的末位数字中的标准偏差不确定度.

物理量	符号	数值	单位	相对标准不确定度 u_r
真空中光速	c	299 792 458	ms^{-1}	(准确)
真空磁导率	μ_0	$4\pi\times10^{-7}$	NA^{-2}	
		$=12.566\ 370\ 614\cdots\times10^{-7}$	NA^{-2}	(准确)
真空电容率：$1/\mu_0 c^2$	ε_0	$8.854\ 187\ 817\cdots\times10^{-12}$	Fm^{-1}	(准确)
[万有]引力常量	G	$6.674\ 28(67)\times10^{-11}$	$m^3kg^{-1}s^{-2}$	1.0×10^{-4}
普朗克常量	h	$6.626\ 068\ 96(33)\times10^{-34}$	Js	5.0×10^{-8}
		$4.135\ 667\ 33(10)\times10^{-15}$	eVs	2.5×10^{-8}
$h/2\pi$	$\hbar$	$1.054\ 571\ 628(53)\times10^{-34}$	Js	5.0×10^{-8}
		$6.582\ 118\ 99(16)\times10^{-16}$	eVs	2.5×10^{-8}
[基]元电荷	e	$1.602\ 176\ 487(40)\times10^{-19}$	C	2.5×10^{-8}
	e/h	$2.417\ 989\ 454(60)\times10^{14}$	AJ^{-1}	2.5×10^{-8}
玻尔磁子：$e\hbar/2m_e$	μ_B	$927.400\ 915(23)\times10^{-26}$	JT^{-1}	2.5×10^{-8}
		$5.788\ 381\ 7555(79)\times10^{-5}$	eVT^{-1}	1.4×10^{-9}
精细结构常数：				
$e^2/4\pi\varepsilon_0\hbar c$	α	$7.297\ 352\ 5376(50)\times10^{-3}$		6.8×10^{-10}
	α^{-1}	$137.035\ 999\ 679(94)$		6.8×10^{-10}
	α^2	$5.325\ 135\ 4058(73)\times10^{-5}$		1.4×10^{-9}
里德伯常量：				
$m_e c\alpha^2/2h$	R_∞	$10\ 973\ 731.568\ 527(73)$	m^{-1}	6.6×10^{-12}
	$R_\infty c$	$3.289\ 841\ 960\ 361(22)\times10^{15}$	Hz	6.6×10^{-12}
	$R_\infty hc$	$2.179\ 871\ 97(11)\times10^{-18}$	J	5.0×10^{-8}
		$13.605\ 691\ 93(34)$	eV	2.5×10^{-8}
玻尔半径：$\alpha/4\pi R_\infty$	a_0	$0.529\ 177\ 208\ 59(36)\times10^{-10}$	m	6.8×10^{-10}
电子质量	m_e	$9.109\ 382\ 15(45)\times10^{-31}$	kg	5.0×10^{-8}
		$5.485\ 799\ 0943(23)\times10^{-4}$	u	4.2×10^{-10}
		$0.510\ 998\ 910(13)$	MeV	2.5×10^{-8}
电子质量与质子质量之比	m_e/m_p	$5.446\ 170\ 2177(24)\times10^{-4}$		4.3×10^{-10}
电子荷质比	$-e/m_e$	$-1.758\ 820\ 150(44)\times10^{11}$	Ckg^{-1}	2.5×10^{-8}

① 数据系国际科学技术数据委员会(CODATA)2006 年推荐值，引自 P. J. Mohr, B. N. Taylor and D. B. Newell 的文章，见 *Rev. Mod. Phys*, **80**(2008), 633—730.

（续表）

物理量	符号	数值	单位	相对标准不确定度 u_r
电子摩尔质量	$M(e), M_e$	$5.485\ 799\ 0943(23)\times 10^{-7}$	$kgmol^{-1}$	4.2×10^{-10}
康普顿波长：h/m_ec	λ_C	$2.426\ 310\ 2175(33)\times 10^{-12}$	m	1.4×10^{-9}
$\lambda_C/2\pi=\alpha a_0=\alpha^2/4\pi R_\infty$	$\bar{\lambda}_C$	$386.159\ 264\ 59(53)\times 10^{-15}$	m	1.4×10^{-9}
经典电子半径：$\alpha^2 a_0$	r_e	$2.817\ 940\ 2894(58)\times 10^{-15}$	m	2.1×10^{-9}
汤姆孙截面：$(8\pi/3)r_e^2$	σ_e	$0.665\ 245\ 8558(27)\times 10^{-28}$	m^2	4.1×10^{-9}
电子磁矩	μ_e	$-928.476\ 377(23)\times 10^{-26}$	JT^{-1}	2.5×10^{-8}
质子质量	m_p	$1.672\ 621\ 637(83)\times 10^{-27}$	kg	5.0×10^{-8}
		$1.007\ 276\ 466\ 77(10)$	u	1.0×10^{-10}
		$938.272\ 013(23)$	MeV	2.5×10^{-8}
质子质量与电子质量之比	m_p/m_e	$1836.152\ 672\ 47(80)$		4.3×10^{-10}
中子质量	m_n	$1.674\ 927\ 211(84)\times 10^{-27}$	kg	5.0×10^{-8}
		$1.008\ 664\ 915\ 97(43)$	u	4.3×10^{-10}
		$939.565\ 346(23)$	MeV	2.5×10^{-8}
阿伏伽德罗常量	N_A, L	$6.022\ 141\ 79(30)\times 10^{23}$	mol^{-1}	5.0×10^{-8}
原子质量常量：$\frac{1}{12}m(^{12}C)$	m_u	$1.660\ 538\ 782(83)\times 10^{-27}$	kg	5.0×10^{-8}
		$931.494\ 028(23)$	MeV	2.5×10^{-8}
法拉第常量	F	$96\ 485.3399(24)$	$Cmol^{-1}$	2.5×10^{-8}
摩尔气体常量	R	$8.314\ 472(15)$	$Jmol^{-1}K^{-1}$	1.7×10^{-6}
玻尔兹曼常量：R/N_A	k	$1.380\ 6504(24)\times 10^{-23}$	JK^{-1}	1.7×10^{-6}
		$8.617\ 343(15)\times 10^{-5}$	eVK^{-1}	1.7×10^{-6}
	k/h	$2.083\ 6644(36)\times 10^{10}$	HzK^{-1}	1.7×10^{-6}
	k/hc	$69.503\ 56(12)$	$m^{-1}K^{-1}$	1.7×10^{-6}
摩尔体积(理想气体)：RT/p　$T=273.15K$，$p=101\ 325\ Pa$	V_m	$22.413\ 996(39)\times 10^{-3}$	$m^3 mol^{-1}$	1.7×10^{-6}
洛施密特常量：N_A/V_m	n_0	$2.686\ 7774(47)\times 10^{25}$	m^{-3}	1.7×10^{-6}
斯特藩-玻尔兹曼常量：$(\pi^2/60)k^4/\hbar^3c^2$	σ	$5.670\ 400(40)\times 10^{-8}$	$Wm^{-2}K^{-4}$	7.0×10^{-6}
第一辐射常量：$2\pi hc^2$	c_1	$3.741\ 771\ 18(19)\times 10^{-16}$	Wm^2	5.0×10^{-8}
第二辐射常量：hc/k	c_2	$1.438\ 7752(25)\times 10^{-2}$	mK	1.7×10^{-6}

（续表）

物理量	符号	数值	单位	相对标准不确定度 u_r
电子伏[特]：				
$(e/\mathrm{C})\mathrm{J}=\{e\}\mathrm{J}$	eV	$1.602\,176\,487(40)\times10^{-19}$	J	2.5×10^{-8}
		11604.505(20)	K	1.7×10^{-6}
		$1.073\,544\,188(27)\times10^{-9}$	u	2.5×10^{-8}
原子质量单位：				
$1\mathrm{u}=m_{\mathrm{u}}=\frac{1}{12}m(^{12}\mathrm{C})$	u	$1.660\,538\,782(83)\times10^{-27}$	kg	5.0×10^{-8}
		931.494 028(23)	MeV	2.5×10^{-8}
标准大气压	atm	101 325	Pa	（准确）
标准重力加速度	g_n	9.806 65	ms^{-2}	（准确）

主题索引

E

G

H

J

K

L

M

N

O

P

Q

R

S

T

W

X

Y

Z

重排后记

本书自1998年4月出版后，获得物理学界的普遍好评.2009年本书又纳入《中外物理学精品书系》，获国家出版基金资助，重排为16开本，于2011年6月出版.

因彭桓武先生2009年已驾鹤西去，重排时，徐锡申先生再次认真审阅了书稿，改正了书中的一些遗误，并将原书中物理学的基本常量改为2006年国际科学技术数据委员会推荐的新的数据，以方便读者使用.

本书作为《中外物理学精品书系·经典系列》的第一本出版，以此告慰"两弹一星元勋"彭桓武先生.

北京大学出版社

2011年6月